Resource Management for Cloud-Edge Computing

面向云-边协同计算的资源管理技术

陈星 林兵 陈哲毅 ◎ 著

清华大学出版社
北京

内 容 简 介

本书共4章，系统论述云-边协同计算中资源管理技术。第1章概述了本书的研究背景与意义、国内外研究现状以及主要内容和结构安排；第2章介绍了面向云-边协同计算的资源管理使能机制；第3章介绍了面向云计算的资源自适应管理方法；第4章介绍了面向云-边协同计算的资源自适应管理方法。

本书适合云计算资源管理方向相关研究人员作为参考用书。

图书在版编目(CIP)数据

面向云-边协同计算的资源管理技术/陈星，林兵，陈哲毅著. —北京：清华大学出版社，2023.5
ISBN 978-7-302-62555-1

Ⅰ. ①面…　Ⅱ. ①陈…　②林…　③陈…　Ⅲ. ①云计算　Ⅳ. ①TP393.027

中国国家版本馆CIP数据核字(2023)第022734号

责任编辑：曾　珊　李　晔
封面设计：吴　刚
责任校对：韩天竹
责任印制：沈　露

出版发行：清华大学出版社
网　　址：http://www.tup.com.cn，http://www.wqbook.com
地　　址：北京清华大学学研大厦A座　　**邮　　编**：100084
社 总 机：010-83470000　　**邮　　购**：010-62786544
投稿与读者服务：010-62776969，c-service@tup.tsinghua.edu.cn
质量反馈：010-62772015，zhiliang@tup.tsinghua.edu.cn
课件下载：http://www.tup.com.cn，010-83470236
印 装 者：三河市铭诚印务有限公司
经　　销：全国新华书店
开　　本：185mm×260mm　　**印　　张**：28.75　　**字　　数**：682千字
版　　次：2023年7月第1版　　**印　　次**：2023年7月第1次印刷
印　　数：1～1000
定　　价：129.00元

产品编号：095308-01

前言

随着通信技术和硬件技术的快速发展，移动设备逐渐普及。人们已经习惯了其在生活和工作中带来的便捷，移动设备成为人们生活中不可或缺的一部分。科技的不断进步使得移动设备不仅在数量上呈爆炸式增长，性能也越来越强大。移动设备拥有计算能力更加强大的处理器、更大的运行内存、更多高质量的传感器以及更大更灵敏的高清屏幕等，已经能够媲美一些传统的计算设备，越来越多功能纷繁多样的移动应用程序出现并在移动设备上执行。随着人工智能和大数据的兴起，移动应用程序的计算和数据处理越来越密集。虽然移动硬件相关技术已经取得了很大的进步，但受到重量、大小、人体工程学和散热等因素的限制，移动设备的计算资源仍然是有限的，并不能完全满足移动应用程序的需求。如何使用外部资源弥补移动设备资源的不足是一个重要的研究课题。

移动云计算(Mobile Cloud Computing, MCC)是解决移动设备计算资源不足问题的一般方法。在 MCC 范式下，移动设备能够将部分或全部计算任务卸载到资源丰富的云中心，从而有效扩展移动设备的计算资源。但是在现有的网络环境中，MCC 范式下移动设备与云中心之间长距离数据传输导致较长响应时间的缺陷被放大，随着应用程序对时延愈发敏感，MCC 不再适用于涉及实时应用和保证服务质量的场景。移动边缘计算(Mobile Edge Computing, MEC)作为一种能更好地解决移动设备资源不足问题的高效方法应运而生，它是指在靠近物或数据源头的一侧，采用集网络、计算、存储、应用核心能力于一体的开放平台，就近提供最近端服务。其应用程序在边缘侧发起，产生更快的网络服务响应，满足行业在实时业务、应用智能、安全与隐私保护等方面的基本需求。

在上述背景下，云计算和边缘计算的资源管理问题在工业界和学术界都引起了广泛的关注。为满足广大相关研究人员的参考需求，作者编写了此书。本书是一部系统论述云-边协同计算中资源管理技术的图书，主要介绍了云-边协同资源管理相关理论和研究，帮助读者了解云-边协同资源管理问题和解决方法。本书呈现了以下理论、技术与应用：云计算、边缘计算、云-边协同计算、资源管理使能机制、资源自适应管理方法。全书分为 4 章。第 1 章为绪论部分，介绍了本书作者研究的面向云-边协同计算的资源管理技术的相关背景、研究意义以及国内外研究动态和存在的问题。第 2 章介绍了 5 种面向云-边协同计算的资源管理使能机制，并对每种机制进行背景意义问题模型和分析，最后在考虑不同代价的基础上提出了有效的优化调度算法。第 3 章介绍了 8 种面向云计算的资源自适应管理方法，并对每种方法进行背景意义分析，随后提出了多种面向云计算的资源自适应调度算法。第 4 章介绍了 4 种面向云-边协同计算的资源自适应管理方法，并提出了多种云-边环境下由不同代价驱动的资源自适应管理方法。

本书适合广大云计算资源管理方向相关研究人员作为参考用书。

前言

在本书编写过程中，参考了国内外专家学者的相关文献资料、书籍和大量研究成果，在此表示感谢。

由于编者水平有限，书中难免有疏漏和不足之处，恳请读者批评指正！

编　者

2023年4月

目录

目录

目录

目录

第1章 概述

1.1 研究背景与意义

随着通信技术和硬件技术的快速发展，移动设备逐渐普及。人们已经习惯了其在生活和工作中带来的便捷，移动设备成为了人们生活中不可或缺的一部分。移动设备的更新速度远远高于摩尔定律，2013年，全球移动设备已经超过69亿，而2020年则突破了百亿大关。科技的不断进步使得移动设备不仅在数量上爆炸式增长，性能也越来越强大。移动设备拥有了计算能力更加强大的处理器、更大的运行内存、更多高质量的传感器(如GPS、光线传感器、加速度传感器、重力传感器、距离传感器等)以及更大更灵敏的高清屏幕等，已经能够媲美一些传统的计算设备，越来越多功能纷繁多样的移动应用程序(例如富媒体应用、增强现实、自然语言处理等)出现并在移动设备上执行。随着人工智能和大数据的兴起，移动应用程序的计算和数据处理越来越密集。虽然移动硬件相关技术已经取得了很大的进步，但受到重量、大小、人体工程学和散热等因素的限制，移动设备的计算资源仍然是有限的，并不能满足移动应用程序的需求。如何使用外部资源弥补移动设备资源的不足是一个重要的研究课题。

移动云计算(Mobile Cloud Computing，MCC)是解决移动设备计算资源不足问题的一般方法。在MCC范式下，移动设备能够将部分或全部计算任务卸载到资源丰富的云中心，从而有效扩展移动设备的计算资源。云计算是一种能够通过网络以便利的、按需付费的方式获取计算资源的范型，这些资源来自一个共享的、可配置的资源池，并能够以省力和无人干预的方式获取和释放。从服务模型的维度，云计算分为基础设施即服务(Infrastructure as a Service)、平台即服务(Platform as a Service)和软件即服务(Software as a Service)。云计算平台的基础设施通常是类似的，都是基于虚拟化技术将硬件资源进行分割或聚合，以实现按需缩减或扩展，并在虚拟化硬件之上辅以多种类型的基础软件，最终以服务的方式进行供给。随着云计算技术的普及，涌现出众多不同用途、不同类型的云计算平台，包括以AWS

(Amazon Web Service)为代表的各种公有云服务,以及基于CloudStack、OpenStack、Eucalyptus等云管理系统的大量企业私有云。

但是在现有的网络环境中,MCC范式下移动设备与云中心之间长距离数据传输导致较长响应时间的缺陷被放大,随着应用程序对时延愈发敏感,MCC不再适用于涉及实时应用和保证服务质量的场景。移动边缘计算(Mobile Edge Computing,MEC)作为一种能更好地解决移动设备资源不足问题的高效方法应运而生,它是指在靠近物或数据源头的一侧,采用集网络、计算、存储、应用核心能力于一体的开放平台,就近提供最近端服务。其应用程序在边缘侧发起,产生更快的网络服务响应,满足行业在实时业务、应用智能、安全与隐私保护等方面的基本需求。MEC处于物理实体和工业连接之间,或处于物理实体的顶端。作为继MCC之后提出的一种新型计算范式,MEC对传统云计算的工作方式进行了革新,通过在网络边缘部署边缘服务器的方式将云中心的计算能力下沉到网络边缘,利用边缘服务器丰富的计算资源弥补移动设备的不足。

本节主要研究以下问题。首先,在云-边协同环境下,为了实现计算任务的卸载或迁移,需要一定的使能机制作为支撑;其次,虽然云计算环境下的计算资源丰富,但是合理地使用这些资源可以进一步提升用户体验以及计算资源的使用代价;最后,类似于云计算环境,在云-边协同环境下,计算资源的高效利用也是至关重要的。综上所述,本书将从面向云-边协同计算的资源管理使能机制、面向云计算的资源自适应管理方法和云边协同环境下时间驱动的工作流应用数据布局方法3方面展开研究,旨在更好地解决相关问题。

1.2 国内外研究现状

1.2.1 云计算

近年来,一种利用虚拟化技术的新型分布式计算模式——云计算,正在逐步发展。云计算提供无限的"云端"虚拟资源,按需共享资源池,对传统执行程序所需资源的本地供应模式是一种颠覆。基于服务类型的差异,云计算提供的服务主要可分为3类:软件即服务(SaaS)、平台即服务(PaaS)和基础设施即服务(IaaS)。在SaaS云环境下,服务提供商将软件应用程序以服务的形式传递给终端用户,而终端用户可以通过多种不同的用户接口,如Web浏览器,访问使用这些软件应用程序并按需付费;在PaaS云环境下,服务提供商提供用于搭建和开发应用程序的开发平台作为服务,包含开发语言、链接库等;而在IaaS云环境下,服务提供商向终端用户提供基础设施资源,如计算、存储和带宽等资源,并按需收费,本节主要针对IaaS云环境展开研究。另外,用户可以基于服务等级协议(Service Level Agreement,SLA),在"按需付费"的基础上使用这些云服务。SLA协议定义用户应用必须满足的服务质量(Quality of Service,QoS)要求参数,以及用户和服务提供商各自的权利和义务。在这种背景下,研究在满足工作流应用QoS需求的前提下,将任务合理分配到合适资源的调度问题显得尤为重要。在云环境下,应用的复杂性和需求的多样性使得调度问题变得更加复杂,特别是针对存在复杂依赖关系的工作流调度。

云计算在复杂大规模的工作流应用处理方面具有优势。首先,云平台的“无限透明”资源可以随时随地按需提供给终端用户;其次,计算资源也可以弹性缩放地适应动态需求环境,用于执行工作流应用的资源总量可以在运行时根据执行状况做出调整;最后,IaaS云基础设施服务让消费者根据“按需付费”模式进行资源获取和资费,克服了传统的服务的定价收费缺陷。鉴于这些云计算特色,云环境下执行工作流应用可实现更好的性能。在集成工作流环境下关于资源供应的一个关键挑战是如何确定工作流所需的执行资源数量,这些资源是虚拟机(Virtual Machine,VM)实例单元,资源总量将严重影响工作流的总执行时间和执行成本。如何采取适当的分配调度策略将资源合理分配给相应任务,并调度任务到合适的资源池,已成为云计算领域研究的主要问题。匮乏的资源配置将直接影响应用程序执行性能,而过度的资源供应会产生虚拟资源空闲情况,从而导致额外费用增加。因此,需要高效的调度算法选择最适合的资源来执行相应的任务,在满足工作流服务质量需求的同时降低执行代价。

随着云计算技术发展,许多通过工作流表示的大型应用被提交到云平台上执行。为了实现工作流间任务的协同依赖管理,同时满足不同的工作流服务质量要求,需要一种良好的调度策略为各个任务分配合适的虚拟执行资源。云环境下工作流调度框架结构图如图1-1所示,云计算平台上提供多种不同性能的虚拟资源,这些资源各自具有相应的配置(如CPU、存储和I/O等),调度管理中心根据具体工作流的服务质量要求,利用高效的调度策略为各个工作流任务分配合适的虚拟资源。

工作流表示包含一系列执行步骤的处理过程,它简化了执行和管理应用的复杂性。工作流技术构成一种描述分布式环境下广泛科学应用的通用模型。它在许多基础科学领域的应用处理方面发挥着重要作用,如物理学、天文学、生物基因学和地震学等。工作流通常是由一个有向无环图(Directed Acyclic Graph,DAG)来表示,其中节点表示计算任务,边表示任务之间的数据或控制依赖约束。本节主要针对带截止日期约束的科学工作流展开研究。截止日期约束是工作流处理过程中的一个重要指标,例如在地震预测工作流处理过程中,及时、高效地预测地震相关情况,对人口密集地区疏散或核电站建造地点保护尤为重要。科学工作流利用分布式资源访问、管理和处理大量数据。处理和管理如此大量的数据需要一系列的计算和存储设施,然而传统的分布式环境资源往往是有限的,所以造成许多相互竞争的用户需要共享这些资源。

云环境下工作流调度问题实质是寻找一种虚拟资源与工作流任务的映射的有效方法,最优化实现工作流的预期调度目标。本节主要研究多云环境下带截止日期约束科学工作流的调度问题,如图1-1所示,云资源平台的资源包括多个服务提供商提供的虚拟资源总和,在考虑满足工作流任务需求的前提下,需要考虑更多调度影响因素,如多云之间数据传输带宽、多云之间的资源性质差异等。

最新的分布式计算模式,即云计算的快速发展,形成了由众多云提供商组成的高度碎片化的云市场,为处理大数据问题提供了巨大的并行计算能力。在多云中,最大的挑战之一是高效的工作流调度。虽然工作流调度问题已经得到了广泛的研究,但针对多云环境的原始工作仍然很少。

由于云服务提供商的异构性,出现了多个云服务提供商共存的“多云”局面。云计算弹性供应虚拟资源并按需付费的性质,为处理大规模科学工作流提供便利。然而,云异

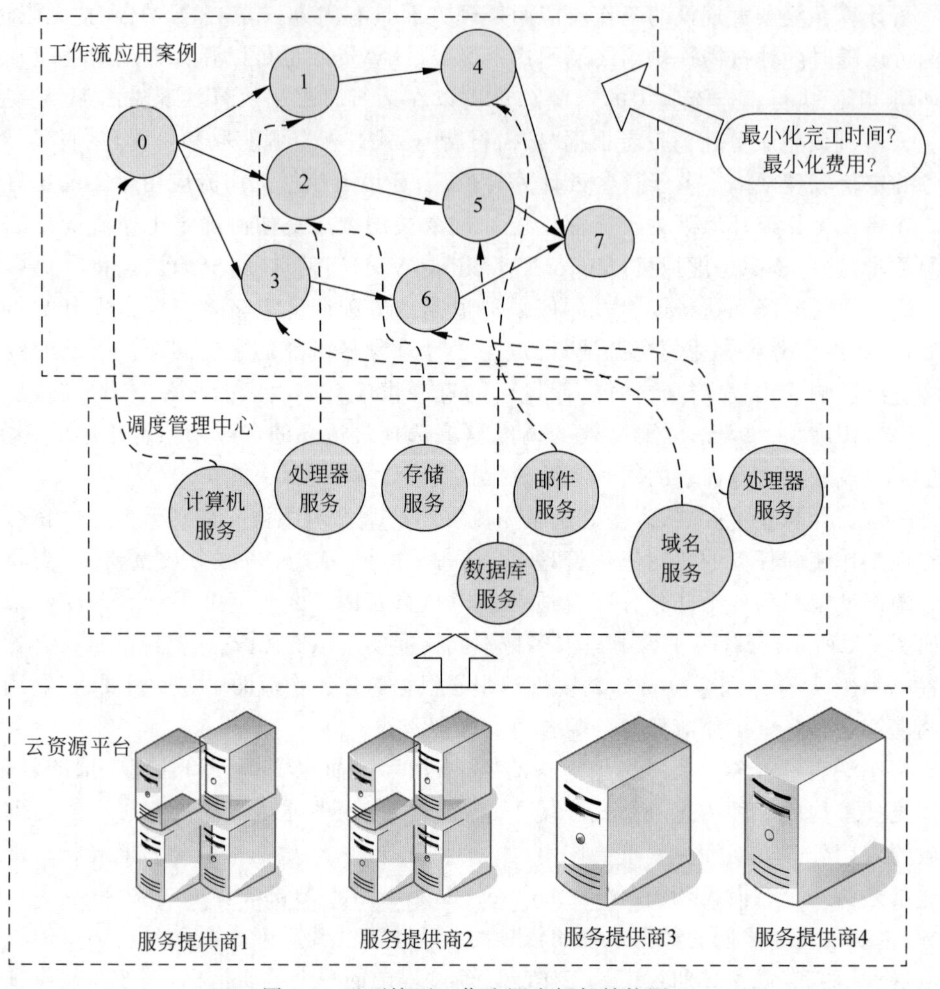

图 1-1　云环境下工作流调度框架结构图

构环境下的任务调度是一个 NP-hard 问题，工作流自身的子任务之间存在复杂的时间依赖和数据依赖关系，且多个云服务提供商之间存在诸多差异（如要价机制、实例类型、通信带宽等），因此，需要一种合适的调度策略在尽可能满足工作流服务质量的前提下，减少其执行代价。当前云环境下的工作流调度策略大多是在传统分布式计算环境（如网格）的工作流调度算法基础上做一些改进，较少考虑云环境自身特性，或一些调度策略仅考虑在静态单一云环境中，单纯追求执行时间最小化目标，未对带约束的工作流（如截止日期）的代价优化调度问题展开研究。

多云之间的实例类型异构、云内和云间带宽传输差异以及要价机制的多样化等因素，使得在多云环境下调度具有依赖关联结构的带截止日期约束的科学工作流问题面临重大挑战。云环境下科学工作流调度的现有研究大多是在传统分布式计算环境（如网格）的基础上做相应改进，这些工作存在云环境单一、单纯追求执行时间优化或未考虑云计算特殊性质等缺陷。云计算作为一种商业模式，科学工作流调度问题不仅要考虑科学工作流服务质量，还要兼顾云计算资源能耗和终端用户执行代价。因此，如何在多云环境下，结合云计算相关性质，在保证科学工作流截止日期约束的前提下，设计提高多云资源总体利用率，并减少科学工作流执行代价的合理调度策略显得尤为迫切。

1.2.2 云-边协同计算

近年来，随着机器学习技术的不断发展，智能应用的数量迅速增加，其中深度神经网络(Deep Neural Network，DNN)在语音识别、自然语言处理和图像分析等众多领域都取得了巨大的成功。DNN被广泛用于许多应用程序中，例如微软小娜、苹果Siri和谷歌Now。但DNN模型过于庞大，使得它在资源有限的物联网设备上很难直接执行。这些基于DNN的智能应用的语音处理或图像识别比基于文本的输入需要更强大的计算处理能力，因此直接在计算资源有限的物联网设备上执行会导致精度低、时延长和能耗大等问题。所以，DNN通常部署在计算能力强大的云服务器上。但由于云端和物联网设备之间的地理距离太远，将大量基于DNN的智能应用迁移到云服务器中容易导致响应时间过长和严重的网络拥塞等问题。

移动边缘计算(Mobile Edge Computing，MEC)的出现，为这类问题提供了新的解决思路。移动边缘计算通过在靠近物联网设备的网络边缘部署服务器来给用户提供更好的服务以及减轻云计算中心的负载。相比于部署在远程的云服务器上，将DNN部署在距离物联网设备更近的边缘服务器上具有更低的时延。而边缘服务器相比于物联网设备，又具有更强的计算能力和计算资源优势。所以，将DNN迁移到边缘服务器能够提高应用的执行性能，同时降低云服务器的资源开销，是解决该问题的合理有效的方式。

由于DNN应用数量庞大，且边缘环境网络拓扑结构复杂，所以不适当的DNN应用计算迁移策略可能导致计算节点之间的数据传输过多或计算节点的实际计算资源与需求的计算资源不匹配，除了给用户带来不好的用户体验外，还会导致网络拥塞等问题。因此，研究边缘环境下合理且现实的DNN应用计算迁移策略显得至关重要。然而，合理有效地利用移动设备端、边缘端和云端的资源，在边缘网络环境中部署大量DNN应用并不是一件容易的事情。

首先，DNN种类繁多，不同DNN的结构特征大不相同。相同DNN之间的层次结构也相当复杂，DNN根据功能将神经网络层划分成多个种类，这造成了层与层之间传输数据量以及不同层的计算任务复杂性相差甚多。

其次，边缘环境网络拓扑结构复杂，移动设备端、边缘端和云端的计算资源及端与端之间的网络带宽相差甚多，要综合考虑这些因素将DNN的各个层迁移到各个网络计算节点非常困难。

最后，服务提供商与用户之间的目标不完全相同，服务提供商希望能尽可能减少服务器运行成本并均衡各个服务器的负载，而用户希望获得好的用户体验，包括低延时、高精度等，这些不同的目标也为在边缘计算环境下进行DNN应用迁移决策带来了诸多困难。

DNN在自然语言处理和计算机视觉等各种领域都非常流行。迁移策略的制定对于智能应用的使用至关重要，由于移动设备的计算资源有限，智能应用程序难以在移动设备上直接运行。许多工作专注于将DNN从物联网设备迁移到云服务器。Fang等人首先设计了一种启发式方法，可以有效地调度异构服务器以进行DNN推理，从而满足对处理吞吐量的要求，并保持了低响应延迟，然后，他们提出了一种深度强化学习(Reinforcement Learning,RL)方法，该方法可以最大限度地提高从学习到计划的服务质量，这项工作优化了响应延迟和推理精度，并且忽略了DNN中两层之间的数据传输。Qi等人设计了一种基于DNN的对象检测系统，该系统具有模型调度算法，可以根据网络和移动设备的情况将DNN的各个层自适应地迁移到云中，这项工作还旨在减少部署基于DNN的应用程序时的系统延迟。Tang等人设计了Nanity，它是一种服务质量感知的调度方案，通过采用自适应批处理来调度DNN推理请求，并预先调度预测的请求以提供最佳的GPU资源，这不仅可以提高单个GPU的吞吐量，而且可以实现GPU资源效率。但是，仅在云服务器中部署DNN会造成严重的响应延迟。

现有工作大多从单个DNN模型角度出发，通过寻找DNN的分区点来使DNN模型可以执行在多个设备上，但是针对具体场景(例如小区、商场)中用户产生的大量DNN应用任务迁移决策问题还没有成熟的研究。

1.2.3 资源自适应管理

目前自适应资源管理技术主要包括基于规则驱动的自适应资源管理方法、基于控制理论的资源管理方法以及基于机器学习的资源管理方法。

基于规则驱动的自适应资源管理方法需要依赖于由专家设计的规则。Bahati和Bauer提出了一种基于自适应策略驱动的自主管理系统，该系统可以确定如何最好地使用一组规则策略来满足不同的管理目标。Zhang等人提出了一种通过利用两个自适环路来管理PaaS中的基础设施资源的方法，这两个环路分别指定在中间件和虚拟机层上执行某些操作所需的规则条件。Maurer等人考虑到工作负载变化的快速性，提出了一种用于基于规则的方法实现虚拟机自适应重配置。此外，Addis和Rui等人使用启发式算法来提供高级解决方案，其基于特定领域知识搜索最合适的系统配置。但是，管理规则的制定是一个复杂的过程，需要考虑不同的软件服务特性。例如，软件服务A是一个实现在线系统，需要保证系统快速响应，而软件服务B涉及复杂计算分析，需要保证CPU计算资源。因此，制定规则的云工程师需要对不同软件服务进行分析，管理成本高并且管理规则复用性低。

机器学习技术使系统能够从大量的历史数据中学习出特定领域的知识。Yan等人提出了一种基于强化学习的方法来实现云资源自我管理中的动态决策，通过设置事件触发机制，加快强化学习的收敛速度。Zheng等人使用一个负载预测器来预测集群历史资源的利用率，并选择具有最高相似度的集群集作为训练样本到神经网络中，以实现自适应资源分配。Barrett等人开发基于模型的Q-学习方法，并且将Q-学习并行化，加快代理尝试自动扩展资源的收敛速度，能够在真实的云环境中确定最佳的资源分配策略，并且输出采用该策略的原因。Alsarhan等人将云环境中的自适应资源分配的问题定义为受约束的马尔可夫决策过程，并利用强化学习找到最大化服务提供商的增益同时保证QoS约束的最优策略。Xu等人提出了一个统一的强化学习方法来自动化虚拟机和虚拟机中运行的应用的配置过程，该方法适用于云的实时自动配置，使虚拟机资源预算和设备参数设置适应云动态变化的工作负载，以提供服务质量保证。然而，基于机器学习方法需要大量历史数据建立预测模型，在软件服务部署初期，收集的数据不足，可能会导致资源分配的误差。

1.3 主要内容和结构安排

第 1 章为绪论部分。本章首先介绍本作研究的面向云-边协同计算的资源管理技术的相关背景，包括研究课题的意义。然后，介绍了与本章相关的国内外研究动态及存在的问题，紧接着介绍一些课题中包含的云计算、云-边协同计算、资源自适应管理相关研究工作的进展情况，从而阐述了本书工作的必要性和重要性。最后，给出工作的研究内容及其贡献。

第 2 章共介绍了 5 种面向云-边协同计算的资源管理使能机制。对于每种机制，首先，分析了对应研究的背景意义。接着，介绍相应的问题模型。最后，在考虑不同代价的基础上提出了有效的优化调度算法。

第 3 章共介绍了 8 种面向云计算的资源自适应管理方法。对于每种方法，首先，分析了对应研究的背景意义。然后，介绍各类方法应用所需的相关概念。最后，基于云计算的基础引入有效的策略，从而提出多种面向云计算的资源自适应调度算法。

第 4 章共介绍了 4 种面向云-边协同计算的资源自适应管理方法。对于每种方法，首先，分析了工作的背景意义。接着，介绍其对应的不同场景下的问题模型。最后，提出云-边环境下基于不同的代价驱动的资源自适应管理方法。

第2章 面向云-边协同计算的资源管理使能机制

2.1 基于运行时软件体系结构模型的混合云平台管理方法

随着云计算技术的普及，涌现出众多不同用途、不同类型的云计算平台。为了满足遗产系统整合和动态资源扩展等需求，常常需要构造混合云来统一管理不同云平台中的计算和存储资源。然而，不同云平台的管理接口和管理机制存在差异，使得开发混合云管理系统难度大、复杂度高。本节提出了一种基于运行时模型的混合云管理方法：首先，在云平台管理接口基础上，构造单一云平台的运行时模型；其次，根据云平台领域知识，提出一种云平台软件体系结构的统一模型；最后，通过模型转换，实现云平台统一模型到运行时模型的映射。于是，管理程序可以建立在云平台统一模型的基础上，降低混合云管理系统开发的难度和复杂度。本节还实现了基于运行时模型的CloudStack和亚马逊EC2混合云的管理系统，并对方法的可行性和有效性进行了验证。

2.1.1 引言

云计算是一种新型计算范式，它能够通过网络为用户提供所需的计算资源。基础设施即服务、平台即服务和软件即服务是云计算常见的服务模型。然而，云计算平台的基础设施通常是类似的，都是基于虚拟化技术将硬件资源进行分割或聚合，以实现按需缩减或扩展，并在虚拟化硬件之上辅以多种类型的基础软件，最终以服务的方式进行供给。

随着云计算技术发展，云计算技术的使用得到了普及，出现了众多用途和类型不尽相同的云计算平台，例如以AWS为代表的公有云服务和基于CloudStack等云管理系统的大量企业私有云。为了满足遗产系统整合和动态资源扩展等需求，一些大型企业常常需要构造混合云来统一管理不同云平台中的计算和存储资源。然而，不同云计算平台的管理系统存在差异，给混合云管理系统的开发带来了巨大挑战，主要来自以下两个方面：

一方面，是云平台管理接口的异构性；不同云计算平台往往提供不同类型的管理接口，在功能名称、调用方法、输入参数、返回信息及管理效果等方面均存在差异，给管理系统的开发带来了极大的复杂度。

另一方面，是云平台管理机制的异构性；不同云计算平台往往提供不同类型的管理机制，在资源分类、组织方式及系统特性等方面均存在差异，给管理系统的开发带来了极大的难度。

从系统实现的角度来看，混合云管理是一组管理任务的集合，每个管理任务由一组作用在一个或多个云计算平台上的管理操作构成，而每一个管理操作则是云平台自身提供的管理接口或是第三方提供的管理服务的调用。云计算平台的异构性导致不同云平台的管理操作存在大的差异，混合云管理系统的开发需要熟悉不同云计算平台管理操作的详细功能、调用方法和数据格式，并在此基础上编写管理程序来实现多样化的管理任务。与分析和决策等混合云的管理逻辑相比，管理接口调用、底层数据处理等繁杂、琐碎的编程工作并不是混合云管理的核心，但它们需要花费管理员大量的时间和精力。此外，由于管理程序建立在与特定云计算平台绑定的底层代码的基础上，其管理逻辑无法进行复用。即使管理机制类似，仍需要开发多个管理程序对不同的混合云进行管理。

混合云管理系统开发面临的主要问题是：其问题域与系统实现间存在着鸿沟，而通过硬编码实现问题域到系统实现的映射则会带来巨大的编程复杂性。软件体系结构用一组可管理的单元来表示系统的整体架构，能够作为系统需求与系统实现之间的桥梁，常用来解决需求到实现的映射过程中系统复杂性所带来的问题。因此，系统的软件体系结构建模是理解系统问题域、简化目标系统开发的一种有效方法。而当前模型驱动工程的研究也支持问题域抽象到软件实现的系统级转换。运行时软件体系结构模型用一组可管理的单元来表示系统的整体架构，通过将隐藏在系统内部的结构、状态、配置等运行时信息显式化地描述为标准的、面向管理者视角的结构化视图，能够有效地提高混合云管理系统开发的抽象层次和自动化程度。运行时软件体系结构模型已经在学术界和工业界获得了广泛的关注。大量的研究工作证明了它在不同系统与管理方式下的重要作用。

为了能够根据需求快速定制、开发混合云管理系统，本节将运行时模型引入系统开发过程中，提出一种基于运行时模型的混合云管理方法，并在实际场景中验证方法的可行性和有效性。首先，为单一的云计算平台构造运行时模型，基于管理接口实现在模型层对单一云平台进行管理；其次，根据云计算平台领域知识，提出一种云平台软件体系结构的统一模型；最后，建立统一模型与单一云平台运行时模型之间的联系，通过模型转换实现统一模型到云平台运行时模型的映射。于是，管理程序可以建立在云计算平台统一模型的基础上，极大程度地降低了开发混合云管理系统的难度和复杂度。

2.1.2 相关工作

目前，存在许多云平台管理工具，用于不同类型云资源的管理。例如，OpenStack、

Eucalyptus 用于管理基础设施层的云资源，Tivoli、Hyperic 用于管理平台层的云资源。然而，这些管理工具缺乏完善的混合云支撑机制。

近年来，存在许多混合云管理的研究工作，包括混合云构造、混合云应用部署及混合云资源调度。有文献提出了一种混合云虚拟化基础设施的管理方法，通过 OpenNebula 实现单个云平台虚拟化基础设施的管理及外部云平台核心管理 API 的集成，并提供了一套混合云虚拟化资源的调度机制；有文献提出了一种 IaaS(Infrastructure as a Service)云服务的抽象模型及一组核心管理 API 的抽象接口，并在多云环境中构造了统一管理实例，在此基础上进一步实现了一组高级管理功能；上述工作对混合云构造方法进行了初步探索，然而，方法中的统一管理接口是通过直接封装云平台核心管理 API 获得的，因此，其工作量大且可扩展性差。有文献在混合云虚拟化资源管理的基础上，增加应用部署和配置功能，实现混合云中的应用自动部署。有文献在混合云虚拟化资源管理的基础上，面向特定应用场景研究调度策略，实现混合云中的资源管理。本节在常见云平台共有的资源类型及管理操作的基础上，提出了一种 IaaS 云服务的抽象模型，通过模型转换实现多个云平台核心管理功能的快速集成，其工作量小；基于前期工作，还能够支持云平台个性化管理功能的集成，可扩展性好；此外，本节方法为混合云应用部署及资源调度提供了虚拟化资源的统一管理能力，而以模型为中心的分析方法与支撑机制能够进一步为混合云管理程序的开发提供帮助。

运行时模型被广泛应用在不同类型的软件系统中，以支持数据操作、系统自修复和动态自适应等管理功能。在前期工作中，作者在运行时模型理论及构造方法方面进行了研究：给定系统元模型与一组管理接口，SM@RT 工具就能自动生成代码，在保证性能的前提下实现模型到管理接口的映射；当系统元模型发生变化时，SM@RT 可以自动生成新的映射代码。作者还研究了系统元模型的推理方法，通过分析调用管理 API 的客户端代码，实现系统元模型的自动构造。同时，为了弥补建模语言本身的非完全形式化问题，作者在模型分析及模型容错方面也进行了研究，提出了一种 MOF 元模型扩展机制以支持元模型的向上兼容，从而实现在模型集成过程中模型的自动转换；该方法在体系结构级别的系统容错实践中进一步得到了验证。作者还构建了云平台运行时体系结构模型，对运行时模型的性能进行了验证，并尝试基于模型语言实现系统自适应管理；进一步，提出一种基于模型的多样化云资源集成管理方法，通过模型转换实现单一云平台中系统管理功能的复用和集成。本节方法建立在以上前期工作的基础上。

2.1.3 方法概览

图 2-1 是基于运行时模型的混合云管理方法的概览。该方法将运行时软件体系结构模型引入到混合云管理过程中，通过模型转换实现云平台统一模型到单一云平台运行时模型的映射，使得能够面向云平台统一模型进行混合云管理程序开发。该方法主要包含 3 方面工作：

(1) 云计算平台运行时模型的构造方法；

(2) 云平台软件体系结构的统一模型；

(3) 统一模型到单一云平台运行时模型的映射方法。

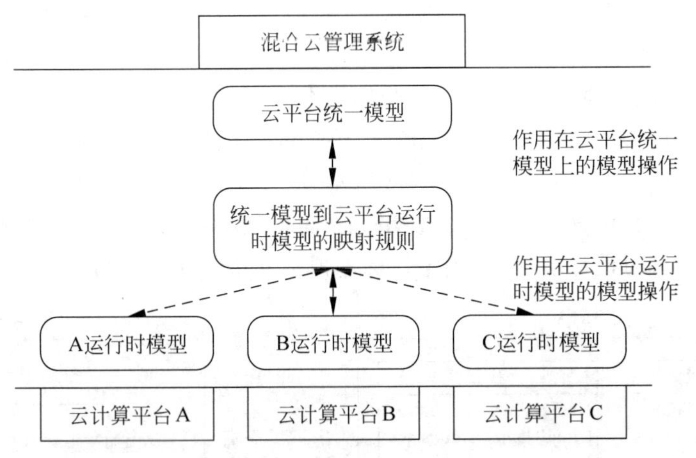

图 2-1 基于运行时模型的混合云管理方法的概览

首先,介绍一种云计算平台运行时模型的构造方法,以屏蔽云平台管理接口的异构性。云平台运行时模型是云计算平台软硬件系统的抽象。管理员仅需要对云平台受管模块的功能信息和云平台管理接口的调用方法进行描述,构造方法就能够生成相应的云平台运行时模型,并支持运行时模型与系统状态的自动同步。于是,管理员可以在模型层对云计算平台进行管理。

其次,设计一种云平台软件体系结构的统一模型,以屏蔽云平台管理机制的异构性。混合云管理实际上是对不同类型的公有云服务或企业私有云进行协同管理,然而,不同云平台在资源分类、组织方式及系统特性等方面常常存在差异。统一模型在云计算平台领域知识的基础上,对常见云平台共有的资源类型及管理功能进行描述。于是,管理员可以通过统一视图对异构云平台进行管理。

最后,提出一种模型转换方法,以实现统一模型到单一云平台运行时模型的映射。不同类型云平台的运行时软件体系结构模型存在差异,管理员仅需要对统一模型到单一云平台运行时模型的元素映射关系进行定义,转换方法就能够自动生成相应的模型转换程序,以保障模型间的同步关系。于是,管理员可以面向云平台统一模型进行混合云管理程序开发。

2.1.4 云计算平台运行时模型的构造方法

运行时模型对目标系统及其管理能力、体系结构内容与形式,以及二者之间的关系分别进行建模,将隐藏在系统内部的结构、状态、配置等运行时信息显式化地描述为标准的结构化视图。为了使管理员能够通过模型读写实现系统监控,运行时模型与运行系统需要保持因果关联:运行系统的任何时信息均将反映到运行时模型上,而运行时模型的任何变化也会作用到运行系统上。

云平台管理接口的异构性给混合云管理系统开发带来了极大的复杂度,本节使用SM@RT工具进行云平台运行时模型的构造,并通过运行时模型实现在模型层对单一的云计算平台进行管理。SM@RT包含一种领域特定的建模语言和一种支持运行时系统管理的代码生成器。开发人员使用 SM@RT 建模语言定义系统元模型和系统访问模型：

(1) 系统元模型描述运行系统的体系结构；

(2) 系统访问模型描述运行系统的管理能力。

在以上两种模型的基础上,SM@RT 代码生成器能够自动生成同步引擎,支持运行时模型与运行系统的双向同步。如图 2-2 所示,同步引擎为云平台中每一个虚拟机在运行时模型中创建一个可管理的"虚拟机"单元；而当某个"虚拟机"单元被删除时,同步引擎也能够发现运行时模型的变化,确定目标虚拟机并将其在云平台中关闭。

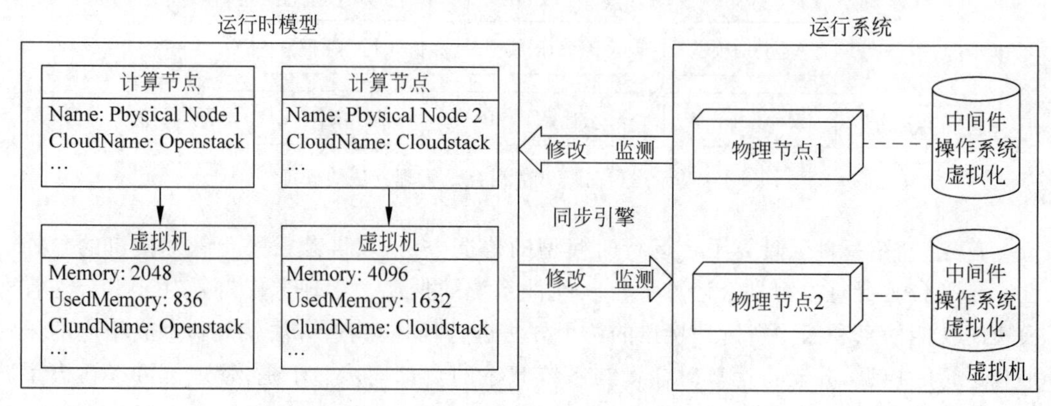

图 2-2 运行时模型与运行系统的同步

2.1.5 云平台软件体系结构的统一模型

混合云管理实际上是对不同类型的公有云服务或企业私有云进行协同管理。在云计算平台领域知识的基础上,本节提出一种云平台软件体系结构的统一模型,对常见云平台共有的资源类型及管理操作进行描述；其中,云平台的资源类型及状态信息用模型元素及其属性进行表示,而云平台的管理操作则用作用于对应模型元素的模型操作进行表示。统一模型包括使用者模型和管理员模型,分别表示面向使用者和管理员的受管资源及管理操作集合。

1. 使用者模型

使用者模型能够对云平台使用者所拥有的计算、存储、网络等资源进行统一管理,其资源分配的最小单元是服务器(Server),每个虚拟机都存在一个项目(Project)中。图 2-3 描述了使用者模型中的主要受管单元,包括账户(Account)、项目、虚拟机映像(Image)、资源配置类型(ServerType)、网络子网(Network)、磁盘卷(Volume)等。其中,Account 表示使用者账户,描述使用者的基本信息,并包含该使用者所有关联项目的列表 Projects。Project 表示项目,描述项目的基本信息,以及计算、存储、网络等资源的分配情况；项目允许多个使用者共享虚拟资源,因此,Project 包含该项目所有关联使用者的列表 ProjectAccounts。Image 表示一个虚拟机映像文件,是虚拟机软件系统的载体,Images 则表示项目可以使用的虚拟机映像文件的集合。ServerType 表示虚拟机资源配

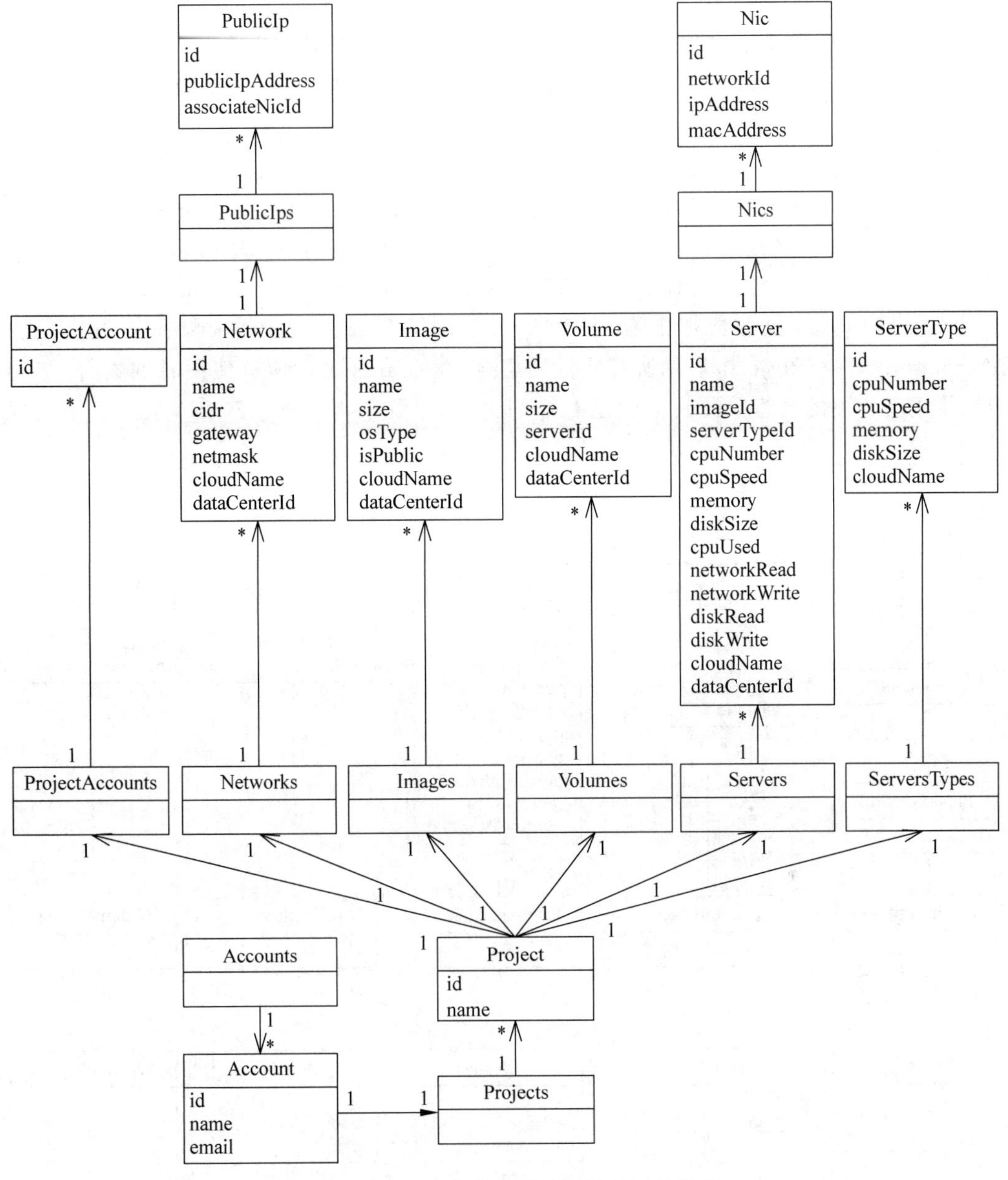

图 2-3　云平台软件体系结构的使用者模型

置类型，描述了 CPU、内存、存储等资源配置信息，ServerTypes 则表示项目可以使用的虚拟机资源配置类型的集合。Network 表示网络子网，描述该子网的基本信息，并包含该子网拥有的所有公共 IP 地址的列表 PublicIps；PublicIp 表示可供外部网络访问的 IP 地址，为网络子网中拥有该 IP 地址的虚拟机提供外部网络的访问入口。Volume 表示磁盘卷，可为虚拟机增加额外的存储，Volumes 则表示项目中所有磁盘卷的集合。Server 表示服务器，描述虚拟机的映像文件(imageId)、资源配置等基本信息，其中，资源配置信息可以通过指定虚拟机配置类型(serverTypeId)或设置 CPU、内存、磁盘等属性值两种方式进行描述；同时，Server 还包含虚拟机所使用的虚拟网卡的列表 Nics；Nic 表示虚拟网卡，描述虚拟网卡的 IP 地址、MAC 地址，以及所在的网络子网等网络配置信息。Servers 则表示项目管理的所有虚拟机的集合。特别地，主要受管单元均包含 cloudName 和 dataCenterId 属性，分别指出该受管单元所属的云平台及数据中心。

2. 管理者模型

管理员模型能够为云平台管理提供一个的全局视图，对计算、存储、网络等资源进行统一管理。图 2-4 描述了管理员模型中的主要受管单元，包括数据中心、物理机、虚拟机映像文件、资源配置类型、存储和网络资源、项目和使用者等。CloudManagement 是管理员模型的根元素，包含数据中心列表 DataCenters、项目列表 Projects 和使用者列表 Accounts；其中，Projects 表示所有项目的集合，Accounts 表示所有使用者的集合，与项目、使用者相关的受管单元在前面已有详细讨论，此处不再赘述。DataCenter 表示数据

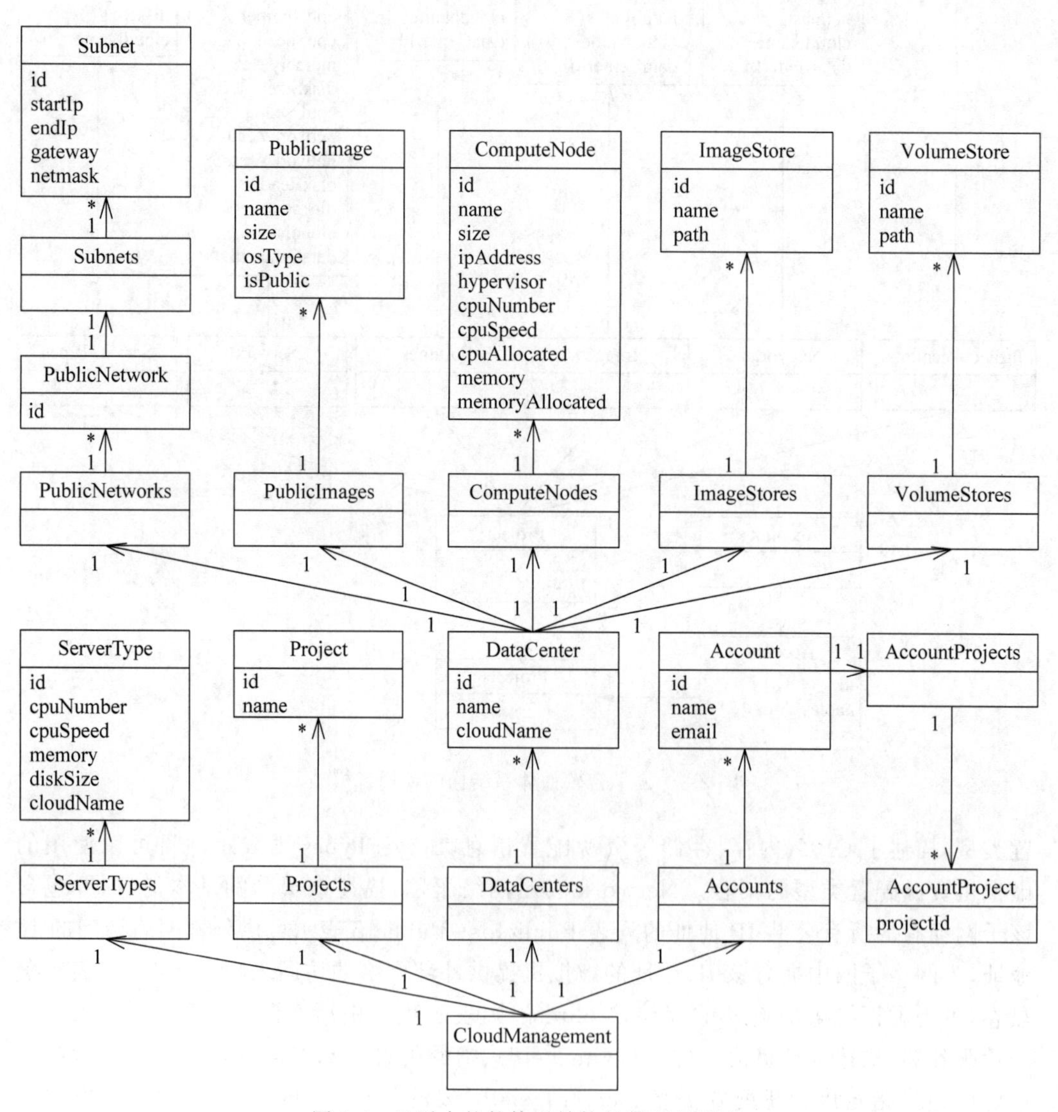

图 2-4 云平台软件体系结构的管理员模型

中心，包含物理机列表 ComputeNodes、公共虚拟机映像文件列表 PublicImages、公共虚拟机资源配置类型列表 ServerTypes、映像文件存储池列表 ImageStores、磁盘卷存储池列表 VolumeStores、网络资源列表 PublicNetworks。ComputeNode 表示安装虚拟化软件的物理节点，为虚拟机提供运行环境，描述了物理节点的计算资源等信息。PublicImage 表示公共虚拟机映像文件，可供所有项目使用，描述了映像文件的操作系统类型等基本信息。ServerType 表示公共虚拟机资源配置类型，可供所有项目使用，描述了虚拟机 CPU、内存、磁盘等配置信息。ImageStore 表示虚拟机映像文件的存储池提供了 NFS、Amazon S3 等多种形式的存储管理。VolumeStore 则表示虚拟机磁盘卷的存储池，包含 SCSI、FC-SAN 等多种形式。PublicNetwork 表示云平台拥有的公共网络资源，包含 IP 网段列表 IpRanges，描述了可供使用的公共 IP 资源。与使用者模型类似，主要受管单元也包含 cloudName 和 dataCenterId 属性，分别指出该受管单元所属的云平台及数据中心。

2.1.6 统一模型到单一云平台运行时模型的映射方法

统一模型为云计算平台的使用和管理分别提供了统一视图，为了进一步使使用者和管理员能够通过统一模型对云资源进行操作，需要实现统一模型到云平台运行时模型的映射。本节提出了一种模型转换方法，管理员仅需要定义统一模型到云平台运行时模型的映射规则，就能够通过模型操作的转换，实现模型间的同步关系。

1. 模型元素的映射关系

映射规则用于描述统一模型到云平台运行时模型的元素映射关系，任何一个统一模型中的元素属性与一个云平台运行时模型中相应的元素属性保持值的对应，且任何一组统一模型上的模型操作转换为一组云平台运行时模型上相应的模型操作以达到预期的管理效果。模型元素间存在 3 种基本映射关系，其他映射关系均可表示为以下 3 种基本映射关系的组合。

1）模型元素间"一对一"映射关系

统一模型中的一个元素与云平台运行时模型中的一个元素对应，特别地，统一模型中元素的属性可以在云平台运行时模型中对应的元素中找到对应的属性。它们通常是指统一模型中存在一种元素，云平台运行时模型中也存在一种元素，它们均是为了描述同一类型的事物。如图 2-5 所示，统一模型中的 ServerType 与云平台运行时模型中的 InstanceType 均描述虚拟机的资源配置信息，它们是"一对一"映射关系。

2）模型元素间"多对一"映射关系

统一模型中的两个或多个元素与云平台运行时模型中的一个元素对应，特别地，云平台运行时模型中元素的属性在统一模型中的对应属性分布在两个或多个元素中。它们通常是指统一模型中存在两种或两种以上的元素，共同描述某一事物，而云平台运行时模型中仅用一种元素来描述这一事物。如图 2-5 所示，统一模型中的 Nic 与 PublicIp 均用来描述虚拟机的网络配置信息，而云平台运行时模型中仅 Nic 用来描述其信息，它们是"多对一"映射关系。

3）模型元素间“一对多”映射关系

统一模型中的一个元素与云平台运行时模型中的两个或多个元素对应。它们通常是指统一模型中存在一种元素，用来描述某一类事物，而云平台运行时模型中的两种或多种类型的元素分别描述该类事物的不同子类型事物。如图 2-5 所示，统一模型中的 Server 用来表示虚拟机，其属性 isHA 描述虚拟机是否具备高可用功能，而云平台运行时模型中 VirtualMachine 与 VirtualMachineHA 则均用来表示虚拟机，分别描述普通虚拟机和高可用虚拟机，它们是“一对多”映射关系。

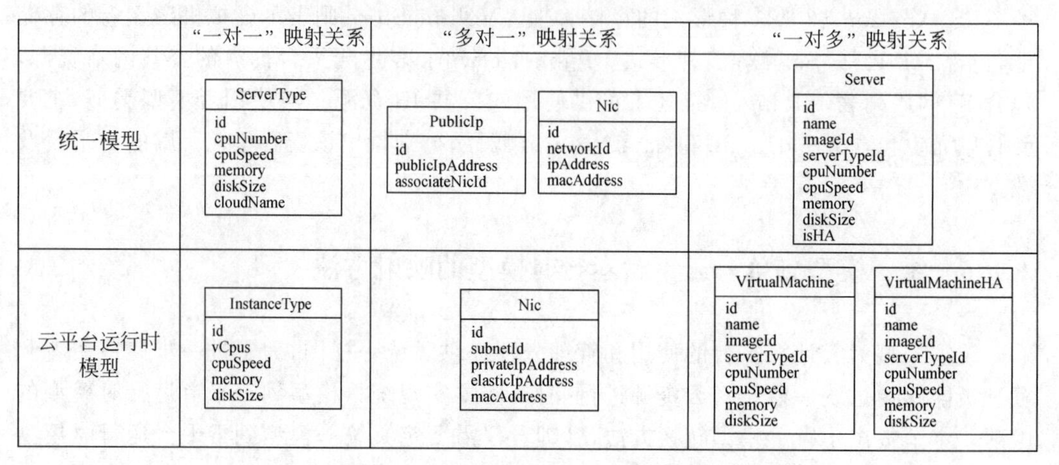

图 2-5　模型元素间的 3 种映射关系

此外，统一模型中的元素属性值与云平台运行时模型中的元素属性值也存在映射关系，它们通常是指，同一种功能或内涵的配置参数或系统指标，在统一模型和云平台运行时模型中有着不同的值表示。例如，虚拟机配置信息“CPU：2.5GHz；Memory：1G”在统一模型中表示为 ServerTypeId 的值为“small”，在云平台运行时模型中则表示为 ServiceOffering 的值为“a7d50774-d553-4ea6-b03e-6a168af2de14”；因此，在统一模型到云平台运行时模型的映射过程中，也需要保持其值的对应关系。

2. 模型操作的映射规则

云平台使用者和管理员通过模型操作进行管理任务的执行。云平台的管理任务，本质上是云资源的增减及其属性的查改。分别对应模型元素的 List、Add 和 Remove 操作及其属性的 Get 和 Set 操作。为了实现统一模型到云平台运行时模型的映射，需要将任何一个统一模型上的模型操作转换为一个云平台运行时模型上对应的模型操作，以达到预期的管理效果。如表 2-1 所示，定义了模型操作的映射规则：

表 2-1　模型操作的映射规则

	“一对一”映射规则	“多对一”映射规则	“一对多”映射规则
示例	A -> B A1.a1 -> B1.b1	A -> B A1.a1 -> B1.b1 C1.c1 -> B1.b2	A -> B 或 A -> C A1.a1 -> B1.b1 A2.a1 -> C1.c1

续表

	"一对一"映射规则	"多对一"映射规则	"一对多"映射规则
Get	Get A1. a1 —> Get B1. b1	Get A1. a1 —> Get B1. b1 Get C1. c1 —> Get B1. b2	Get A1. a1 —> Get B1. b1 Get A2. a1 —> Get C1. c1
Set	Set A1. a1 —> Set B1. b1	Set A1. a1 —> Set B1. b1 Set C1. c1 —> Set B1. b2	Set A1. a1 —> Set B1. b1 Set A2. a1 —> Set C1. c1
List	List * A —> List * B Get A. properties —> Get B. properties	List * A —> List * B Get A. properties —> Get B. properties	List * A —> List * B 和 List * A —> List * C Get A. properties —> Get B. properties 或 Get A. properties —> Get C. properties
Add	Add * A —> Add * B Set A. properties —> Set B. properties	Add * A —> Add * B Set A. properties —> Set C. properties 和 Set A. properties —> Set B. properties	Add * A —> Add * B 或 Add * A —> Add * C Set A. properties —> Set B. properties or Set C. properties
Remove	Remove * A —> Remove * B	Remove * A —> Remove * B	Remove * A —> Remove * B 或 Remove * A —> Remove * C

1）模型元素间"一对一"映射规则

存在统一模型中元素 A 与云平台运行时模型中元素 B 对应；那么，对元素 A 的 add，remove 或 list 操作转换成对元素 B 的相同操作，对元素 A 属性的 get 或 set 操作则转换成对元素 B 对应属性的相同操作。

2）模型元素间"多对一"映射规则

存在统一模型中的元素 A 与云平台运行时模型中元素 B 对应，且元素 B 的某些属性同时与统一模型中 C 元素的属性关联；那么，对元素 A 和元素 C 属性的 get 或 set 操作转换成对元素 B 对应属性的 get 或 set 操作，对元素 A 的 add、remove 或者 list 操作则转化成对元素 B 的相同操作，特别地，当元素 B 被创建时，属性的初始值同时从元素 A 和元素 C 中获取。

3）模型元素间"一对多"映射规则

存在统一模型中的元素 A 与云平台运行时模型中元素 B 或元素 C 对应；那么，对元素 A 及其属性的操作转化成对其对应元素和属性的相同操作；特别地，对元素 A 的 list 操作则转换成同时对元素 B 和元素 C 执行 List 操作。

3. 模型操作的描述方式

通过模型操作的转换，任何作用在统一模型上的操作将映射为作用在云平台运行时模型上的对应操作。如图 2-6 所示，这些模型操作将以 XML 文件的形式进行描述，同时，根据云平台的基本信息，传送到目标云平台运行时模型并执行，以实现预期的管理效果。

<table>
<tr><td rowspan="3">List</td><td>描述</td><td><action node="TypeS" type= "List">
<query node="TypeF" condition="Constraint" />
</action>
<return>
<node="TypeS" condition="Constraint1" />
<node="TypeS" condition="Constraint2" />
…
</return></td></tr>
<tr><td>Pre-前提条件</td><td>∃ TypeS s, ∃ TypeF f, s ∈ f ∧ f in condition of Constraint</td></tr>
<tr><td>示例</td><td>Find the “TypeF” element which satisfies the constraints and list “TypeS” elements which are its child nodes.</td></tr>
<tr><td rowspan="3">Get</td><td>描述</td><td><action key="KEY" type="get">
<query node="Type" condition="Constraint" />
</action>
<return key="KEY" value="VALUE" /></td></tr>
<tr><td>Pre-前提条件</td><td>∃ Type n, n in condition of Constraint ∧ “KEY” ∈ Type.attributes</td></tr>
<tr><td>示例</td><td>Find the “Type” element which satisfies the constraints and get the value of its “KEY” attribute.</td></tr>
<tr><td rowspan="3">Add</td><td>描述</td><td><action node="TypeS" type="add">
<query node="TypeF" condition="Constraint" />
<set key="KEY1" value="VALUE1" />
<set key="KEY2" value="VALUE2" />
</action></td></tr>
<tr><td>Pre-前提条件</td><td>∃ TypeF f, f in condition of Constraint ∧ “KEY1”, “KEY2” ∈ TypeS.attributes</td></tr>
<tr><td>示例</td><td>Find the “TypeF” element which satisfies the constraints and add a “TypeS” element as its child node.</td></tr>
<tr><td rowspan="3">Set</td><td>描述</td><td><action key="KEY" value="VALUE" type="set">
<query node="Type" condition="Constraint" />
</action></td></tr>
<tr><td>Pre-前提条件</td><td>∃ Type n, n in condition of Constraint ∧ “KEY” ∈ Type. attributes</td></tr>
<tr><td>示例</td><td>Find the “Type” element which satisfies the constraints and set the value of its “KEY” attribute to “VALUE”.</td></tr>
<tr><td rowspan="3">Remove</td><td>描述</td><td><action node="Type" condition="Constraint" type="remove" /></td></tr>
<tr><td>Pre-前提条件</td><td>∃ Type n, n in condition of Constraint</td></tr>
<tr><td>示例</td><td>Find the “Type” element which satisfies the constraints and remove it.</td></tr>
</table>

图 2-6　5 种模型操作

2.1.7　实验与评估

为了满足遗留系统整合和动态资源扩展等需求，一些大型企业常常需要构造混合云来统一管理不同云平台中的计算和存储资源。然而，目前尚不存在针对混合云管理的成熟的开源解决方案。为了验证本节方法的可行性和有效性，针对 Amazon EC2 公有云服务和基于 CloudStack 的企业私有云，从云平台使用者的角度，构造混合云管理系统，实现了面向云平台统一模型的管理程序开发。

1. CloudStack 与 Amazon EC2 运行时模型的构造

CloudStack 是一种开源的云平台管理软件，常用于企业私有云管理。图 2-7 模型图(上)描述了 CloudStack 软件体系结构模型(系统元模型)中的主要受管单元，包括项目(Project)、计算配置方案(ServiceOffering)、磁盘配置方案(DiskOffering)、虚拟机映像文件(Template)、虚拟机(VirtualMachine)和磁盘卷(Volume)等资源。其中，Project 表示项目，描述了项目的基本信息，包含计算配置方案列表 ServiceOfferings、磁盘配置方案列表 DiskOfferings、虚拟机映像文件列表 Templates、虚拟机列表 VirtualMachines、网络子网列表 GuestNetworks 和磁盘卷列表 Volumes。Template 表示项目可以使用的虚拟机映像文件，描述其操作系统信息。ServiceOffering 表示虚拟机计算配置方案，描述其 CPU 核数、内存大小等计算资源配置信息。DiskOffering 表示虚拟机磁盘配置方案，描述其磁盘大小等存储资源配置信息。GuestNetwork 表示网络子网，描述该子网的基本信息，并包含该子网拥有的公共 IP 地址的列表 PublicIps；PublicIp 表示可供外部网络访问的 IP 地址，为子网中拥有该 IP 地址的虚拟机提供外部网络的访问入口。Volume 表示磁盘卷，可为虚拟机增加额外的存储。VirtualMachine 表示虚拟机，描述虚拟机使用的映像文件、计算及存储配置方案等基本信息，同时，VirtualMachine 还包含虚拟机使用的虚拟网卡列表 Nics；Nic 表示虚拟网卡，描述其 IP 地址、MAC 地址及所在的网络子网等网络配置信息。Image 表示虚拟机映像文件，是虚拟机软件系统的载体。Subnet 表示某个网络子网，为虚拟机提供基本的网络服务。Volume 表示可定制的用于持久性数据存储的磁盘卷，可为虚拟机增加额外的存储空间。Instance 表示虚拟机，描述了虚拟机使用的映像文件、资源配置类型等基本信息，同时，Instance 包含其使用的虚拟网卡列表 Nics；Nic 表示虚拟网卡，描述虚拟网卡的 IP 地址、MAC 地址及所在的网络子网等网络配置信息。

给定 CloudStack 和 Amazon EC2 系统元模型，仍需要定义其上的模型操作，即访问模型；CloudStack 和 Amazon EC2 拥有大量的管理接口，通过定义模型操作到这些管理接口的映射规则，来对它们建模。在系统元模型和访问模型的基础上，SM@RT 工具能够自动生成模型转换程序，以保障系统运行时模型与运行系统的双向同步。于是，能够在模型层对 CloudStack 和 Amazon EC2 进行使用和管理。

2. 统一模型到云平台运行时模型的映射

如图 2-7 所示，统一模型(使用者模型)为云资源的使用提供了统一的全局视图；为了进一步使使用者能够通过统一模型对基于 CloudStack 的企业私有云及 Amazon EC2 公有云服务的计算、存储资源进行操作，需要实现统一模型到 CloudStack 和 Amazon EC2 运行时模型的映射。根据模型间的元素映射关系，定义了统一模型到云平台运行时模型的映射规则；其中，云平台虚拟机及网卡在模型间的映射关系，是映射规则描述的关键点。下面以统一模型中 Server 到 CloudStack 运行时模型中 VirtualMachine 的"一对一"映射，以及统一模型中 Nic 和 PublicIp 到 CloudStack 运行时模型中 Nic 的"多对一"映射为例，详细介绍映射规则的描述方式。

统一模型中 Server 与 CloudStack 运行时模型中 VirtualMachine 均表示虚拟机，它

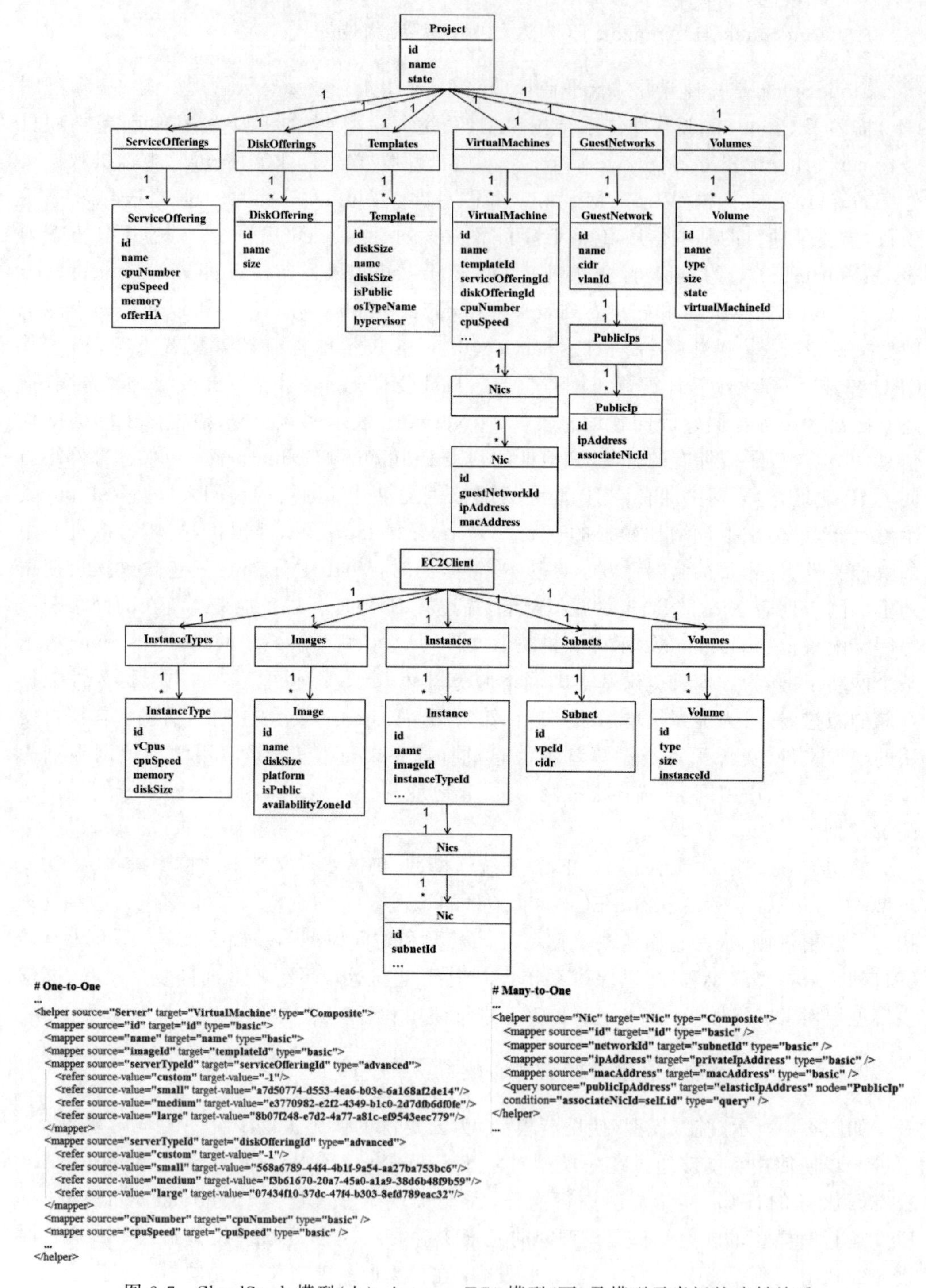

图 2-7　CloudStack 模型(上)、Amazon EC2 模型(下)及模型元素间的映射关系

们存在"一对一"映射关系,在如图 2-7 所示的映射规则描述片段中通过 helper 标签表示两个元素间的映射关系。Server 中 id、name、imageId、cpuNumber、cpuSpeed、cpuUsed 及 diskSize 等属性与 VirtualMachine 中 id、name、templateId、cpuNumber、cpuSpeed、 cpuUsed 及 diskSize 等属性存在对应关系，描述片段中通过 mapper 标签表示两属性间的映射关系。其中，mapper 标签的 type 为“basic”时，表示对应属性的属性值相等；例如，当 Server 的属性 cpuNumber 值为 3 时，VirtualMachine 对应的属性 cpuNumber 值也为 3。而 mapper 标签的 type 为“advanced”时，表示对应属性的属性值需要进行转换；例如，当 Server 的属性 serverTypeId 值为“small”时，VirtualMachine 对应的属性 serviceOfferingId 值为“e3770982-e2f2-4349-b1c0-2d7dfb6df0fe”。

统一模型中 Nic 表示虚拟网卡，描述了虚拟机所在网络子网、子网 IP 地址等网络配置信息，PublicIp 表示可供外部网络访问的 IP 地址，并描述了关联的 Nic 信息；而 CloudStack 运行时模型中 Nic 则描述了虚拟机所在网络子网、子网 IP 地址、外网 IP 地址等全部网络配置信息。因此，统一模型中 Nic 和 PublicIp 到 CloudStack 运行时模型中 Nic 是“多对一”映射关系。在如图 2-7 所示的映射规则描述片段中，通过 helper 标签表示统一模型中 Nic 到 CloudStack 运行时模型中 Nic 的映射关系，通过 mapper 标签表示两属性间的映射关系；特别地，通过 query 标签表示统一模型中与 Nic 关联的 PublicIp 属性 publicIPAddress 到 CloudStack 运行时模型中 Nic 属性 elasticIPAddress 的映射。

根据映射规则，作用在统一模型上的模型操作将转换为作用在 CloudStack 或 Amazon EC2 运行时模型上对应的模型操作。图 2-8 展示了统一模型上的虚拟机创建操作转换为 CloudStack 运行时模型上对应的模型操作并执行的过程，虚拟机创建操作描述如下：

（1）Query——查询一个 Server 元素，其 projectId 为“2edc7933-0a09-46eb”。

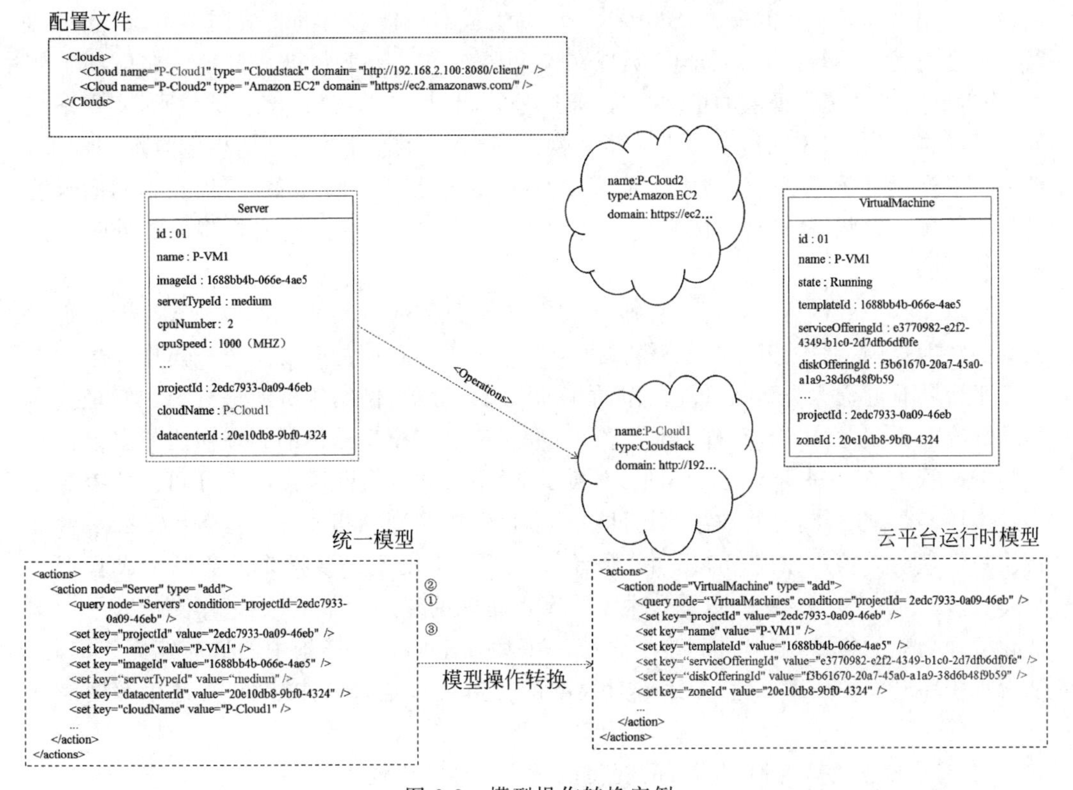

图 2-8　模型操作转换实例

（2）Add——创建一个 Server 元素。

（3）Set——为 Server 元素的属性赋值。

统一模型中待创建的 Server 元素的 cloudName 属性值为“P-Cloud1”，根据配置文件，可知目标云平台类型是 CloudStack；因此，Server 创建任务将转换为 CloudStack 运行时模型上的 VirtualMachine 创建任务。根据映射规则，模型操作会逐条进行转换：统一模型中 Server 元素的查询操作，将转换为 CloudStack 运行时模型中 VirtualMachines 元素的查询操作，其 projectId 为“2edc7933-0a09-46eb”；统一模型中 Server 元素的创建操作，将转换为 CloudStack 运行时模型中 VirtualMachine 元素的创建操作；统一模型中 Server 元素属性的赋值操作，将转换为 CloudStack 运行时模型中 VirtualMachine 元素对应属性的赋值操作，特别地，赋值操作的转换需要遵循属性值的映射规则，例如，统一模型中 Server 元素 serverTypeId 属性的值为 medium，那么，CloudStack 运行时模型中 VirtualMachine 元素 serviceOfferingId 属性的值为“e3770982-e2f2-4349-b1c0-2d7dfb6df0fe”，diskOfferingId 属性的值为“f3b61670-20a7-45a0-a1a9-38d6b48f9b59”。最后，生成的模型操作文件将传送到 CloudStack 运行时模型并执行，以实现预期的管理效果。

3. *方法评估*

下面从 3 方面对方法进行评估。

1）混合云运行时软件体系结构模型的构造工作评估

在单一云平台运行时模型的构造过程中，开发人员仅需要使用 SM@RT 建模语言定义系统元模型和系统访问模型，SM@RT 代码生成器就能够自动生成同步引擎，支持运行时模型与运行系统的双向同步，实现在模型层对单一云平台进行管理。在前期工作中，作者研究了系统元模型的推理方法，通过分析调用管理 API 的客户端代码，实现系统元模型的自动构造，该工作能够进一步降低单一云平台运行时模型的构造难度。此外，单一云平台运行时模型的构造工作是一次性的，它与管理 API 类似，可以在不同的云管场景中复用。因此，从管理功能复用的角度，构造单一云平台运行时模型的额外工作是可以接受的。

在单一云平台运行时模型的基础上，开发人员仅需要定义统一模型到云平台运行时模型的映射规则，就能够面向统一模型进行混合云管理程序的开发。统一模型描述了常见云平台共有的资源类型及管理操作，能够对计算、存储、网络等资源进行统一管理。为了验证统一模型对云平台管理功能的覆盖程度，将统一模型提供的管理功能与多个云平台的资源管理 API 进行比较。如图 2-9 所示，云平台共有的资源管理 API 可以覆盖各云平台的核心管理功能，且其数量均超过各云平台资源管理 API 的 70%，满足对云平台进行统一管理的需求。在前期工作中，作者研究了基于模型的多样化云资源集成管理方法，通过模型转换，实现单一云平台中系统管理功能的复用和集成，该工作支持云平台个性化管理功能的集成，能够进一步增强统一模型在不同管理场景中的适应能力。因此，从管理程序开发的角度，混合云运行时模型的构造代价是可以接受的，其适用程度是满足要求的。

2）基于模型语言与通用语言的管理程序开发难度比较

为了验证本节方法，针对一组常见的混合云管理任务，基于模型语言 QVT 和通用语

云平台共有资源管理API示例			
Compute	Server	CreateServer	创建虚拟机
		DestroyServer	销毁虚拟机
		UpdateServer	修改虚拟机
		ListServers	查询虚拟机
		StartServer	启动虚拟机
		StopServer	关闭虚拟机
		RebootServer	重启虚拟机
		MigrateServer	热迁移虚拟机
		ResizeServer	更改虚拟机硬件配置
	Image	CreateImage	创建虚拟机模板映像
		DeleteImage	删除虚拟机模板映像
		UpdateImage	修改虚拟机模板映像
		ListImages	查询虚拟机模板映像
	ServerType	ListServerTypes	查询虚拟机硬件配置方案
Storage	Volume	CreateVolume	创建磁盘卷
		DeleteVolume	删除磁盘卷
		ListVolumes	查询磁盘卷
		AttachVolume	附加磁盘卷到某个虚拟机
		DetachVolume	从某个虚拟机卸载磁盘卷
Network	Nic	AddNicToServer	添加网卡到某个虚拟机
		RemoveNicFromServer	从某个虚拟机卸载网卡
		ListNics	查询虚拟网卡
	Network	CreateNetwork	创建虚拟网络
		DeleteNetwork	删除虚拟网络
		UpdateNetwork	修改虚拟网络
		ListNetworks	查询虚拟网络
	PublicIp	ListPublicIps	查询公共IP
		AssociatePublicIpWithServer	绑定公共IP到某个虚拟机
		DisassociatePublicIpFromServer	从某个虚拟机撤销公共IP

云平台共有资源管理API的覆盖程度			
	OpenStack	CloudStack	Amazon EC2
Compute	81.50%	84.20%	73.90%
Storage	70%	71.40%	75%
Network	92.90%	76.90%	79.20%

图 2-9 云平台共有资源管理 API 统计

言 Java 分别实现了其管理程序。图 2-10 展示了混合云中虚拟机 CPU 负载报警任务的 QVT 和 Java 管理程序，其中，Java 程序需要 200 多行，而 QVT 程序仅需要 3 行，与 Java 程序相比，QVT 程序的难度和复杂度都要小得多。一方面，混合云软件体系结构模型对云平台管理接口进行复用，开发人员不用处理管理接口调用及底层数据交互等编程工作；另一方面，模型语言提供了一些模型层的复杂操作，例如，select 用于选出符合某种条件的所有模型元素，这些复杂操作进一步降低了编程难度和复杂度。表 2-2 对完成相同一组混合云管理任务的 QVT 和 Java 程序进行比较。任务一是列出混合云中的所有虚拟机，Java 代码行数为 205 行，而 QVT 代码行数为 3 行；任务二是根据混合云负载，选择一个云平台创建虚拟机，Java 代码行数为 223 行，而 QVT 代码行数为 17 行；任务三是混合云中虚拟机 CPU 负载查询，Java 代码行数为 218 行，而 QVT 代码行数为 3 行；任务四与任务五分别是混合云中所有虚拟机磁盘使用量和网络使用量的计算，同样地，QVT 程序的代码行数也远小于 Java 程序。

3）基于运行时模型与管理接口的管理程序执行性能比较

为了比较执行性能，在虚拟机使用数量为 10 台、20 台和 50 台的情况下，分别执行

QVT 和 Java 管理程序，完成相同一组混合云管理任务；在实验过程中，虚拟机在 CloudStack 私有云和 Amazon EC2 公有云中占比分别为 80%和 20%。如表 2-3 所示，QVT 程序的执行时间均会略高于 Java 程序。任务一、任务二均没有对运行的虚拟机进行操作，其管理接口的调用次数不随虚拟机数量的增长而变化，它们的执行时间也基本不变。任务三、任务四、任务五均需要获取每一台运行虚拟机的属性值，其执行时间与虚拟机数量呈线性增长，QVT 与 Java 程序的执行时间差也随之增大。其主要原因是，QVT 和 Java 程序从本质上均是通过调用云平台管理接口，来实现特定的管理功能；而模型方法还需要额外的操作来维护统一模型与运行时模型，以及运行时模型与底层系统间的同步机制；因此，QVT 和 Java 程序执行时间的差异与管理接口的调用次数呈线性增长。然而，与管理程序的执行时间相比，它们的差异并不大；特别地，从系统管理的角度看，这种性能上的差异是可以被接受的。

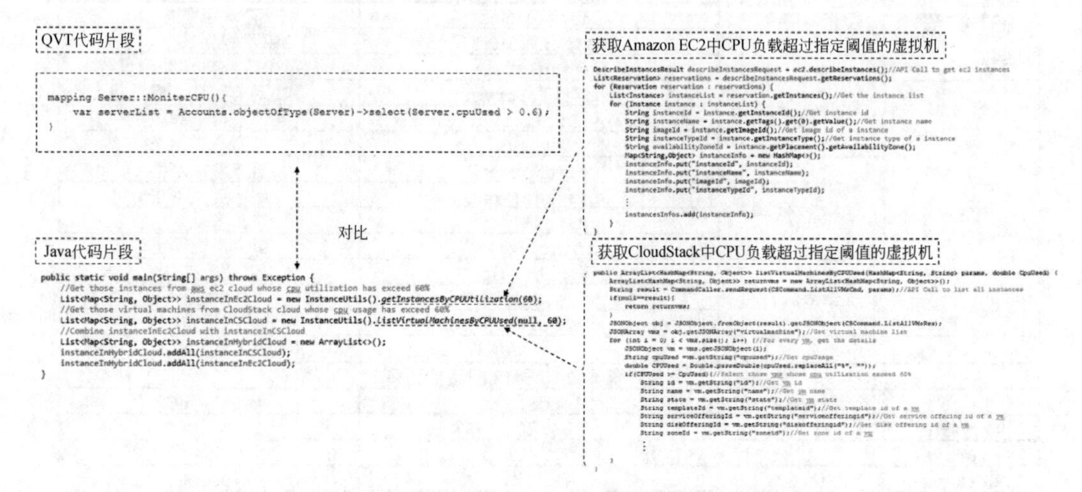

图 2-10　分别用 QVT 与 Java 实现的虚拟机监测程序

表 2-2　QVT 与 Java 程序开发难度比较

管理任务		虚拟机的展示	虚拟机的创建	虚拟机 CPU 负载报警	虚拟机磁盘使用量计算	虚拟机网络使用量计算
代码量(行)	QVT	3	17	3	13	13
	Java	205	223	218	241	241

表 2-3　QVT 与 Java 执行性能比较

管理任务		虚拟机的展示	虚拟机的创建	虚拟机 CPU 负载报警	虚拟机磁盘使用量计算	虚拟机网络使用量计算
10 台	QVT 执行时间(ms)	117	118	1148	1183	1098
	Java 执行时间(ms)	74	86	749	738	741
	API 调用次数	1	1	10	10	10
20 台	QVT 执行时间(ms)	160	128	2386	2413	2395
	Java 执行时间(ms)	113	79	1526	1493	1511
	API 调用次数	1	1	20	20	20

续表

管理任务		虚拟机的展示	虚拟机的创建	虚拟机 CPU 负载报警	虚拟机磁盘使用量计算	虚拟机网络使用量计算
50 台	QVT 执行时间(ms)	247	131	5876	6129	5812
	Java 执行时间(ms)	202	81	3826	3784	3816
	API 调用次数	1	1	50	50	50

2.1.8 总结

云平台管理接口和管理机制的异构性，给混合云管理系统开发带来极大难度和复杂度。本节提出一种基于运行时模型的混合云管理方法：开发人员仅需要定义统一模型与云平台运行时模型间的元素映射关系，任何统一模型上的管理操作就能够自动转换为云平台运行时模型上对应的管理操作，并最终作用到云计算系统上；于是，开发人员能够面向统一模型进行管理程序的开发，而不用处理管理接口调用及底层数据交互等繁杂、琐碎的编程工作。本节方法能够降低混合云管理系统开发的难度和复杂度。

未来工作的重点主要包含两个方面：一方面，将方法运用到遗产系统整合和动态资源扩展等混合云实际管理场景中，并完善特定场景下的支撑机制；另一方面，在方法基础上进行管理风格的研究，基于模型分析、推理等技术实现系统容错、安全监控等高级管理功能。

2.2 基于成本估算的 Android 应用计算卸载方法

随着人工智能与大数据的兴起，移动应用程序提供越来越多的功能，例如富媒体应用、增强现实、自然语言处理等。面对移动应用程序的计算越来越密集型，移动设备的性能和电池容量已经不能满足复杂移动应用程序的需求。计算迁移作为一种有效的方案被提出。计算迁移，即在远程服务器上执行应用程序的部分任务，从而提高移动设备性能和降低移动应用程序能耗。现在存在许多研究移动云环境中的自适应迁移决策算法的工作，但其中大部分基于程序高级抽象，而不是实际应用。针对真实的 Android 应用程序，本节提出了一种基于代码分析的 Android 计算迁移在线决策技术方法，该方法不仅分析应用程序，包括类、方法、对象以及对象间的调用关系等，以确定迁移代码的耦合程度；还考虑了不同的应用运行环境，包括设备和节点的计算能力以及它们之间的传输速率等，以权衡减少的执行时间和增加的网络延时。本节方法有效地解决了计算迁移中如何根据移动应用程序的计算复杂度和耦合度不同以及迁移决策方案随着移动设备的上下文环境变化而动态决策的问题。本节的主要工作如下。

(1) 基于代码分析技术，实现了对 Android 应用程序的建模。首先，使用 Soot 工具对 Android 应用程序进行静态代码分析获得 Android 应用程序的类、方法、对象及其调用关系，并提出一种得到 Android 应用程序的对象调用图的算法。另外，对 Android 应用程序进行动态分析从而获得方法的执行时间与数据传输量，对于动态分析中未收集到的方法数据，本节使用随机森林的方法进行预测。

(2) 提出了一种计算迁移的决策模型，该模型基于代码分析技术得到的对象调用图、方法执行时间和数据传输量，计算每个迁移决策方案的响应时间，并得到最优部署方案。同时，还讨论了影响计算迁移的决策的因素，并提出了上下文模型帮助决策，通过适应度函数进行决策方案的评估和选择最优方案。为了验证本节方法的有效性，在真实的 Android 应用上对本节的方法进行评估，结果显示，本节的方法能计算出有效的迁移方案，平均能够减少 8%～43%的执行时间，降低了 8%～42%的电量消耗。

2.2.1 引言

随着移动互联网和移动设备的快速发展，人们的生活已经和移动设备密不可分，人们已经习惯了移动设备带来工作上和生活上的便捷。2014 年移动经济报告中指出，在 2013 年，全球移动设备已经超过 69 亿，估计到 2024 年，移动设备的数量还将增长 60 亿。数年来不仅移动互联网技术从 2G 发展到 4G、WiFi，网络带宽有了显著提高，而且移动设备的硬件性能也有了质的提升。移动设备的性能越来越强大，它们拥有了更加高速的处理器，更大的运行内存，更多高质量的传感器以及更大、更清晰、更灵敏的屏幕，成百上千的开发者已经开发了上百万的移动应用程序，已变为最流行的计算平台。随着移动设备性能的提升，移动应用程序试图提供更多的功能，例如富媒体应用、增强现实、自然语言处理等，以提升移动设备的用户体验。

近些年来，伴随着人工智能和大数据的兴起，移动应用程序的计算和数据处理越来越密集。同时，随着计算和通信技术的飞速发展，移动应用的计算平台已经从智能手机和平板电脑扩展到可穿戴设备、车辆、无人机等。由于用户体验需求的提升以及计算越来越复杂的应用程序，因此移动应用的计算平台的两个最关键的限制变得日益突出。

一方面，不同计算平台的硬件配置是高度异构的，导致同一应用程序在不同的配置的计算平台中表现的性能差异较大。由于移动设备在近年来爆发式的增长，导致移动设备的配置多样化，移动设备之间的性能差异很大。所以即使是同一个移动应用程序在不同移动设备上的用户体验差别很大。例如，对于 2017 年销量较好的华为荣耀两款手机 Honor MYA-AL10 和 Honor STF-AL00 上运行《王者荣耀》，由于 Honor MYA-AL10 的配置为 1.4GHz 的 CPU、2GB 的 RAM，而 STF-AL00 的配置为 2.4GHz 的 CPU、4GB 的 RAM。同一应用程序《王者荣耀》在 STF-AL00 上运行会比在 Honor MYA-AL10 上运行更为流畅。调查结果显示，虽然用户知道移动设备的硬件配置较低会导致他们对应用程序的体验感下降，但是由于价格等因素，用户通常还是选择放弃使用这类对移动设备性能要求较高的应用程序而不是更换配置较好的移动设备。这就会使得移动应用市场损失一大部分的用户，对于开发者和供应商是极大的损失。

另一方面，移动设备的电池电量的存在局限性。大多数计算平台都是由电池供电，随着移动应用的复杂度和计算量越来越大，移动设备的耗电量也越来越大，现有的移动设备的电池容量已无法满足复杂移动应用的需求。由于移动设备的移动性的特性，其尺寸和重量必然受到约束，导致其电池容量受到限制。此外，虽然近年来移动设备的 CPU 和内存容量快速增长，但受到移动设备自身体积的限制，电池容量却增长缓慢不能满足人们的需求。2014年的“智能手机使用和购买驱动力”报告中指出：在购买智能手机时，用户认为移动设备的电池容量比移动设备的其他参数(如屏幕大小、CPU等)更加重要，因为电池容量影响着移动设备的待机时间，电池容量越大待机时间越长。

针对移动设备所面临的上述两大局限性，计算迁移作为一种有效的方案被提出。计算迁移，就是让一些计算密集型的应用程序在远程服务器上执行，让应用程序可以利用远程服务器强大的硬件资源和电力供应从而提高其响应速度和降低移动端电量消耗，所以计算迁移是一种能够有效减少移动设备电量消耗同时提升移动应用性能的技术。然而，移动设备和云之间的网络通信可能会导致明显的执行延迟。调查结果表明移动边缘云计算(Mobile Edge Computing，MEC)正在快速兴起，因为它提供了与远程云接近的计算能力，同时极大降低了移动设备与边缘计算节点的网络延迟，能够很好地解决了移动云计算的网络延迟性问题，所以本节引入了移动边缘计算。早期的计算迁移是研究代码切割和迁移机制，现已有许多成熟的计算迁移机制。然而，由于以下两方面原因，计算迁移是需要在动态决定才能得到更好的迁移效果。一方面，由于移动设备的移动性，所以移动设备的上下文环境(例如位置、网络和可用的计算资源)会随着移动设备的移动而改变。例如，当移动设备与远程服务器有较好的网络连接时，可以将计算密集型任务迁移到远程服务器；而当移动设备网络与远程服务器网络连接较差时，可以选择网络连接较好的移动边缘计算节点来代替。另一方面，因为应用程序各个部分的代码计算复杂度和耦合度不同，所以即使设备上下文环境相同，不同的应用程序代码块也需要在不同地方执行。例如，当移动设备与远程云以较差的网络连接时，部分计算密集型但数据传输量小的代码被迁移到远程计算节点上而其他部分在本地执行，可能有更好的执行效果。所以现在计算迁移的难点在于如何根据移动设备环境的变化和应用程序代码复杂度来选择一个最适合迁移计算任务的计算节点，即难点在于决策。

综上所述，计算迁移能够很好地消除移动设备的设备配置多样化和电池电量不足的两大局限性，给用户带来更好的移动应用体验。然而，由于移动设备的移动性，移动设备的上下文环境会随着移动设备的移动而改变，因此，需要根据设备上下文环境给出不同的迁移方案，这给应用开发带来很大难度。一方面，开发者需要对所开发的应用程序进行分析，分析的对象包括应用程序中的类、方法、对象，以及对象间的调用关系等，以确定迁移代码的耦合程度；另一方面，应用开发者还需要考虑不同运行环境的差异性，例如设备和节点的计算能力以及它们之间的传输速率等，对减少的应用执行时间和增加的网络延时进行权衡考虑。因为不同的应用程序的代码计算复杂度以及代码间的数据传输量不尽相同，所以应用程序代码迁移所产生的执行时间和传输时间不同。因此，如何根据设备上下文关系和应用程序代码复杂度来选择一个最适合的迁移计算任务的计算节点便成了一个难题。因此，本节基于代码分析的Android计算迁移在线决策技术研究具有重大的意义。

2.2.2 相关工作

在早期，有许多研究项目就试图将桌面应用程序进行切割，然后将切割后的部分应用程序任务迁移到性能强大的服务器上执行以此来提高低性能设备的处理能力。而后，国内外研究人员将这一想法应用在移动云计算，从而实现移动应用程序的计算迁移，从而在解决移动设备所面临的性能和电量消耗两大问题的同时提高用户的体验。伴随着移动云计算的兴起，移动设备性能的快速提升，网络带宽的不断增大，用户体验需求的不断提高和应用程序计算量的变大，移动设备上的计算迁移进入了一个新的时期，成为近年来热门的研究方向之一。

在移动云环境中，现有的计算迁移技术可以提高移动设备的性能和用户的体验，并且降低电量消耗，其迁移机制可分为三大类，即虚拟机层迁移、类方法级迁移以及线程级迁移。AIDE是虚拟机层的计算迁移，通过使用JVM工具，在运行时对移动Java应用进行切割。Cuckoo和MAUI提供了方法级的计算迁移。Cuckoo为了使应用程序的某些部分可以被迁移，要求开发人员在进行开发时遵循特定的编程模型。MAUI要求开发人员对.NET移动应用程序中的可迁移方法进行“可移动”标记。然后，分析器将决定哪些方法应该通过运行时分析真正迁移。它支持方法级的代码迁移，大幅节省能量消耗，同时最大限度地降低程序员的开发难度。ThinkAir还提供了方法级的计算迁移，但它关注云的弹性和可伸缩性，利用分布式集群提高云服务的计算性能。ThinkAir通过在云上创建完整的智能手机系统的虚拟机，解决了MAUI缺乏可伸缩性的问题，并消除了通过采用CloneCloud而引入的对应用程序/输入/环境条件的限制，从而进行在线方法级迁移。此外，ThinkAir提供了一种有效的方式来执行随需应变的资源分配，并且通过在需要时动态创建、恢复和销毁云中的VM来利用并行性。CloneCloud提供线程级计算迁移。CloneCloud结合使用静态分析和动态分析，以精细的粒度自动进行应用程序分区，同时优化目标计算和通信环境的执行时间和能源使用。在运行时，通过将线程从选定点处的移动设备迁移到云中的克隆，在云服务中针对分区的剩余部分执行，并将迁移的线程重新集成回移动设备来实现应用程序分区。这些工作主要关注迁移机制，其中有一个性能强大且始终连接的云。本节使用的迁移机制是基于类方法级的，重点研究的是类对象级迁移的决策问题。

近年来，围绕着如何根据移动设备环境的变化和应用程序代码复杂度来选择一个最适合迁移计算任务的计算节点这一难点，移动计算迁移的研究集中于研究迁移策略方面。虽然云计算和虚拟化技术的发展使得移动设备能够通过计算迁移技术将应用程序的多个计算部分迁移到强大的云服务器来克服移动设备资源紧缺的问题，Deng等主要解决的问题是如何根据应用程序的复杂度来决定是否迁移，并考虑了基于移动设备的移动性，如何解决移动网络的不稳定连接对迁移的影响，提出了一种基于遗传算法的计算迁移决策方法，该方法考虑了应用程序任务之间的依赖关系、用户的位置和容错性，旨在优化执行任务时间和耗能。计算迁移可以减少移动设备的电量消耗，但是也可能导致程序响应时间较长。现有的计算迁移方法虽然已经解决了移动设备电量消耗与程序响应时间之间的权衡问题，但是未考虑到用户对设备电量和响应时间的依赖性的因素。Hong等以用户对电量消耗和程序延迟之间的偏好提出了一个QoE函数，并用动态规划来解决数据迁移调度问题。Zhou等提出了一种MCC迁移原型系统，该系统考虑了移动自组网、cloudlet和公共云等多种云资源，以提供自适应MCC服务并且提出了一种上下文感知迁移决策算法，目的是在运行时提供选择无线介质的代码迁移决策，以及基于设备上下文的潜在云资源作为迁移位置。Chen等提出了一种新型的三层架构(可穿戴设备、移动设备和远程云)代码迁移技术,研究了一种新颖的实时目标迁移策略,并提出了一种基于遗传算法(GA)的高效算法来解决该问题。Jin 等针对环境变化并考虑移动云环境多站点下的计算迁移动态决策问题,提出了一种基于记忆的运行时应用重分区的自适应遗传算法。Ali 等提出了移动设备能耗的详细模型,估计应用程序在本地、远程或混合执行时(即部分在设备上,部分在云基础架构中)所消耗的电量。根据这些能耗估算在运行时确定应用的迁移部分。Chen 等提出了 MEC 环境下多用户多任务计算迁移问题,并使用李雅普诺夫优化方法确定能量收集策略,引入集中式和分布式 Greedy 极大调度算法来解决问题。Lin 等提出了一种新型的迁移系统,用于为移动服务设计健壮的迁移决策。方法考虑了组件服务之间的依赖关系,旨在降低执行移动服务的执行时间和能耗,设计并实现了一种基于遗传算法的迁移方法。以上这些工作主要侧重于移动云环境中的自适应迁移决策算法,其中大部分基于程序高级抽象,而且这些工作都是基于已知程序的任务流程图进行建模分析,并不是针对真实的 Android 应用。

现在,代码分析技术国内外研究大多数都是应用于应用程序安全和代码错误(Bug)检测两大方面。针对程序代码中的一些常见的缺陷,预先设定程序代码的缺陷模式,使用代码分析技术分析被检测的代码并匹配预先设定的缺陷模式从而分析出被检测代码中存在的缺陷,Liang 等提出了一个“可半自动化扩展”的代码缺陷静态分析方法。针对目前代码分析技术中覆盖率较低的问题,低分支覆盖的原因主要包括可行的分支困难和存在不可行分支:在第一种情况下,一个低分支覆盖表明分支存在,并建议当前的测试工具应增加更多的测试用例;在第二种情况下,低分支覆盖不会缺少测试用例,是由于程序结构引起的,所以 Baluda M 等提出了一种双向符号执行的代码分析技术,以此来提高代码分析的覆盖率,解决如 DO-178C 问题,覆盖不完整可能会错过一些诱发严重问题的测试。Baluda 提出了新的代码分析技术并定义分支覆盖的可行分支,该方法定义了许多可行的要素,同时排除了许多不可行要素,从而提出证明可行分支的方法,进而达到代码分析的高覆盖率。针对网络协议(如 DNS、DHCP 和 Zeroconf)的实现容易出现缺陷,比如安全漏洞、开发人员的错误和协议规范中模糊的要求导致的互操作性问题。由于网络协议的复杂性错误是难以检测的,不论是经过充分的研究还是采用成熟的协议,只有经过复杂的网络包序列测试才会表现出错误。例如,只有在特定情况下,DNS 服务器才会出现缓存中毒攻击的问题。Song 等使用代码分析与符号执行组合的方法并使用基于规则的网络协议规范自动生成高覆盖测试包,最终实现在网络协议中找到语义错误的方法。以上这些工作的关注点是使用代码分析技术与符号执行技术来分析对象调用关系和提高代码分析的覆盖率并用于程序安全分析。本节使用代码分析技术来分析应用程序对象调用关系从而进行建模。

在以前的计算迁移工作中,有许多成熟的迁移机制,例如,MAUI、ThinkAir、CloneClou 等。本节使用一种支持按需迁移的应用程序迁移机制——DPartner,DPartner 是基于类的计算迁移,对于给定的 Android 应用程序,DPartner 首先分析其字节码,以发现值得迁移的部分,然后重写字节码,实现一个支持按需迁移的特殊程序结构,并最终生成两个工件,分别部署到 Android 手机和服务器上。

本节重点介绍如何在移动边缘计算中支持具有迁移功能的 Android 应用程序。它不同于以前的两个方面的工作。首先,代码分析得到对象调用关系,之前的大部分代码分析工作并没有做。其次，结合静态分析与动态运行数据得到部署方案，之前的大多数工作仅基于于程序高级抽象建立自适应迁移决策算法。

2.2.3 方法概览

1. 应用场景

本节将通过一个实际的应用场景来分析计算迁移如何根据设备上下文环境动态决定选择迁移的移动边缘计算节点，从而体现出计算迁移决策的重要性。如今，很多研发团队都在研究无人车(UGV)技术并将之应用于各个领域，例如，2016 年 9 月 1 日，京东集团宣布由其自主研发的中国首辆无人配送车已经进入路测阶段；2018 年 3 月 24 日消息，美团 CEO 王兴出席“人工智能时代的美好生活”分论坛并表示美团近日已在大悦城进行了无人配送试点；一种名为 Kiwi 的新型外卖机器人已大量出现在加州大学伯克利分校。它是一个滚轮式机器人，主要任务是在校园内送外卖。本节以无人车校园送餐为例，无人送餐车接收到外卖商家的订单并由商家把外卖商品放入无人车内，然后根据已有的任务订单进行目的地的最短路径规划，无人车到达目的地之后，就会自动给用户打电话通知用户来取餐，最后，用户输入订餐的电话号码来确认取餐。图 2-11 显示了无人车的送餐过程，应用中主要包括 5 个计算任务：无人驾驶模块、路径规划模块、环境感知模块、电话呼叫模块和取餐验证模块。这 5 个模块的计算任务复杂度都是不同的。其中路径规划模块是一个计算密集型的任务，大多数情况适合被迁移到远程服务器上执行；而电话呼叫模块由于计算任务简单，大数情况下适合在本地执行。

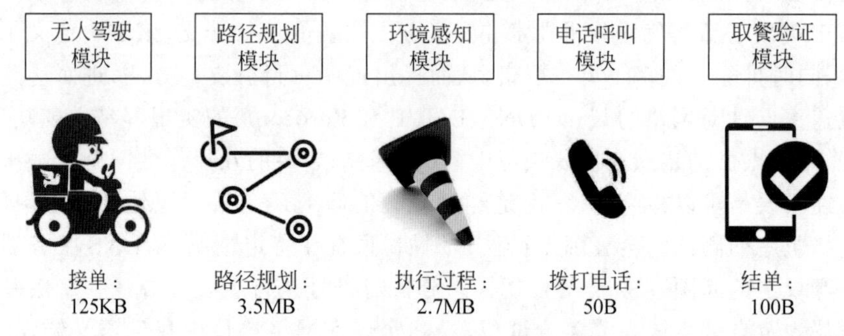

图 2-11 无人车送餐应用过程

如图 2-12 所示，表示的是无人车在校园移动在不同地点时，无人车所处的上下文环境的变化情况。图 2-12 中表示无人车在不同地点会有不同的移动边缘计算节点可以进行迁移。例如，在宿舍楼可以迁移到边缘计算节点 E1 与公有云 Cloud 相连，在教学楼可以迁移到边缘计算节点 E1、E2 与公有云 Cloud 相连，在实验楼可以迁移到边缘计算节点 E2 与公有云 Cloud 相连，在花园只可以迁移到公有云 Cloud 中。移动应用程序除了自身的程序的计算复杂度影响自身程序的性能之外，还受到移动边缘计算节点的计算能力和网络传输速率等因素的影响。因此，需要根据设备上下文环境和应用程序代码的复杂度来决定迁移的部署方案，从而提高用户的体验和减少应用程序的响应时间。

然而实现移动计算迁移如何根据设备上下文关系和代码复杂度决定迁移的部署方

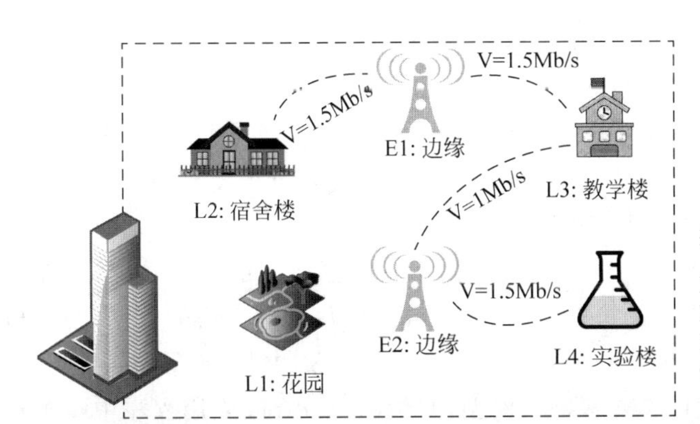

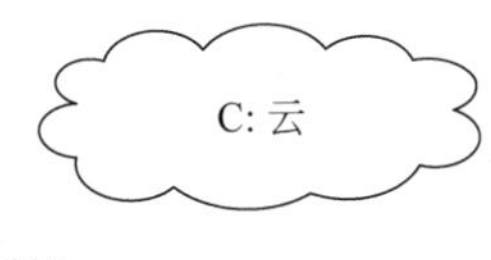

描述

Device:1.4GHz 4core CPU 2GB RAM
E1: 2.5GHz 8core CPU 4GB RAM
E2: 3.0GHz 8core CPU 8GB RAM
Cloud: 3.6GHz 16core CPU 16GB RAM

图 2-12 UGV 校园上下文环境

案是计算迁移现存在的一大技术难题。这一技术难题主要来源于以下两个方面：

一方面，如何根据应用程序不同的计算复杂度和耦合度，选择迁移的计算节点。假设设备上下文相同，由于应用程序代码的计算复杂度和耦合度不同，因此不同程序代码也需要在不同地方执行。例如，有两个对象，其中一个对象的计算复杂度大，在迁移到远程执行有更好的效果，另一个对象虽然计算复杂度小，但是与另一个对象的数据传输量大，此时，为了减少数据传输的时间，应该当把这两个对象迁移到同一个边缘计算节点中。

另一方面，如何根据设备上下文信息的变化，选择迁移的计算节点。由于移动设备具有移动性，设备在一天中的位置是不断变化的，所以所提出的迁移策略必循根据变化的上下文信息来动态选择最优的计算节点来进行迁移。然而，根据移动设备上下文变化选择最优的计算迁移节点来进行迁移是一个难点，因为必须同时考虑计算节点的处理能力、移动设备和计算节点之间的网络传输情况以及应用程序代码的计算复杂度等多个因素。其中，移动设备和计算节点之间的网络传输情况和程序代码之间的数据传输量决定了网络传输时间，计算节点的处理能力决定了服务器处理需要的时间。在所考虑的应用场景中，存在多种不同处理能力和网络连接质量的移动边缘计算节点，如图 2-12 所示，无人车在花园时，只有云资源 Cloud 可以进行迁移，但其网络连接较差从而大大增加了网络延迟时间，所以应该选择本地执行路径规划模块的任务，因为路径规划模块的数据传输量大，网络传输时间很长；无人车在实验楼时，有较好的网络连接，由于路径规划模块计算任务大，数据传输量大，所以应该选择网络连接质量较好的边缘计算节点。

2. 本节的方法

为了解决应用场景中所提到的两大难点，即如何根据应用程序的计算复杂度和耦合度不同和移动设备上下文信息的变化来动态选择迁移的计算节点，本节提出了一个新的基于对象迁移的在线决策方法，它支持移动应用程序在移动边缘计算环境下的迁移决策方面具有良好的服务能力。

首先，为了使移动设备的上下文环境发生改变时，Android 应用程序依然保持可用状态，并可以以动态方式在移动设备、移动边缘和云端之间迁移。本节基于现有成熟的计算迁移机制 DPartner，DPartner 可以重构 Android 应用程序以在移动设备和云之间迁移,本节提出了一种新的对象代理机制来支持移动边缘计算环境下的自适应迁移。计算迁移被设计为远程创建、迁移和调用执行计算的对象。

其次,决策模型被设计为根据移动设备上下文环境自动确定迁移方案,其中应用程序的不同部分可以在移动设备上执行、移动边缘和云。使用代码分析技术抽取应用程序的对象关系调用图,并定义哪些对象是可迁移的。

最后,引入信息模型来收集关于每个方法调用的平均数据流量的历史数据,以及它们在移动设备、云和每个移动边缘上的执行时间,对于没有收集到的方法的数据,使用机器学习的方法进行预测,基于此提出了一种算法来找到每个对象的最佳部署位置。

该方法实现了支持迁移的设计模式和决策模型,并给出 Android 应用程序中每个对象部署在移动边缘环境中的计算节点上的方案。当移动设备从一个位置移动到另一个位置时,所提出的方法支持遵循设计模式的应用程序保持可用并在移动设备、移动边缘和云之间迁移。另外,所提出的方法可以根据程序的对象调用图自动确定应用程序的迁移方案。

3. 对象迁移机制

在 DPartner 的迁移机制中,对于 Android 应用程序,它被组织为一组相互关联的类,类方法表示可调度的最小计算粒度。因此,DPartner 是实现为远程部署和调用单个类实例或执行计算一组类的实例。本节基于现有成熟的计算迁移机制 DPartner,提出了一种新的对象代理机制来支持移动边缘计算环境下的自适应迁移。下面将简要介绍所提出的新的对象迁移机制。

由于 Java 的世界中,一切皆是对象,所以 Android 应用程序的执行可以抽象为来自不同对象对方法进行调用。在移动边缘计算中,需要根据设备上下文在不同的计算节点上执行类的方法。本节假设一个移动边缘计算的网络环境,其中,

(1) 所有的边缘总是连接到云;

(2) 移动设备总是连接到云;

(3) 移动设备可以连接到附近的边缘。

在这样的假设下,可以得出移动边缘计算中方法调用的两种关键模式。

第一,当两个对象都部署在设备或同一计算资源上时,它们可以在本地相互交互,如图 2-13(a)所示,对象 X 首先获取对象 N 的本地引用,然后调用对象 N 的方法,最后得到方法调用的结果。即所谓的 In-VM 程序结构。

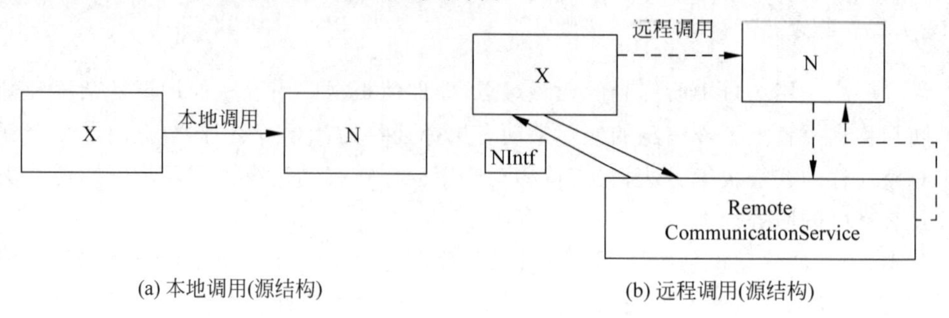

图 2-13 Android 应用程序中对象迁移设计模式

第二，当一个对象部署在设备上而另一个对象部署在连接的服务器(移动边缘或云)上时，同时设备与远程服务器之间可以互相交互，如图 2-13(b)所示，对象 X 从远程通信服务获得对对象 N 的远程引用，然后使用该引用远程与对象 N 交互。远程通信服务负责通过网络将对象 N 的引用与对象 N 相关联。

4. 决策方法架构图

通过本节提出的基于代码分析的计算迁移在线决策方法，可以对 Android 应用程序的代码复杂度和耦合度以及移动设备当前所处的上下文环境得出对应的 Android 应用程序的对象部署方案。如图 2-14 所示，首先对于给定的 Android 应用源码，使用静态代码分析工具 Soot 并结合符号执行的思想，实现了一个模拟符号执行的静态机制来分析对象之间的关系。通过这个分析机制可以得到整个应用程序的对象调用图、对象集合和对象之间的调用关系及次数。同时对 Android 应用程序代码进行分析可以直接获得类的集合和所有类的方法的集合，此外，还对每个函数方法体进行了代码分析，得到了函数方法体的 5 个代码特征。其次，静态代码分析虽然有检测速度快、效率高和覆盖率高的特点，但是由于静态代码分析是不执行实际程序的，所以对于分析代码的执行以及方法间的数据传输量问题是无能为力的。所以本节采用动态代码分析技术得到了部分方法执行的时间和方法间的数据传输量，由于收集动态代码分析的缺点不能保证百分之百的覆盖率，所以通过静态代码分析获得的所有方法的特性，使用随机森林的机器学习算法预测那些在动态代码分析中没有收集到的方法的数据。最后，对之前所获得的信息通过算法得出一个最佳的对象部署方案。

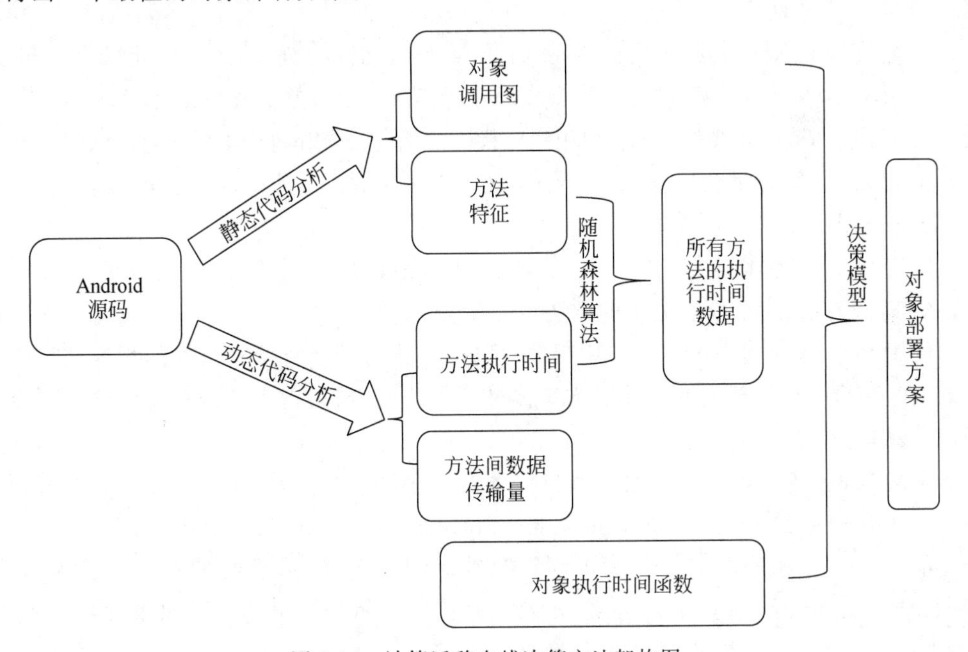

图 2-14 计算迁移在线决策方法架构图

2.2.4 计算迁移在线决策方法建模

1. 基于静态分析的应用建模

在 Java 程序的世界中，一切皆是对象。本节将 Android 应用程序划分为对象，并把对象作为迁移的最小单位。在之前关于计算迁移决策算法研究方面的工作，其中大部分基于程序高级抽象，而不是实际应用，然后对应用程序的抽象后任务调用图进行算法研究，例如，Deng 等的工作是在知道迁移的应用程序的任务调用流程图后，根据移动设备的移动性，考虑如何消除移动网络的不稳定连接对迁移的影响，然后提出了一种基于遗传算法的计算迁移决策方法。本节提出了一种基于代码分析的 Android 计算迁移在线决策技术方法，该方法针对真实的 Android 应用程序来分析应用程序，包括类、方法、对象，以及对象间的调用关系等，以确定迁移代码的耦合程度，并建立起 Android 应用程序的对象调用图。

目前成熟的代码静态分析工具 Soot 每秒可扫描上万行代码，相对于动态分析，具有检测速度快、效率高和覆盖率高的特点。然而对于分析 Android 应用程序代码的对象调用图需要的就是能够快速扫描分析全部的代码，尽可能达到高的覆盖率。所以在对于分析 Android 应用程序的对象调用图时，本节采用的是 McGill 大学 Sable 研究小组开发的 Java 字节码分析工具 Soot，Soot 可以对 Android 应用程序进行静态分析，可以进行过程内和过程间的分析优化，以及程序流程图的生成。

1）类和方法建模

在对象调用图中，顶点是由对象的集合 OBJ 组成，而每个对象定义为 $obj_i = <objectId, C_t, M_{rs}>$，所以需要通过静态代码分析获得每个对象所属的类 C_t 和创建该对象的方法 M_{rs}。本节中定义 Android 应用程序代码的类的集合和每个类中所有方法的集合。

定义 2.1：类的集合定义为 $C=\{C_0, C_1, C_2, \cdots, C_i\}$，其中，$C_i$ 表示类名，C 表示 Android 应用程序中所有类名的集合

定义 2.2：方法集合定义为 $M_i=\{M_{i0}, M_{i1}, \cdots, M_{ij}\}$，其中，$M_{ij}$ 表示 C_i 的 M_j 方法，M_i 集合表示 C_i 中所有方法的方法名的集合。

使用 Soot 工具对 Android 应用程序代码进行分析可以直接获得类的集合和所有类的方法的集合，此外，还对每个函数方法体进行了代码分析，得到了函数方法体的 5 个代码特征，如定义 3。

定义 2.3：函数 M_{ij} 的集合由其方法体的 5 个特征组成，每个函数方法体的特征为 $M_{ij} = <\text{blockDepth}, \text{percentBranchStatements}, \text{complexity}, \text{statements}, \text{calls}>$。

定义 2.3 中的 blockDepth 表示函数深度，函数深度指示函数中分支嵌套的层数。percentBranchStatements 表示分支语句比例，该值表示分支语句占语句数目的比例，这里的“分支语句”指的是使程序不顺序执行的语句，包括 if、else、for、while 和 switch。complexity 表示方法的圈复杂度，圈复杂度指示一个函数可执行路径的数目，其计算公式如式(2-1)所示，e 为控制流图的边的数量，n 为控制流图的节点数。statements 表示方法的语句数，calls 表示方法内部调用的次数，使用 Soot 工具可以直接得到以上特征参数。

$$complexity = e - n + 2 \quad (2\text{-}1)$$

定义 2.4：类方法之间的关系为 $R_{mn}^{ij} = < M_{ij}, M_{mn}, \text{calltime} >$。

R_{mn}^{ij} 表示 M_{ij} 方法的函数体内调用了 M_{mn} 的次数为 callTime，使用 hashmap 的 key 为 $M_{ij}@M_{mn}$，value 为 callTime，如果 key 相同，则 callTime 自加 1，从而得到 callTime，定义 M_{mn} 是 M_{ij} 的后继，记所有 M_{mn} 组成了 M_{ij} 的后继集合 Post(M_{ij})。

2）对象和调用建模

由于 Soot 工具无法实现跨函数之间的对象关系，在其基础上使用符号执行的思想，实现了一个模拟符号执行的静态机制来分析对象之间的关系。通过这个分析机制可以得到整个应用程序的对象调用图、对象集合、对象之间的调用关系及次数。首先定义对象调用图的节点是对象的集合，节点与节点之间的边是对象与对象之间的调用关系。

定义 2.5：对象调用图定义为 $G = < \text{OBJ}, \text{INVOKE} >$。

OBJ 表示对象的集合，表示为 $\text{OBJ} = \{\text{obj}_0, \text{obj}_1, \cdots, \text{obj}_i\}$，每个对象表示为 $\text{obj}_i = < \text{objectId}, C_t, M_{rs} >$，其中，objectId 是该对象唯一的标识符，$C_t$ 表示该对象所属的类，M_{rs} 表示创建该对象的方法；INVOKE 表示对象之间调用关系的集合，定义 $\text{invoke}_{j.pq}^{i.rs} = < \text{obj}_i, M_{rs}, \text{obj}_j, M_{pq} \text{invokeTimes} >$ 为 INVOKE 的元素，表示对象 obj_i 的 M_{rs} 方法中调用了 obj_j 的 M_{pq} 方法，invokeTimes 表示 obj_j 执行 M_{rs} 方法时，内部调用了 obj_j 的 M_{pq} 方法的次数。

基于以上这些定义，使用 Soot 工具将 Android 应用程序源码编译为 Jimple 中间表达式，然后对编译后的语言使用算法 2.1 进行分析，得到 Android 应用程序的对象调用图。整个算法流程主要包括三大步骤。

步骤 1，遍历 U_{rs} 集合并识别中的 U_{rs}^k 中是否含有关键字；

步骤 2，根据步骤 1 所遍历的结果来更新 OBJ 和 INVOKE 这两个集合；

步骤 3，如果检测到方法中有调用方法，则跳转入被调用的方法，执行步骤 1。

算法 2.1：The Generating-OCG Algorithm Framework

Input：A main activity method M_{rs}, its statement $U_{rs} = \{U_{rs}^0, U_{rs}^1, \cdots, U_{rs}^k, \cdots, U_{rs}^n\}$;

Output：A object call graph $G = < \text{OBJ}, \text{INVOKE} >$;

```
1.  OBJ←∅, INVOKE←∅;
2.  generateG(M_rs){
3.  for each U^k_rs ∈ U_rs do
4.      if ∃"invoke" && ∃"<init>" then
5.          obj_i ← <objectId, C_t, M_rs>;
6.          OBJ ← OBJ + {obj_i};
7.      end if
8.      if ∃"invoke" && "<init>" then
9.          obj_i ←getINvokeObject(U^k_rs);
10.         M_pq ←getInvokeMethod(U^k_rs);
11.         invoke^{i.rs}_{j.pq} ←{obj_i, M_rs, obj_j, M_pq, ++invokeTimes};
12.         INVOKE←INVOKE+{invoke^{i.rs}_{j.pq}}
13.         generateG(M_pq)
14.     end if
15. end for}
```

这里，对算法 2.1 的过程进行详细的阐述。首先将 Android 应用程序的 Jimple 中间表达式作为整个程序的输入，并遍历查找到 mainactivity 方法，并将 mainactivity 方法初始标记为 M_{rs}，U_{rs} 为 M_{rs} 的语句集合，U_{rs}^k 为 M_{rs} 的第 k 句代码。算法先生成两个空集合，分别为 OBJ 和 INVOKE，然后将方法 M_{rs} 的方法名作为 generateG 函数的参数，之后在 generateG 函数内对方法 M_{rs} 语句集合 U_{rs} 进行遍历，如果 U_{rs}^k 语句中同时存在"invoke"和"< init >"这两个关键词，则说明这个语句是一个生成对象的语句，算法将根据语句中的其他信息来获取生成对象的信息，并生成对象的信息存入对象 obj_i 中，并将 obj_i 对象加入对象集合 OBJ。如果 U_{rs}^k 语句中存在"invoke"关键词但不存在"< init >"这个关键词，则说明这个语句是调用语句，将根据语句中其他信息来获取这个语句中调用外部函数的对象名 obj_j 和方法名 M_{pq}，从而生成对象之间的调用关系 $\mathrm{invoke}_{j.pq}^{i.rs}$，并将 $\mathrm{invoke}_{j.pq}^{i.rs}$ 加入 INVOKE 集合，因为有调用外部函数，所以采用深度优先遍历的算法，将外部调用函数的方法名 M_{pq} 作为 generateG 函数的参数继续遍历。最终生成整个 Android 应用程序的对象调用图 $G=$< OBJ，INVOKE >。图 2-15 为对象调用图的一个简单例子。

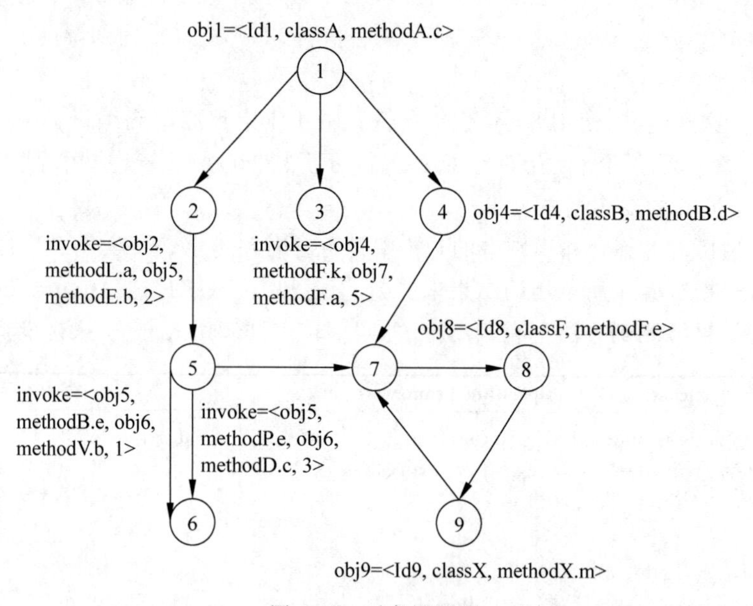

图 2-15 对象调用图

2. 基于动态分析的应用建模

静态代码分析虽然有检测速度快、效率高和覆盖率高的特点，但是由于静态代码分析是不执行实际程序的，所以对于分析代码的执行的方法间的数据传输量问题是无能为力的。程序的动态分析是相对于静态代码分析的另外一种的程序分析策略，它是需要实际执行程序的。动态代码分析相对于静态代码分析的优势是能够检测静态分析中无法检测的依赖项，例如，使用反射、依赖注入、多态的动态依赖关系和可以收集时间信息。使用动态代码分析技术，在 Android 应用程序代码中进行程序插桩，以此来收集每个对象调用某个方法时，这个方法的执行时间。

1）方法执行时间直接计算

在之后的方法中，需要根据这些建模的信息来建立起目标时间评估函数，所以需要得知每个方法的执行时间和方法间的数据传输量，但由于之前的静态数据无法获取每个方法的执行时间和数据传输量，因此提出动态代码分析技术，在运行时收集方法间的数据传输量和方法执行时间，并对进行建模。这里首先对 Android 应用程序代码进行程序插桩，并在程序历史执行过程中，记录运行时创建的对象，对象调用方法的执行时间以及每一个方法除去内部调用的执行时间以及每一次方法执行过程的数据量。

定义 2.6：每个方法执行时间为 $\text{Einvoke}_{n_k}^{M_{ij}} = \langle M_{ij}, \text{Etime}, \text{EdataSize}_{ij}, n_k \rangle$。

$\text{Einvoke}_{n_k}^{M_{ij}}$ 表示为方法 M_{ij} 在计算节点 n_k 上的执行时间和数据传输量的集合，其中 EdataSize_{ij} 表示 M_{ij} 的数据传输量，Etime 为执行时间，n_k 为计算节点。

因为本节中的迁移最小单位是对象，所以通过动态代码分析收集到的方法执行时间并不是真正的这个对象的执行时间，方法中可能会有其他对象调用方法，而是要除去对象所执行方法中除去外部调用的时间才是这个对象调用方法的执行时间。

定义 2.7：方法除去外部调用的时间为

$$\text{Sinvoke}_{n_k}^{M_{nm}} = \text{Einvoke}_{n_k}^{M_{ij}} - \sum_{M_{nm} \in \text{Post}(M_{ij})} (\text{Einvoke}_{n_k}^{M_{mn}} \times R_{nm}^{ij}.\text{callTime}) \tag{2-2}$$

$\text{Sinvoke}_{n_k}^{M_{ij}}$ 表示为方法 M_{ij} 在计算节点 n_k 上的除去外部调用的执行时间和数据传输量的集合，其中 SdataSize_{ij} 表示 M_{ij} 的数据传输量，Stime 为执行时间，n_k 为计算节点。

因为方法除去外部调用的时间无法直接获得，所以根据类之间的关系 R_{nm}^{ij} 得出式(2-2)。式(2-2)的含义即方法 M_{ij} 在上节点 n_k 除去方法外部调用的时间 $\text{Sinvoke}_{n_k}^{M_{ij}}$ 为方法 M_{ij} 在上节点 n_k 的全部执行时间 $\text{Einvoke}_{n_k}^{M_{ij}}$ 减去方法 M_{ij} 后继集合中所有方法在节点 n_k 上的全部执行时间乘以其被调用次数的时间。

2）方法执行时间间接评估

由于动态代码分析技术的缺点是不能保证被分析的源代码的全部覆盖率，所以在客户端收集的历史数据中存在没有收集到的部分方法的数据。因为机器学习是通过训练数据学习一些模型，然后进行预测，并被广泛应用于解决数据预测问题，且随机森林算法已经被证明能够更加有效地处理不平衡数据问题，并大大提高鲁棒性，所以本节采用随机森林的机器学习算法对在动态代码分析中未收集到方法的数据进行回归预测。根据定义 3 可以收集到执行时间的方法的 blockDepth、percentBranchStatements、complexity、statements、call 信息为特征属性，如式(2-3)所示。其执行时间为预测属性组成训练集，训练集如表 2-4 所示，之后采用十折交叉验证法来验证模型，并使用模型来预测未收集到执行时间的方法的执行时间。

$$\begin{aligned} &\text{Time} = P(X); \\ &X = (\text{blockDepth}, \text{percentBranchStatement}, \text{complexity}, \text{statements}, \text{calls}) \end{aligned} \tag{2-3}$$

表 2-4 时间训练集表

方法名称	块深度	分支语句百分比	复杂度	声明	调用	时间	数据
M_{00}	BD_{00}	PBS_{00}	COM_{00}	STA_{00}	CAL_{00}	TIM_{00}	TIM_{00}
M_{10}	BD_{10}	PBS_{10}	COM_{10}	STA_{10}	CAL_{10}	TIM_{10}	TIM_{10}
M_{11}	BD_{11}	PBS_{11}	COM_{11}	STA_{11}	CAL_{11}	TIM_{11}	TIM_{11}

对于没有检测到方法的数据传输量，以方法的方法名表示，并根据定义 3 可以收集到数据传输量方法的 blockDepth、percentBranchStatements、complexity、statements、calls 信息为特征属性，并使用代码分析技术收集所有方法的参数类型，并将所有参数类型进行字符串排序后将每种参数类型作为一个参数特征，若方法中含有这个参数类型则加 1。如式(2-4)所示，其数据传输量为预测属性组成训练集合，其训练集如表 2-5 所示。之后采用十折交叉验证法来验证模型，并使用模型来预测未收集到执行时间的方法的数据传输量。

表 2-5 数据传输量训练集表

方法名称	块深度	分支语句百分比	复杂度	声明	调用	参数 1	参数 2	…	参数 N	时间	数据
M_{00}	BD_{00}	PBS_{00}	COM_{00}	STA_{00}	CAL_{00}	1	2	…	0	TIM_{00}	TIM_{00}
M_{10}	BD_{10}	PBS_{10}	COM_{10}	STA_{10}	CAL_{10}	2	0	…	1	TIM_{10}	TIM_{10}
M_{11}	BD_{11}	PBS_{11}	COM_{11}	STA_{11}	CAL_{11}	0	2	…	1	TIM_{11}	TIM_{11}

$$
\begin{aligned}
&\text{Data} = P(X) \\
&X = (\text{MethodName}, \text{blockDepth}, \text{percentBranchStatement}, \text{complexity}, \text{statements}, \\
&\quad \text{calls}, \text{Parm1}, \text{Parm2}, \cdots, \text{Parm}N)
\end{aligned}
\tag{2-4}
$$

在实验过程中可以发现，对方法间数据传输量的预测结果并不理想，实验结果的拟合度太低，预测数据与真实数据偏差太大。通过对应用代码的实际分析得知，对于动态测试没有收集到的方法数据传输量通常都是一些不经常执行的分支，这些方法的数据传输量都是对象头和基本的参数类型，所以传输量都是几十字节。这几十字节的数据传输量对于迁移性能影响十分微小，所以在本节实验中，对于没有收集到的方法数据传输量设置为 0Kb。

2.2.5 决策模型

1. 基本信息建模

2014 年的移动经济报告指出，在 2013 年，全球移动设备已经超过 69 亿，估计到 2024 年，移动设备的数量还将增长 60 亿。同时，成千上万的开发者已经开发出超过百万的移动应用程序。随着移动设备性能的提升，移动应用程序试图提供更多的功能，例如富媒体应用、增强现实、自然语言处理等，以丰富移动设备的用户体验。人们已经习惯了移动设备所带来的工作上和生活上的便捷，并越来越希望降低应用程序的响应时间以此提高自身的体验。受到消费能力等多方面的影响，不少人无法购买性能优良的移动设备，所以计算迁移作为一种能够有效提升移动设备性能的技术被提出。由于移动设备的上下文环境（网络质量、位置）等会随着人们的移动而改变，所以计算迁移策略就需要进行动态决策，这给迁移技术带来了巨大的困难。

为了能够根据移动设备上下文信息的变化而动态地选择最优的计算迁移部署方案，本节首先对一些能影响计算迁移性能的信息进行建模分析。因此，本节将介绍影响计算迁移的信息如何进行建模，以及如何利用这些信息模型来减少计算迁移的执行时间和网络传输时间从而提高计算迁移的性能。

计算迁移中对象 obj_i 响应时间是由对象 obj_i 在计算节点上执行的时间 $T_e(obj_i)$ 及其迁移到该节点上所消耗的网络传输时间 $T_e(obj_i)$ 决定的，如式(2-5)所示。表 2-6 列出了一些会影响计算迁移响应时间的因素，如可迁移对象 obj_i 的集合、节点之间的网络传输速率、可迁移的服务器集合等等。为了预测每个对象的响应时间，以便于评估哪些对象迁移到哪些计算节点能得到最短的响应时间，建立了服务器模型、网络时间模型和网络连接 3 个信息模型。网络时间模型用来计算在不同网络连接的情况下计算迁移所需的网络传输时间，服务器模型用来计算不同对象在不同的服务器上执行的时间。接下来，将详细介绍网络连接、网络时间模型和服务器模型 3 个信息模型。

$$T(obj_i) = T_e(obj_i) + T_d(obj_i) \tag{2-5}$$

1）网络连接模型

由于移动设备具有移动性，所以移动设备的网络连接质量也因为移动设备的位置变化而变化。影响网络连接质量的主要因素有移动设备和移动边缘计算节点的数据传输速率和往返的网络时间延时。

表 2-6　响应时间的影响因素

记　　号	描　　述
OBJ	对象的集合
obj_i	对象 i
N	计算节点的集合
$\mathbf{V}$	网络传输速率矩阵
n_k	计算节点
v_{ij}	计算节点 n_i 与计算节点 n_j 之间的网络传输速率
rtt_{ij}	计算节点 n_i 与计算节点 n_j 之间的网络延时
$T(obj_i)$	对象 obj_i 的总时间
$T_e(obj_i)$	对象 obj_i 的执行时间
$T_d(obj_i)$	对象 obj_i 的数据传输时间
$T_{response}$	应用程序的响应总时间
$dep(obj_i)$	对象 obj_i 迁移的节点

设 $N=\{n_1, n_2, \cdots, n_h\}$ 表示设备、云和移动边缘，$L=\{l_1, l_2, \cdots, l_m\}$ 表示位置集合。如式(2-6)所示，网络传输速率矩阵 **V** 表示不同网络环境下，设备与远程节点之间的网络传输速率的平均，其中元素 v_{ij} 表示在位置 i 情况下，移动设备与远程节点 n_j 的网络传输速率，它是通过对客户端收集到的历史数据 V^{ij} 进行平均得到的，如式(2-7)所示。如式(2-8)所示，网络延时矩阵 **RTT** 表示不同网络情况下，设备与节点之间的往返时间的预估值，其中元素 rtt_{ij} 表示在位置 i 情况下，移动设备与远程节点 n_j 之间的网络往返时

延，它是通过对客户端对收集到的历史数据 RTT^{ij} 进行平均得到的，如式(2-9)所示。

$$\mathbf{V}=\begin{bmatrix} v_{11} & v_{12} & \cdots & v_{1m} \\ v_{21} & v_{22} & \cdots & v_{2m} \\ \vdots & \vdots & \ddots & \vdots \\ v_{h1} & v_{h2} & \cdots & v_{hm} \end{bmatrix} \tag{2-6}$$

$$v_{ij}=\frac{v_1^{ij}+v_2^{ij}+\cdots+v_p^{ij}}{p} \tag{2-7}$$

$$\mathbf{RTT}=\begin{bmatrix} \mathrm{rtt}_{11} & \mathrm{rtt}_{12} & \cdots & \mathrm{rtt}_{1m} \\ \mathrm{rtt}_{21} & \mathrm{rtt}_{22} & \cdots & \mathrm{rtt}_{2m} \\ \vdots & \vdots & \ddots & \vdots \\ \mathrm{rtt}_{h1} & \mathrm{rtt}_{h2} & \cdots & \mathrm{rtt}_{hm} \end{bmatrix} \tag{2-8}$$

$$\mathrm{rtt}_{ij}=\frac{\mathrm{rtt}_1^{ij}+\mathrm{rtt}_2^{ij}+\cdots+\mathrm{rtt}_p^{ij}}{p} \tag{2-9}$$

2）网络时间模型

影响网络传输时间的因素主要有对象之间的数据传输量、移动设备和可迁移的计算节点之间的网络数据传输率和网络往返延时时间这 3 个因素。对于不同的对象，在执行时，其输入数据和输出数据是完全不同的。如前所述，可迁移的对象集合为 $\mathrm{OBJ}=\{\mathrm{obj}_0,\mathrm{obj}_1,\cdots,\mathrm{obj}_i\}$，$\mathrm{obj}_i$ 表示可迁移的对象，对象 i 与 j 的调用关系为 $\mathrm{invoke}_{j.\,\mathrm{pq}}^{i.\,\mathrm{rs}}=<\mathrm{obj}_i,\mathrm{M}_{rs},\mathrm{obj}_j,\mathrm{M}_{pi},\mathrm{invokeTimes}>$；其次，从设备上下文中获得有关服务器和网络连接信息，计算节点集合表示为 $N=\{n_1,n_2,\cdots,n_h\}$，$v_{n_in_j}$ 表示为节点 n_i 与节点 n_j 之间的数据传输速率，$\mathrm{rtt}_{n_in_j}$ 表示为节点 n_i 与节点 n_j 之间的往返时间，每个方法在节点 n_k 除去外部调用的时间 $\mathrm{Sinvoke}_k^{ij}$。

每个 obj_i 都有其部署节点 $\mathrm{dep}(\mathrm{obj}_i)$，因此对于应用的 **OBJ** 向量，其对应的 **DEP** 向量表示为 $\mathbf{DEP}=(\mathrm{dep}(\mathrm{obj}_1),\mathrm{dep}(\mathrm{obj}_2),\cdots,\mathrm{dep}(\mathrm{obj}_\mathrm{n}))$，$T_\mathrm{d}(\mathrm{obj}_i)$ 表示对象 obj_i 在节点 $\mathrm{dep}(\mathrm{obj}_i)$ 上的网络传输时间，由式(2-10)可计算。

$$T_\mathrm{d}=(\mathrm{obj}_i)\sum_{\mathrm{invoke}_{n.\,\mathrm{pq}}^{m.\,\mathrm{rs}}.\,\mathrm{obj}_n=\mathrm{obj}_i}^{\mathrm{invoke}_{n.\,\mathrm{pq}}^{m.\,\mathrm{rs}}\in\mathrm{INVOKE}}\left[\begin{array}{l}\mathrm{invoke}_{n.\,\mathrm{pq}}^{m.\,\mathrm{rs}}.\,\mathrm{invokeTimes}\times \\ \left(\dfrac{\mathrm{Sinvoke}_{\mathrm{dep}(\mathrm{obj}_i)}^{\mathrm{invoke}_{n.\,\mathrm{pq}}^{m.\,\mathrm{rs}}M_{\mathrm{pq}}}.\,\mathrm{SdataSize}}{V_{\mathrm{dep}(\mathrm{obj}_i)\mathrm{dep}(\mathrm{obj}_m)}}+\mathrm{rtt}_{\mathrm{dep}(\mathrm{obj}_i)\mathrm{dep}(\mathrm{obj}_m)}\right)\end{array}\right] \tag{2-10}$$

这里，详细解释式(2-10)的含义，即遍历对象关系调用集合 INVOKE，如果对象调用关系 $\mathrm{invoke}_{n.\,\mathrm{pq}}^{m.\,\mathrm{rs}}$ 中的被调用对象 obj_i 为部署节点 $\mathrm{dep}(\mathrm{obj}_i)$ 的对象 obj_i 时，那么对象 obj_i 的数据传输时间 $T_\mathrm{d}(\mathrm{obj}_i)$ 为被调用方法 M_{pq} 的数据量除以调用对象 obj_i 调用对象 obj_i 之间的网络传输速率加上调用对象 obj_i 与调用对象 obj_m 之间的网络延时时间 rtt 之和乘以被调用方法 M_{pq} 被调用的次数。

3）服务器时间模型

由于在 Android 应用程序中，不同对象处理的任务不一样，所以不同对象的计算复杂度是完全不同的，不同服务器的计算节点由于其硬件设施不同，所以不同服务器的计算节点的处理能力也是不同的。在前面的章节中，使用的是动态代码分析技术，在Android应用程序源码中进行代码插桩，以此来收集Android应用程序在不同计算节点上不同对象所调用方法的执行时间，由于动态代码分析技术的缺点是不能保证被分析的源代码的全部覆盖率，所以对于没有收集到的方法的时间采用机器学习算法进行回归预测。

由于每个 obj_i 都有其部署节点 $dep(obj_i)$，因此对于应用的 **OBJ** 向量有其对应的 **DEP** 向量表示为 $\mathbf{DEP}=(dep(obj_1),dep(obj_2),\cdots,dep(obj_n))$，记 $T_e(obj_i)$ 表示对象 obj_i 在节点 $dep(obj_i)$ 上的网络传输时间，由式(2-11)可计算。

$$T_e(obj_i)=\sum_{invoke_{n.pq}^{m.rs}.obj_n=obj_i}^{invoke_{n.pq}^{m.rs}\in INVOKE}(Sinvoke_{dep(obj_i)}^{invoke_{n.pq}^{m.rs}.M_{pq}})\times invoke_{n.pq}^{m.rs}.invokeTimes \quad (2\text{-}11)$$

这里，对式(2-11)的含义进行详细解释，即遍历对象关系调用集合INVOKE，如果对象调用关系 $invoke_{n.pq}^{m.rs}$ 中的被调用对象 obj_n 为部署节点 $dep(obj_i)$ 的对象 obj_i 时，那么对象 obj_i 的执行时间 $T_e(obj_i)$ 为被调用方法 M_{pq} 的时间乘以被调用方法 M_{pq} 被调用的次数。

2. 选择算法

由2.2.4节可知，每个对象 obj_i 响应时间是由对象 obj_i 在计算节点上执行的时间 $T_e(obj_i)$ 及其迁移到该节点上所消耗的网络传输时间 $T_d(obj_i)$ 决定的，如式(2-5)所示，而每个对象迁移到某个节点上所消耗的网络传输时间 $T_d(obj_i)$ 由式(2-10)可以计算得到，每个对象迁移到某个节点上所需要的执行时间由式(2-11)可以计算得到。那么整个Android应用程序的响应时间则为所有对象的响应时间之和，所以本节中Android应用程序的响应时间的适应度函数如式(2-12)所示。

$$T_{response}=\sum_{obj_0}^{obj_n}T(obj_i),\quad \forall obj_i\in OBJ \quad (2\text{-}12)$$

对于给定的Android应用程序，代码被静态地分析为对象图，执行时间由动态分析得到，并且通过估计模型给出适应度函数。算法2.2以适应度函数、应用程序对象调用图和移动设备上下文环境信息作为输入集，输出为最优DEP部署方案，算法2.2给出了该算法的伪代码。

算法2.2：The Offloading Decision Algorithm Framework

Input：A object call graph $G=\langle OBJ, INVOKE\rangle$；A context architecture information；
Output：An optsimal offloading decision：$(DEP)_{optimal}=(dep(obj_0), dep(obj_1), \cdots, dep(obj_n))$；

1. $(DEP)_{optimal}\leftarrow\varnothing$；
2. generate all kinds of DEP，$dep(obj_i)\in N$
3. **for** each DEP **do**
4. **if** DEP cannot meet the conditions to communicate or offload **then**
5.   **continue**；
6. **else**
7.   **calculate** $T_{response}$；
8.   **if** $(T_{response})_{smallest}>T_{response}$ **then**
9. $(DEP)_{optimal}\leftarrow DEP$，$(T_{response})_{smallest}=T_{response}$；
10.   **end if**

```
11. end if
12. end for
```

这里对算法 2.2 进行详细阐述。将在之前得到的 Android 应用程序的对象调用图和 $G=<OBJ, INVOKE>$和上下文环境信息的网络拓扑图作为算法的输入。首先将生成所有的对象部署方案并存入 DEP,然后对 DEP 集合进行遍历,如果 DEP 的部署方案中不能满足通信或迁移的条件,那么则不考虑该组迁移方案,遍历下一组部署方案;如果 DEP 的部署方案满足通信和迁移的条件,那么按照上述的适应度函数(见式(2-12))来计算 $T_{response}$,并比较是否比之前得到的$(T_{response})_{smallest}$时间更短,如果更短,则将这组部署方案覆盖$(DEP)_{optimal}$,并更新$(T_{response})_{smallest}$;如果没有更短,则遍历下一组部署方案。最终将得到迁移时间最优的部署方案$(DEP)_{optimal}$和最短响应时间$(T_{response})_{smallest}$。

2.2.6 实验与评估

1. 实验环境

移动设备和云之间的网络通信可能会造成显著的执行延迟,为了应对延迟问题,本节使用模拟移动边缘计算环境来进行实验。实验环境包含 4 个计算节点:1 个移动设备和 3 个远程服务器。实验模拟了 4 个环境,分别是花园、宿舍楼、教学楼和实验室,如图 2-2 所示。各个环境的网络连接情况在表 2-7 中描述。

表 2-7　各个环境的网络连接情况

节点	花园	宿舍楼	教学楼	实验室
E1	×	rtt=40ms, v=1.5Mb/s	rtt=40ms, v=1.5Mb/s	×
E2	×	×	rtt=70ms, v=1Mb/s	rtt=40ms, v=1.5Mb/s
Cloud	rtt=200ms, v=200kb/s	rtt=200ms, v=200kb/s	rtt=200ms, v=200kb/s	rtt=70ms, v=1Mb/s

为了验证本节所提方法的可行性和有效性,本节采用两种移动设备作为测试设备,3 个远程服务器(2 个 Edge 和 1 个 Cloud),这里对两种移动设备和 3 个远程服务器的详细参数进行详细介绍。两种移动设备具体参数分别为具有 1.4GHz 双核 CPU,2GB 内存 Honor MYA-AL10(以下简称 MYA-AL10),2.4GHz 4 核 CPU,4GB 内存 Honor STF-AL00(以下简称 STF-AL00)。E1 是具有 2.5GHz 8 核 CPU、4GB RAM 的服务器,其网络覆盖范围包括宿舍楼和教学楼。E2 是 3.0GHz 8 核 CPU、8GB RAM 的服务器,其网络覆盖范围包括教学楼和实验室。云是 3.6GHz 的服务器 16 核 CPU、16GB RAM,可在所有地点公开访问。

本节实现了一个模拟无人车送餐应用的 Android 应用程序,这个应用中主要由 5 个计算任务组成:无人驾驶模块、路径规划模块、环境感知模块、电话呼叫模块、取餐验证模块。其中使用 A^* 算法来实现路径规划模块,然后根据 2.2.4 节提出的对象迁移机制来重构这个应用程序。

根据 2.2.4 节所描述的方法，使用静态代码工具对 Android 应用程序的源码进行静态分析。如表 2-8 所示，ClassType 表示类是否可迁移，Anchored 为不可迁移，Movable 为可迁移。根据定义 2.1，获得对应所有类名 ClassName 的集合 C。根据定义 2.2 获得所有方法名 MethodName 的集合 M。根据定义 2.3，获得了每个方法的特征信息 Complexity、percentBranchStatements、Statements、Maximum Depth、Calls。根据定义 2.4，获得了表 2-9，Caller 表示调用方法的方法名，Callee 表示被调用方法的方法名，CallTime 表示 Caller 方法调用 Callee 方法的次数。根据本节所提的算法 2.1，获得对象的集合 OBJ，如表 2-10 所示，同时获得了对象之间调用关系的集合 INVOKE，如表 2-11 所示，从而得到了定义 2.5 中的整个 Android 应用程序的对象调用图。

表 2-8　方法特征信息表

ClassType	***C***	**ClassName**	***M***	**MethodName**	**Complexity**	**percent Branch Statements**	**Statements**	**Maximum Depth**	**Calls**
Anchored	C_0	UGV	M_{00}	foodDelivery	3	0.3258	137	5	12
Anchored	C_1	Delivery	M_{10}	road Condition Access	4	0.2671	69	5	5
			M_{11}	map Navigation	24	0.4855	154	4	6
			M_{12}	delivery	23	0.1573	189	3	1
Movable	C_2	Road Condition Analysis	M_{20}	road Condition Analysis	21	0.2562	221	3	3
Anchored	C_3	Road Condition Capture	M_{30}	road Condition Capture	11	0.6435	154	4	5
Movable	C_4	Road Condition Processer	M_{40}	road Condition Process	19	0.4735	217	6	6
			M_{41}	resize	14	0.1743	43	6	5
Movable	C_5	Trade	M_{50}	getTarget	16	0.3442	68	6	3
			M_{51}	meal Verification	18	0.3473	178	4	6
Movable	C_6	Call	M_{60}	call	1	0.2342	37	2	2
Anchored	C_7	Drive	M_{70}	retreat	2	0.1431	14	2	2
			M_{71}	ahead	2	0.1742	14	2	2
			M_{72}	left	2	0.1356	17	2	2
			M_{73}	right	2	0.1467	17	2	3
			M_{74}	speedUp	2	0.1743	17	2	2
			M_{75}	speedDown	2	0.1459	16	2	2
Movable	C_8	PathPlanning	M_{80}	pathPlanning	26	0.4824	272	9	14

根据 2.2.4 节中所描述的方法，使用动态分析的方法，对 Android 应用程序的方法在不同计算节点上的执行时间进行收集，并根据式(2-2)计算得到每个方法除去外部调用的时间，同时收集到方法的数据的数据传输量，对于没有收集到的方法的数据，本节使用随机森林算法进行预测，从而得到表 2-12。

表 2-9　方法间调用关系表

R	Caller	CallerMethodName	Callee	CalleeMethodName	CallTime
R_{12}^{00}	M_{00}	foodDelivery	M_{12}	delivery	1
R_{30}^{10}	M_{10}	roadConditionAccess	M_{30}	roadConditionCapture	1
R_{20}^{10}	M_{10}	roadConditionAccess	M_{20}	roadConditionAnalysis	1
R_{60}^{10}	M_{10}	roadConditionAccess	M_{60}	call	1
R_{70}^{12}	M_{12}	delivery	M_{70}	retreat	1
R_{71}^{12}	M_{12}	delivery	M_{71}	ahead	1
R_{72}^{12}	M_{12}	delivery	M_{72}	left	1
R_{73}^{12}	M_{12}	delivery	M_{73}	right	1
R_{74}^{12}	M_{12}	delivery	M_{74}	speedUp	1
R_{75}^{12}	M_{12}	delivery	M_{75}	speedDown	1
R_{80}^{12}	M_{12}	delivery	M_{80}	pathPlanning	1
R_{11}^{12}	M_{12}	delivery	M_{11}	mapNavigation	1
R_{10}^{12}	M_{12}	delivery	M_{10}	roadConditionAccess	5
R_{40}^{20}	M_{20}	roadConditionAnalysis	M_{40}	roadConditionProcess	1
R_{41}^{20}	M_{20}	roadConditionAnalysis	M_{41}	resize	1
R_{50}^{20}	M_{20}	roadConditionAnalysis	M_{50}	getTarget	1
R_{51}^{20}	M_{20}	roadConditionAnalysis	M_{51}	mealVerification	1

表 2-10　对象集合表

Obj	ObjectName	ObjectID	C	ClassName	M	MethodName
obj_0	delivery	0	C_1	Delivery	M_{00}	foodDelivery
obj_1	roadConditionAnalysis	1	C_2	RoadConditionAnalysis	M_{10}	roadConditionAccess
obj_2	roadConditionCapture	2	C_3	RoadConditionCapture	M_{10}	roadConditionAccess
obj_3	roadConditionProcess	3	C_4	RoadConditionProcesser	M_{20}	roadConditionAnalysis
obj_4	ocrProcess	4	C_5	Trade	M_{20}	roadConditionAnalysis
obj_5	call	5	C_6	Call	M_{10}	roadConditionAccess
obj_6	drive	6	C_7	Drive	M_{12}	delivery
obj_7	pathPlanning	7	C_8	PathPlanning	M_{12}	delivery

表 2-11　对象间调用关系表

Invoke	Obj	M	Obj	M	InvokeTime
$Invoke_{2.30}^{0.10}$	obj_0	M_{10}	obj_2	M_{30}	5
$Invoke_{1.20}^{0.10}$	obj_0	M_{10}	obj_1	M_{20}	5
$Invoke_{5.60}^{0.10}$	obj_0	M_{10}	obj_5	M_{60}	5
$Invoke_{6.70}^{0.12}$	obj_0	M_{12}	obj_6	M_{70}	1
$Invoke_{6.71}^{0.12}$	obj_0	M_{12}	obj_6	M_{71}	1

续表

Invoke	Obj	M	Obj	M	InvokeTime
$\text{Invoke}_{6.72}^{0.12}$	obj_0	M_{12}	obj_6	M_{72}	1
$\text{Invoke}_{6.73}^{0.12}$	obj_0	M_{12}	obj_6	M_{73}	1
$\text{Invoke}_{6.74}^{0.12}$	obj_0	M_{12}	obj_6	M_{74}	1
$\text{Invoke}_{6.75}^{0.12}$	obj_0	M_{12}	obj_6	M_{75}	1
$\text{Invoke}_{7.80}^{0.12}$	obj_0	M_{12}	obj_7	M_{80}	5
$\text{Invoke}_{0.11}^{0.12}$	obj_0	M_{12}	obj_0	M_{11}	5
$\text{Invoke}_{0.10.}^{0.12}$	obj_0	M_{12}	obj_0	M_{10}	5
$\text{Invoke}_{3.40}^{1.20}$	obj_1	M_{20}	obj_3	M_{40}	5
$\text{Invoke}_{3.41}^{1.20}$	obj_1	M_{20}	obj_3	M_{41}	5
$\text{Invoke}_{4.50}^{1.20}$	obj_1	M_{20}	obj_4	M_{50}	5
$\text{Invoke}_{4.51}^{1.20}$	obj_1	M_{20}	obj_4	M_{51}	5

2. 运行时决策验证

为了验证本节介绍的迁移机制的可行性，将移动设备停留在一个固定的位置，在不同的位置计算被迁移到移动边缘或迁移到云；在所有情况下，Android 应用程序都可以正确执行那些任务。这个结果证明了所提出的迁移机制的可行性。

通过 2.2.5 节中所提到的方法，可以获得整个 Android 应用程序的所有方法的除去外部调用的执行时间和数据传输量，如表 2-12 所示。然后使用本节的决策模型来确定每个设备在不同位置的每个对象的迁移方案。表 2-13 显示了对于本节的 Android 应用程序在本节的模拟移动边缘环境下得到的最优迁移方案结果，可以看到，影响迁移计划的因素很多。首先，网络连接的质量会显著影响迁移决策。例如，使用 MYA-AL10 时，不同地点的迁移方案之间存在差异。其次，方法的计算复杂度影响迁移方案。例如，当在实验室环境使用 MYA-AL10 时，roadConditionAnalysis、roadConditionProcess 和 mealVerification 被迁移到 Cloud 上运行，pathPlanning 在 E2 上执行。最后，移动设备的处理能力也影响迁移方案。例如，当在宿舍楼和教学楼环境时，MYA-AL10 运行时，pathPlanning 在本地执行，而在 STF-AL00 时，则在 E2 上运行。

表 2-12 方法在不同节点上的执行时间和数据传输量

ClassType	C	ClassName	M	MethodName	MYA-AL10	STF-AL00	Edge	Edge2	Cloud	DataSize
Anchored	C_0	UGV	M_{00}	foodDelivery	20ms	11ms	—	—	—	0kb
Anchored	C_1	Delivery	M_{10}	roadConditionAccess	60ms	37ms	—	—	—	0kb
			M_{11}	mapNavigation	268ms	158ms	—	—	—	0kb
			M_{12}	relivery	140ms	74ms	—	—	—	0kb
Movable	C_2	RoadConditionAnalysis	M_{20}	roadConditionAnalysis	134ms	74ms	24ms	12ms	5ms	1Mb

续表

ClassType	C	ClassName	M	MethodName	MYA-AL10	STF-AL00	Edge	Edge2	Cloud	DataSize
Anchored	C_3	RoadConditionCapture	M_{30}	roadConditionCapture	80ms	56ms	—	—	—	0kb
Movable	C_4	RoadConditionProcesser	M_{40}	roadConditionProcess	1273ms	846ms	632ms	422ms	259ms	0.4Mb
			M_{41}	resize	75ms	61ms	44ms	27ms	16ms	1Mb
Movable	C_5	Trade	M_{50}	getTarget	644ms	415ms	293ms	159ms	74ms	0.4Mb
			M_{51}	mealVerification	1366ms	983ms	722ms	411ms	278ms	0.1Mb
Movable	C_6	Call	M_{60}	call	10ms	5ms	2ms	2ms	1ms	10B
Anchored	C_7	Drive	M_{70}	retreat	10ms	5ms	—	—	—	0kb
			M_{71}	ahead	10ms	5ms	—	—	—	0kb
			M_{72}	left	10ms	5ms	—	—	—	0kb
			M_{73}	right	22ms	13ms	—	—	—	0kb
			M_{74}	speedUp	10ms	5ms	—	—	—	0kb
			M_{75}	speedDown	10ms	5ms	—	—	—	0kb
Movable	C_8	PathPlanning	M_{80}	pathPlanning	2339ms	1785ms	1418ms	752ms	433ms	2Mb

表 2-13　迁移决策部署表

应用	设备	可移动的对象	地点			
			花园	宿舍楼	教学楼	实验室
UGV	MYA-AL10	pathPlanning	Local	Local	Local	Edge2
		roadConditionAnalysis	Local	Edge1	Edge2	Cloud
		roadConditionProcess	Local	Edge1	Edge2	Cloud
		trade	Local	Edge1	Edge2	Cloud
		call	Local	Local	Local	Local
	STF-AL00	pathPlanning	Local	Edge2	Edge2	Edge2
		roadConditionAnalysis	Local	Local	Edge2	Cloud
		roadConditionProcess	Local	Local	Edge2	Cloud
		trade	Local	Local	Edge2	Cloud
		call	Local	Local	Local	Local

3. 效果比较

为了验证本节的迁移决策方法的有效性,下面从应用程序的性能和能耗两方面来评价本节的迁移效果。

为了验证本节迁移方法在性能方面的有效性,使用响应时间作为性能指标。根据传统迁移应用程序、最优方案、本节的自适应迁移应用程序的比较结果来评估所提出的迁移方案所带来的性能改进。原始应用程序完全在移动设备上运行;传统的迁移应用程序通过最佳的网络连接将可移动对象的密集计算迁移到远程服务器;最优方案为最好的部署方案;本节的自适应迁移的应用程序可以使用任何远程服务器进行按需迁移。

图 2-16 显示了 MYA-AL10 设备在 4 个位置上运行应用程序的性能比较，图 2-17 显示了 STF AL00 设备在 4 个位置上运行应用程序的性能比较。可以观察到，在所有情况下，自适应迁移应用程序的响应时间最小或接近最小。与原始应用相比，当移动设备在宿舍楼，教学楼或实验楼中具有良好的网络连接时，自适应迁移设备可以将响应时间缩减 8%～43%，因为一些计算密集型任务会迁移到移动边缘或云端；相反，当移动设备在花园中的网络连接较差时，自适应迁移应用程序在本地运行，与原始应用程序相同，性能接近原始性能，但开销约为 126ms。

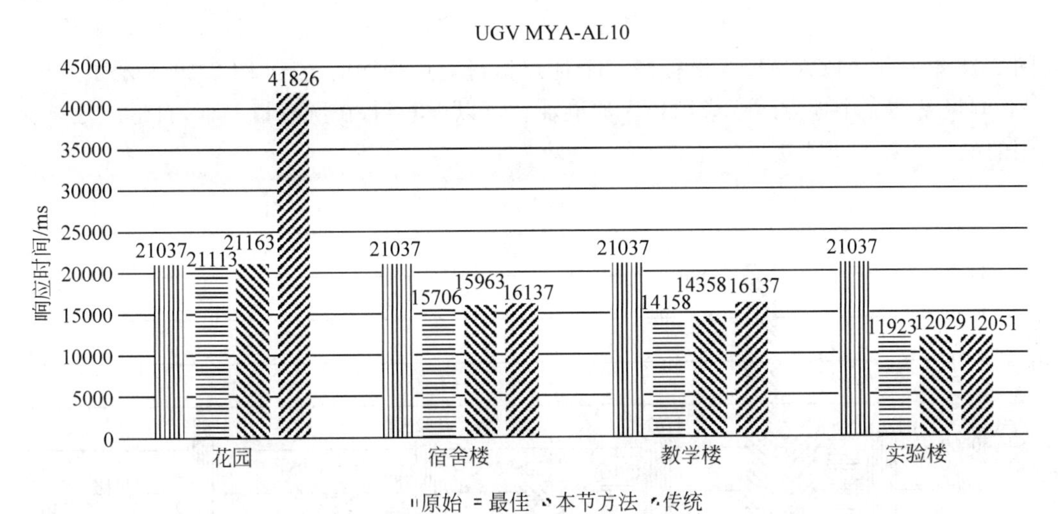

图 2-16 MYA-AL10 不同迁移策略的性能比较

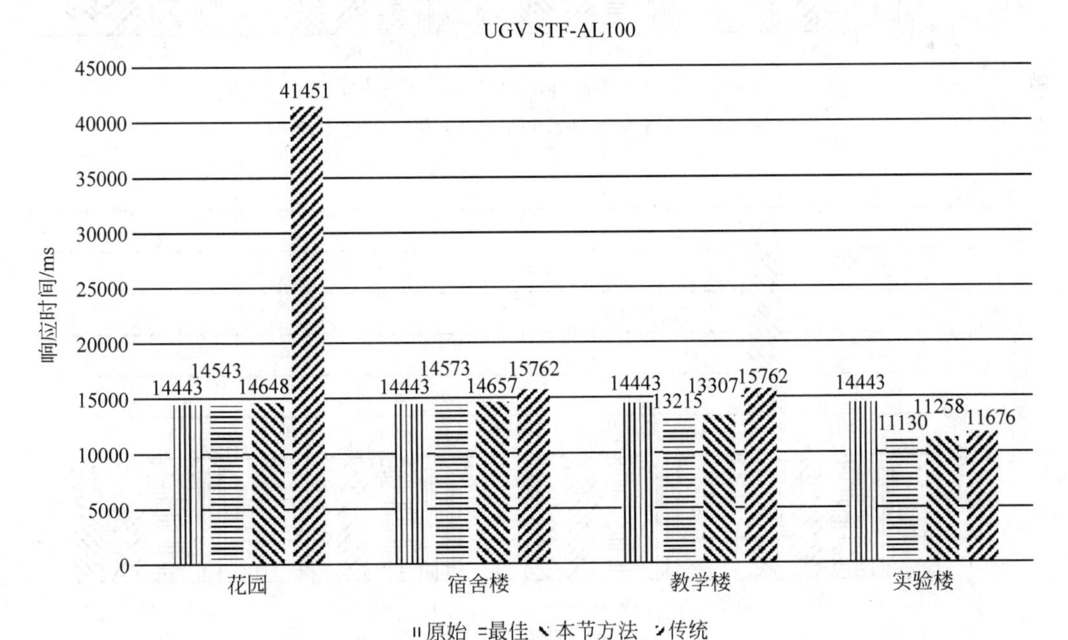

图 2-17 STF-AL00 不同迁移策略的性能比较

与传统的迁移应用程序相比，自适应迁移应用程序在将计算迁移到远程服务器时，响应时间缩短为之前的85%～93%。性能提升的原因很多，如网络连接质量、类方法的计算复杂度、设备和远程服务器的处理能力以及自适应迁移的应用程序根据执行时间和网络延迟之间的折中动态地确定迁移方案，而不是仅使用具有最佳网络连接的远程服务器迁移。

为了验证本节迁移方法在能耗方面的有效性，使用电量消耗作为能耗指标。本节通过PowerTutor工具测量能量消耗，因为PowerTutor应用会给出详细的电量消耗数据。在每个地点都使用了10次应用程序，PowerTutor获得了电池能量消耗，然后取平均值。图2-18显示了MYA-AL10设备在4个地点运行应用程序的能耗，图2-19显示了STF-AL00设备在4个地点运行应用程序的能耗。可以观察到，在所有情况下，自适应迁移应用的能量消耗最小或接近最小。

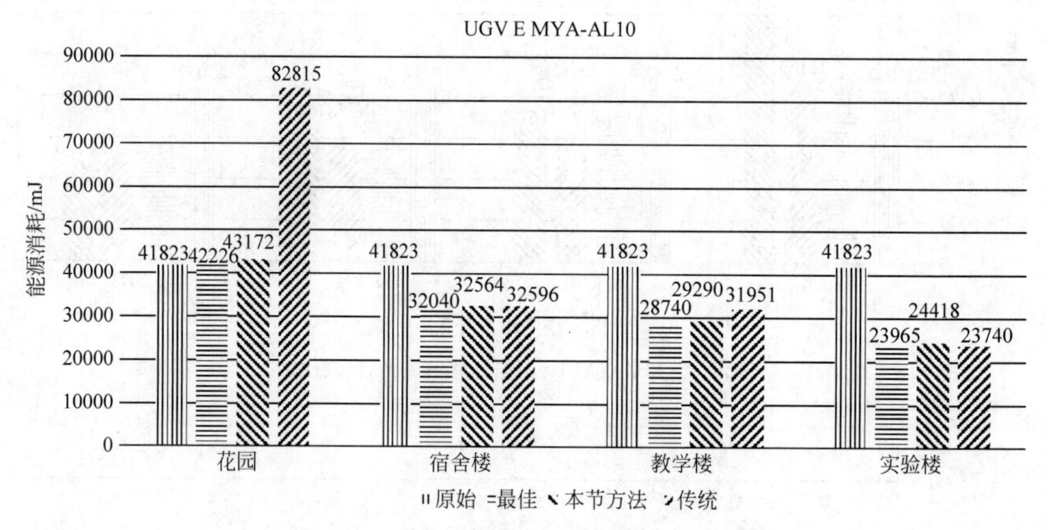

图2-18　MYA-AL10不同迁移策略的能耗比较

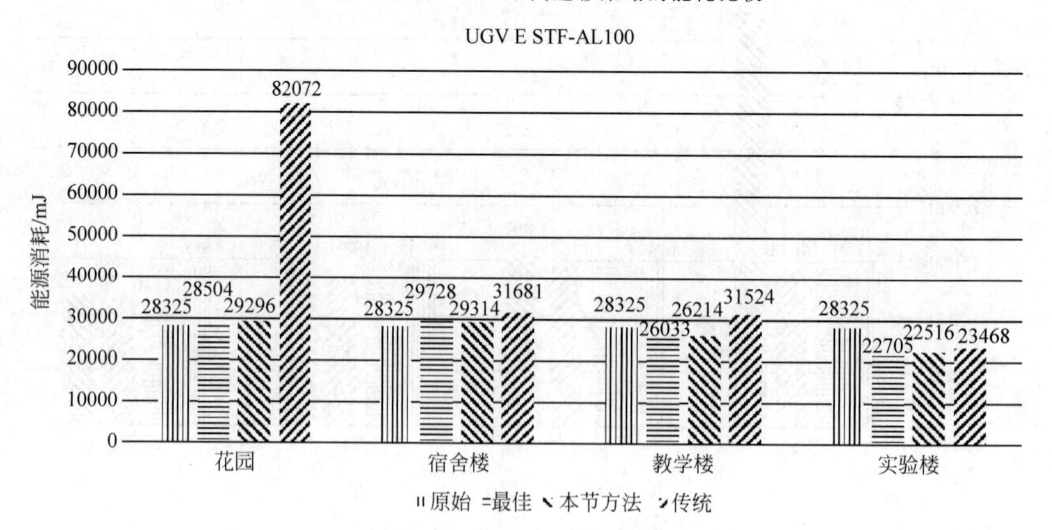

图2-19　STF-AL00不同迁移策略的能耗比较

当移动设备在宿舍楼、教学楼或实验室中具有良好的网络连接时，自适应迁移应用与原始应用相比，能耗可降低 8%~42%。节能的原因是一些计算密集型任务被迁移到移动边缘或云端，当移动设备在花园中的网络连接较差时，自适应能耗接近原始能耗，但开销约为 205mJ，因为代理消耗了额外的能量。

4. 方法执行时间预测的准确性

为了验证本节所提的迁移方法的准确性，本节对 2.2.5 节中所提的使用随机森林的机器学习方法对未收集到的方法进行预测的时间数据进行评估。分类问题的评价指标是准确率和召回率，而回归算法的评价指标就是均方差(Mean Squared Error，MSE)、均根方差(Root Mean Squared Error，RMSE)和平均绝对误差(Mean Absolute Error，MAE)。均方差是指真实值与预测值之差的平方的期望值，如式(2-13)所示，observed_t 为真实值，predicted_t 为预测值，均方差其实就是线性回归的损失函数，MSE 越小说明所训练的模型越好。均根方差如式(2-14)所示，其实就是均方差的算术平方根，为了更好地评估预测数据，与需要预测数据的单位一致。平均绝对误差就是真实值与预测值的绝对误差的平均值，如式(2-15)所示。以上的几种评判标准会随着模型的不同而改变，所以提出了一种类似于分类方法中准确率的评判标准——R Squared，如式(2-16)所示，y_i 为原始数据，$\hat{y}_i$ 为对应点的误差，$\bar{y}_i$ 为均值，R^2 的值为 0~1，表示模型的好坏程度。本节使用的是随机森林回归算法对方法执行时间进行预测，MAE 为 76.137ms，RMSE 为 147.301ms，R Squared 为 0.673。

为了评估预测的时间数据对部署方案时间的影响，首先使用随机森林训练模型预测出来的时间和实际的时间来比较每个对象部署方案时间的差别。如图 2-20 所示，从所有对象部署方案中随机抽取 30 组部署方案的时间数据。这 30 组部署方案的数据显示，每个部署方案的实际时间的平均值为 5150ms，而使用预测时间得出的部署方案时间与实际时间之间的 D 值平均为 241ms，为实际时间得出的部署方案总时间的 0.47%，所以 D 值的折线接近零。然后比较没有收集到的方法的真实执行时间和预测执行时间，如图 2-21 所示，为收集到方法的实际执行时间方法的平均值是 207ms，与预测的时间之间的 D 值平均为 41ms，为未收集到方法的执行时间的 24%，这个结果表明，单个方法的执行时间对整个方案影响较小。此外，未收集的方法的数量是所有方法的 11%。因此，预测未收集方法的误差对整个方案是合理的。

$$\text{MSE} = \frac{1}{N}\sum_{t=1}^{N}(\text{observed}_t - \text{predicted}_t)^2 \tag{2-13}$$

$$\text{RMSE} = \sqrt{\frac{1}{N}\sum_{t=1}^{N}(\text{observed}_t - \text{predicted}_t)^2} \tag{2-14}$$

$$\text{MAE} = \frac{1}{N}\sum_{t=1}^{N}\left|\text{observed}_t - \text{predicted}_t\right| \tag{2-15}$$

$$R^2 = 1 - \frac{\sum_{i=1}^{N}(\hat{y}_i - y_i)^2}{\sum_{i=1}^{N}(y_i - \bar{y}_i)^2} \tag{2-16}$$

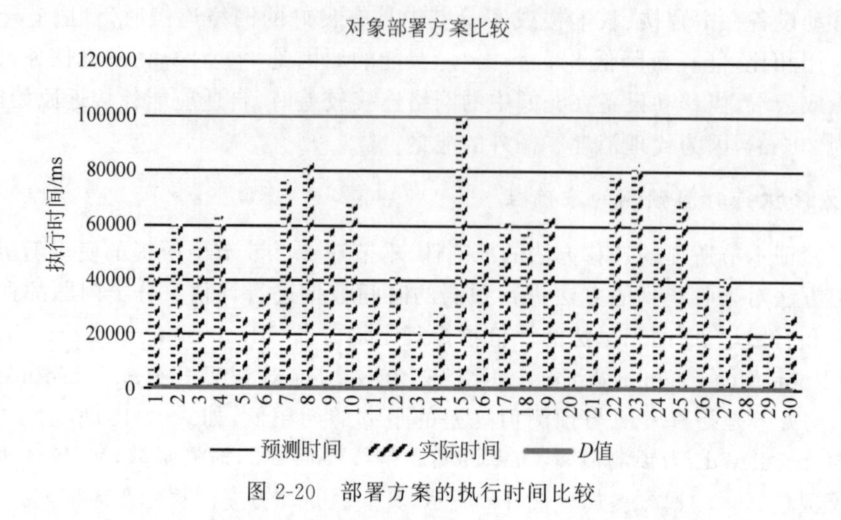

图 2-20　部署方案的执行时间比较

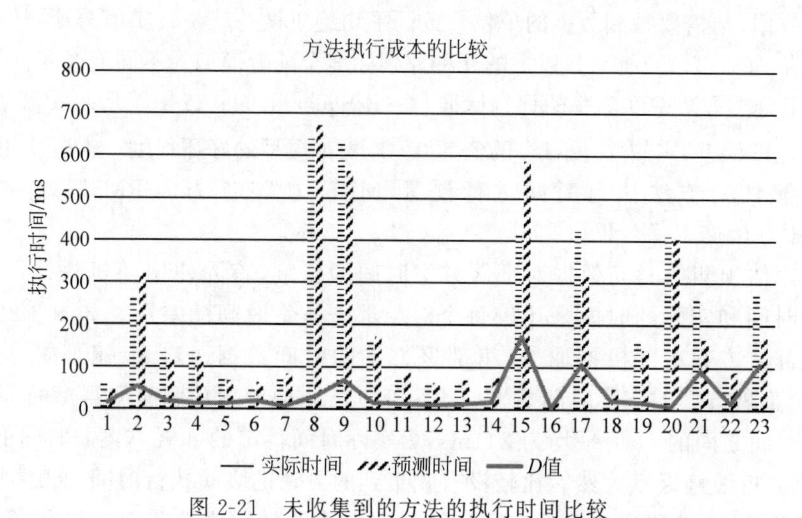

图 2-21　未收集到的方法的执行时间比较

2.2.7　总结

在最近的十几年中,随着移动互联网和移动设备的飞速发展,移动设备已经普及,人们已经习惯了移动设备所带来的工作、娱乐以及手机支付的快捷。与此同时,伴随着人工智能与大数据的兴起,移动应用程序提供了越来越多的功能,例如富媒体应用、增强现实、自然语言处理等,这些都是计算密集型的。然而现在的移动设备并不能很好地满足用户对应用程序的体验方面的需求,主要有以下两方面原因:一方面,由于不同移动设备的硬件配置是高度异构的,因此相同移动应用程序在不同的移动设备上的性能差异很大;另一方面,移动设备受自身体积的限制,所以电池电量有限,而应用程序计算量越来越大,所以移动设备的耗电量也越来越大,因此移动设备的电池容量难能满足复杂移动应用的需求。面对上述的移动设备的两个问题,为了提高移动用户的体验,计算迁移作为一种能够有效改善移动应用性能同时减少电量消耗的技术被提出。计算迁移,即在远程服务器上执行应用程序，是提高性能和降低移动应用程序能耗的常用技术。通过移动云计算技术通过将计算密集型应用程序迁移到云中，以达到扩展移动设备的计算能力和降低电量消耗的目的。由于移动设备和云之间的网络通信可能会造成显著的执行延迟。为了解决移动云计算环境延迟问题，本节引入移动边缘计算。

由于移动设备的上下文环境会随着移动设备位置的变化而改变，因此需要根据移动设备上下文环境的不同给出相应的迁移方案，而这也给应用开发带来了很大的难度。一方面，应用开发者需要分析应用程序，包括类、方法、对象，以及对象间的调用关系等，以确定迁移代码的耦合程度；另一方面，应用开发者需要考虑不同的应用运行环境，包括设备和节点的计算能力，以及它们之间的传输速率等，以权衡减少的执行时间和增加的网络延时。因为应用程序代码的计算复杂度与和代码间的数据传输量各不相同，所以应用程序代码迁移到不同的计算节点上会有不同的执行时间和网络传输时间。因此，如何根据移动应用程序的计算复杂度和耦合度以及迁移决策方案随移动设备的上下文环境的变化动态决策得到一个最优的计算迁移部署方案成为一大难题。所以，本节基于代码分析的 Android 计算迁移在线决策技术的研究具有重大意义。

针对上述问题，之前移动计算迁移决策研究工作主要是基于类的粒度来完成的，其中研究迁移决策算法的大部分研究工作都基于程序高级抽象，而不是实际应用。本节针对实际的 Android 应用程序研究计算迁移的决策方法，首次引入代码分析技术，解决了之前研究工作需要已知应用程序任务流图的问题。本节提出一种基于代码分析的 Android 计算迁移决策方法。首先，基于静态分析，对应用的类、方法、对象及其调用关系建模；其次，基于动态分析，对应用的方法执行时间和数据传输建模；最后，基于应用模型，根据设备上下文环境给出迁移方案。本节的主要工作和贡献如下：

(1) 本节基于代码分析技术，实现了对 Android 应用程序的建模。首先，使用 Soot 工具对 Android 应用程序进行静态代码分析获得 Android 应用程序的类、方法、对象及其调用关系，并提出一种算法，从而得到 Android 应用程序的对象调用图。此外，通过对 Android 应用程序的动态分析获得所有方法对应的执行时间和数据传输量，对于未收集到执行时间和数据传输量的方法，使用基于随机森林的方法进行合理预测。

(2) 本节提出了一种计算迁移的决策模型，该模型基于代码分析技术得到的对象调用图和方法执行时间和数据传输量，计算每个迁移决策方案的响应时间，并得到最优部署方案。同时，还对影响计算迁移决策制定的相关因素进行了讨论，并基于上述讨论提出了上下文模型以帮助决策制定，然后根据适应度函数对决策方案进行评估，最终得到最优方案。为了验证本节方法的有效性，在真实的 Android 应用上对本节的方法进行评估，结果显示，所提出的方法能计算出有效的迁移方案，平均能够减少执行时间 8%～43%，电量消耗降低了 8%～42%。

2.3 基于情境感知的移动云计算环境下的计算卸载方法

近年来，随着移动手持设备的普及，涌现出众多内容丰富的应用，这使得移动设备的性能和能耗问题日益突出。计算迁移是目前较为流行的一种解决方案，它通过将移动应用的“计算”任务从终端迁移到云服务器，来减轻终端设备的计算负担，从而提高应用性能和降低电量消耗。移动云计算近年的研究主要集中在代码切割和迁移技术方面,假设移动代码被迁移到事先指定好的服务器或云。但实际上,计算的迁移是需要动态决定的。一方面,随着设备的移动,它的上下文环境(如位置、网络条件、可用的计算资源)在不断变化。因此,就需要根据设备环境,选择最优的云资源用于迁移。另一方面,不同的移动代码有着不同的计算复杂度和耦合度。因此,即使移动设备环境是一样的,不同的移动代码仍可能需要在不同的地方执行。然而,对于应用开发者来说,开发出支持上述特性的应用不是一件容易的事情。因此,自适应计算迁移方法的研究具有重大意义。本节致力于研究在运行时动态选择最优云资源并按需迁移移动代码的方法,具体工作如下:

(1) 本节提出了一种支持应用中计算按需动态迁移的设计模式。应用只需按照服务粒度进行开发,它的不同部分就能够被本地或远程调用。此外,本节还引入了服务池的概念,使得应用可以同时使用多个云资源,改善迁移服务的可用性。

(2) 本节提出了一个评估模型,根据移动设备的上下文环境,动态地选择最优云资源进行迁移。首先,分别对应用计算任务、移动设备上下文环境和云资源计算能力进行建模。其次,提出了决策算法,通过利用历史数据以及当前设备环境信息,来计算减少的执行时间和网络传输时间。

(3) 本节实现了一种计算迁移自适应中间件来支撑上述的设计模式和评估模型。一方面,客户端和服务器端的适配器使得按服务风格开发的应用中所有部分都能够被本地或远程调用。对于应用的每个部分,客户端的服务池中都维护了一个对应的可用服务列表。另一方面,在客户端收集历史数据(计算任务运行数据、移动设备上下文环境和云资源的计算能力)并建模,作为评估模型的输入。同时,系统还会不断地监测设备上下文环境为最优云资源的决策提供支持。

为了验证所提出的方法的可行性和有效性,通过两个实际应用对该中间件进行了全面评估。实验结果表明,所提出的方法能够根据当前环境自适应地迁移计算;对于计算密集型应用,执行时间减少了6%～96%,电量消耗降低了60%～96%。

2.3.1 引言

在最近20年中,移动互联网和移动设备都得到了飞速的发展。移动互联网从过去的2G网络,发展至现在的WiFi网络、4G网络甚至5G网络,其带宽有了显著的提高。与此同时,移动设备得到了爆发式的发展和普及。现在,移动设备已经遍布在人们日常生活中的每一个角落,人们渐渐习惯了使用移动设备来工作和娱乐。评估显示,目前活跃的移动设备(以平板电脑、智能手机为代表)已经达到三四十亿部。而且在未来几年,这一数量预计将增长到一万亿。

由于市场上推出的移动设备都在试图突破上一代设备的性能标准,因此,在经历了数次的设备迭代升级之后,设备的硬件已经有了质的提升。相比于传统设备,目前的主流移动设备都配备了更大的内存和更强大的处理器。此外,它们还能够为用户提供更清晰的屏幕、更多高质量的传感器(如GPS、光线传感器、加速度传感器、重力传感器、距离传感器),并支持多种网络接口等。

由于移动设备拥有了更高速的处理器、更清晰的屏幕、更大的内存以及更多高质量的传感器，设备上的应用程序也越发复杂且丰富。现在，成千上万的开发者已经开发出超过百万的移动应用程序，包括游戏应用、社交应用、多媒体应用、位置服务应用等。用户能够非常方便地从应用市场（App Store、Google Play 等）中获取所需的应用。调查结果显示，应用市场上下载量排名靠前的应用都是比较耗资源的，例如旅游购物应用、大型游戏应用。换句话说，这些应用程序的运行需要占用移动设备大量的资源包括屏幕、处理器、内存和网络接口，从而导致应用电量消耗和执行时间的显著增加。

移动设备硬件的快速发展、用户体验需求的增加以及越来越复杂的应用程序，都不可避免地使得移动设备的两大局限性（电池容量和设备硬件配置的多样性）变得更加明显。

第一个局限是电池容量。复杂的应用程序往往都有较密集的计算量，同时也会消耗大量的电量。例如，Google Play 上下载量排名前十的应用程序都是所有应用中最复杂的。如果它们运行在 HTC G13 上，只要 30min 左右就会把电池耗尽。虽然近几年移动设备的计算能力已经有了较显著的提升，电池和节能技术的发展还是赶不上那些快速增长的能耗需求。一直以来，锂电池技术都没能获得突破性的进展。因此，生产商只能通过增加移动设备的电池容量来延长其使用时间。然而，移动设备电池容量的增加是有限的，这就使得在很多情况下，用户的能耗需求仍然不能被满足。一般情况下，为了保证移动设备能够正常使用，用户不得不每两天至少充电一次。在一些重度使用的情况下，用户可能需要每半天就充电一次，有些甚至还需要时刻连接着电源。

第二个局限是设备硬件配置的多样性。由于移动设备在短时间内得到了爆发式的增长，市场上涌进了各种性能不一的设备，这就导致了不同移动用户所使用设备的硬件配置可能千差万别。即使运行同一个应用，也可能带来极其不同的用户体验。比如，对于 2011 年销售量最好的 HTC 设备，G13 配备了 600MHz 的 CPU，G11 和 G12 都配备了 1GHz 的 CPU，而 G14 配备了 1.2GHz 的 CPU。同一个应用在 G13 上运行非常慢，在 G11 和 G12 上运行会快一些，在 G14 上运行最快。一般来说，较低的设备硬件配置往往会带来较差的应用性能和用户体验。即使产生差劲的用户体验的根源是较低的设备硬件配置，但用户通常还是偏向停止使用这些复杂的应用。这给开发者和供应商带来了极大的损失。

计算迁移是一种能够在改善移动应用性能的同时减少电量消耗的流行技术。迁移，也称为远程执行，是指移动终端将应用中的一些计算密集型代码通过网络传送到远端资源丰富的平台（比如服务器、大型计算机和计算云）运行，因此应用就能够利用强大的硬件资源以及充足的电量供应来提升自身的响应速度，并降低其电量消耗。

计算迁移近年的研究主要集中在代码切割和迁移技术，假设移动代码被迁移到事先指定好的服务器或云。但实际上，计算的迁移是需要动态决定的。一方面，不同的移动应用有着不同的计算复杂度和耦合度。因此，即使移动设备的上下文环境是一样的，移动代码仍可能需要在不同的地方执行。例如，当移动设备使用一个有着不良网络连接的远程云时，部分计算密集型的代码需要被迁移到云上，而其他部分在本地执行反而效果更佳。另一方面，随着设备的移动，它的上下文环境（如位置、网络条件、可用的计算资源）在不断变化。因此，就需要根据设备上下文环境，选择最优的云资源用于迁移。例如，当一个移动设备具有良好的网络连接时，为了改善应用性能和用户体验，可以选择一个远程云来外包那些计算密集型的任务；而当移动设备有着不良网络连接时，可以选择Cloudlet来代替。然而，对于应用开发者来说，开发出支持上述功能的应用不是一件容易的事情。因为，它需要同时满足以下两大特性：

第一，自适应性。移动应用的运行时环境往往是变化不定的，因此需要自适应迁移。也就是说，通常要在运行时决策移动代码是否需要被迁移，哪些部分应该在远程执行。例如，若远程服务器由于不稳定的网络连接而变得不可用，则在服务器上执行的计算应该返回到移动设备继续执行或者迁移到其他空闲可用的服务器执行。

第二，有效性。当设备上下文环境发生变化时，需要决定用哪个云资源来迁移，而且要保证迁移所减少的执行时间必须大于其花在网络传输上的时间。其中，云资源的处理能力决定了服务器处理所需的时间，设备和云资源间的网络连接质量决定了网络通信所需的时间。应用的计算复杂度和耦合度也应该被考虑，以对减少的执行时间和网络传输时间进行辅助计算，从而做出迁移决策。

总而言之，为了能更加有效地迁移，就需要在运行时动态地选择最优的云资源并按需迁移移动代码。因此，自适应计算迁移方法的研究具有重大意义。

本节分析了当前计算迁移的研究现状和发展趋势。相比已有的移动设备上的计算迁移科研工作，本节专注于提出一种适用于移动云环境的计算迁移自适应中间件，并实现了该中间件的系统原型，进而在该系统原型上对其可行性、有效性等进行全面的评估。本节所实现的中间件能够根据设备的上下文环境，动态地选择最优的云资源并按需迁移移动代码。它与已有的科研工作主要有两方面的不同。第一，本节引入了服务池的概念，使得应用可以同时使用多个云资源，改善迁移服务的可用性；而已有的工作几乎都不能支持该特性。第二，本节使用历史数据跟设备当前环境相结合的方法来决定是否迁移，选择哪个云资源迁移；而大多数已有的工作为了计算减少的执行时间和网络传输时间，都需要监测大量的运行状态。

2.3.2 相关工作

使用强大的服务器来提高低端移动设备的处理能力这一想法并不是一个新的概念。很多早期的研究项目都试图自动地切割独立的桌面应用程序，使得部分任务在服务器端远程执行。而后，国内外移动计算方向的研究人员就利用这一概念来实现移动设备上的计算迁移，以此改善移动应用的性能和电量消耗。随着移动云计算的兴起、移动设备硬件的提升、用户体验需求以及应用复杂度的增加，移动设备上计算的远程执行渐渐成为近年来比较热门的研究之一，并进入了一个新的发展时期。

Coign是较早研究计算迁移的工作之一，它针对的是Windows COM应用，利用自动程序转换方法使得该类应用中的计算能够远程执行。首先，获取Windows COM应用的二进制码。然后，通过代码拦截和重写，把该应用转换成一个DCOM应用。在DCOM应用中，一部分COM构件运行在普通的PC(即较差的设备)上，剩余的运行在功能强大的服务器(即强大的代理)上。当对COM构件的方法进行调用时，需要通过虚函数表来对目标方法进行查找。因此，Cogin通过修改指向虚函数表的指针位置和虚函数表中每项所指向的方法位置来对目标方法的调用进行截取并将其发送至服务器上的COM构件运行。利用该方法,原始Windows COM应用的性能就能够得到改善。JavaParty和J-Orchestra都是针对Java桌面应用来实现其计算远程执行的最早工作,它们是通过自动程序转换将给定的应用转换为符合Java RMI规范的应用。JavaParty是在应用源代码上完成程序的转换任务,而J-Orchestra是在Java的字节码层面上完成程序的转换任务。这两者都要求开发人员手动告诉迁移工具哪些类能够被迁移。例如,在执行程序转换之前,JavaParty要求开发人员使用Remote关键字对应用源代码中那些他们认为应该远程执行的类进行标注;而J-Orchestra则为开发人员提供了一个GUI界面,要求他们在列表中选出那些能够被迁移的类。而后,这些工具所提供的编译器将对那些被选中的应用类进行编译,使之被RMI化。转换之后,会生成RMI stub/skeletons;利用它就能够对那些迁移到服务器节点的应用类进行调用。但是由于Android不能支持RMI,因此J-Orchestra和JavaParty这两个工作都不能直接被用于Android应用的迁移。

继上述这些早期工作之后,移动计算研究人员开始提出通过迁移低端移动设备上的计算到远端服务器上执行来提升整体的性能。近年来,相当多的研究人员都对代码切割和迁移做出了巨大贡献。AIDE通过使用JVM工具,在运行时对移动Java应用进行切割。它利用一个模糊控制模型来决定哪些类应该被传送到服务器。在修改的JVM的支持下,移动设备上的代码能够跟服务器上的代码进行配合工作。Cuckoo和MAUI提供了方法级别的计算迁移。Cuckoo是一个Android应用迁移框架。它要求开发者按照特定的编程规范来使得应用的部分模块可以被迁移。MAUI通过细粒度的代码迁移来降低移动设备的电量消耗。它要求开发者对.NET移动应用中可以被迁移的方法进行Remoteable标记。而后,MAUI决策机制通过运行时分析动态决定那些真正需要被迁移的方法,使得设备在当前的上下文环境中可以达到最佳的节能效果。ThinkAir也提供了方法级别的计算迁移。它侧重于如何优化计算迁移的服务器端的负载,这使得计算迁移方案具备更优秀的可伸缩性。由于云具有弹性和可伸缩性的特点,因此它提出了使用多个虚拟机映像对方法进行并行化执行来增强移动云计算的能力。CloneCloud提供了线程级别的计算迁移,它利用克隆云执行来提高移动应用的性能。它通过修改Android虚拟机来提供一个应用程序分区和一个执行运行时,帮助运行在虚拟机上的应用迁移任务到寄宿在云服务器上的副本虚拟机上执行。在执行该迁移方案时,需要在云服务器和客户端之间迁移整个虚拟机的状态,这样就带来了极大的同步开销和云服务器资源浪费。JDOP着重研究算法,以解决如何给移动端和服务器端分配对象从而获得更佳的应用性能。同时,它还提供了请求解析器和调度器等工具,使得对象能够被迁移。Spectra要求开发者指定可以移动的类,并且修改应用。该方案是在方法级的粒度上执行迁移的。Puppeteer旨在利用迁移来解决数据自适应问题,而且它只适用于基于构件(诸如COM/DCOM)的应用。DPartner在Java字节码层面自动对Java应用进行重构,这使得重构后应用的计算可以按需远程执行。重构后会产生两类制品:一类制品是重构后的Java应用,它由重构后的全部应用类和资源文件组成,需要留在移动设备节点上执行。另一类制品是由原应用中那些符合远程执行特点的应用类及其所使用或依赖的资源文件组成,它们既能在移动设备节点上运行,也能在远端服务器节点上运行。这样一来,经过重构操作的应用就能够实现对应用类的按需调用。但这些工作主要侧重于代码分割和迁移技术,并假设移动代码被迁移到事先指定好的服务器或云。

最近的一些研究工作也考虑到了设备的移动性问题,提出了一些移动云计算环境下情景感知的迁移方案。Zhang 在云迁移计算环境中引入了数据压缩,完善了云迁移计算的决策模型;根据实际无线网络的特点,总结出网络带宽期望局部性和局部区段的概念,基于对未来时段网络期望的预测,提出了一种节能迁移计算决策算法 EPVAD。Huang 主要介绍了基于移动式数据终端的密集型算法,分析了弹性云计算的框架结构,论述了应用程序划分的核心问题和计算迁移的过程,给出了一种基于弹性云计算的最大流最小切算法。Li 主要通过对计算迁移算法,网络的传送能力预测算法和处理能力算法进行研究,提出一个新的基于计算迁移的节能策略。该节能策略的核心是迁移算法,包括本地执行能耗算法和云端执行能耗算法。Lin 等人提出了一个考虑了信号强度、传输时间、地理位置等因素的情境感知决策引擎,用来决定是否需要将给定的方法迁移到云服务器。Ravi 和 Peddoju 提出了一个多目标决策算法,用于选择最有可能的资源来迁移计算任务。同时,他们还提出了一个在不同资源间迁移任务的切换策略。该策略通过实时监测当前的能耗和网络连接时长,动态地调整所使用的计算资源。同样,Zhou 等人也提出了一个情境感知的迁移决策算法,基于设备的上下文环境(比如网络条件、设备信息、多种可用的云资源类型等),在运行时选择最佳的无线媒介和云资源用于计算迁移。但以上工作主要侧重于情境感知迁移决策算法,并假设这些算法在移动云迁移系统中能够起作用。

2.3.3 方法概览

1. 应用场景

本节通过一个实际中的应用场景来详细阐释自适应计算迁移的重要性。图 2-22 的上半部分代表的是一个真实的 Android 应用。该应用是一个五子棋游戏,被称为 Gobang。Gobang 有 3 种不同难度级别,它们分别由 3 个具有不同计算复杂度的算法实现。其中,high-level game 是一项计算密集型的任务,它需要被迁移到远程服务器执行;而 low-level game 在大多数情况下都比较适合在本地执行。图 2-22 的下半部分表示的是智能手机在校园不同地方移动时,它的上下文环境的变化情况。在不同的设备环境下,可以使用不同的云资源来进行迁移。例如,在图书馆,智能手机能够使用 WiFi 连接来访问图书馆的 cloudlet、实验室的 cloudlet 或者公有云服务;而在这些建筑范围外,它只能使用 3G 连接来访问公有云服务。除了应用自身的复杂度,应用的性能还会受到云资源处理能力及网络连接质量的影响。因此,没有一个资源能够保证其在所有地方都是可用的且最优的。为了改善应用性能和用户体验,需要根据设备上下文环境动态决定用于迁移的云资源,并按需迁移移动代码。

然而,要实现云资源的动态选择和代码的按需迁移,并不是一件容易的事情。计算迁移的运行时管理将面临前所未有的挑战,主要来自以下两个方面:

一方面是自适应性。移动应用的运行时环境往往是变化不定的,因此自适应迁移是需要的。也就是说,通常要在运行时决策移动代码是否需要被迁移,哪些部分应该在远程执行,并动态地把移动代码迁移到云资源上。若某个远程云资源由于不稳定的网络连接而变得不可用时,在该云资源上执行的计算应该返回到移动设备继续执行或者迁移到其他空闲可用的云资源执行。然而,要实现按需迁移这样的特性并不是一件容易的事情。例如,当移动设备发现一个新的云资源时,为了使其可迁,需要在较短时间内对应用进行重配置并把它部署在该云资源上。在所考虑的应用场景中,存在很多可能的云资源。若在所有资源上都提前部署应用,这种做法就显得不够灵活和实用。此外,部署需要消耗一定的时间,这意味着,在此期间,智能手机是不能使用迁移服务的。

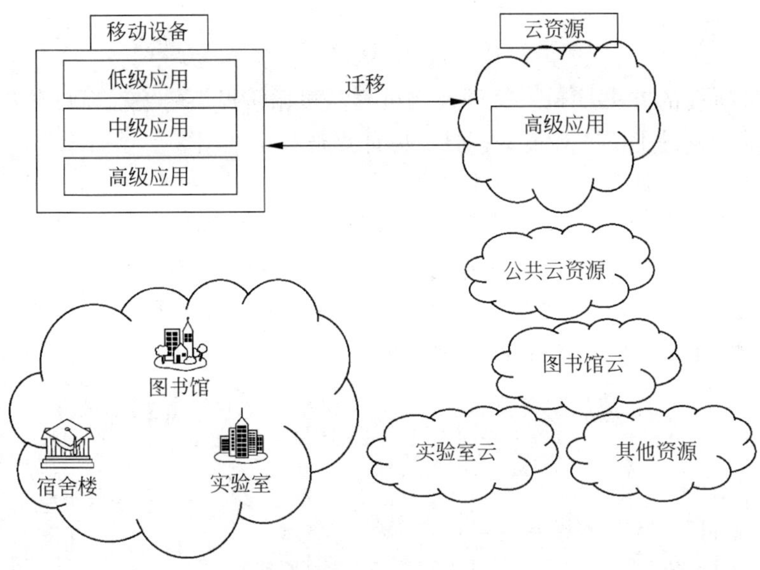

图 2-22 应用场景

另一方面是有效性。为了改善应用的性能,当设备上下文环境发生变化时,需要动态选择最优的云资源来迁移,而且要保证迁移所减少的执行时间必须大于其花在网络传输上的时间。然而,根据设备环境选择最优的资源也不是一件容易的事情,因为它得同时考虑云资源的处理能力、移动设备和云资源间的网络连接质量、移动代码的计算复杂度和耦合度等多个因素。其中,服务器处理时间由云资源的处理能力强弱决定,网络通信时间由设备与云资源之间的网络连接质量决定。在所考虑的应用场景中,存在很多具有不同处理能力和网络连接质量的可用云资源。因此,当智能手机的上下文环境(如位置、网络条件)发生变化时,为了重新选择用于迁移的资源,需要花费很长时间来收集运行时状态信息并计算出减少的执行时间和网络传输时间。

2. 方法

本节的核心思想是设计出一种中间件来自动解决上述问题,主要工作包括 3 点:

第一,提出了一种支持应用中计算按需动态迁移的设计模式。应用按照服务风格形式来开发,它的不同部分都能够被本地或远程调用。此外,本节还引入了服务池的概念,使得应用可以同时使用多个云资源,改善了迁移服务的可用性。

第二,提出了一个评估模型,根据移动设备的上下文环境,动态地选择最优云资源进行迁移。首先,分别对应用计算任务、移动设备上下文环境以及云资源计算能力进行建模。其次，提出一种决策算法，利用历史数据和当前设备环境信息计算减少的执行时间和网络传输时间。

第三，实现了一种计算迁移自适应中间件来支撑上述的设计模式和评估模型。一方面，由于在客户端和服务器端都应用了适配器，所以所有应用中包含的任一部分都能够进行本地调用或远程调用。对于应用中的每个部分，客户端的服务池中都维护了一个对应的可用服务列表。另一方面，在客户端进行历史数据收集并建模，历史数据包括计算任务运行数据、移动设备上下文环境和云资源的计算能力，并将其作为评估模型的输入。

3. 系统架构图

通过本节所提的方法，Android 开发人员只需遵循所提出的编程规则来开发应用，就能够根据当前设备的上下文环境进行自适应计算迁移。如图 2-23 所示，本节的系统原型主要由服务器端中间件及客户端中间件两个部分组成。其中，客户端中间件包括三大模块：运行时管理模块、计算迁移模块和服务选择模块；服务器端中间件包括了计算迁移模块。在这些模块中，服务选择模块作为系统原型的核心，具有很强的独立性，为系统架构的扩展提供了支持。因此，若想要向系统中添加或者删除迁移决策算法，就变得很轻松了。下面简单地描述一下这几个模块的功能。

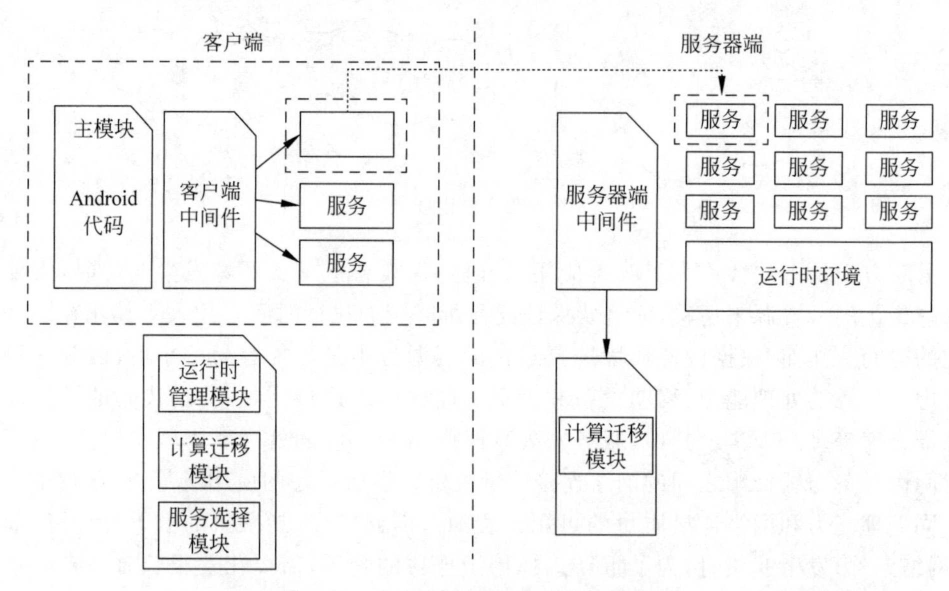

图 2-23　自适应计算迁移系统的架构图

运行时管理模块主要负责设备环境的监测和任务的调度。服务选择模块主要负责测试远程服务、建立信息模型和选择最优的云资源。首先，它会收集服务真实执行和测试执行的历史数据，建立对应的信息模型，并调用运行时管理模块来获取设备当前的环境数据，作为 2.3.5 节中所描述的选择算法的输入。其次，它通过运行该选择算法，决定所要用的服务。而后，它会通知客户端计算迁移模块中的代理进行服务调用。客户端计算迁移模块的主要功能与服务器端迁移模块是很相似的，主要负责管理可迁移服务，建立与服务器的连接并调用远程服务。两者相互配合，共同为迁移提供支持。若服务选择模块选择的是本地服务，则客户端代理直接从本地服务管理器中调用该服务。若所选择的是远程服务，则客户端代理会先通过本地资源注册管理器，与目标资源建立连接；然后，通过网络把该调用信息转发给目标资源上的服务器代理处理。服务器代理处理结束之后，会将相应的执行结果返回到客户端代理。

2.3.4 计算迁移设计模式

1. 设计模式

Android 应用程序是依赖于 Dalvik 虚拟机运行的，它与 Java 虚拟机非常不同。因此，虽然目前大部分服务器都配置了 Java 运行环境，但无法对 Android 应用程序的运行提供支持。为了实现自适应计算迁移，要求编程人员遵循所定义的设计模式来开发移动应用。如图 2-24 所示，该设计模式由一个主模块以及一个移动模块组成。主模块中定义了那些不能被迁移的代码，移动模块中包含了所有可迁移服务。

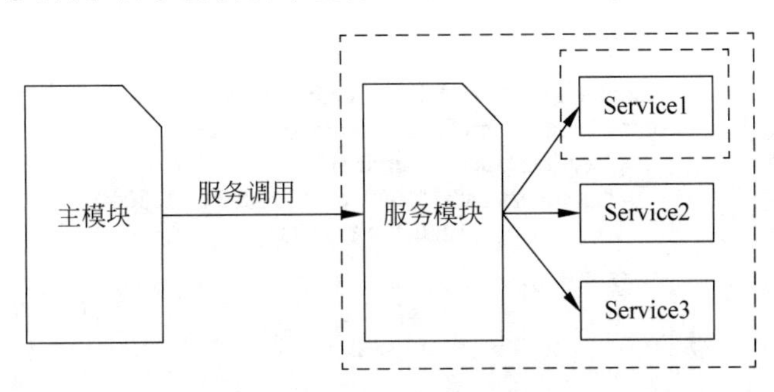

图 2-24　计算迁移设计模式

当开发应用时，编程人员首先必须对应用中的方法进行分类，分成 movable 及 anchored 两大类。anchored 类型是指那些依赖 Android 系统环境的方法，它们只能在手机上运行，不能被放在服务器上执行。这种类型的方法被要求定义在主模块中，主要包括以下 3 类：

(1) 与应用用户界面实现相关的方法；

(2) 与 I/O 设备进行交互的方法，比如读取设备上的加速度计、GPS 等；

(3) 与任意的外部组件进行交互的方法，比如使用网络连接来执行电子商务交易。

由于这些类型的方法使用到一些只能从移动设备上获取的资源，所以一旦它们被迁移到云资源上执行，就会因找不到所要的特殊资源而导致运行错误。这些方法之外的其他方法都被自动归为 movable 类型的方法，也就是它们既可以在移动设备上执行也可以在云资源上执行。movable 类型的方法需要按照服务规范进行封装，并在服务注册库中进行注册。其次，开发人员需要在客户端中导入提供的 jar 包。在一般情况下，调用某个 movable 方法时，需要进行两个步骤：

(1) 创建一个对象；

(2) 对象调用该方法。

在提出的设计模式中，若开发人员要调用某个方法，则需要进行 3 个步骤：

(1) 创建一个对象；

(2) 把步骤(1)的对象作为输入参数，调用jar包中提供的接口创建一个本地代理对象；

(3) 利用该代理对象来调用方法。

最后，在所有服务器上都部署上服务器端中间件。

按照上述步骤完成程序的开发后，在手机上运行该应用，主模块通过基于动态代理机制来调用那些可迁移服务。此时，每个服务是在本地执行还是在远程执行，对于开发人员来说都是透明的。如图2-25所示，主模块不会直接调用服务，而是向adapter对象发送一个请求。adapter对象是一个动态代理，用于调用服务注册库中的服务。它能够判断应该调用哪个服务，并决定是否需要迁移。

```
/*
* function: an example for the invocation of Service1
*/
public static void main(String[] args)
{
  ...
  Adapter adapter = Adapter.getInstance();
  outputParam = (int[]) adapter.invokeService(
      {"serviceName": "Service1",
        "inputParams": ["100000", "110000", "113000",
                        "112200", "112100"]
      });
  ...
}
```

图2-25　服务调用的代码片段

2. 服务部署

为了在运行时自动发现目标云资源并动态部署服务，提出了一个服务部署机制。图2-26描述了该机制的整个工作流。

首先，移动节点需要发现目标云资源，并对它进行身份认证。在成功认证之后，移动节点向它发送所有与当前服务部署相关的信息。一旦云资源接收到该请求，它就开始检查当前环境是否能支持该服务的部署。如果能，而且所需的服务不存在，它就从移动节点获取对应的服务文件进行部署，并把服务描述文件返回给移动节点；否则，它会向移动节点返回“服务已存在”或“不可部署”等信息。

3. 运行时机制

一个Android应用是由多个类组成的。任何有意义的计算都是通过类中的方法实现的。这些计算可能会使用同一个类内部的数据和方法，或者调用其他类中的一些方法。在没有引入计算迁移时，整个Android应用程序都在手机上运行，因此代码模块间的交互都是通过本地调用来实现。而引入迁移之后，手机与云资源之间的代码调用需要通过远程调用来实现。下面分别对这两种调用的结构及局限性进行介绍。

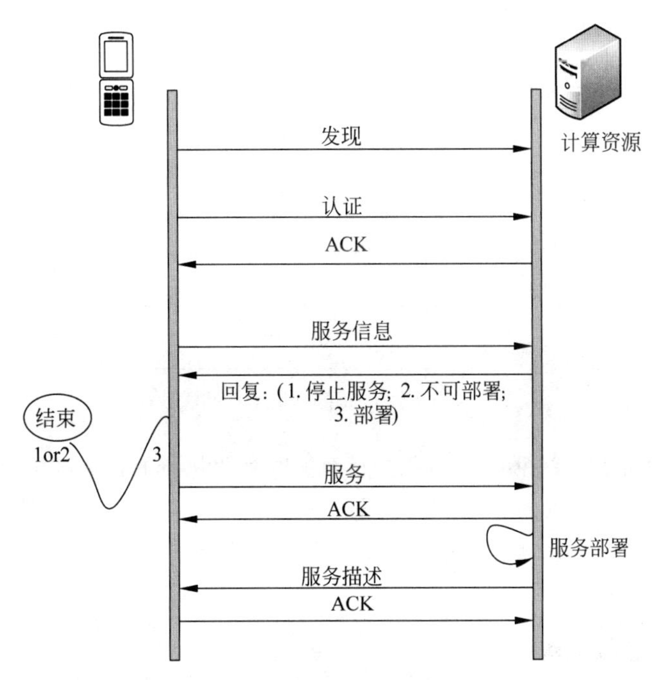

图 2-26 服务部署工作流

图 2-27 给出了一种典型的本地调用结构图。当主模块要对类 X 中的方法进行调用时,它首先需要获取类 X 在虚拟机内的引用。若类 X 被迁移到远程云资源上,那么主模块获取到的 X 的引用将变成无效的。因此,这样的代码结构不能支持类 X 中任何方法的迁移。

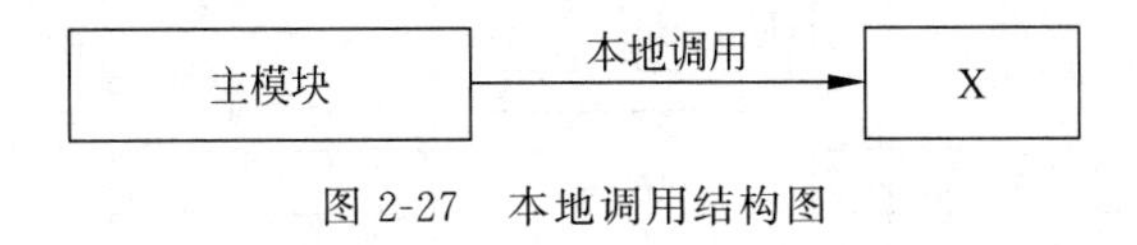

图 2-27 本地调用结构图

图 2-28 给出了一种典型的远程调用结构图。当主模块要对远程云资源上类 X 的方法进行调用时,它需要先通过远程通信服务获取到远程类 X 的引用,然后使用该引用来与 X 进行远程交互。在这个结构中,远程通信服务负责类 X 的引用与类 X 之间的关联。以 Android AIDL 为例,它的 ServiceConnection 是远程通信服务中最主要的一部分。主模块先通过 ServiceConnection 中的 onServiceConnection 方法获取 X 的引用。然后使用该引用来调用 X 中的方法。这种代码结构能够支持把 X 中的计算迁移到远程云资源上,但是如果主模块与类 X 是在同一个虚拟机上,整个程序的性能将大大受损。实际上,类 X 是否迁移是动态决定的,而且每时每刻都可能会改变。如果 X 没有被迁移,那么在该结构中,主模块与 X 之间的所有交互仍然需要经过极耗时的网络。这就与计算迁移的初衷相违背,即改善性能和节省电量。

上面介绍的两种典型代码调用结构都无法满足计算按需迁移的需求。本地调用结构不能支持远程方法的调用;而在远程调用结构中,如果调用者与被调用者都在本地时,就会导致极大的性能损失。

因此,结合 2.3.4 节中所定义的计算迁移设计模式,对原有的程序结构进行了一定

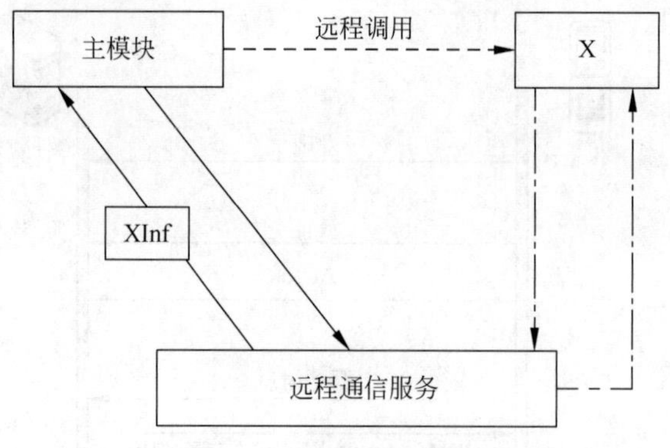

图 2-28　远程调用结构图

的调整。图 2-29 给出了一种支持应用中计算按需远程执行的目标结构,允许主模块能够有效调用服务注册库中的服务而不管当前它们是部署在客户端还是其他云资源上。该结构主要包含 3 个核心元素:本地 Adapter、远程 Adapter 和服务池。

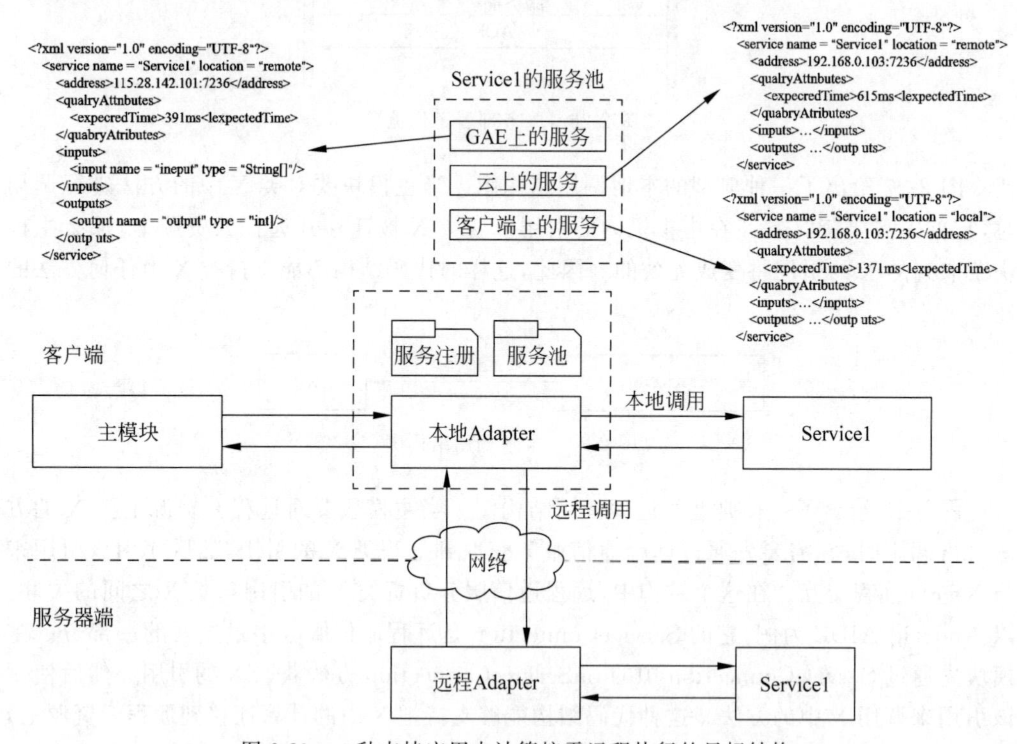

图 2-29　一种支持应用中计算按需远程执行的目标结构

服务注册库中的每个服务都有对应的服务池,该服务池中动态聚合了一组功能相同但是部署在不同地方的候选服务。服务池中的服务能够被动态添加或者移除。此外,服务池中还记录了服务的描述信息,包括它们的名字、地址、协议和质量等。例如,图 2-29 中的服务池有 3 个服务。这 3 个服务有相同的功能,但是它们分别被部署在 Google App Engine(GAE)、附近的 Cloudlet 和客户端。此时,服务池相当于一个单一的虚拟服务。当接收到调用请求时,服务池将优先选择质量最好的服务并返回对应服务的描述信息。

本地 Adapter 主要负责识别被调用服务当前的位置，并转发该方法调用。下面以主模块调用服务 Service1 中的方法为例，介绍一下它的工作流程。系统首先会发现该调用服务对应的服务池，借助评估模型，计算出当前最优的服务。而后，它会把质量最好的服务描述文件返回给本地 Adapter 进行处理。从服务描述文件中，本地 Adapter 就能够识别出 Service1 当前的位置。如果 Service1 在本地运行，则本地 Adapter 会直接转发方法调用，使得主模块调用 Service1 时不必经过网络栈。如果 Service1 在远程执行，本地 Adapter 从服务描述文件中获得服务的 url，并向远程 Adapter 转发该方法调用。

当远程 Adapter 接收到 Socket 请求时，会对它进行解析，得到服务名、方法名以及参数信息，并调用目标方法。当目标方法执行完之后，对应的结果会被传送回客户端，与原应用进行合并。在整个过程中，若被调用服务的位置发生改变，比如从本地迁移到远程云资源，或是从某一远程云资源迁移到另一资源，调用者（即主模块）并不知道被调用服务位置的变化。

图 2-30 是按需迁移中远程方法调用的时序图，当主模块调用服务 Service1 时，主模块首先会获得服务 Service1 的一个本地代理 Adapter，本地 Adapter 负责向目标服务 Service1 发送调用请求。首先，本地 Adapter 会调用 Service1 所对应的虚拟服务 Service1ServerPool。然后，通过选择算法，Service1ServerPool 会把质量最好的服务及对应服务的描述信息返回。本地 Adapter 经过解析，发现目标服务 Service1 被放在远程云资源 GAE 上执行了，这时就会通过网络栈把调用请求发送给 GAE 节点上的远程 Adapter。远程 Adapter 从请求中读出请求参数，并调用目标服务 Service1。当 Service1 执行完之后，就将结果返回给远程 Adapter，最后返回到主模块。

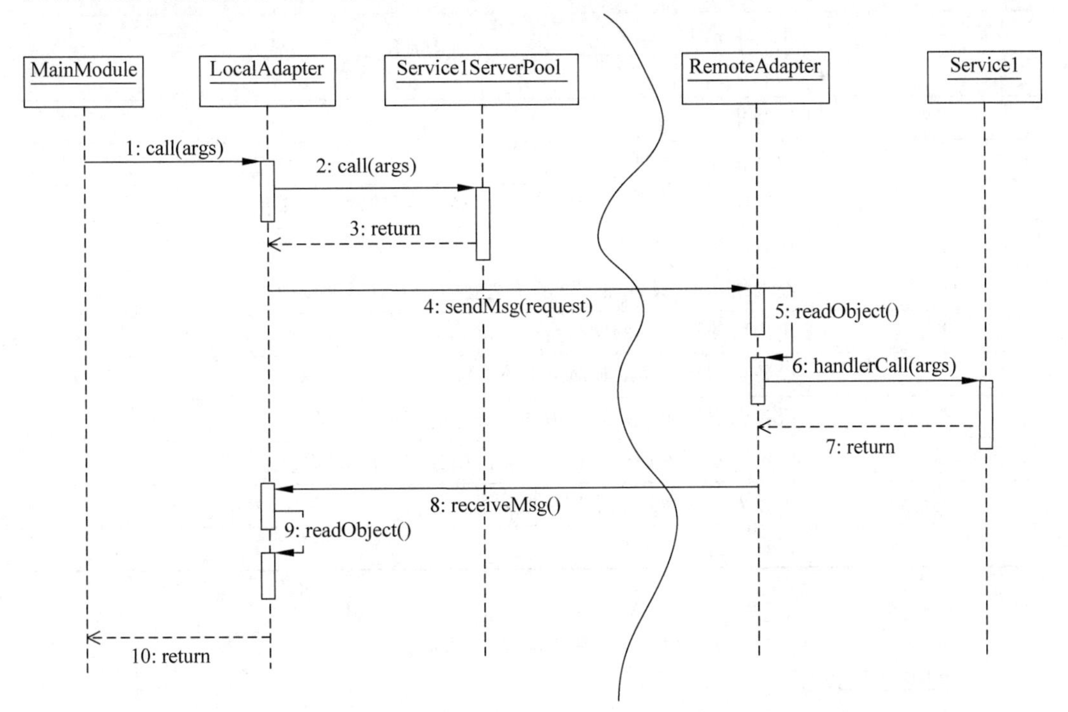

图 2-30　按需迁移中远程方法调用的时序图

2.3.5 评估模型

1. 基本信息建模

目前，越来越多的人已经习惯了通过移动设备来工作和娱乐。但是，随着他们的位置移动，移动设备的上下文环境（网络条件、位置等）也不断发生改变。为了实现自适应的计算迁移，本节所提的系统不仅考虑了远程的云计算服务，而且还考虑了附近的cloudlet。为了能够根据当前的设备环境动态地选择最合适的云资源，首先需要对一些必要基本信息进行分析并建模。因此，本节将对基本信息的建模进行详细介绍，并讨论如何利用这几个信息模型来计算减少的执行时间和网络传输时间。

远程服务调用的响应时间主要包括两部分：服务器执行时间和网络传输时间，如式(2-17)所示。表2-14列出了一些会影响响应时间的因素，比如移动服务、云资源、网络条件等。为了预测响应时间，建立了3个信息模型来对服务器执行时间和网络传输时间进行预测。这3个信息模型分别是网络连接模型、网络时间模型和服务器模型。网络连接模型是用来预测网络连接的质量。网络时间模型用来计算在不同网络连接下，服务的网络传输时间。服务器模型用来预测在不同云资源上服务的执行时间。下面对这3个信息模型进行详细介绍。

表 2-14 响应时间的影响因素

记号	描　述
S	movable 服务集合
R	云资源集合
N	网络集合
$\mathbf{V}$	数据传输率的期望矩阵
v_{ij}	在网络 i 中，设备和云资源 j 之间的数据传输率期望值
RTT	往返时延的期望矩阵
rtt_{ij}	在网络 i 中，设备和云资源 j 之间的往返时延期望值
C	用户所使用设备的网络变化矩阵
c_{ij}	设备从网络 i 移动到网络 j 的次数
E	服务在云资源上执行所需的服务器时间期望矩阵
e_{kj}	服务 k 在云资源 j 上执行所需的服务器时间期望值
$D(s_k)$	服务 k 单次调用的平均数据流量
$\boldsymbol{W}^{\mathrm{T}}$	权重向量

$$T_{\text{response}} = T_{\text{server}} + T_{\text{network}} \tag{2-17}$$

1）网络连接模型

网络连接的质量会随着设备一天的移动而在不断地变化。影响网络连接质量的因素包括设备与云资源之间的数据传输率和往返时延。基于客户端所收集的历史数据，网络连接模型被用来预测网络连接的质量。令 $N=\{n_1,n_2,\cdots,n_h\}$ 表示网络集合，$R=\{r_1,r_2,\cdots,r_m\}$ 表示云资源集合。**V** 和 **RTT** 是两个 $h\times m$ 的矩阵，分别记录了在不同网络情况下，每个设备与每个资源间的数据传输率和往返时延的期望值。**V** 和 **RTT** 矩阵定义如式(2-18)和式(2-19)所示。

$$\mathbf{V}=\begin{bmatrix} v_{11} & v_{12} & \cdots & v_{1m} \\ v_{21} & v_{22} & \cdots & v_{2m} \\ \vdots & \vdots & \ddots & \vdots \\ v_{h1} & v_{h2} & \cdots & v_{hm} \end{bmatrix} \tag{2-18}$$

$$\mathbf{RTT}=\begin{bmatrix} \mathrm{rtt}_{11} & \mathrm{rtt}_{12} & \cdots & \mathrm{rtt}_{1m} \\ \mathrm{rtt}_{21} & \mathrm{rtt}_{22} & \cdots & \mathrm{rtt}_{2m} \\ \vdots & \vdots & \ddots & \vdots \\ \mathrm{rtt}_{h1} & \mathrm{rtt}_{h2} & \cdots & \mathrm{rtt}_{hm} \end{bmatrix} \tag{2-19}$$

矩阵 **V** 中的每一个元素 v_{ij} 表示在网络 i 下，设备和云资源 j 之间的数据传输率的期望值。它是通过对历史数据 $\mathbf{V}^{ij}$ 进行加权平均得到的，如式(2-20)所示。矩阵 **RTT** 中的每一个元素 rtt_{ij} 表示在网络 i 下，设备和云资源 j 之间的往返时延的期望值。它是通过对历史数据 $\mathbf{RTT}^{ij}$ 进行加权平均得到的，如式(2-21)所示。

$$v_{ij}=\boldsymbol{W}^{\mathrm{T}}\cdot\mathbf{V}^{ij}=(w_1\quad w_2\quad\cdots\quad w_p)\begin{pmatrix} v_1^{ij} \\ v_2^{ij} \\ \vdots \\ v_p^{ij} \end{pmatrix}\quad \text{s.t.}\quad w_1+w_2+\cdots+w_p=1 \tag{2-20}$$

$$\mathrm{rtt}_{ij}=\boldsymbol{W}^{\mathrm{T}}\cdot\mathbf{RTT}^{ij}=(w_1\quad w_2\quad\cdots\quad w_p)\begin{pmatrix} \mathrm{rtt}_1^{ij} \\ \mathrm{rtt}_2^{ij} \\ \vdots \\ \mathrm{rtt}_p^{ij} \end{pmatrix}\quad \text{s.t.}\quad w_1+w_2+\cdots+w_p=1 \tag{2-21}$$

向量 $\boldsymbol{W}^{\mathrm{T}}$ 中的每个元素表示一个权重因子，在所考虑的系统中，可以根据不同场景来调整这些元素的比例大小。V^{ij} 记录了在网络 i 下，设备与云资源 j 间的数据传输率的历史序列。$\mathbf{RTT}^{ij}$ 记录了在网络 i 下，设备与云资源 j 间的网络时延的历史序列。历史序列通过实际执行或测试执行得到。

同时，还定义了一个 $h\times h$ 的矩阵 $\boldsymbol{C}$，用于记录用户位置的变化趋势，矩阵 $\boldsymbol{C}$ 定义如式(2-22)所示。矩阵 $\boldsymbol{C}$ 中的每一个元素 c_{ij} 表示设备从网络 i 移动到网络 j 的次数。

$$\boldsymbol{C}=\begin{bmatrix} 0 & c_{12} & \cdots & c_{1h} \\ c_{21} & 0 & \cdots & c_{2h} \\ \vdots & \vdots & \ddots & \vdots \\ c_{h1} & c_{h2} & \cdots & 0 \end{bmatrix} \tag{2-22}$$

2）网络时间模型

影响网络传输时间的因素有3个，分别是服务、数据传输率和往返时延。对于不同的服务，它们的数据传输量不同，包括输入数据以及输出数据。比如，Finder服务需要较大的数据传输量，而AI服务只需相对较小的数据传输量。令 $S=\{s_1,s_2,\cdots,s_g\}$ 表示movable服务集合。其网络传输时间可以通过式(2-23)来计算。其中，$D(s_k)$表示服务 k 单次调用的平均数据流量，它是通过提前训练得到的。当 $D(s_k)$很大时，网络传输时间主要取决于数据传输率。相反，当 $D(s_k)$很小时，网络传输时间主要取决于往返时延。因此，给定一个服务以及当前的网络连接质量，就能够基于该模型计算出服务的网络传输时间。

$$T_{\text{network}}(s_k,v,\text{rtt})=\max\left\{\frac{D(s_k)}{v},\text{rtt}\right\} \tag{2-23}$$

3）服务器时间模型

不同移动服务的计算复杂度不同，不同云资源的处理能力也不同。因此，服务在服务器上执行的时间也会不一样。服务器执行时间不能直接从客户端监测获得，但是它能够由式(2-24)计算得到。其中，服务调用的响应时间能够直接被监测到；此外，基于网络时间模型，网络传输时间也可以被计算出来。

$$T_{\text{server}}=T_{\text{response}}-T_{\text{network}} \tag{2-24}$$

矩阵 $\boldsymbol{E}$ 记录了服务在云资源上的执行时间的期望值。矩阵 $\boldsymbol{E}$ 的定义如式(2-25)所示。矩阵 $\boldsymbol{E}$ 中的每一个元素 e_{kj} 表示服务 k 在云资源 j 上执行所需的服务器时间的期望值。它是通过对历史数据 E^{kj} 进行加权平均得到的，如式(2-26)所示。其中，$\boldsymbol{E}^{kj}$ 记录了服务 k 在云资源 j 上执行所需的服务器时间的历史序列。

$$\boldsymbol{E}=\begin{bmatrix} e_{11} & e_{12} & \cdots & e_{1m} \\ e_{21} & e_{22} & \cdots & e_{2m} \\ \vdots & \vdots & \ddots & \vdots \\ e_{g1} & e_{g2} & \cdots & e_{gm} \end{bmatrix} \tag{2-25}$$

$$e_{kj}=\boldsymbol{W}^{\mathrm{T}}\cdot\boldsymbol{E}^{ij}=(w_1\quad w_2\quad\cdots\quad w_p)\begin{pmatrix} e_1^{kj} \\ e_2^{kj} \\ \vdots \\ e_p^{kj} \end{pmatrix}\quad \text{s.t.}\quad w_1+w_2+\cdots+w_p=1 \tag{2-26}$$

2. 选择算法

当设备的环境（网络条件等）发生改变时，为了改善应用性能，就需要重新选择用于迁移的云资源。若在所有可用的云资源上都部署移动代码，然后调用这些服务并比较它们的响应时间，则会消耗大量的时间和电量。因此，需要预测出远程服务调用的响应时间，并选择合适的服务。一方面，为了改善应用性能，需要选出当前网络下的最优服务；另一方面，为了保证当设备环境改变时还能够有较好的迁移服务质量，还需要选出备用服务。

1）最优服务选择

最优服务是指，在当前网络下，响应时间最短的那个服务。算法2.3给出了一个最优服务选择算法。它能够基于信息模型，选择出当前的最优服务。整个决策流程主要包括3个步骤。

步骤1，获得移动设备的上下文信息，比如服务和网络连接信息。

步骤2，基于信息模型，预测服务在不同云资源上执行的响应时间。

步骤3，选择最优服务并对其进行验证。

这里详细描述一下算法2.3的执行过程。该算法包括3个输入参数，分别是models、context和s_k。从参数models中，可以获得矩阵$\boldsymbol{V}$、$\boldsymbol{E}$、$\mathbf{RTT}$、$\boldsymbol{R}$的相应信息；从参数context中，可以获得当前网络i的信息；从参数s_k中，可以获得当前服务k的信息。首先，先估算服务k在本地资源r_{local}上的响应时间，记为T_{local}。其次，对$\boldsymbol{R}$中的每个云资源j进行遍历，计算出每个云资源的响应时间；用T_{offload}来记录最短的响应时间（即服务器执行时间与网络传输时间之和最小），同时用r_{optimal}记录下对应的云资源。若r_{optimal}当前网络异常，则选择次小的，以此类推。最后，对所选的最优服务进行验证，即把最优服务对应的响应时间T_{offload}与本地资源上的响应时间T_{local}进行对比。若$T_{\text{offload}}<T_{\text{local}}$，则返回$r_{\text{optimal}}$；否则返回$r_{\text{offload}}$。

算法2.3：Algorithm to select the optimal service

1. procedure selectOptimalService（models，context，s_k）
2. Matrices $\boldsymbol{V}$，$\boldsymbol{E}$，$\mathbf{RTT}$，$\boldsymbol{R}$ obtained from models
3. $T_{\text{local}} \leftarrow$ estimate execution time of s_k on the r_{local}
4. $r_{\text{optimal}} \leftarrow T_{\text{offload}} = \min\limits_{\forall r_j \in \boldsymbol{R}} (e_{kj} + T_{\text{network}}(s_k, v_{ij}, \text{rtt}_{ij}))$
5. **while**（the context of r_{optimal} is abnormal）**do**
6. {
7. $\boldsymbol{R} = \boldsymbol{R} - \{r_{\text{optimal}}\}$
8. $r_{\text{optimal}} \leftarrow T_{\text{offload}} = \min\limits_{\forall r_j \in \boldsymbol{R}} (e_{kj} + T_{\text{network}}(s_k, v_{ij}, \text{rtt}_{ij}))$
9. }
10. **if**（$T_{\text{offload}} < T_{\text{local}}$）**then**
11. return r_{optimal}
12. **else**
13. **return** r_{local}

2）备用服务选择

当设备环境发生变化时，重新选择云资源并部署服务需要花费很长的时间。在这段时间内，为了保证应用的性能，就需要选择一个备用服务。所谓备用服务，是指不仅在当前网络下是可用的，而且在下一个可能的网络也是可用的。备用服务的选择需要考虑两个条件。第一个条件是可用性（Value_{a}），也就是说，服务应该在尽可能多的网络中都是可用的。第二个条件是有效性（Value_{e}），也就是说，由迁移节省下来的总时间应该尽可能多。因此，就需要对以上两方面进行权衡，如式(2-27)所示。其中，权重因子w_1和w_2可以根据不同需要进行调整。

$$\text{Value}(r_j) = w_1 \times \text{Value}_{\text{a}}(r_j) + w_2 \times \text{Value}_{\text{e}}(r_j) \tag{2-27}$$

算法 2.4 给出了一个备用服务选择算法。它能够基于信息模型,选择出当前网络下的备用服务。整个决策流程包括 3 个步骤。

步骤 1,获得移动设备的上下文信息,比如服务和网络连接信息。

步骤 2,基于信息模型,预测服务在不同云资源上的可用性和有效性。

步骤 3,选择备用服务并对其进行验证。

算法 2.4:Algorithm to select the standby service

---

1. procedure selectStandbyService(models, context, s_k)
2. Matrices $\boldsymbol{V},\boldsymbol{E},\mathbf{RTT},\boldsymbol{R},\boldsymbol{N},\boldsymbol{C}$ obtained from models
3. $T_{\text{local}} \leftarrow$ estimate execution time of s_k on the r_{local}
4. $f(x)=\begin{cases}0, & x\leqslant 0\\ 1, & x>0\end{cases}$ where 1 denotes that it is worth offloading; 0 denotes that it is not suitable to offload
5. $\Delta\Phi(s_k,n_f,r_j)=T_{\text{local}}-(e_{kj}+T_{\text{network}}(s_k,r_{fj},\text{rtt}_{fj}))$ It denotes the reduced time when offloaded to r_j in n_f
6. $V_{\text{a}}(r_j)\leftarrow\sum_{f=1}^{h}\left(\frac{c_{if}}{\sum_{k=1}^{h}c_{ik}}\times f(\Delta\Phi(s_k,n_f,r_j))\right)$ It denotes the availability when offloaded to r_j
7. $V_{\text{e}}(r_j)\leftarrow\sum_{f=1}^{h}\left(\frac{c_{if}}{\sum_{k=1}^{h}c_{ik}}\times f(\Delta\Phi(s_k,n_f,r_j))\times\Delta\Phi(s_k,n_f,r_j)\right)$ It denotes the effectiveness when offloaded to r_j
8. $r_{\text{standby}}\leftarrow\max\limits_{\forall r_j\in\boldsymbol{R}}(w_1\times V_{\text{a}}(r_j)+w_2\times V_{\text{e}}(r_j))$
9. **while**(the context of r_{standby} is abnormal) **do**
10. {
11. $\quad\boldsymbol{R}=\boldsymbol{R}-\{r_{\text{optimal}}\}$
12. $\quad r_{\text{standby}}\leftarrow\max\limits_{\forall r_j\in\boldsymbol{R}}(w_1\times V_{\text{a}}(r_j)+w_2\times V_{\text{e}}(r_j))$
13. }
14. **return** r_{standby}

这里详细描述一下算法 2.4 的执行过程。该算法的输入参数也包括 3 个,分别是 models、context 和 s_k。从参数 models 中,可以获得矩阵 $\boldsymbol{V}$、$\boldsymbol{E}$、$\mathbf{RTT}$、$\boldsymbol{R}$、$\boldsymbol{N}$、$\boldsymbol{C}$ 的相应信息(详细描述见 2.3.6 节);从参数 context 中,可以获得当前网络 i 的信息;从参数 s_k 中,可以获得当前服务 k 的信息。首先,先估算服务 k 在本地资源 r_{local} 上的响应时间,记为 T_{local}。其次,用 $f(x)$表示服务是否值得迁移。当 $x\leqslant 0$ 时,$f(x)=0$,代表服务不适合迁移;当 $x>0$ 时,$f(x)=1$,代表服务值得迁移。用 $\Delta\Phi(s_k,n_f,r_j)=T_{\text{local}}-(e_{kj}+T_{\text{network}}(s_k,r_{fj},\text{rtt}_{fj}))$表示在网络 f 中,将服务 k 迁移到云资源 j 上所减少的响应时间。用 $V_{\text{a}}(r_j)$和 $V_{\text{e}}(r_j)$分别表示服务 k 迁移到云资源 j 上的可用性和有效性大小。接着,对 R 中的每个云资源 j 进行遍历,按照评估函数 $V(r_j)=w_1\times V_{\text{a}}(r_j)+w_2\times V_{\text{e}}(r_j)$ 计算出每个云资源的评估值;用 T_{value} 来记录最大的评估值(即可用性与有效性之和最

大),同时用 $r_{standby}$ 记录下对应的云资源。若 $r_{standby}$ 当前网络异常,则选择评估值次优的云资源,以此类推。最后,对所选的备用服务进行验证,即把备用服务对应的响应时间 $T_{standby}$ 与本地资源上的响应时间 T_{local} 进行对比。若 $T_{standby}<T_{local}$,则返回 $r_{standby}$;否则返回 r_{local}。

2.3.6 实验与评估

1. 迁移中间件的实现

基于前面的讨论,本节实现了中间件的原型并对其进行支撑。如图 2-31 所示,该迁移中间件由两部分组成,包括客户端中间件和服务器端中间件。客户端中间件被部署在移动设备上,服务器端中间件被部署在云资源上。

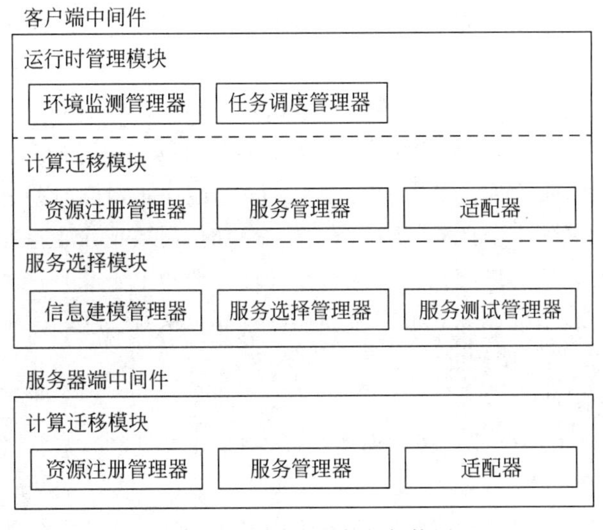

图 2-31 迁移中间件的架构图

1) 客户端中间件

客户端中间件用来动态地选择最优的云资源并按需迁移移动代码。它主要实现三大模块:运行时管理模块、计算迁移模块和服务选择模块。

运行时管理模块主要负责监测设备环境和任务调度。它包括上下文环境监测管理器和任务调度管理器。其中,上下文环境监测管理器用来监测移动设备的上下文环境,被监测的数据包括当前网络的名称、当前网络下可用的资源信息及其对应的传输速率和往返时延、当前任务名称及其执行时间等信息。任务调度管理器用来对不同任务进行调度。

计算迁移模块主要负责管理 movable 服务,建立与服务器的连接并调用远程服务。它包括客户端的资源注册管理器、客户端的服务管理器和客户端代理(客户端适配器)。其中,资源注册管理器负责建立与服务器的连接,并在上面部署服务。服务管理器由服务注册库和服务池组成,它负责注册并管理所有 movable 服务。客户端代理用来支持计算的自适应迁移。当服务选择结束时,会通知客户端代理进行调用。若所选择的是本地服务，则代理直接从服务管理器中调用该服务；若所选择的是远程服务，则客户端代理会通过资源注册管理器与目标资源建立连接。而后，通过网络把该调用信息转发给目标资源上的服务器代理处理。

服务选择模块的主要作用是测试远程服务，并建立信息模型以进行最优云资源的选择。它包括信息建模管理器、服务选择管理器和服务测试管理器。其中，信息建模管理器主要是根据收集到的信息，建立 3 种信息模型，包括网络连接模型、网络时间模型、服务器时间模型。信息的收集主要通过实际执行以及测试执行两种方式得到。实际执行是指，当移动设备进入一个网络时，按照服务选择结果，优先选择服务池中的服务来真实连接或执行任务，并将相应的结果存入模型信息中。测试执行是由服务测试管理器完成的。测试执行是对那些没有在服务池中的资源进行测试。快速变化的运行时环境是移动计算的一大特性；若每次都选择服务池中的资源，则很有可能会陷入局部最优。例如，某个资源可能由于网络异常，导致当前时刻表现极差；但这并不代表下个时刻它不会变好。因此，需要对那些没有在服务池中的资源也进行测试，为每个云资源都设置一个信息时效性基本时间 Time。若某项信息超过时效性时间，则提交测试任务：网络连接模型在相应网络时进行测试，服务器时间模型在可以连上该资源时进行测试。若测试结果基本不变，则每次 Time 增大，否则减少。为了获得网络连接模型、网络时间模型、服务器时间模型中所需的信息，每次实际执行或测试执行的结果(如响应时间、数据传输率、网络延时)都会保存到数据库中。此外，当网络发生变化时，需要记录上一个网络和新网络的信息，为备用服务的评估提供支持。服务选择管理器调用上下文环境监测管理器和信息建模管理器中的数据，结合 2.3.5 节中所描述的选择算法，决定要用的服务。而后，它会通知客户端代理进行服务调用。

2）服务器端中间件

服务器端中间件由一个计算迁移模块构成，用来支持迁移。它主要与客户端中的计算迁移模块一起配合工作。

同客户端的计算迁移模块一样，它也包括 3 部分：服务器端的资源注册管理器、服务器端的服务管理器和服务器端代理(服务器端适配器)。其中，服务管理器负责注册和管理所有需要部署在远程资源上的服务。代理通过接收客户端代理发过来的请求，并对其进行解析。然后根据解析出来的信息(比如服务名、方法名、参数信息等)，从服务管理器中选择对应的服务进行调用，并将执行结果返回给客户端代理。

2. 实验环境

在实例研究中，为了验证本节所提方法的可行性和有效性，本节选用了两款比较有代表性的测试设备、2 个具有不同网络条件的场所以及 5 种云资源，具体如下：

首先，介绍一下这两款实验设备的详细参数。其中一款是 HTC M8St(以下简称 HTC)，其内存大小是 2GB，处理器为四核 2.5GHz；另一款是 SAMSUNG GT-N7000 (以下简称 SAMSUNG)，其内存大小是 1GB，处理器为双核 1.4GHz。

其次，介绍 5 个场所的网络情况，依次为 location1、location2、location3、location4、location5。从图 2-32 可以看到，除了 location2，其他 4 个场所都有免费的 WiFi 连接，且这些 WiFi 的连接质量(如速度、强度)各不相同。

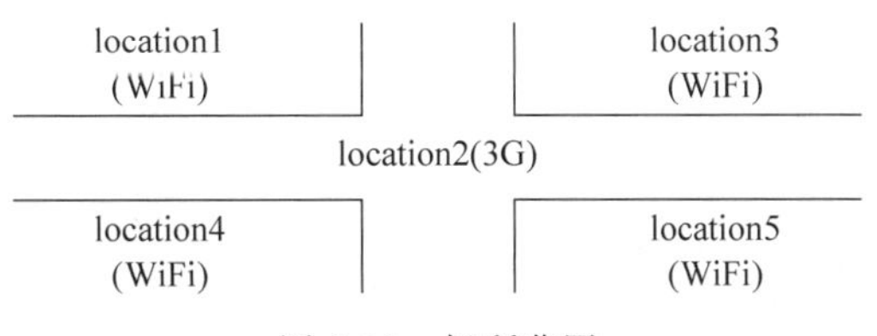

图 2-32 场所草图

最后，介绍5种云资源的配置信息。其中，4个是附近的cloudlet，1个是公有云服务。location1 cloudlet是一个既能使用WiFi也能使用3G连接的公网服务器，其内存大小是32GB，处理器为八核3.6GHz；但它受位置影响较大。location2 cloudlet的内存大小是4GB，处理器是双核2.6GHz。该服务器是运行在阿里云上的，相当于一个公有云服务。剩余3个cloudlet都只能使用WiFi连接，且仅区域可用。其中，location3 cloudlet的内存大小为32GB，处理器为八核3.6GHz。location4 cloudlet的内存大小是4GB，处理器为双核3.2GHz。location5 cloudlet的内存大小是2GB，处理器是双核2.2GHz。

3. 测试应用简介

为了评估和展示计算迁移中间件在不同处理能力的智能移动设备上获得的性能提升和电量节省。本节选取了五子棋游戏（Gobang）和人脸发现（Face Finder）这两个真实应用。下面简要介绍这两个应用的基本信息。

五子棋游戏是一个具有3种不同难度级别的棋类游戏。它是一个交互性应用，普通玩家与AI玩家轮流落子。人机对战时，普通玩家通过触摸屏幕来进行落子。当轮到AI玩家时，棋盘上所有棋子的位置信息都需传送给AI模块。然后，AI模块再采用当前对应复杂度的AI算法来计算最佳的落子位置。图2-33为五子棋游戏的示意图。

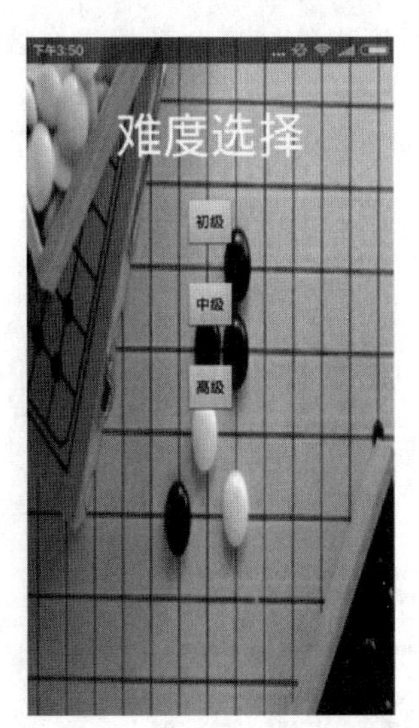

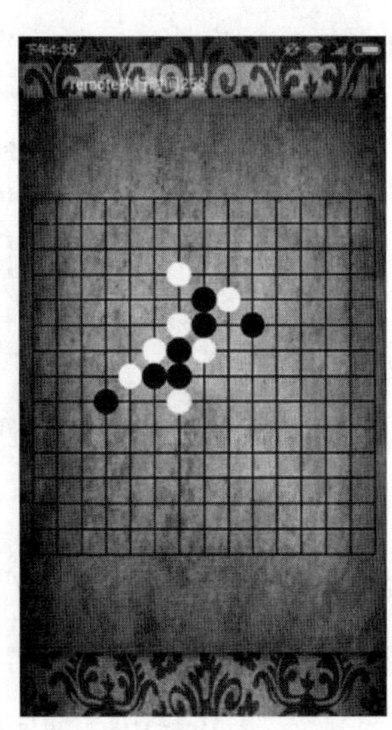

图 2-33 五子棋游戏

人脸发现是一个用于找出图片中的所有人脸的应用。在本次实验中，图片大小全都采用固定值1288KB。首先，把图片传送给Finder模块；接着，它利用算法找出图片中的人脸数,并把结果返回。

4. 测试应用评估模型

首先,遵循2.3.5节所描述的设计模式,对上述的两个测试应用进行了重构。在Gobang中有3个movable服务,分别为Low-level AI服务、Mid-level AI服务和High-level AI服务。这3个AI服务是由3种不同计算复杂度的算法实现的,用于计算当前最佳的落子位置。Face Finder中只有一个movable服务,被称为Finder服务。Finder服务是用来计算图片中的人脸数,且它是一个计算密集型服务。

这里以Gobang测试应用中的High-level AI服务为例,描述一下它的重构步骤。第一,在客户端的Gobang测试应用工程中导入所提供的jar包,com. cn. offloadingUtils. jar。同时,在服务器端导入另一个jar包,server. offloadingUtils. jar。第二,按照Java接口模式对High-level AI服务进行重构。图2-34中的HighLevelAIInf指的是抽象角色,即代理角色和真实角色都要实现的接口;图2-35中的HighLevelAIService指的是真实角色。第三,调用com. cn. offloadingUtils. jar包中提供的接口来创建真实对象highLevelAIService的本地Adapter。本地Adapter主要负责识别被调用服务当前的位置,并转发该方法调用。如图2-36所示,当主模块GameView调用highLevelAIService的方法时,通过运行客户端中间件中的服务选择模块,本地Adapter就会获取到质量最好的服务描述文件。从服务描述文件中,它能够识别出highLevelAIService当前的位置。如果highLevelAIService在本地运行,则本地Adapter会直接转发方法调用,使得主模块GameView调用highLevelAIService时不必经过网络栈。若highLevelAIService在远程执行,则本地Adapter从服务描述文件中获得服务的url,并向远程Adapter转发该方法调用。当远程Adapter接收到Socket请求时,会对它进行解析,得到服务名、方法名以及参数信息;并调用目标方法。目标方法执行结束后,产生的结果会被传送回客户端,并与

```
package com.example.implement;

import com.cn.offloadingUtils.Local;

public interface HighLevelAIInf {

⊕      * 初始化[..]
    public abstract void initValue();

⊕      * 电脑开始下子[..]
    public abstract int[] start();

⊕      * 得到最优点[..]
    public abstract int[] getBestPoint();

⊕      * 得到该位置的分数[..]
⊕   public abstract int getValue(int r, int c, String chessType);[..]

⊕      * 横向搜索[..]
    public abstract int getHorCount(int r, int c, String chessType);

⊕      * 纵向搜索[..]
    public abstract int getVerCount(int r, int c, String chessType);

⊕      * 斜向"\"[..]
    public abstract int getSloRCount(int r, int c, String chessType);

⊕      * 斜向"/"[..]
    public abstract int getSloLCount(int r, int c, String chessType);

}
```

图2-34 代理和真实角色都需实现的HighLevelAIInf接口的代码片段

```
package com.example.implement;
import java.util.Random;
import com.cn.offloadingUtils.Local;
import com.cn.offloadingUtils.Param;

 * AI类
public class HighLevelAIService implements HighLevelAIInf {
    private String[][] chessMap;
    private int[][] computerMap = new int[ScoreTable.ROWS][ScoreTable.COLS];
    private int[][] playerMap = new int[ScoreTable.ROWS][ScoreTable.COLS];
    // 电脑的棋子颜色
    private String computerType = "BLACK";
    // 玩家的棋子颜色
    private String playerType = "WHITE";
    private ChessStatus[] chessStatus = new ChessStatus[4];
    public HighLevelAIService(@Param("chessMap") String[][] chessMap,
            @Param("computerType") String computerType,
            @Param("playerType") String playerType) {
        this.chessMap = chessMap;
        this.playerType = playerType;
        this.computerType = computerType;
    }
    public void initValue() {

    public int[] start() {

    public int[] getBestPoint() {

    public int getValue(int r, int c, String chessType) {

    public int getHorCount(int r, int c, String chessType) {

    public int getVerCount(int r, int c, String chessType) {

    public int getSloRCount(int r, int c, String chessType) {

    public int getSloLCount(int r, int c, String chessType) {
}
```

图 2-35 真实角色 HighLevelAIService 的代码片段

```
// 电脑的棋子颜色
private String computerType = "BLACK";
// 玩家的棋子颜色
private String playerType = "WHITE";
private HighLevelAIInf highLevelAIService = new HighLevelAIService(
        chessMap, computerType, playerType);
HighLevelAIInf adapter = (HighLevelAIInf) ProxyFactory.getInstance(highLevelAIService);

public GameView(Context context) {
 * 对棋子进行初始化
public void initChess() {
 * 游戏重新开始
public void reStart() {
protected void onDraw(Canvas canvas) {
 * 判断是否胜利
public boolean hasWin(int r, int c) {
@Override
public boolean onTouchEvent(MotionEvent event) {
    float x = event.getX();
    float y = event.getY();
    int r = Math.round((x - this.PADDING_LEFT) / this.MARGIN);
    int c = Math.round((y - this.PADDING_TOP) / this.MARGIN);
    if (!(r >= 0 && r < ScoreTable.ROWS && c >= 0 && c < ScoreTable.COLS)) {
        return false;
    }
    if (!gameOver) {
        if (chessMap[r][c].equals("NONE")) {
            chessMap[r][c] = this.playerType;
            if (this.hasWin(r, c)) {
                // 玩家胜利
                this.gameOver = true;
                new AlertDialog.Builder(context).setTitle("提示")
                        .setMessage("玩家胜利").setPositiveButton("确定", null)
                        .show();
            }
            int[] p = adapter.start();
            chessMap[p[0]][p[1]] = this.computerType;
            if (this.hasWin(p[0], p[1])) {
                // 电脑胜利
```

图 2-36 主模块创建代理并调用服务方法的代码片段

原应用合并。在整个过程中,若被调用服务 highLevelAIService 的位置改变,比如从本地迁移到远程节点,或是从某一远程节点迁移到另一节点,调用者,即 GameView 并不知道被调用服务 highLevelAIService 位置的变化。

其次,中间件开始从监测管理器中不断地收集运行时数据,建立了信息模型,进而计算出服务器执行时间和网络传输时间。在本次的实例研究中,这 3 个信息模型如下:

1) 网络连接模型

在本次实验中,网络连接的相关信息,都是通过对移动设备的运行数据进行监测直接获得的。表 2-15 和表 2-16 分别对应 HTC 设备和 SAMSUNG 设备的网络连接模型。可以看到,对于不同的设备,它们的网络连接模型几乎一样。这是因为网络连接模型主要体现不同网络下设备和云资源之间的网络连接质量,包括数据传输率和往返时延。因此,不会因设备不同而有较大差异。

如表 2-15 和表 2-16 所示,包含了 5 个网络和 5 种云资源。其中,公有云服务和 location1 cloudlet 在任何网络下都能够被用于迁移。而其他 3 种云资源只有在区域内的 WiFi 网络下才是可用的。例如,location3 cloudlet 只有在设备连接的是 location3 WiFi 网络的情况下才是可用的。此外,在不同的网络中,设备与云资源的连接质量(就数据传输率和往返时延来说)也不同。

表 2-15 HTC 设备的网络连接模型

网络资源	location1 cloudlet	公有云服务	location3 cloudlet	location4 cloudlet	location5 cloudlet
$WiFi_{location1}$	rtt=40ms v=1200KB/s	rtt=150ms v=500KB/s	×	×	×
3G	rtt=480ms v=12KB/s	rtt=340ms v=20KB/s	×	×	×
$WiFi_{location3}$	rtt=400ms v=140KB/s	rtt=150ms v=500KB/s	rtt=40ms v=1200KB/s	×	×
$WiFi_{location4}$	rtt=600ms v=25KB/s	rtt=230ms v=300KB/s	×	rtt=60ms v=1024KB/s	×
$WiFi_{location5}$	rtt=650ms v=15KB/s	rtt=400ms v=240KB/s	×	×	rtt=75ms v=800KB/s

表 2-16 SAMSUNG 设备的网络连接模型

网络资源	location1 cloudlet	公有云服务	location3 cloudlet	location4 cloudlet	location5 cloudlet
$WiFi_{location1}$	rtt=45ms v=1190KB/s	rtt=150ms v=500KB/s	×	×	×
3G	rtt=480ms v=11KB/s	rtt=350ms v=20KB/s	×	×	×
$WiFi_{location3}$	rtt=410ms v=142KB/s	rtt=155ms v=498KB/s	rtt=43ms v=1195KB/s	×	×

续表

网络资源	location1 cloudlet	公有云服务	location3 cloudlet	location4 cloudlet	location5 cloudlet
$WiFi_{location4}$	rtt=600ms v=25KB/s	rtt=230ms v=300KB/s	×	rtt=60ms v=1020KB/s	×
$WiFi_{location5}$	rtt=650ms v=15KB/s	rtt=405ms v=240KB/s	×	×	rtt=75ms v=796KB/s

2）网络时间模型

不同服务有不同的输入数据和输出数据，因此它们有不同的数据传输量。通过提前对服务进行训练，可以获得服务一次调用的平均数据流量。本次实验的移动服务对应的网络时间模型如式(2-28)所示。对于单次调用，Finder 服务的数据传输量远远大于 AI 服务。这是因为，Finder 服务每次要传送图片。

$$T_{\text{network}}(\text{Finder}, v, \text{rtt}) = \max\left\{\frac{1288\text{KB}}{v}, \text{rtt}\right\}$$

$$T_{\text{network}}(\text{AI}, v, \text{rtt}) = \max\left\{\frac{3\text{KB}}{v}, \text{rtt}\right\} \tag{2-28}$$

3）服务器时间模型

服务器的执行时间不能通过对客户端监测直接得到，但是它能够通过 2.3.6 节中的基本信息建模模块所描述的方法计算得到。表 2-17 和表 2-18 分别表示了 HTC 设备和 SAMSUNG 设备的服务器时间模型。可以看到，对于不同的设备，它们的服务器时间模型几乎一样。这是因为服务器时间模型体现了不同服务在各资源上的执行时间，它主要取决于移动服务本身的计算复杂度和云资源的处理能力。因此，服务器时间不会因设备不同而有较大差异。

表 2-17　HTC 设备的处理能力及服务器时间模型

服务资源	location1 cloudlet	公有云服务	location3 cloudlet	location4 cloudlet	location5 cloudlet	本地
Finder	1946ms	6981ms	1946ms	5457ms	11272ms	13168ms
Low-level AI	0ms	4ms	0ms	4ms	10ms	2ms
Mid-level AI	16ms	39ms	16ms	53ms	112ms	272ms
High-level AI	175ms	297ms	175ms	246ms	840ms	2396ms

表 2-18　SAMSUNG 设备的处理能力及服务器时间模型

服务资源	location1 cloudlet	公有云服务	location3 cloudlet	location4 cloudlet	location5 cloudlet	本地
Finder	1953ms	6987ms	1952ms	5455ms	11269ms	34801ms
Low-level AI	0ms	4ms	0ms	4ms	11ms	15ms
Mid-level AI	17ms	43ms	18ms	58ms	110ms	835ms
High-level AI	175ms	297ms	176ms	246ms	840ms	5818ms

与本地执行相比较，同一服务在远程执行所花的时间要小得多。而且，云资源的硬件配置越强大，服务器时间就越少。例如，对于Finder服务，在SAMSUNG设备上平均执行时间是34801ms，在location5 cloudlet上是11269ms，而在location1 cloudlet只需1953ms。

4）云资源选择

基于上述信息模型，所提的方法就能自动地比较服务在不同云资源上的响应时间，然后选择最优的云资源进行迁移。

表2-19和表2-20分别表示在不同网络中，运行在HTC设备和SAMSUNG设备上的每个服务的云资源选择。云资源选择的本质就是对减少的执行时间和网络传输时间的权衡。例如，当移动设备在location5 WiFi网络下运行应用时，该自适应迁移方法就能够使用location5 cloudlet或者公有云服务进行迁移，如表2-15和表2-16所示。location5 cloudlet的网络连接比公有云要好，但是公有云的硬件配置比location5 cloudlet要强大得多。对于Finder服务和High-level AI服务，自适应迁移方法会选择公有云来迁移，因为这两个服务都是计算密集型服务，强大的硬件配置能够大大减少执行时间。对于Mid-level AI服务，则会选择location5 cloudlet来迁移，因为这两个云资源减少的执行时间几乎一样，但是公有云所需的网络传输时间却比location5 cloudlet要多。对于Low-level AI服务，自适应迁移方法调用的是本地服务，因为减少的执行时间不能比由迁移带来的网络传输时间要少。此外，由于两个设备本身的处理能力不同，因此对于同一个服务和同一个网络，这两个设备可能会有不同的迁移决策。例如，如果在3G网络下，这两个设备上都运行了Mid-level AI服务，对于HTC设备来说，会选择本地服务进行调用；而对于SAMSUNG设备来说，却选择公有云来进行迁移，如表2-19和表2-20所示。这是因为SAMSUNG设备所减少的执行时间比由迁移带来的网络传输时间要大，而HTC设备所减少的执行时间比网络传输时间要小，如表2-19和表2-20所示。

表2-19 不同网络下，运行在HTC设备上的每个服务的云资源选择

网络服务	$\text{WiFi}_{\text{location1}}$	3G	$\text{WiFi}_{\text{location3}}$	$\text{WiFi}_{\text{location4}}$	$\text{WiFi}_{\text{location5}}$
Finder	location1 cloudlet	本地服务	location3 cloudlet	location 4cloudlet	公有云服务
Low-level AI	本地服务	本地服务	本地服务	本地服务	本地服务
Mid-level AI	location1 cloudlet	本地服务	location3 cloudlet	location4 cloudlet	location5 cloudlet
High-level AI	location1 cloudlet	公有云服务	location3 cloudlet	location4 cloudlet	公有云服务

表2-20 不同网络下，运行在SAMSUNG设备上的每个服务的云资源选择

网络服务	$\text{WiFi}_{\text{location1}}$	3G	$\text{WiFi}_{\text{location3}}$	$\text{WiFi}_{\text{location4}}$	$\text{WiFi}_{\text{location5}}$
Finder	location1 cloudlet	本地服务	location3 cloudlet	location4 cloudlet	公有云服务
Low-level AI	本地服务	本地服务	本地服务	本地服务	本地服务
Mid-level AI	location1 cloudlet	公有云服务	location3 cloudlet	location4 cloudlet	location5 cloudlet
High-level AI	location1 cloudlet	公有云服务	location3 cloudlet	location4 cloudlet	公有云服务

评估模型的开销由两大部分组成。一方面，为了收集足够的运行时数据，需要执行一些额外的服务调用。例如，在 location5 WiFi 网络下，运行 High-level AI 服务，计算迁移自适应中间件不但会使用公有云服务来执行计算迁移，有时也会调用 location1 和 location5 cloudlet 所提供的服务来收集信息(如服务器时间等)。然而，执行的频率是可以被控制的，而且中间件一般是在空闲时间段中调用这些服务，因此，收集运行时数据的开销是可接受的。另一方面，为了选择最优的云资源进行迁移，中间件需要计算并比较在不同云资源上服务的响应时间。图 2-37 给出了不同位置选择算法的执行时间。与服务调用相比，服务选择的开销也是可接受的。

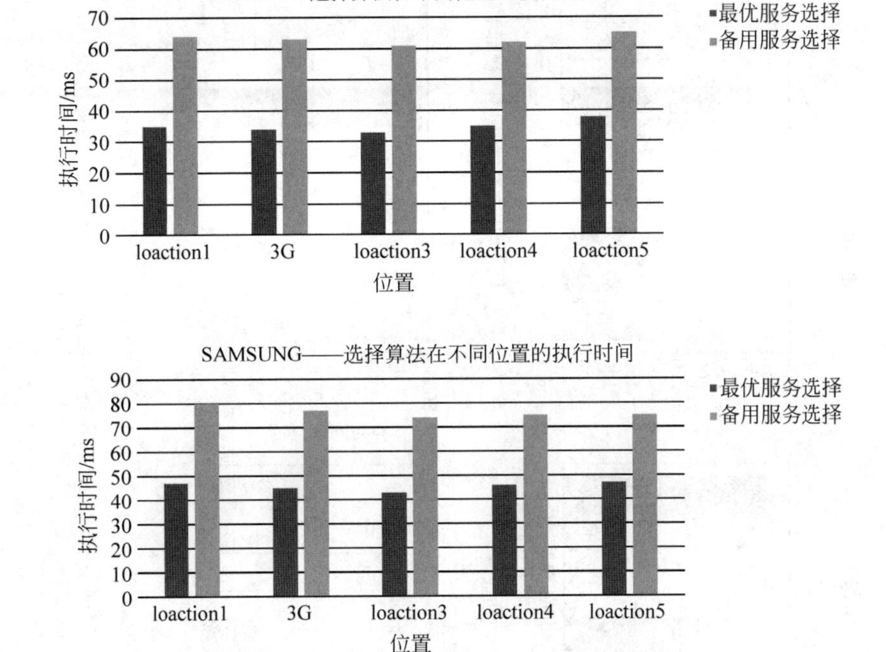

图 2-37　不同场所下选择算法的执行时间

5. 测试应用性能评估

测试应用的性能评估从两个方面进行。一方面，比较了设备在不同场所，对于相同服务，自适应迁移的应用(context-aware offloaded application)所需的响应时间与原始迁移的应用(original offloaded application)和传统迁移的应用(traditional offloaded application)的差别。另一方面，比较了设备在不同场所间移动时，对于相同服务，具有备用服务的自适应迁移应用所需的响应时间与没有备用服务的差别。

1) 位置固定时的性能分析

本次实验中进行比较的应用有三大类，分别是原始的应用、传统迁移的应用和自适应迁移的应用。其中，原始的应用指整个应用都在手机本地运行；传统迁移的应用指只用公有云服务来进行迁移；自适应迁移的应用指可以使用上述 5 种云资源的任意一种来进行迁移。如图 2-38 和图 2-39 所示，对于每一个服务，分别使用 HTC 设备和 SAMSUNG 设备来运行，并比较了在 5 个不同网络下，它们的性能改善情况。可以看到：

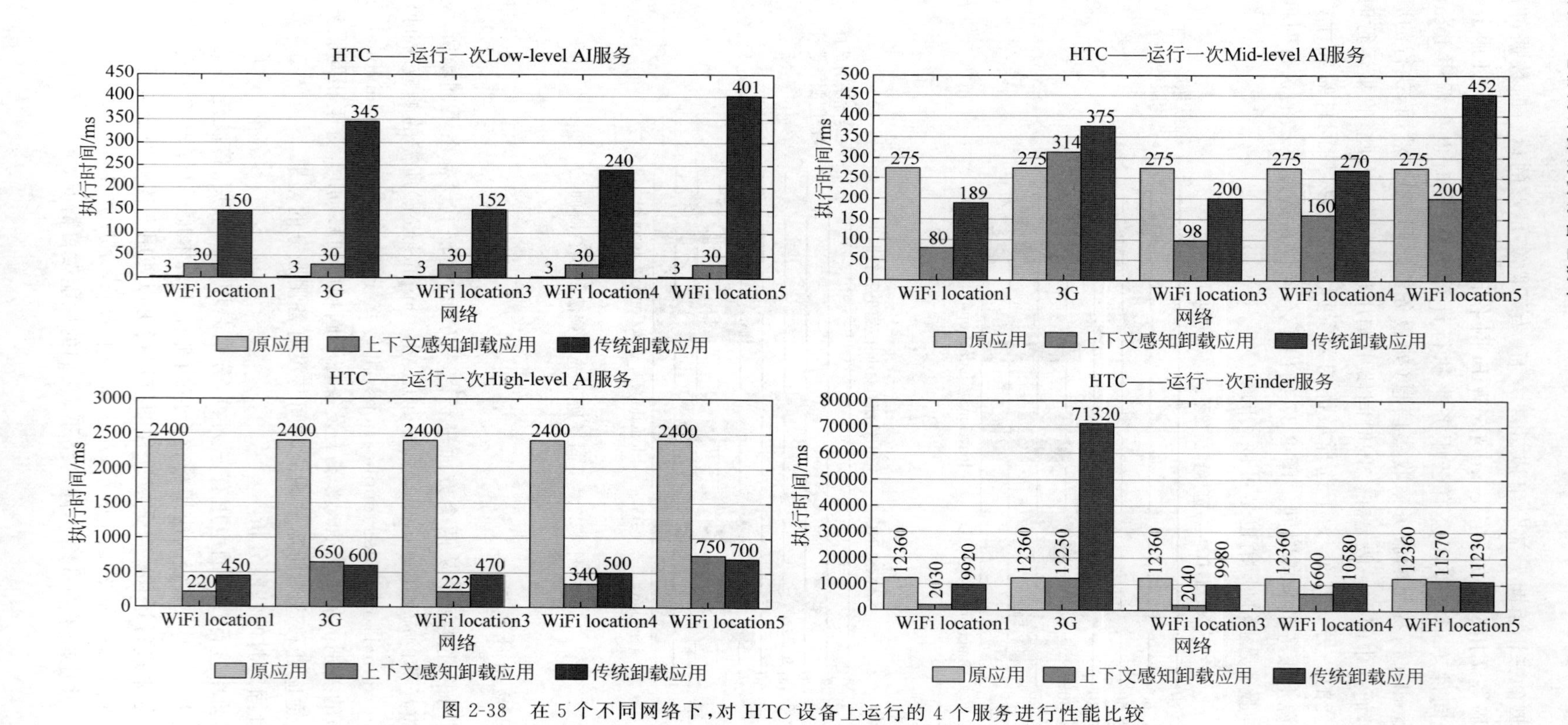

图 2-38 在 5 个不同网络下，对 HTC 设备上运行的 4 个服务进行性能比较

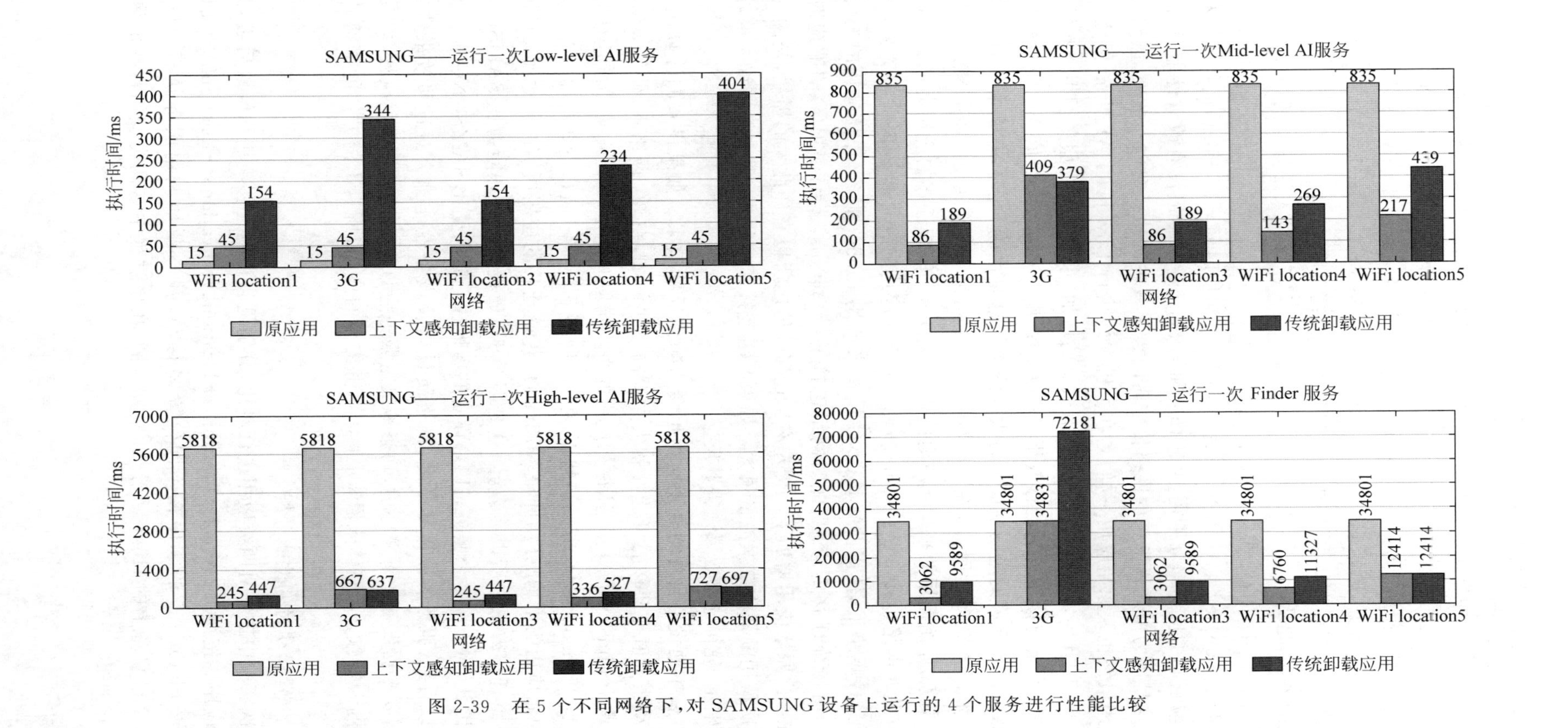

图 2-39 在 5 个不同网络下，对 SAMSUNG 设备上运行的 4 个服务进行性能比较

第一，服务的计算复杂度对迁移效果有显著的影响。如果一个服务有着较高的计算复杂度，那么它更可能值得迁移。相反，如果一个服务的计算复杂度很低，那么它在本地执行效果可能更佳。例如，在 location3 WiFi 网络下，使用 SAMSUNG 设备来调用 High-level AI 服务，原始应用的响应时间平均是 5818ms，传统迁移的应用的响应时间是 447ms，即减少了 92%；而自适应迁移的应用只需 245ms，减少了 96%。性能之所以有如此大的改善，是因为计算密集型代码是在一个具有较强大处理器的服务器上执行，而不是利用手机自身的处理器来执行。然而，在 location3 WiFi 网络下，使用 SAMSUNG 设备来调用 Low-level AI 服务，原始应用的平均响应时间只需 15ms，而传统迁移的应用和自适应迁移的应用却分别需要 154ms 和 45ms。迁移不但没有改善性能，反而降低了性能。这是因为由迁移带来的网络传输时间大于减少的执行时间。此外，虽然自适应迁移的应用最终也跟原始应用一样，是在手机本地执行 Low-level AI 服务，但比原始应用多了 30ms 的开销。执行时间之所以有微量的增加，主要是因为服务调用会被代理转发。

第二，网络连接质量对迁移效果有较大的影响。如果 RTT 值变大或者数据传输率变小，那么传统迁移的应用性能都将大大降低。这是因为，此时，在网络传输上所花的时间很有可能会更多。例如，在 location1 WiFi 网络下，使用 SAMSUNG 设备来调用 Finder 服务，原始应用的平均响应时间是 34801ms。传统迁移的应用会把服务迁移到公有云上（此时网络连接 rtt＝150ms，v＝500KB/s），其响应时间是 9589ms，减少了 72%。然而，在 3G 网络下，使用 SAMSUNG 设备来调用 Finder 服务，原始应用的响应时间保持不变，而传统迁移的应用（此时网络连接 rtt＝340ms，v＝20KB/s）的响应时间变为 72181ms，比原始应用增加了一倍左右。迁移性能之所以有如此大的损耗，是因为 Finder 服务每次调用的平均数据流量很大。如果网络连接速率很慢，那么将导致大量时间花在网络传输上，使得迁移效果适得其反。

第三，本地设备自身的处理能力也会影响到迁移效果。如果设备的计算能力较弱，那么移动服务值得迁移的可能性就大大提高了。例如，在 3G 网络下，使用 SAMSUNG 设备来调用 Mid-level AI 服务，原始应用的平均响应时间是 835ms，而传统迁移的应用所需时间是 379ms，减少了 55%。然而，在 3G 网络下，使用 HTC 设备来调用 Mid-level AI 服务，原始应用的平均响应时间是 272ms，而传统迁移的应用所需时间也是 379ms，减少了 39%。迁移效果之所以有差异，这是因为 HTC 设备的处理能力比 SAMSUNG 设备要强。因此，对于同一个服务，HTC 设备的本地执行时间要比 SAMSUNG 设备少很多。

可以看到，服务的计算复杂度、网络质量以及设备性能都会对迁移效果造成影响。因此，需要根据设备上下文环境，动态地决定服务应该在本地还是远程执行，以及选择用于迁移的云资源。从整体来看，对于计算密集型的应用，所提出的方法能够使其执行时间减少 6%～96%。

2）位置移动时的性能分析

本次实验中主要对两类应用进行对比，分别是自适应迁移应用和修改后去掉了备用服务的应用。按照 location2→location1→location2→location3→location2→location4→location2→location5 的顺序在不同位置间移动，并不断地调用服务执行。以运行在 SAMSUNG 设备上的 High-level AI 服务为例，在该过程中这两类应用每次的调用时间如图 2-40 所示。

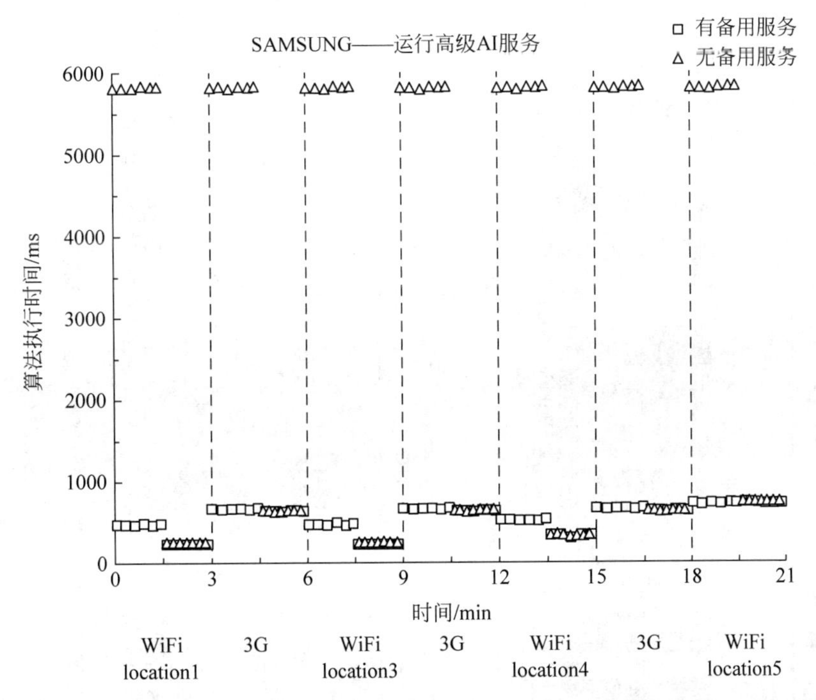

图 2-40　当 High-level AI 服务运行在 SAMSUNG 设备时，两类应用每次调用时间

从图 2-40 中可以看到，当设备刚进入一个新的场所时，修改过的应用调用服务所花的时间比自适应迁移的应用要多。例如，当设备从 location1 刚进入 location2 时，自适应迁移应用调用 High-level AI 服务平均所花时间是 667ms，而修改过的应用需要花 5818ms。这两类应用的性能之所以有差异，是因为当设备上下文环境变化时，对于修改过的应用来说，它需要花很长的时间来重新选择云资源和部署服务。在这段时间内，自适应迁移应用能够使用备用服务来保证应用性能，而修改过的应用却只能使用本地服务。但过了一段时间之后，这两类应用的趋势又变得几乎一样。例如，当设备进入 location2 差不多 85s 之后，这两类应用调用 High-level AI 服务平均所花的时间基本保持一致，也就是 667ms 左右。这主要是因为，当服务部署完成后，这两类应用都会优先使用当前最优服务来进行迁移。综上所述，可以得出结论：从整体上讲，自适应迁移应用的表现要优于没有备用服务的应用。

6．测试应用电量消耗评估

这里仍使用前面提到的 3 个应用版本来对本节方法的电量消耗进行评估。通过使用 PowerTutor 这个 Android 应用来对不同网络下，SAMSUNG 设备和 HTC 设备上运行的每个服务进行电量消耗的测量。对于每个目标服务，PowerTutor 应用都会给出详细的电量消耗数据。性能评估结果如图 2-41 和图 2-42 所示。

在同一设备和同一网络下，对于不同的服务，这 3 类应用的能耗改善程度不尽相同。对于原始的应用，服务的计算复杂度越大，所花的时间就越多，因此消耗的电量也就越多。而对于传统迁移和自适应迁移这两类应用，服务的计算复杂度越大，所节省的时间就越多，因此节省的电量也就越多。例如，在 location1 WiFi 网络下，使用 SAMSUNG 设

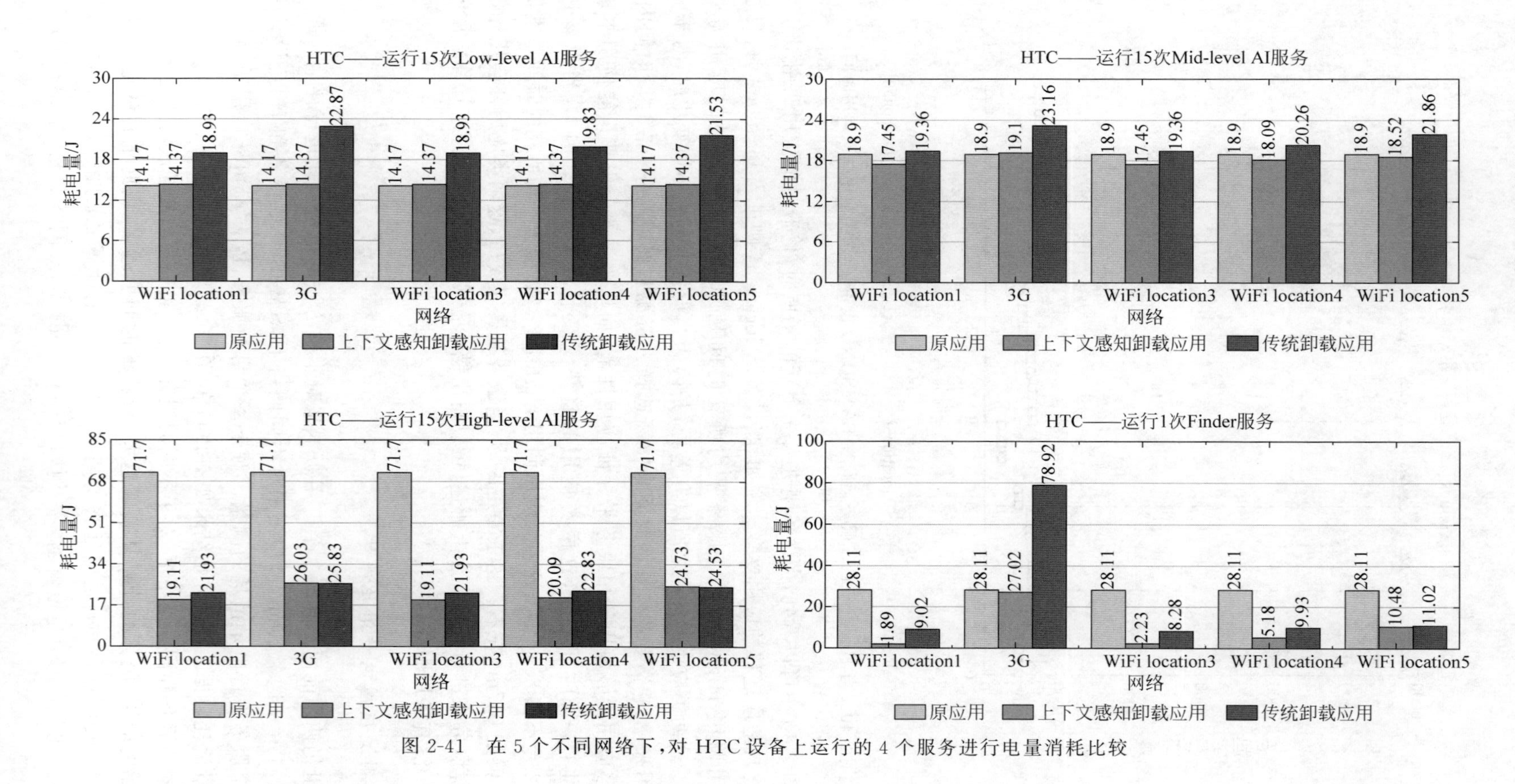

图 2-41 在 5 个不同网络下，对 HTC 设备上运行的 4 个服务进行电量消耗比较

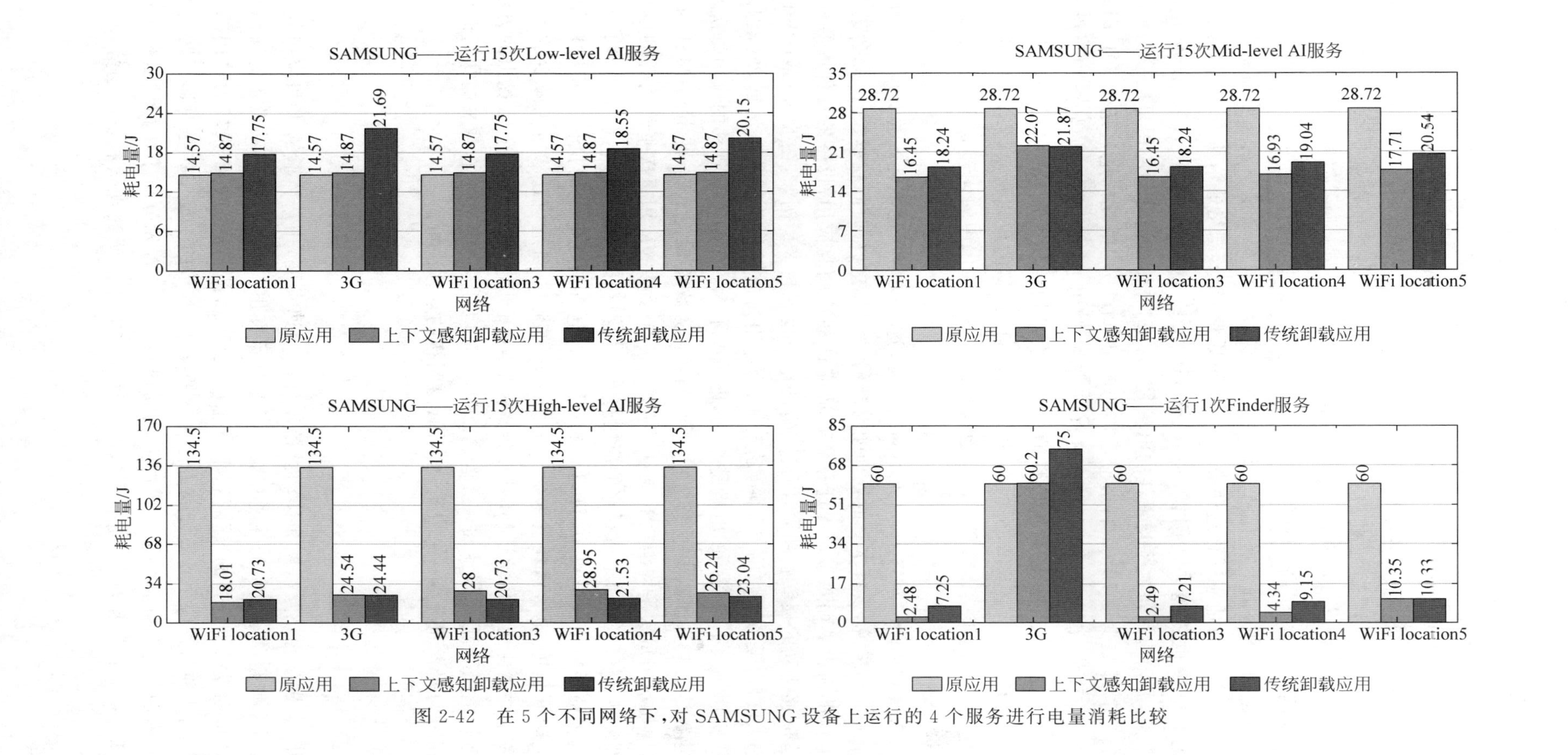

图 2-42　在 5 个不同网络下，对 SAMSUNG 设备上运行的 4 个服务进行电量消耗比较

备来调用 Mid-level AI 服务 15 次，原始应用消耗的电量是 28.72J。传统迁移的应用消耗的电量是 18.24J，即减少了 36%；自适应迁移的应用消耗的电量是 16.45J，即减少了 43%。而在 location1 WiFi 网络下，使用 SAMSUNG 设备来调用 Finder 服务，原始应用每次平均消耗的电量是 60J。传统迁移的应用每次平均消耗的电量是 7.25J，即减少了 88%；自适应迁移的应用每次平均消耗的电量是 2.48J，即减少了 96%。

在不同网络下，对于同一服务和同一设备，这 3 类应用的能耗改善程度也不一样。对于原始的应用来说，由于没有网络通信，因此执行时间和电量消耗几乎都保持不变。而对于传统迁移和自适应迁移这两类应用，网络质量越差，网络通信所花时间就会越多，因此消耗的电量也就越多。例如，在 location1 WiFi 网络下，使用 HTC 设备来调用 Finder 服务，原始应用每次平均消耗的电量是 27.82J。传统迁移的应用每次平均消耗的电量是 7.72J，即减少了 72%；自适应迁移的应用每次平均消耗的电量是 2.59J，即减少了 91%。然而，在 3G 网络下，也使用 HTC 设备来调用 Finder 服务，原始应用每次平均消耗的电量仍是 27.82J。而传统迁移的应用每次平均消耗的电量是 78.99J；其中，3G 和 LCD 分别消耗了 31.9J 和 46.9J 的电量。自适应迁移的应用每次平均消耗的电量需 27.84J，比原始应用稍微多一些。这是因为自适应迁移应用中的代理的运行也需要消耗一些电量。

在同一服务和同一网络下，对于不同的设备，这 3 类应用的能耗改善程度也不相同。对于原始的应用来说，设备本身的处理能力越弱，所需的执行时间就越长，因此会进一步导致了电量的消耗。而对于传统迁移和自适应迁移这两类应用，设备的硬件配置越差，性能改善能够达到的程度就越大，因此节省的电量也就越多。例如，在 location4 WiFi 网络下，使用 HTC 设备来调用 Finder 服务，原始应用每次平均消耗的电量是 27.82J。传统迁移的应用每次平均消耗的电量是 9.7J，即减少了 65%；自适应迁移的应用每次平均消耗的电量是 5.13J，即减少了 82%。然而，当其他条件都保持不变，使用 SAMSUNG 设备的话，原始应用每次平均消耗的电量是 60J。传统迁移的应用每次平均消耗的电量是 9.15J，即减少了 85%；自适应迁移的应用每次平均消耗的电量需 4.84J，即减少了 92%。

从电量消耗的比较结果中，可以看到，服务的电量消耗与它的执行时间密切相关。服务响应时间越短，电量消耗就越少。在大部分情况下，自适应迁移应用减少的电量消耗都要多于原始应用和传统迁移的应用。特别是对于计算密集型应用，所提出的方法能够使其电量消耗降低 60%～96%。这是因为，自适应迁移的应用会在减少的执行时间和网络传输时间两者间进行一个权衡，然后做出明智的迁移决策。

2.3.7 总结

近年来，随着移动互联网和移动设备硬件的快速发展，用户体验需求和应用复杂度都不断增加，使得移动设备的性能和能耗问题日益突出。为了解决移动设备的性能和能耗问题，“移动设备上计算的迁移”这个概念应运而生，渐渐成为近年来较为热门的研究之一。针对当前自适应由计算迁移方法存在的问题，本节的主要工作是对运行时动态选择最优云资源并按需迁移移动代码的方法的研究。本节首先分析了在移动云环境中自适应计算迁移的背景和意义，当前主流的计算迁移方法的研究现状和发展趋势，然后进一步介绍了计算迁移涉及的相关技术，主要包括 Android、Java 反射机制、Java 动态代理模式、Java 的对象序列化技术、面向服务开发概念、服务池概念。在此基础上，本节提出了一个计算迁移设计模式和一个资源选择评估模型，并实现了一个计算迁移自适应中间件来对前两者进行支撑。本节的主要创新点和贡献如下：

(1) 本节提出了一种支持应用中计算按需动态迁移的设计模式。应用按照特定的服务风格形式进行开发，以保证它所包含的不同部分能够被本地或远程调用。本节还引入了服务池的概念，使得应用可以同时使用多个云资源（远程云计算服务和附近的 cloudlet），改善迁移服务的可用性；而已有的工作几乎都不能支持该特性。

(2) 本节提出了一个评估模型，根据移动设备的上下文环境，动态选择最优云资源进行迁移。首先，分别对移动设备上下文环境、应用计算任务和云资源计算能力进行建模。其次，提出了一个决策算法，通过利用历史数据以及当前设备环境信息，来计算减少的执行时间和网络传输时间。在本节中，为了决定是否迁移服务，选择哪个云资源，使用了历史数据跟设备当前环境相结合的方法；而大多数已有的工作为了计算减少的执行时间和网络传输时间，都需要监测大量的运行状态。

(3) 本节实现了一种计算迁移自适应中间件来支撑上述的设计模式和评估模型。一方面，通过客户端和服务器端的适配器，按服务风格开发的应用中所有部分都能够被本地或远程调用。对于应用中包含的每个部分，都在客户端的服务池中维护了一个对应的可用服务列表。另一方面，在客户端收集计算任务运行数据、云资源的计算能力以及移动设备上下文环境等历史数据并进行建模，将其作为评估模型的输入。同时，为了选出最优的云资源进行迁移，还需不断地监测设备上下文环境。与同样考虑了设备移动性问题的工作相比，不仅提出了自适应迁移决策算法，而且开发出了计算迁移自适应中间件的系统原型；而已有的相关工作主要侧重于情景感知迁移决策算法，假设这些算法在移动云迁移系统中能够起作用。

为了对所提出方法的可行性和有效性进行验证，通过两个实际应用对该中间件进行了全面评估。首先，遵循 2.3.4 节中所述的设计模式对两个实际应用进行了重构。接着，在该中间件原型上，对重构后的应用进行了一系列的实验。实验结果表明，相比于传统的计算迁移方法，所提出的方法能够根据当前环境自适应且有效地迁移计算；对于计算密集型应用，所提出的方法能够使其执行时间减少 6%～96%，电量消耗降低 60%～96%。

2.4 移动边缘环境下面向 Android 应用的计算卸载方法

近年来，随着移动设备的普及，涌现出众多内容丰富的应用，使得移动设备的性能和能耗问题日益突出。计算迁移是一种流行的技术，通过在远程服务器上执行应用程序的某些部分来帮助提高性能，并减少移动应用程序的电池功耗。移动云计算通过将计算密集型应用程序迁移到云中，来扩展移动设备的计算能力和电池容量。尽管如此，移动设备和云之间的网络通信可能会导致明显的执行延迟。移动边缘计算提供了一个新的机会，可以通过将应用程序的部分迁移到移动边缘上，从而显著降低移动应用程序的延迟和电池能耗。由于移动边缘的地理分布和移动设备的移动性，移动边缘计算的运行时环境非常复杂，且变化很大。因此，与传统的移动云计算方法相比，应用程序开发人员很难在移动边缘计算中支持计算迁移,传统的移动云计算方法假设存在一个强大且始终连接的远程云服务器。一方面,开发人员必须使迁移适应不断变化的上下文环境,并且迁移应该在可用的计算节点之间动态发生。另一方面,开发人员必须在每次上下文环境变化时有效地确定迁移方案。为了应对这些挑战,本节提出了一种自适应计算迁移中间件,该中间件使得移动应用程序能够在移动边缘环境中实现迁移。本节的具体工作如下:

(1) 本节提出一种新的设计模式,使应用程序能够在移动设备,移动边缘和云之间动态迁移。同时当用于迁移的移动边缘断开连接时,应用程序保持可用。本节还使用了代码重构技术,将应用自动重构成支持设计模式的代码结构。

(2) 本节设计评估模型已自动确定迁移方案,应用程序的不同部分可以在不同的计算节点上执行。评估模型对计算任务、节点资源的性能以及网络上下文环境进行建模。同时,本节将计算任务、历史数据、上下文环境作为决策算法的输入,通过权衡缩短的执行时间与网络传输延时,为移动设备制定最优的迁移决策。

(3) 本节实现自适应迁移中间件以支持设计模式和评估模型。一方面,中间件将应用程序重构成支持迁移的代码结构,以便应用的任意部分都能够在本地或远程执行。另一方面,中间件收集运行时上下文环境数据以及历史数据来建立评估模型并且针对移动设备的上下文环境制定最优的迁移决策。

本节通过两个实际应用程序上评估中间件,结果表明,对于计算密集型应用程序,本节的方法可以将应用的响应时间缩短 8%~50%,将能耗降低 9%~51%。

2.4.1 引言

当今社会,移动互联网蓬勃发展,移动设备性能日新月异。移动设备已经融入人们的日常生活中,人们对移动设备的依赖性越来越强。全球移动用户不断增长,截至目前已经超过 48 亿。据国内相关统计数据,Android 手机的月活跃数超过 7 亿,苹果设备也接近 3 亿。该数字在未来仍可能保持较高的增长率。移动设备的更新速度远远大于摩尔定律,相比一般的笔记本电脑,移动设备的配置已经能望其项背了。当今,智能移动设备屏幕不仅更大,而且能够提供更丰富的色彩表现,同时其装配的传感器(如磁力传感器、光线感应传感器、方向传感器等)也扮演重要的角色。

Android 是一款面向智能手机的开源移动平台,市场份额超过 iOS 5 倍。自 2008 年谷歌首次发布 Android 应用程序以来,成千上万的开发者已经开发了超过 490000 个 Android 应用程序(一种特殊的 Java 应用程序,App 是 application 的简称)。应用程序市场(App Store、Google Play 等)囊括了各式各样、五花八门的应用程序,例如时尚购物 App、图书阅读 App、影音视听 App、学习教育 App、旅行交通 App、金融理财 App、聊天社交 App 以及娱乐消遣 App。应用程序市场中的最受用户喜爱的应用程序通常为计算资源密集型的,例如影音视听 App、娱乐游戏 App。这些 App 对移动设备的配置要求更高,例如,娱乐游戏 App 要求显卡具备优秀的图像渲染能力,且支持超线程且高效处理性能的 CPU;影音视听 App 则更侧重于网卡的数据封装和解封以及编码译码的效率。

移动设备(如智能手机和笔记本电脑)的技术发展与新的移动应用程序的发展密切相关。随着设备硬件的快速改进和用户体验的提高,应用程序试图提供越来越多的功能，移动用户通过音频样本查找歌曲，玩游戏，拍摄、编辑和上传视频；分析、索引和汇总他们的移动照片集；分析他们的财务状况；管理他们的生理健康和心理健康。此外，新的富媒体、移动增强现实和数据分析应用程序改变了移动用户记忆，体验和理解周围世界的方式。这些应用程序需要越来越多的计算，同时对移动设备上极其有限的能源供应也提出了要求。设备的日新月异，用户对 App 功能的精益求精，导致开发复杂且功能完善的 App 已是大势所趋，移动设备的两个最关键的限制愈发明显。其中一个最显著的限制是移动设备各式各样，运行相同的应用程序，用户体验会存在差异。一般而言，移动设备的硬件配置较低意味着设备上运行的应用程序的性能较低，给用户带来不好的体验。设备电池的续航时间成了第二个明显的限制。计算密集型应用需要占用大量的 CPU 时间并消耗极多的电量。尽管电池容量持续增长，却远远不及用户对移动设备电量的需求。移动设备制造商通过对电池进行扩容来提高续航能力。

尽管如此，续航效果的增加幅度不是无限的，大多数用户对电量消耗的需求经常得不到满足。移动用户对手机的依赖导致了几乎每天都需要对手机进行充电。当过度使用移动设备的情况下，充电的次数可能就加倍甚至需要始终连接到移动电源来保持移动设备的正常。计算密集型应用程序(如果在智能手机上本地执行)通常需要大量的 CPU 周期，从而可以相当快地消耗电池电量。

计算迁移是一种流行的技术，通过在远程节点资源上执行应用程序的某些部分来帮助提高性能，并减少移动应用程序的电池功耗。凭借通过无线网络随时随地访问服务器，智能手机上的应用程序现在可以部分或完全运行于附近的云或远处的云，从而节省能源，同时实现理想的响应时间。移动云计算(MCC)已被引入，通过将计算密集型应用程序迁移到云中，来扩展移动设备的计算能力和电池容量。尽管如此，设备和远程云服务资源之间的网络可能存在较高的网络延时。为了解决延迟问题，还引入了移动边缘计算(MEC)。移动边缘提供了与移动设备非常接近的计算能力，能够运行在移动设备上要求苛刻的应用，同时提供更低的延迟。移动设备的移动性不可避免地导致了设备位置的变化。这一特性无法保证设备的上下文环境一成不变。为了有效地迁移，需要根据移动设备的环境自动决定迁移方案，并动态地在设备、移动边缘和云端之间迁移计算。但是，让开发人员支持自适应迁移并不是一件简单的事情。

首先，开发者需要实施自适应迁移。迁移方案在运行时决定，因此需要动态迁移计算。例如，如果用于迁移的移动边缘断开网络连接而不能提供正常计算服务，则需要将边缘节点中的任务迁移到可用节点，以保证应用程序能够正常执行而不是暂停执行。

其次，开发人员需要计算在不同的情况下哪些部件值得迁移以及部件需要迁移到哪个设备。远程节点资源(移动边缘或云)的处理能力、网络连接情况、应用的简易程度都应该被作为影响决策的一种因素，迁移方案应该在减少的执行时间和网络延迟之间进行折中。上述问题不容易处理。更重要的是，考虑到当今大量的移动应用，适用于传统迁移应用的解决方案将更有价值。

综上所述，自适应计算迁移能够使得移动设备在执行过程中制定决策方案，并在支持按需远程执行的同时提高应用的用户体验和性能。对于自适应计算迁移的探索至关重要。

2.4.2 相关工作

计算迁移有助于提高智能手机应用程序的性能,同时降低其功耗。迁移,也称为远程执行,是在一个服务器所谓的代理,如 PC 上执行的应用程序代码,以便应用程序可以利用强大的硬件和服务器的足够电力供应增加其响应性和减少其电池功耗。移动设备受限于存储空间有限、电池寿命有限以及计算能力有限功率。为了解决这些问题,移动云计算(MCC)被引入。在 MCC 中,数据存储和计算发生在云端,并将结果返回给移动设备。移动计算与云计算相结合,引入了新的移动云计算技术。

许多早期的研究试图自动分区独立的应用程序,让它的某些部分在远程节点资源上执行。Coign 能够通过基于场景的分析构建应用程序的组件间通信模型。Coign 可以将非分布式应用程序转换为优化的分布式应用程序。J-Orchestra 和 JavaParty 是迁移独立 Java 应用程序的早期工作,其中 J-Orchestra 是一个具有分发功能的集中 Java 程序的增强系统。J-Orchestra 在字节码级别上操作,将一个集中的 Java 程序[即在单个 Java 虚拟机(JVM)上运行]转换到分布式虚拟机(即在多个 JVM 上运行)。J-Orchestra 遵循半自动转换过程。通过 GUI,用户可以选择程序元素(在类粒度上)并将它们分配到网络位置。基于用户的输入,J-Orchestra 后端通过编译器级别的技术自动划分程序,无须更改 JVM 或 Java 运行时环境(JRE)类。J-Orchestra 通过字节码工程和代码生成,用远程方法调用替代本地方法调用,用代理引用替代直接对象引用等等。JavaParty 通过声明透明地将远程对象添加到 Java,它避免了显式套接字通信的缺点,RMI 的编程开销以及消息传递方法的一般缺点。JavaParty 专门针对工作站集群并在其上实现。它结合了类 Java 的编程和异构网络中分布式共享内存的概念。这些工作主要使用 RMI 作为沟通渠道,不能直接用于迁移 Android 应用。

移动云计算和移动边缘计算的研究为移动设备实现计算分流提供了一个思路。Cuckoo 和 MAUI 提供了方法级的计算迁移。Cuckoo 要求开发人员遵循特定的编程模型,以使应用程序的某些部分被迁移。MAUI 要求开发人员使用"可移动"注释来注释 .NET 移动应用程序的可迁移方法。然后,分析器将决定哪些方法应该通过运行时分析真正迁移。它支持以方法为粒度进行代码迁移,在大幅度节省能量消耗的同时最大限度地降低了程序员的开发难度。CloneCloud 提供线程级计算迁移。结合静态分析和动态分析,CloneCloud 以更为精细的粒度对应用程序进行自动分区,同时优化执行时间和能源使用。在应用程序运行时,通过将线程从移动设备迁移到克隆云,执行完成后再集成回移动设备来实现应用程序分区。ThinkAir 提供了方法级的计算迁移,但它关注云的弹性和可伸缩性,利用分布式集群提高云服务的计算性能。ThinkAir 通过在云上创建完整的智能手机系统的虚拟机,解决了 MAUI 缺乏可伸缩性的问题。Dpartner 提供了基于类的计算迁移。Dpartner 会自动重构 Android 应用程序,使其具有计算迁移能力。对于给定的 Android 应用程序,DPartner 首先分析它的字节码,以发现值得迁移的部分,然后重写字节码,实现一个支持按需迁移的特殊程序结构,并最终生成两个工件,分别将之部署到 Android 手机和服务器上。这些工作侧重于基于传统移动云环境下迁移机制的设计,对设备的移动性考虑不足。

当然，针对设备上下文环境变化的研究工作也已经开展。这些工作研究并提出了上下文感知决策算法。Lin 提出了一种新型的迁移系统，用于为移动服务设计健壮的迁移决策。该系统考虑了组件服务之间的依赖关系，旨在优化执行移动服务的执行时间和能耗，设计并实现了一种基于遗传算法(GA)的迁移方法。Huang 提出一种基于李雅普诺夫优化的动态迁移算法，在满足给定的应用执行时间要求的同时实现节能。Mao 提出了一种低复杂度的在线算法，通过移动执行的 CPU 周期频率和计算迁移的发射功率共同决定迁移决策。Cheng Z 等提出了一个新颖的三层架构，包括可编程设备、移动设备和远程云代码迁移，提出了一种基于遗传算法的高效新颖的迁移策略。Muhammad Rehman 等人的工作提出了一种机会计算迁移方案，在移动边缘云计算环境下通过分析未处理数据量、隐私配置、上下文信息以及可用的本地资源，选择合适的执行模式来高效地执行数据挖掘任务。Ravi 和 Peddoju 工作的主要目标是减少移动设备的能耗，同时最大化用户的服务可用性。多准则决策(MCDM) TOPSIS 方法将提供云、移动设备等资源的服务进行优先级排序，然后优选其中一种用于迁移。同样，Zhou B 提出了一种 MCC 迁移原型系统，该系统考虑了移动自组网、cloudlet 和公共云等多种云资源，以提供自适应 MCC 服务并且提出了一种上下文感知迁移决策算法，目的是在运行时提供选择无线介质的代码迁移决策，并将基于设备上下文的潜在云资源作为迁移位置。这些工作主要集中于迁移决策算法，即假设这些算法可以与移动边缘迁移系统一起工作。

2.4.3 方法概览

1. 应用场景

首先，本节通过一个例子来解释为什么需要自适应计算迁移。如今，许多公共区域都使用移动设备进行监督。这里以一个停车监督为例具体分析。一台移动设备在校园内巡视，捕捉停放汽车的视频。当检测到非法停车时，移动设备中的车牌识别应用程序将识别汽车的车牌号码。图 2-43 显示了车牌识别应用程序的过程，该应用程序使用图像识别技术从视频流中收集车牌号。此应用程序中有 4 个主要的计算任务：拍摄、取帧、预处理和 OCR 识别。它们的计算复杂度是不同的。例如，OCR 识别是一项计算密集型任务，该任务由于算法复杂且计算量大，需要占用较多的 CPU 时间以及内存资源，因此最好迁移到远程节点资源上执行。而取帧只是简单地从视频中获取图像，该任务的计算复杂度较低，不需要较大的系统开销，因此更适合在本地设备上执行。同时任务之间的数据传输量也不同。例如，拍摄和取帧之间的数据传输量高达 3.5MB，如果两个任务放在不同的节点资源上执行，可能存在明显的网络延时，因此这两个任务最好在同一节点上执行，而预处理和 OCR 识别之间的数据传输量仅仅只有 29KB，因此这两个任务在节点资源的选择上更为灵活自由。图 2-44 显示了移动设备的环境随着在校园巡视而不断变化。存在可用的远程节点资源(云服务资源 Cloud、边缘节点 Edge1、边缘节点 Edge2)用于在不同位置进行计算迁移。其中，当移动设备处于操场或者教学楼时，边缘节点 Edge1 能够作为可用的远程节点资源。当移动设备处于教学楼和实验楼时，边缘节点 Edge2 能够作为可用的远程节点资源。当移动设备处于花园时，Edge1 与 Edge2 都不能作为可用的远程节点资源提供迁移服务。云服务资源能够作为可用的远程节点资源被移动设备在任意位置上使用。由于移动设备会在不同的位置间移动,移动设备的上下文环境也跟着不断发生变化。因此需要对每个计算任务进行网络时延以及执行时间的缩短的权衡,将每个计算任务迁移到最优的远程节点资源来提高应用程序的性能。

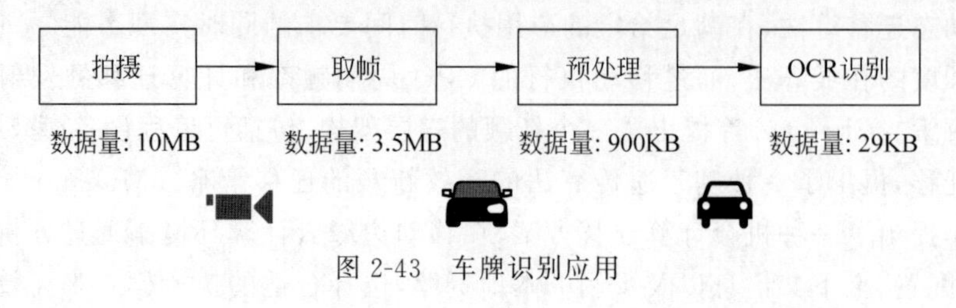

图 2-43　车牌识别应用

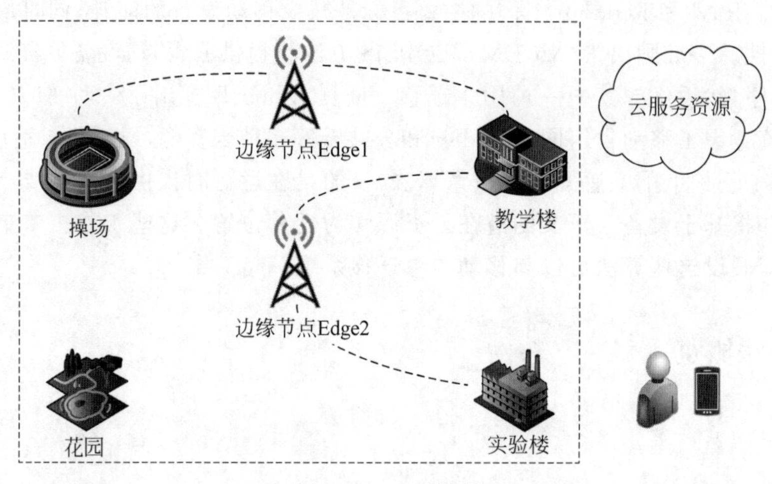

图 2-44　应用场景

为了有效地迁移,需要根据移动设备的上下文自动确定迁移方案,并动态地在移动设备、移动边缘和云之间迁移计算。本节例子所面对的挑战,可以分为两部分:

一方面,应用程序的运行时环境普遍会发生变化,因此需要自适应地进行计算迁移。换句话说,迁移决策是在运行时产生的,哪些代码需要迁移,哪些计算需要被动态地迁移到远程节点并在远程执行都是实时决定的。如果用于迁移的移动边缘发生网络连接断开而不能正常提供计算服务,则需要将边缘节点中的任务迁移到可用节点,保证应用程序能够正常执行而不是暂停执行。如何实现运行时动态决策是一个挑战。当设备发现一个可用的远程节点资源时,需要花费一定的时间将应用程序部署到该远程节点资源上。远程节点资源的数量可能很多,如果每个节点资源都要提前部署应用,则负担太重。同时部署需要一定的时间开销,且迁移服务不能使用。

另一方面,当移动设备位置发生变化时,应能够根据新的迁移方案重新部署迁移的应用程序,同时需要权衡迁移带来的执行时间的缩短以及网络传输导致的网络延时。那么如何根据设备上下文环境选择迁移方案是一个挑战,因为需要考虑节点资源的处理能力、节点资源之间的网络连接质量、计算任务的复杂度、计算任务之间的数据传输量等多个因素。节点资源的处理能力和计算的复杂度决定了执行时间的长短,节点资源间的网络连接情况以及计算之间的数据传输量则决定了网络传输延时。在例子中,应用中各计算任务所需要的计算量差异明显，并且计算任务之间的数据传输量也各不相同。同时，节点资源配置存在明显差异，并且在不同位置，节点资源之间的网络连接情况也不一样。当移动设备在不同位置移动时，为了实现自适应迁移，额外的开销是必不可少的。

2. 本节方法

针对上述问题，本节提出了一种自适应计算迁移中间件。下面具体介绍：

第一，本节提出了一种支持应用迁移的设计模式。应用程序能够在移动设备、移动边缘和云之间动态迁移。Android 程序按照类进行开发，应用程序的不同部分能在不同的节点资源上执行。通过在远程节点上执行应用程序的部分代码以提高应用的性能。

第二，设计一个评估模型，根据设备上下文环境和节点资源的计算性能自动调整迁移决策方案。首先，对计算任务、网络质量、节点计算性能等信息进行建模。其次，设计了迁移决策策略，对于任意的设备上下文环境，结合评估模型得到能减少执行时间以及设备功耗的迁移决策方案。

第三，实现了能够支持设计模式与评估模型的中间件。一方面，通过根据基于代理模式的设计模式，应用中所有部分能够在本地或者远程执行；另一方面，收集历史数据并进行建模，得到评估模型，并且根据移动设备的上下文环境，计算得出最优的部署方案。

2.4.4 计算迁移的设计模式

1. 设计模式

Android 应用是运行在 Dalvik 上，Java 应用是运行在 JVM 中，虽然两种程序都是使用 Java 语言进行开发的，但是底层虚拟机的机制存在较大差异。由于现有的远程节点资源都只配置了 Java 环境，所以并不能直接对 Android 应用的远程执行提供支持。为了支持应用的远程执行，需要将应用程序重构成符合设计模式的代码结构。Android 应用程序可被看成组织为彼此关联的一组类，并且类方法表示可以调用的最小计算粒度。因此，计算迁移可以实现为远程部署和调用单个类实例或执行计算的一组类实例。本节首先说明了设计模式，该模式使应用程序能够以动态方式在移动设备、移动边缘和云之间迁移。然后，描述了支持设计模式的机制。

Android 应用程序的执行可以被抽象为来自不同类的方法的调用。当不考虑计算迁移时，Android 应用只在移动设备上执行，类之间直接通过本地调用来实现应用的功能。当支持计算迁移后，功能的实现则通过移动设备上的类远程调用远程节点上的类。即在移动边缘计算中，能够根据设备上下文在不同的计算节点上执行类方法。图 2-45 展示了本节设计的一个移动边缘计算的网络环境，其中，

(1) 所有边缘节点始终连接到云服务资源；

(2) 移动设备始终连接到云服务资源；

(3) 移动设备可以只是连接到附近的边缘，这样当移动设备移动时，设备和边缘之间的连接可能会发生断开网络连接的情况。

在这样的假设下，可以推导出移动边缘计算中方法调用的 3 种关键模式。

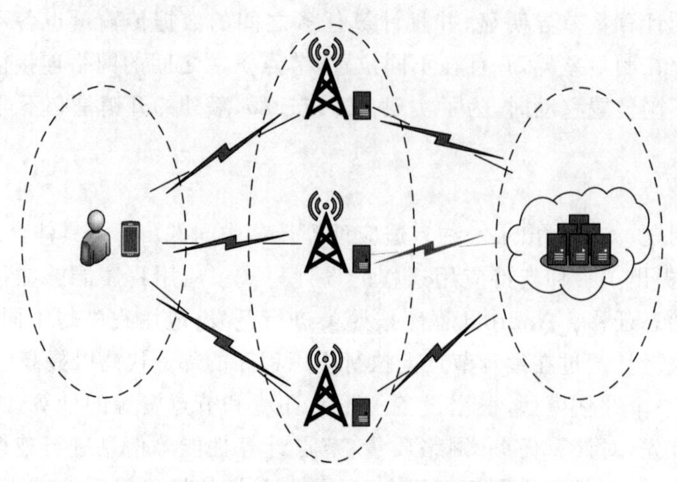

图 2-45　移动边缘计算的网络环境

首先，当两个类都部署在同一设备或计算资源上时，它们可以在本地相互交互，如图 2-46 所示，X 类首先获取 N 类的本地调用，然后调用 N 的方法，最后得到方法调用的结果。即所谓的“In-VM”程序结构。其次，当一个类部署在设备上而另一个部署在连接的服务器(移动边缘或云)上时，设备与远程节点资源之间可以互相交互，如图 2-47 所示，类 X 从远程通信服务获得对 N 的远程调用，然后使用该调用远程与 N 交互。远程通信服务负责通过网络将 N 的调用与 N 相关联。另外，当设备从一个地方移动到另一个地方时，这两个类别可以分别部署在设备和未连接的移动边缘上。因此，它们需要通过云中的网关相互交互，如图 2-48 所示。当 X 类与 N 类分别部署在不同的节点上，同时这两个节点之间不存在网络连接时，X 类向网关发送消息。网关从远程通信服务获得对 N 的远程调用，网络通过 N 的远程应用将请求转发给 N，然后 N 进行方法调用后将结果发送回网关，网关接收到结果后也将结果发送给 X。

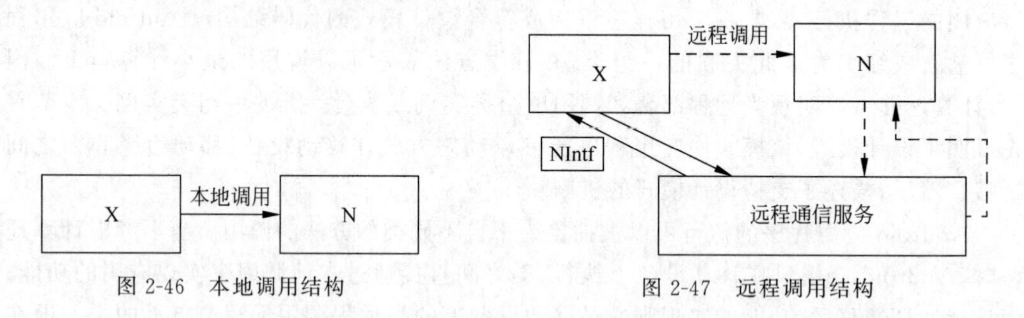

图 2-46　本地调用结构

图 2-47　远程调用结构

为了支持这种方法调用模式，提出了一种按需计算迁移的设计模式，如图 2-49 所示。设计模式的核心由两个元素组成：代理和 Interceptor。图 2-49 中的代理类 NProxy 与委托类 N 的作用相同，只是它本身不进行任何计算。如果更改了代理类 N 的位置，则 NProxy 保持不变，以便调用者(类 X)不会被注意到。Interceptor 负责确定 N 的当前位置，并将方法调用转发到本地 N 或远程转发到另一个 NProxy。当 NProxy 和 N 都在同一个地方运行时，Interceptor 将获得 N 的本地调用，并直接调用 N。当 NProxy 和 N 分别在设备和连接的服务器上运行时，Interceptor 会将方法调用转发给另一个 NProxy，它

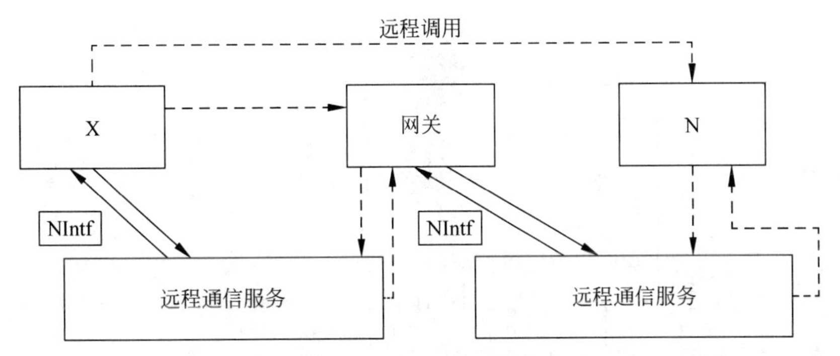

图 2-48　间接远程调用结构

与 N 在同一个地方运行并直接调用它。当 NProxy 和 N 分别在设备和未连接的移动边缘上运行时，NProxy 将被复制到云中，Interceptor 将方法调用转发到云上的 NProxy，然后通过网络堆栈转发方法调用。代理和 Interceptor 将调用者和被调用者分离。可以根据需要在设备、移动边缘和云之间迁移对象。Interceptor 自动适应这些变化，以便交互的类不知道它们。

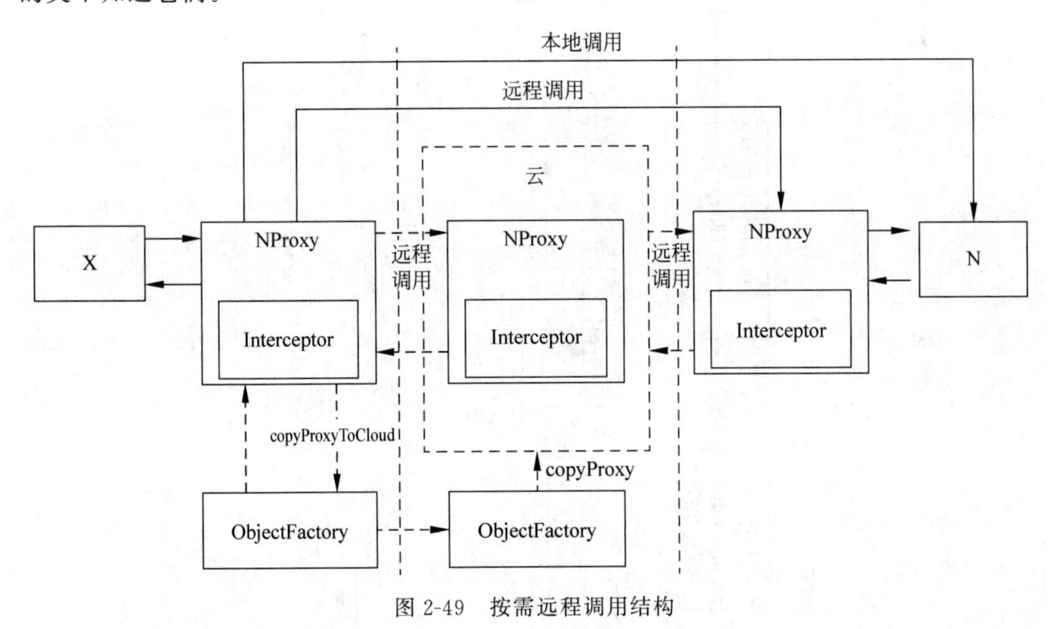

图 2-49　按需远程调用结构

2. 应用重构

需要将 Android 应用重构成符合上述设计模式的代码结构，使得应用能够支持迁移。因此，下面将介绍对给定的独立 Android 应用程序的 Java 字节码执行一系列重构步骤。图 2-50 展示了重构步骤，具体内容如下：

第 1 步，检测哪些类是 Movable 类。对于给定的应用程序，中间件自动将 Java 类(即字节码文件)分为两类：Anchored 和 Movable。Anchored 类必须留在移动设备上，因为它们直接使用仅在移动设备上可用的一些特殊资源，例如，显示的 GUI(图形用户界面)、重力传感器、加速度传感器、指纹传感器和其他传感器。如果 Anchored 类被迁移到远程

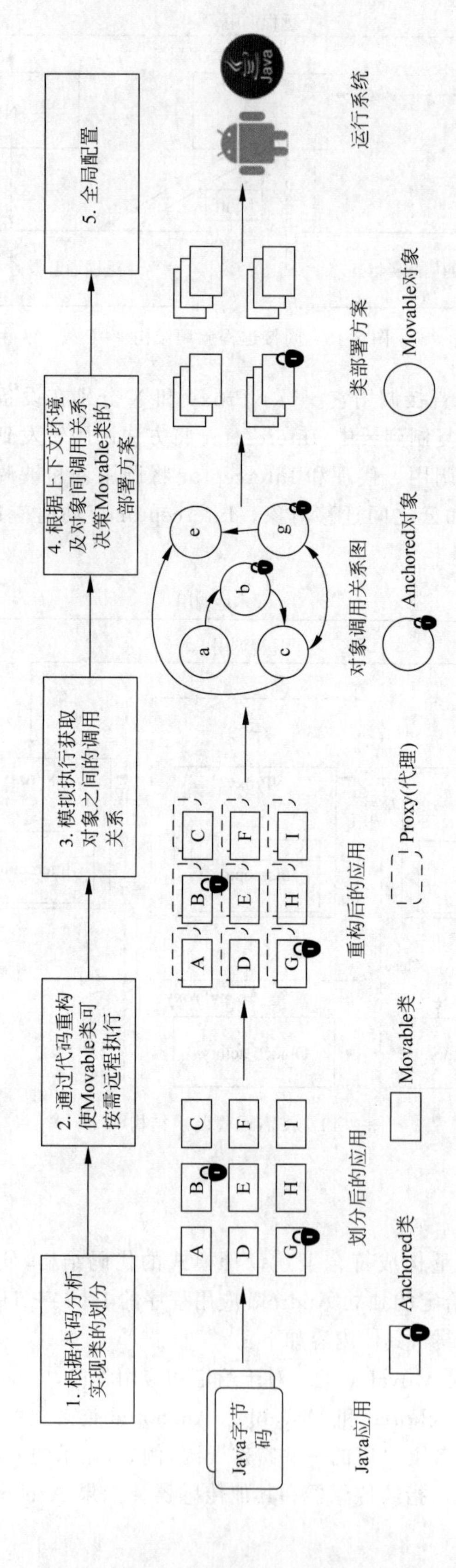

1. 根据代码分析实现类的划分
2. 通过代码重构使Movable类可按需远程执行
3. 模拟执行获取对象之间的调用关系
4. 根据上下文环境及对象间调用关系决策Movable类的部署方案
5. 全局配置
Java字节码
Java应用
划分后的应用
重构后的应用
对象调用关系图
类部署方案
运行系统
Java
Anchored类
Movable类
Proxy(代理)
Anchored对象
Movable对象

图 2-50 重构步骤

节点，那么因为远程节点上不具备这些特殊资源导致了所需的资源不可用，从而使得这些 Anchored 类无法工作，同时导致了应用程序无法正常执行。除了 Anchored 类之外，剩余的类都是 Movable 类，即能够在移动设备上或在远程节点资源上执行。具体实现见 2.4.7 节的第 1 部分。

第 2 步，使 Movable 类能够迁移。当迁移类时，应该将该类与其交互类之间的本地调用结构变为按需远程调用结构，例如，生成被调用者类的代理并重写调用者类以装备代理。需要注意的是，如果迁移类调用 Anchored 类，则后者需要前者的代理。由于在运行时确定了迁移 Movable 类，为所有被调用者类创建代理并处理相应的调用者类。在所提出的方法中，代理类将与其代理的应用类完全相同。也就是说，这两个类将扩展相同的继承链，实现相同的接口，具有相同的方法签名等。这样，当使用类 N 的代理时，类 X 与使用 N 本身不存在任何差别。在生成代理时必须考虑 Java 的特定功能，包括静态方法、最终方法/类、公共字段、内部类、数组等。代理生成则是通过将应用程序代码中所有对象创建转换成 ObjectFactory 所提供的创建方法，其中又分别针对对象以及数组的创建方法。具体实现见 2.4.7 节的第 2 部分。第 3 步，检测哪些类应作为一个整体迁移。有许多规则和算法可以确定哪些可移动类应该被迁移。如前所述，由于智能手机的移动性，必须在运行时做出这样的决定。同时，在运行时做出决定不可避免地会消耗资源，因此进行一些预处理以简化运行时决策是很有价值的。中间件通过分析程序调用图将经常交互的类应作为一个整体迁移。通过这种方式，它不仅可以避免这些类之间耗时的网络通信，还有助于加速运行时决策。例如，如果类 X 和类 N 经常相互交互，则 Interceptor 只需要分析 X 的执行跟踪以确定在运行时迁移。当 X 即将迁移时，N 将被分析以确定是否应该迁移在一起。具体实现见 2.4.7 节的第 3 部分。

第 4 步，打包可部署文件。中间件的输入是 Android 应用程序的 Java 字节码文件以及引用的资源文件，例如图像、xml 文件和 jar 库。完成上述 3 个步骤后，中间件将打包文件，然后生成两个工件：第一个是重构的 Android 应用程序，即.apk 文件，可以安装在手机上；第二个是可执行 jar 文件，其中包含从重构的应用程序克隆的可移动 Java 字节码文件，能够在远程服务节点上运行。

3. 运行时支撑机制

Android 应用可以看作是一组相互交互的类的结构，因此对于 Android 应用的迁移计算就是远程部署和调用单个类实例或执行计算的一组类实例。

1) 对象创建与迁移

首先，本节设计 ObjectFactory 来处理在本地或远程创建单个对象或一组对象。图 2-51 展示了对象的创建，ObjectFactory 的 create 方法用于创建类 N 的实例。create 方法的参数包括：

(1) 类 N 的完全限定类名；

(2) 要创建的实例的目标位置；

(3) 类实例的构造函数参数值。

当目标位置是本地主机时，ObjectFactory 将直接创建实例及其 ID，然后使用类名和实例 ID 生成代理。此外，ObjectFactory 为每个本地实例维护哈希表< ID, Object

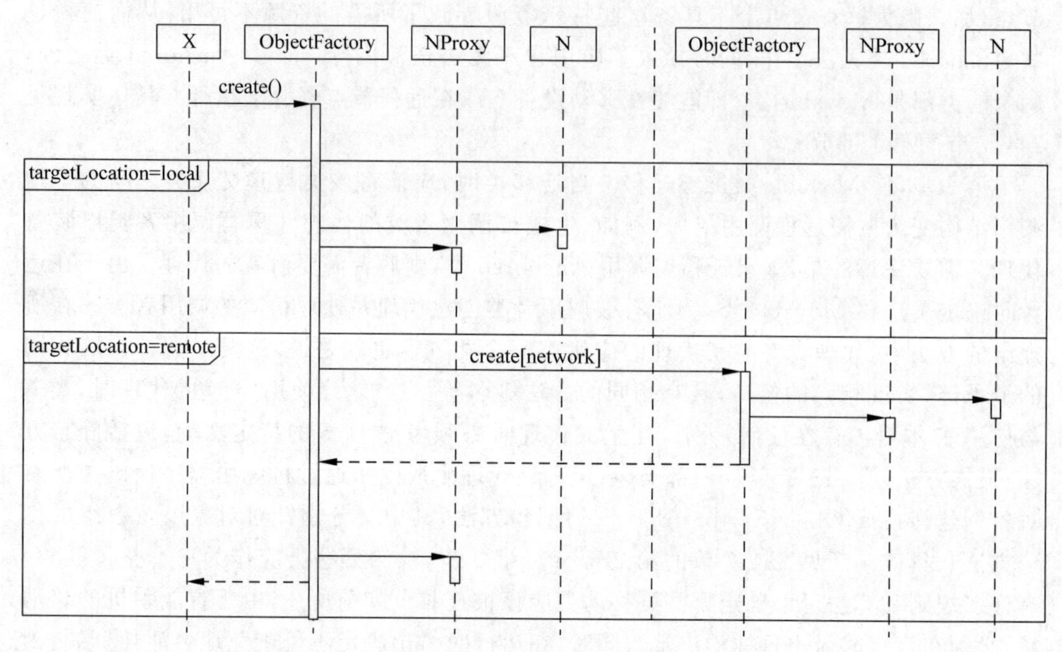

图 2-51　对象创建时序图

Reference>。当目标位置是远程节点资源时，本地 ObjectFactory 将序列化参数并将它们传输到远程 ObjectFactory。然后远程 ObjectFactory 反序列化参数，并在远程节点资源上创建实例及其 ID 和代理。最后，返回 ID，本地 ObjectFactory 使用它来生成代理。图 2-52 展示了对象的迁移过程，ObjectFactory 还用于处理迁移单个对象或一组对象。ObjectFactory 的 offload 方法用于迁移类 N 的实例。offload 方法的参数包括：

(1) 类 N 的完全限定类名；

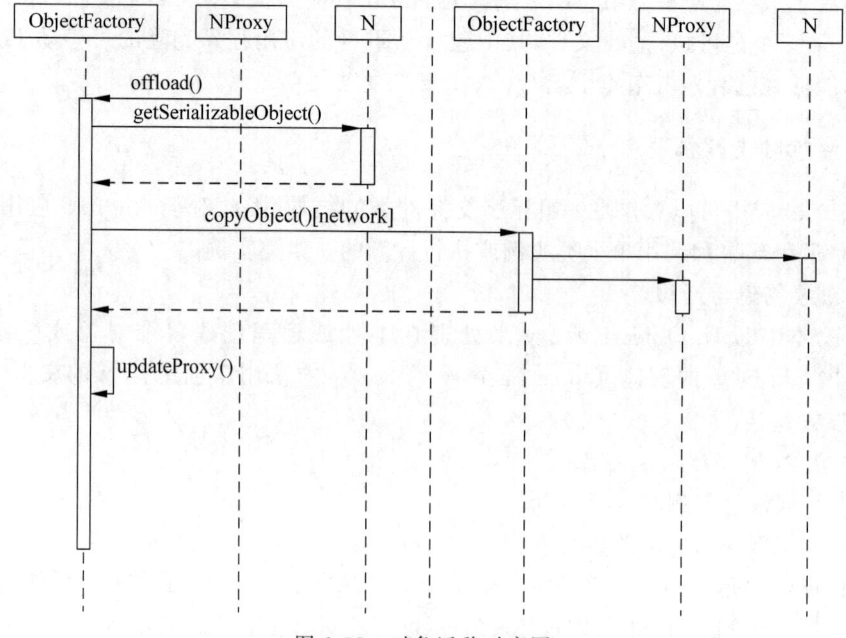

图 2-52　对象迁移时序图

（2）N类的实例ID；

（3）要迁移的实例的目标位置。

对象迁移的步骤包括：

（1）实例及其ID在原始节点上序列化并传输到目标节点；

（2）在目标节点上创建新实例及其代理；

（3）更新原始节点和目标节点上ObjectFactory的哈希表。

具体实现见2.4.7节的第4部分。

2）方法调用

每个代理对象都包含一个Interceptor，用于处理对象之间的实际交叉网络通信。从X类到N类的方法调用首先从X传递到NProxy本地，然后传递给Interceptor。在NProxy的方法体中，Interceptor的invoke方法用于将方法调用转发给可能迁移的类N。invoke的参数是：

（1）N类的代理对象；

（2）字节码级方法签名；

（3）实际执行N的方法M所需的参数。

如图2-53所示，当X和N都位于同一个地方时，Interceptor将直接使用对象引用将方法调用从X转发到N。当X和N分别在两个连接的节点上运行时，Interceptor将序

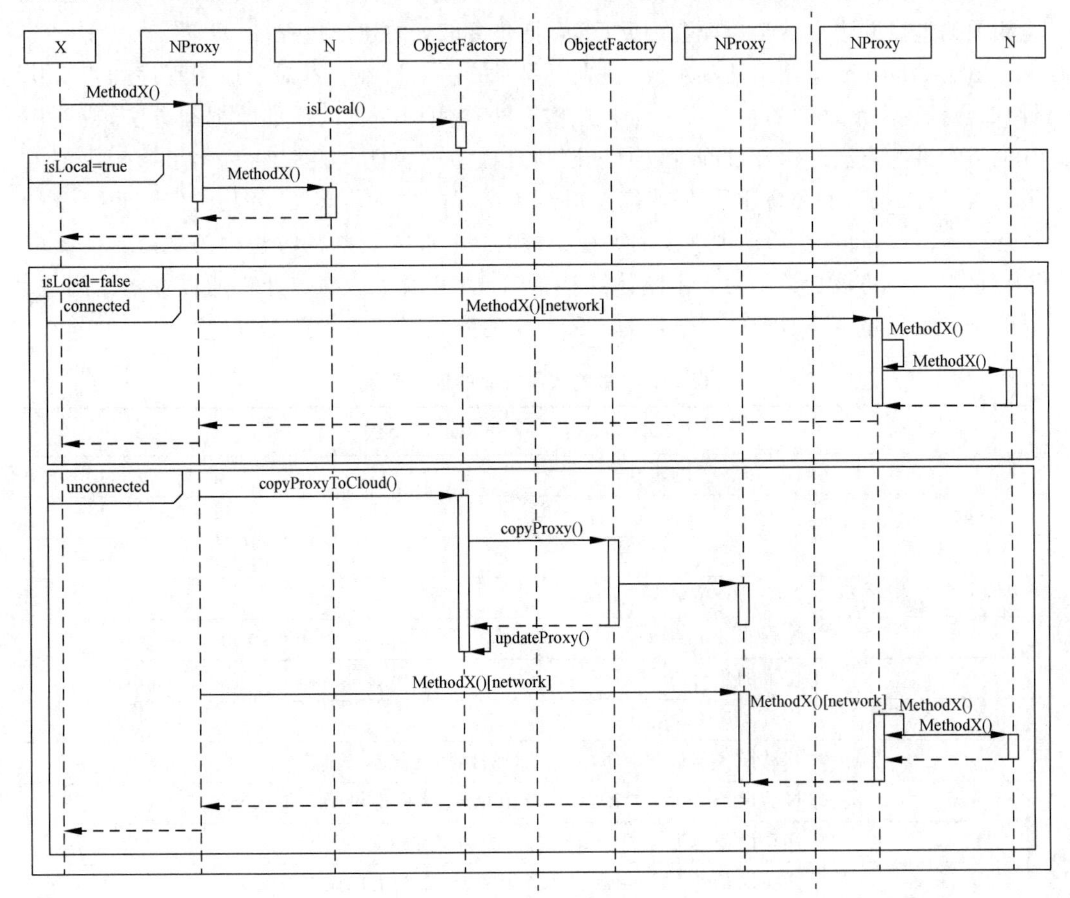

图2-53　对象调用时序图

列化参数并将它们传输到连接节点上的 NProxy。远程 NProxy 反序列化参数并使用对象引用将方法调用转发到本地 N。当 X 和 N 分别在两个未连接的节点上运行时，Interceptor 不能直接通过网络堆栈转发方法。在这种情况下，ObjectFactory 的 copyProxy 方法用于将代理对象复制到云上。代理和实例位置被序列化并传输到云上的 ObjectFactory。云上的 ObjectFactory 反序列化代理并在其哈希表中记录实例位置。然后，本地 ObjectFactory 将实例位置的信息修改为云。因此，当调用方法时，Interceptor 将首先将方法调用转发给云上的代理，然后通过网络堆栈将方法调用转发给实例。具体实现见 2.4.6 节。

2.4.5 计算迁移的评估模型

1. 基本信息模型

近年来，移动设备在生活中所处可见，移动设备已经成了人们生活中密不可分的一部分。移动设备可以用来办公，也可以用来娱乐，在人们的生活扮演着重要的角色。由于其移动性，移动设备的上下文环境(地理位置、网络环境)并不是一成不变的，而是不断变化的。为了支持计算迁移的自适应性，本节设计的中间件不仅考虑云服务资源的服务性能，还要考虑到附近的边缘节点资源。为了支持动态确定迁移决策，需要分析一些环境相关的信息并进行数学建模。因此，下面将介绍信息的建模过程。

由于 Android 应用由活动组成，且应用程序的主入口唯一。对于应用程序的每次执行，都会调用主活动中的相关类方法。这些方法使用同一类内部的数据和方法，或调用其他类的某些方法。这种过程可以通过控制流程图来表征。表 2-21 列出了影响决策方案的因素类别，为了提高迁移性能，需要对经常交互的类进行聚类，并将它们作为一个整体迁移。因此，将在主活动中涉及的类视为核心类；在核心类的方法中关联的其他类应该与它们相关的核心类作为一个整体迁移。因此，可以减少确定计算迁移方案的问题，以解决应用程序主要活动中每个类的迁移策略的问题。

表 2-21 影响决策方案的因素列表

符 号	描 述
C	Movable 类的集合
Task_i	类 c_i 的方法集合
t_i^k	类 c_i 的第 k 个方法
N	远程节点资源节点的集合
n_i	远程服务节点 n_i
L	位置的集合
l_i	位置 l_i
$\mathbf{V}$	移动设备与远程服务节点之间的网络传输速率矩阵
v_{ij}	移动设备处于 l_i 与远程服务节点 n_j 之间的网络传输速率
$\mathbf{RTT}$	移动设备与远程服务节点之间的网络往返延时矩阵
rtt_i	移动设备处于 l_i 与远程服务节点 n_j 之间的网络往返延时

首先，通过使用 ASM 生成主要活动的控制流图，并检索核心 Movable 类及其方法调用。设 $C=\{c_1,c_2,\cdots,c_n\}$ 表示核心 Movable 类，$\text{Task}_i=\{t_i^1,t_i^2,\cdots,t_i^m\}$ 表示主活动中每个核心 Movable 类的方法调用。图 2-54 展示了一个主活动的控制流图。基于控制流图中的类，本节针对一些信息进行建模并讨论这些信息模型对执行时间以及网络传输的延时的影响。

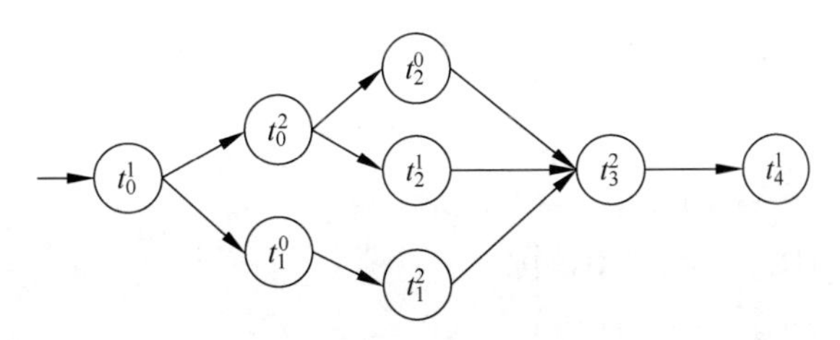

图 2-54　主活动的控制流图

设 $N=\{n_0,n_1,\cdots,n_z\}$ 表示设备、云和移动边缘，其中 n_0 表示移动设备。同时设 $L=\{l_0,l_1,\cdots,l_x\}$ 为位置集合。远程节点资源的响应时间由两个方面的时间组成：一方面，远程节点资源执行时间；另一方面，移动设备与远程节点资源之间的网络传输延时。在式(2-29)中，$T_{\text{response}}(c_i,n_t,l_j)$ 表示移动设备位于 l_j 时远程节点资源 n_t 的响应时间，$T_d(t_i^k,n_t,l_j)$ 表示移动设备位于 l_j 时，在远程节点资源 n_t 上的方法调用 t_i^k 的网络时间，$T_e(t_i^k,n_t)$ 表示方法调用 t_{ki} 在远程节点资源 n_t 上的执行时间。其中远程节点资源执行时间的影响因素包括了远程节点资源的计算性能以及计算任务的复杂度。网络传输延时的影响因素则包括了移动设备与远程节点资源之间的网络连接质量(包含网络传输速率和网络往返延时)。为了对响应时间(远程节点资源的执行时间和移动设备与远程节点资源之间的网络传输延时)进行估计，本节建立了 3 个信息模型：第一个模型是网络连接模型，该信息模型负责对网络连接情况进行评估；第二个模型是网络时间模型，该信息模型负责计算移动设备在不同位置中，与远程节点资源的网络传输延时；第三个模型是节点时间模型，该信息模型负责对每个计算任务在远程节点资源上的执行时间进行评估。下面详细介绍这 3 个信息模型。

$$T_{\text{response}}(t_i^k,n_t,l_j)=T_e(t_i^k,n_t)+T_d(t_i^k,n_t,l_j) \tag{2-29}$$

1) 网络连接模型

伴随着移动设备在不同位置中移动，移动设备的网络连接情况也在变化。显然，移动设备与远程节点资源之间的网络传输速率以及网络往返延时对网络连接情况会产生重大影响。基于移动设备所记录的各位置的网络情况的历史数据，网络连接模型能够对各位置的网络连接情况进行评估。矩阵 **V** 表示不同网络环境下，移动设备与远程节点资源之间的网络传输速率的预估值。因此矩阵 **V** 是 $x\times z$ 的矩阵，其中元素 v_{ij} 表示在位置 l_i，移动设备与远程节点资源 n_j 的网络传输速率，同时元素 v_{ij} 为历史数据 $\mathbf{V}^{ij}$ 的加权平均值。矩阵 **RTT** 表示不同网络情况下，设备与节点之间的往返时间的预估值。与矩阵 **V** 相同，矩阵 **RTT** 的维度也是 $x\times z$，其中元素 rtt_{ij} 表示在位置 i 移动设备与远程节点 n_j 之间的网络往返时延，同时元素 rtt_{ij} 为历史数据 RTT^{ij} 的加权平均值。式(2-30)和式(2-31)分别给出了矩阵 **V** 和 **RTT** 的定义。式(2-32)和式(2-33)分别表示 v_{ij} 和 rtt_{ij}

的计算过程。$\boldsymbol{W}^{\mathrm{T}}$ 表示为一个权重向量。其中元素 w_i 表示相应历史数据的权重因子,同时元素 w_i 在不同位置进行更新调整。V^{ij} 表示在位置 l_i 中,移动设备与远程节点资源 n_j 的网络传输速率的历史数据向量。RTT^{ij} 表示在位置 l_i 中,移动设备与远程节点资源 n_j 的网络往返延时的历史数据向量。

$$\boldsymbol{V}=\begin{bmatrix} v_{11} & v_{12} & \cdots & v_{1z} \\ v_{21} & v_{22} & \cdots & v_{2z} \\ \vdots & \vdots & \ddots & \vdots \\ v_{x1} & v_{x2} & \cdots & v_{xz} \end{bmatrix} \tag{2-30}$$

$$\mathbf{RTT}=\begin{bmatrix} \mathrm{rtt}_{11} & \mathrm{rtt}_{12} & \cdots & \mathrm{rtt}_{1z} \\ \mathrm{rtt}_{21} & \mathrm{rtt}_{22} & \cdots & \mathrm{rtt}_{2z} \\ \vdots & \vdots & \ddots & \vdots \\ \mathrm{rtt}_{x1} & \mathrm{rtt}_{x2} & \cdots & \mathrm{rtt}_{xz} \end{bmatrix} \tag{2-31}$$

$$v_{ij}=\boldsymbol{W}^{\mathrm{T}}\cdot \boldsymbol{V}^{ij}=(w_1,w_2,\cdots,w_n)\begin{pmatrix} v_1^{ij} \\ v_2^{ij} \\ \vdots \\ v_n^{ij} \end{pmatrix} \quad \text{s. t.} \quad w_1+w_2+\cdots+w_n=1 \tag{2-32}$$

$$\mathrm{rtt}_{ij}=\boldsymbol{W}^{\mathrm{T}}\cdot \mathbf{RTT}^{ij}=(w_1,w_2,\cdots,w_n)\begin{pmatrix} \mathrm{rtt}_1^{ij} \\ \mathrm{rtt}_2^{ij} \\ \vdots \\ \mathrm{rtt}_n^{ij} \end{pmatrix} \quad \text{s. t.} \quad w_1+w_2+\cdots+w_n=1 \tag{2-33}$$

2）网络时间模型

网络时间包含网络传输数据的时间以及网络往返时延。网络传输数据的时间则受传输数据量大小以及网络传输速率影响。传输的数据量包括输入数据和输出数据。不同的计算任务,其数据传输量也存在差异。令 $D(t_t^k)$表示方法调用 t_i^k 的平均数据流量。$T_d(t_i^k,n_t,l_j)$的计算式为(2-34),可以看出,计算任务的传输数据量越大,网络时间也就越长。而网络传输速率越快,网络时间则明显缩短。网络往返延时的长短也会影响网络时间的长短。对于任意的计算任务,给定移动设备的位置信息以及移动设备与远程节点资源的网络情况,都能够通过网络时间模型得到计算任务的网络传输延时。

$$T_d(t_i^k,n_t,l_j)=\frac{D(t_i^k)}{v_{jt}}+\mathrm{rtt}_{jt} \tag{2-34}$$

3）节点时间模型

由于每个方法调用的计算量截然不同,同时每个远程节点资源的计算性能也千差万别。每个方法调用在远程节点资源上的执行时间也就存在明显差异。设 $T_e(t_i^k,n_t)$表示方法调用 t_i^k 在服务器 n_t 上的执行时间。由于远程节点资源的执行时间并不能直接获得,需要通过式(2-35)计算得到。通过每个方法调用远程节点资源的时间和式(2-36)可以计算得到每个类在远程节点资源的时间。更进一步地，对于给定任意的部署方案 $\mathrm{Dep}-(\mathrm{dep}_0,\mathrm{dep}_1,\cdots,\mathrm{dep}_n)$，其中元素 dep_i 表示类 c_i 的部署节点，对于 Android 应用程序中的类给定任意的部署方案，可以得到式(2-37)展示的适应度函数。

$$T_e(t_i^k,n_t)=T_{\text{response}}(t_i^k,n_t,l_j)-T_d(t_i^k,n_t,l_j) \tag{2-35}$$

$$T_{\text{response}}(c_i,n_t,l_j)=\sum_{k=1}^{m}(T_{\text{response}}(t_i^k,n_t,l_j)) \tag{2-36}$$

$$T_{\text{response}}(C,\mathrm{Dep},l_j)=\sum_{k=0}^{n}(T_{\text{response}}(c_i,\mathrm{dep}_i,l_j)) \tag{2-37}$$

本节用矩阵 $\boldsymbol{E}$ 记录每个方法在节点资源上的执行时间的预估值。矩阵 $\boldsymbol{E}$ 的定义如式(2-38)所示。元素 e_{ij}^k 表示 t_i^j 在节点资源 n_k 上的执行时间。该值使用历史数据 E_{ij}^k 进行加权平均，如式(2-39)所示，E_{ij}^k 表示为 t_i^j 在节点资源 n_k 上执行时间的历史数据向量。

$$\boldsymbol{E}=\begin{bmatrix} e_{00}^0 & e_{00}^1 & \cdots & e_{00}^z \\ e_{01}^0 & e_{01}^1 & \cdots & e_{0z}^z \\ \vdots & \vdots & \ddots & \vdots \\ e_{nm}^0 & e_{nm}^1 & \cdots & e_{nm}^z \end{bmatrix} \tag{2-38}$$

$$e_{ij}^k=\boldsymbol{W}^{\mathrm{T}}\cdot\boldsymbol{E}_{ij}^k=(w_1,w_2,\cdots,w_n)\begin{pmatrix} e_{ij1}^k \\ e_{ij2}^k \\ \vdots \\ e_{ijn}^k \end{pmatrix} \quad \text{s.t.} \quad w_1+w_2+\cdots+w_n=1 \tag{2-39}$$

2. 迁移决策算法

由于移动设备的移动性，移动设备的位置将不断变化，从而导致了移动设备的网络连接情况发生改变。应用程序的性能需要通过选择最优的远程节点资源进行迁移。最优的远程节点资源意味着，在当前位置中，最短的类响应时间的节点(包括移动设备与远程节点资源)。下面基于 2.4.5 节提出的 3 个模型，选择最优的迁移决策方案。

对于给定的 Android 应用程序，C 表示核心可移动类，Task_i 表示主活动中每个核心可移动类 c_i 的方法调用。算法以控制流图，上下文环境作为输入集，输出为最优 Dep 部署方案，算法给出了该算法的伪代码。

在算法 2.5 中，本节通过将 Android 应用中主活动的控制流图以及移动设备的上下文环境作为输入(包括移动设备的位置、网络连接情况等)。首先初始化最优的部署方案时间为 Max。之后首先将生成所有的类部署方案并存入 Dep，然后对 Dep 集合进行遍历，如果 Dep 的部署方案中不能满足通信或迁移的条件，那么直接跳过该部署方案。如果 Dep 的部署方案满足通信和迁移的条件，那么按照上述的适应度函数式(2-37)来计算 $T_{\text{response}}(C,\mathrm{Dep},l_j)$，并比较是否比 $(T_{\text{response}})_{\min}$ 时间更短，如果更短，则将这组部署方案覆盖 $\mathrm{Dep}_{\text{optimal}}$，并更新 $(T_{\text{response}})_{\min}$；如果没有更短，则遍历下一组部署方案。最终将得到迁移时间最优的部署方案和最短响应时间。

算法 2.5：Offloading Decision Algorithm

Input：A control flow graph；A context architecture information；
Output：An optimal offloading decision：$Dep_{optimal} = (dep_0, dep_1, \cdots, dep_n)$

1. $Dep_{optimal} \leftarrow \varnothing$；$(T_{response})_{min} \leftarrow Max$
2. generate all kinds of DEP，$dep(obj_i) \in N$
3. **for** each Dep **do**
4. **if** Dep cannot meet the conditions to communicate or offload **then**
5.   **continue**；
6. **else**
7.   **calculate** $T_{response}$；
8.   **if** $(T_{response})_{smallest} > T_{response}$ **then**
9. $(Dep)_{optimal} \leftarrow Dep$，$(T_{response})_{smallest} = T_{response}$；
10.   **end if**
11. **end if**
12. **end for**

2.4.6 计算迁移自适应中间件的实现

本节设计的中间件能够将应用源码自动重构成符合设计模式的应用，使得应用支持实时的设备环境进行自适应计算迁移。如图 2-55 所示，本节提出的中间件内容有代码重构模块、代码分析模块、信息模型模块、代理模块、对象工厂模块、决策模块以及上下文环境。中间件中各模块之间的独立性高，为中间件提供了较高的可扩展性。下面介绍以上模块的具体功能。

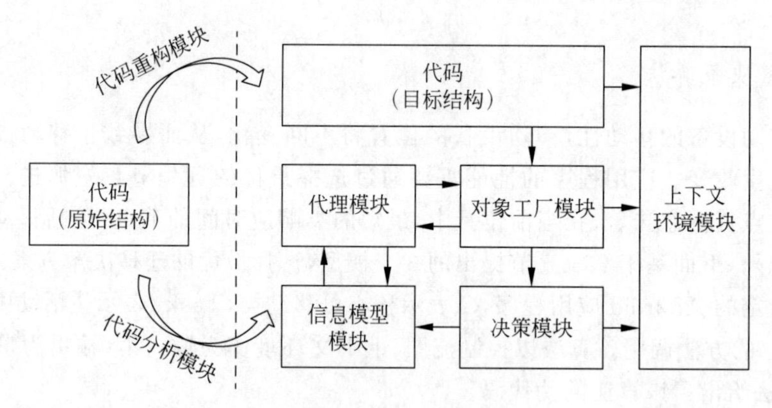

图 2-55　中间件架构图

代码重构模块使任意 Android 应用重构为支持计算迁移的应用。首先，对于任意的 Android 应用，中间件都能够为每个类生成对应的代理类。接着，将类中的方法抽取生成接口，同时对类中的字段修饰符进行保护设置。然后，对于类中对象及数组的生成需要进行对应的改造。代码分析模块主要是为了获取代码的控制流图，通过代码控制流图得到方法的调用次数以及类之间交互关系，然后将其保存到信息模型模块。对象工厂模块负责对象创建、对象迁移、对象管理以及对象与对象代理的映射表，应用程序运行时的所有对象都由该模块负责创建，对象工厂模块使用哈希表记录对象所处的节点资源位置及对象引用。代理模块负责在运行时生成对象工厂创建的实例的代理对象，然后使用哈希表记录对象引用和对应代理对象。当代理对象进行方法调用时，代理模块通过代理对象查找哈希表来获取对象引用，然后使用对象引用查找对象工厂中的哈希表来获取对象所处的节点位置。若对象所处的节点资源是移动设备自身，则直接在移动设备上执行方法；若对象所处的节点资源在远程节点，则通过代理对象与远程节点建立网络连接，然后将方法信息发送到远程节点以进行方法的执行。代理模块通过包装代理对象转发方法调用的过程进行方法执行时间的统计。上下文环境模块主要负责设备环境信息和方法执行数据的采集。在移动设备运行应用程序时，信息采集模块通过发送数据包进行网络传输速率以及网络传输延时的记录，并对程序运行时每个方法的调用时间进行记录，接着上下文环境模块通过决策模块的迁移决策算法得到最优的迁移决策方案，然后在应用程序执行时，就能通过远程节点进行计算任务的执行。

1. 应用类的划分

通过字节码分析自动将给定的 Java 类划分成 Anchored 和 Movable 两种类别。Java 类符合以下任意一个条件则归类为 Anchored。

(1) 类方法包含 native 关键字。native 关键字表明方法要通过非 Java 语言实现，方法的执行涉及本地方法，因此该类不能迁移。

(2) 类扩展 Anchored 类、实现 native 方法或者使用 Anchored 类。android. hardware. * 类负责处理 Android 智能手机的相机和传感器。

图 2-56 为中间件识别 Anchored 类的部分代码，其中第 20 行通过 AnchoredJudge. isAnchored() 方法判断该类是否是 Anchored 类。同样通过 isParentAnchored() 和 isImplementAnchored()方法分别判断是否继承 Anchored 类或实现 Anchored 接口。因此，它们和使用它们的类将归为 Anchored 类。再举一个例子，android. view. View 类用作绘制 Android 应用程序 GUI 的父类，因此它被归类为 Anchored 类。如果发现一个类扩展了这个类，则被归类为 Anchored 类。其余类将被归类为 Movable 类。上述分类程序可能导致误报和漏报。误报意味着一个类被归类为 Movable 类，但开发人员不愿意这样做。例如，由于其方法中存在 native 关键字，因此 cn. edu. fzu. Robot 类将被归类为 Anchored 类。但是，可能永远不会调用此类方法，因此可以迁移该类。通过分析应用的字节码，能够判断同一程序的其他类是否调用了 Anchored 类。但是，它无法判断该类是否会被其他应用程序使用，这可能会导致分类的漏报。因此，采用保守的方法来检测可移动类，这至少可以保证重构的应用程序无论是否迁移都能正常工作。为了优化 Anchored 类的分类结果，提供了一个配置文件，其中可以列出 Anchored 类的命名模式，例如 android. hardware. camera. * 。实际上，自动分类过程是基于预定义的命名模式列表执行的，该列表与配置文件一样生效。开发人员可以编辑配置文件，使分类步骤适应每个独特的 Android 应用程序和平台的特定结构。当然，可以通过在配置文件中指示它来强制 Anchored 类。例如，开发人员可以在文件中写入 cn. edu. fzu. User。

2. 代理类的生成

生成代理时最大的挑战之一是使代理与被代理类的外部表现完全相同。例如，app

```java
import org.objectweb.asm.ClassVisitor;
import org.objectweb.asm.MethodVisitor;
import org.objectweb.asm.Opcodes;

public class AnchoredClassAdapter extends ClassVisitor implements Opcodes {


    private String className;
    public AnchoredClassAdapter(int api, ClassVisitor cv) {
        super(api, cv);
        // TODO Auto-generated constructor stub
        className = "";
    }

    //
    @Override
    public void visit(int version, int access, String name, String signature, String superName, String[] interfaces) {
        // TODO Auto-generated method stub
        //如果当前类是anchored类或者父类为Anchored类或者实现Anchored接口
        if (AnchoredJudge.isAnchored(signature) || AnchoredJudge.isParentAnchored(superName) || AnchoredJudge.isImplementAnchored(interfaces)) {
            //添加到Anchored类中
            AnchoredJudge.addAnchoredClass(signature);
        }
        className = signature;
        super.visit(version, access, name, signature, superName, interfaces);
    }

    @Override
    public MethodVisitor visitMethod(int access, String name, String desc, String signature, String[] exceptions) {
        // TODO Auto-generated method stub
        // 判断方法定义中是否包含native关键字
        MethodVisitor mv = super.visitMethod(access, name, desc, signature, exceptions);
        if (access == ACC_NATIVE) {
            //将该class标记为Anchored类
            AnchoredJudge.addAnchoredClass(className);
        }
        return mv;
    }

}
```

图 2-56　Anchored 类识别部分代码

类 A 调用另一个 app 类 B 的方法。在 A 的代码中，对 B 到 B 的父类 BParent 进行转换操作。如果只是在 A 的代码中将 B 更改为 BProxy，但是不让 BProxy 继承 BParent，则转换操作将失败。因此生成的代理将具有与代理类相同的程序结构。特别是，代理本身将保持与被代理类相同的层次结构。例如，B 扩展 BParent，BProxy 也应该扩展 BParent 的代理，以便从 BParent 中对 B 中的继承方法和构造函数的任何调用都可以首先从 BProxy 转发到 BParent 的代理，再转发到 BParent。Java 接口用于分隔外部表示和类的内部实现。从接口的角度来看，如果代理类和委托类实现相同的接口，则它们是相同的。因此，自动提取接口以表示应用程序类及其代理。例如，有一个 app 类 A，

(1) 提取 N 的所有方法签名以形成 AIntf 接口；

(2) 使 AIntf 扩展 N 的父 AParent 的 AParentIntf 接口，以维持继承层次；

(3) 使 A 实现 AIntf；

(4) 使 AProxy 也实现 AIntf。

此后，重写所有其他类(例如，类 B)，从使用 A 到 AIntf。但是，对于 A 的静态方法，可通过调用 AProxy 的相应方法来转发调用。

3. 应用类的转换

1) 字段转换器

类的非保护字段，即被 public、protected 修饰，能够由其类范围之外的类使用。但是，如果迁移类，则其调用者永远无法获取对这些字段的引用。如图 2-57 所示，所提出的方法是通过转换器将为给定类 X 的非保护字段创建 getter/setter 方法，然后更改它们的修饰符为 private。之后，转换器将更改获取/设置 X 字段的所有类，以使用相应的

getter/setter 方法。此外,为了帮助状态同步,转换器为私有字段生成 getter/setter 方法。通过这种方式,可以收集和注入类实例的内部状态,以便在迁移类实例的计算时启用状态同步。

2）对象/数组转换器

要解决对于每个对象生成对应的代理对象这个问题,如图 2-57 所示,对象转换器将 new 方法转换成 ObjectFactory 的 create 方法。给定一个类 A,其中有一个数组类型字段被另一个类 B 使用,如果 B 改变了数组的元素值,那么 A 将看到更改的值。这是因为在数组通过引用传递。但是,如果 A 和 B 在不同的 JVM 中运行,则必须通过 A 和 B 之间的值传递数组,以便可以通过网络传输它。在这种情况下,A 和 B 都有一个数组的副本。如果 B 更改其复制数组的值,但未将数组传回,则 A 仍将使用旧数组,这会使数组的值不一致。因此,应保留数组的通过引用传递的特性。数组的创建需要转换成 ObjectFactory 的 createArray 方法,数组转换器封装了数组的 get/set 操作。如图 2-57 所示,数组元素的查询设置都是调用对应的 get/set 方法。

3）接口生成器

如图 2-57 所示,提供接口生成器使得代理类和应用类具有相同的代码结构,通过字节码分析提取应用类的所有方法的签名形成接口,应用类以及代理类实现生成的接口,保证了外部表现完全相同。

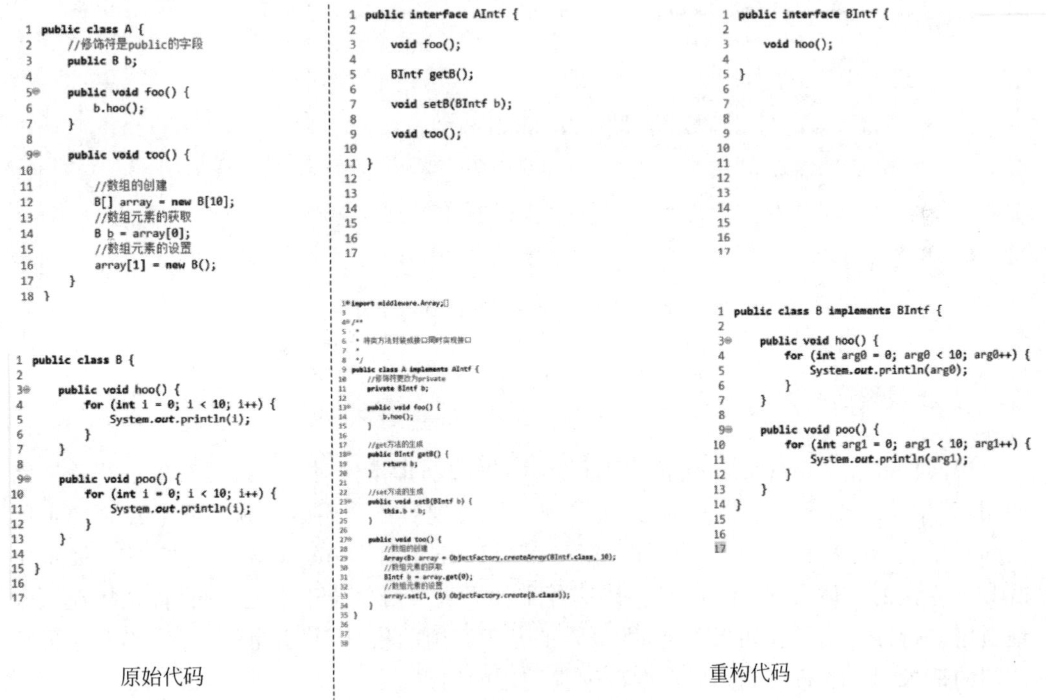

原始代码

```java
public class A {
    //修饰符是public的字段
    public B b;

    public void foo() {
        b.hoo();
    }

    public void too() {

        //数组的创建
        B[] array = new B[10];
        //数组元素的获取
        B b = array[0];
        //数组元素的设置
        array[1] = new B();
    }
}
```

```java
public class B {

    public void hoo() {
        for (int i = 0; i < 10; i++) {
            System.out.println(i);
        }
    }

    public void poo() {
        for (int i = 0; i < 10; i++) {
            System.out.println(i);
        }
    }
}
```

重构代码

```java
public interface AIntf {

    void foo();

    BIntf getB();

    void setB(BIntf b);

    void too();

}
```

```java
public interface BIntf {

    void hoo();

}
```

```java
import middleware.Array;

/**
 *
 * 将类方法封装成接口同时实现接口
 *
 */
public class A implements AIntf {
    //修饰符更改为private
    private BIntf b;

    public void foo() {
        b.hoo();
    }

    //get方法的生成
    public BIntf getB() {
        return b;
    }

    //set方法的生成
    public void setB(BIntf b) {
        this.b = b;
    }

    public void too() {
        //数组的创建
        Array<B> array = ObjectFactory.createArray(BIntf.class, 10);
        //数组元素的获取
        BIntf b = array.get(0);
        //数组元素的设置
        array.set(1, (B) ObjectFactory.create(B.class));
    }
}
```

```java
public class B implements BIntf {

    public void hoo() {
        for (int arg0 = 0; arg0 < 10; arg0++) {
            System.out.println(arg0);
        }
    }

    public void poo() {
        for (int arg1 = 0; arg1 < 10; arg1++) {
            System.out.println(arg1);
        }
    }
}
```

图 2-57　原始代码与重构代码

4. 工厂类的实现

ObjectFactory 负责管理所有运行时对象,其中包括创建的对象以及迁移的对象。在

ObjectFactory 的实现中,提供了 create 方法和 offload 方法,具体的方法实现已在 2.4.5 节的第 3 部分介绍过。ObjectFactory 通过对实例 ID 与对象引用建立哈希表。由于 offload 方法与 create 代码实现大致相同,本节仅展示 ObjectFactory 中 create 方法的代码实现。代码如图 2-58 所示,其中第 48 行代码进行节点位置的判断,如果创建对象的节点位置是在本地,则直接通过反射机制构建对象;如果是在远程,则判断是否能够进行网络通信,如果不能则在本地创建,反之则发起远程对象创建请求。第 65 行代码则表示获取远程创建请求的响应结果,同时通过第 66 行代码的 ProxyFactory. getProxy()生成该远程对象的本地代理。

```
28    /**
29     *
30     * @param clazz
31     * @param ip
32     * @param args
33     * @return
34     * @throws InstantiationException
35     * @throws IllegalAccessException
36     * @throws IllegalArgumentException
37     * @throws InvocationTargetException
38     * @throws NoSuchMethodException
39     * @throws SecurityException
40     * @throws UnknownHostException
41     * @throws IOException
42     * @throws InterruptedException
43     * @throws ExecutionException
44     */
45    public static Object create(Class clazz, String ip, Object args) throws InstantiationException, IllegalAccessException, IllegalArgumentException, InvocationTar
46        Object proxy;
47        //如果ip==本地
48        if (ip.equals(Utils.getIp())) {
49            Constructor constructor = Utils.getConstructor(clazz, args);
50            // 创建对象
51            Object src = constructor.newInstance(args);
52            // 生成代理对象
53            proxy = ProxyFactory.getProxy(src.hashCode(), src, Utils.getIp());
54        } else {
55            Socket conn = Utils.getNetConnection(ip);
56            if (conn == null) {
57                return localCreate(clazz, args);
58            } else {
59                // 打包创建的一些信息 比如类型以及参数，然后创建一个远程创建请求
60                HashMap r = Utils.packCreatePackage(clazz, args);
61                FutureTask<HashMap> ft = Utils.packRequest(RemoteCreateRequest.class, conn, r);
62                HashMap resultMap = ft.get(); // 如果get不到就会阻塞在这边
63                // 远程创建返回的hashMap 包括 Id src
64                int Id = (Integer) resultMap.get("Id");
65                Object src = resultMap.get("src");
66                return ProxyFactory.getProxy(Id, src, ip);
67            }
68        }
69        return proxy;
70    }
```

图 2-58　ObjectFactory 中 create 方法实现

5. 拦截器的实现

中间件设计了 Interceptor 负责远程调用的实现,即本地对象与远程对象进行跨网络调用,其中 Interceptor 的 invoke 方法实现了将代理对象调用转发到远程节点资源上的实际对象进行方法执行。2.4.5 节的第 3 部分已经介绍了 invoke 方法,图 2-59 展示了 invoke 方法的具体实现,第 35 行代码解释了如果真实对象位于本地,则直接调用获取本地引用进行方法调用。如果不是,则包装了方法调用的信息,并由第 47 行代码发起远程调用的请求,第 49 行代码则表示获取远程调用的结果。

6. 数据采集器的实现

数据采集器是评估模型的主要实现模块。图 2-60 展示了数据收集器的相关代码,应用执行过程中,将开启一个线程定时进行移动设备上下文信息采集与历史运行数据更新。

```
27⊖    /**
28      * 处理方法调用的主要逻辑
29      */
30⊖    public Object invoke(Object proxy, Method method, Object[] args) throws Throwable {
31        // TODO Auto-generated method stub
32        if (method.getName().equals("hashCode")) {
33            return Id;
34        }
35        // 如果Ip等于自身的Ip 则直接进行本地调用
36        if (Ip.equals(Utils.getIp())) {
37            return method.invoke(src, args);
38        } else {
39            // Ip不等于自身Ip
40            Socket conn = Utils.getNetConnection(Ip);
41            if (conn == null) {
42                // 连接不上
43                return method.invoke(src, args);
44            } else {
45                // 连接上了
46                HashMap r = Utils.packInvokePackage(Id, method, args);
47                FutureTask<HashMap> ft = Utils.packRequest(RemoteInvokeRequest.class, conn, r);
48                HashMap resultMap = ft.get();
49                Object result = resultMap.get("invokeResult");
50                if (result == null) {
51                    return null;
52                } else {
53                    if (result.getClass() == Placeholder.class) {
54                        return Utils.placeholder2proxy(Placeholder.class.cast(result));
55                    } else {
56                        return result;
57                    }
58                }
59            }
60        }
61
62    }
```

图 2-59　Interceptor 的代码实现

```
6 public class ScheduleTask  extends TimerTask{
7
8⊖    @Override
9     public void run() {
10        // TODO Auto-generated method stub
11        getNetCondition();
12        getMethodTime();
13    }
14
15⊖    public void getNetCondition() {
16        List<ComputeNode> nodeList = Context.getNodeFromConfig("nodes.xml");
17        for (ComputeNode node : nodeList) {
18            Long start = System.currentTimeMillis();
19            Context.sendEmptyDataPackage(node.getIp(), node.getPort());
20            Long rtt = System.currentTimeMillis() - start;
21            start = System.currentTimeMillis();
22            Context.send1MDataPackage(node.getIp(), node.getPort());
23            Long v = System.currentTimeMillis() - start;
24            HistoryData.updateNetData(node.getIp(), rtt, v);
25        }
26    }
27
28⊖    public void getMethodTime() {
29        List<ComputeNode> nodeList = Context.getNodeFromConfig("nodes.xml");
30        List<MethodNode> methodNodes = Context.getMethodFromConfig("methods.xml");
31
32        for (ComputeNode node : nodeList) {
33            for (MethodNode m : methodNodes) {
34                Long methodTime = Context.AsynTaskOnMethodTime(m);
35                HistoryData.updateMethodData(node.getIp(), m, methodTime);
36            }
37        }
38    }
39 }
40
41
```

图 2-60　数据采集器代码实现

第 11 行代码表示了运行时基本信息中网络情况采集通过调用 getNetCondition()方法，中间件 getNetCondition()将发送一个空数据到各个远程节点来测试移动设备与远程节点之间的网络往返时延，接着发送一个 1MB 的数据块到各个网络节点来测试移动设备与远程节点之间的网络传输速率。基本信息中方法执行时间则是通过中间件 getMethodTime()方法获取的，提供的该方法的输入参数是方法名、方法参数以及节点 IP，移动设备在运行应用程序的过程中，中间件将调用定时线程的 getMethodTime()方法来获取各个远程节点执行方法的时间。历史数据的更新则是将运行时采集的数据与保存在配置文件中的数据进行加权更新，中间件设计了历史数据的相关配置文件，包括网络历史数据配置文件、节点执行时间历史数据配置文件。网络历史数据配置文件主要描述了移动设备与各个远程节点之间的网络情况，通常在运行时网络信息采集的 getNetCondition()方法中会调用 updateNetData()方法来进行网络历史数据的更新，更新方法为上面提到的加权平均。节点执行时间历史数据配置文件主要描述的是远程节点执行方法的时间，通常也是在调用 getMethodTime()方法后再调用 updateMethodData()同步更新这些历史数据。图 2-61 和图 2-62 分别展示了网络情况历史记录以及方法执行时间历史记录。

```
1 <?xml version="1.0" encoding="UTF-8"?>
2 <NetCondition>
3 <Locations recordTime = "2018-01-22 12:33:23">
4     <Location name = "Garden">
5         <Net from = "Mobile" to = "edge1" rtt = "9999999" v = "1" />
6         <Net from = "Mobile" to = "edge2" rtt = "9999999" v = "1" />
7         <Net from = "Mobile" to = "cloud" rtt = "200" v = "150" />
8     </Location>
9     <Location name = "Playground">
10        <Net from = "Mobile" to = "edge1" rtt = "300" v = "1000" />
11        <Net from = "Mobile" to = "edge2" rtt = "9999999" v = "1" />
12        <Net from = "Mobile" to = "cloud" rtt = "200" v = "150" />
13    </Location>
14    <Location name = "Garden">
15        <Net from = "Mobile" to = "edge1" rtt = "30" v = "1000" />
16        <Net from = "Mobile" to = "edge2" rtt = "60" v = "700" />
17        <Net from = "Mobile" to = "cloud" rtt = "200" v = "150" />
18    </Location>
19    <Location name = "Garden">
20        <Net from = "Mobile" to = "edge1" rtt = "9999999" v = "1" />
21        <Net from = "Mobile" to = "edge2" rtt = "35" v = "950" />
22        <Net from = "Mobile" to = "cloud" rtt = "55" v = "725" />
23    </Location>
24 </Locations>
25 <Locations recordTime = "2018-01-22 12:40:15">
26    <Location name = "Garden">
27        <Net from = "Mobile" to = "edge1" rtt = "9999999" v = "1" />
28        <Net from = "Mobile" to = "edge2" rtt = "9999999" v = "1" />
29        <Net from = "Mobile" to = "cloud" rtt = "200" v = "150" />
30    </Location>
31    <Location name = "Playground">
32        <Net from = "Mobile" to = "edge1" rtt = "300" v = "1000" />
33        <Net from = "Mobile" to = "edge2" rtt = "9999999" v = "1" />
34        <Net from = "Mobile" to = "cloud" rtt = "200" v = "150" />
35    </Location>
36    <Location name = "Garden">
37        <Net from = "Mobile" to = "edge1" rtt = "30" v = "1000" />
38        <Net from = "Mobile" to = "edge2" rtt = "60" v = "700" />
39        <Net from = "Mobile" to = "cloud" rtt = "200" v = "150" />
40    </Location>
41    <Location name = "Garden">
42        <Net from = "Mobile" to = "edge1" rtt = "9999999" v = "1" />
43        <Net from = "Mobile" to = "edge2" rtt = "35" v = "950" />
44        <Net from = "Mobile" to = "cloud" rtt = "55" v = "725" />
45    </Location>
46 </Locations>
```

图 2-61 网络情况历史记录

```xml
1  <?xml version="1.0" encoding="UTF-8"?>
2  <Runtimes>
3      <RuntimeRecord startTime = "2018-01-22 12:33:28">
4      <Runtime classname = "Framing" methodname = "getFrame" mobile1time = "248" mobile2time = "163"
5      edge1time = "74" edge2time = "56" cloudtime = "20" datasize = "3500"/>
6      <Runtime classname = "Preprocessing" methodname = "colorKMean" mobile1time = "1791" mobile2time = "1447"
7      edge1time = "835" edge2time = "464" cloudtime = "210" datasize = "4500"/>
8      <Runtime classname = "Preprocessing" methodname = "oritenation" mobile1time = "2667" mobile2time = "2201"
9      edge1time = "1286" edge2time = "618" cloudtime = "178" datasize = "4500"/>
10     <Runtime classname = "OcrProcessing" methodname = "segInEachChar" mobile1time = "66" mobile2time = "51"
11     edge1time = "33" edge2time = "24" cloudtime = "8" datasize = "10"/>
12     <Runtime classname = "OcrProcessing" methodname = "cleanSmall" mobile1time = "62" mobile2time = "50"
13     edge1time = "36" edge2time = "20" cloudtime = "13" datasize = "1"/>
14     <Runtime classname = "OcrProcessing" methodname = "getRegion" mobile1time = "48" mobile2time = "37"
15     edge1time = "29" edge2time = "21" cloudtime = "6" datasize = "1"/>
16     <Runtime classname = "OcrProcessing" methodname = "zoom" mobile1time = "24" mobile2time = "15"
17     edge1time = "8" edge2time = "4" cloudtime = "2" datasize = "1"/>
18     <Runtime classname = "OcrProcessing" methodname = "segInEachChar" mobile1time = "64" mobile2time = "50"
19     edge1time = "29" edge2time = "25" cloudtime = "10" datasize = "10"/>
20     <Runtime classname = "OcrProcessing" methodname = "cleanSmall" mobile1time = "64" mobile2time = "46"
21     edge1time = "33" edge2time = "23" cloudtime = "15" datasize = "1"/>
22     <Runtime classname = "OcrProcessing" methodname = "getRegion" mobile1time = "48" mobile2time = "40"
23     edge1time = "30" edge2time = "18" cloudtime = "8" datasize = "1"/>
24     <Runtime classname = "OcrProcessing" methodname = "zoom" mobile1time = "22" mobile2time = "18"
25     edge1time = "10" edge2time = "5" cloudtime = "2" datasize = "1"/>
26     <Runtime classname = "OcrProcessing" methodname = "segInEachChar" mobile1time = "60" mobile2time = "44"
27     edge1time = "34" edge2time = "24" cloudtime = "8" datasize = "10"/>
28     <Runtime classname = "OcrProcessing" methodname = "cleanSmall" mobile1time = "62" mobile2time = "50"
29     edge1time = "35" edge2time = "20" cloudtime = "13" datasize = "1"/>
30     <Runtime classname = "OcrProcessing" methodname = "getRegion" mobile1time = "48" mobile2time = "37"
31     edge1time = "29" edge2time = "21" cloudtime = "6" datasize = "1"/>
32     <Runtime classname = "OcrProcessing" methodname = "zoom" mobile1time = "24" mobile2time = "15"
33     edge1time = "8" edge2time = "4" cloudtime = "2" datasize = "1"/>
34     <Runtime classname = "OcrProcessing" methodname = "recEachCharInMinDis" mobile1time = "1850" mobile2time = "1074"
35     edge1time = "708" edge2time = "443" cloudtime = "222" datasize = "16"/>
36     </RuntimeRecord>
37
38     <RuntimeRecord startTime = "2018-01-22 12:40:10">
39     <Runtime classname = "Framing" methodname = "getFrame" mobile1time = "260" mobile2time = "160"
40     edge1time = "69" edge2time = "59" cloudtime = "24" datasize = "3420"/>
41     <Runtime classname = "Preprocessing" methodname = "colorKMean" mobile1time = "1800" mobile2time = "1437"
42     edge1time = "825" edge2time = "469" cloudtime = "198" datasize = "4481"/>
43     <Runtime classname = "Preprocessing" methodname = "oritenation" mobile1time = "2667" mobile2time = "2201"
44     edge1time = "1286" edge2time = "618" cloudtime = "178" datasize = "4481"/>
45     <Runtime classname = "OcrProcessing" methodname = "segInEachChar" mobile1time = "66" mobile2time = "51"
46     edge1time = "33" edge2time = "24" cloudtime = "8" datasize = "10"/>
```

图 2-62 方法调用历史记录

2.4.7 实验与评估

1. 实验设置

本节设置了一个移动边缘环境,并使用两个真实应用程序来评估所提出的自适应迁移。首先,验证所提出的中间件是否可以迁移移动边缘计算中的实际应用程序。其次,将自适应迁移应用程序的性能与不同场景下的原始和迁移应用程序的性能进行比较。最后,展示了自适应迁移带来的节能效果。

实验环境如图 2-44 所示,所提出的实验环境包括 5 个计算节点:2 个移动设备和 3 个远程节点资源。模拟了 4 个位置,分别命名为花园、操场、教学楼和实验楼,4 个位置的网络情况各不相同。表 2-22 中描述了每个位置的移动设备和远程节点资源之间的网络状况。

表 2-22 移动设备在不同位置的网络状况

服务节点	花园	操场	教学楼	实验楼
Edge1	×	rtt=300ms, v=1MB/s	rtt=30ms, v=1MB/s	×
Edge2	×	×	rtt=60ms, v=700KB/s	rtt=35ms, v=950KB/s
Cloud	rtt=200ms, v=150KB/s	rtt=200ms, v=150KB/s	rtt=200ms, v=150KB/s	rtt=55ms, v=725KB/s

首先,对实验设备进行详细的介绍。这两款移动设备是:Honor MYA-AL10[53] 配备1.4GHz 4核处理器,内存大小为2GB,代表低性能的移动设备;Honor STF-AL00 配备2.4GHz 4核处理器,内存大小为4GB,代表高性能的移动设备。

接着,介绍3个远程节点资源的配置信息。其中两个移动边缘(Edge1 和 Edge2)和一个公有云服务,可用于在不同位置进行计算迁移。Edge1 是一款配备2.5GHz 8核处理器,内存大小为4GB的边缘节点,其网络覆盖了操场和教学楼。Edge2 是一款配备3.0GHz 8核处理器,内存大小为8GB的边缘节点,其网络覆盖教学楼和实验楼。公有云服务是一台具有3.6GHz 16核处理器,内存大小为16GB的服务器,可以在所有位置公开访问。

为了评估不同计算性能的移动设备通过计算迁移所获得的性能提升以及能耗节省,选取了两个真正的Android应用程序。一种是车牌识别系统(LRS)。车牌识别涉及捕获摄影视频或车牌图像,由此通过一系列算法处理它们,这些算法能够将捕获的车牌图像的字母数字转换成文本条目。另一种是语音识别系统(VRS),它使用语音识别技术将口头语言转换成书面语言。根据所提出的设计模式重构这两个应用程序,并在计算节点上收集执行时间的信息。表2-23和表2-24分别显示了测试应用程序的主要活动中的可移动类及其方法调用的平均数据量。表2-25和表2-26则分别展示了测试应用程序中每个计算节点上每个方法调用的执行时间。

表2-23 测试应用LRS的详细信息

Movable类	方法	方法调用次数	数据传输量
Framing	getFrame	1	3.5MB
Preprocessing	colorKMean	1	450KB
Preprocessing	oritenation	1	450KB
OCRProcessing	segInEachChar	3	10KB
OCRProcessing	cleanSmall	3	1KB
OCRProcessing	getRegion	3	1KB
OCRProcessing	zoom	3	1KB
OCRProcessing	recEachCharInMinDis	1	16KB

表2-24 测试应用VRS的详细信息

Movable类	方法	方法调用次数	数据传输量
SpeechRecognizerSetup	defaultSetup	1	5KB
SpeechRecognizerSetup	setConfig	4	1KB
SpeechRecognizerSetup	getRecognizer	1	1KB
SpeechRecognizer	getDecoder	1	2KB
SpeechRecognizer	StartListenning	1	415B
SpeechRecognizer	stopListening	1	372B
Decoder	startUtt	1	320B
Decoder	processRaw	1	712KB
Decoder	getInSpeech	2	20B
Decoder	hyp	2	24B
Decoder	endUtt	1	146B

表 2-25 测试应用 LRS 中各方法在设备上的处理时间

方　　法	HonorMYA-AL10	HonorSTF-AL00	Edge1	Edge2	Cloud
getFrame	248ms	153ms	74ms	56ms	20ms
colorKMean	1791ms	1447ms	835ms	464ms	210ms
oritenation	2667ms	2201ms	1286ms	618ms	178ms
segInEachChar	66ms	51ms	33ms	24ms	8ms
cleanSmall	62ms	50ms	36ms	20ms	13ms
getRegion	48ms	37ms	29ms	21ms	6ms
zoom	24ms	15ms	8ms	4ms	2ms
recEachCharInMinDis	1850ms	1074ms	708ms	443ms	222ms

表 2-26 测试应用 VRS 中各方法在设备上的处理时间

方　　法	HonorMYA-AL10	HonorSTF-AL00	Edge1	Edge2	Cloud
defaultSetup	65ms	40ms	32ms	14ms	8ms
setConfig	257ms	184ms	93ms	64ms	25ms
getRecognizer	161ms	122ms	77ms	49ms	16ms
getDecoder	312ms	212ms	148ms	74ms	41ms
StartListenning	71ms	50ms	37ms	20ms	8ms
stopListening	53ms	31ms	16ms	9ms	5ms
startUtt	98ms	74ms	55ms	34ms	19ms
processRaw	1910ms	1333ms	712ms	423ms	141ms
getInSpeech	45ms	22ms	14ms	11ms	8ms
hyp	59ms	38ms	17ms	9ms	5ms
endUtt	102ms	79ms	57ms	27ms	10ms

在本次实验中，移动设备的网络信息都是通过信息采集模块在程序运行时进行不断采集。对于实验中的两种移动设备，在不同位置与远程节点网络连接的情况相同。网络连接质量不会因移动设备的差异而存在较大差异。同时，不同的方法所传输的数据量（包括输入数据和输出数据）也存在差异。中间件利用 Interceptor 对方法调用中的输入参数与返回结果的数据量进行采集计算，得到方法的平均数据传输量。每个方法在远程服务节点的执行时间不能通过移动端直接获取到，但执行时间可以通过式(2-33)计算得到。由表 2-25 和表 2-26，可以清楚地看到，不同处理性能的移动设备、方法在远程节点上的执行时间一模一样。影响远程节点的执行时间的因素包括节点的计算能力与方法的计算量。而节点的计算能力仅与节点自身的内存、CPU 等硬件配置有关。在方法计算量不变的情况下，节点执行方法的耗时也不会存在明显的波动。对于同一个方法，由于硬件配置的差距，远程节点资源的执行时间明显短于移动设备。并且随着远程节点配置性能越高，远程执行时间越短。比如，对于类 OCRProcessing 的 recEachCharInMinDis 方法，在 Honor MYA-AL10 上执行平均时间是 1850ms，在边缘节点 Edge1 上执行时间是 1074ms，而在云服务资源上执行时间是 222ms。

2. 计算迁移的验证

基于评估模型，中间件能够对移动应用中的类选择最优的决策方案进行部署。表 2-27～表 2-30 分别表示在不同的位置运行不同的应用程序时，移动设备中每个类的部署方案。

制定部署方案的目的是权衡应用的执行时间与网络开销。例如，当移动设备在教学楼下运行应用时，迁移决策方案则是尽可能使用 Edge2 和 Edge1 进行迁移，如表 2-27 所示，当处于教学楼时，移动设备 Honor MYA-AL10 与边缘节点 Edge1 之间的网络连接质量优于它和边缘节点 Edge2 之间的网络连接质量，但 Edge2 的处理性能则比 Edge1 更强。对于 LRS 应用的 Preprocessing 类，则选择迁移到边缘节点 Edge2 上，因为 Preprocessing 类的 colorKMean 和 oritenation 方法都是计算密集型，强大的设备配置使得执行时间明显缩短。对于 OCRProcessing 类而言，则会选择在边缘节点 Edge1 进行迁移。由于边缘节点 Edge1 与边缘节点 Edge2 对 OCRProcessing 类中方法的执行时间相近，但是边缘节点 Edge1 的网络连接质量优于边缘节点 Edge2 的网络连接质量，因此迁移到边缘节点 Edge1 的网络开销小于迁移到 Edge2 设备的网络开销。对于 Framing 类而言，决策方案则选择在移动设备上执行，这是因为迁移所带来的网络开销大于迁移所带来的执行时间上的缩短。移动设备的处理性能也影响着迁移决策方案的制定。在同样的位置，性能存在差异的移动设备有着不同的迁移决策方案。例如，当移动设备 Honor STF-AL00 在操场运行 LRS 应用时，OCRProcessing 类在设备本地执行，而移动设备 Honor MYA-AL10 则选择将 OCRProcessing 类迁移到边缘节点 Edge1 上执行。如表 2-27 和表 2-28 所示，这是因为选择迁移时，对于移动设备 Honor STF-AL00 来说，执行时间的缩短量小于网络开销量，所以迁移计算反而降低了应用的性能；而对于移动设备 Honor MYA-AL10 来说，执行时间的缩短量大于网络开销量，所以迁移计算能提高了应用的性能。

表 2-27　不同位置，运行在 Honor MYA-AL10 上的 LRS 应用类部署

Movable 类	花园	操场	教学楼	实验楼
Framing	Local	Local	Local	Local
Preprocessing	Local	Edge1	Edge2	Cloud
OCRProcessing	Local	Edge1	Edge1	Edge2

表 2-28　不同位置，运行在 Honor STF-AL00 上的 LRS 应用类部署

Movable 类	花园	操场	教学楼	实验楼
Framing	Local	Local	Local	Local
Preprocessing	Local	Edge1	Edge2	Cloud
OCRProcessing	Local	Local	Local	Edge2

表 2-29　不同位置，运行在 Honor MYA-AL10 上的 VRS 应用类部署

Movable 类	花园	操场	教学楼	实验楼
SpeechRecognizerSetup	Local	Edge1	Edge1	Cloud
SpeechRecognizer	Local	Edge1	Edge2	Edge2
Decoder	Local	Edge1	Edge1	Cloud

表 2-30　不同位置，运行在 Honor STF-AL00 上的 VRS 应用类部署

Movable 类	花园	操场	教学楼	实验楼
SpeechRecognizerSetup	Local	Edge1	Edge1	Cloud
SpeechRecognizer	Local	Local	Edge2	Edge2
Decoder	Local	Local	Local	Cloud

建立评估模型需要额外的开销，其中包括收集运行时数据时候的方法调用开销。例如，当移动设备处于实验楼时，移动设备不但会使用云服务资源进行计算迁移，也会调用边缘节点 Edge1 和 Edge2 来采集信息。但是，收集信息的方法执行的次数是可控的，中间件通常选择空闲时间调用这些方法，因此，收集数据的开销是可以接受的。同时为了制定迁移决策方案，需要比较不同远程节点的响应时间，与信息采集方法的调用开销相比，制定决策方案的开销也是可以接受的。

3. 方法的性能评估

本节从两个方面基于原始、传统迁移和自适应迁移对应用程序进行比较，评估自适应迁移中间件带来的性能改进。原始应用程序完全在设备上运行；传统的迁移应用程序将具有密集计算的可移动对象迁移到具有最佳网络连接的远程节点资源；自适应迁移的应用程序可以使用任何远程节点资源进行按需迁移。一方面，当移动设备停留在固定位置时，进行原始应用、传统迁移应用和自适应迁移应用的比较。另一方面，当移动设备从一个位置移动到另一个位置时，进行传统迁移应用和自适应迁移应用的比较。本节主要将响应时间作为性能评估指标。

1）位置固定时性能分析

图 2-63 显示了在 4 个位置的手机上运行两个应用程序的性能比较。可以观察到自适应迁移应用的响应时间在所有情况下都是最小的或接近最小的。

与原始应用相比，当移动设备在操场、教学楼或实验楼中具有良好的网络连接时，所提出的自适应迁移应用可以将响应时间缩短 8%～50%，因为一些计算密集型任务被迁移到移动边缘或云服务上。相反，当移动设备在花园中的网络连接不良时，所提出的自适应迁移应用在本地运行与原始应用程序相同，并且它们的性能接近原始应用程序，但是开销大约为 140ms，这是中间件的开销。

与传统的迁移应用相比，所提出的自适应迁移应用可以在将计算迁移到远程节点资源时将响应时间缩短 5%～33%。性能提升的原因是影响迁移效果的因素很多，例如网络连接质量、类方法的计算复杂性以及设备和远程节点资源的处理能力，所提出的自适应迁移应用程序动态确定迁移方案。自适应迁移应用对执行时间和网络延迟之间的权衡，而不是仅使用具有最佳网络连接的远程节点资源进行迁移。可以分析得到以下结论：

当移动设备在与云的网络连接质量较差的环境中运行自适应迁移应用时，所有计算任务都在本地执行。原始应用的响应时间最短，因为相比原始应用，自适应迁移应用需要额外的开销，传统迁移应用则依旧选择迁移计算到远程节点中，网络质量不良导致网络延时将变得巨大。例如，当移动设备 Honor MYA-AL10 在花园运行 LRS 应用时，原始应用的响应时间为 7456ms，传统迁移应用的执行时间为 13680ms，自适应迁移应用的执行时间为 7596ms。它表明该中间件存在可接受的时间消耗。

当移动设备在与云服务资源保持着良好网络连接中运行自适应迁移应用时，具有高计算复杂度的任务将被迁移到云服务资源，因为云资源服务计算能力高于移动设备。例如，当移动设备 Honor MYA-AL10 在实验楼运行 LRS 时，自适应计算迁移将 PreProcessing 类迁移到云资源服务上。

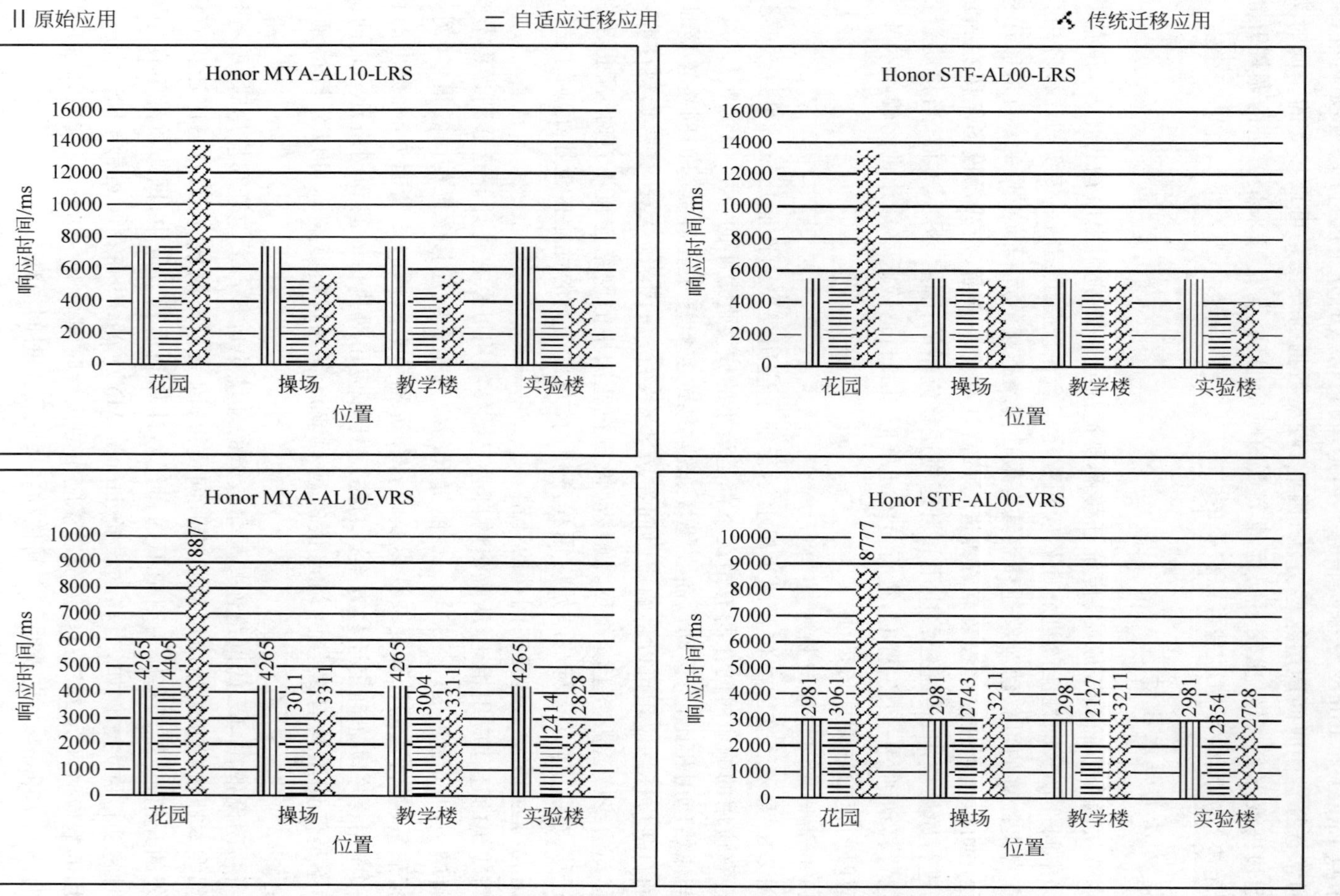

图 2-63　固定位置下，两种移动设备运行两个程序的性能比较

在移动设备在与边缘节点保持着良好的网络连接而与云服务资源之间的网络连接质量较差的情况下，自适应迁移应用将更多的任务迁移到边缘节点而不是云服务资源。例如，当移动设备 Honor MYA-AL10 在操场运行 LRS 应用时，可以与边缘节点 Edge1 以及云服务资源 Cloud 连接，Honor MYA-AL10 则更多地选择边缘节点 Edge1 来迁移任务。当移动设备与多个边缘节点建立良好的网络连接的情况下，自适应迁移应用程序将选择适当的 cloudlet 用于迁移任务。例如，当移动设备 Honor MYA-AL10 在教学楼运行 LRS 应用时，Honor MYA-AL10 既可以与边缘节点 Edge1 连接，也能与边缘节点 Edge2 连接，移动设备 Honor MYA-AL10 选择边缘节点 Edge1 来迁移 OCRProcessing 类，而将 Preprocessing 类迁移到边缘节点 Edge2。

2）位置移动时性能分析

本次实验主要对自适应迁移应用和传统迁移应用进行对比，按照花园到操场接着到教学楼最后到实验楼的顺序，在不同位置之间进行移动，同时在移动过程中执行 LRS 应用，每个位置停留 1min。图 2-64 和图 2-65 分别显示了当在 4 个位置之间移动时，移动设备上运行 LRS 的性能比较。

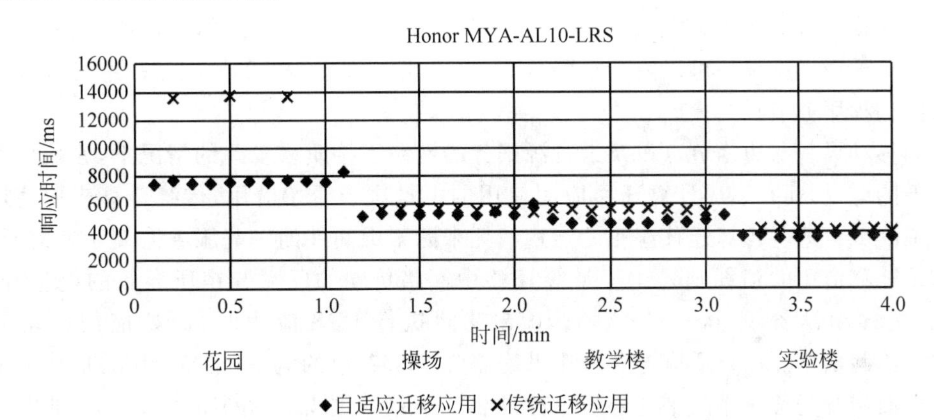

图 2-64 位置移动时，Honor MYA-AL10 运行 LRS 的性能比较

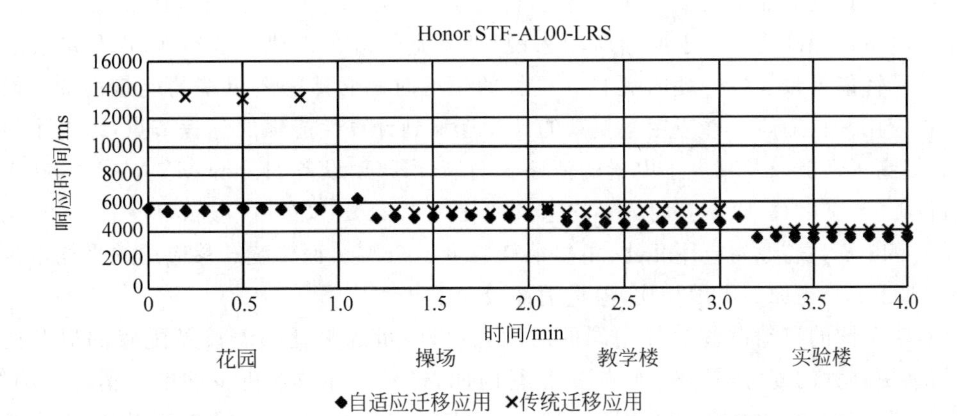

图 2-65 位置移动时，Honor STF-AL00 运行 LRS 的性能比较

当设备刚刚进入新位置时，传统的迁移应用可能会崩溃。例如，当设备刚刚进入操

场时,应用程序无法工作。应用程序崩溃的原因是当设备上下文发生更改时,无法再从设备访问已迁移到原始移动边缘的对象。

当设备上下文发生变化时,所提出的自适应迁移应用仍然可用,但是当设备刚刚进入新位置时,响应时间会稍长一些。例如,教学楼中第一次调用的响应时间是5193ms,而除第一次调用之外的所有调用的平均时间是3716ms。这是由于,一方面,所提出的中间件通过云在设备和移动边缘之间进行远程对象访问;另一方面,当设备上下文改变时,所提出的中间件可以自动确定迁移方案,然后在短时间内迁移计算。

3) 方法的能耗评估

使用上面提到的3个版本的应用来对电量消耗进行评估。PowerTutor这个应用程序能够用来测试移动设备上的每个应用程序的电量消耗。图2-66显示了在4个位置的手机上运行两个应用程序的能耗。可以观察到,在所有情况下,自适应迁移应用的能耗最小或接近最小。可以分析得到以下结论:

当移动设备在花园中具有较差的网络连接时,所提出的自适应能量消耗接近于原始能量消耗,但是具有大约150mJ的开销,因为代理消耗额外的能量。

当移动设备在操场、教学楼或实验楼中具有良好的网络连接时,与原始设备相比,所提出的自适应迁移设备可以将能耗降低9%～51%。节省能耗的原因是一些计算任务被迁移到远程服务节点。

当移动设备与边缘节点以及云资源服务的网络连接质量较差的情况下,原始应用使用最低的电量,而自适应计算迁移应用使用的电量次于原始应用,传统迁移应用使用的能量最高。自适应计算迁移应用的能量消耗来源于中间件的一些服务需要额外的开销,而传统迁移应用的消耗则是由于计算迁移中网络传输的巨大开销所导致的电量开销。例如,当移动设备Honor MYA-AL10在花园执行LRS应用时,原始应用平均需要15210mJ的电量。而自适应迁移应用平均需要15367mJ的电量,略高于原始应用的能量消耗。而传统迁移应用的平均电量消耗是27770mJ,比原始应用多消耗了83%的电量。

当处于移动设备与边缘节点或云服务资源之间存在良好网络连接质量的位置时,原始应用需要最高的能量消耗;与之相反,自适应计算迁移应用的能量消耗最低,传统迁移应用的电量消耗次之。对于原始应用来说,计算全部落在移动设备本地,而移动设备较弱的计算性能导致了执行耗时更长。更长的执行时间必然需要更多的能量消耗。而传统迁移应用和自适应迁移应用将复杂的计算迁移到计算性能强的远程节点,缩短了执行时间,提高了性能以及减少了电量的消耗。例如,当移动设备Honor MYA-AL10在教学楼执行LRS应用时,原始应用的平均电量消耗是15210mJ,自适应迁移应用的平均电量消耗是9430mJ,与原始应用相比,电量消耗减少了38%。而传统迁移应用的平均电量消耗是11024mJ,与原始应用相比,电量消耗减少了28%。

对于不同的移动设备执行相同的应用程序,电量的消耗随着设备配置的提升而降低,因为更强大的配置,导致了更短的执行时间,进一步导致了更少的电量消耗。例如,当在花园执行LRS的原始应用时,Honor MYA-AL10执行原始应用的电量消耗是15210mJ,而Honor STF-AL00执行原始应用的电量消耗是11083mJ,电量消耗相较于Honor MYA-AL10减少了27%。

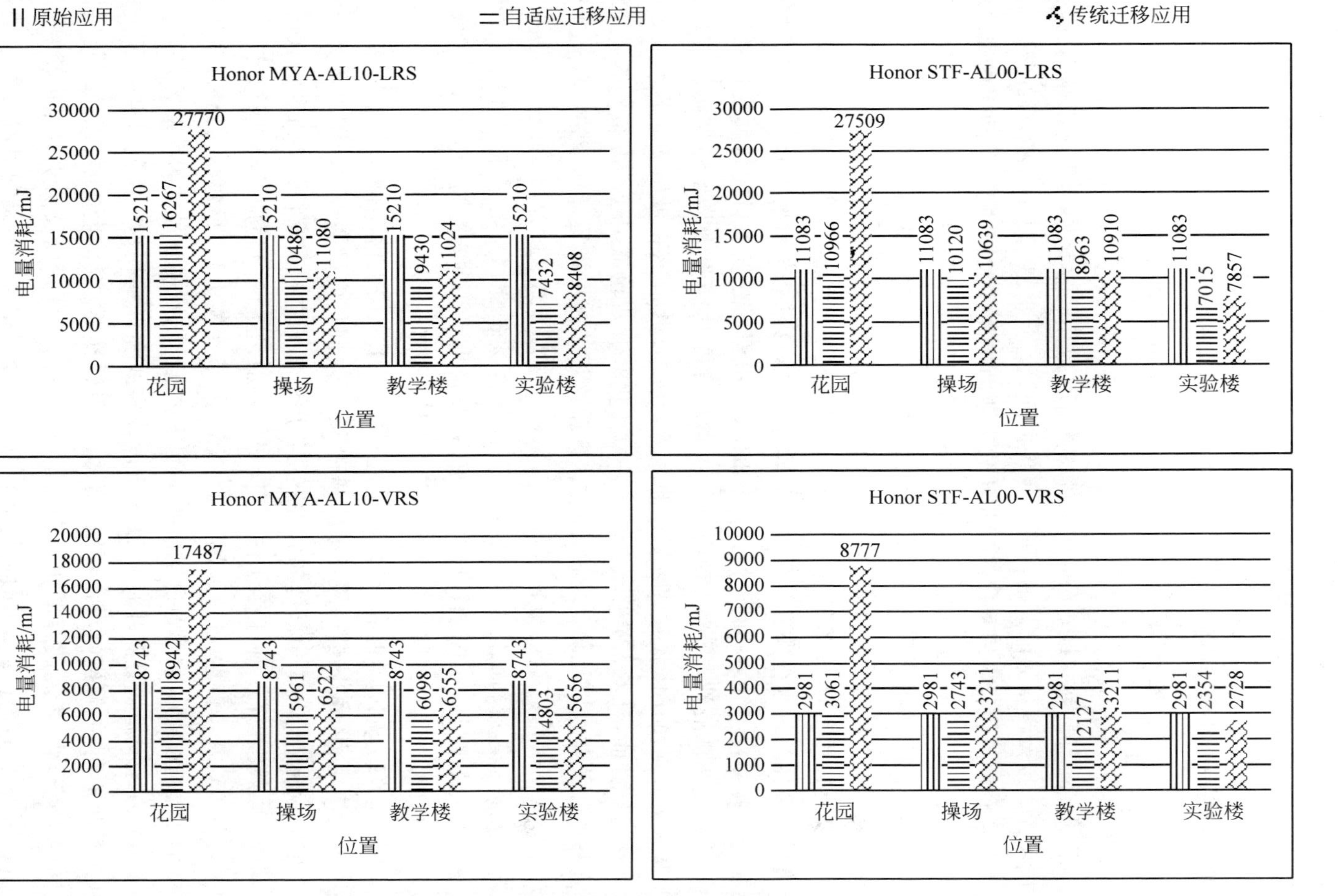

图 2-66 固定位置下，两种移动设备运行两个程序的电量消耗比较

对于移动设备执行不同的应用程序，电量的消耗随着应用程序的计算复杂度的提高而升高，因为越复杂的计算需要更长的执行时间，进一步导致了更多的电量消耗。例如，在花园中，Honor MYA-AL10 执行 LRS 原始应用的电量消耗是 15210mJ，而执行 VRS 原始应用的电量消耗是 8743mJ。

2.4.8 总结

1. 工作总结

随着设备硬件的快速改进和用户体验的提高，应用程序试图提供越来越多的功能。提高应用性能以及设备的能量消耗成了棘手的问题。计算迁移是一种流行的技术，通过在远程节点资源上执行应用程序的某些部分来帮助提高性能，并减少移动应用程序的电池功耗，移动云计算(MCC)已被引入，通过将计算密集型应用程序迁移到云中，来扩展移动设备的计算能力和电池容量。尽管如此，移动设备和云之间的网络通信可能会造成明显的执行延迟。移动边缘计算提供了一个新的机会，可以通过将移动边缘上的部分应用程序迁移移动应用程序的部分应用程序来明显减少移动应用程序的延迟和电池能耗。由于边缘服务器的地理分布和移动设备的非静态性，移动边缘计算的运行时环境变得非常复杂。因此，与传统的移动云计算方法相比，应用程序开发人员支持移动边缘计算中的计算迁移具有挑战性，因为移动云计算中假设存在功能强大且始终连接的云。一方面，开发人员必须使迁移适应不断变化的环境，其中迁移应该在可用的计算节点之间动态发生。另一方面，开发人员必须在每次环境变化时有效地确定迁移方案。本节介绍了计算迁移的相关背景以及研究现状，并对计算迁移相关技术进行详细描述。首先介绍了 Android 的系统架构；其次，分析 Java 反射原理与实现方式；接着，对序列化原理及相关 API 进行阐述；然后，描述了 ASM 字节码插桩框架；最后介绍了中间件的开发环境 Eclipse。在此基础上，为了迁移存在的挑战，本节提出了一种自适应中间件，该中间件支持移动边缘计算中具有迁移功能的移动应用程序。

首先，本节提出了一种新的设计模式，它使得应用程序能够支持计算迁移，接着详细描述了重构应用程序的步骤。设计模式描述了迁移机制、应用的编程模型以及方法调用过程；重构步骤则描述了中间件如何将应用程序的源码重构成支持计算迁移的代码。

其次，本节提出了一种迁移评估模型，支持移动设备的自适应计算迁移。迁移评估模型主要负责对基本信息(任务调用图、网络情况、节点能力)进行建模，得到一个迁移决策方案的自适应函数。最后通过提出的决策算法进行求解得到最优的类部署方案。

本节实现了自适应迁移中间件以支持设计模式和评估模型。中间件包括了类的分类、代理的生成、类的转换(包括字段转换器、数组转换器、接口生成器)以及运行时的迁移机制的实现过程，最后解释了如何实现运行时数据的采集以及历史数据的更新保存。这些组件实现了自动应用程序的代码重构以及支持应用程序自适应计算迁移。通过两个实际的应用程序评估所提出的中间件，结果表明，对于计算密集型应用程序，所提出的方法可以帮助将响应时间缩短 8%～50%，将能耗降低 9%～51%。

2. 未来工作展望

在移动边缘云环境下，本节提出的中间件在支持应用程序自适应迁移的同时，改善了应用程序的性能，节省了移动设备的能量消耗。但是，中间件并非已经做到完美。未来的工作规划如下：

首先，本节的设计模式存在一些额外的开销，虽然开销可接受，但是后续将设计更优质的模式，对开销进行优化。

其次，本节提出的评估模型仍有待改善，在本节建立的评估模型中，考虑到的影响迁移性能的因素不够全面。同时决策是通过主活动的控制流图得到的，接下来希望能够结合代码分析工具，对应用程序代码进行整体分析，得到更好的迁移决策的自适应函数。

最后，实验涉及的应用程序比较简单，后续可以测试更多更复杂的应用程序来验证中间件的可行性以及有效性。同时，本节设计的实验仅考虑到的影响迁移效果的因素为执行时间和能量消耗，后续将考虑更多能反映迁移效果的因素。

2.5 移动边缘环境下面向DNN应用的计算卸载方法

随着人工智能领域的技术发展，深度神经网络(Deep Neural Network，DNN)已成为新兴的研究热点，然而其计算与内存密集的特性加剧了移动设备资源受限问题的严重性。计算卸载是改善设备性能和降低能耗的有效途径，它将本地应用中资源消耗大的部分部署于远程设备执行。部分已有研究工作旨在利用云服务器执行DNN应用，这种基于纯云部署的方式将给数据中心带来过大的计算压力以及传输开销。移动边缘计算(MEC)为解决纯云部署的问题提供了一种新的解决方案，即卸载部分应用于移动边缘服务器，从而扩展设备和云的资源和能力。由于边缘环境的分散性和移动设备的动态性，支持MEC环境下DNN应用的计算卸载存在两方面的挑战：一方面，计算节点复杂且分散时，需满足应用在可用节点间进行动态卸载；另一方面，设备移动使得在上下文环境切换时，需重新评估并制定有效的卸载方案。针对上述挑战，本节提出了一种计算卸载自适应中间件，该中间件从DNN程序结构角度支持MEC中的应用动态卸载，并通过代价评估模型决策出以DNN层为卸载粒度的最优卸载方案，本节的具体工作如下：

(1) 提出一种基于管道-过滤器机制的设计模式，使DNN应用程序在移动边缘环境下实现动态卸载。首先，根据DNN程序结构提出以层为过滤器、以层间数据传输为管道的设计模式；其次，通过静态代码分析技术发现层级卸载对象，并按照设计模式进行代码重构；最后，运行时机制保障重构后的DNN应用支持在设备、移动边缘和云之间进行动态卸载，并在环境切换和模型改变时保持可用。

(2) 提出一套通用的离线代价评估模型，以自动决策出DNN层级粒度的最优卸载方案。一方面，对DNN结构、层时延的预测以及网络环境进行建模，并作为评估模型的输入；另一方面，为了权衡计算和传输时间，分析影响决策的因素，并构建评估模型的目标函数。

(3) 提出3个研究问题以评估支撑上述卸载机制和卸载策略的DNN应用中间件。

实验结果表明,对于一个真实的DNN应用,与现有的主流方法比较,本节方法能够提升3.86%~6.6%的性能,在模型复杂的场景中性能的提升更为显著,且预测模型的准确性以及卸载机制的开销均在合理范围内。

2.5.1 引言

人工智能领域的兴起促进移动设备的革新,智能个人助理(Intelligent Personal Assistant,IPA)受可穿戴产品和智能家居的牵引而被广泛应用,例如,苹果的Siri助手等。这些智能移动应用程序的主要界面是使用语音或图像的方式通过设备与用户进行交互。受该交互模式的影响,传统的基于文本的输入方式预计将被取代,因此IPA将发展为日后移动设备不可或缺的交互模式,改善IPA的性能从而提升用户体验成为一种新兴的趋势。而为IPA应用程序处理语音和图像输入,需要高度复杂且计算精确的机器学习技术,其中最常见的类型为深度神经网络。由于深度神经网络能够实现语音辨识、图像归类、自动驾驶汽车和自然语言处理等高精度的任务,所以它作为核心的机器学习技术备受智能应用的欢迎。当前许多主流公司,包括谷歌、微软和百度在内,都在其生产系统的许多应用中使用DNN作为机器学习组件。

DNN模型在推理和训练时需部署在设备或机器上。Wang等人指出,在大多数上述场景中,经过训练的深度学习模型通常部署于移动设备上,也称为纯移动设备技术。然而,受限于移动设备上的计算和存储资源,基于DNN的应用程序进一步利用云服务器来提高计算和存储性能,从而全面部署高级深度模型,即纯云技术。因此,在这种被称为纯云的技术中,模型的输入应从本地设备发送到云中心,并将输出发送回设备,这样与DNN应用推理过程相关的计算就可以利用云服务器进行扩展,从而高效执行。但是,在缓解计算压力的同时,纯云技术要求移动设备通过无线网络传输大量数据,如图像、音频和视频,这可能导致移动设备的延迟和能耗。不仅如此,在移动设备同时向云发送大量数据的情况下,在云中执行的所有计算均可能因为拥塞而影响响应时延,用户体验无法得到保证。

为解决上述问题,近期部分研究工作提出了一种在移动设备和云之间划分深度推理网络的思想,这是一种纯移动设备和纯云方法之间的折中技术。研究结果表明,推理网络的深层,即神经元间均存在连接的全连接层,往往有较大的计算量,这类计算密集型DNN层最好能在计算能力强的节点上执行以提升计算效率;而推理网络的浅层,即提取特征的卷积层则相反,往往有较大的数据传输量,因而更适合在移动设备上执行,以避免传输至云服务器时带来的开销。为说明不同层类型的特点,图2-67展示了一个典型的深度神经网络模型AlexNet的结构,该模型作为图像识别应用的技术核心,已成为各类智能应用的基础并得到了广泛的应用。图2-67描述了模型在移动设备上运行时,各层的执行延时和传输数据量的情况,横轴表示层的命名,纵轴表示延时和数据大小,浅色为各层延时,深色为层间输出。可以看到,全连接层,即命名为fc开头的DNN层,层延时较大,说明计算量影响了层的执行,若该类DNN层在计算能力强的节点上执行,则可避免执行延时造成的总体响应瓶颈;同时,层间输出的数据大小也存在较大的差异。例如,在conv1-1和relu1-2之间传输的数据量非常大,而它们的层延时较小,因此最好在同一计算节点上执行这两个层。通过经验可得，在这种模型中，深层 DNN 具有更小的数据传输量。因此，与直接将模型的输入发送到云端计算相比，这类方法可以减少不必要的传输延迟，且可根据计算延时决定是否通过云端扩展。综上所述，基于 DNN 的应用程序通过计算分区不但可以减少云上的拥塞，从而增加其吞吐量，而且可以权衡计算延时和传输延时，从而提升总体响应性能以改善用户体验。

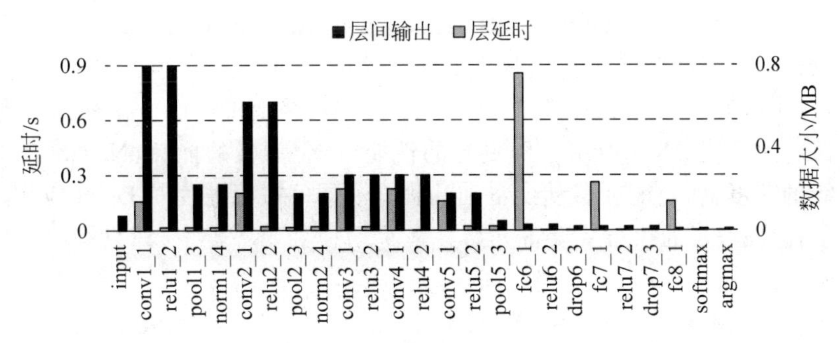

图 2-67　AlexNet 模型的各层层延时和层间输出情况

然而，上述方法仍然要求执行程序，从而收集所有 DNN 层的执行数据，且现有方法仅将 DNN 模型分成两个部分，即一个分区点，分别部署在设备和云上。为进一步扩展有效的分区和部署能力，移动边缘计算(Moblie Edge Computing，MEC)为卸载 DNN 模型于本地设备、边缘节点和云中心提供了全新的机会，利用该环境优越的计算能力以及灵活的地理分布特性，从而更好地解决网络执行时间和空间的权衡问题。此外，为避免程序不断地预先执行，可结合随机森林机器学习算法，利用轻量级的预测器以降低动态执行整个程序带来的开销。但现有的方法并没有考虑移动边缘计算环境以及以静态代码分析为基础的时延预测问题。

受移动设备的可移动性和边缘服务器地理分布随机性的影响，移动边缘计算下的运行环境是高度动态且复杂的。移动设备随着位置变动，可用边缘服务器等网络连接也在不断变化。因此，在 MEC 环境中高效地卸载 DNN 应用程序，比仅在云服务器环境中卸载更具挑战性。一方面，基于 DNN 的应用应考虑方案的适应性，以便卸载动态地发生在边缘环境之间的计算节点，且当设备移动时，卸载方案根据环境适应性改变使得应用保持可用状态。另一方面，在卸载方案较多的情况下应考虑方案的有效性，不同的部署将导致不同的执行延迟和传输延迟，因此需要有效地评估卸载方案的开销，并确定有卸载价值的应用部分以及合适的计算节点。

基于上述问题与挑战，本节提出了一个新颖的边缘环境下的计算卸载自适应中间件，该中间件能够满足 DNN 应用卸载时的可适应性以及有效性要求，在保证服务质量的同时提升应用的用户体验。

2.5.2　相关工作

传统的移动设备通常受限于运算水平、电池能耗以及内存空间。为了改善移动应用的性能、降低能耗，计算卸载成为最有效的技术。它的发展分为两个不同的阶段：一个是移动云计算阶段，该阶段利用云服务器，通过调度或卸载实现移动设备能力的扩展，因此计算密集型组件将从移动设备端传输于远程服务器上；另一个是移动边缘计算阶段，该阶段解决上一阶段产生的用户和远程云之间的传输延迟，大量的云服务将被卸载至移动边缘节点，分担云中心的压力。其中，许多面向工作流或面向方法、对象的应用通过上述两阶段得以扩展。

近几年，一些研究也在通过云计算和边缘计算扩展DNN应用的能力，因而基于深度神经网络应用的计算卸载成为研究热点。Neurosurgeon的工作作为DNN应用计算卸载的开端，表明由DNN产生的大量数据应通过无线网络上传至远程服务器，这将导致高延迟和能耗。为了使DNN应用达到更好的性能，产生更低的能耗，Neurosurgeon使用一个轻量级的调度器，它能在移动设备和远程服务器间按层粒度对DNN应用进行自动分区。但是，它假设层的执行从设备开始并最终切换到服务器上，即只有一个卸载点且仅利用云服务器，属于移动云计算阶段的研究。

利用云计算技术对DNN应用进行不同目标的优化，使得应用处理能力不断地改善并在移动设备上得到合理的性能和能耗。以降低能耗为目标，Gaia系统作为基于地理分布的DNN训练模型，通过消除数据中心间不必要的传输消耗使无线局域网中的通信能耗降到最低。以提高识别精度为目标，AppBooster作为一个移动云平台，为了在不增加推理时延的前提下提高识别精度，在移动设备上使用云资源支持卷积神经网络，利用多种模型结合的方式在云中训练和推理，并在时间约束下选择精度高的模型。Qiet等人提出了模型调度算法，同时设计并实现了一个采用了设备和云的基于目标检测的应用程序，在保证高速的同时实现高精度检测。上述工作均采用了云服务器，这有助于在移动设备上执行DNN应用程序时提升执行速度或是提高精度。但是，它们无法支持边缘环境的卸载。不同的是，将边缘节点与移动设备相结合，使计算卸载有更多可能性。

虽然将设备的数据和计算推送至云数据中心已经成为共识，最近提出的边缘计算可以有效应对移动云计算带来的挑战，如性能、成本和隐私问题。以延迟和能耗为目标，FoggyCache是一种自适应的A-LSH和H-kNN方案，用来实现在线边缘缓存，它致力于在每个附近设备上重用同一个DNN应用程序，但不会将一个模型卸载至多个边缘节点从而影响整体精度。以计算性能为目标，DeepIns将DNN模型用于缺陷检测系统的雾计算环境，但它强调使用提前退出策略，即在不等待最终结果的情况下获得已有的早期结果，而本节工作将执行整个完整的DNN模型以确保一致的结果。以任务调度合理性为目标，VideoEdge通过在线服务调度多个DNN任务，以在资源和准确性之间进行权衡。与本节工作相同，它们都基于云-边缘-设备的环境层次结构，但本节致力于通过模型划分实现面向延迟的优化。还有一些工作也是在模型划分技术层面上，将计算密集型部分卸载到附近的边缘服务器或云上，以获得更好的模型推理性能。其中，MoDNN是一种设备间的分区，它能在多个移动设备上将DNN模型划分为多个神经元模块，并支持模块间并行执行，这对节点间的网络条件有较高的要求。但它只考虑了全连接层和卷积层的特性，并且仅对本地分布式网络进行聚类，而本节提出使用边缘服务器扩展卸载，并考虑更多类型的层。与MoDNN类似，DeepX利用分区实现处理操作的并行性，大大降低了中间结果数据的存储需求，而本节强调的是层级卸载以及传输与计算成本的权衡。

为达到模型划分的效果以及更好地实现计算卸载，代码分析技术可以对此进行扩展。例如，SSHconnect是一种可以在远程服务器上解析源代码的卸载机制。Ganesha等人提出了一种静态分析方法来分析并保存与任务相关的程序流和单元。AndroidOff基于代码分析工具生成方法调用图，并提出自适应卸载决策算法应用于Android应用。和AndroidOff一样，本节提出利用代码分析对DNN代码进行重构，估计层延迟。

为解决在变化环境中的自动化和动态化分区问题，也有一些研究侧重于自适应软件处理。例如，Chen等人设计了自适应混合学习模型，为基于云的软件服务划分输入空间。同样，Nallur等人提出为服务质量需求自适应调节的分散机制。利用上述工作的思想，可以设计边缘环境下的自动、实时卸载模式和计算分区方案。

2.5.3 方法概览

1. 应用场景

本节将通过一个实际应用场景来说明边缘环境下DNN应用计算卸载的优势和挑战。如图2-68所示，为一个典型的DNN应用场景，如今，学校、城市街道等公共场所陆续使用智能图书馆取代传统借书模式。该场景中的智能图书馆应用可支持自动借阅与归还功能，它通过DNN模型实现人脸识别，因此学生自由借还前必须经面部识别认证。图2-68(a)左侧表示该DNN模型的结构，其中每个四边形都表示DNN的一层，四边形右侧的文字为该层的名称。在该人脸识别应用中，神经网络模型具备DNN模型中经常出现的几种层类型，每一层处理前一层生成的中间特征，并生成新的特征。最后，分类器对最后一层深度神经网络生成的特征进行处理并输出结果。该应用程序的人脸识别组件以用户的面部图像作为输入，其DNN模型预测识别结果为比对通过或是比对不符合；图2-68(a)右侧表示该设备所在的MEC环境，它将设备中的某些层次放置在边缘服务器或云服务器上，橙色标识表示网络连接。它的具体配置和网络拓扑结构如图2-68(b)所示，该MEC环境包括一个云服务器(Cloud)和两个边缘服务器(E1和E2)，左侧表示智能图书馆被分别放置于餐厅(L1：Canteen)、宿舍楼(L2：Dormitory building)、教学楼(L3：Teaching building)以及实验楼(L4：Laboratory building)，这些场所与Cloud均存在连接，与E1和E2的连接情况，以及设备、边缘服务器和云服务器的配置如图2-68所示。计算能力由强到弱分别为Cloud→E2→E1→Device；网络连接情况由强到弱分别为L3→L4→L2→L1。

基于上述描述，本节将讨论3种卸载场景。

场景1：放置于L1的智能图书馆。在该场景中，它利用Cloud提升人脸识别的速度。由于边缘服务器不可用，层间传输数据量的大小决定了卸载方案的有效性。应用中全连接层间的数据量比卷积层间的数据量小，因此卸载如图2-68中的fc5、fc6等全连接层可以减少数据传输量，并利用云扩展计算能力以提升识别性能。

场景2：放置于L2和L4的智能图书馆。在该场景中，应用与云和一个边缘服务器连接。尽管边缘服务器的计算能力不如云服务器，但由于其与移动设备间通过WiFi连接，产生的传输开销较低。因此，例如conv2和conv3等对传输数据量敏感的卷积层应该卸载于边缘服务器。

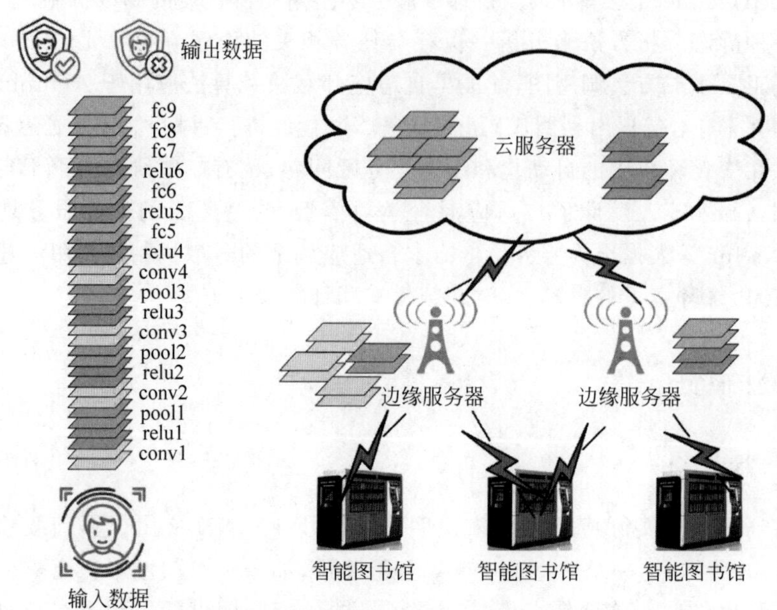

(a) 人脸识别应用的模型结构以及在MEC环境下的支持

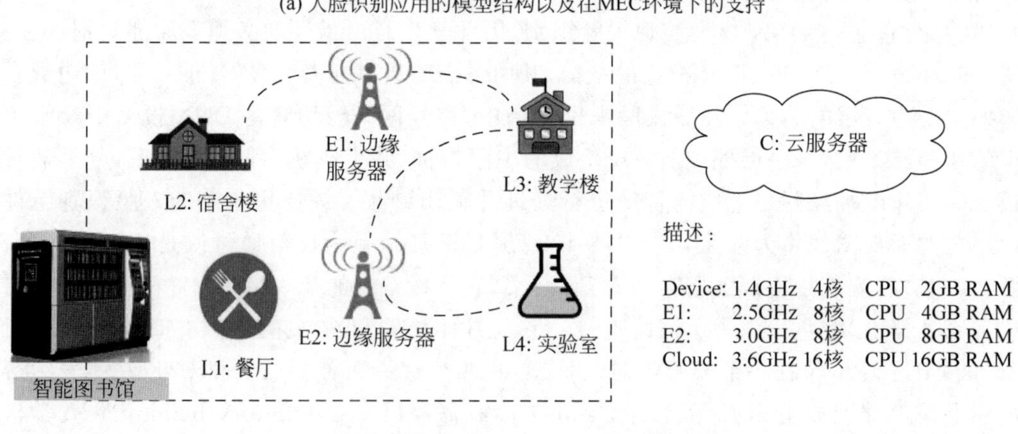

(b) 设备在校园的上下文环境以及服务器配置

图 2-68 一个应用场景的例子

场景 3：放置于 L3 的智能图书馆。在该场景中，应用与云服务器和两个边缘服务器均存在连接。通过计算后发现，当 conv2 和 conv3 卸载于 E1，conv4 和 relu4 卸载于 E2，fc5 和 relu5 卸载于 Cloud 时对应用的性能有较大的提升。

然而，由调研可知，之前的方法不足以支持以上 3 种场景生成优化的卸载方案。例如，MAUI 是一个著名的计算卸载框架，它支持将注解过的部分程序卸载到云上。然而，MAUI 是为处理面向对象程序而设计的，且 MAUI 在方法的粒度上做出的卸载决策并不适用于基于 DNN 的应用程序。因此，探究一种面向 DNN 应用的计算卸载机制具有必要性。而本节提出的计算卸载是以 DNN 层级为粒度的，这些层类型为卷积、池化、全连接以及激励层。因此，在上述场景 1 中，本节方法可利用云资源进行计算扩展。

当然，近期的一些研究可支持 DNN 场景的卸载。例如，Neurosurgeon 是一种新型的卸载框架，旨在卸载基于DNN的应用程序。它假定程序的执行始于设备端，并卸载后半部分到云服务器，即框架仅支持单卸载。因此Neurosurgeon并不适用于基于MEC环境的卸载模式，原因是MEC有多个服务器可供多卸载。而本节为此类环境提供了第一个卸载机制。例如，在场景3中，Neurosurgeon将选择fc5作为最佳分割点，将剩余的DNN层从移动设备发送到云端。这种卸载模式没有充分利用E1和E2的优势，因而对其他层的优化较少，如conv2和relu1只能在本地执行。因此在场景2中，本节方法可权衡边缘服务器和云服务器的地理优势和计算能力，在更为复杂的场景3中，该优势尤为明显，且灵活的卸载方案需要一套卸载机制和评估模型来支持。

针对上述场景，本节提出全新的计算卸载框架，它可以支持细粒度卸载DNN应用，具有自适应性和有效性。这两个特性要求框架应考虑MEC环境的分布以及设备的移动以支持卸载在计算节点间的动态发生，要求框架应正确评估出以层粒度划分的卸载决策。其主要贡献如下：

其一，允许卸载发生于设备端和多个服务器端。如图2-68所示，首先通过卸载机制转换应用为可卸载性程序，并根据如场景3所描述的最优卸载方案对DNN应用进行卸载。

其二，结合代码分析和随机森林回归算法以评估所有层的执行代价，这样的评估不但能够保证准确率而且不必执行整个程序，并能基于此模型评估出最优方案，如场景3所述。

除了上述两点，本节提出的中间件还存在以下优势特性：卸载粒度较小，则可卸载的方案将更丰富而灵活；支持动态卸载，则卸载方案可根据环境和模型的配置以生成；支持对所有层的代价进行较为准确的预测，则层的时延无须通过实际运行而获得，从而作为评估模型的输入。实验结果将体现本节方法在这几个维度的优越性。

2. 本节方法

针对上述场景提到的本节方法的优越性，本节的核心是研究并设计一种中间件以优化并兼容一些普遍的真实场景，该中间件可在边缘环境下针对DNN应用进行自适应的计算卸载。

本节的方法概览如图2-69所示。图中分别有3个黑框模块，左侧为方法的具体实现，包括输入输出、数据流、重要部件和一些中间产物；中间为方法主体的名称，主要为两大模块：卸载机制(详见2.5.4节和评估模型详见2.5.5节)；右侧为该方法针对的场景以及应用，即给定的边缘环境配置和应用的DNN源码。

卸载机制(Offloading Mechanism)是支撑DNN代码进行计算卸载的关键。它的输入为DNN源码(DNN Source code)，输出为可卸载的DNN目标代码。首先，方法中将提出一种类似管道-过滤器模式(Pipe-filter Pattern)的设计模式；其次，利用代码分析(Code Analysis)和代码重构技术(Refactor)将DNN源码转变为DNN目标代码，使该代码符合上述设计模式，这里的代码分析目的是寻找卸载目标，即以DNN层为卸载单元，代码重构目的是使代码严格遵循设计模式以实现卸载；最后，运行时机制将根据配置文件(Configuration File)，对给定的卸载方案进行自适应卸载。

评估模型(Estimation Model)是根据环境和应用评估并选择DNN卸载方案的有效

手段。它的输入为环境配置和应用源码,输出为最优卸载方案(Optimal Scheme)。评估模型的基础是环境和应用的信息,为规范评估的输入,方法首先对基本信息进行建模,包括 DNN 结构模型、随机森林回归的代价预测模型组以及环境上下文模型。其中,DNN 结构模型以 DNN 层代码作为输入,通过静态代码分析对模型中的层参数进行特征抽取。例如,图 2-69 中包括卷积层、池化层、全连接层和激励层,代码分析将抽取出层类型以及名称,如图 2-69 中的全连接层,并抽取出它的特征参数,如全连接层中输入输出的神经元个数,这些信息将作为预测模型的输入。此外,由于代码重构是自动的,这就要求程序能在关键语句中自动拆分、插入、组合成目标语句,因此该模块的产物也作为卸载机制重构时的重要依据。随机森林回归模型(RF Regression Model)的代价预测模型组以 DNN 结构模型的信息作为输入,以随机森林回归模型作为训练器,输出为经过训练的模型组所预测的时延,即图 2-69 中的成本(Cost)。环境上下文模型(Context Model)是对边缘环境下所有计算节点的配置、网络连接状态进行建模的产物。综合上述 3 种模型,本节对该卸载方案的计算问题进行影响因素的分析以及目标函数的构建。其中,影响因素指在衡量计算卸载方案性能问题时,对该问题结果可能产生影响的所有因素,它们可能来源于上述 3 个信息模型;目标函数指评估卸载方案质量的关键,在本节方法中,目标函数为执行 DNN 模型所需的总体响应时间。最终,评估模型的输出为最优的计算卸载方案,该方案可决策出 DNN 每一层的部署节点,从而得到最优的目标函数,即使卸载后的应用性能最佳,该方案的粒度为 DNN 层,通过配置文件实现对该方案的配置,并随目标代码部署于计算节点上。

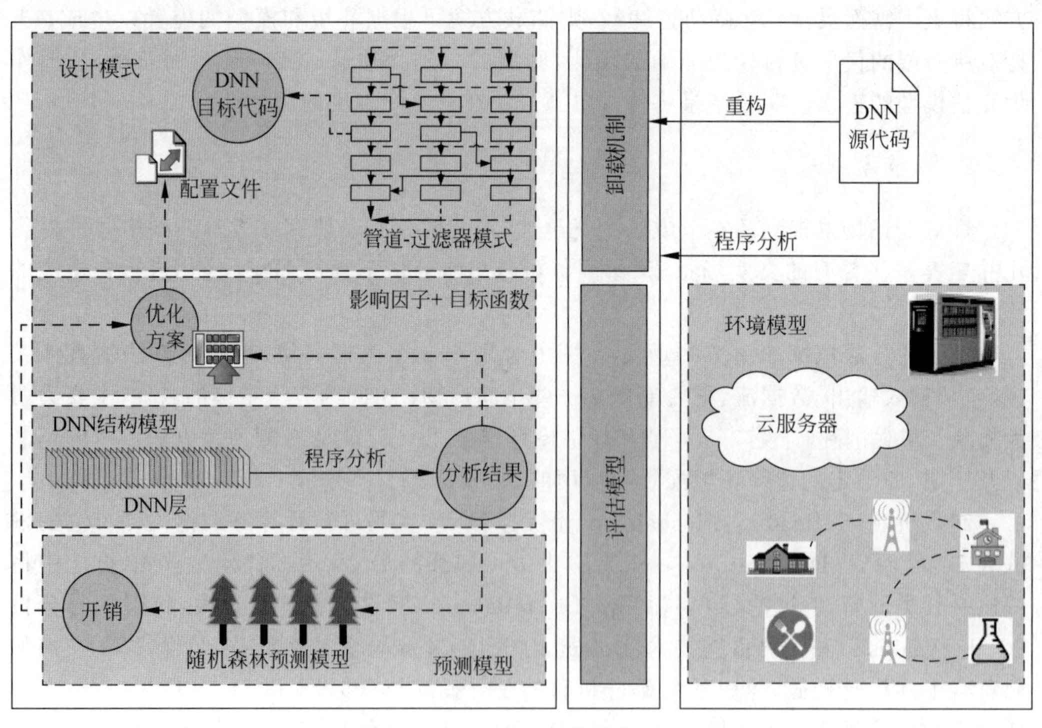

图 2-69　本节方法的概览图

3. 整体架构

本章方法分为计算卸载机制和计算卸载评估两部分,本节描述了中间件的架构以对上述方法进行支撑。卸载中间件包括服务器端中间件和设备端中间件,其中,服务器端中间件部署于边缘服务器节点和云服务器节点上,而设备端中间件部署于移动设备上,如图 2-70 所示,其中,灰色的组件表示运行时组件,白色的组件表示离线组件。

服务器端中间件包括两大部分:卸载模块和信息采集模块,用来支持 DNN 应用的计算卸载,并且与设备端中的卸载模块以及信息采集模块协同工作。

卸载模块包括管道组件和资源配置组件。资源配置组件负责同步并保存最新的应用配置文件,该组件存在于每个计算节点上,应用可根据配置文件接收到决策模块生成的最优卸载方案,并依据配置文件进行卸载。管道组件是运行决策时 DNN 卸载机制的核心。根据资源配置组件,管道组件的每个过滤器执行对相应 DNN 层的计算,每条管道负责接收其连接的前一层的过滤器所产生的输出,并判断下一层是否继续在当前节点执行,即直接传输给当前节点的下一层过滤器,或是打包并通过远程过程调用(Remote Procedure Call,RPC)传输到远程计算节点的下一层过滤器中。

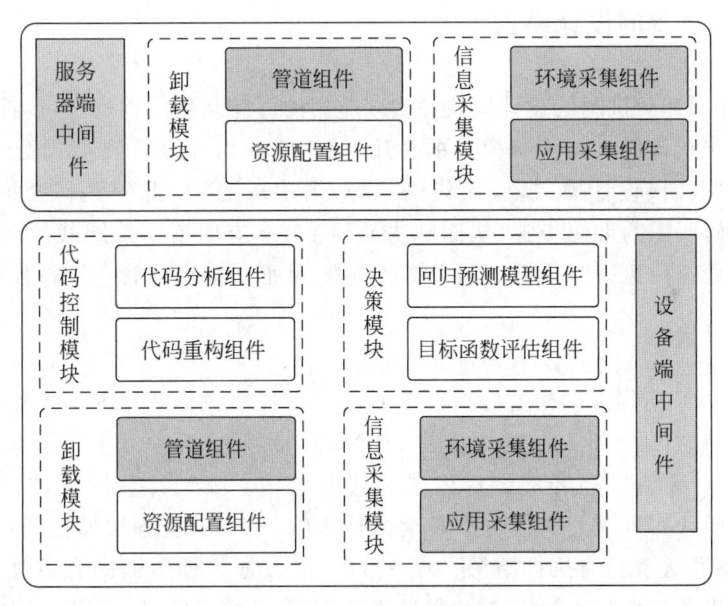

图 2-70 上下文环境结构卸载中间件

信息采集模块包括环境采集组件和应用采集组件。环境采集组件负责计算节点与设备以及其他远程计算节点的连接信息,包括节点间的网络传输速率与网络传输延时,从而为决策模块的目标函数评估组件提供环境信息基础。应用采集组件负责收集 DNN 应用的运行信息,包括各层的传输时间以及数据传输量大小,从而为决策模块的回归预测模型提供数据集进行训练。

设备端中间件包括卸载模块、代码控制模块、决策模块以及信息采集模块,不仅需要支持应用的按需远程卸载,还需要为卸载机制提供重构基础,为卸载评估提供预测、计算基础。

除了与服务器端相同的卸载模块、信息采集模块外,代码控制模块包括代码分析组件和代码重构组件。代码分析组件负责提取DNN应用中与层相关的配置信息以及层间数据流图,通过代码分析获取的数据将用于层延迟的预测,并为代码重构提供基础。代码重构组件是基于新的设计模式和代码分析技术对原始DNN应用进行重构的部件,它的目的是使应用程序能够在设备、移动边缘和云之间动态卸载。该设计模式要求将DNN层抽象为过滤器,层之间的数据控制流抽象为管道,从而实现数据的传输和网络拓扑的动态调整。

决策模块包括回归预测模型组件和目标函数评估组件。回归预测模型组件负责根据层信息对随机森林回归模型进行训练,并保存在本地设备上。当有DNN应用需要在该环境下进行卸载时,将获取代码分析组件的产物并作为回归预测模型的输入,对层延迟进行预测,以降低应用在各个节点上进行部署和执行的开销。目标函数评估组件负责提供一个卸载方案的评估模型,该模型能依据信息采集模块,对给定的卸载方案自动并快速计算其适应度函数值,从而确定该方案的最终响应时间。最后,决策模块将为最佳卸载方案生成配置文件,并部署和同步到各个节点的资源配置组件中。

2.5.4 卸载机制的设计模式

本章将介绍卸载机制的设计模式并实现应用的可卸载性。首先,本章首先介绍管道-过滤器模式,包括该模式与传统模式的对比,该模式的构成以及该模式的工作原理;其次,为使应用符合该设计模式,引入代码重构,描述从DNN源码到符合该设计模式的DNN目标代码所需的重构步骤,从而解决原始DNN应用不支持卸载的问题;最后,介绍在卸载时,管道的运行时支撑机制和算法步骤,从而实现通过管道进行数据传输。

1. 设计模式

传统的DNN应用是以模型为执行单元部署在移动设备或服务器上运行的,即模型中的层与层间执行是连续的。为了支持DNN应用以层级为单元的计算卸载,应提出一种可支持DNN层独立部署的设计模式和代码结构。满足计算卸载的设计模式要求DNN层在不同计算节点上执行时不影响数据传输。一方面,各层需正确接收上层输出的数据并正确发送该层的执行结果;另一方面,层数据远程传输的有效性需得到保障。因此,本节提出了一种称为管道-过滤器的设计模式,并给出定义,如定义2.8所示。

定义2.8:管道-过滤器设计模式,即将一个整体的执行单元划分为多个可独立执行的小单元。其中,每个执行单元称为一个过滤器部件,该部件有一组独立的输入端口和输出端口,负责承接上下层的中间执行数据;执行单元间的数据连接通路称为一个管道部件,该部件类似于RPC,负责接收数据与转发数据。

管道-过滤器模式可保障数据流的传输与执行单元的有效执行,适用于有明显执行单元划分并且依赖数据流的应用。由于DNN应用程序具有明显的执行单元,且采用了数据流软件体系结构,故采用该设计模式,以扩展模型中数据传输的灵活性。传统的执行模式限制了DNN应用的分布式部署,如图2-71(a)所示,模型作为单体,接收输入数据,并在最后一层输出结果,而中间的数据传输流是连续的。本节方法提出的管道-过滤器模式扩展了 DNN 层级分布式卸载能力，如图 2-71(b)所示，模型中的层相当于过滤器，管道作为层间的数据传输带，该数据传输模式不依赖于过滤器执行的位置，因此过滤器可被卸载在相同或不同的计算节点上。与单一模式相同的是，DNN 第一层的参数包括输入数据，DNN 最后一层的输出结果即为网络推理的结果。

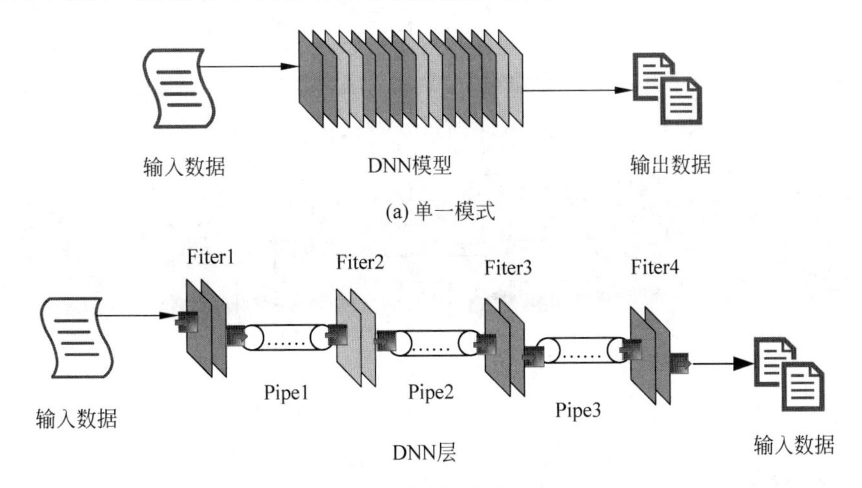

图 2-71　不同设计模式下的 DNN 模型

基于 DNN 应用的管道-过滤器模式描述如下：DNN 应用中的每一层，例如，卷积层、池化层、全连接层等，均代表一个过滤器部件；层间数据传输可通过管道封装。那么，在一个典型的 DNN 代码执行过程中，过滤器负责层的输入接收、计算以及输出保存，其中，接收的输入值将作为该层的输入，来源于外界输入或是上一层的中间运算向量，例如图像识别中的输入图片、卷积核的卷积矩阵、全连接层的加权和等；计算即 DNN 层的执行，例如卷积等；保存的输出值将作为推理结果或是后继层的输入。管道负责层间数据的调度，包括接收本地或是远程的过滤器输出，并发送至本地过滤器或远程过滤器，图 2-72 是自适应卸载一个五层 DNN 的例子，DNN 模型被部署在本地设备、远程节点 A 和远程节点 B，其中，蓝色方框代表过滤器，即 DNN 层，虚线箭头代表所有可能的数据流向，实线箭头代表其中一种基于管道-过滤器的卸载方案的数据流向；若数据流的接收和发送端在同一节点，则为本地调用，若在不同节点，则为远程调用；以 Pipe 开头的命名为管道的名称。初始状态为 DNN 应用在本地移动设备端接收一个输入数据，并由 Pipe1 接收，其可与本地以及远程节点 A、B 上的过滤器连通。Pipe1 可将数据直接传输至本地过滤器中，并在进行本地计算，或是通过 RPC 将数据传输到远程节点上，实现计算卸载，节点 A、B 为边缘或云服务器。第一层和第五层由本地过滤器执行，第二、三层由远程节点 A 的过滤器执行，第四层由远程节点 B 的过滤器。该例子在管道-过滤器设计模式的卸载过程描述如下：首先通过配置文件获得当前层的序号以及结束层的序号；其次每个管道可根据配置发送数据到指定过滤器中，例如 Pipe1 将发送初始数据并传输给；而在远程节点 A 中，它会根据配置文件判断并跳过前序节点已经执行的计算任务，并从指定过滤器开始执行，例如，在 Pipe2 进行 RPC 接收远程节点 A 上过滤器的输出后，节点判断并跳过，执行过滤器；最后，若当前层序号为最后一层时可通过最后一个过滤器输出返回结

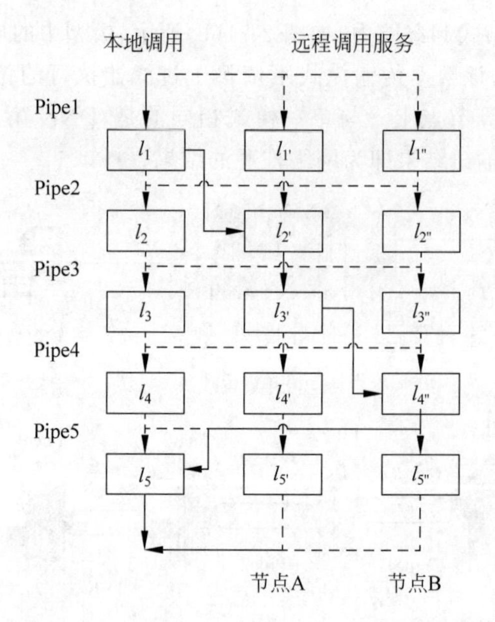

图 2-72　基于 DNN 应用程序的管道-过滤器模式

果，并保存至管道中。

然而，DNN 应用程序的源代码不符合管道-过滤器模式，因此需通过代码重构使其符合该模式，从而具有可卸载性。

2. 代码重构

为了支持基于 DNN 应用的自适应卸载，应用程序的代码结构应重构为符合图 2-72 提出的设计模式。从宏观的角度看，需实现 DNN 应用卸载部分计算任务即连续的层 $l_i \sim l_j$ 至某一远程节点，同时，当执行于远程节点时，应用程序可进一步选择卸载其他层的计算任务到其他节点，例如将卸载于另一远程节点上。从微观的角度看，每个计算节点都应部署 DNN 应用，节点可根据配置文件跳过已经执行的层 $l_i \sim l_j$，并且执行指定计算任务而后返回结果，同时，某节点的执行起始层应能正确接收前序层的数据，且在接收前无法执行后续层。因此本节将介绍对给定 DNN 应用的 Python 源码进行代码重构的步骤，其源程序结构的形式化描述如图 2-73(a)所示，重构后的目标程序形式化描述如图 2-73(b)所示。

图 2-73(a)所示是一个 DNN 应用的源程序，对各参数的解释如注释所示。它从第一层开始执行，并接收初始数据(例如图片等)，它每一层的输出即中间结果，是不可见的并且直接作为下一层的输入，直到执行至最后一层返回结果。图 2-73(b)所示是一个 DNN 应用重构后的目标程序，它允许每个层作为初始层或结束层，并通过和参数进行控制；它新增一个全局变量，用以定位当前执行的层位置；目标代码加入了，该方法用以激活卸载机制。因此，代码重构主要包括 3 个步骤：

步骤 1，输入参数准备。在传入初始化数据至网络中时，新增参数分别表示当前节点处理的初始层标号和结束层标号。给定一个应用程序，本节方法在代码分析过程中将 InitL，EndL 插入参数列表，表示一次调用从初始层执行至结束层；新增参数用以标记

```
1 # Source Structure of DNN program
2 # InitData: the input data
3 # layer[k]: the kth layer of DNN model
4 # type: the type of current layer
5 # feature: the feature of current layer
6 # n.blobs[k].data[0]: the output of k
7 def source_DNN(InitData):
8     layer[0] = layer[0].type(InitData, layer[0].feature)
9     layer[1] = layer[1].type(layer[0], layer[1].feature)
10    layer[2] = layer[2].type(layer[1], layer[2].feature)
11    ......
12    layer[i] = layer[i].type(layer[i - 1], layer[i].feature)
13    return n.blobs[layer[i]].data[0]
```

(a) 源程序

```
1 # Target Structure of DNN program
2 # InitData: the input data
3 # layer[k]: the kth layer of DNN model
4 # type: the type of current layer
5 # feature: the feature of current layer
6 # n.blobs[k].data[0]: the output of k
7 # InitL: the initial layer on current computing node
8 # EndL: the end layer on current computing node
9 # n: the number of DNN layers
10 # Pipe(i): the Pipe algorithm in Section 4.3
11 def target_DNN(InitData, InitL, EndL):
12     CurrentL = InitL
13     layer[InitL - 1] = InitData
14     for i in range(1, n)
15         Pipe(i)
16         if CurrentL == i:
17             layer[i] = layer[i].type(layer[i - 1], layer[i].feature)
18             CurrentL++
19         if CurrentL - 1 == EndL:
20             Output = n.blobs[layer[EndL]].data[0]
21             return Output
22     return null
```

(b) 目标程序

图 2-73　重构 DNN 应用程序

DNN 应用执行的进度，即当前执行的过滤器标号。那么，当前节点中层标号不在 InitL 至 EndL 范围内的 DNN 层将被跳过执行；由于不执行 InitL 的上一层，所以，InitData 被赋值作为上一层执行的中间结果输出。

步骤 2，新增管道机制。新增方法于执行每一层之前，该方法决定是否由当前节点的过滤器执行，对过滤器起激活作用，是运行时支撑机制的核心，具体方法描述见 2.5.4 节的第 3 部分。

步骤 3，新增过滤器。新增两个判断语句。第一个判断语句用以控制当前过滤器是否执行，第二个判断语句用以包装并存储本次调用中最后一个过滤器执行的结果，进而通过管道发送给远程节点的过滤器，即对管道起激活作用。新增全局变量 Output 用来保存待管道接收的中间输出结果，当前层的后继层若卸载于远程时，需用到该变量。

3. 运行时机制

在 DNN 应用执行阶段，根据管道-过滤器设计模式进行代码重构的目标程序代码和配置文件将部署在 MEC 环境中的所有计算节点上。

定义 2.9：一个 DNN 应用的卸载方案可通过配置文件表示，其中，表示 DNN 模型中的一个层编号，也称为过滤器，将在定义 2.3 中说明，且配置文件将不断更新至最新生成的卸载方案。需要明确的是，REMOTE_按层粒度标记每一层的卸载位置时，过滤器需要在本地节点被激活；当过滤器需要卸载至远程节点时，则 config_file(x)=REMOTE_，其中 REMOTE_后接卸载节点的名称。

运行时的计算卸载机制通过管道来控制。本节提出了一个管道机制算法，用来激活过滤器达到计算卸载的目的，如算法 2.6 所述。

算法 2.6：管道机制算法

Input：The configuration file of DNN layers config_file[ ]；The number of current DNN layer CurrentL；

Output：Target layer information；

Declare：remote(Output，CurrentL，k) — the remote execution，where k is the last layer on the remote；

Procedure pipe(x，config_file[]，CurrentL)

1. **if** x < CurrentL **then**
2. **return**
3. **end if**
4. **if** x == CurrentL and config_file[x] == LOCAL **then**
5. **return** CurrentL
6. **end if**
7. **if** x == CurrentL and config_file[x].contains("REMOTE") **then**
8. transfer Output through RPC；
9. calculate the number of the next filter on the current node → k；
10. layer[$k-1$] = remote(Output，CurrentL，$k-1$)
11. **return** k
12. **end if**

End Procedure

首先，在已知卸载方案的情况下，配置文件和当前执行的层号，即模型执行的进度，作为全局参数和管道算法的输入参数。函数的输入参数也包括即将激活的过滤器序号，则当前管道为连通过滤器和过滤器的数据传输，函数的返回值为下一个待激活的过滤器编号。接着，根据输入参数的值采用不同的过滤器激活方式：第 1 行表示模型执行的进度已超过待激活的过滤器，该计算节点不负责过滤器的执行，因此直接返回从而卸载过滤器 x(第 1～3 行)。该操作的目的是使 DNN 层不被多次执行，以保障唯一的数据流；使计算节点仅完成配置中的相应卸载，减少重复计算造成的开销，并提高模型推理速率。第 4 行表示模型执行至当前管道的位置，下一个待激活的过滤器为 x，且配置文件的关键字说明当前计算节点负责过滤器的执行，因此直接返回需激活的过滤器标号从而激活过滤器 x(第 4～6 行)，根据图 2-73(b)，激活过滤器，通过第一个判断条件，执行 DNN 层计算语句，并执行第二个判断条件，决定是否将输出结果保存于 Output，同时，值在激活当前过滤器后自增 1。该操作的目的是推进当前 DNN 层的执行，激活本地过滤器；保存需管道进行 RPC 的中间数据结果，保障远程卸载的数据流连续性。第 7 行同样表示模型执行至当前管道的位置，然而下一个待激活的过滤器为不在当前计算节点上。因此先将上述参数 Output 通过该管道的 RPC 机制传输并激活远程节点的过滤器(第 8 行)；在等待远程卸载的结果返回后，计算下一个在当前计算节点上执行的过滤器标号，并将接收到的远程执行结果赋值给过滤器的前序过滤器 $k-1$(第 9 行和第 10 行)；最后，该函数返回下一个在本地待激活的过滤器(第11行)。该操作的目的是激活远程过滤器,达到卸载DNN层到远程节点执行的目的;在远程执行结束后,继续激活本地过滤器,因此,对本地的后继过滤器而言,远程卸载计算的过程是透明的,但降低了本地执行的能耗开销。

2.5.5 卸载方案的评估模型

本章将介绍卸载方案的评估模型以保证方案的有效性。一方面,本章首先对基本信息进行建模,包括DNN结构模型、随机森林回归预测组以及上下文环境模型;另一方面,基于信息模型,列举所有对卸载方案产生影响的影响因素以及目标函数的构建。

1. 基本信息建模

本节为基本信息建模,首先,为了实现代码重构以及对随机森林回归模型进行训练,对DNN结构进行建模;其次,为了实现对各层延迟进行预测而避免直接执行程序造成的开销,对随机森林回归模型组进行描述;最后,根据移动设备上下文信息,对计算节点以及它们之间的连接关系进行建模。以上信息模型将直接影响计算卸载部署方案的评估。

1)基于代码分析的DNN结构建模

图2-74展示了一个DNN模型的例子,一个DNN模型的基本构成单位为层,其中,conv表示卷积层,它通过过滤器对特征进行推理计算;relu表示激励层,它是一个非线性函数,该函数接收一个卷积层的输出,并生成具有相同维度的输出;pool表示池化层,可以定义为通用池、平均池或最大池;fc表示全连接层,计算输入的加权和的权重。由于各层的作用不相同,它们的特征参数也互不相同。其中,每个正方形为一个层单元,顶部的引号中为层的名称,如conv1和relu1,冒号前为根据定义3对层进行建模标号;正方形的底部是层的特征参数,例如,名为conv1的卷积层中,channel:3表示参数channel对应的值为3;黑色箭头为数据流,也是层执行的顺序。本节方法对DNN代码进行静态代码分析,通过代码关键字提取出一个DNN应用程序的结构,该结构包括各层的不同参数和各层之间的数据流向。其定义如下:

定义2.10:一个DNN模型结构可抽象为一个有向图$G_D=(L,R)$,表示层特征和层间传输关系。其中,$L=\{l_1,l_2,\cdots,l_n\}$为DNN模型中层的集合,每个为模型中的一个层;R为DNN模型中数据流边的集合,每条边$r_{ij}\in R$表示从层l_i到l_j的数据流向。

定义2.11:一个DNN层结构包括一个类型参数和一个至多个特征参数,表示为$l_i=$< typey, feature >二元组,用来描述该层信息。其中,type表示DNN层的类型,feature表示DNN层的特征参数。

定义2.12:一个DNN层的类型参数表示为{type|conv,relu,pooling,fc},即代码分析提取的4种层类型,每层仅有一个该参数。其中,conv表示卷积层,relu表示激励层,pooling表示池化层,fc表示全连接层。

定义2.13:一个DNN层的特征参数表示为{feature|name=value},即参数名和参数值的一个键值对,每个层有一至多个的该参数。其中,当type=conv时,{name|channel, k_{size} k_{number}, stride, padding},channel表示卷积层的特征定义频道数,k_{size}表示卷积层的

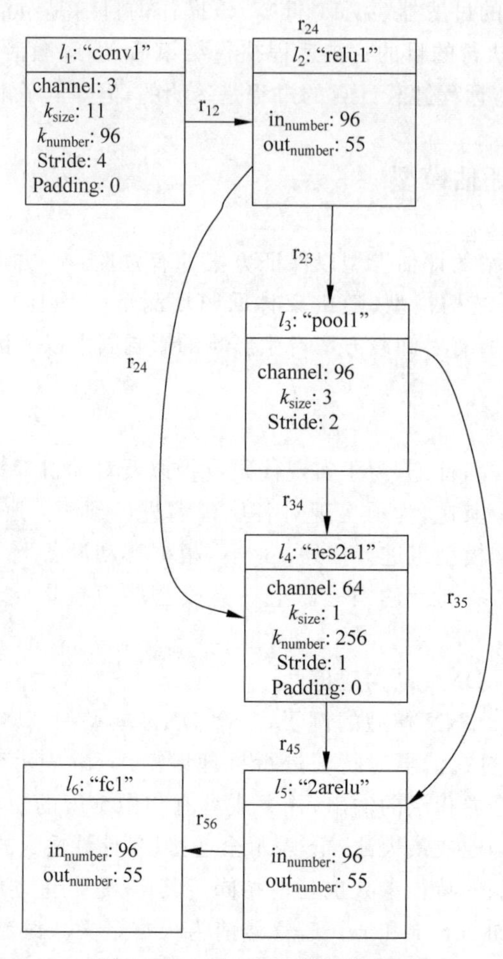

图 2-74　一个 DNN 模型的例子

卷积核尺寸，k_{number} 表示卷积层的卷积核数量，stride 表示卷积层的移动步长，padding 表示卷积层的填充值；当 type＝relu 或 type＝fc 时，$\{name|in_{number}, out_{number}\}$，$in_{number}$ 表示激励层或全连接层的输入神经元的数量，out_{number} 表示激励层或全连接层的输出神经元的数量；当时 type＝pooling，$\{name|channel, k_{size}, stride\}$，channel 表示池化层的输入通道维度，$k_{size}$ 表示池化层的区域大小，stride 表示池化层的移动步长。

算法 2.7 描述了抽取 DNN 模型结构的过程。Caffe 将训练后的模型存储于原型配置文件中，算法 2.7 将该文件作为输入，并使用 Python 中的数据结构 dictionaries 保存输出结果。该文件中的语句表示为 $U=\{u_1, u_2, \cdots, u_n\}$，其中，$u_i \in U$ 语句表示文件中的第 i 条语句。对 U 集合进行迭代，对于每个元素，提取中的关键字(第 3 行和 4 行)，这里的关键字包括 Convolution、pooling、ReLU 和 InnerProduct。例如，Convolution 关键字表示一个卷积层；pooling 关键字表示池化层；ReLU 关键字表示激励层；InnerProduct 关键字表示全连接层。对于每一层保存名称(第 5 行)，根据关键字保存各层的类型(第 6～14 行)，然后根据类型保存对应的特征参数(第 15 行)。接着，根据关键字 bottom 更新 R 集合。例如，如果语句有一个关键词“bottom: relu1”，则判定当前层的上一层 l_s 即为 l_t

(第 16～21 行)。最后,更新 L 集合(第 22 行)。

算法 2.7：DNN 模型结构抽取算法

```
Input: The statements of Python code U = {u_1, u_2, …, u_n};
Output: A DNN model graph G_D = (L, R);
1.  L ← ∅;
2.        R ← ∅;
3.        for each u_i ∈ U do
4.        keywords ← DNN Analyzer(u_i)
5.        l_s ← getLayerName(keywords);
6.        if ∃ "Convolution" ∈ keywords then
7.            l_s.type ← "conv";
8.        else if ∃ "pooling" ∈ keywords then
9.            l_s.type ← "pooling";
10.       else if ∃ "ReLU" ∈ keywords then
11.           l_s.type ← "relu";
12.       else if ∃ "InnerProduct" ∈ keywords then
13.           l_s.type ← "fc";
14.       end if
15.       l_s.feature ← getParam(keywords);
16.       if ∃ "bottom: data" ∈ keywords then
17.           R ← R + r_0s;
18.       else
19.           l_t ← getBottom(keywords);
20.           R ← R + r_ts;
21.       end if
22.       L ← L + l_s;
23.    end for
```

2) 基于随机森林回归的代价预测建模

对于每一层,代价预测模型将 DNN 层的类型和特征作为输入,并预测该层的执行时间。为得到该模型,本节方法分别在不同的计算节点执行同一个 DNN 应用程序,并收集每层的执行时间数据。预测过程使用 R 语言环境以及随机森林回归算法。由于该算法可以对变量的重要性排序,并且确认数据的错误率可以验证模型的泛化能力。因此该算法是预测层特征参数与执行代价这种非线性关系的最佳工具,可以在不执行 DNN 应用的情况下有效地预测 DNN 层的执行时间。假设层 l_i 在计算节点 n_k 上执行,l_i 的定义见定义 2.3,n_k 的定义见定义 2.8,其执行代价如定义 2.7 所示。

定义 2.14：一个 DNN 层在某一计算节点上的执行代价包括执行时间和数据量大小,表示为 $\text{Cost}_{n_k}^{l_i}=<\text{time},\text{datasize}>$的二元组,其中,time 表示从接收输入数据到生成输出数据过程的执行时间,这取决于计算节点的性能；datasize 表示输出数据的数据量大小,这是一个可以在 DNN 分析工具中获得的固定值。

由于 DNN 应用层的数量和计算节点的多样性,在运行时获取各层在各计算节点上的执行时间将产生昂贵的代价。因此,使用随机森林回归模型来预测 $\text{Cost}_{n_k}^{l_i}.\text{time}$。

本节利用历史数据集来训练预测模型。首先在各个计算节点上执行 DNN 应用程序，并从包括 Alexnet、VGG16、VGG19、ResNet-50 和 ResNet-152 在内的 DNN 应用程序中收集数据。随机森林回归预测模型如式(2-40)所示，其中输入值取决于层的类型，当层类型为卷积层时，如式(2-41)所示；当层类型为池化层时，如式(2-42)所示；当层类型为激励层时，如式(2-43)所示；当层类型为全连接层时，如式(2-44)所示。

$$Y=\text{predict}(X) \tag{2-40}$$

$$X_{\text{conv}}=(\text{channel},k_{\text{size}},k_{\text{number}},\text{stride},\text{padding}) \tag{2-41}$$

$$X_{\text{pooling}}=(\text{channel},k_{\text{size}},\text{stride}) \tag{2-42}$$

$$X_{\text{relu}}=(\text{in}_{\text{number}},\text{out}_{\text{number}}) \tag{2-43}$$

$$X_{\text{fc}}=(\text{in}_{\text{number}},\text{out}_{\text{number}}) \tag{2-44}$$

采用以上重要变量，以及参数 Ntree 和 Mtry，便可训练获得一个可预测执行成本的回归模型。其中，Ntree 表示基于收集的层执行成本样本生长的回归树的数量，Mtry 表示在每个节点上用于预测的预测因子的数量。因此，最终模型定义如表 2-31 所示，其中，RMSE 为均方根误差，详细训练过程实验说明见 2.5.7 节的第 3 部分。

表 2-31　预测模型的定义

类型	重要变量	Ntree	Mtry	RMSE	
conv		2000	3	Device	0.289ms
				Edge1	0.155ms
				Edge2	0.131ms
				Cloud	0.098ms
pooling		1500	2	Device	1.210ms
				Edge1	0.845ms
				Edge2	0.799ms
				Cloud	0.524ms
relu		3000	2	Device	0.058ms
				Edge1	0.029ms
				Edge2	0.022ms
				Cloud	0.012ms
fc		500	2	Device	4.951ms
				Edge1	2.098ms
				Edge2	1.589ms
				Cloud	1.248ms

3）上下文环境建模

计算卸载基于上下文环境，是评估模型的基础。因此本节将描述环境上下文，并对其进行建模分析，图 2-75 展示了上下文环境，包括一个在不同场景的设备(DS)、多个移动边缘服务器(ME)和一个远程云服务器(RC)。该环境上下文结构的定义如定义 2.8 所示。

定义 2.15：一个上下文边缘环境可抽象为一个无向图 $G_c=(N,E)$，其中 N 表示一组计算节点，包括本地设备和远程服务器；E 表示一组存在于节点间的通信链路。每条

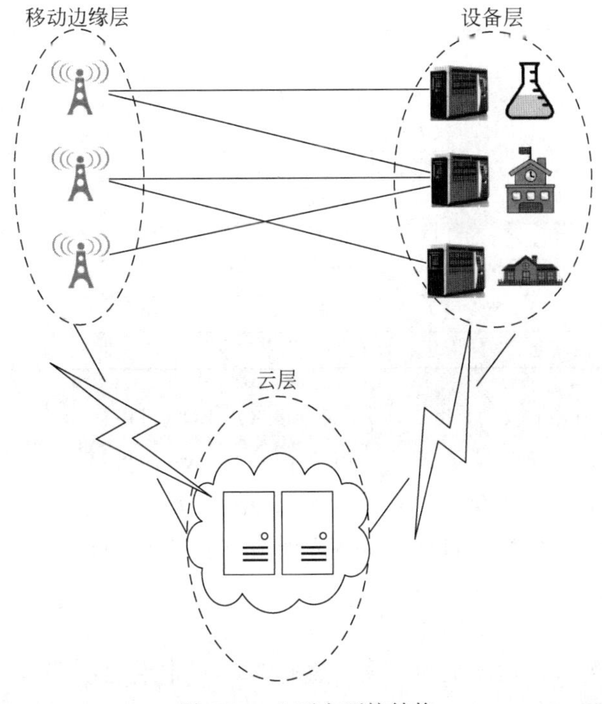

图 2-75　上下文环境结构

边 $\text{edge}(n_i, n_j) \in E$ 具有以下属性：节点 n_i 和 n_j 间的数据传输速率 $v_{n_i n_j}$ 以及往返时间 $\text{rtt}_{n_i n_j}$。

一个典型的卸载场景如下：起初数据部署于本地设备 n_{os}；在执行过程中，DNN 层可被卸载于边缘计算节点 n_{ME} 或远程计算节点 n_{RC}，前提是卸载前后的计算节点间有通信链路相连接；最终，输出的结果应发送至本地设备。

2. 评估模型

基于第 1 部分的建模结果，本节将展开对评估模型的阐述。评估模型中有各种影响因素，将决定最终的卸载方案。首先介绍这些影响因素的表示以及含义，并且描述了如何通过目标函数优化影响因子使得决策成本最小。为最小化总体响应时间，评估模型将在卸载决策过程中，决定哪些层需要卸载，并卸载于哪些计算节点上。

1）影响因素

表 2-32 列举了在决定每一 DNN 层应被卸载于哪一计算节点过程中，所需考虑的影响因子。其中，L、$n_k \in N$、$v_{n_i n_j}$ 以及 $\text{rtt}_{n_i n_j}$ 在 2.5.5 节的第 1 部分中已有定义。

表 2-32　影响卸载决策的因子

符　号	描　述
L	DNN 模型中一组 DNN 层集合，$L=\{l_1, l_2, \cdots, l_n\}$
N	一组计算节点集合，包括 DS、ME 和 RC，$n_k \in N$

续表

符　号	描　述
P^{l_i}	DNN 层 l_i 的一组父节点集合
DEP	一组计算卸载决策,DEP=(dep(l_1),dep(l_2),…, dep(l_n))
$v_{n_i n_j}$	节点 n_i 和 n_j 间的数据传输速率
$\text{rtt}_{n_i n_j}$	节点 n_i 和 n_j 间的往返时间
t_i	执行完 DNN 层 l_i 的时刻
$T_d(l_k, l_m)$	DNN 层 l_k 和 l_m 间的数据传输时间
$T_e(l_i)$	执行 DNN 层 l_i 的执行时间
T_{response}	一个 DNN 应用程序在某一卸载决策下的响应时间

其中,在 DEP=(dep(l_1),dep(l_2),…, dep(l_n))中,DEP 表示一种计算卸载方案,每一个 $l_i \in L$ 均存在一个对应的卸载节点 dep(l_i)$\in N$ 一个 DNN 应用程序的响应时间被表示为 T_{response},它等同于执行完最后一层 DNN 层 l_{end} 的时刻 t_{end},其中表示为执行完 DNN 层 l_i 的时刻。构造的目标函数即为评估一个卸载方案的完整响应时间 T_{response} 的过程。

2）目标函数

本节的目标函数可评估一个卸载决策的响应时间,它将根据影响因素进行计算。基于前面介绍的影响因素,构造目标函数如式(2-45)所示,当一个卸载决策的目标函数值最小,则该卸载决策是最优的。如表 2-32 所示,t_i 是执行完 DNN 层 l_i 的时刻,假设执行第一层 DNN 开始的时刻为 0,则最后一层 t_n 执行完成的时刻即为总体响应时间,如式(2-45)所示。

$$T_{\text{response}} = t_n \tag{2-45}$$

每一 DNN 层的计算如式(2-46)所示,描述如下：首先,执行完当前层的时刻的计算由两部分组成,其中一部分是该层的执行时间,另一部分是所有父层执行完并将数据发送至当前层的时间。根据表 2-32,执行当前层的执行时间表示为 $T_e(l_i)$；根据 DNN 模型结构的特性,当且仅当所有父层分支执行完毕并发送数据到当前层后,当前层才可被执行,因此,t_i 包括所有父层分支所花费时间的最大值。其中,每一条父层分支的时间由执行完该父层的时刻和该父层和当前层之间的数据传输时间组成。根据表 2-32,父层 $p_j^{l_i}$ 和 l_i 间的数据传输时间表示为 $T_d(p_j^{l_i}, l_i)$,其中 $p_j^{l_i}$ 属于当前层 l_i 的父节点集合 p^{l_i}。

$$t_i = \max\{t_{p_j^{l_i}} + T_d(p_j^{l_i}, l_i)\} + T_e(l_i), \quad \forall p_j^{l_i} \in p^{l_i} \tag{2-46}$$

在式(2-46)中,当前层的执行时间计算表示为式(2-47),与父节点的数据传输时间计算表示为式(2-48)。根据上述公式,在给定一个卸载决策时,计算其响应时间的过程描述如算法 2.6 所示。

$$T_e(l_i) = \text{cost}_{\text{dep}(l_i)}^{l_i}.\text{time} \tag{2-47}$$

$$T_d(p_j^{l_i}, l_i) = \frac{\text{cost}^{p_j^i}.\text{datasize}}{v_{\text{dep}(p_j^i)\text{dep}(l_i)}} + \text{rtt}_{\text{dep}(p_j^i)\text{dep}(l_i)} \tag{2-48}$$

用一个例子来阐述算法 2.8 的过程,假设一个 DNN 应用程序有 5 层并且在 3 个计算节点上执行,给定一个卸载决策:将第 2 层和第 3 层卸载到远程节点 A,将第 4 层卸载到远程节点 B,并将第 1 层和第 5 层留在本地执行,且第 5 层应在第 3 层和第 4 层执行之后执行。在本例中,该方案的响应时间由第 5 层执行完后的时刻,即决定。首先计算 t_1,由于 $p^{l_i}=\varnothing$,得到 $t_1=T_e(l_1)$,并且可根据式(2-47)计算;其次计算 t_2,由于 $l_1\in p^{l_2}$,则可得到 $t_{\max}$,由于父层有且仅有一层,因此 $t_{\max}$ 即为 $t_1+T_d(l_1,l_2)$,其中 $T_d(l_1,l_2)$ 可以根据式(2-48)计算得到;同理可得 t_3 和 t_4;最后,根据式(2-46),可以计算执行第五层的时刻 $t_5=\max\{t_3+T_d(l_3,l_5),t_4+T_d(l_4,l_5)\}+T_e(l_5)$,其中 $T_d(l_3,l_5)$ 和 $T_d(l_4,l_5)$ 的计算同理,计算同理 $T_d(l_1,l_2)$。因此 $T_{\text{response}}=t_5$ 便可通过上述公式和算法计算出结果,也就是该卸载决策的目标函数。

算法 2.8:目标函数算法

Input: The symbol in table 2-32;

Output: The response time of an offloading scheme T_{response};

1. **function** currentTime(P^{l_i}, l_i)
2. **for** each $p_j^{l_i}\in p^{l_i}$ **do**
3.   **if** $t_{p_i}^{l_i}$ not calculated **then**
4.   currentTime($P_i^{l_i}$, l_i);
5.   **end if**
6. $t_{\max}\leftarrow\max\{t_{\max},t_{p_i}^{l_i}+T_d(p_i^{l_i},l_i)\}$;
7. **end for**
8. $t_i\leftarrow t_{\max}+T_e(l_i)$;
9. **return** t_i
10.   **end function**
11. $t_0\leftarrow 0$;
12. $i\leftarrow 1$;
13. **while** $i<=$ n **do**
14. $t_i\leftarrow$ currentTime(P^{l_i}, l_i);
15. $i\leftarrow i+1$;
16. **end while**

2.5.6 实验与评估

基于 2.5.4 节提出的卸载机制和 2.5.5 节提出的评估模型,本节实现了计算卸载中间件,并提出以下科学问题对该中间件进行评估。

研究问题一:本节方法在何种程度上提升了应用性能和服务质量?包括以下两个问题:在给定的同一场景下,对比当前主流方法,本节方法能节约多少时间?在给定的同一时间约束情况下,对比当前主流方法,本节方法能否提高被选模型的识别精度?

研究问题二:本节方法在何种程度上保证评估模型的准确性?包括以下两个问题:随机森林预测模型所选择的最佳参数和变量是什么?本节选择的预测算法与其他回归

算法相比是否更有效？

研究问题三：本节方法在卸载过程中的额外开销是多少？

本节将通过以下实验，对上述3个问题进行评估。对于问题一，实验结果表明本节方法对比主流方法可减少3.8%～66.6%的响应时间，并且可在规定的时间约束下选择精度更高的模型提供服务；对于问题二，实验结果表明，随机森林预测模型的拟合程度高于其他回归模型，其参数将根据层类型以及不同的计算节点被分别训练，变量的重要性和排序也将被考虑以提高评估模型的准确率；对于问题三，在10种卸载策略下，本节提出的卸载机制设计模式开销均在可接受范围内。

1. 实验环境

本节将模拟一个真实DNN应用在边缘环境下卸载的场景作为实验环境，从而对上述研究问题进行探讨。该场景的配置通过以下几个部分描述。

1）网络环境

上下文环境中有4个计算节点，包括1个移动设备和3个远程服务器，它们构成了移动边缘环境。

上下文环境有4个场景，分别是社区（community）、交通道路（traffic road）、停车场（parking lot）和商场（store）。

表2-33列举了计算节点间的连接关系，第一行为移动设备所在的场景，第一列为远程服务器，每一个单元格为移动设备和远程服务器间的往返时间和数据传输速率。本节使用网络仿真工具Dummynet衡量这两个指标，rtt越小、v越大，表明两节点间的信号越强。

表2-33　不同场景下的网络环境

	社区	交通道路	停车场	商场	云
E1	—	rtt＝30ms v＝1Mb/s	—	rtt＝30ms v＝1Mb/s	rtt＝50ms v＝800Kb/s
E2	rtt＝30ms v＝1Mb/s	rtt＝60ms v＝700Kb/s	—	—	rtt＝80ms v＝500Kb/s
Cloud	rtt＝150ms v＝200Kb/s	rtt＝150ms v＝200Kb/s	rtt＝150ms v＝200Kb/s	rtt＝150ms v＝200Kb/s	—

2）设备与服务器

移动设备的配置为2.2GHz CPU和4GB RAM，3个远程服务器包括两个移动边缘（E1和E2）以及一个云服务器，可以支持在不同的场景下应用的卸载。E1的配置为2.5GHz 8核CPU和8GB RAM，它与交通道路、商场和云通过WiFi连接；E2的配置为3.0GHz 8核CPU和8GB RAM，它与社区、交通道路和云通过WiFi连接；云的配置为3.56GHz 16核CPU和16GB RAM，它与各个场景和移动边缘都保持连接。

3）DNN应用

本节使用一个真实的DNN图像识别目标检测应用，它由Python语言实现，Caffe2深度学习框架支持。本节主要考虑3个模型，它们是该DNN应用的核心，模型复杂度由简单到复杂依次为 AlexNet、VGG16 以及 ResNet-50，复杂度越高则模型推理时延越长，识别准确度越高。上述模型均基于标准的 Faster R-CNN 模型，并且在推理过程中使用 KIITI 数据集。

2. 应用性能提升比

本节将基于上述实验环境，探讨本节方法对应用性能和服务质量的提升程度。

1) 对照方法

为了验证性能提升效果，将本节方法与下述 6 种方法进行对照。

(1) baseline(基线)：应用仅在移动设备端执行，不采用任何卸载或调度方法。

(2) cloud-only(仅云卸载)：应用在云服务器端执行完整的 DNN 推理过程，该方法的优势在于降低本地执行推理的计算代价。

(3) edge-only(仅边缘卸载)：在应用模型的第一个全连接层前对应用进行切分，并根据网络连接情况在最近的边缘计算节点执行后半部分的 DNN，这里的最近是指最小的 rtt 和最大的 rtt，该方法的优势在于用最小的数据传输延迟权衡本地执行的开销。

(4) ideal(理想情况)：所有可被卸载的 DNN 层采用最佳的卸载方案进行卸载，前提是该最佳方案需在现实情况下执行所有部署方案后获得。然而该方法的缺点是需要迭代计算所有部署方案，穷举的代价是非常大的。假设应用在停车场识别一张图片，若采用一个 44 层的 AlexNet 模型，则需要执行 2^{43} 次计算并比较这些卸载方案以获得最优方案。本节采用该方法进行比较，目的是证明本节方法的执行结果接近理想方案。

(5) Neurosurgeon：应用选择一个 DNN 最佳的分区点进行分割，并将设备端剩余的 DNN 层发送至云端，该方法为主流方法之一，在 2.5.2 节有提及。

(6) MoDNN：应用选择多个 DNN 最佳的分区点进行分割，并卸载在最近的边缘计算节点上，该方法为主流方法之一，在 2.5.2 节有提及。

2) 衡量指标

本节通过以下 5 个维度衡量性能提升的程度。

(1) 总体响应时间：在实验中，本节随机选取一段影像中的 10 帧图片并在特定场景下进行识别，然后计算它们识别时间的平均值。其中，识别时间开始于输入图片的时刻，结束于输出识别结果的时刻，该过程为本地推理、数据传输和远程推理时间之和，响应时间越短表明结果越好。

(2) 本地推理时间：该时间表示推理过程在移动设备上的时间。

(3) 远程推理时间：该时间表示推理过程在远程服务器上的时间。

(4) 数据传输时间：传输中间特征向量的时间，当 DNN 进行分区并卸载时将产生该时延。

(5) P 值：由于需要关注本节方法对性能的改善是否显著，需要借助曼特惠尼 U 形检验，它的 P 值可表明两种方法的结果是否接近。当 $P<0.05$ 时，不采纳 H_0 且采纳 H_1；相反地，当 $P\geqslant 0.05$ 时，采纳 H_0 且不采纳 H_1。这里的 P 和 0.05 均是数值型且不带单位的值，假设原理通常定义如下：(H_0)两种方法之间无明显差异；(H_1)两种方法之间有明显差异。

(6) 模型精度：由于需关注本节方法在时间约束下可选模型的精度，表 2-34 展示了

3个模型的最佳识别精度结果。在推理过程中，AlexNet的总体延迟通常低于ResNet-50但其精度也较低，因此一种好的方法可在时间约束下使用精度较高的模型，从而提升应用的性能。

表 2-34 3种模型的最佳识别精度

模　型	最佳识别精度(%)
AlexNet	88.7
VGG16	93.2
ResNet-50	97.7

3）实验结果

基于上述衡量指标，本节将阐述本节方法相较于对照方法的结果。为方便展示，在后续介绍中，将本节方法称为DNNOff。

(1) 总体响应时间。

总体响应时间由推理时间和数据传输时间组成。图2-76显示了4个位置每种方法所花费的时间。对于每种方法，蓝色柱形表示本地推理时间，橙色柱形表示数据传输时间，绿色柱形表示远程推理时间。表2-35更直观地总结了图2-76中本节方法相比baseline、edge-only和cloud-only在不同场景下的优化程度，从表2-35中可得，本节方法相较这3种方法总响应时间分别减少了32.0%～66.6%、36.9%～49.2%和3.8%～52.2%。不仅如此，模型越复杂，本节方法对性能的提升越显著，因此本节方法也适用于ResNet-50模型，该模型是有分支的参差网络。一般来说，社区的优化程度优于商场，因为社区接近性能较好的边缘服务器，可以显著降低远程推理时间。在交通道路中，ResNet-50模型优化了66.6%，因为层间的数据传输量小并且位置可连接所有远程服务器，以缓解本地推理时间长的瓶颈同时保证较低的数据传输时间。同时，停车场只连接到云服务器，所以性能改善程度明显不如在其他场景，但它仍然可以降低3.8%～47.5%的时间。因此，即使没有边缘服务器，本节方法仍然有效。综上所述，AlexNet、VGG16和ResNet-50分别将该目标检测应用的平均总响应时间从3s、9s和15s降低到1s、3s和5s。

表 2-35 本节方法对比 baseline、edge-only 和 cloud-only 在不同场景下的优化程度

		社区	交通道路	停车场	商场
AlexNet	baseline	62.5%	60%	34.8%	60.7%
	edge-only	39.1%	40.5%	0.0%	41.5%
	cloud-only	50.4%	47.0%	0.0%	11.0%
VGG16	baseline	64.7%	61.9%	32.0%	61.5%
	edge-only	40.4%	49.2%	0.0%	47.0%
	cloud-only	50.1%	53.2%	3.8%	51.2%
ResNet-50	baseline	66.3%	66.6%	47.5%	64.3%
	edge-only	43.0%	36.9%	0.0%	41.4%
	cloud-only	52.2%	45.4%	0.0%	49.3%

(2) 本地和远程推理时间。

图2-76(a)(b)(c)分别为使用3种模型时应用处理时延情况，可以看到，远程计算卸

载减少了本地推理时间，增加了远程推理时间，但增加的时间远远小于减少的时间。例如，全连接层在本地执行的时间大约是远程执行的3倍，由于其数据传输量小，可以利用卸载来缓解本地推理时延长的瓶颈。与cloud-only相比，edge-only需要2倍的执行时间。因为cloud-only和edge-only只有一个卸载点，因此瓶颈仍在本地推理执行阶段。而本节方法支持更多的切分点，极大地减少了本地推理时间。这说明本节方法在多服务器环境下能够充分发挥层间分区作用。同时，在网络连接不好的情况下，如在停车场场景中，边缘节点不可用，但本节方法与其他方法的结果差别不大。这证明了边缘环境可以在原有云服务器基础上扩展卸载能力并提高性能。

（3）数据传输时间。

数据传输时间取决于数据量大小和计算节点之间的网络连接。当网络连接较弱时，相同大小的数据量，即DNN模型的中间结果，需要更多的传输时间。本节方法与edge-only的区别在于，前者可以执行多次卸载，而后者只考虑一个卸载点。因此，尽管本节方法需要花费更多的数据传输时间，但它可以消除本地推理时延瓶颈，从而提高总体响应时

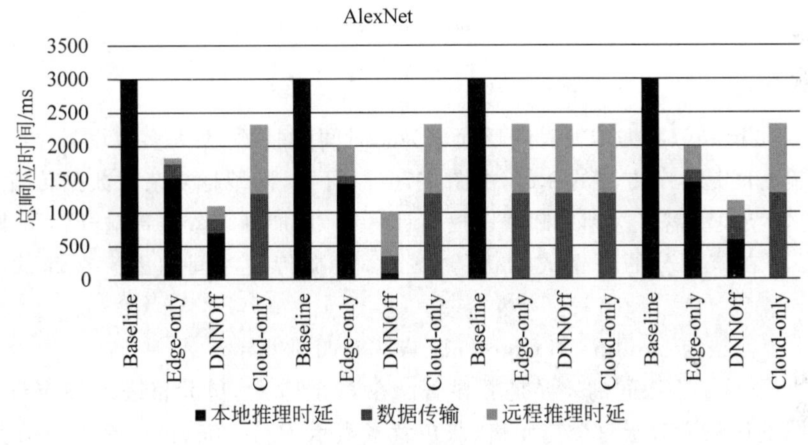

(a) 使用AlexNet模型的目标检测应用

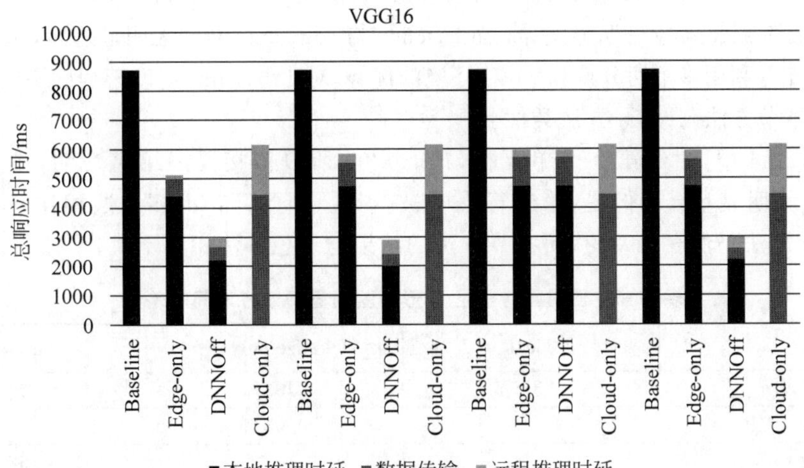

(b) 使用VGG16模型的目标检测应用

图2-76 目标检测应用的处理时延

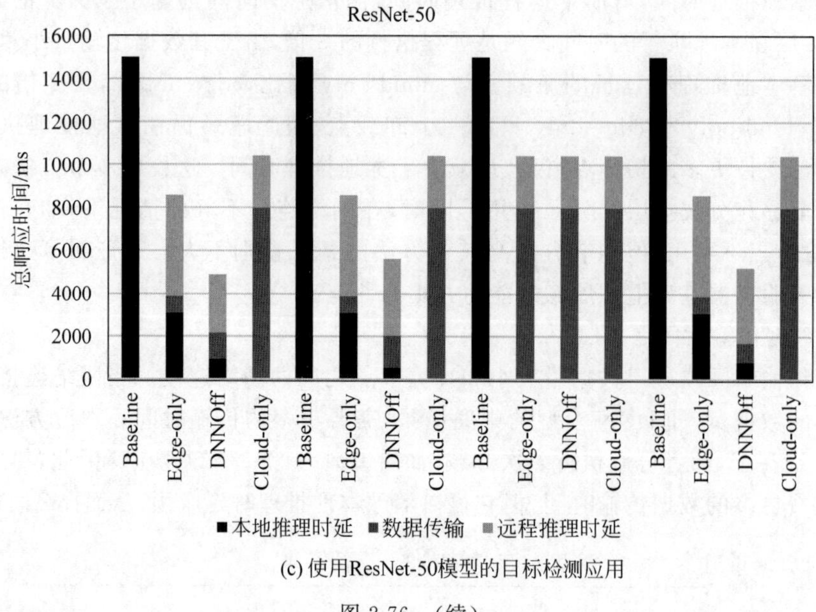

(c) 使用ResNet-50模型的目标检测应用

图 2-76 （续）

间。对比 cloud-only，数据传输时间反而成为总时间的瓶颈，在大多数场景中，cloud-only 的数据传输时间是本节方法的 3 倍，由图 2-76(c)可得，模型越复杂时数据传输差异越显著，原因是复杂模型需多次利用卸载以提高计算能力，加剧了数据传输开销带来的影响，而 edge-only 在该部分的开销成为优势，因此，数据传输时间的因素在卸载时不应被忽视。

(4) 本节方法与 baseline 和 edge-only 方法有明显差异。

表 2-36 显示了方法间的差异是否显著。在表 2-36 中，单元格表示对应行和列的两种卸载方法的比较。对于每个单元格，灰色背景表示 $P<0.05$，被接受。结果表明，本节明显改善了 baseline 和 edge-only 的结果，因为它们的 P 值小于 0.05，所以证明了该方法与 baseline 和 edge-only 有明显差异；而 baseline 与 edge-only 对比无明显差异，原因是 edge-only 不能充分利用多个切分点和 MEC 环境的优势，对比 baseline 时改善程度不明显。

(5) 本节方法与 vdea 方法类似。

在表 2-36 中，对于第一个单元格，$P>0.05$ 所以被接受。结果表明，本节方法与 ideal 方法无明显差异。但是，第二行表明被拒绝。因此，与 ideal 方法相比，baseline 和 edge-only 方法仍然存在差距，而本节方法的结果与理想方法相差不大。

表 2-36　使用曼特惠尼 U 形检验衡量卸载方法间的差异

	ideal	edge-only	baseline
DNNOff	0.8754	0.0374	0.0052
ideal		0.0311	0.0102
edge-only			0.6879

(6) 本节方法相较于主流分区和卸载工作具有更好的性能。

图 2-77 显示了在 4 个位置执行 3 个模型时本节方法与 Neurosurgeon 相比的优化程

度，纵轴表示本节方法对比 Neurosurgeon 在响应时间上所提升的倍数，横轴表示方法所使用的模型 场景。假设使用 Neurosurgeon 时，使总响应时间最小的最佳分区点是已知的。实验表明，在交通路上使用 VGG 模型时本节方法相比 Neurosurgeon 时延优化了 1.77 倍。因为交通道路与远程服务器有最好的网络连接，为本节方法提供了更多的卸载选择。而在停车场，本节方法可以保持与 Neurosurgeon 相同的性能优化水平。由于网络连接不好，多个卸载点反而会增加数据传输时间，在这种情况下，本节方法和 Neurosurgeon 的卸载方案一致。总体来说，本节方法的时延与 Neurosurgeon 相比，平均优化了 1.5 倍以上。

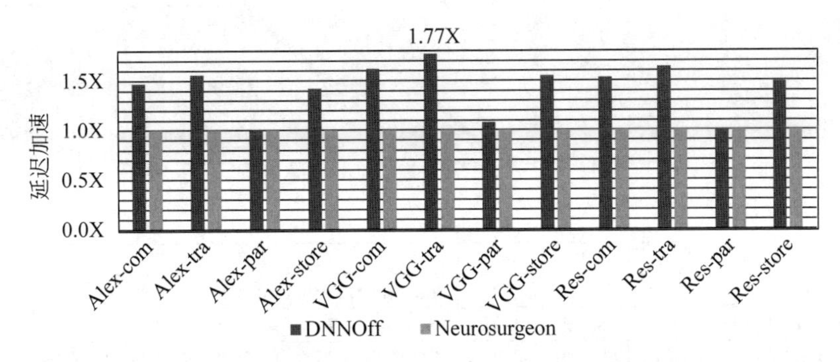

图 2-77 本节方法与 Neurosurgeon 相比的优化程度

图 2-78 显示了分别使用本节方法和 MoDNN 时执行每一层的时延。该实验选择了最具代表性的场景，即使用在交通道路场景中的 AlexNet 模型。对于 MoDNN，它的卸载决策是第 14 层为切分点，并将后面的 DNN 层卸载到 E1；对于本节方法，它的卸载决策是第 9 层、第 26 层和第 35 层为切分点。这 4 个部分依次在本地设备(D)、E2、Cloud(C)和 E1 中执行。本节方法在两方面表现出更好的性能：一方面，它可支持对 DNN 模型进行多次切分和卸载，使层可以通过边缘节点卸载到云，避免了云与设备之间的传输延迟；另一方面，与 MoDNN 相比，本节方法充分利用云服务器强大的计算性能，MoDNN 只能使用最近的边缘节点。在这种情况下，本节可以将响应时间降低约 23%。

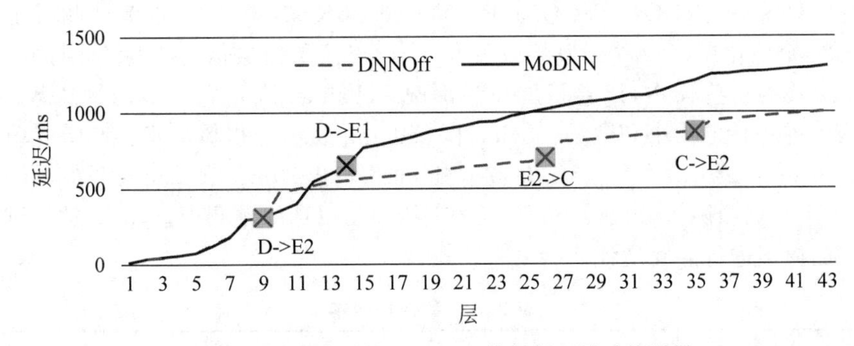

图 2-78 本节方法和 MoDNN 执行每一层时的延迟

(7) 本节方法在不同的时间约束下选择的模型精度较高。

图 2-79 显示了在不同时间约束下社区中不同方法的服务模型选择。本节方法能够选择精度更高的模型，并在相应的时间约束下提供服务。如图 2-79 所示，当时间约束为

1.5s 时，只有本节方法能够给出相应结果；当时间约束为 2～5s 时，虽然 baseline 和 edge-only 方法也可以采用 AlexNet 模型给出识别结果，但本节方法通过有效地减少 VGG16 模型的响应时间，使其符合时间约束并被选中，从而提高总体模型的识别精度；同样，本节方法将 ResNet-50 的响应时间减少至 5s，因此高精度模型可以在 6～9s 的时间约束下提供服务。

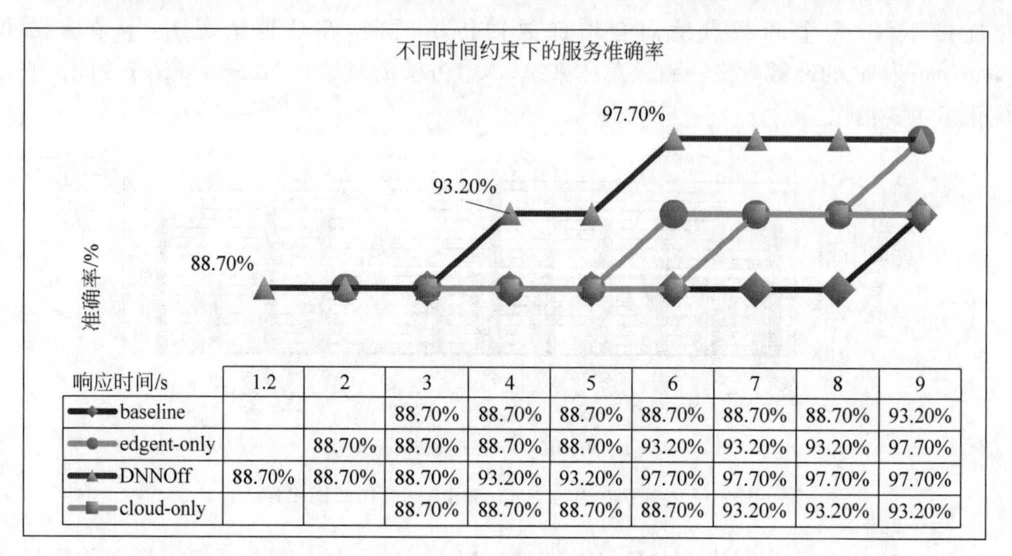

响应时间/s	1.2	2	3	4	5	6	7	8	9
baseline			88.70%	88.70%	88.70%	88.70%	88.70%	88.70%	93.20%
edgent-only		88.70%	88.70%	88.70%	88.70%	93.20%	93.20%	93.20%	97.70%
DNNOff	88.70%	88.70%	88.70%	93.20%	93.20%	97.70%	97.70%	97.70%	97.70%
cloud-only			88.70%	88.70%	88.70%	88.70%	93.20%	93.20%	93.20%

图 2-79　在不同时间约束下选择的模型准确率

3. 评估模型准确率

本节将基于上述实验环境，探讨本节方法中评估模型的准确率，包括代价预测模型最佳参数的训练和变量的选择，以及随机森林回归模型与其他模型的准确率对比。

1）实验设置

为训练评估模型准备数据集，本节使用历史数据，即通过执行几个 DNN 应用收集的信息，包括 AlexNet、VGG16、VGG19、ResNet-50 和 ResNet-152。本节共收集了 425 个卷积层、320 个池化层、582 个激励层以及 96 个全连接层的层信息。表 2-37 给出了在移动设备上采集的一些样本，以卷积层作为示例。channel 表示卷积核的频道数；k_{size} 和 k_{number} 表示卷积核的大小和数量；stride 和 padding 表示卷积核的步长和填充值。输入(X)包括 channel、k_{size}、k_{number}、stride 和 padding。输出(time)表示层时延的预测值。例如，将 425 个数据项随机分成两类：70％的训练项用以训练预测模型，30％的测试项用以对训练好的模型进行准确度评估。

表 2-37　数据集样本

样本序号	channel	k_{size}	k_{number}	stride	padding	输出(ms)
1	3	11	96	4	0	144
2	96	5	256	1	2	183
3	256	3	384	1	1	200
4	384	3	384	1	1	301

同时,为了证明随机森林回归算法更加适用于本方法,本节采用 SVM 和 Boosting 回归算法做比较。在相同的实验环境和表 2-37 所示的数据集下训练上述模型,并比较它们的准确性。

2）衡量指标

在随机森林中需要优化的两个参数：Ntree,即根据收集的层信息的 bootstrap 样本生长回归树的数量；Mtry,即每个计算节点上训练的预测器的数量。基于均方根误差(RMSE)对上述两个参数进行优化。以移动设备上卷积层的训练为例,Ntree 的取值范围为 500～4000,间隔长度为 500；Mtry 的取值范围为 1～5,间隔长度为 1。本节对这两个参数值进行优化,选择在预测时产生最小 RMSE 的参数值。

因此预测模型的衡量指标为 RMSE,它是观察值和真实值之间的样本标准差,如式(2-49)所示。

$$\mathrm{RMSE}=\sqrt{\frac{1}{N}\sum_{t=1}^{N}(\mathrm{observed}_t-\mathrm{predicted}_t)^2} \tag{2-49}$$

使用均方误差%IncMSE 和节点纯度 IncNodePurity 来衡量几个特征参数的重要性,从而选择重要的参数进行训练,它们均为度量变量在预测目标值时的重要性的衡量指标,在本节方法中,目标值是层的执行时间。Mustafa 认为,%IncMSE 的值和 IncNodePurity 的值越大,说明该变量对训练结果的影响越大。

除了 RMSE,本节同时采用(R-Squared)来评估预测模型的精度。常用来评价回归模型的质量,如式(2-50)所示。一些研究表明 RMSE 越小,模型的拟合程度越好；对于 R^2 大于 0.5 时模型较好,越接近 1,模型质量越好,即黄金标准。

$$R^2=1-\frac{\sum(\mathrm{observed}_t-\mathrm{predicted}_t)^2}{\sum(\mathrm{observed}_t-\mathrm{mean}_t)^2} \tag{2-50}$$

3）实验结果

(1) 最优参数的训练和选取。

图 2-80 所示为对代价预测模型最佳参数的训练,表明随机森林参数对预测误差的影响,其中不同的折线表示对应的 Ntree,纵轴表示 Mtry,当纵轴最小时说明该组参数最佳。本节使用 297 条训练数据对 RMSE 进行优化。当 Ntreo=2000 且 Mtry=3 时。得到最小的 RMSE,其值为 0.289ms。

根据 Brieman,Ntree 的默认值为 500,Mtry 的默认值为 2。但是,图 2-80 显示 Mtry=2 不是最优点,当使用默认值时,RMSE 大约比 Mtry=3 时多 2 倍。此外,当时 Ntree=2000,结果收敛且接近稳定,但当 Ntree=500 时,预测时需要较长的时间。在这种情况下,选择 Ntree=2000 和 Mtry=3 作为最佳参数。

(2) 变量重要性的排序和选取。

表 2-38 展示了以%IncMSE 和 IncNodePurity 为指标衡量的变量重要性,其中,k_{number} 的%IncMSE 和 IncNodePurity 分别为 29.3574 和 1941.69574,高于其他变量。因此,k_{number} 在所有预测器,也就是变量中对层执行时间的预测贡献最大。底色为灰色表示训练中值得考虑的变量。因此,在建立 Mtry=3 的时间预测模型时,需考虑的 3 个变量分别为 k_{number}、k_{size} 和 channel。

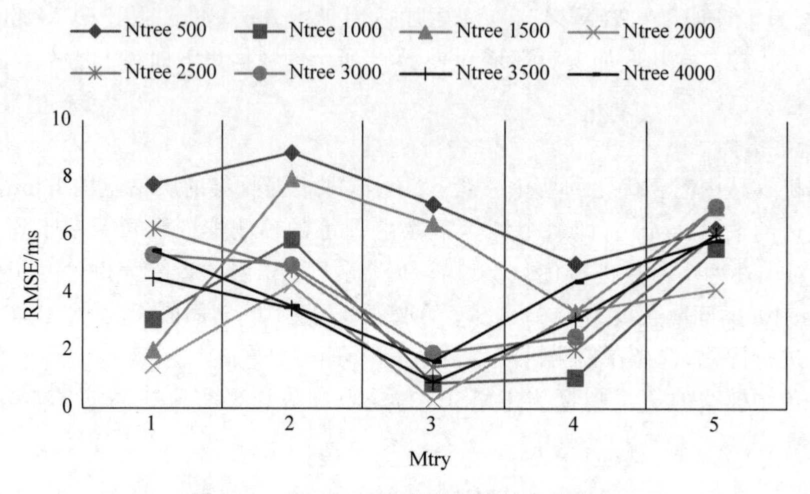

图 2-80　基于 RMSE 的随机森林参数优化

表 2-38　使用随机森林回归模型时的变量重要性，值越大则越重要

变量	%IncMSE	IncNodePurity
	29.3574	1941.69574
	20.4281	877.91582
stride	6.9403	395.14153
padding	2.1586	417.30695
channel	16.8064	1072.31851

（3）与同类回归算法的比较。

3 种回归模型在使用训练集和测试集进行预测时，衡量指标的值如表 2-39 所示。按 RMSE 的值从大到小排序为 Boosting＞SVM＞RandomForest，按的值从大到小排序为 RandomForest＞SVM＞Boosting。当 RMSE 越小且 R^2 越大时，回归模型越准确，因此随机森林在回归预测层的执行代价方面表现最好。

表 2-39　对比 3 种回归模型分别在训练集和预测集上的衡量指标

模型	subset	RMSE	R^2
SVM	训练集	0.398ms	0.862
	预测集	0.776ms	0.789
Boosting	训练集	0.598ms	0.801
	预测集	0.867ms	0.724
RandomForest	训练集	0.198ms	0.934
	预测集	0.289ms	0.910

（4）模型准确率。

表 2-40 展示了本节方法采用的预测模型的准确率，数据表明在不同计算节点上预测不同类型的层执行时延时，它们的 RMSE 和 R^2 均符合前面提到的衡量指标黄金标准。预测模型的高准确率为卸载方案的评估奠定了基础。

表 2-40 预测模型在测试集上的 RMSE 和 R^2

<table>
<tr><th>类型</th><th colspan="2">RMSE</th><th colspan="2">R^2</th></tr>
<tr><td rowspan="4">卷积层</td><td>Device</td><td>0.289ms</td><td>Device</td><td>0.91</td></tr>
<tr><td>E1</td><td>0.155ms</td><td>E1</td><td>0.93</td></tr>
<tr><td>E2</td><td>0.131ms</td><td>E2</td><td>0.93</td></tr>
<tr><td>Cloud</td><td>0.098ms</td><td>Cloud</td><td>0.94</td></tr>
<tr><td rowspan="4">池化层</td><td>Device</td><td>1.210ms</td><td>Device</td><td>0.78</td></tr>
<tr><td>E1</td><td>0.845ms</td><td>E1</td><td>0.82</td></tr>
<tr><td>E2</td><td>0.799ms</td><td>E2</td><td>0.83</td></tr>
<tr><td>Cloud</td><td>0.524ms</td><td>Cloud</td><td>0.83</td></tr>
<tr><td rowspan="4">激活层</td><td>Device</td><td>0.058ms</td><td>Device</td><td>0.69</td></tr>
<tr><td>E1</td><td>0.029ms</td><td>E1</td><td>0.70</td></tr>
<tr><td>E2</td><td>0.022ms</td><td>E2</td><td>0.72</td></tr>
<tr><td>Cloud</td><td>0.012ms</td><td>Cloud</td><td>0.75</td></tr>
<tr><td rowspan="4">全连接层</td><td>Device</td><td>4.951ms</td><td>Device</td><td>0.57</td></tr>
<tr><td>E1</td><td>2.098ms</td><td>E1</td><td>0.62</td></tr>
<tr><td>E2</td><td>1.589ms</td><td>E2</td><td>0.66</td></tr>
<tr><td>Cloud</td><td>1.248ms</td><td>Cloud</td><td>0.66</td></tr>
</table>

4. 运行开销

本节将基于上述实验环境，探讨本节方法中计算卸载机制在进行卸载时带来的运行开销。

1）实验设置

本节使用一个 22 层 VGG19 模型的 DNN 应用程序，它是当前的主流卷积神经网络，并且分别采用以下 10 种卸载策略，如表 2-41 所示，表头为层的序号。

表 2-41 DNN 模型的 10 种卸载策略

<table>
<tr><th>No.</th><th>1～3</th><th>4～6</th><th>7～8</th><th>9～11</th><th>12～14</th><th>15～16</th><th>17～18</th><th>19～20</th><th>21～22</th></tr>
<tr><td>1</td><td>Device</td><td colspan="9">Cloud</td></tr>
<tr><td>2</td><td>Device</td><td colspan="9">E1</td></tr>
<tr><td>3</td><td>Device</td><td colspan="9">E2</td></tr>
<tr><td>4</td><td colspan="6">Device</td><td colspan="3">Cloud</td></tr>
<tr><td>5</td><td colspan="6">Device</td><td colspan="3">E1</td></tr>
<tr><td>6</td><td>Device</td><td colspan="4">Cloud</td><td colspan="4">E1</td></tr>
<tr><td>7</td><td>Device</td><td colspan="4">E1</td><td colspan="4">Cloud</td></tr>
<tr><td>8</td><td>Device</td><td colspan="2">E1</td><td colspan="4">Cloud</td><td colspan="2">Device</td></tr>
<tr><td>9</td><td>Device</td><td colspan="2">E1</td><td colspan="4">Cloud</td><td colspan="2">E2</td></tr>
<tr><td>10</td><td>Device</td><td colspan="2">E1</td><td colspan="2">Device</td><td>E2</td><td colspan="3">E1</td></tr>
</table>

第 1～3 个卸载策略均在第 3 层执行后卸载于远程，卸载节点分别是云中心、边缘计算节点 1 和边缘计算节点 2；第 4、5 个卸载策略均在第 16 层执行后卸载于远程，卸载节点分别是云中心和边缘计算节点 1；第 6、7 个卸载策略有 2 个卸载点，区别是两个远程卸

载的顺序相反；第8、9个卸载策略有3个卸载点，区别是最后一个远程卸载的位置是否为前几次执行的计算节点之一；第10个卸载策略有4个卸载点。

2）对照方法

本节方法在对以上卸载策略进行卸载时，首先在实验设置中的4个计算设备上分别部署经过代码重构后的符合管道-过滤器设计模式的DNN目标代码，并且根据卸载策略编写配置文件；接着，在卸载过程中DNN层根据配置文件进行数据传输和计算，该中间件所支撑的运行机制是自动。

当不采用本节方法时，卸载过程应通过人工来保障。因此，对于每个卸载策略，对照方法将策略中对应的层放置于对应的计算节点，并提供过RPC进行数据传输。在卸载点前后的两个DNN层需增加接收输入和发送输出数据的代码，以确保中间结果的正确传输。

3）实验结果

根据10种卸载策略分别用本节方法和人工卸载方法运行VGG19模型，从输入一张图片开始，分别记录10次图像识别的平均响应时间，如图2-81所示。为方便说明，本节方法称为DNNOff，人工卸载称为manual，图中折线表示两种方法的开销差。结果表明，本节方法和人工卸载方法的结果相差较小，额外开销在97～222ms。其中，第1～5个卸载策略的开销在105ms左右，这5个策略的卸载点均只有一个而卸载点的位置不同，说明卸载点的位置不是影响额外开销的因素。造成该开销的可能原因是管道算法的执行，而人工卸载无需判断通过管道算法对配置文件进行判断。因此，当卸载点个数分别为2、3、4个时，该卸载机制的平均额外开销分别是150ms、175ms、222ms，如图2-81中的折线所示，开销随卸载点的数量而线性增加，然而人工卸载在卸载前的人工成本将远远高于采用本节自动卸载机制进行卸载。且在该模型中，第10个卸载策略的平均响应时间反而增加，说明卸载点为2～3个时的策略更适用于卸载，此时的额外开销约占不卸载时平均响应时间的9%以内，因此开销在可接受范围内。

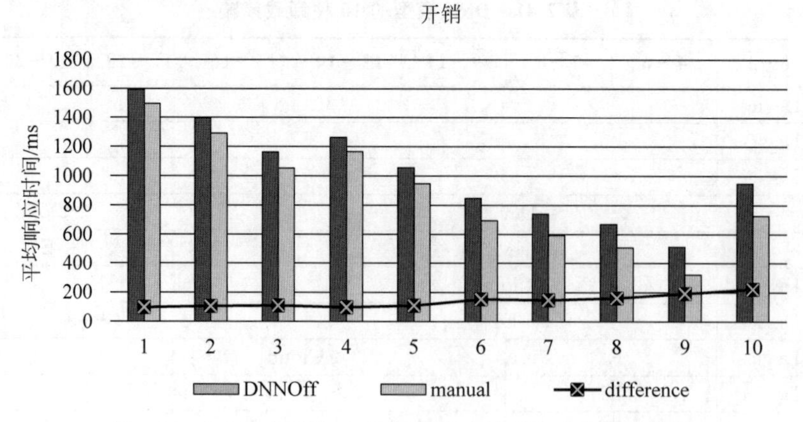

图2-81　DNN应用的10种卸载策略的平均响应时间比较

5. 实验有效性分析

本节将对实验的有效性进行分析，根据Runeson后工作，有效性分为3部分：内部有效性、外部有效性和构建有效性。

内部有效性包括响应时间的度量，本地和远程推理的数据传输量度量。因此，本节采用在同一场景配置下多次执行应用，并将平均值作为最终结果的方式增强内部有效性。此外，变量的选择可能会影响内部有效性，而 Neurosurgeon 和 MoDNN 的相关研究表明，本节选取的变量是合理的，可支持层延迟预测。

外部有效性和 DNN 应用的选取以及网络连接有关，这可能无法充分代表所有真实世界的应用。本节实验选取了 3 个模型，分别代表简单的、中等的和复杂的模型，并且选取了和真实世界的网络行为相近的网络连接。例如，设备和远程服务器的连接情况在不同场景下是不同的。若要进一步提升外部有效性，可以考虑仿真更多复杂的场景，如多用户环境、增设设备的移动性场景。

构建有效性包括对照方法的选择。在本节的第 2 部分，选择 mobile-only 和 edge-only 作为对照方法，原因是这两个方法被视为主流，并以另外两项相关工作作为比较。在本节的第 3 部分，选择 SVM 和 Boosting 算法作为比较，这两种被认为是最主流、最有效的机器学习技术。在本节的第 4 部分，由于本节研究的卸载机制是自动化和自适应的，所以选择人工卸载机制作为比较是合理的。

2.5.7 总结

1. 总结

随着设备硬件快速的个性化和智能化的发展，人们与移动设备的交互方式以及用户体验正在迅速改善，其中，DNN 因其处理图像识别等高精度应用时的优越性而备受智能应用的欢迎。为追求更好的用户体验，许多研究人员提出对传统纯移动设备技术进行改进，即一种在设备和云之间划分深度神经网络的思想，因此基于 DNN 的应用程序利用云服务器来全面部署成为趋势。本节引入移动边缘计算为部署 DNN 提供全新的机会，利用该环境优越的计算能力和多样的地理分布，解决应用卸载时执行时间和空间的权衡问题，从而使应用程序可以有更多的切分点并决定哪个部分应当卸载在哪个远程服务器，虽然这扩展了当前计算卸载的能力，但使得在边缘环境中高效地实现计算卸载比仅在云环境中卸载更具挑战性。一方面，应当考虑基于 DNN 的应用卸载方案的适应性，以便卸载动态地发生在边缘环境之间的计算节点。另一方面，应当考虑卸载方案的有效性，不同的部署将导致不同的执行和传输延迟，因此需要有效地评估卸载方案的执行成本。本节首先介绍计算卸载的研究意义和背景，提出对于深度神经网络计算卸载的挑战，探究主流的研究方法、现状并指出不足之处，即动态卸载和有效评估；接着介绍关键技术和开发环境，并基于上述见解，提出一个新颖的计算卸载自适应中间件，该中间件支持对基于 DNN 的应用程序进行自动重构，并采取有效的成本估算模型，使应用按层级粒度进行边缘环境下的计算卸载。

首先，本节提出新的设计模式，即管道-过滤器设计模式，在静态代码分析技术的基础上，实现代码重构，用来支持动态卸载，使得在移动设备、移动边缘和云之间切换时保持可用。具体分为以下几个部分：描述计算卸载的设计模式；阐述代码重构的过程；介绍应用程序的运行时支撑机制。

其次，本节提出新的评估模型，即通用的离线代价评估模型，在边缘计算节点模型和及随机森林回归预测模型组的基础上，实现代价评估模型的构建，并提出模型的适应度函数，用以评估最优的卸载方案。具体分为以下几个部分：对基本信息的建模，包括DNN模型、代价预测模型以及上下文环境模型；确定评估模型的影响因素和目标函数。

最后，本节实现支撑设计模式及评估模型的DNN应用自适应计算卸载中间件，它能够支持上述卸载设计模式，并利用代价评估模型决定应用程序的最优卸载方案以进行计算卸载。实验证明，本节方法能够提升3.8%～66.6%的性能，在模型复杂的场景中提升效果更为显著。具体分为以下部分：介绍计算卸载自适应中间件的实现；验证在性能提升和模型设计方面的有效性和可行性；对本节实验进行有效性分析。

2. 展望

本节提出利用移动边缘环境扩展计算卸载，提出DNN应用计算卸载自适应中间件，它们能够提升应用程序的性能，并解决卸载的适应性和有效性两大问题，但本节的工作在某些方面还存在改进空间。

(1) 本节方法主要针对基于Caffe框架的DNN应用程序，但DNN应用还存在许多编程框架，例如Tensorflow和Keras等，这些框架有待后续工作的支持。

(2) 除了推理速度，即执行时间的优化，资源使用和能源消耗也是衡量DNN卸载的关键指标。因此，后续的工作应该考虑对这些指标的优化和权衡。

(3) 本节着重于评估卸载决策的有效性，但在搜寻决策方面并没有作出贡献。后续工作将提高搜寻决策方案的速度，例如使用贪心算法或遗传算法，缩短任务的反馈时间。

(4) 实验所用的应用程序较为简单，后续工作可测试更多复杂的或类型不同的应用程序，从而更好地验证本节方法的有效性并发现不足之处加以优化。对实验中发现的设计模式带来的开销，也应在后续工作中提出新的解决方案，对开销进行优化。

第3章 面向云计算的资源自适应管理方法

3.1 基于机器学习的云软件服务资源分配方法

随着云计算的蓬勃发展，大量基于云的软件服务涌现。人们可以方便地将软件服务部署在云服务器上，实现对外提供计算等服务。在这种服务模式下，云工程师们需要为云软件服务分配合适的资源，以保证良好的服务质量和较低的云资源成本。然而，不同的云软件服务具有不同的服务质量需求，且其外部环境（如工作负载）是时刻变化的，这使得工程师们干预资源分配过程变得越来越困难。因此，云软件服务应该具有自适应资源分配能力。为此，本节提出面向云软件服务的机器学习和自适应资源分配方法。主要研究内容概括如下：

(1) 本节首先系统地介绍了云软件服务的资源分配问题。本节认为影响资源分配的主要因素包括工作负载、资源情况以及管理目标。一个合适的资源分配方案，应该在保证良好的服务质量的同时最小化云资源成本。

(2) 针对如何为云软件服务设计和实现自适应资源分配的问题，本节提出了一种基于机器学习的资源分配方法。对于给定的云软件服务，首先基于其历史数据集训练得到 QoS 预测模型，它能根据当前的工作负载和资源分配情况，预测出对应的 QoS 值。本节还提出基于遗传算法的在线决策机制。遗传算法基于服务质量和云资源成本相结合的适应度函数，可以快速搜索得到合理的资源分配方案。

(3) 以上方法中 QoS 预测模型的建立依赖于大量且完整的数据集，且 QoS 预测模型准确度的高低直接影响到资源分配方案的好坏。针对这一问题，本节进一步提出了一种基于机器学习和自校正的资源分配方法。首先，在给定的工作负载下，基于运行时数据，通过自校正控制，对 QoS 预测模型进行修正改进。其次，引入反馈控制，设计了一个新的资源调整方案。在每次循环中，根据已分配资源情况和目标资源分配方案之间的差异，按一定的比例进行资源调整。在此期间，不断收集运行时数据用于 QoS 预测模型的自我校正。

最后，本节在 CloudStack 云平台上搭建 RUBiS 软件服务，并设计相应实验对本节方法进行评估。结果表明：

① 当数据集完整时，基于机器学习的资源分配方法可以得到准确率超过90%的QoS预测模型，且和传统规则驱动的方法相比，资源利用率提高了10%～30%；

② 当数据集不完整且QoS预测模型准确率不高时，基于机器学习和自校正的资源分配方法可以将QoS预测模型的准确率提高了20%～24%，且性能比基于机器学习的资源分配方法提高了4%～8%。

3.1.1 引言

随着云计算的蓬勃发展，大量基于云的软件服务涌现出来。人们将软件服务部署在云平台上，实现对外提供服务。云软件服务以具有伸缩性、高可扩展性、云资源成本低廉等诸多特性，并得到越来越多的应用。在这种模式下，如果为云软件服务分配的计算资源过多，可能会导致计算能力剩余、资源利用率低，从而增加了不必要的资源成本；但是，如果为云软件服务分配的计算资源过少，可能会导致服务质量水平下降，响应时间变长，违反服务等级协议(Service Level Agreement，SLA)要求的同时，用户体验变差，甚至最终用户流失，影响到业务价值的实现。因此，云计算中的一个关键问题是如何以一种兼顾服务质量和资源成本的方式为云软件服务分配合适的计算资源。即在不断变化的工作负载环境下，云软件服务需要在共享的云资源架构基础上，拥有可自动配置计算资源的能力。然而，在设计初期，软件工程师和云工程师难以预测这些基于云的软件服务的工作负载的动态变化和运行时需求，这也意味着工程师为软件服务分配适当的资源来保证良好的服务质量以及低资源成本变得越来越复杂。因此，为云软件服务设计和实现机器学习和自适应的资源分配方法，使得云软件服务在变化的外部负载环境下，拥有可自动配置计算资源的能力，逐渐成为了研究的一大热点。

最初，云软件服务的资源分配一般采用人工配置的方法。云工程师们对云软件服务进行全程监控，然后根据不同的运行状态，在必要的时候进行手动调节。由于运行时环境具有诸多不确定因素，人工配置的方法不但会增加云工程师的负担，而且准确性不高，同时具有延迟性。

后来，人们提出了一些基础的自动化管理方法，通过设置一定的规则，比如设置CPU使用率阈值、内存使用率阈值、平均响应时间阈值以及平均吞吐量阈值等，动态增减云资源，从而为云软件服务实现简单的资源动态分配。但是，这些规则的设置需要基于大量的先验知识和云工程师们丰富的系统管理经验；且硬件资源的使用率和软件资源的服务质量之间关系复杂，难以分析和设置规则；同时，不同云软件服务的服务质量需求不同，对资源偏好不同，云工程师必须为每个云软件服务制定单独的规则集，以便有效地分配资源。总的来说，这些传统基于配置规则的资源分配方法长期依赖于工程师，管理成本高，实施复杂，且缺乏普适性。

随着计算机科学的发展，国内外学者从多个角度提出了多种软件自适应管理模型，并将其运用在云软件服务的资源分配管理中。这些自适应管理模型都蕴含着“监控-分析-执行”的自适应基本概念，本质都是监控云软件服务的实时状态，经过一系列人工预先设定的管理策略的评估，然后由云软件服务执行对应的计算资源调整策略以适应当前的环境与用户需求。而管理策略的给定需要云工程师们对云软件服务长期的观察,并根据以往的经验和不同云软件服务的特点给出相应的界限规定以及其他管理策略,在之后的上线运行过程中,也需要云工程师们的观察并给出策略的调整以使得软件服务可持续提供良好的服务,这不仅大大降低了云软件服务的自主能力,也加大了软件开发、维护的难度,且缺乏普适性。

因此,实现一种智能的资源分配方法,使得云软件服务能实现管理规则的自主学习,并指导自身根据外部环境变化自适应地改变资源分配方案,在保证云软件的服务质量水平同时最小化云资源成本,具有重大的研究意义,这将极大地摆脱对管理人员的依赖,降低软件服务的维护难度,实现高度自治。

随着智能计算技术的发展与运用,机器学习、元启发式算法以及控制理论等智能计算技术得到了有效地推进,可以为云软件服务的资源分配问题提供更智能更自主的解决方法。

(1) 机器学习能够根据已有的大量数据集中数据之间直观或者潜在的关系,如数据的结构特征、统计分布特征等,学习和获取新的知识,并重建知识结构,从而不断改善自身的性能。机器学习的机器学习特性在越来越多的领域和工程中得到了验证。因此,将机器学习应用于自适应技术中“管理知识的机器学习”模块里,具有较高的可行性和创新性。

(2) 遗传算法、粒子群优化算法等元启发式算法为复杂性、非线性、系统性的问题(如NP-hard问题等)的求解方案提供了快速、可靠的基础,可以快速收敛并得到近似最优解。基于这些元启发式算法的自适应技术可以为云软件服务的资源分配问题近实时求解。

(3) 控制理论建立在“测量偏差,修正偏差”的基础上,可以通过前馈或反馈的方式,将系统的扰动和实际输出反映到输入端,进行控制模型的校正和优化。自适应技术和控制理论的融合,可以实现云软件服务“管理规则的自我调整”以及“控制模型的自我校正”。

因此,基于智能计算技术,为云软件服务实现机器学习和自适应的资源分配方法具有较高的研究意义。针对云软件服务的资源分配问题,基于“自适应技术”核心思想和自治计算控制环MAPE-K框架,融合机器学习、元启发式算法、自校正控制以及反馈控制等技术,提出和实现“面向云软件服务的机器学习和自适应资源分配方法”。主要工作包括3个部分:

(1) 首先系统地介绍了云软件服务的资源分配问题。影响资源分配的主要因素包括工作负载、资源分配情况以及管理目标。本章致力于寻找合适的资源分配方案,使得服务质量满足要求的同时最小化云资源成本。

(2) 针对如何为云软件服务设计和实现自适应资源分配的问题,首先提出一种基于机器学习的资源分配方法。对于给定的云软件服务,首先基于机器学习建立QoS预测模型:

① 建立云软件服务环境的自我监控,采集云软件服务的运行数据,包括工作负载、资源配置情况以及QoS情况等;

② 基于采集的数据,通过多种机器学习的回归方法,训练得到QoS与工作负载、资

源配置之间的关系，即 QoS 预测模型。

然后，基于遗传算法建立资源分配的在线决策机制：

① 建立云资源成本模型，并与 QoS 预测模型相结合，构造管理目标函数，即适应度函数；

② 最后运用遗传算法搜索并快速得到合适的目标资源分配方案。基于机器学习和遗传算法的机器学习资源分配方法可以实现管理知识的自我学习，以及资源的自适应分配。

(3) 针对上述方法中"QoS 预测模型的建立需要依赖大量且分布广泛的数据集，且预测准确度的高低直接影响到资源分配方案的好坏"的不足，进一步提出了一种基于机器学习和自校正的资源分配方法。首先，在给定的工作负载下，基于运行时数据，通过自校正控制，对 QoS 预测模型进行修正。其次，引入反馈控制，设计了一个新的资源调整方案。在每次循环执行过程中，根据当前资源分配情况与目标资源分配方案之间的差异进行资源调整。在此期间，不断收集运行时数据用于 QoS 预测模型的自我校正。对于给定的工作负载，基于机器学习和自校正的资源分配方法，通过资源分步调整，并在调整过程中进行 QoS 预测模型的自我校正，可以有效地提高 QoS 预测模型的局部准确率，从而实现当前工作负载下精准的资源分配。

最后，在 CloudStack 云平台上搭建 RUBiS 软件服务，并设计相应实验对所提出方法进行评估。结果表明：

① 当数据集完整时，基于机器学习的资源分配方法可以得到准确率超过 90％的 QoS 预测模型，与传统基于规则驱动的方法相比，资源利用率提高了 10％～30％；

② 当数据集不完整且 QoS 预测模型准确率不高时，基于机器学习和自校正的资源分配方法可以将 QoS 预测模型的准确率提高 20％～24％，且性能比基于机器学习的资源分配方法提高 4％～8％。

3.1.2 相关工作

国内外学者提出了多种软件自适应模型。其中，IBM 提出的自治计算框架 MAPE-K 是较为著名的基于架构的软件自适应模型，其将软件自适应系统描述为"监视-分析-规划-执行"4 个阶段组成的自适应环和一个外加的知识库单元，该模型已广泛应用于自适应软件设计中。

软件自适应主要应用于网构软件以及中间件的设计与实现，从而进一步支持传统遗留系统或者底层计算资源调整等。如 Luckey 等人提出了基于 UML 的软件自适应模型，李青山等人将软件自适应运用于分布式软件系统中解决软件单元复用和需求演化等问题。同时，自适应技术也渐渐应用于云计算中资源的管理方面。

目前面向云软件服务的自适应资源分配方法主要包括基于规则驱动的资源分配方法、基于控制理论的资源分配方法和基于机器学习的资源分配方法。

传统基于规则驱动的资源分配方法依赖于由专家设计的驱动规则。Paschke 和 Bichler 提出了一种基于规则的资源分配方法，并将其与服务等级协议(SLA)的逻辑形式相结合，当违反 SLA 后触发对应的规则。Bahati 和 Bauer 提出了一种可自适应生成驱动规则的方法，它利用强化学习方法来主动生成不同的策略或规则来满足不同的性能要求。Maurer 等人提出了一种动态资源配置方法，它利用知识管理技术（基于案例的推理和基于规则的方法）保证高资源利用率和低 SLA 违约率。Maure 等人考虑到工作负载的变化性，提出了一种基于自适应规则的虚拟机自主重构方法。Jamshidi 等人利用模糊逻辑为云软件服务实现弹性规则的定义和实现。但是，云软件服务之间的工作负载类型和资源偏好存在差异，并且影响云软件服务资源分配规则的因素很多，如 SLA 协议、可用虚拟机数量等。例如，云软件服务 A 的 SLA 协议要求响应时间应该在 2s 内，而云软件服务 B 的 SLA 协议要求响应时间应该在 1.5s 内。因此，云工程师通常必须为每个云软件服务开发单独的规则集，这导致了较高的管理成本和实现复杂性。

控制理论可以根据软件的服务质量水平测量结果动态调整软件的资源分配情况，从而保证其服务质量水平。Zhang 等人提出了一种基于 PaaS 层的基础设施资源管理方法，它通过利用两个自适应控制循环，分别在中间件层和虚拟机层上执行操作实现资源的管理。Rao 等人开发了一种模糊自校正控制器，具有自适应放大输出和灵活选择规则的特点，并进一步设计了一个双层 QoS 服务框架，以支持多目标自适应资源分配。Kalyvianaki 等人提出了一种新的资源管理方法，将卡尔曼滤波器运用到反馈控制器中，从而为部署云软件服务的虚拟机动态分配 CPU 资源。Farokhi 等人引入反馈控制环来设计混合控制器，将分配的内存按比例放大或缩小作为控制旋钮，并将云软件服务的性能和虚拟机内存利用率作为反馈参数，以满足不同工作负载下软件服务的性能约束。然而，反馈控制需要大量的反馈迭代来找到合适的资源分配方案，这可能会导致不断地启用和停用虚拟机，产生额外的云资源代价。

最近的一些研究也将机器学习引入到自适应资源分配中，通过使用机器学习技术，系统可以根据历史数据学习到特定领域的知识。Farahnakian 等人提出了一种基于增强学习的机制来动态调整每个物理机器的 CPU 和内存阈值。Rahmanian 等人提出了一种基于自动机理论的云资源利用率预测算法。Alsarhan 等人提出了一种新的 SLA 管理框架，该框架使用强化学习来推导虚拟机分配策略，该策略可以适应软件服务的环境变化并保证其服务质量水平。然而，基于机器学习方法去建立一个准确的预测模型需要大量且分布广泛的历史数据，所以预测模型在实际使用中通常是中低精度的，这可能会导致资源分配的误差。

3.1.3 问题模型

本节将对云软件服务的资源分配问题进行定义与形式化表示。"如何在动态变化的工作负载下为云软件服务分配合适的资源，使得服务质量水平满足要求的同时云资源成本最低"是主要的研究内容。

1. 云软件服务资源分配的管理目标

在云软件服务的资源分配问题域中，存在 3 个主要元素，如表 3-1 所示，包括外部元素、内部元素和管理目标。

表 3-1　影响云软件服务资源分配的主要元素

元素	影响因素	描　述
外部元素	工作负载	不同的工作负载有着不一样的请求数量和种类
内部元素	计算资源	计算资源一般由若干不同计算能力和价格的虚拟机组成
管理目标	目标函数	评估函数是服务质量与云资源成本之间的权衡

外部元素是指工作负载，即软件服务的请求负载，受云软件服务的使用人数或其他服务调用次数等影响，具有不可控、不可预测等特性。工作负载一般具有两个要素：请求种类和请求数量。

内部元素是指计算资源，一般是一组不同计算能力和价格的虚拟机的集合，是人们根据经验或者通过规则指导进行分配的，具有可控性。虚拟机资源具有3个要素：类型、数量和价格。

管理目标是服务质量与云资源成本之间的一个权衡。一个合适的资源分配方案，应该保证服务质量满足要求的同时最小化云资源成本。

定义 3.1：对于管理目标，用目标函数来表示。用 Objective 表示目标，用 QoS 表示服务质量，用 Cost 表示云资源成本，那么它们之间的关系可以用函数范式描述如下：

$$\text{Objective} = g(\text{QoS}, \text{Cost}) \tag{3-1}$$

一般地，虚拟机的分配情况，会同时影响云软件服务的服务质量和云资源成本，且影响的方向相反。分配的虚拟机越多，服务质量越容易满足 SLA 的要求，但云资源成本也越高；分配的虚拟机越少，越难满足服务质量要求，违反 SLA 的次数会变多，但云资源成本越低。因此，寻找一个合适的管理目标函数是所提出的贡献之一。

2. 影响管理目标的相关因素

本研究致力于为云软件服务分配合适的虚拟机资源，使得其服务质量良好的同时云资源成本最低。如上所述，建立了关于服务质量 QoS 和云资源成本 Cost 的目标函数范式，该目标函数是指导资源分配的方向。下面介绍影响目标函数的两大因素(服务质量 QoS 和云资源成本 Cost)。

1) 云软件服务质量

定义 3.2：对于云软件服务的服务质量，它会随着工作负载的变化和分配的资源情况不同，而随之波动。因此，将工作负载和已分配的虚拟机记作影响服务质量的自变量。用 R(Request)表示工作负载，用 VM(Virtual Machine)表示已分配的虚拟机。那么，服务质量 QoS 关于工作负载 R 和已分配的虚拟机 VM 之间的关系，可以用函数范式表示如下：

$$\text{QoS} = f(R, \text{VM}) \tag{3-2}$$

寻找一个合适的函数准确地刻画 QoS 和 R、VM 之间的关系，即对给定的工作负载 R 和已分配的虚拟机 VM，通过函数预测出来的服务质量 QoS 要尽可能地接近真实值。

对于式(3-2)中工作负载 R 的定义见定义 3.3。

定义 3.3：对于每一个软件服务，请求类别的总数是一定的。因此，可以用 R 表示负载请求全集，n 表示负载请求种类的总数。对于每一种负载请求，某个时刻的负载请求情况如式(3-3)所示，其中，r_i^t 表示 t 时刻第 i 种类型请求的数量：

$$R^t = \{r_1^t, r_2^t, \cdots, r_i^t, \cdots, r_n^t\} \tag{3-3}$$

对于一个云软件服务，因为工作负载是随时变化的，因此在不同时刻，请求的种类和数量往往是不同的。云软件服务的服务质量水平会随着工作负载的变化而波动。一般地，服务质量水平会随着负载请求的不断增长而下降。

对于式(3-2)中已分配的虚拟机情况 VM 的定义见定义 3.4。

定义 3.4：用 VM 表示已分配的虚拟机全集，m 表示虚拟机种类的总数。对于，某个时刻的虚拟机分配情况如式(3-4)所示，其中，vm_k^t 表示 t 时刻第 k 种类型虚拟机的数量：

$$\mathrm{VM}^t = \{\mathrm{vm}_1^t, \mathrm{vm}_2^t, \cdots, \mathrm{vm}_k^t, \cdots, \mathrm{vm}_m^t\} \tag{3-4}$$

对于一个云软件服务，在不同时刻，分配的虚拟机资源的类型和数量也不一定相同。云软件服务的服务质量水平也会随着已分配的虚拟机资源变化而波动。一般地，服务质量水平会随着虚拟机的减少而下降。

2）云资源成本

对于云资源成本 Cost，其不仅是租用云虚拟机的价格总和 $\mathrm{Cost_L}$(Leased Cost)，还应包括下线已分配的虚拟机的代价 $\mathrm{Cost_D}$(Discontinued Cost)。因为，"下线已分配的虚拟机"这一操作是具有代价的。首先，虚拟机租用价格一般是按时长计算的，比如包天、包月、包年等，即使实际使用时长少于购买的时长，也需要付出全部的费用，因此下线未到期的虚拟机会造成金钱浪费；其次，下线已分配的虚拟机可能丢失未处理完的请求，导致服务质量下降。因此，$\mathrm{Cost_D}$ 的设置，避免在决策阶段不断地下线或替换已分配的虚拟机，导致金钱浪费和服务质量水平的波动。

因此，对于云资源成本 Cost 的定义见定义 3.4。

定义 3.5：t 时刻的云资源成本 Cost^t，等于租用云虚拟机的价格总和 $\mathrm{Cost_L^t}$ 和下线已分配的虚拟机的总代价 $\mathrm{Cost_D^t}$ 之和：

$$\mathrm{Cost}^t = \mathrm{Cost_L^t} + \mathrm{Cost_D^t} \tag{3-5}$$

对于式(3-5)中租用云虚拟机的价格总和 $\mathrm{Cost_L^t}$，是已分配的虚拟机数量及其对应的单价的乘积的和。相关定义如下：

定义 3.6：不同类型的虚拟机具有不同的单价。用 UPrice(Unit Price)表示单价全集，其中，uprice_k 表示第 k 种虚拟机的单价。

$$\mathrm{UPrice} = \{\mathrm{uprice}_1, \mathrm{uprice}_2, \cdots, \mathrm{uprice}_k, \mathrm{uprice}_m\} \tag{3-6}$$

定义 3.7：那么，对于 t 时刻已分配的虚拟机总价钱，记作 $\mathrm{Cost_L^t}$，等于已分配的虚拟机数量和单价的乘积的总和，如下：

$$\begin{aligned}\mathrm{Cost_L^t} &= \mathrm{UPrice} \cdot \mathrm{VM}^t \\ &= \mathrm{uprice}_1 \mathrm{vm}_1^t + \mathrm{uprice}_2 \mathrm{vm}_2^t + \cdots + \mathrm{uprice}_m \mathrm{vm}_m^t\end{aligned} \tag{3-7}$$

对于式(3-5)中下线已分配的虚拟机的总代价 $\mathrm{Cost_D^t}$，相关定义见定义 3.8。

定义 3.8：对于某种虚拟机，取其单价的 $1/d$ 作为被下线的代价。如果 t 时刻 k 类型的虚拟机数量为 vm_k^t，$t-1$ 时刻 k 类型的虚拟机数量为 vm_k^{t-1}，那么，t 时刻该类型虚拟机下线的代价(Damage Cost)表示如下：

$$\mathrm{DCost}_k^t=\begin{cases}0, & \mathrm{vm}_k^t > \mathrm{vm}_k^{t-1}\\ \dfrac{1}{d}\cdot \mathrm{uprice}_k \cdot \mid \mathrm{vm}_k^t - \mathrm{vm}_k^{t-1} \mid, & \mathrm{vm}_k^t \leqslant \mathrm{vm}_k^{t-1}\end{cases} \tag{3-8}$$

在式(3-8)中,对于虚拟机减少的情况,即 $\mathrm{vm}_k^t \leqslant \mathrm{vm}_k^{t-1}$,当 d 无穷大时,DCost_k^t 接近0,表示忽略了下线该虚拟机的代价,允许下一时刻的虚拟机分配情况跟当前时刻完全不一样,即先下线当前时刻该类型全部的虚拟机并重新分配其他类型的虚拟机;而当 d 无穷小时,DCost_k^t 无限大,表示不允许下线已分配的虚拟机。那么,t 时刻所有的虚拟机下线代价总和 $\mathrm{Cost}_\mathrm{D}^t$ 表示如下:

$$\mathrm{Cost}_\mathrm{D}^t=\mathrm{DCost}_1^t+\mathrm{DCost}_2^t+\cdots+\mathrm{DCost}_k^t+\cdots+\mathrm{DCost}_m^t \tag{3-9}$$

至此,便完成了云软件资源分配问题域中相关因素的定义。其中,寻找一个合适的管理目标函数,使得根据该函数得到资源分配方案,能在保证良好的服务质量同时使得云资源成本最低。寻找一个合适的函数准确地刻画 QoS 和 R、VM 之间的关系,从而实现对给定的工作负载 R 和虚拟机分配情况 VM,能准确地预测出对应的服务质量 QoS。

3.1.4 基于机器学习的资源分配方法

本章针对如何为云软件服务设计和实现资源自适应分配的问题,基于机器学习的模型机器学习能力和遗传算法的快速求解能力,提出了一种基于机器学习的资源分配方法。对于给定的云软件服务,首先基于其历史数据集训练得到 QoS 预测模型。它能根据当前的工作负载和资源分配情况,预测出对应的 QoS 值。然后,基于遗传算法建立在线决策机制。基于定义综合考虑服务质量和云资源成本相结合的适应度函数,遗传算法可以快速搜索得到高质量的资源分配方案。最后,在 CloudStack 云平台上搭建 RUBiS 软件服务,并设计相应实验对该方法进行评估。结果表明:当数据集完整时,基于机器学习的资源分配方法可以得到准确率超过 90%的 QoS 预测模型,且和传统规则驱动的方法相比,资源利用率提高了 10%~30%。

1. 方法概览

图 3-1 是本节方法的框架图,主要包含 4 个部分:云资源模块、离线数据输入模块、在线机器学习模块、自适应管理模块。

云资源模块主要是通过云平台管理软件的 API 接口对云资源进行监控和控制。其中,通过监控模块可以获得实时的请求负载情况、已分配的虚拟机情况以及服务质量水平等;通过执行模块可以根据目标分配方案进行资源的调整。

离线数据输入模块用于获取已知的数据,包括某个软件服务的工作负载类型、选用的虚拟机类型和单价,以及服务质量需求等。

在线机器学习模块首先对响应时间建立服务质量映射函数,使其更能反映出服务质量的好坏;然后通过机器学习,建立工作负载、已分配的资源和服务质量之间的关系模型。

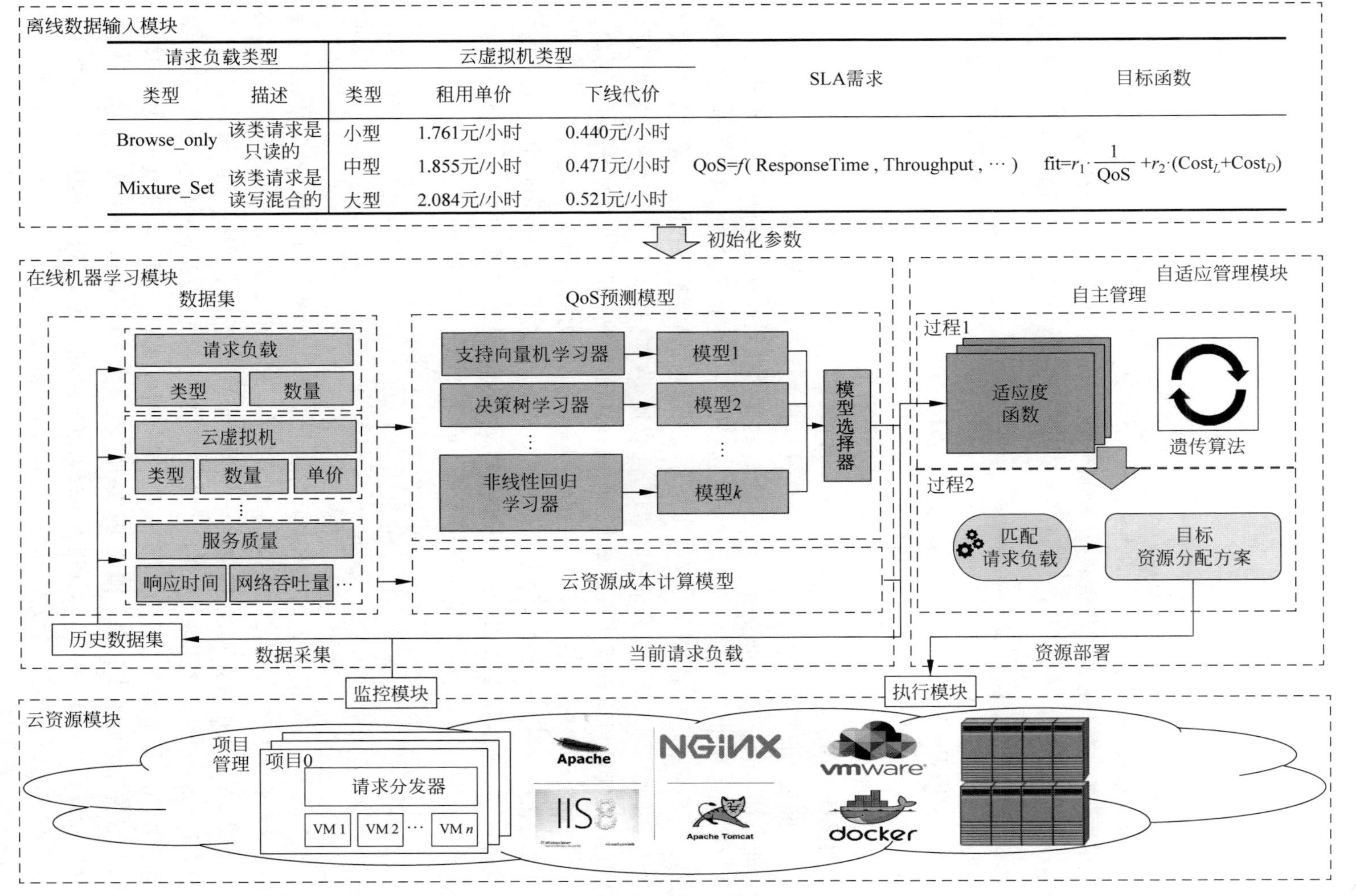
离线数据输入模块
请求负载类型
云虚拟机类型
类型
描述
类型
租用单价
下线代价
SLA需求
目标函数
Browse_only
该类请求是只读的
Mixture_Set
该类请求是读写混合的
小型 1.761元/小时 0.440元/小时
中型 1.855元/小时 0.471元/小时
大型 2.084元/小时 0.521元/小时
QoS=f(ResponseTime , Throughput , …)
fit=r1·1/QoS +r2·(CostL+CostD)
初始化参数
在线机器学习模块
数据集
请求负载
类型
数量
云虚拟机
类型
数量
单价
服务质量
响应时间
网络吞吐量…
QoS预测模型
支持向量机学习器
决策树学习器
非线性回归学习器
模型1
模型2
模型k
模型选择器
云资源成本计算模型
历史数据集
数据采集
当前请求负载
自适应管理模块
自主管理
过程1
适应度函数
遗传算法
过程2
匹配请求负载
目标资源分配方案
资源部署
监控模块
执行模块
云资源模块
项目管理
项目0
请求分发器
VM 1
VM 2
VM n
Apache
NGINX
vmware
IIS
Apache Tomcat
docker

图 3-1 方法概览

在自适应管理模块中，建立了合适有效的管理目标函数。该目标函数可以很好地兼顾服务质量水平和云资源成本。基于目标函数，通过遗传算法可快速得到合适的资源分配方案。

本章将主要介绍“在线机器学习模块”和“自适应管理模块”。

2. 服务质量预测模型

本部分对“在线机器学习模块”的内容进行详述。首先介绍响应时间的映射函数，将响应时间映射成一定区间内S形的连续数值；接着介绍训练数据集的组成；最后介绍多种机器学习方法如何建立工作负载、已分配的资源和服务质量之间的关系模型。

1) 模型定义

(1) 服务质量映射函数。

响应时间RT(Response Time)是软件服务性能的一个重要指标。一般地，人们直接使用响应时间表示服务质量。因此，对于一个云软件服务，要使服务质量满足用户的要求，则要使用户的等待时间尽量控制在用户可以接受的范围之内，即 $0<RT<RT_{SLA}$。

虽然响应时间RT可以直接地反映当前云软件服务的服务质量情况，但是对服务质量的变化程度缺乏敏感度。比如，当SLA要求响应时间在2s以内，当满足SLA时，RT=1.9s对应的奖励是0.1，RT=1.8s对应的奖励是0.2；当违反SLA时，RT=2.1s的惩罚也是0.1，RT=2.2s的惩罚也是0.2。这样均等分布的奖励和惩罚不利于服务质量水平的控制，难以实现减少SLA违反的次数。一个好的服务质量指标，当响应时间RT从0s不断靠近2s时，服务质量应下降得越来越快；特别地，随着RT超过了2s，服务质量也应迅速下降。这样剧烈的变化程度，可以使得响应时间对SLA的要求更加敏感，从而有可能实现SLA违反次数的减少。因此，提出将响应时间RT通过Sigmoid函数映射成0～1的S形变化的曲线，以SLA的需求 RT_{SLA} 作为中心对称点，越靠近中心对称点变化越大，这样的一条曲线，称之为服务质量曲线，如式(3-10)所示，其中，a 表示曲线开口朝向，当 $a<0$ 时，曲线开口向左开放；相反地，开口向右开放；同时 a 的绝对值大小影响曲线曲率变化快慢，曲线曲率变化随着 a 的绝对值变大而加快。

$$\begin{aligned} \mathrm{QoS} &= \mathrm{Sigmoid}(\mathrm{RT},[a\,\mathrm{RT}_{\mathrm{SLA}}]) \\ &= \frac{1}{1+\mathrm{e}^{-a(\mathrm{RT}-\mathrm{RT}_{SLA})}} \end{aligned} \tag{3-10}$$

图3-2是一条以RT=2.0s，QoS=0.5为中心对称点，变化曲率 $|a|=3$ 的服务质量曲线。RT越小，QoS值越大，表示服务质量越高；RT越大，则QoS越小，服务质量越差。从图3-2中可以直观地看出，当QoS值大于或等于0.5时，表示符合SLA要求；相反地，当QoS小于0.5时，则表示违反了SLA要求。相比于直接使用响应时间RT，使用QoS会对SLA要求具有更高的敏感性，RT越接近2.0，QoS值下降得越快，且当RT=2.0时，具有最大的曲线斜率。因此，只要RT稍微大于 RT_{SLA}，QoS值就会急剧下降。如RT=2.1s时，QoS=0.4256；RT=2.2s时，QoS=0.3543；这样急剧而不均等的变化可以得到“小违反大惩罚”的效果，从而实现减少违反SLA的次数。

(2) 训练数据集。

如图3-1所示，采集的数据集主要包含了3部分：负载请求、已分配的虚拟机以及服

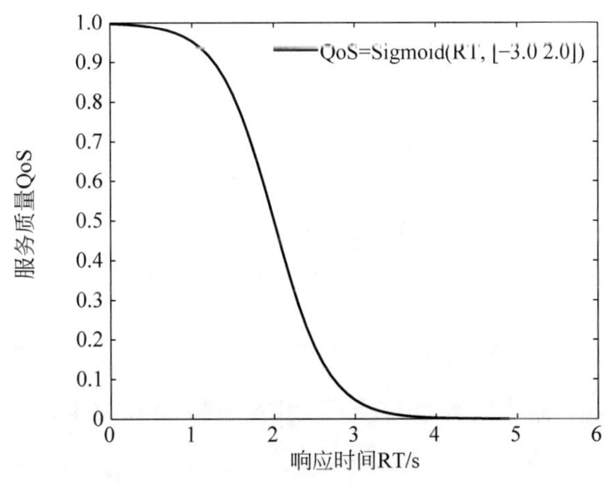

图 3-2 服务质量映射函数

务质量。结合 3.1.3 节的问题定义,假设有 n 种请求,m 种虚拟机,那么数据集可以表示成表 3-2。

其中,$R=\{x_{c,1},x_{c,2},\cdots,x_{c,n}\}$对应 n 种请求的数量; $\mathrm{VM}=\{x_{c,n+1},x_{c,n+2},\cdots,x_{c,n+m}\}$对应 m 种虚拟机的数量。对于服务质量 QoS,是对采集的响应时间 RT 进行映射后得到的。

表 3-2 QoS 预测模型的数据集

R				**VM**				**QoS**
$x_{1,1}$	$x_{1,2}$	…	$x_{1,n}$	$x_{1,n+1}$	$x_{1,n+2}$	…	$x_{1,m+n}$	y_1
$x_{2,1}$	$x_{2,2}$	…	$x_{2,n}$	$x_{2,n+1}$	$x_{2,n+2}$	…	$x_{2,m+n}$	y_2
…	…	…	…	…	…	…	…	…
$x_{c,1}$	$x_{c,2}$	…	$x_{c,n}$	$x_{c,n+1}$	$x_{c,n+2}$	…	$x_{c,m+n}$	y_c

(3) 服务质量预测模型。

如 3.1.3 节所述,QoS 是关于 R 和 VM 的函数。令因变量 $Y=\mathrm{QoS}$,自变量 $X=\{R,\mathrm{VM}\}$,建立服务质量预测模型如式(3-11)所示。

$$\mathrm{QoS}=Q=(R,\mathrm{VM}) \tag{3-11}$$

2) 模型训练

对于服务质量预测模型,通过 3 种回归方法(非线性回归、支持向量机以及分类与回归树)建立 QoS 与 R、VM 之间的关联。

(1) 非线性回归方法。

对于非线性回归方法,需要设置回归方程和损失函数。根据先验知识,服务质量 QoS 一般和工作负载 R 成正比,和分配的虚拟机数量的平方 VM^2 成正比,因此,设置回归方程如下:

$$\begin{aligned} y_c = & w_1 x_{c,1} + w_2 x_{c,2} + \cdots + w_n x_{c,n} + w_{n+1} x_{c,n+1}^2 + \cdots + \\ & w_{n+m} x_{c,n+m}^2 + b \end{aligned} \tag{3-12}$$

其中,$<\boldsymbol{W},b>$是所要求解的参数。设置损失函数为真实值 y_{actual} 和预测值 $y_{\text{predicted}}$ 之间

的误差平方和，即$|y_{\text{actual}}-y_{\text{predicted}}|^2$。如 2.2.1 节所述，可以通过牛顿迭代法等进行参数求解。

(2) 支持向量机方法。

对于支持向量机方法，认为训练数据 QoS、R、VM 之间是线性不可分的，因此，需要引入核函数进行解空间的高低维映射。引入核函数后的超平面方程可以简单表示如下：

$$\boldsymbol{Y}=\boldsymbol{U}^{\mathrm{T}}\varphi(\boldsymbol{X})+v \tag{3-13}$$

其中，$<\boldsymbol{U},v>$是所要求解的参数。选用高斯核作为核函数，如下：

$$\varphi(\boldsymbol{x}_e,\boldsymbol{x}_f)=\exp\left(-\frac{\|\boldsymbol{x}_e-\boldsymbol{x}_f\|^2}{2\sigma^2}\right),\quad \boldsymbol{x}_e,\boldsymbol{x}_f\in\boldsymbol{X},\sigma>0 \tag{3-14}$$

如 2.2.2 节所述，通过核函数转换后，引入拉格朗日乘子，再转为对偶问题，即可求解。

(3) 分类与回归树方法。

对于分类与回归树方法，基于训练数据集 $D=\{X,Y\}$，采用平方误差最小化准则进行特征选择，生成回归决策树。如 2.2.3 节所述，如果输入空间可以划分为 M 个区域 $A_1,A_2,\cdots,A_M$，那么生成的决策树各节点值为

$$f(x)=\sum_{m=1}^{M}\hat{c}_m I,\quad x\in\mathbf{R}_m \tag{3-15}$$

对于生成后的决策树从底端开始不断剪枝，直到根节点，形成子树序列；然后通过验证数据集 D'，使用交叉验证法对子树序列进行验证，选择出最优子树。

至此，通过 3 种统计学习的回归方法可以得到 3 个 QoS 预测模型。基于这些 QoS 预测模型，可以对给定的请求负载和分配的虚拟机情况，得到对应的服务质量。

3. 基于遗传算法的决策机制

本部分主要介绍如何使用遗传算法搜索最优的资源分配方案，该过程是在“自适应管理模块”中运行的。

如前所述，基于机器学习的 QoS 预测模型，对于给定工作负载和虚拟机分配情况，可以计算得到对应的服务质量。在已知服务质量和虚拟机分配情况，通过目标函数式(3-1)，可以计算得到当前工作负载和虚拟机分配情况下的目标函数值 Objective。如果当前虚拟机分配情况不是最优方案，那么 Objective 不是当前工作负载下的最优值。需要通过改变虚拟机分配情况，重新计算服务质量、云资源成本和目标函数值 Objective，并进行是否最优值的判断；如果是，则输出最优解；如果不是，则重复以上步骤。

因此，这是个典型的搜索解空间的问题，其中解空间随着虚拟机种类和数量的增加呈指数型增长。假设可租用的虚拟机类型 m 种，可租用的虚拟机数量上限为 N(一般地，从云中租用虚拟机的数量一般不受限制)，那么资源分配的方案就有 m^N 种。因此，问题的解空间随着 N 和 m 的增长呈爆炸式增长。

因此，可以采用遗传算法搜索解空间求解最优解。对于遗传算法中的染色体编码、适应度函数以及遗传策略，具体设计如下。

1）问题编码

对于云软件服务资源分配问题的编码，本章采用二进制方式进行对染色体编码。一条染色体代表一个资源分配方案。对于每种虚拟机，假设其数量上限为 N，可以用刚好可以大于 N 的 p 位二进制进行表示，得到对应的基因，如式(3-16)所示。如果存在 m 种虚拟机，那么染色体就是连续 m 个 p 位二进制的基因组成，即式(3-17)。

$$c=\{(0\mid 1)_1,(0\mid 1)_2,(0\mid 1)_3,\cdots,(0\mid 1)_p\} \tag{3-16}$$

$$C=\{c_1,c_2,c_3,\cdots,c_m\} \tag{3-17}$$

图 3-3 是一条染色体样例。它表示有 6 种虚拟机，每种虚拟机占 3 个二进制位，即每种虚拟机分别可部署 0～7 台。从左到右，可以分别为 6 种虚拟机命名为 vm_1、vm_2、vm_3、vm_4、vm_5、vm_6。那么该条染色体表示的资源分配方案为 $3\mathrm{vm}_1$、$5\mathrm{vm}_2$、$5\mathrm{vm}_3$、$5\mathrm{vm}_4$、$6\mathrm{vm}_5$、$7\mathrm{vm}_6$。

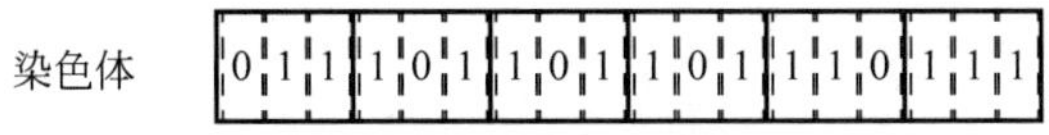

染色体	0 1 1	1 0 1	1 0 1	1 0 1	1 1 0	1 1 1

图 3-3　一个资源分配方案对应的染色体编码

2）适应度函数

适应度函数是指导遗传算法搜寻求解的方向，和所提出的管理目标函数具有相同的意义。因此，采用管理目标函数作为遗传算法的适应度函数。如 3.1 节所述，管理目标是服务质量 QoS 和云资源成本 Cost 之间的权衡。对于 QoS 和 Cost 的整合如下：

$$\begin{aligned}\text{Fitness}&=\text{Objective}\\&=r_1\frac{1}{\text{QoS}}+r_2\text{Cost}\end{aligned} \tag{3-18}$$

具有越低适应度函数值的染色体越优秀，越有机会生存。相比于其他常见的使用遗传算法的问题不同，它们绝大多数取适应度函数值越高的染色体进行保留或者变异遗传。

对于式(3-18)，关于服务质量 QoS 和云资源成本 Cost 之间的权衡分析如下：

对于式(3-18)，在确定的工作负载下，虚拟机的分配情况，既是自变量，又是最终调整的对象；它同时影响着云软件服务的服务质量 QoS 和云资源成本 Cost。随着虚拟机分配的数量越多，响应时间 RT 越低，服务质量 QoS 值越大，则 1/QoS 值越小，而云资源成本 Cost 也高；相反地，虚拟机数量越少，响应时间 RT 越大，服务质量 QoS 值就会变小，则 1/QoS 值越大，而云资源成本 Cost 降低了。可以看出，虚拟机的分配情况对目标函数的两大组成(1/QoS 和 Cost)影响方向是相反的，从而实现了更好的权衡效果。

对于式(3-18)，在某个工作负载下，取使其达到最小值的资源分配方法为最优解。该方程可以有效地避免两极分化的现象，即部署的虚拟机数量为 0 或无穷多的现象。当部署的虚拟机数量为 0 时，RT 会无穷大，对应的 QoS 会无限接近于 0，则 1/QoS 值无穷大，最终 Objective 会无穷大，不符合最优解的要求；当部署的虚拟机数量无穷多的时候，RT 会接近于 0，那么 QoS 则无限接近 1，即对于方程的前半部分约等于 r_1；但由于虚拟机数量过多，Cost 越来越大，最终 Objective 也会无穷大，也不符合最优解的要求。

在式(3-18)中，r_1、r_2 参数是服务质量 QoS 和云资源代价 Cost 的权重比例。管理人员可以针对不同的云软件服务设定不同的比例。如果云软件服务对服务质量要求较高，可以使 $r_1>r_2$；并根据服务质量的优先等级，设置 r_1、r_2 之间的差距。同理，当云软件服务使用的用户有限(如某个组织的内网系统)，且不需要满足高水平的服务质量时，可以使 $r_1<r_2$，并设置它们之间的差距。

3) 染色体更新策略

在本章里，使用的遗传策略有 3 个：选择、突变以及交叉。

对于选择策略，如 2.2.4 节所述，选择是从当代染色体群体中选择具有更优适应度函数值的染色体进入下一代群体。采用轮盘赌，即相对概率选择，进行染色体的选择。轮盘赌的相对概率表达式如式(3-19)所示，具有更优的适应度值的染色体成为下一代新成员的可能性更高。

$$\operatorname{pro}(C_k)=1-\frac{\operatorname{Fitness}(C_k)}{\sum_{k=1}^{m}\operatorname{Fitness}(C_k)} \tag{3-19}$$

对于突变策略，突变是从单亲染色体中，改变某个基因位的值来产生新的染色体。首先在染色体中随机选择一个基因位点，然后将其属性值更改为一个新值(例如，0 变为 1，或 1 变为 0)。如图 3-4 所示，染色体 P 的左二基因由 101 突变成 010，形成了新的染色体 S。

对于交叉策略：交叉用于繁殖新的染色体。一对现有的染色体，称之为父母染色体，是交叉运算的操作对象。两个父母染色体通过交换一段基因以产生子染色体。图 3-5 阐述了这一过程：P1 和 P2 是父母染色体，S1 和 S2 是生成的子染色体。P1 中的基因段 010101101 和 P2 的基因段 011100110 进行了交叉互换，形成了新的子染色体 S1 和 S2。

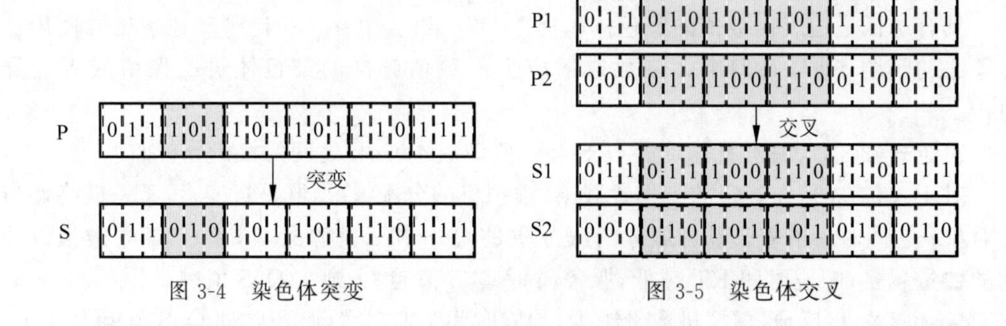

图 3-4　染色体突变　　　图 3-5　染色体交叉

4) 算法流程

设计完遗传策略后，可以通过基本的遗传算法步骤进行解空间搜索与求解。基本的遗传算法步骤如下：

步骤 1，初始化相关参数的值，如种群大小、最大迭代次数和初始种群大小等。

步骤 2，通过式(3-18)计算各染色体的适应度值，然后选择适应度函数值最低的染色体为最佳染色体。

步骤 3，通过选择、变异和交叉操作更新种群。

步骤 4，重新计算各染色体的适应度函数值，更新最佳染色体。

步骤 5，继续执行第 3 步，直到满足条件，比如达到最大迭代次数或最优值在一定时间或连续一定迭代次数内不变等。

对于一个给定的工作负载,遗传算法可以计算出合适的目标资源分配方案。根据得到的目标资源分配方案,通过 CloudStack 云平台编程接口,直接进行资源调整。至此,云软件服务完成当前工作负载下的资源调整。等到工作负载发生变化时,重复以上步骤,重新进行资源方案的计算和资源的调整。

3.1.5 基于机器学习和自校正的资源分配方法

针对如何为云软件服务设计和实现资源自适应分配的问题,3.1.4 节提出了一种基于机器学习的资源分配方法。首先,它首先基于历史数据集训练得到 QoS 预测模型,能根据当前的工作负载和资源分配情况,预测出对应的服务质量。然后建立基于遗传算法的在线决策机制,它能根据服务质量和云资源成本相结合的适应度函数,快速地搜索求解。该方法实现了对于给定的工作负载,可以快速搜索得到最优资源分配方案。其中,服务质量贯穿方法的始终,从通过 QoS 预测模型得到服务质量,到权衡服务质量和云资源成本建立管理目标函数用于搜索资源分配方案。因此,QoS 预测模型的准确性高低是影响最终资源分配方案好坏的直接因素。

一个高准确性的 QoS 预测模型依赖于庞大且分布广泛的训练数据集。一旦 QoS 预测不准时,会导致最终分配的资源偏多或偏少。当资源分配偏多时,需要支付更多不必要的金钱来维护当前的虚拟机资源,这违反了最小化资源成本的原则;相反,当资源分配偏少时,云软件服务的服务质量水平必定下降,响应时间变长,违反 SLA 要求的同时,用户体验变差,甚至最终用户流失,影响到业务价值的实现。并且,庞大的训练集数据必定是一个长期收集的过程,在此过程中,QoS 模型的准确性难以保证和维持在高准确率的水平上。

与此同时,可以认为"在 QoS 预测模型不够准确的情况下,对遗传算法得到的资源分配方案进行一步到位的调整方式"会直接扩大结果的偏差。而将一步到位的资源调整方式改为多步执行,并在每步资源分配过程中收集实时的运行数据,用于 QoS 模型的自我校正,再指导下一步的资源分配,是一个有效的解决方案。这与反馈控制理论的思路不谋而合,反馈控制理论旨在对系统加以控制,通过监控和获取控制器的反馈信息,以便不断修正预计输出与实际输出之间的偏差。

因此,本节针对 3.1.4 节的方法,进行改进和提升,将机器学习和自校正控制理论相结合,提出一种基于机器学习和自校正的资源分配方法。首先,对于给定的工作负载,QoS 预测模型基于自校正控制理论和运行时的数据集进行不断地自我校正,从而得到一个渐近式的 QoS 预测模型,使其在当前工作负载下的准确率不断提高;然后,引入反馈控制,设计了一个新的资源调整方案。在循环过程中,当前资源分配情况需要根据其与目标资源分配方案之间的差异进行调整。在此期间,不断收集运行时数据用于 QoS 预测模型的自我校正。最后,在 CloudStack 云平台上搭建 RUBiS 基准软件服务,并进行实验和评估,结果表明,相比于 3.1.4 节的方法,改进后的方法可以将 QoS 预测模型的局部精度提高 20%~24%,并且性能比原方法提高了 4%~8%。

1. 方法概览

图 3-6 是本节方法的框架图，主要包含了 3 部分：云资源模块、离线数据输入模块和反馈控制模块。将反馈控制环引入到云软件服务的自适应资源分配中。对于每个控制循环，即在反馈控制模块中都有 3 个步骤：QoS 预测模型自校正模块、搜索目标分配方案模块、计算资源调整方案模块。

其中，云资源模块是通过云平台管理软件的 API 接口对云资源进行监控和控制的。监控模块主要是收集云软件服务的运行时数据，包括负载请求的种类和数量、虚拟机的种类和已部署的数量以及实时的服务质量水平。控制模块是根据实际资源调整方案在云平台上进行对应的部署或者停止虚拟机。

离线数据输入模块用于获取已知的数据，包括云软件服务的工作负载类型、选用的虚拟机类型和单价、SLA 需求以及目标函数等。

反馈控制模块是核心模型，它是一个不断循环和反馈的过程。

(1) 在“QoS 预测模型自校正模块”中，最开始是“在线机器学习模块”，该模块与 4.2 节的对应部分一致，首先对响应时间建立服务质量映射函数，使其更能反映出服务质量的好坏；再通过机器学习，建立工作负载、已分配的资源和服务质量之间的关系模型。得到的 QoS 预测模型会初始化到下一个“QoS 预测模型自校正模块”中。该模块详见 3.1.4 节的工作，此处不再赘述。

(2) 接着，收集其在某个工作负载下的运行时数据，通过自校正控制技术提高 QoS 预测模型在当前工作负载下的准确度。每当虚拟机资源重新调整后，就开始收集运行时数据，同样地，包括工作负载、已分配的资源和 QoS 值等信息。其中，自校正控制技术是根据收集到的运行时数据，对 QoS 预测模型的参数进行重估计和再调整，以提高当前工作负载下 QoS 预测模型的准确度。校正后的 QoS 预测模型将被传递到“搜索目标分配方案模块”，用于搜索当前工作负载下的最优分配方案。

(3) 在“搜索目标分配方案模块”中，结合服务质量 QoS 和云资源成本 Cost 构建适应度函数，并使用改进的粒子群优化算法来搜索目标资源分配方案，目标资源分配方案实际上是基于适应度函数的全局最优解。对于适应度函数中的 QoS 预测模型来说，QoS 预测模型越准确，求解的目标分配方案越合适。因此，当 QoS 预测模型发生变化时，都需要重新计算目标分配方案。求得的目标分配方案将被传递到“计算资源调整方案模块”中以求解当前所需分配的资源情况。

(4) 在“计算资源调整方案模块”中，将当前的资源分配情况与搜索到的目标资源分配方案进行比较，得到二者之间的差异，然后按一定的比例进行资源调整。在此期间，虚拟机是逐一添加或删除的。每添加或删除一台虚拟机，都收集云软件服务的运行时数据。

(5) 重复上述步骤(2)～(4)，直到当前的资源分配情况和目标分配方案相同时，即完成了资源调整。

2. 服务质量预测模型

对于“在线机器学习模块”，如 3.1.4 节所述，可以通过多种机器学习的回归方法建立

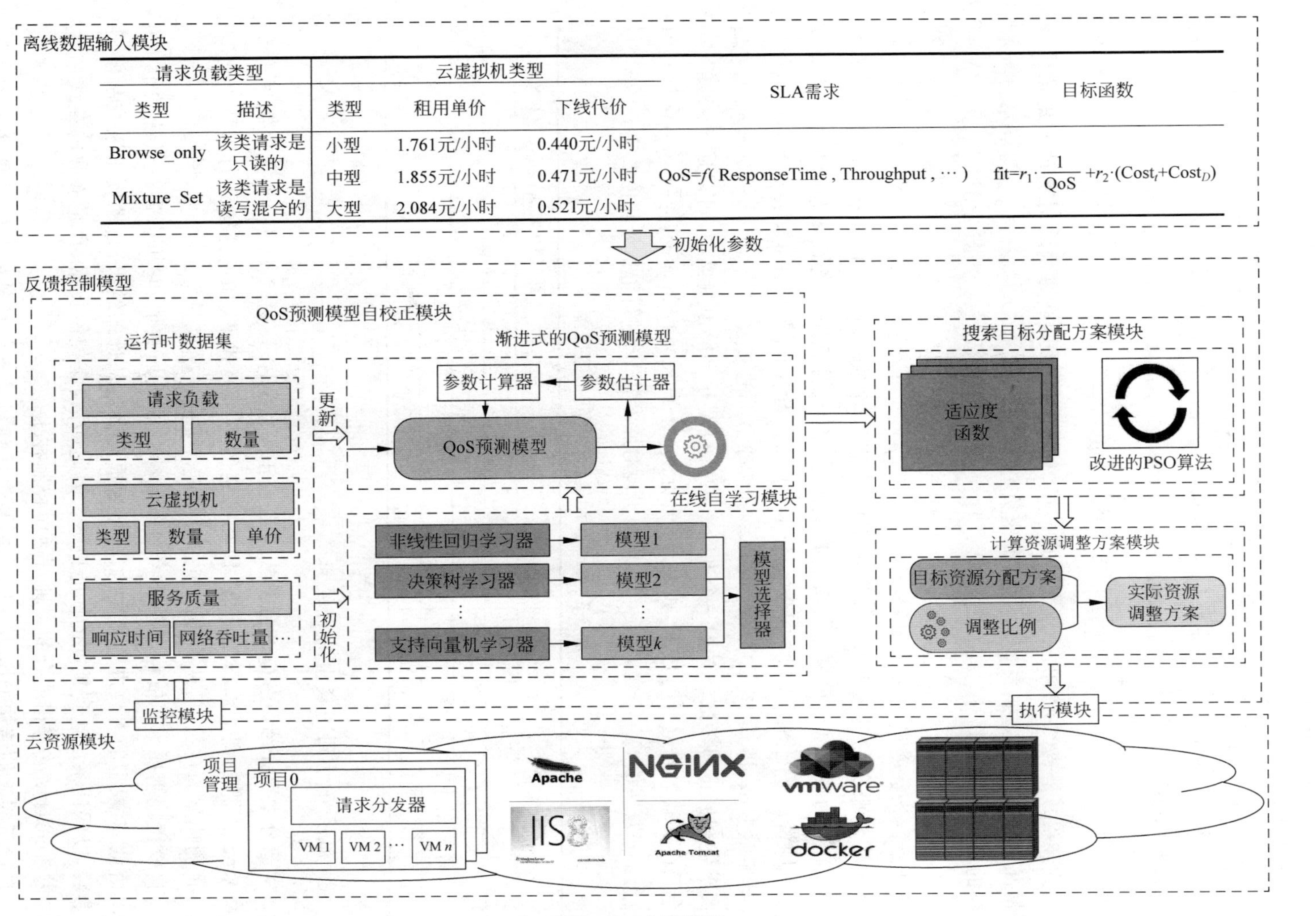
离线数据输入模块
请求负载类型
类型
描述
Browse_only
该类请求是只读的
Mixture_Set
该类请求是读写混合的
云虚拟机类型
类型
租用单价
下线代价
小型
1.761元/小时
0.440元/小时
中型
1.855元/小时
0.471元/小时
大型
2.084元/小时
0.521元/小时
SLA需求
QoS=f(ResponseTime , Throughput , ⋯)
目标函数
$fit=r_1\cdot\frac{1}{QoS}+r_2\cdot(Cost_I+Cost_D)$
初始化参数
反馈控制模型
QoS预测模型自校正模块
运行时数据集
请求负载
类型
数量
云虚拟机
类型
数量
单价
服务质量
响应时间
网络吞吐量
更新
初始化
渐进式的QoS预测模型
参数计算器
参数估计器
QoS预测模型
在线自学习模块
非线性回归学习器
决策树学习器
支持向量机学习器
模型1
模型2
模型k
模型选择器
搜索目标分配方案模块
适应度函数
改进的PSO算法
计算资源调整方案模块
目标资源分配方案
调整比例
实际资源调整方案
监控模块
执行模块
云资源模块
项目管理
项目0
请求分发器
VM 1
VM 2
VM n
Apache
NGINX
vmware
docker
Apache Tomcat

图 3-6　方法概览

服务质量预测模型。机器学习可以赋予云软件服务机器学习得到服务质量预测模型。这里主要对基于回归方法的 QoS 预测模型进行自校正，因此本部分主要介绍服务质量的统一回归模型。

如 4.2 节所述，以负载请求情况 R（包括种类和数量）、分配的虚拟机情况 VM（包括种类和数量）作为输入，以服务质量 QoS（响应时间 RT 的映射值）作为输出，建立统一的非线性回归模型，公式如下：

$$\text{QoS}\sum_{l=0}^{m+n} w_l x_l^{p_l} \tag{3-20}$$

式(3-20)是式(3-12)的一般表达式。其中，自变量 X 是包含负载请求 R 和虚拟机分配情况 VM 的集合。如表 3-3 所示，工作负载即 $R=\{x_{c,1}, x_{c,2}, \cdots, x_{c,n}\}$，表示有 n 种类型的负载请求；其中，$x_{c,l}$ 表示第 l 种负载请求的数量。资源分配情况是 $\text{VM}=\{x_{c,n+1}, x_{c,n+2}, \cdots, x_{c,n+m}\}$，表示有 m 种类型的虚拟机；其中，$x_{c,n+l}$ 表示第 l 种虚拟机的数量。指数变量 $\text{Parameter}=\{p_1, p_2, \cdots, p_{m+n}\}$ 是自变量 X 的指数参数，可以根据每个云软件服务的特点和要求，设定不同的值。当 Parameter 的值全部取 1 时，那么式(3-20)变为线性回归模型；在 3.1.4 节中，是对自变量 X 中工作负载 R 的指数参数全部取 1，而对资源分配情况 VM 的指数参数全部取 2。当然地，当 $l=0$ 时，取 $p_0=0$，那么$=1$，w_0 即常量参数，即式(3-12)中的参数 b。式(3-20)中的参数 $W=\{w_0, w_1, \cdots, w_{n+m}\}$ 是所要求解和修正的参数。对于一个准确率不高的服务质量预测模型，可以通过采集其在某个工作负载下的运行时数据，如表 3-3 所示，基于自校正控制理论，通过最小化预测值 $Q_{\text{predicted}}$ 和真实值 Q_{actual} 之间的误差，从而实现对原参数 W 进行重估计和再整定。

表 3-3　QoS 预测模型自校正的数据集

R				VM				$\text{QoS}_{\text{predicted}}$	$\text{QoS}_{\text{actual}}$
$x_{1,1}$	$x_{1,2}$	…	$x_{1,n}$	$x_{1,n+1}$	$x_{1,n+2}$	…	$x_{1,m+n}$	y_1	y_1'
$x_{2,1}$	$x_{2,2}$	…	$x_{2,n}$	$x_{2,n+1}$	$x_{2,n+2}$	…	$x_{2,m+n}$	y_2	y_2'
…	…	…	…	…	…	…	…	…	…
$x_{c,1}$	$x_{c,2}$	…	$x_{c,n}$	$x_{c,n+1}$	$x_{c,n+2}$	…	$x_{c,m+n}$	y_c	y_c'

3. 服务质量预测模型的自校正

本部分主要介绍，在“QoS 预测模型自校正模块”中，是如何使用自校正控制理论来提高 QoS 预测模型的局部准确度，即在特定的工作负载下，如何通过运行时数据进行 QoS 预测模型的自校正，从而提高当前工作负载下的准确率。

自校正控制技术不依赖于系统控制模型参数的确切数值，它可以通过系统的输入/输出信息，对模型的参数进行在线估计，然后根据参数估计的结果，自动校正原控制模型的参数，以保证系统达到预期的性能指标。因此，自校正控制技术，也是参数的在线估计与参数在线自动整定相结合的一种自适应控制技术。

自校正控制的结构如图 3-7 所示，主要包括参数递推估计器和参数计算器。参数递推估计器的作用是根据系统的输入输出信息，连续不断地估计控制模型的参数，并将参数的估计值送到参数计算器。参数计算器则将原控制模型的参数和新的参数估计值进行计算和整定(一般按比例整定),并将最后计算结果更新到模型中,使得控制模型的预测性能达到最优或者接近最优状态。

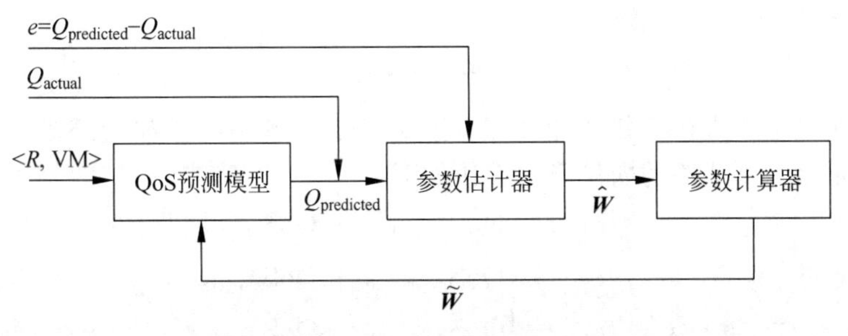

图 3-7 自校正控制模型

1) 服务质量预测模型的参数估计

在参数递推估计器中,计算 QoS 预测模型的局部最优参数向量。过程如下:

对于某个工作负载,在不断的资源调整过程,假设收集了 u 组运行时数据,包括工作负载、虚拟机分配情况以及真实的 QoS 值 $\text{QoS}_{\text{actual}}$。基于得到工作负载和虚拟机情况可以根据式(3-20),得到如下的 u 个 QoS 预测方程:

$$\begin{cases} \text{QoS}_{\text{predicted1}} = w_0 + w_1 x_{1,1}^{p_1} + w_2 x_{1,2}^{p_2} + \cdots + w_{n+m} x_{1,n+m}^{p_{n+m}} \\ \text{QoS}_{\text{predicted2}} = w_0 + w_1 x_{2,1}^{p_1} + w_2 x_{2,2}^{p_2} + \cdots + w_{n+m} x_{2,n+m}^{p_{n+m}} \\ \text{QoS}_{\text{predicted3}} = w_0 + w_1 x_{3,1}^{p_1} + w_2 x_{3,2}^{p_2} + \cdots + w_{n+m} x_{3,n+m}^{p_{n+m}} \\ \text{QoS}_{\text{predicted}u} = w_0 + w_1 x_{u,1}^{p_1} + w_2 x_{u,2}^{p_2} + \cdots + w_{n+m} x_{u,n+m}^{p_{n+m}} \end{cases} \tag{3-21}$$

对于一个已知的 QoS 预测模型,指数变量 Parameter 是固定的,不是本章所关注的需要修正的对象。因此,对方程(20)进行用向量-矩阵形式表达如下:

$$\begin{bmatrix} \text{QoS}_{\text{predicted1}} \\ \text{QoS}_{\text{predicted2}} \\ \text{QoS}_{\text{predicted3}} \\ \vdots \\ \text{QoS}_{\text{predicted}u} \end{bmatrix} = \begin{bmatrix} 1 & x_{1,1}^{p_1} & x_{1,2}^{p_2} & \cdots & x_{1,n+m}^{p_{n+m}} \\ 1 & x_{2,1}^{p_1} & x_{2,2}^{p_2} & \cdots & x_{2,n+m}^{p_{n+m}} \\ 1 & x_{3,1}^{p_1} & x_{3,2}^{p_2} & \cdots & x_{3,n+m}^{p_{n+m}} \\ \vdots & \vdots & \vdots & \ddots & \vdots \\ 1 & x_{u,1}^{p_1} & x_{u,2}^{p_2} & \cdots & x_{u,n+m}^{p_{n+m}} \end{bmatrix} \times \begin{bmatrix} w_0 \\ w_1 \\ w_2 \\ \vdots \\ w_{n+m} \end{bmatrix} \tag{3-22}$$

用 $\boldsymbol{Y}$ 表示 u 个预测的输出 QoS 组成的向量,$\boldsymbol{W}$ 为 $n+m+1$ 维的参数向量,$\boldsymbol{\Phi}$ 表示 $u\times(n+m+1)$ 维的输入矩阵,即令:

$$\boldsymbol{Y} = \begin{bmatrix} \text{QoS}_{\text{predicted1}} \\ \text{QoS}_{\text{predicted2}} \\ \text{QoS}_{\text{predicted3}} \\ \vdots \\ \text{QoS}_{\text{predicted}u} \end{bmatrix}, \quad \boldsymbol{W} = \begin{bmatrix} w_0 \\ w_1 \\ w_2 \\ \vdots \\ w_{n+m} \end{bmatrix}, \quad \boldsymbol{\Phi} = \begin{bmatrix} 1 & x_{1,1}^{p_1} & x_{1,2}^{p_2} & \cdots & x_{1,n+m}^{p_{n+m}} \\ 1 & x_{2,1}^{p_1} & x_{2,2}^{p_2} & \cdots & x_{2,n+m}^{p_{n+m}} \\ 1 & x_{3,1}^{p_1} & x_{3,2}^{p_2} & \cdots & x_{3,n+m}^{p_{n+m}} \\ \vdots & \vdots & \vdots & \ddots & \vdots \\ 1 & x_{u,1}^{p_1} & x_{u,2}^{p_2} & \cdots & x_{u,n+m}^{p_{n+m}} \end{bmatrix} \tag{3-23}$$

那么,式(3-22)可以简写成以下向量-矩阵方程:

$$\boldsymbol{Y}=\boldsymbol{\Phi W} \tag{3-24}$$

对于采集的真实的服务质量值 QoS_{actual}，它是 $QoS_{predicted}$ 的最优估计，记作$\hat{r}$；设$\hat{\boldsymbol{W}}$表示 $\boldsymbol{W}$ 的最优估计，则：

$$\hat{\boldsymbol{Y}}=\boldsymbol{\Phi}\hat{\boldsymbol{W}} \tag{3-25}$$

采用最小二乘法进行参数估计，因此，需要使得 QoS 预测值和 QoS 真实值之间的残差的平方差最小。则残差的向量形式表达如下：

$$\boldsymbol{e}=\begin{bmatrix} e_1 \\ e_2 \\ e_3 \\ \vdots \\ e_u \end{bmatrix}=\begin{bmatrix} QoS_{predicted1}-QoS_{actual1} \\ QoS_{predicted2}-QoS_{actual2} \\ QoS_{predicted3}-QoS_{actual3} \\ \vdots \\ QoS_{predictedu}-QoS_{actualu} \end{bmatrix} \tag{3-26}$$

那么，残差的平方差，即指标函数表示如下：

$$\boldsymbol{J}=\boldsymbol{e}^{\mathrm{T}}\boldsymbol{e}=(\boldsymbol{Y}-\boldsymbol{\Phi}\hat{\boldsymbol{W}})^{\mathrm{T}}(\boldsymbol{Y}-\boldsymbol{\Phi}\hat{\boldsymbol{W}}) \tag{3-27}$$

令 $\boldsymbol{J}$ 对$\hat{\boldsymbol{W}}$进行求导，即令$\frac{\partial \boldsymbol{J}}{\partial \hat{\boldsymbol{W}}}=0$，可求出$\hat{\boldsymbol{W}}$。

2）服务质量预测模型的参数整定

参数计算器是为 QoS 预测模型计算并设置新的参数向量$\hat{\boldsymbol{W}}$。它需要对原参数向量 $\boldsymbol{W}$ 与局部最优参数向量$\hat{\boldsymbol{W}}$之间进行权衡，直接使用局部最优系数向量$\hat{\boldsymbol{W}}$会使 QoS 预测模型陷入局部最优，即在其他工作负载情况下，QoS 预测模型的准确度具有失准的可能性。因此，需要对原系数向量 $\boldsymbol{W}$ 与局部最优系数向量$\hat{\boldsymbol{W}}$进行按比例整定，如式(3-28)所示。其中，参数 η，专家可以根据不同系统的要求进行设置；更高的 η 值表示对原参数具有更高的置信比例。

$$\widetilde{\boldsymbol{W}}=\eta\boldsymbol{W}+(1-\eta)\widetilde{\boldsymbol{W}} \tag{3-28}$$

4. 基于粒子群优化算法的决策机制

本部分主要介绍在“搜索目标分配方案模块”中，对粒子群优化算法如何进行改进，并怎样搜索求解得到目标资源分配方案。

粒子群优化算法是一种基于群体智能的计算技术，它通常可很快地收敛到局部最优解，但失去了在全局范围内找到更优解的机会。而遗传算法是一种受自然选择过程启发的元启发式算法，通常用于生成高质量的全局最优解。本部分引入了遗传算法的思想，提出一种改进的粒子群优化算法，使其具有较快的收敛速度和较好的全局搜索能力。

传统粒子群优化算法是通过一个候选粒子群来求解问题的。粒子根据一个关于位置和速度的简单数学公式，在解空间中不断移动和更新自己。每个粒子的移动都受到已知局部最优位置(即局部最优粒子)和全局最优位置(即全局最优粒子)的影响，从而促使一些更优的位置被更新后的粒子发现，即粒子群会朝着最优方向不断进化和更新，从而实现求得最优解。

本部分提出了一种改进的粒子群优化算法，用遗传算法的更新策略，包括变异运算和交叉运算，来代替原始粒子的运动。

对于粒子群优化算法中的个体编码、适应度函数以及更新策略，设计如下。

1）问题编码

对于云软件服务资源分配问题的编码，这里采用离散编码方式对粒子进行编码。假设有 m 种虚拟机，每一种虚拟机的数量表示为 $\mathrm{vm}_l(1\leqslant l\leqslant m)$。那么，某一种资源分配方案的粒子编码可以定义为如下公式：

$$\mathrm{VM}=\{\mathrm{vm}_1,\mathrm{vm}_2,\mathrm{vm}_3,\cdots,\mathrm{vm}_m\} \tag{3-29}$$

2）适应度函数

适应度函数是指导粒子群优化算法搜寻求解的方向，和所提出的管理目标函数见式(3-1)具有相同的作用。因此，直接采用管理目标函数作为粒子群优化算法的适应度函数，如式(3-29)所示。一个更好的资源分配方案应得到更小的适应度函数值。

$$\begin{aligned}\text{Fitness}&=\text{Objective}\\&=r_1\frac{1}{\text{QoS}}+r_2\text{Cost}\end{aligned} \tag{3-30}$$

3）粒子更新策略

对于粒子的更新，主要采用突变和交叉策略。

对于突变策略：突变是在原始粒子中随机选择一个位点，然后突变该位点的值，形成一个新的粒子。对于某一位点的值，设计了两种突变情况：增加 1，减少 1，每种情况的概率是 1/2。如图 3-8 所示，假设虚拟机有 3 种类型，突变前粒子为(1,2,6)。经过突变操作后，产生新粒子(1,2,7)。即原粒子中的第 3 个位点的值增加了 1。

对于交叉策略：交叉包括两个步骤。首先，对于某个粒子，随机选取该粒子中的两个位点，将它们之间的片段替换为局部最优粒子中对应的片段，生成中间临时粒子。接着，再随机选取中间临时粒子的两个位点，用全局最优粒子中相应的片段替换这两位点之间的片段，从而生成新粒子。图 3-9 说明了交叉运算的过程。已知原始粒子为(1,2,7)，局部最优粒子为(0,2,6)，全局最优粒子为(0,2,5)。先将原始粒子和局部最优粒子的位点 1、位点 2 之间的片段进行交叉，生成中间临时粒子(0,2,7)；再使得临时粒子和全局最优粒子进行位点 1、位点 2 之间的片段进行交叉，产生新粒子(0,2,5)。这样的交叉运算，保证了粒子群逐步朝着最优的方向不断进化和演变。

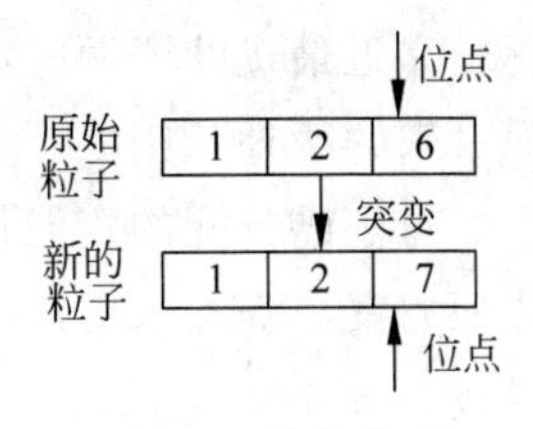

图 3-8　个体突变

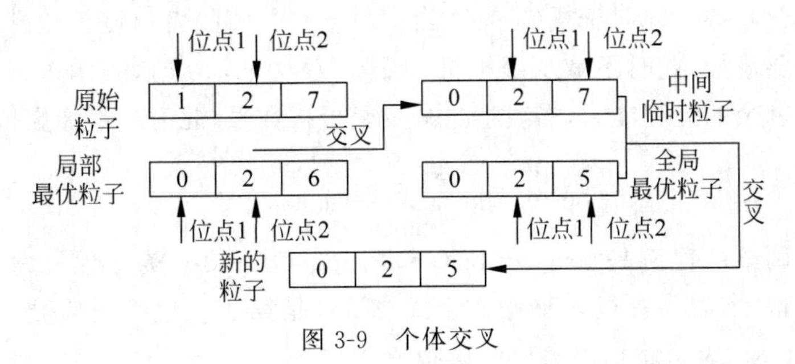

图 3-9　个体交叉

4）算法流程

设计完更新策略后，利用改进后的粒子群优化算法进行解空间搜索和求解。改进后的粒子群优化算法步骤简述如下：

步骤1，初始化相关参数的值，例如，粒子群大小、最大迭代次数和初始粒子群大小等。

步骤2，根据式(3-30)计算出每个粒子的适应度值。将每个粒子设为其自身的局部最优粒子，并将适应度值最小的粒子设为全局最优粒子。

步骤3，根据突变和交叉运算更新粒子，并重新计算每个粒子的适应度值。

步骤4，如果更新后的粒子的适应度值优于其局部最优粒子，则用更新后的粒子替换局部最优粒子。

步骤5，如果更新后的粒子的适应度值优于全局最优粒子，则用更新后的粒子替换全局最优粒子。

步骤6，继续执行第3步，直到满足条件，比如达到最大迭代次数。

5. 资源调整策略

本部分主要介绍"计算资源调整方案模块"的实现。采用虚拟机分步调整的策略。在每个循环中，QoS预测模型的准确率是渐进式提高的，随之得到的目标资源分配方案通常也会发生变化。如果资源调整完全按照目标分配方案进行，在每个循环中，有很大可能都在动态启用或停止租用虚拟机，这导致资源成本不断升高。因此，根据已分配的资源情况与每个循环中的目标分配方案之间的差异，按一定的比例进行资源调整，使其逐步靠近最优的资源分配方案，以降低由于启动不必要的虚拟机或者停止已租用虚拟机而带来的额外开销。

对于已分配的资源情况($\mathrm{VM}_{\mathrm{Allocated}}$)，用式(3-31)表示；而对于每次循环得到的目标分配方案($\mathrm{VM}_{\mathrm{Objective}}$)，用式(3-32)表示。那么，它们之间的差异($\mathrm{VM}_{\mathrm{Difference}}$)，可以表达成式(3-33)。

$$\mathrm{VM}_{\mathrm{Allocated}}=\{\mathrm{vm}_1^{\mathrm{A}},\mathrm{vm}_2^{\mathrm{A}},\mathrm{vm}_3^{\mathrm{A}},\mathrm{vm}_m^{\mathrm{A}}\} \tag{3-31}$$

$$\mathrm{VM}_{\mathrm{Objective}}=\{\mathrm{vm}_1^{\mathrm{O}},\mathrm{vm}_2^{\mathrm{O}},\mathrm{vm}_3^{\mathrm{O}},\mathrm{vm}_m^{\mathrm{O}}\} \tag{3-32}$$

$$\mathrm{VM}_{\mathrm{Difference}}=\{\mathrm{vm}_1^{\mathrm{O}}-\mathrm{vm}_1^{\mathrm{A}},\mathrm{vm}_2^{\mathrm{O}}-\mathrm{vm}_2^{\mathrm{A}},\mathrm{vm}_3^{\mathrm{O}}-\mathrm{vm}_3^{\mathrm{A}},\cdots,\mathrm{vm}_m^{\mathrm{O}}-\mathrm{vm}_m^{\mathrm{A}}\} \tag{3-33}$$

基于差异值式(3-33)，可以计算出已分配的资源情况与每个循环中的目标分配方案之间的整体变化趋势。即对于式(3-34)，当 $\mathrm{VM}_{\mathrm{sum}}>0$ 时，表示该云软件服务的虚拟机资源整体上需要增加，此时不减少虚拟机；而当 $\mathrm{VM}_{\mathrm{sum}}<0$ 时，表示该云软件服务的虚拟机资源具有剩余的计算能力，需要适当减少虚拟机数量，此时不增加虚拟机。

$$\mathrm{VM}_{\mathrm{sum}}=\sum_{l=1}^{m}\mathrm{VM}_{\mathrm{Difference}}(l) \tag{3-34}$$

假设资源调整的比例是 Proportion($0<\mathrm{Proportion}<1$)，为了保证每种虚拟机每次调整的数量是整数，需要进行取整操作。式(3-35)是第 l 种虚拟机需要调整的数量，当 $\mathrm{VM}_{\mathrm{Adjustment}}>0$ 时，表示添加该类型的虚拟机 $\mathrm{VM}_{\mathrm{Adjustment}}$ 台；相反地，则减少该类型的虚拟机 $\mathrm{VM}_{\mathrm{Adjustment}}$ 台。其中，Intpart()是取整函数，它的含义见式(3-36)。对于某个数

值 a，当它大于或等于 0 时，取上整；当它是负数，则向下取整。

$$\mathrm{VM}_{\mathrm{Adjustment}}(l)=\mathrm{Intpart}(\mathrm{VM}_{\mathrm{Difference}})(l)\times(\mathrm{Proportion}) \tag{3-35}$$

$$\mathrm{Intpart}(a)=\begin{cases}\lceil a\rceil, & a\geqslant 0\\ -\mathrm{Intpart}(-a), & a<0\end{cases} \tag{3-36}$$

这里提出了一个资源调整算法，用来计算资源分配的调整方案，见算法 3.1。如果数组 $\mathrm{VM}_{\mathrm{Difference}}$ 中的每一项值都为 0，则表示当前的资源分配方案与目标分配方案相同，不需要调整(第 3 和 4 行)；否则，根据 $\mathrm{VM}_{\mathrm{sum}}$ 的值来指导资源分配的总体趋势，要么增，要么减(第 6 行)。如果 $\mathrm{VM}_{\mathrm{sum}}$ 的值大于或等于 0，则将增加虚拟机资源(第 7～14 行)；相反地，已分配的虚拟机资源将被减少(第 15～23 行)。比如，当 $\mathrm{VM}_{\mathrm{sum}}$ 的值大于或等于 0 时，如果数组 $\mathrm{VM}_{\mathrm{Difference}}$ 中的第 index 个值是正数，则对其先按比例(Proportion)计算再取整(Intpart())，得到需要调整的数量 $\mathrm{VM}_{\mathrm{Adjustment}}$(index)(第 9 和 10 行)；但如果数组 $\mathrm{VM}_{\mathrm{Difference}}$ 中的第 index 个值是负数，则直接取 0 作为调整的数量(第 11～13 行)。即当整体趋势是增加虚拟机资源的时候，即使某些类型虚拟机需要减少数量，也不对其做减少和停止租用，而是继续保持原来的数量。因为"整体趋势为增加虚拟机资源时"表示当前分配的计算能力满足不了当前的工作负载，为了优先保证服务质量水平，所以先只增加虚拟机。当然，如果本次添加虚拟机后，服务质量水平得到了保证，但虚拟机资源多余了，那么由式(3-24)，在下一轮计算中自动计算出对应需要减少的虚拟机数量(第 15～33 行)。

算法 3.1：资源调整的决策算法

```
1. function COMPUTE_VM_ADJUSTMENT (int[] VM_Difference)
2. init Proportion
3. if all( VM_Difference) == 0 then
4.       return null
5. else
6.       VM_sum = sum ( VM_Difference);
7.            if VM_sum> 0 then
8.                 for int index : VM_Difference. indexSet() do
9.                      if VM_Difference(index) > 0 then
10.                          VM_Adjustment(index) = Intpart (VM_Difference(index) * Proportion);
11.                     else
12.                          VM_Adjustment(index) = 0;
13.                     end if
14.                end for
15.           else
16.                for int index : VM_Difference. indexSet() do
17.                     if VM_Difference(index) < 0 then
18.                          VM_Adjustment(index) = Intpart ( VM_Difference(index) * Proportion );
19.                     else
20.                          VM_Adjustment(index) = 0;
21.                     end if
22.                end for
23.           end if
```

```
24.        renturn VM_Adjustment
25. end if
26. end function
```

3.1.6 实验与评估

针对云软件服务的资源分配问题,先后提出了两种方法:

(1) 基于机器学习的资源分配方法;

(2) 基于机器学习和自校正的资源分配方法。

为了验证两种方法的可行性,基于开源云平台 CloudStack 上搭建 RUBiS 基准软件服务,并设计了两组实验,分别对两种方法进行评估。

1. 基于机器学习的资源分配方法的评估

本部分主要介绍 3.1.4 节"基于机器学习的资源分配方法"的实验设计以及结果评估。

1) 实验设计

(1) 实验环境设置。

选择 CloudStack 作为实验的云平台,基于云平台可以实现不同类型虚拟机(CPU 核数不同、内存大小不同)的创建和动态增减。如图 3-10 所示,可以通过 CloudStack 的控制面板定制一台 1 核 CPU、1GB 内存的虚拟机。

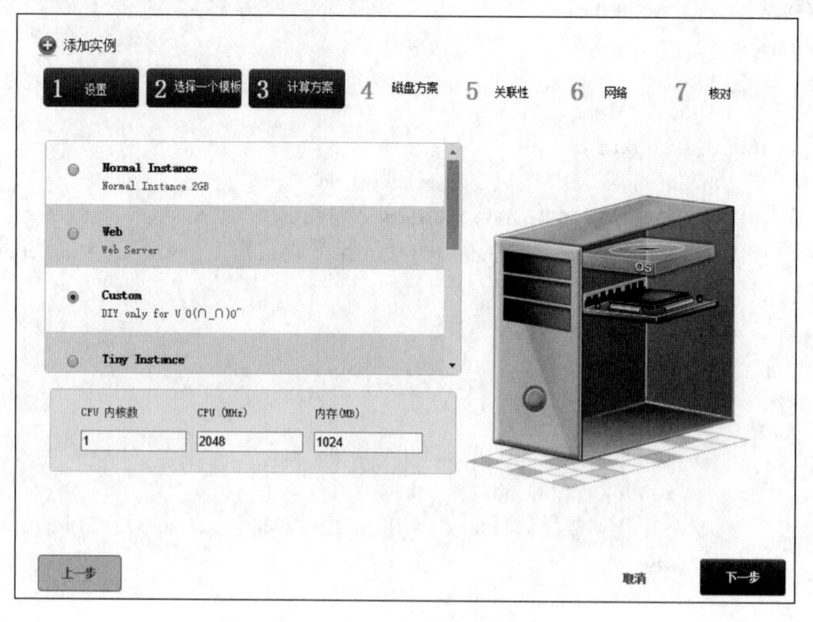

图 3-10　CloudStack 创建虚拟机界面

在实验中,设置了 3 种典型的虚拟机类型,分别是小型、中型、大型,如表 3-4 所示,它们在 CPU 和内存配置上存在差异;同时,参照阿里云提供的官方价格,设置了对应的虚拟机价格。其中,$Cost_L$ 表示虚拟机每小时的租用价格,$Cost_D$ 表示停止租用的虚拟机代价,设置为取虚拟机单价的 1/4。

表 3-4　虚拟机类型和价格

	小型	中型	大型
CPU	1 核	1 核	1 核
Memory	1GB	2GB	4GB
$Cost_L$	1.761 元/小时	1.885 元/小时	2.084 元/小时
$Cost_D$	0.440 元	0.471 元	0.521 元

如 2.1 节所述,实验中,通过 CloudStack 提供的 RESTful API 接口进行虚拟机的动态增减、虚拟机使用情况的实时监控,以及一些基本数据的获取,包括虚拟机的种类、数量和相关运行状态(CPU、内存利用率)等。如图 3-11 所示的是获取虚拟机运行时状态的接口调用示例,其中,通过采集标签< cpuused >中的数据即可获得 CPU 的利用率。

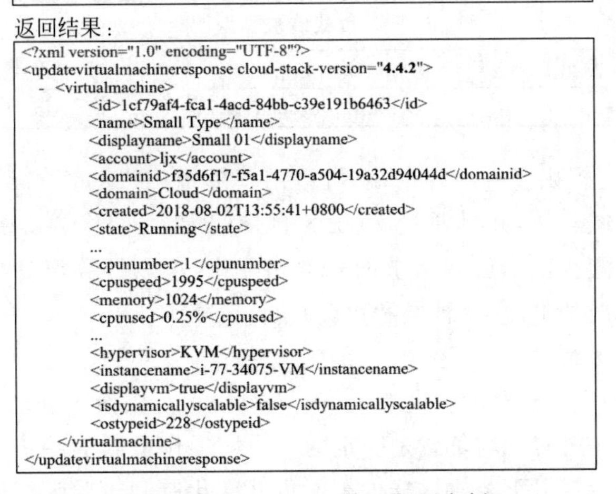
服务请求:

```
http://192.168.2.100:8080/client/api?command=updateVirtualMachine&id=1cf79af4-fca1-4acd-84bb-c39e191b6463&apikey=8gcT3X8ZOp_ATYCT62VrfAwzU-hVLYZKLSseArmDM69zJDojMCeyrk5bnvxhvo_FoRuAZq8rr3a0DAjszFAvjQ&signature=4Ypj5cbOysv%2FyPOfouKL73USjkE%3D
```

返回结果:

```
<?xml version="1.0" encoding="UTF-8"?>
<updatevirtualmachineresponse cloud-stack-version="4.4.2">
  - <virtualmachine>
        <id>1cf79af4-fca1-4acd-84bb-c39e191b6463</id>
        <name>Small Type</name>
        <displayname>Small 01</displayname>
        <account>ljx</account>
        <domainid>f35d6f17-f5a1-4770-a504-19a32d94044d</domainid>
        <domain>Cloud</domain>
        <created>2018-08-02T13:55:41+0800</created>
        <state>Running</state>
        ...
        <cpunumber>1</cpunumber>
        <cpuspeed>1995</cpuspeed>
        <memory>1024</memory>
        <cpuused>0.25%</cpuused>
        ...
        <hypervisor>KVM</hypervisor>
        <instancename>i-77-34075-VM</instancename>
        <displayvm>true</displayvm>
        <isdynamicallyscalable>false</isdynamicallyscalable>
        <ostypeid>228</ostypeid>
    </virtualmachine>
</updatevirtualmachineresponse>
```

图 3-11　CloudStack 接口调用实例

将应用 RUBiS 部署于 CloudStack 云之上,对外提供软件服务。RUBiS 是由美国 Rice 大学设计的一个以 eBay.com 为原型的拍卖网站原型,用于评估应用程序设计模式和应用服务器的性能可伸缩性。RUBiS 实现了拍卖网站的核心功能:销售、浏览和竞价,其服务界面如图 3-12 所示。

在应用 RUBiS 中,不同的功能对应不同类型的负载请求。根据负载请求的特点进行了分类,分为只浏览的行为(Only Browse)和其他的行为(Selling、Bidding、Rating 等)两类。如表 3-5 所示,只浏览的行为具有只读的特点,对服务器产生的压力较小;而其他的行为是读写混合的,该类负载请求骤增时会给服务器带来较大的压力。

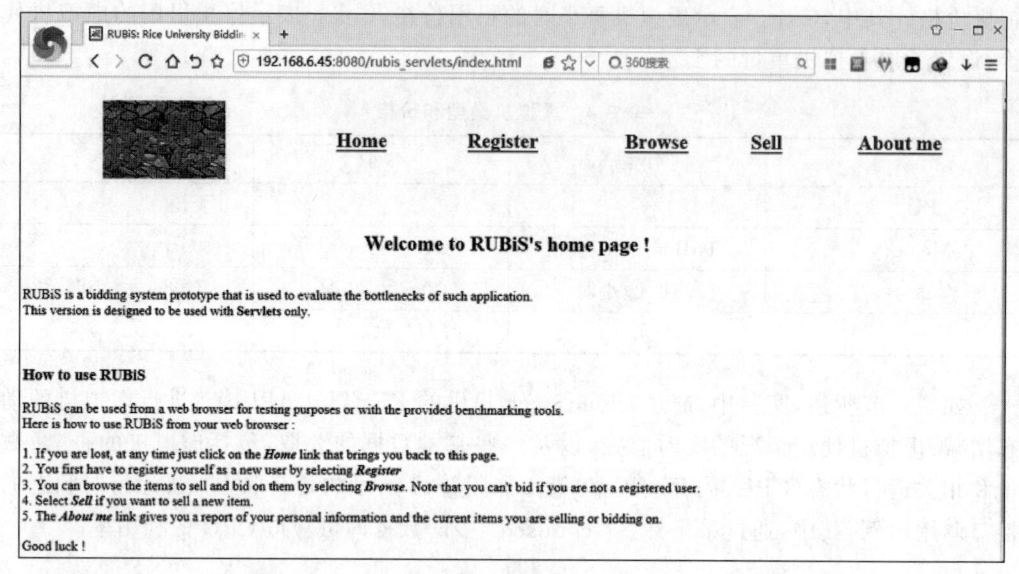

图 3-12 RUBiS 软件服务界面

表 3-5 RUBiS 的请求分类

用户行为	负载请求类型	描　述
只浏览的行为	Only Browse	该类请求是只读的
其他行为	Selling、Bidding、Rating 等	该类请求是读写混合的

同时,RUBiS 还提供了一个客户端,可以用于模拟用户的请求行为。使用模拟用户的数量表示工作负载总数,并且通过 RUBiS 自带的配置文件 transistions. txt 实现不同负载请求比例的设置。基于负载请求的总数和配比,可以计算出各种负载请求的数量,从而实现工作负载的基本数据(种类和数量)统计。

(2) 工作负载设置。

实验中,设置的工作负载数量范围是[0,3000],其变化情况如图 3-13 所示。整个实验持续 3h,每 30min 内的平均负载是一定的。平均工作负载的趋势是先缓慢增长,接着骤降,然后回升,最后缓慢下降。这样的工作负载变化有利于验证"基于机器学习的资源分配方法"是否能够有效地实现自适应资源分配,即随着负载变化是否合理地分配了虚拟机资源。

与此同时,每 30min 内的负载数量是波动变化的。设计了两种正弦波形变化,如式(3-37)所示。每个 30min 内,负载数量都在平均值上下振荡,但是振荡的幅度大小略有差别,如图 3-14 所示。可以猜想,负载变化剧烈程度不一样,会导致最后资源分配方案的不同。这是因为对于正弦函数的波峰,即工作负载最高的时候,需要更多的虚拟机资源才能满足其 QoS 约束。因此,负载变化曲线的设计对验证自适应有效性是有必要的。

$$R = R_{\text{Average}} + \text{Swing} \cdot \text{Sin}\left(\frac{2\pi}{30}\text{Time}\right) \tag{3-37}$$

(3) 参数设置。

对于响应时间的映射函数,即对式(3-10)中的参数设定如式(3-38)。其中,响应时间

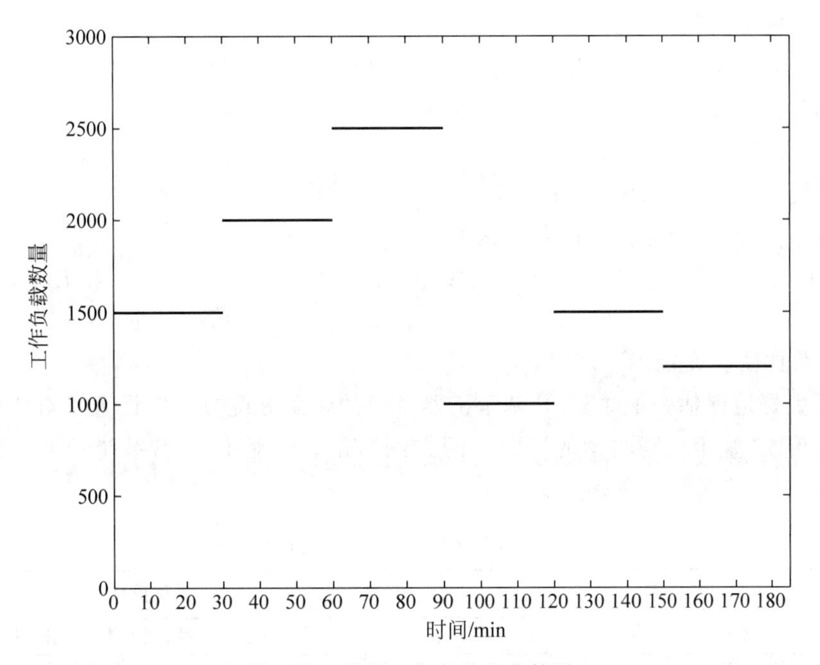

图 3-13 平均工作负载变化情况

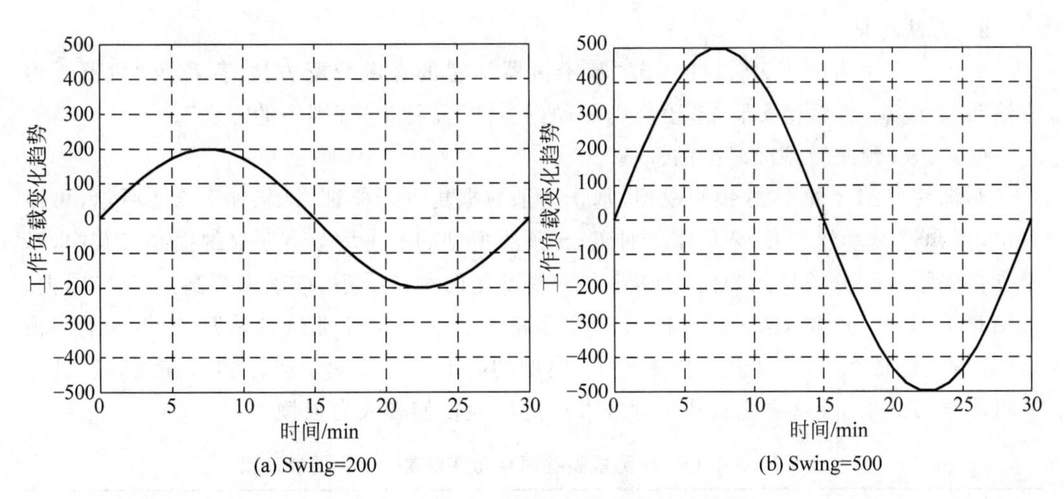

图 3-14 每 30min 内的工作负载波动情况

的 SLA 约束为 2.0s，即要求云软件服务 RUBiS 的响应时间都应小于或等于 2.0s；曲线变化率，设定为 3.0，以使得在中心点 RT＝2.0，QoS＝0.5 处具有足够大的变化率，如图 3-2 所示。

$$\mathrm{QoS}=\mathrm{sigmoid}(\mathrm{RT},[-3.0\quad 2.0]) \tag{3-38}$$

对于适应度函数式(3-18)的相关参数，可设置为如式(3-39)所示，其中 $r_1=10, r_2=1$。QoS 具有更大的影响比例，使得可以优先满足服务质量的要求。

$$\mathrm{Objective}=10\cdot\frac{1}{\mathrm{QoS}}+1\cdot\mathrm{Cost} \tag{3-39}$$

（4）数据集设置。

对搭建好的 RUBiS 软件服务，进行各种负载类型和数量的模拟测试，历时 2 月，完成训练数据集的收集，共计 6000 组；验证数据集是训练数据集的 20%，共计 1200 组。

（5）置信度设置。

为了更好地评估 QoS 模型的准确度，引入允许误差范围 E 和置信度 L，如式(3-40)所示。置信度是表示误差在 E 范围内的 $\mathrm{QoS}_{\mathrm{Predicted}}$ 数量占全部验证数据集的比例。此外，设置了两个允许误差范围 E 来评估模型的准确性，分别是 $E=0.1$ 和 $E=0.15$。

$$L=L_r(\mathrm{QoS}_{\mathrm{Actual}}-E\leqslant \mathrm{QoS}_{\mathrm{Predicted}}\leqslant \mathrm{QoS}_{\mathrm{Actual}}E) \tag{3-40}$$

（6）对比实验设置。

为了更好地评估 3.1.4 节的“基于机器学习的资源分配方法”，设置了对比实验。对比实验是传统“基于规则驱动的资源分配方法”，是基于对 RUBiS 系统长期运行状态的观察而设置的，它的规则如表 3-6 所示。

表 3-6 基于规则驱动的资源分配方法

判断条件	调整操作
平均 CPU 使用率低于 30%	随机关闭并停止租用一台虚拟机
平均 CPU 使用率高于 60%	随机启动一台任意类型的虚拟机

2）方法评估

为了方便读者阅读，将 3.1.4 节“基于机器学习的资源分配方法”简称为“机器学习方法”；对应地，将对比实验“基于规则驱动的方法”简称为“规则驱动方法”。

（1）QoS 预测模型准确率的评估。

对训练好的 3 种 QoS 预测模型，基于验证数据集进行验证，结果如表 3-7 所示，可以看出，当允许误差范围 E 变大时，3 种 QoS 预测模型的准确率都有明显的提高。其中，基于支持向量机和分类与回归树的 QoS 预测模型在两种情况下，准确率都高达 90%以上；特别对于 $E=0.15$ 时，两种模型的置信度都高于 95%。对于非线性回归的 QoS 预测模型，置信度也都在 83%以上。整体来说，模型的高准确度证明了机器学习方法具有良好的机器学习效果，可以摆脱对系统管理人员的经验依赖和人力依赖。

表 3-7 3 个 QoS 预测模型在两种允许误差情况下的准确率

QoS 预测模型	$E=0.1$	$E=0.15$
非线性回归	83.30%	86.70%
支持向量机	90.00%	96.70%
分类与回归树	91.70%	95.00%

（2）服务质量的评估。

对于服务质量水平 QoS，将机器学习方法和规则驱动方法进行了比较。如图 3-15 所示，当工作负载变化幅度 Swing 值为 200 时，机器学习方法中的 QoS 值会略低于规则驱动方法中的 QoS 值。其中，机器学习方法的 QoS 平均值大约是 0.73，而规则驱动方法的 QoS 平均值大约是 0.78。但是当工作负载变化幅度 Swing 值为 500 时，机器学习方法中的 QoS 值会略高于规则驱动方法中的 QoS 值。其中，机器学习方法的 QoS 平均值大约是 0.75，而规则驱动方法的 QoS 平均值大约是 0.71。可以看出，所提出的机器学习方法比规则驱动方法的更稳定，能够将 QoS 值维持在合理的水平，不会大幅度变化。经分析，在目标函数式(3-18)中，QoS 的约束系数 r_1 越大，QoS 值会越接近 1。

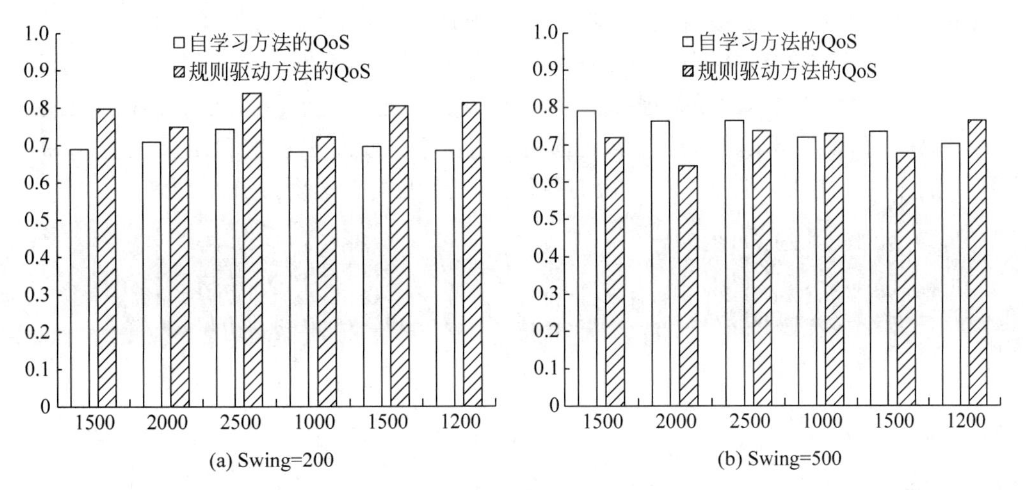

图 3-15 RUBiS 的 QoS 值对比情况

(3) 云资源成本的评估。

对于云资源成本，将机器学习方法和规则驱动方法进行了比较。如表 3-8 和表 3-9 所示，在保证服务质量的前提下，机器学习方法的资源成本远低于规则驱动方法的资源成本。

表 3-8 当 Swing=200 时，两种方法的资源分配情况

工作负载	机器学习的方法				规则驱动的方法			
	小型	中型	大型	总价(元/小时)	小型	中型	大型	总价(元/小时)
1500	0	0	3	45.771	1	2	2	67.0985
2000	0	1	3		2	2	2	
2500	0	0	4		3	2	3	
1000	0	1	1		2	1	1	
1500	0	0	3		1	2	2	
1200	1	1	1		1	2	1	

表 3-9 当 Swing=500 时，两种方法的资源分配情况

工作负载	机器学习的方法				规则驱动的方法			
	小型	中型	大型	总价(元/小时)	小型	中型	大型	总价(元/小时)
1500	0	1	3	55.085	1	2	2	67.0985
2000	0	0	4		2	2	2	
2500	0	1	4		3	2	3	
1000	1	1	1		2	1	1	
1500	0	1	3		1	2	2	
1200	2	1	1		1	2	1	

分析如下：一方面，虽然机器学习方法分配的虚拟机资源数量小于规则驱动方法分配的虚拟机资源数量，但是两种方法实际使用的资源基本上是相同的，如图 3-16 和图 3-17 所示。这是因为在相同的工作负载情况下，对计算能力的要求是相等的，因此实际的资源使用情况是接近的。这意味着机器学习方法的资源利用率远高于规则驱动方法。另一方面，由于 3 种虚拟机类型的 CPU 和内存配比和对应的价格不同，因此它们具有不同的性价比。在本实验中，大型的虚拟机性价比最高，因此，机器学习方法更倾向于使用大型的虚拟机，而规则驱动的方法是随机选用 3 种类型的虚拟机。实验结果表明，所提出的机器学习方法能够根据不同虚拟机的性价比，提供更合理的资源分配方案。

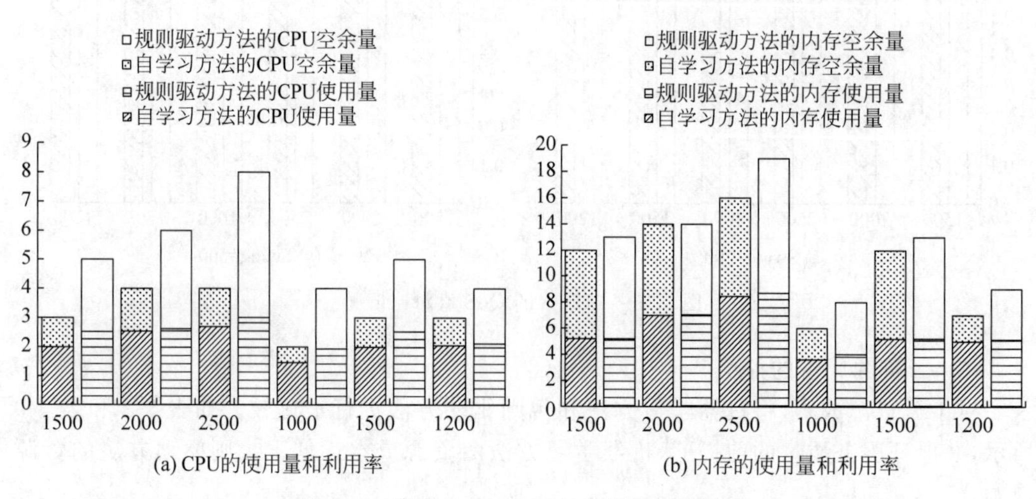

图 3-16　当 Swing＝200 时，资源的使用情况

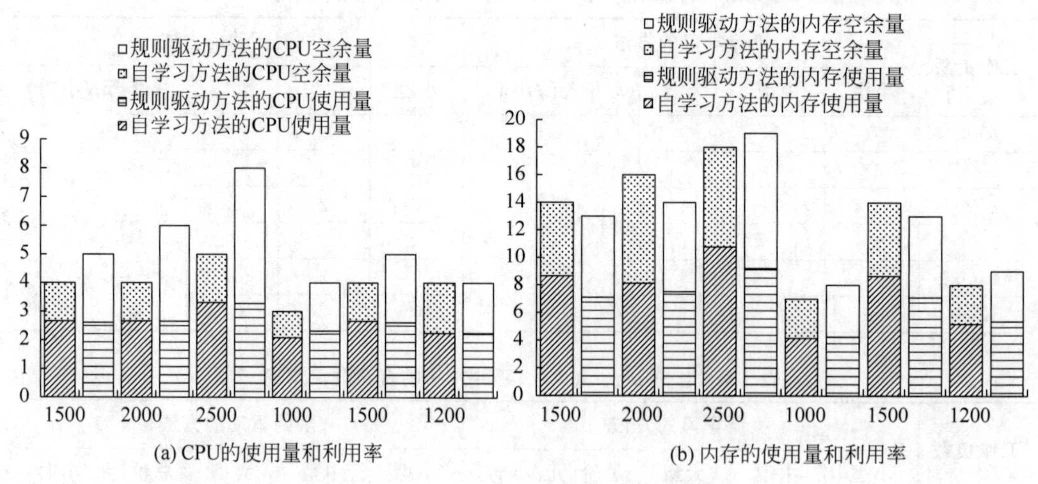

图 3-17　当 Swing＝500 时，资源的使用情况

（4）方法有效性的评估。

通过不同负载下的资源分配情况评估机器学习方法的有效性。对于资源分配情况 <Small，Medium，Large>的三元组变化情况：如表 3-8 和表 3-9 所示，无论工作负载的变化幅度 Swing 是 200 还是 500，随着平均工作负载的增长，机器学习方法分配的虚拟机数量会随之增多，或者分配的虚拟机性能更好。比如，对于 Swing＝200，当平均工作负载从

1500 升到 2000 时，虚拟机分配情况由<0,0,3>变为<0,1,3>，机器学习方法会多分配一台中型的虚拟机以响应增长的 500 个工作负载；当平均工作负载从 2000 升到 2500 时，虚拟机分配情况则由<0,1,3>变为<0,0,4>，机器学习方法会用一台大型的虚拟机替换原来的中型的虚拟机，通过提高整体虚拟机的性能水平用以响应增长的 500 个工作负载。同理地，当平均负载下降时，机器学习方法分配的虚拟机数量也会相应减少，以保证云资源成本最小化。实验结果表明，所提出的机器学习方法具有可行性和有效性，能更根据不同的工作负载分配合理的资源分配方案。

(5) 算法执行时间的评估。

最后，对两个方法的执行时间进行了对比。如表 3-10 所示，机器学习方法的平均执行时间大约为 12s，会略大于规则驱动方法的执行时间。由于机器学习方法会对问题域的解空间进行了搜索和收敛求解，而规则驱动的方法是一个随机运算，因此存在时间差异。从系统管理的角度，秒级的时间差距是可以接受的。

表 3-10　两种自适应资源分配方法的算法执行时间　　单位：ms

工作负载	Swing=200		Swing=500	
	机器学习的方法	规则驱动的方法	机器学习的方法	规则驱动的方法
1500	12.488	1.023	13.848	0.983
2000	15.470	0.874	14.40	0.906
2500	11.927	1.218	14.221	1.172
1000	11.978	1.147	12.553	1.134
1500	11.979	1.209	11.072	1.186
1200	14.870	0.964	11.224	1.020

2. 基于机器学习和自校正的资源分配方法的评估

本部分主要介绍 3.1.5 节"基于机器学习和自校正的资源分配方法"的实验设计和结果评估。

1) 实验设计

(1) 实验环境设置。

参照 3.1.6 节第 1 部分，同样选择 CloudStack 作为实验的云平台，RUBiS 作为测试和验证的软件服务，并且选用相同的虚拟机类型(如表 3-4 所示)。

(2) 工作负载设置。

对于工作负载的类别设置，同表 3-5，将其分为只浏览的行为(Only Browse)和其他行为(Selling、Bidding、Rating 等)两类。具体工作负载变化如图 3-18 所示，其中横线段代表平均工作负载数量，柱状图表示两种负载类型的比例。对于工作负载数量的变化，首先是缓慢增长，接着骤减和骤增，最后缓慢减少，这样的负载数量变化是为了验证"基于机器学习和自校正的资源分配方法"自适应分配资源的有效性。对于工作负载比例的变化，构造了多种情况，包括负载数量相同且比例相同(第 1 区间和第 6 区间)、负载数量相同但比例不同(第 2 区间和第 5 区间)，以及负载数量和比例都不同(第 3 区间和第 4 区间)等情况；这样的比例设置是为了验证"基于机器学习和自校正的资源分配方法"自适应分配资源的有效性。整个实验持续 7h，每小时内的平均负载数量是一定的，数量范围是[3000,5000]。

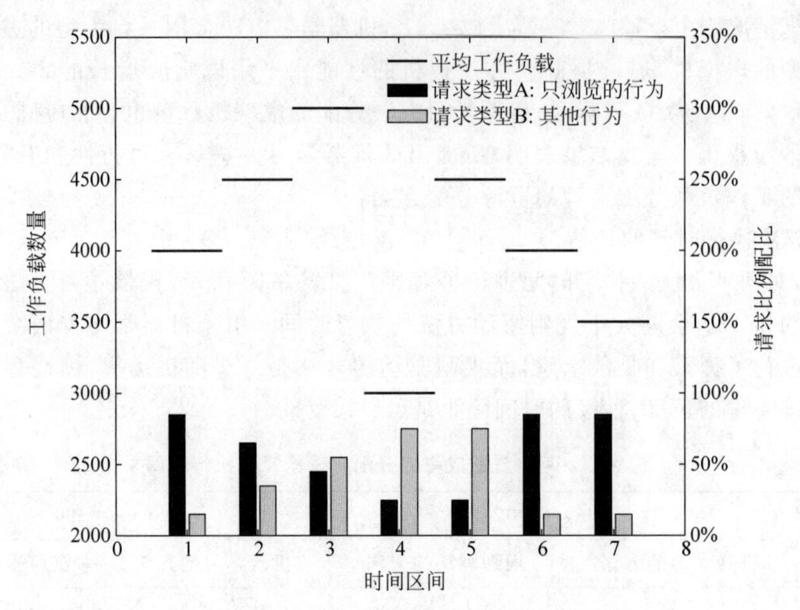

图 3-18 平均工作负载数量和比例的变化情况

(3) 参数设置。

对于响应时间 RT 的映射函数，同 3.1.6 节第 1 部分的设置一致，见式(3-38)和图 3-2。对于适应度函数式(3-30)的相关参数，设置 $r_1=320$，$r_2=10$，使得 QoS 具有更大的影响效果，以保证服务质量水平得到优先保证。一个好的资源分配方案，其适应度函数值越小。

$$\text{Objective}=320\cdot\frac{1}{\text{QoS}}+10\cdot\text{Cost} \tag{3-41}$$

对于自校正控制模型中参数计算器的整定比例，即对式(3-28)，其参数设置如式(3-42)所示。在实验中，考虑到历史训练数据集大小远大于某个工作负载下的运行时数据集，因此，参数 η 取值为 0.9。

$$\widetilde{W}=0.9\cdot W+0.1\cdot\hat{W} \tag{3-42}$$

对于粒子群优化算法的相关参数设置如下：初始粒子群大小为 100；停止条件包括两个：一是当达到最大迭代次数 1000 次时停止，二是当最优结果在连续 20 次迭代中不变时停止。

对于每个循环，是根据已分配的资源情况与目标资源分配方案之间的差异，按一定比例来调整资源。调整比例 Proportion 一般由云工程师预先定义，这反映了他们对资源分配效率的偏好。一个较低的 Proportion 值将导致较高的反馈迭代次数；在这种情况下，需要更多的调整时间才能找到更好的资源分配方案，分配效率较低。在实验中，为了保证一定的分配效率，根据经验设置了调整比例，Proportion=25%。

(4) 置信度设置。

为了描述 QoS 预测模型的准确性，定义了相对误差值 R，如式(3-43)所示；并引入允许的相对误差范围 E 和置信度 L，如式(3-44)所示。置信度表示误差在 E 范围内的

$QoS_{Predicted}$ 数量占全部验证数据集的比例。

$$R = \frac{QoS_{Predicted}}{QoS_{Actual}} - 1 \tag{3-43}$$

$$L = L_r, \quad R \leqslant E \tag{3-44}$$

（5）QoS 预测模型设置。

为了验证"基于机器学习和自校正的资源分配方法"提高 QoS 预测模型准确率的有效性，设置了两种准确率高低不同的 QoS 预测模型。实验中，取允许的相对误差范围 E 为 0.3，并训练得到两个置信度分别为 75％和 75％的 QoS 预测模型。

（6）对比实验设置。

为了更好地评估 3.1.5 节的"基于机器学习和自校正的资源分配方法"，设置了两组对比实验。一个是 3.1.4 节的"基于机器学习的资源分配方法"，它是根据求解的目标资源分配方案直接进行调整的，其调整过程是一步到位的，不存在反馈过程，也不进行模型的修正；另一个是"基于规则驱动的资源分配方法"是基于对 RUBiS 系统长期运行状态的观察而设置的，其规则设置如表 3-11 所示。

表 3-11　基于规则驱动的资源分配方法

判断条件	调整操作
RT＞1.4s	vm_l ＋＝1
1.2s ＜RT≤1.4s	vm_m ＋＝1
1.0s ＜RT≤1.2s	Remain
0.8s＜RT≤1.0s	vm_m －＝1
RT＜0.8s	vm_l －＝1

2）方法评估

为了方便读者阅读，将 3.1.5 节"基于机器学习和自校正的资源分配方法"简称为"自校正方法"；将 3.1.4 节"基于机器学习的资源分配方法"简称为"机器学习方法"；将对比实验"基于规则驱动的方法"简称为"规则驱动方法"。

主要对自校正方法的有效性、QoS 预测模型准确率的提高情况、自校正方法的性能，以及算法执行时间进行比较和评估。

（1）方法有效性的评估。

通过不同负载下的资源分配情况评估自校正方法的有效性。表 3-12 展示了 3 种不同方法在不同工作负载下的资源分配情况。由这些表可知，影响资源分配的因素很多。

表 3-12　3 种自适应资源分配方法在不同工作负载下的资源分配情况

置信度	资源分配方法	第一区间	第二区间	第三区间	第四区间	第五区间	第六区间	第七区间
75％	自校正方法	0,2,5	0,4,5	0,5,5	0,0,5	0,1,7	0,1,7	0,0,6
	机器学习方法	0,2,6	0,3,6	0,4,6	0,0,6	0,0,8	0,0,8	0,1,6
	规则驱动方法	0,1,7	0,2,7	0,3,7	0,1,6	0,1,8	0,2,7	0,2,6
70％	自校正方法	0,3,5	0,3,6	0,4,6	0,2,5	0,2,7	0,1,7	0,1,5
	机器学习方法	0,2,7	0,3,7	0,4,7	0,1,6	0,2,8	0,1,8	0,1,7
	规则驱动方法	0,1,7	0,2,7	0,3,7	0,1,6	0,1,8	0,2,7	0,2,6

首先,工作负载的平均数量和负载种类比例都直接影响着资源分配方案。例如,对于前 3 个区间,由图 3-18 可知,其工作负载的平均数量和负载种类的比例各不相同。相对应地,每种资源分配方法在这 3 个区间之间,所分配的资源都存在显著差异;当然,同一个区间内,3 种方法分配的资源也存在差异。

其次,前一个区间的资源分配情况会影响到当前区间的资源分配。例如,由图 3-18 可知,第 1 区间和第 6 区间的工作负载的平均数量以及负载种类比例是相同的。但对于所提出的自校正方法和机器学习方法,由于第 6 区间的资源分配受到前一个区间(第 5 区间)已分配资源情况的影响(因为认为减去已分配的资源是有代价的,即前面所介绍的 Cost_{D}),因此第 1 区间和第 6 区间所分配的资源存在差异。

再次,QoS 预测模型的准确率也会影响资源分配方案。对于所提出的自校正方法和机器学习方法,使用不同准确率的两个 QoS 预测模型,每个阶段分配的资源之间都存在差异。

最后,3 种方法都能一定程度地进行自适应资源分配。对于自校正方法,它在两种 QoS 预测模型情况下,都能有效地进行自适应资源分配。以置信度为 75% 的 QoS 预测模型为例,当平均工作负载从 4000 升到 4500 时(第 1 区间到第 2 区间),虚拟机分配情况由<0,2,5>变为<0,4,5>,自校正方法会多分配 2 台中型的虚拟机用以响应增长的 500 个工作负载;当平均工作负载从 5000 降到 3000 时(第 3 区间到第 4 区间),虚拟机分配情况则由<0,5,5>变为<0,0,5>,由于工作负载的骤降,自校正方法会把多余的 5 台中型的虚拟机停用,以保证云资源成本的最小化。如上,不论工作负载的增长和减少,所提出的自校正方法也都能有效地进行自适应资源分配。相比于 3.1.4 节的机器学习方法,自校正方法的性能相对会高,详见后面"(3)方法性能的评估"部分。相比于规则驱动方法,由于该方法不依赖于 QoS 预测模型,所以其两次资源分配方案是一致的,因为两次工作负载的变化是一样的。

(2) QoS 预测模型准确率的提高情况。

对于给定的工作负载下,比较原 QoS 预测模型准确率和修正后的 QoS 预测模型准确率之间的差异,用以评价自校正方法对 QoS 预测模型准确率的提高情况。如图 3-19 所示,计算了每次迭代的相对误差值 R。可以看出,所提出的自校正方法可以显著提高 QoS 预测模型在给定的工作负载下的准确率。

首先,提高 QoS 预测模型的准确率是一个渐进的过程,随着反馈迭代次数的增加,模型的相对误差值越小(如图 3-19 中相同颜色的离散点)。例如,当反馈迭代次数为 0 时,置信度为 75% 的 QoS 预测模型的平均相对误差值为 0.23;当反馈迭代次数为 3 时,其平均相对误差值降低到 0.08。

其次,自校正方法对两个不同准确率的 QoS 预测模型都能有效地提高它们的准确率。对于置信度为 70% 的 QoS 预测模型,自校正方法的影响更加明显,其准确率得到更有效的提高。例如,当反馈迭代次数为 0 时,置信度为 70% 的 QoS 预测模型的平均相对误差值为 0.26;当反馈迭代次数为 3 时,其平均相对误差值降低到 0.06。与 75% 置信度的 QoS 预测模型相比,经过相同的迭代次数,原来准确率低的模型得到了更有效提高,其中 70% 置信度的平均相对误差值下降了 0.20,而 75% 置信度的平均相对误差值下降了 0.15。

最后，无论准确率高低，两个 QoS 预测模型经过完整的迭代过程后，它们的准确率都得到了有效提高，并最后维持在一个很低的相对误差水平。例如，经过 5 次反馈迭代，70%置信度的 QoS 预测模型的相对误差值平均降低 24%；而 75%置信度的 QoS 预测模型经过 7 次反馈迭代后，相对误差值平均降低 20%。最后二者的相对误差都维持在 0.02 左右。

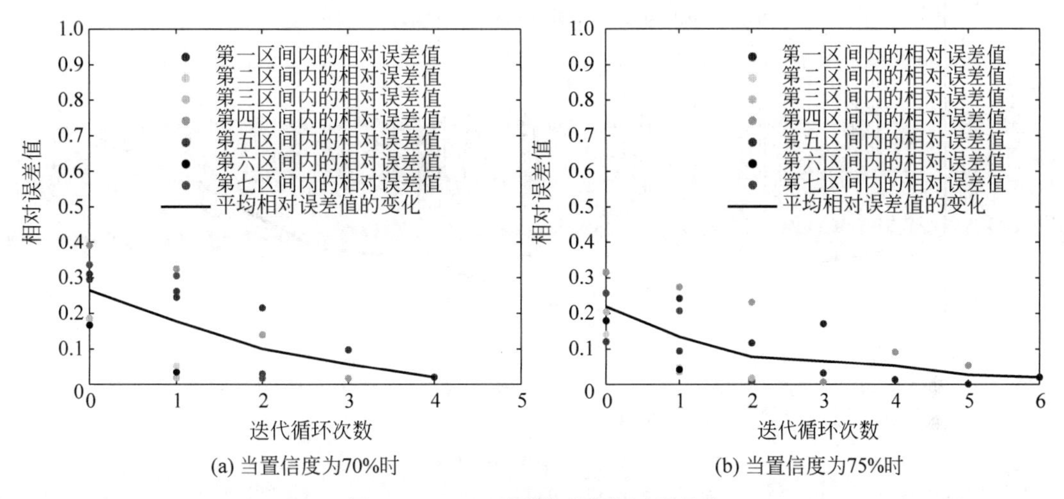

图 3-19 QoS 预测模型的相对误差值

(3) 方法性能的评估。

对于自适应资源分配性能的比较，直接采用目标函数值（即适应度值）进行验证。一个好的资源分配方案，其适应度值越小。

与 3.1.4 节的机器学习方法相比，对于置信度为 70%时，自校正方法可以平均提高 8%的性能；对于置信度为 75%时，它可以平均提高 4%的性能，如图 3-20 所示。两种置信度情况下，自校正方法的性能都较机器学习方法有所提高。这是因为 QoS 预测模型的准确性会影响到最终资源分配方案。而自校正方法可以不断提高 QoS 预测模型的准确性，并且原模型的准确性越低，提高效果越好。基于准确率提高后的模型，粒子群优化算法可以搜索到更优的资源分配方案。并且，与机器学习方法相比，当 QoS 预测模型准确率不高时，自校正方法分配的资源方案更优，性能更好。

与传统的规则驱动方法相比，对于置信度为 70%时，自校正方法可以平均提高 4%的性能；对于置信度为 75%时，它可以平均提高 7%的性能，如图 3-20 所示。由于规则驱动的方法是遵循表 3-11 中所描述的规则，不依赖于 QoS 预测模型的准确率；而自校正方法使用了 QoS 预测模型，其准确性会影响资源分配的性能。当使用精确的 QoS 预测模型，自校正方法可以得到最优资源分配方案，从而其性能比规则驱动方法有明显的提高。实际上，规则的制定需要针对不同云软件服务，同时考虑 SLA 要求、各种类型的虚拟机性能等，这将增加对云工程师的依赖和管理难度。而两种方法的 QoS 预测模型是基于机器学习方法得到的，具有机器学习性，对于不同的云软件服务，只要采集所需的数据集，经过训练后即可得到 QoS 预测模型；同时，当 QoS 预测模型准确率不够高时，提供基于自校正控制理论的模型修正方法，可以不断提高 QoS 预测模型的准确率。

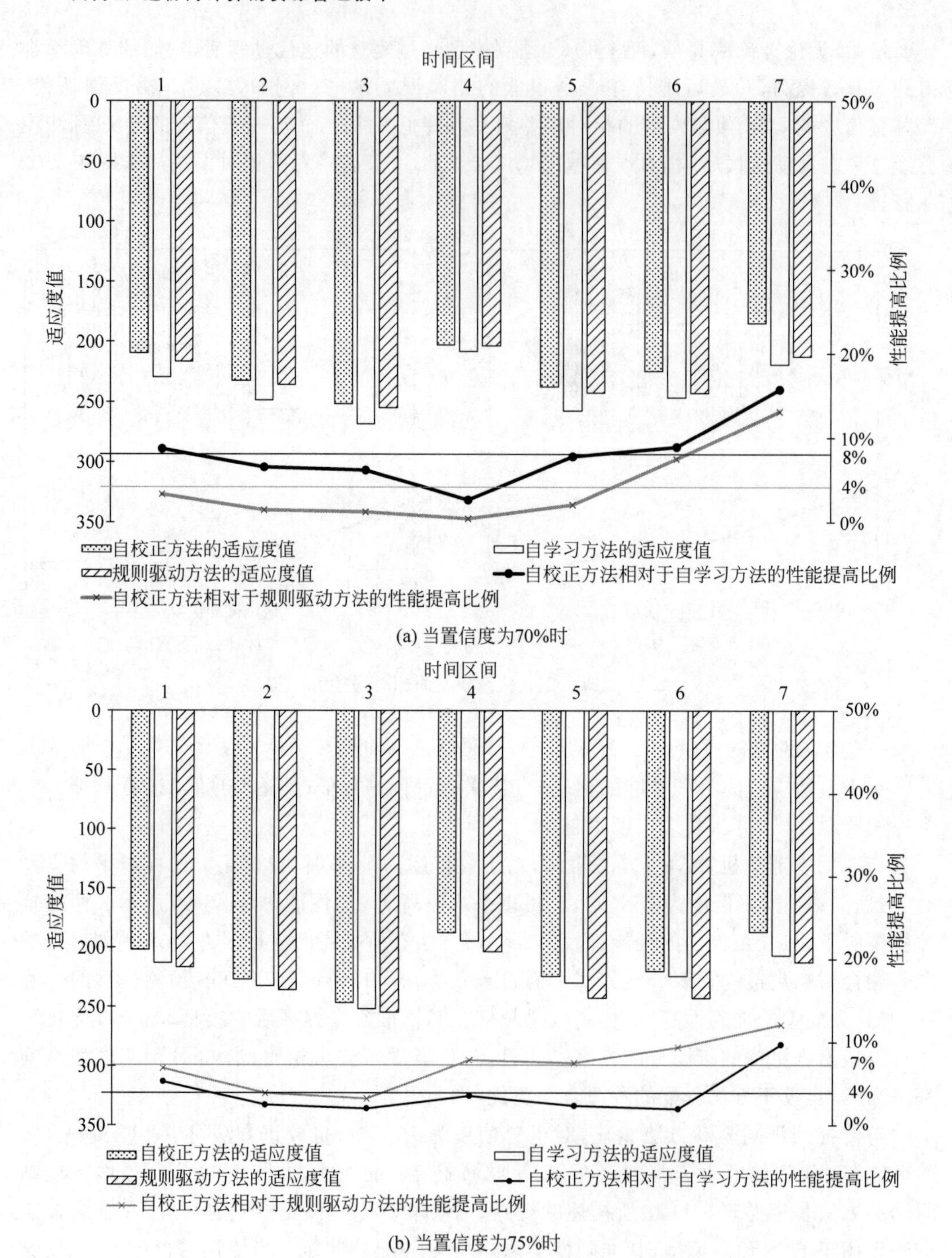

图 3-20　3 种自适应资源分配方法的性能比较

（4）算法执行时间的评估。

一般来说，调整时间可以分为两部分：在线决策算法的执行时间和云虚拟机资源的配置时间（如虚拟机初始化和删除）。由于虚拟机的配置时间可以通过维护虚拟机池等各种技术进行优化，因此主要比较在线决策算法的执行时间。

此处计算了资源分配过程中每种决策方法的平均时间消耗，如表 3-13 所示，自校正方法的平均反馈迭代次数是 3.35 次，而规则驱动方法的平均反馈迭代次数是 3.40 次。这是因为自校正方法是基于反馈控制的，整个决策过程需要经过几次反馈迭代；对于规则驱动方法，由于设定的规则（见表 3-11）是渐近的调整策略，所以它也需要经过多次迭代才能做出决策。这两种方法都可在可接受的迭代次数内得到各自的资源分配方案。对于每次迭代所花费的时间，自校正方法（7.63s）比规则驱动方法（1.08s）要长，这是因为后者的规则是显式给出的，因此它在计算量更少的情况下即可获得资源分配方案。

与机器学习方法相比，对于每个决策的平均时间，自校正方法（7.63s）和机器学习方法（7.05s）是非常接近的。一方面，二者都是基于元启发式算法进行搜索求解的；另一方面，自校正方法需要对 QoS 预测模型进行参数估计和整定，所以执行时间会稍微增加。

整体来说，在资源分配的决策过程中，这 3 种方法都可以在秒级上计算出资源分配方案，从系统管理的角度来说，是可以接受的。

表 3-13　3 种自适应资源分配方法的算法执行时间

自适应资源分配方法	每次迭代的计算时间（s）	平均反馈迭代次数	总计算时间（s）
自校正方法	7.63	3.35	25.56
机器学习方法	7.05	1.00	7.05
规则驱动方法	1.08	3.40	3.67

3.1.7　总结

随着云计算的发展，基于云的软件服务模式越来越受欢迎。为了更好地解决云软件服务的资源分配问题，结合机器学习、元启发式算法和自校正控制技术，提出了面向云软件服务的机器学习和自适应资源分配方法。所提出的主要工作以及创新点概括如下：

（1）系统地介绍了云软件服务的资源分配问题。影响资源分配的主要因素包括工作负载、资源情况以及管理目标。合适的资源分配方案应能够在获得高服务质量的同时最大限度地降低云资源成本。

（2）针对如何为云软件服务设计和实现自适应资源分配的问题，先提出一种基于机器学习的资源分配方法。对于给定的云软件服务，首先基于其历史数据集训练得到 QoS 预测模型，它能根据当前的工作负载和资源分配情况，预测出对应的 QoS 值。然后，提出基于遗传算法的在线决策机制。基于所定义的服务质量和云资源成本相结合的适应度函数，遗传算法可以快速且准确地搜索得到合理的资源分配方案。

（3）由于以上方法中 QoS 预测模型的建立依赖于大量且完整的数据集，且 QoS 预测模型准确度的高低直接影响到资源分配方案的好坏。针对这一问题，进一步提出了一种基于机器学习和自校正的资源分配方法。首先，基于运行时数据和给定的工作负载，通过自校正控制的方式对 QoS 预测模型进行改正修正。其次，引入反馈控制，设计了一个新的资源调整方案。每次循环将根据已分配资源情况和目标资源分配方案之间的差异情况对资源进行调整。在此期间，不断收集运行时数据用于 QoS 预测模型的自我校正。

最后，在 CloudStack 云平台上搭建 RUBiS 软件服务，并设计相应实验对所提出方法进行评估。结果表明：

① 当数据集完整时，基于机器学习的资源分配方法可以得到准确率超过 90%的 QoS 预测模型，且和传统基于规则驱动的资源分配方法相比，资源利用率提高了 10%～30%；

② 当数据集不完整且 QoS 预测模型准确率不高时，基于机器学习和自校正的资源分配方法可以将 QoS 预测模型的准确率提高 20%～24%，且性能比基于机器学习的资源分配方法提高 4%～8%。

所提出的面向云软件服务的机器学习和自适应资源分配方法，赋予了云软件服务自适应分配资源的能力，使其在动态变化的工作负载下能分配合适的资源，且能在保证良好的服务质量的同时最小化云资源成本。

未来，对 QoS 预测模型的建模是基于传统机器学习的回归方法，随着计算机技术的发展，深度学习比传统的回归方法更具知识自主建模能力。因此，将深度学习应用到云软件服务资源分配问题中成为当前业内的发展趋势。在未来的工作中，计划将深度学习方法引入到云软件服务的资源分配问题中。

一方面，使用深度学习方法刻画服务质量和工作负载、已分配的资源之间的关系，使得服务质量预测模型具有更高的准确率。

另一方面，根据当前工作负载进行资源分配属于被动式自适应模式，具有一定的滞后性，在后续的研究中，计划运用深度学习方法预测工作负载的变化，以实现被动式自适应到主动式自适应的转变。

3.2 基于迭代 QoS 模型的云软件服务资源自适应管理框架

随着云计算技术的飞速发展，将软件服务部署在云端，并按需分配云资源，对外提供计算服务的模式已得到广泛应用。在这种服务模式下，如何为基于云的软件服务分配合适的资源，在保证软件服务质量的同时降低云资源的成本是云软件工程师需要面对的核心问题。然而，由于软件服务质量需求的差异性以及外部环境的时变性，使得工程师们对云资源的管理变得越来越困难。因此，云软件服务应该具有自适应资源管理能力。本节提出一种基于迭代 QoS 预测模型的资源管理方法。首先，对于给定的软件服务，基于其历史数据训练得到迭代的 QoS 预测模型。其次，提出一种基于粒子群优化算法的运行时决策机制，结合预测模型，可以快速决定当前迭代中需要采取的资源分配操作。最后，引入反馈控制环路，通过反馈和迭代逐步给云软件服务分配资源，直到运行时决策机制没有产生新的资源调整操作，即找到合适的资源分配方案。实验结果表明，本节方法能提高 QoS 预测模型的准确度，同时可提高云资源分配的有效性。

3.2.1 引言

随着云计算技术的快速发展，将软件服务部署在云端并按其需求分配云资源的模式已得到广泛应用。在这种服务模型下，管理员可以根据软件服务的需求实时动态地分配云资源并按使用量付费，而不用购买和维护硬件设备，具有高可扩展性和可伸缩性等诸多特性。然而,云资源在实现灵活分配的同时也带来了新的问题。如果分配的云资源过多,超过软件服务的计算需求,会导致大量的计算资源空闲,资源利用率低,增加了不必要的成本;如果分配的云资源过少,不足以提供软件服务所需的计算要求,则会导致软件服务的服务质量下降,大量用户请求得不到及时响应,违反服务等级协议(SLA)。因此,如何对云软件服务的资源进行管理,为云软件服务分配合适的资源成为云计算领域中的一个重要研究问题。

最初,云软件服务的资源管理都是由人工操作进行的。管理员通过对软件服务的监控,对资源进行手动调节,以应对软件服务的资源需求变化。这种方式存在很大的管理难度,由于运行时环境的不确定性与多变性,管理员很难实时地根据监控情况作出资源调整策略,增加了管理负担,并且存在一定的滞后性。

为了更智能地管理软件系统,国内外学者提出了许多软件自适应管理模型,这些自适应管理模型的核心是监控、分析、决策与执行。借助自适应技术的核心思想,人们开始尝试让软件系统能够自动地对自身资源进行管理,并维持其可靠性,以提高软件系统的效率,降低管理成本。自适应技术能够根据人们给定的知识在处理和分析过程中,自动调整处理边界条件或者约束条件,以取得最佳的处理效果。因此,将自适应技术应用于云软件服务的资源分配问题中是一个有效的解决途径。但是,自适应技术的关键在于系统中知识库和策略的制定。在传统情况下,这些知识和策略往往是依靠人工干预和专家指导的方式给出,与基于规则的方法相似,大大降低了云软件服务的自主能力。

因此,设计一种智能的资源管理方法,实现云软件服务管理规则自主学习,指导自身根据外部环境的变化进行资源分配,具有重大的研究意义。

随着计算机科学的发展,越来越多的智能计算技术得到了发展与应用。机器学习和控制理论等智能计算技术得到了有效推进,可以为云软件服务的资源管理问题提供更智能更自主的解决方法。机器学习能够根据已有的数据集学习直观或者潜在的关系,如数据的结构和分布特征等,并通过学习得到新的知识,重构已有的结构,进而提高自身的性能。机器学习基于数据学习出相应知识模型的性质,在越来越多的地方得到了验证。因此,将机器学习应用于自适应技术的分析中,具有较高的可行性和创新性。遗传算法、蚁群算法以及模糊计算等智能计算方法为复杂和非线性的问题(如 NP-hard 问题等)的求解方案提供了快速、可靠的基础,可以快速收敛并得到近似最优解。基于这些智能计算方法,自适应技术可以为云软件服务的资源分配问题近实时求解,实现资源自我管理和自我分配。因此,基于智能计算技术,为云软件服务实现自适应的资源管理方法具有较高的研究意义。

本节的主要贡献如下:

(1) 提出了一种基于反馈环路的自适应资源分配框架,通过反馈和迭代逐步找到合理的资源分配方案。

(2) 提出了一种迭代 QoS 预测模型,基于相同规模的系统历史数据和当前环境能够获得更高的 QoS 预测准确度。

(3) 提出了一种基于 PSO 的运行时决策算法,能够快速决定当前迭代中需要采取的资源分配操作。

3.2.2 相关工作

目前面向云软件服务的自适应资源管理技术主要包括基于规则驱动的资源管理方法、基于控制理论的资源管理方法以及基于机器学习的资源管理方法。

专家所设计的规则对基于规则驱动的自适应资源管理方法至关重要。Bahati 和 Bauer 提出了一种基于自适应策略驱动的自主管理系统，该系统可以确定如何最好地使用一组规则策略来满足不同的管理目标。Zhang 等人在相关研究中提出，PaaS 中的基础设施可以通过两个自适应环路进行管理，上述两个环路分别指出了在中间件和虚拟机层上执行某些操作所需的特定规则条件。Addis 和 Rui 等人提出了一种基于启发式算法的解决方案来解决类似问题。但是，管理规则的制定往往是一个较为复杂的过程，需要对不同软件的不同服务特性进行综合考虑。例如，软件服务 A 是一个实现在线系统，需要保证系统快速响应，而软件服务 B 涉及复杂计算分析，需要保证 CPU 计算资源。因此，在制定规则时需要云工程师对不同软件服务进行全面的分析，这将导致管理成本高，并且管理规则的复用性低。

基于控制论的自适应资源管理方法通过使用反馈控制器来提供 QoS 保证，反馈控制器基于测量的输出动态地调整系统的行为。Rao 等人将模糊自校正控制方法引入到虚拟化环境中的资源分配，并设计了一个支持自适应多目标资源分配的双层管理框架。Kalyvianaki 等人提出了一种新的资源管理方法，将卡尔曼滤波器运用到反馈控制器中，从而实现为部署云软件服务的虚拟机动态分配 CPU 资源。Yu 等人设计一种基于控制理论的虚拟资源动态分配方法，使用一个前馈控制器来动态调整虚拟资源的数量，同时使用一个反馈控制器来动态调节各个虚拟资源处理的负载比例。然而，使用反馈控制的方法进行资源管理需要大量的迭代，这可能会导致重复的资源管理操作。

机器学习技术使系统能够从巨量的历史数据中学习出特定领域的知识。Yan 等人提出了一种基于强化学习的方法来实现云资源自我管理中的动态决策，通过设置事件触发机制，加快强化学习的收敛速度。Zheng 等人使用一个负载预测器来预测集群历史资源的利用率，并选择具有最高相似度的集群集作为训练样本到神经网络中，实现自适应资源分配。Barrett 等人开发基于模型的 Q-学习方法，并且将 Q-学习并行化，加速代理尝试自动扩展资源的收敛速度，能够在真实的云环境中确定最佳的资源分配策略，并且输出采用该策略的原因。鉴于云环境中自适应资源分配的问题的诸多特性，Alsarhan 等人将其定义为一个受约束的马尔可夫决策过程，并利用所提出的基于强化学习的方法最大化了服务提供商的增益。Xu 等人提出了一种基于强化学习的方法来自动化虚拟机运行过程中的应用配置，使得当工作负载变化时，虚拟机资源预算和设备参数设置可以自适应地变化。然而，基于机器学习方法在进行预测模型构建时往往需要大量历史数据，但在软件服务部署的初步阶段，历史数据是不充分的，这将使得基于机器学习的方法可能会得到较差的资源分配方案。

3.2.3 云软件服务资源管理问题形式化

云软件服务的资源管理问题主要是对部署在云环境中的软件进行合理的资源分配。在本节的研究中,云资源是以不同类型的虚拟机为单位分配给软件服务的,因此,本节的资源管理单位是虚拟机,即对虚拟机进行分配。本节将对该问题给出定义与形式化表示。

1. 云软件服务的资源管理目标

将软件服务部署在云环境中,一般就是部署在云内的虚拟机上。在这种情况下,为云软件服务调整计算资源一般有两种方式:一种是直接对虚拟机进行计算扩容,增加CPU核数或者内存大小;另一种是通过负载均衡水平动态添加新的虚拟机。由于受到软件服务的并发量限制,单个虚拟机的CPU核数和内存并不是越大越好,越大反而越有可能造成资源利用率低。因此,本节采用第二种方式,即通过增减虚拟机来实现资源管理。

定义3.9:本节的管理资源是不同类型的虚拟机,设有 m 种不同类型的虚拟机,则云中的资源 $\mathrm{VM}_{\mathrm{list}}$ 可以表示为式(3-45)。其中,VM_i 表示第 i 种类型的虚拟机。

$$\mathrm{VM}_{\mathrm{list}}=\{\mathrm{VM}_1,\mathrm{VM}_2,\cdots,\mathrm{VM}_m\} \tag{3-45}$$

定义3.10:虚拟机的类型一般是按计算能力的不同划分的,因此第 i 种类型的虚拟机 VM_i 可以用式(3-46)表示。其中,cpu_i 和 mem_i 分别为第 i 种类型的虚拟机的CPU核数和内存大小:

$$\mathrm{VM}_i=\{\mathrm{cpu}_i,\mathrm{mem}_i\} \tag{3-46}$$

定义3.11:本节云软件资源是以不同类型的虚拟机的形式分配给云软件服务的,那么,在某时刻,云软件服务拥有的虚拟机资源情况可以表示为式(3-47)。其中,$\mathrm{vm}_{t,i}$ 表示 t 时刻,云软件服务拥有的第 i 种类型的虚拟机数量:

$$\mathrm{VM}_t=\{\mathrm{vm}_{t,1},\mathrm{vm}_{t,2},\cdots,\mathrm{vm}_{t,m}\} \tag{3-47}$$

对于一个云软件服务,分配的虚拟机数量是可控的,可以根据不同情况下的需求,分配不同类型和数量的虚拟机资源。随着分配的虚拟机资源的变化,云软件服务的服务质量也会随之变动。一般地,服务质量水平会随着分配的虚拟机的增加而上升,呈正相关关系,相应的资源成本也会上升。因此,不能一味地为了提高服务质量而添加虚拟机,还需权衡好资源成本。

定义3.12:对云软件服务的资源进行管理时,一个管理操作应该是添加或删减相当数量的某种类型虚拟机,某时刻的管理操作可以表示为

$$\mathrm{Action}_t=\{a_{t,1},a_{t,2},\cdots,a_{t,m}\} \tag{3-48}$$

其中,$a_{t,i}$ 表示对第 i 种类型虚拟机的管理操作。当 $a_{t,i}>0$ 时,表示添加 $a_{t,i}$ 台第 i 种类型的虚拟机;当 $a_{t,i}<0$ 时,表示删减 $a_{t,i}$ 台第 i 种类型的虚拟机;当 $a_{t,i}=0$ 时,不对第 i 种类型的虚拟机进行调整。

定义3.13:对云软件服务的资源进行管理,设云软件服务的管理目标为Objective,其服务质量为QoS,需要的云资源成本为Cost,那么,管理目标Objective和服务质量

QoS 以及云资源成本 Cost 之间的关系可以用式(3-49)表示：

$$\text{Objective} = g(\text{QoS}, \text{Cost}) \tag{3-49}$$

分配给云软件服务的虚拟机直接影响了软件服务的服务质量和云资源成本，且对两者之间的影响方向相反。分配的虚拟机越多，软件的服务质量越高，需要的成本也越高；分配的虚拟机越少，软件的服务质量越低，成本也越低。因此，本节的管理目标是权衡云软件服务的服务质量和云资源成本，在保证服务质量的同时，尽可能降低资源成本。

2. 管理目标的影响因素

本节研究的是云软件服务的资源自适应管理，主要为云软件服务分配合适的虚拟机资源，使其在提供良好服务的同时云资源成本最低。如上所述，已经建立了与服务质量 QoS 和云资源成本 Cost 相关的目标函数范式，该目标函数指导资源分配时如何权衡服务质量和云资源成本。下面将对影响管理目标的这两大因素进行定义。

1）云软件服务质量

云软件服务的服务质量实际上就是在一段时间内，软件是否满足了用户的 SLA 协议要求。

定义 3.14：对于一个软件服务，其请求类别是固定的。设请求负载的种类为 n，对于某一时刻的负载请求情况可以用式(3-50)表示：

$$L_t = \{l_{t,1}, l_{t,2}, \cdots, l_{t,n}\} \tag{3-50}$$

其中，$l_{t,i}$ 表示 t 时刻第 i 种请求类型的数量。一个云软件服务，其工作负载是不断变化的，在不同时刻，其请求数量和种类往往是不同的。云软件服务的服务质量会随着工作负载的变化而波动。一般地，当分配的资源不变时，服务质量会随着请求负载数量的增加而下降，呈负相关关系。

定义 3.15：不同的软件服务有不同的 SLA 规定，如规定服务的响应时间(RT)应该在什么范围内，或者规定服务的数据吞吐量(DH)范围。实际上，响应时间能很好地反映软件服务的服务质量，因此，本节主要使用响应时间的 SLA 设定作为服务质量 QoS 值的衡量，用函数范式表示，如式(3-51)所示。其中，RT_t 表示 t 时刻的响应时间，QoS_t 表示 t 时刻服务质量值：

$$\text{QoS}_t = \text{SLA}(\text{RT}_t) \tag{3-51}$$

响应时间实际与工作负载(L)和分配的虚拟机(VM)数量密不可分，一般来说，固定的虚拟机数量下，相同的工作负载会有相等或相近的平均响应时间。

2）云资源成本

云资源成本 Cost 由两部分组成：其一是正在使用的虚拟机开销(Cost_L)；其二是关闭已分配的虚拟机的代价(Cost_D)。当关闭某虚拟机时，该虚拟上可能还有部分正在处理和待处理的请求，关闭操作会造成请求丢失，导致服务质量下降。因此，使用 Cost_D 可以避免在决策阶段，频繁操作虚拟机资源，造成服务质量的波动。

定义 3.16：t 时刻的云资源成本 Cost^t 是正在使用的所有虚拟机开销 Cost_L^t 以及关闭已分配虚拟机的代价 Cost_D^t 之和，如(3-52)所示：

$$\text{Cost}^t = \text{Cost}_\text{L}^t + \text{Cost}_\text{D}^t \tag{3-52}$$

定义 3.17：不同类型的虚拟机根据其设置的计算资源大小具有不同的单价。本节用 price_i 表示第 i 种类型的虚拟机每小时的租用单价，那么所有类型的虚拟机单价全集 Price 可以表示为

$$\mathrm{Price}=\{\mathrm{price}_1,\mathrm{price}_2,\cdots,\mathrm{price}_m\} \tag{3-53}$$

定义 3.18：t 时刻正在使用的所有虚拟机开销 $\mathrm{Cost}_{\mathrm{L}}^t$，是不同类型的虚拟机数量和其对应单价的乘积之和，如式(3-54)所示：

$$\mathrm{Cost}_{\mathrm{L}}^t=\mathrm{UPrice.\,VM}_t=\sum_{i=1}^{m}\mathrm{price}_i\times \mathrm{vm}_{t,i} \tag{3-54}$$

定义 3.19：对于关闭某种类型的虚拟机所需要的代价，本节设定单价的 $1/d$ 作为被关闭的代价。$\mathrm{vm}_{t,i}$ 表示 t 时刻第 i 种类型的虚拟机数量，$\mathrm{vm}_{t-1,i}$ 表示 $t-1$ 时刻第 i 种类型的虚拟机数量，那么关闭第 i 种类型的虚拟机的代价 DCost_i^t 如式(3-55)所示：

$$\mathrm{DCost}_i^t=\begin{cases}0, & \mathrm{vm}_{t,i}>\mathrm{vm}_{t-1,i}\\ \dfrac{1}{d}\times \mathrm{price}_i\times|\mathrm{vm}_{t,i}-\mathrm{vm}_{t-1,i}|, & \mathrm{vm}_{t,i}\leqslant \mathrm{vm}_{t-1,i}\end{cases} \tag{3-55}$$

在式(3-55)中，在虚拟机增加的情况下，$\mathrm{vm}_{t,i}>\mathrm{vm}_{t-1,i}$，此时不存在关闭虚拟机的代价。在虚拟机减少的情况下，$\mathrm{vm}_{t,i}<\mathrm{vm}_{t-1,i}$，此时，可以通过调整 d 的值控制操作。如果 d 趋向无穷大，那么 DCost_i^t 接近于 0，表示忽略了关闭虚拟机所需要的代价，相当于下一时刻的资源分配与当前时刻的资源情况无关；如果 d 趋向无穷小，那么 DCost_i^t 接近于无穷大，表示已经分配的虚拟机不允许关闭，允许存在一定的资源浪费。那么，t 时刻关闭虚拟机的总代价 $\mathrm{Cost}_{\mathrm{D}}^t$ 如式(3-56)所示：

$$\mathrm{Cost}_{\mathrm{D}}^{\mathrm{t}}=\sum_{i=1}^{m}\mathrm{DCost}_i^t \tag{3-56}$$

至此，就完成了云软件资源分配与管理问题中相关因素的定义，其中，设计一个合适的管理目标函数，使得根据该管理目标函数，能指导资源分配方案在云软件的服务质量与所需的云资源成本之间进行权衡，在保证良好的服务质量的同时尽可能最小化云资源成本，是本节的工作目标之一。

3.2.4 基于迭代 QoS 模型的资源自适应管理方法

本节针对如何为云软件服务设计和实现资源自适应管理问题，基于机器学习和粒子群优化算法，提出一个基于迭代 QoS 模型的资源自适应管理方法。对于给定的云软件服务，本节先基于其历史数据集，训练得到迭代 QoS 预测模型。它能根据当前的工作负载、资源分配情况、当前的 QoS 值和资源调整的操作，预测出对资源调整后的 QoS 值。然后，结合粒子群优化算法建立在线决策机制，粒子群优化算法基于服务质量和云资源成本相关的适应度函数，可以快速搜索到合适的资源分配方案，实现资源管理决策。

1. *方法概览*

本节提出一种基于迭代模型的资源自适应管理框架，如图 3-21 所示。基于迭代模型

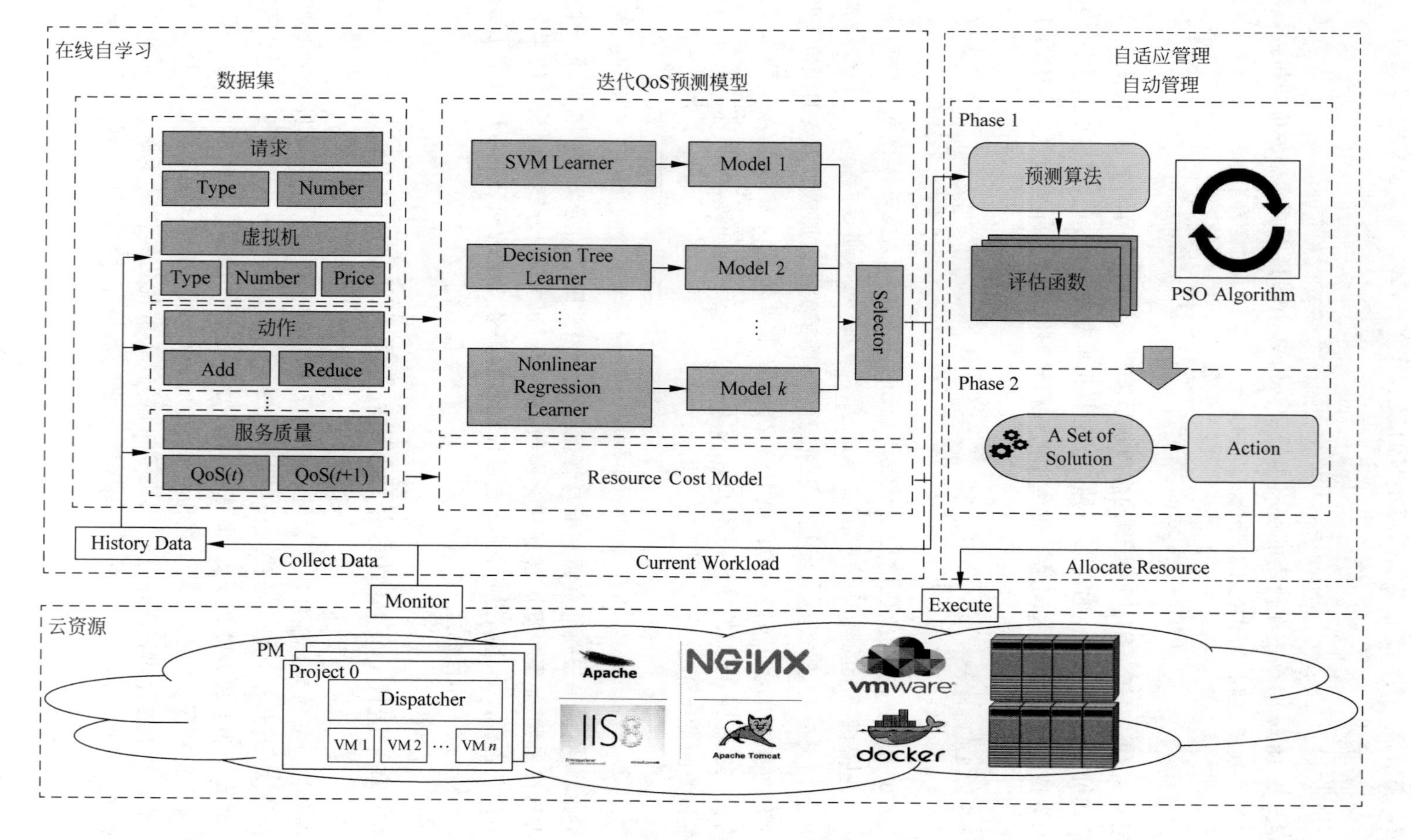

图 3-21　资源自适应管理框架概览图

的资源自适应管理框架主要有 3 个模块：云资源模块、在线自学习模块和自适应管理模块。云资源模块提供实时监测和控制云资源状态的 API，通过这些 API 可以实时监测云资源的使用情况，按需对云资源进行调整。在线自学习模块利用历史数据训练迭代 QoS 预测模型。基于迭代 QoS 预测模型，自适应管理模块自动决策，提供资源调整策略。本章重点介绍模型训练和运行决策部分。

2. 迭代 QoS 预测模型

本部分对模型训练部分的内容进行阐述。首先介绍服务质量的衡量，这里将响应时间映射成一定区间内的连续值，作为服务质量 QoS 值；接着介绍训练数据集的构成；最后分别介绍采用非线性回归、支持向量机和分类与回归树 3 种机器学习方法建立工作负载、当前已分配的资源、当前的服务质量 QoS 值、资源调整操作和完成相应资源调整操作后的服务质量 QoS 值之间的关系模型。

1) 模型定义

(1) 服务质量映射函数。

软件服务的响应时间是衡量一个软件性能的重要指标。用户对响应时间的感受最直接，因此响应时间通常可以直接表示服务质量。一个软件服务，要使服务质量满足用户的要求，响应时间应越短越好，将用户的请求等待时间尽量控制在用户可接受的范围内。

一个好的服务质量指标应该对响应时间的变化较为敏感，设 SLA 规定的响应时间容忍度为 2s，当响应时间不断接近 2s 时，服务质量下降的速度应该越来越快。若响应时间超过 2s，则服务质量的下降速度最快。这样剧烈的波动，可以使得响应时间对 SLA 的要求更加敏感，从而实现 SLA 违反次数的减少。因此，本节通过 Sigmoid 函数将响应时间映射成[0,1]区间内的 S 形变化曲线，以 SLA 的要求 RT_{SLA} 作为对称点，越靠近对称点变化越大，这样的曲线称为服务质量曲线，如图 3-22 所示。

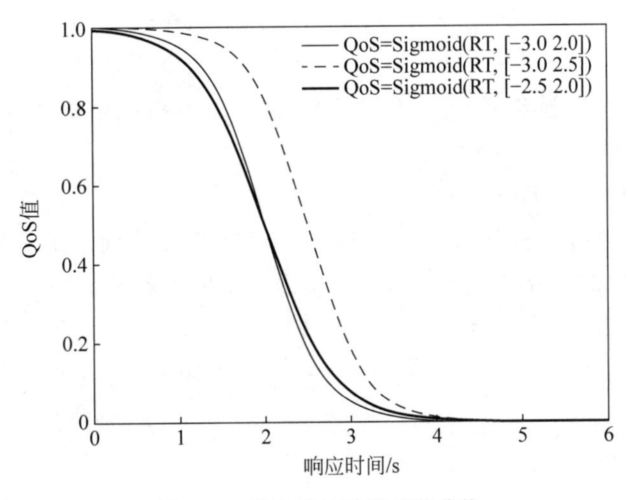

图 3-22　服务质量映射函数曲线

图 3-22 展示了不同参数设定下，响应时间与服务质量之间的映射关系，表现了不同

的响应时间容忍度。如对于 QoS=Sigmoid(RT,[-3.0 2.0])来说，响应时间的容忍度是 2s，在响应时间为 2s 的附近，服务质量 QoS 值急速下降；而在响应时间 1.2s 之前，都有较好的服务质量 QoS 值，波动较小。

(2) 训练数据集。

本部分采集的数据集主要包含 4 个部分：负载请求 L(Workload)、已分配虚拟机 VM(Virtual Machine)、对当前已分配虚拟机资源的调整操作 Action 以及服务质量(Quality of Service，QoS)。其中，Action 包括添加和删除虚拟机。服务质量包括当前的服务质量值 QoS_t 以及完成相应资源调整操作后的服务质量值 QoS_{t+1}。假设有请求的类型有 n 种，虚拟机的类型有 m 种，那么数据集可以表示成表 3-14。

表 3-14　迭代 QoS 预测模型的数据集

L	VM	Action	QoS_t	QoS_{t+1}
$x_{1,1}x_{1,2}\cdots x_{1,n}$	$x_{1,n+1}x_{1,n+2}\cdots x_{1,n+m}$	$x_{1,n+m+1}x_{1,n+m+2}\cdots x_{1,n+m+m}$	$x_{1,n+m+m+1}$	y_1
$x_{2,1}x_{2,2}\cdots x_{2,n}$	$x_{2,n+1}x_{2,n+2}\cdots x_{2,n+m}$	$x_{2,n+m+1}x_{2,n+m+2}\cdots x_{2,n+m+m}$	$x_{2,n+m+m+1}$	y_2
…	…	…	…	…
$x_{u,1}x_{u,2}\cdots x_{u,n}$	$x_{u,n+1}x_{u,n+2}\cdots x_{u,n+m}$	$x_{u,n+m+1}x_{u,n+m+2}\cdots x_{u,n+m+m}$	$x_{u,n+m+m+1}$	y_u

其中，工作负载表示为$(x_{i,1},x_{i,2},\cdots,x_{i,n})$，请求负载类型共有 n 种，$x_{i,j}$ 表示第 j 种类型的工作负载数量。已经分配给云软件服务的资源表示为$(x_{i,n+1},x_{i,n+2},\cdots,x_{i,n+m})$，虚拟机的类型共有 m 种，$x_{i,n+k}$ 表示分配的第 k 种类型的虚拟机数量。Action 表示为$(x_{i,m+n+1},x_{i,m+n+2},\cdots,x_{i,m+n+m})$，$x_{i,m+n+p}$ 表示对第 p 种类型虚拟机的调整数量。$(x_{i,m+n+m+1})$表示当前的服务质量值 QoS_t，y_i 表示完成相应资源调整操作后的服务质量值 QoS_{t+1}。

(3) QoS 迭代预测模型。

根据采集的数据，建立服务质量预测模型，如式(3-57)所示。

$$\mathrm{QoS}_{t+1}=F(L,\mathrm{VM},\mathrm{QoS}_t,\mathrm{Action}) \tag{3-57}$$

2) 模型训练

本部分采用 3 种机器学习方法，包括非线性回归、支持向量机和分类与回归树来训练迭代 QoS 预测模型。

(1) 非线性回归(NLREG)。

非线性回归方法需要设计回归方程和损失函数。对于当前的工作负载 L、分配的虚拟机数量 VM、采取的资源管理操作 Action 以及当前的服务质量 QoS 值，可以设置回归方程如下：

$$y_c=w_1x_{c,1}+\cdots+w_nx_{c,n}+w_{n+1}x_{c,n+1}^2+\cdots+w_{n+m}x_{c,n+m}^2+\cdots+ w_{n+m+m}x_{c,n+m+m}^2+w_{n+m+m+1}x_{c,n+m+m+1}^2+b \tag{3-58}$$

(2) 支持向量机(SVM)。

对于支持向量机方法认为训练数据 QoS_{t+1} 和 L、VM、QoS_t，Action 之间是线性不可分的，因此需要引入核函数进行解空间的维度映射。引入核函数后的超平面方程可以简单表示为：

$$Y=\boldsymbol{U}^{\mathrm{T}}\varphi(\boldsymbol{X})+v \tag{3-59}$$

其中，$<\boldsymbol{U},v>$是所要求解的参数，本节选用高斯核函数，通过核函数转换后，可以转为对偶问题求解参数，如式(3-60)所示：

$$\varphi(\boldsymbol{x}_e,\boldsymbol{x}_f)=\exp\left(-\frac{\|\boldsymbol{x}_e-\boldsymbol{x}_f\|^2}{2\sigma^2}\right),\quad \boldsymbol{x}_e,\boldsymbol{x}_f\in\boldsymbol{X};\sigma>0 \tag{3-60}$$

(3) 分类与回归树(CART)。

对于分类与回归树方法，基于训练数据集 $T=\{X,Y\}$，采用平方误差最小化准则进行特征选择，生成回归决策树。如果输入空间可以划分为 M 个区域 $R_1,R_2,R_3,\cdots,R_M$，那么生成的决策树各节点值为：

$$f(x)=\sum_{m=1}^{M}\hat{c}_m I,\quad x\in\mathbf{R}_m \tag{3-61}$$

对于生成后的决策树通过剪枝，形成子树序列，并对子树序列进行验证，选择一个最优子树。

至此，通过3种机器学习方法可以得到3个迭代 QoS 预测模型，基于这些模型，可以得到某个资源管理操作后的服务质量情况。对3个模型进行预测准确度评估，最终选择一个效果最好的模型，用于决策机制的适应度计算。

3. 基于粒子群优化算法的决策机制

本部分主要介绍在运行决策部分中，如何使用改进的粒子群优化算法，搜索一组较为合适的资源分配方案，并根据这组解的特性，得到一个合理的资源调整动作。

传统 PSO 是通过一个候选粒子群来求解问题，粒子根据一个关于位置和速度的简单数学式，在解空间中不断移动和更新自己。每个粒子的更新都受到已知局部最优位置和全局最优位置的影响，从而促使一些更新后的粒子到达有更优势的位置，即粒子群会朝着最优方向不断进化和更新，从而求得最优解。本部分使用一种改进的粒子群优化算法——使用遗传算法的更新策略，包括变异运算和交叉运算，来实现原始粒子的运动更新。

1) 问题编码

本部分使用离散 PSO 编码方式对问题进行编码。设有 m 种类型的虚拟机，每种虚拟机数量为 vm_v，则一个资源配置的方案可以编码成式(3-62)：

$$\mathrm{VM}=(\mathrm{vm}_1,\mathrm{vm}_2,\mathrm{vm}_3,\cdots,\mathrm{vm}_m) \tag{3-62}$$

2) 适应度函数

适应度函数是用来评估资源分配方案，指导粒子群优化算法求解的方向，本部分使用管理目标函数作为适应函数，如式(3-63)所示：

$$\mathrm{Fitness}=\mathrm{Objective}=r_1\times\frac{1}{\mathrm{QoS}}+r_2\times\mathrm{Cost} \tag{3-63}$$

适应度函数包含两部分，分别是服务质量 QoS 和云资源成本 Cost。云资源成本 Cost 可以直接通过监测系统资源的调整情况，分别计算当前租用虚拟机和停止虚拟机这两种情况所产生的 Cost 并比较取优。而 QoS 则需要通过迭代 QoS 预测模型进行预测求解。

为了对给定的目标资源分配方案进行 QoS 值计算，需要使用迭代 QoS 模型，从已有的运行时数据中，找到与目标资源配置方案最接近的数据，两个配置方案的距离定义为式(3-64)：

$$\mathrm{Dist}(A,B)=u_1\mid \mathrm{vm}_1^A-\mathrm{vm}_1^B\mid+u_2\mid \mathrm{vm}_2^A-\mathrm{vm}_2^B\mid+\cdots+u_m\mid \mathrm{vm}_m^A-\mathrm{vm}_m^B\mid \tag{3-64}$$

即使用两个资源配置不同类型的虚拟机数量差的加权和作为两者之间的距离，其中，A 和 B 表示两种不同的资源配置方案。

对于资源分配方案的历史数据集合 $\mathrm{Actual}_{\mathrm{data}}$，集合中的每一个元素用式(3-65)表示：

$$\mathrm{Actual}_{\mathrm{data}}^i=(L,\mathrm{VM},\mathrm{QoS}) \tag{3-65}$$

其中，$L=(l_1,l_2,\cdots,l_n)$是一组不同请求类型的数量的集合，l_i 表示第 i 种类型的请求数量。$\mathrm{VM}=(\mathrm{vm}_1,\mathrm{vm}_2,\cdots,\mathrm{vm}_m)$表示已经分配给云软件服务的资源，$\mathrm{vm}_i$ 表示分配的第 i 种类型虚拟机的数量。QoS 是指在工作负载为 L、分配的虚拟机资源为 VM 时，云软件服务所能提供的服务质量值。

设 $\mathrm{VM}_{\mathrm{Objective}}$ 表示算法搜索到的一个资源配置方案；$\mathrm{Median}_{\mathrm{data}}$ 表示迭代计算过程中产生的中间值的集合；$\mathrm{VM}_{\mathrm{Nearest}}^A$ 表示真实值 $\mathrm{Actual}_{\mathrm{data}}$ 中，使用式(3-64)进行计算得到的最靠近 $\mathrm{VM}_{\mathrm{Objective}}$ 的一条历史数据；Path 表示虚拟机资源从 $\mathrm{VM}_{\mathrm{Nearest}}^A$ 到 $\mathrm{VM}_{\mathrm{Objective}}$ 之间，按先小后大、先增后减的操作进行调整的路径；$\mathrm{VM}_{\mathrm{Nearest}}^A$ 表示既在 Path 这条调整路径上，又在中间值集合 $\mathrm{Median}_{\mathrm{data}}$ 内最靠近 $\mathrm{VM}_{\mathrm{Objective}}$ 的配置。为了方便计算，可以将 $\mathrm{VM}_{\mathrm{Objective}}$、$\mathrm{Median}_{\mathrm{data}}$、Path、$\mathrm{VM}_{\mathrm{Nearest}}^A$ 设置成与 $\mathrm{Actual}_{\mathrm{data}}$ 一样的结构，如式(3-65)所示。这里对虚拟机资源管理操作是逐步进行的，即每次添加或者删除一台某种类型的虚拟机。设被调整的类型为 VM_v，调整动作 Action 可以用式(3-66)表示：

$$\mathrm{Action}=(\mathrm{vm}_1,\mathrm{vm}_2,\mathrm{vm}_3,\cdots,\mathrm{vm}_m) \tag{3-66}$$

有两种类型的操作：添加资源 $\mathrm{Action}_{\mathrm{add}}$ 和减少资源 $\mathrm{Action}_{\mathrm{reduce}}$。$\mathrm{Action}_{\mathrm{add}}^i$ 表示添加一台 i 类型的虚拟机，即式(3-66)中的 $\mathrm{vm}_i=1$，其他的都为 0。同样地，$\mathrm{Action}_{\mathrm{reduce}}^i$ 表示删除一台 i 类型的虚拟机，即式(3-66)中的 $\mathrm{vm}_i=-1$，其他的都为 0。

本部分提出一个算法——使用迭代 QoS 预测模型计算 PSO 算法运行过程中产生的配置方案的 QoS 值，如算法 3.2 所示。在该算法中，以当前的工作负载 L_{current} 和当前的资源分配方案 $\mathrm{VM}_{\mathrm{Objective}}$ 作为输入，得到该工作负载和资源配置方案下的云软件服务质量值 QoS。算法的主要过程如下：

(1) 初始化数据，将历史数据集从数据库中放入到真实值 $\mathrm{Actual}_{\mathrm{data}}$ 中，并将这些真实值复制一份到中间值 $\mathrm{Median}_{\mathrm{data}}$。

(2) 根据当前的工作负载 L_{current} 和资源分配目标 $\mathrm{VM}_{\mathrm{Objective}}$ 在真实值 $\mathrm{Actual}_{\mathrm{data}}$ 中根据式(3-64)计算的距离，找到真实值中关于工作负载为 L_{current} 的数据中，离资源分配目标 $\mathrm{VM}_{\mathrm{Objective}}$ 最近的真实资源分配方案数据点 $\mathrm{VM}_{\mathrm{Nearest}}^A$，即调用函数过程 $\mathrm{NearestActual}(L_{\mathrm{current}},\mathrm{VM}_{\mathrm{Objective}},\mathrm{Actual}_{\mathrm{data}})$。

(3) 根据资源分配点从 $VM^{A}_{Nearest}$ 到 $VM_{Objective}$ 之间,按先小后大、先增后减的操作进行调整的步骤,将中间步骤存放在 Path 中。

(4) 找到既在 Path 中,又在 $Median_{data}$ 内,根据式(3-64)计算的距离,离资源分配目标 $VM_{Objective}$ 最近的真实资源分配方案数据点 $VM^{M}_{Nearest}$,即调用函数过程 NearestMedian($L_{current}$,$VM_{Objective}$,Path,$Median_{data}$)。

(5) 从 $VM^{M}_{Nearest}$ 到 $VM_{Objective}$ 按先小后大,先添加动作、后删减动作,使用迭代 QoS 预测模型进行计算,并将计算得到的中间结果存到 $VM^{M}_{Nearest}$ 中,即先调用函数过程 CalcQoSByAdd($L_{current}$,$VM^{M}_{Nearest}$,$VM_{Objective}$),再调用函数过程 CalcQoSByReduce($L_{current}$,$VM^{M}_{Nearest}$,$VM_{Objective}$)。

算法 3.2: The algorithm for predicting the QoS value

Inputs:
the vector of current workload $L_{current}$
the resource allocation plan $VM_{Objective}$
Outputs:
the value of QoS when workload and resource allocation are $L_{current}$ and $VM_{Objective}$
1. **Initially** $Actual_{data}$ from dataset
2. $Median_{data} \leftarrow Actual_{data}$
3. $VM^{A}_{Nearest} \leftarrow$ NearestActual($L_{current}$, $VM_{Objective}$, $Actual_{data}$)
4. generate Path from $VM^{A}_{Nearest}$ to $VM_{Objective}$
5. $VM^{A}_{Nearest} \leftarrow$ NearestMedian($L_{current}$, $VM_{Objective}$, Path, $Median_{data}$)
6. QoS ← CalcQoSByAdd($L_{current}$, $VM^{A}_{Nearest}$, $VM_{Objective}$)
7. QoS ← CalcQoSByReduce($L_{current}$, $VM^{A}_{Nearest}$, $VM_{Objective}$)
8. **return** QoS

为了更好地描述算法 3.2,对算法中的几个步骤进行封装,包括寻找最接近的真实值 NearestActual($L_{current}$, $VM_{Objective}$, $Actual_{data}$),寻找生成路径中最接近的中间值 NearestMedian($L_{current}$, $VM_{Objective}$, Path, $Median_{data}$),迭代计算添加操作的 QoS 值 CalcQoSByAdd($L_{current}$, $VM^{M}_{Nearest}$, $VM_{Objective}$),迭代计算删除操作的 QoS 值 CalcQoSByReduce($L_{current}$,$VM^{M}_{Nearest}$,$VM_{Objective}$),如算法 3.3 所示。

算法 3.3: Procedures for Algorithm 3.2

Declare:
<L, VMs, QoS> a collection of data vectors
d — the distance $VM_{Objective}$ and the current sample
$d_{smallest}$ — the smallest distance between $VM_{Objective}$ and a sample
vm_i — the number of ith type of virtual machine
Outputs:
1. **procedure** NearestActual($L_{current}$, $VM_{Objective}$, $Actual_{data}$)
2.   **for** each <L,VMs,QoS> in $Actual_{data}$ **do**
3.   **if** $L = L_{current}$ **then**
4.   calculate distance d between VMs and $VM_{Objective}$ by formula(3-64)

5. **if** $d_{\text{smallest}} > d$ **then**
6. $d_{\text{smallest}} \leftarrow d$, $\text{VM}_{\text{Nearest}}^{A} \leftarrow \text{VMs}$
7. **end if**
8. **end if**
9. **end for**
10. **return** $\text{VM}_{\text{Nearest}}^{A}$
11. **end procedure**
12. **procedure** NearestMedian(L_{current}, $\text{VM}_{\text{Objective}}$, Path, $\text{Median}_{\text{data}}$)
13. **for each** $< L, \text{VMs}, \text{QoS} >$ in $\text{Median}_{\text{data}}$ **do**
14. **if** $= L_{\text{current}}$ and VMs in $\text{Median}_{\text{data}}$ **then**
15. calculate distance d between VMs and $\text{VM}_{\text{Objective}}$ by formula(3-64)
16. **if** $d_{\text{smallest}} > d$ **then**
17. $\text{d}_{\text{smallest}} \leftarrow d$, $\text{VM}_{\text{Nearest}}^{A} \leftarrow \text{VMs}$
18. **end if**
19. **end if**
20. **end for**
21. **return** $\text{VM}_{\text{Nearest}}^{M}$
22. **end procedure**
23. **procedure** CalcQoSByAdd(L_{current}, $\text{VM}_{\text{Nearest}}^{A}$, $\text{VM}_{\text{Objective}}$)
24. **for each** vm_i in do $\text{VM}_{\text{Nearest}}^{M}$ **do**
25. **while** $\text{VM}_{\text{Nearest}}^{M} \cdot \text{vm}_i < \text{VM}_{\text{Objective}}.\text{vm}_i$ **do**
26. increase $\text{VM}_{\text{Nearest}}^{M}.\text{vm}_i$ by one
27. $\text{QoS} \leftarrow F(L, \text{VM}_{\text{Nearest}}^{M}, \text{QoS}, \text{Action}_{\text{reduce}}^{i})$
28. add $< L, \text{VM}_{\text{Nearest}}^{M}, \text{QoS} >$ to $\text{Median}_{\text{data}}$
29. **end while**
30. **end for**
31. **return** QoS
32. **end procedure**
33. **procedure** CalcQoSByReduce(L_{current}, $\text{VM}_{\text{Nearest}}^{M}$, $\text{VM}_{\text{Objective}}$)
34. **for each** vm_i in $\text{VM}_{\text{Nearest}}^{M}$ **do**
35. **while** $\text{VM}_{\text{Nearest}}^{M}.\text{vm}_i > \text{VM}_{\text{Objective}}.\text{vm}_i$ **do**
36. decrease $\text{VM}_{\text{Nearest}}^{M}.\text{vm}_i$ by one
37. $\text{QoS} \leftarrow F(L, \text{VM}_{\text{Nearest}}^{M}, \text{QoS}, \text{Action}_{\text{reduce}}^{i})$
38. add $< L, \text{VM}_{\text{Nearest}}^{M}, \text{QoS} >$ to $\text{Median}_{\text{data}}$
39. **end while**
40. **end for**
41. **return** QoS
42. **end procedure**

3）粒子更新策略

本部分将使用突变和交叉两种方式对粒子进行更新。

(1) 突变更新：突变是从原始粒子中随机选择一个粒子位，然后对该粒子位的值进行变异，形成一个新粒子。这里设计了两种突变情况：增加 1 或减少 1，每种情况的概率为 1/2。图 3-23 说明了执行突变更新的过程。在该示例中，存在 4 种类型的虚拟机，其原始粒子为(1,3,3,2),随机选择第二个粒子位进行变异。经过突变,新粒子为(1,2,3,2),即原始粒子中第二个粒子位的值减少了1。

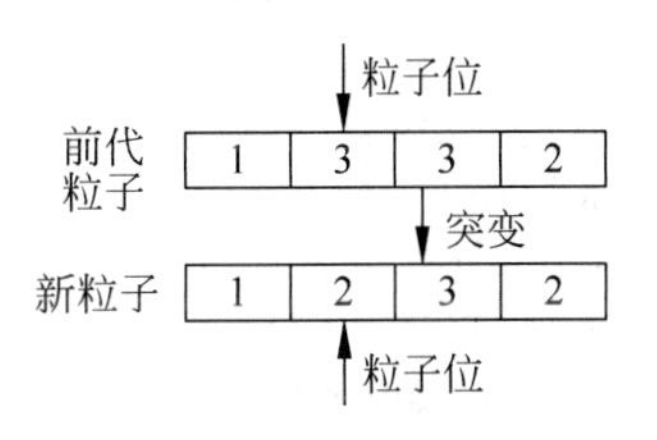

图3-23 突变更新

(2) 交叉更新:粒子交叉有两个步骤。首先,对于某个要更新的粒子,随机选择 其中两个粒子位,并用该粒子的局部最佳粒子替换它们之间的片段以生成中间粒子。其次,在生成的中间粒子中随机选择两个粒子位,并用全局最佳粒子替换该段以生成最终的新粒子。图3-24说明了执行交叉更新的过程。原始粒子为(1,3,3,2),该粒子的局部最佳粒子为(2,1,3,2),粒子群的全局最佳粒子为(0,2,4,1)。局部最佳粒子中的第二和第四粒子位之间的片段替换原始粒子生成中间粒子(1,1,3,2),将中间粒子中的第二和第三之间的片段与全局最佳粒子替换,生成新粒子(1,2,4,2)。

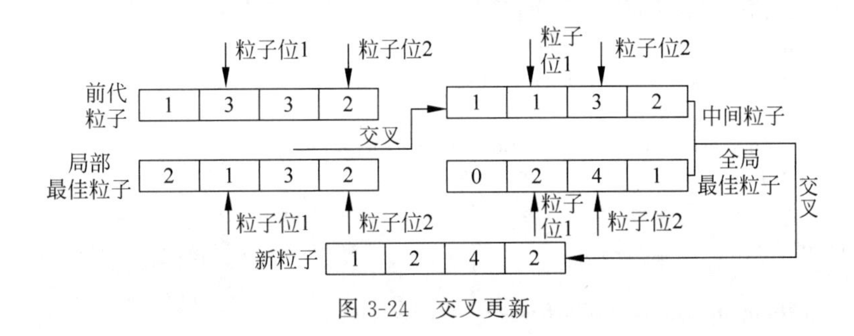

图3-24 交叉更新

4) 算法流程

改进的PSO算法的步骤可以简述如下。

步骤1,初始化相关参数和粒子规模。

步骤2,根据式(3-63)计算每个粒子的适应度值,并且将粒子初始化为自身的局部最优粒子,并且将适应度值最小的设置为粒子群总体的全局最优粒子。

步骤3,根据变异和交叉的更新规则更新粒子。然后,重新计算更新后的粒子适应度值。

步骤4,如果更新的粒子的适应度值优于其局部最优粒子,则将更新后的粒子替换为其局部最优粒子。

步骤5,如果更新的粒子的适应度值优于全局最优粒子,则将更新粒子替换为总体的全局最佳粒子。

步骤6,转到步骤3,直到满足停止条件为止(例如,经过一定次数的迭代后,获得适应度值最小的k个粒子。

5) 操作决策

通过前面计算得到的前k个最佳配置方案,与当前的资源分配情况相比较,可以得到当前的资源分配情况下这些最佳配置方案的资源管理操作Optimal_i,如式(3-67)所示:

$$\text{Optimal}_i=\{a_1,a_2,a_3,\cdots\} \tag{3-67}$$

其中,a_j表示对资源的一个添加或删除操作。本节选择一个由最多配置共享的操作。如果存在相同数量的共享的操作,则选择出现次数最多的,如果出现次数更多的,则随机选择一个。详细过程如算法 3.4 所示。

算法 3.4：The Algorithm for Decision Making

Inputs：

The operational action to achieve a better configuration plan Optimals

Outputs：

the resource adjustment operation

Declare：

```
Actions - the set of all possible operations
ActionNums - the number of one action
action - the action of adjustment
optimal - a action sequence to resource adjustment
num - a variate to count something
 1. Initially set each entry in ActionNums as zero for none action at the starting
 2. for each action in Actions do
 3.     for each optimal in Optimals do
 4.         Count the number of action in optimal to num
 5.         if num > 0 then
 6.             increase ActionNums. action. common by one
 7.         end if
 8.         increase ActionNums. action. total by the value of num
 9.     end for
10. end for
11. sort ActionNums in decrementally first on common and the on total
12. return the first element in ActionNums. action
```

3.2.5 实验与评估

为了验证前面提出的资源自适应管理框架的有效性，本节进行实验与评估。在开源云平台 CloudStack 上创建一个实验使用域，部署 RUBiS 基准软件服务，并通过实验数据对该自适应管理框架进行评估。

1. 实验设置

RUBiS 是由美国 Rice 大学设计的一个拍卖网站原型，可以用于评估应用服务器的性能和可伸缩性。RUBiS 分为客户端和服务端两部分：服务实现了拍卖网站的核心功能——上线拍卖产品牌、浏览拍卖信息和模拟拍卖竞价；RUBiS 的客户端提供了对拍卖网站的模拟访问，用户可以设置一段时间内的平均访问人数和配置整个网站各个功能模块的访问频率。

RUBiS 在 CloudStack 实验域中的部署结构如图 3-25 所示，1 个客户端节点、负载均衡节点、数据库节点和 n 个服务端节点，每个节点对应一台云平台中的虚拟机。本节是使用 Nginx 负载均衡，当添加服务端节点时，只需要将新的服务端节点更新到 Nginx 的配置文件中，再重新加载配置，即可在不影响其他模拟请求的情况下添加新节点，实现为 RUBiS 添加新节点。同理，删除服务节点也是只需将该节点从配置文件中删除。

在实验中，根据 CPU 和内存配置上的不同，设置了 3 种典型的虚拟机类型，分别是

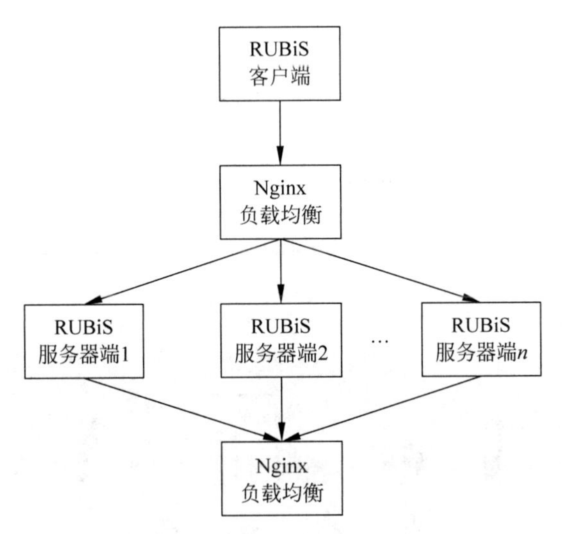

图 3-25 RUBiS 部署逻辑结构图

小型虚拟机(Small)、中型虚拟机(Medium)和大型虚拟机(Large)。本节参考阿里云的官方价格,设置了 3 种类型的虚拟机价格,如表 3-15 所示。其中,$Cost_L$ 表示每小时租用虚拟机的价格,$Cost_D$ 表示关闭虚拟机的额外代价,本节设置这个代价为虚拟机租用价格的 1/4。每种类型的虚拟机数量分别表示为 VM_s、VM_m 和 VM_l,则分配的资源可以表示为 $VM_{Allocated}=(VM_s,VM_m,VM_l)$。将这 3 种类型的 CPU 和内存配置创建成与之相应的计算方案,在创建虚拟机时再对计算方案进行选择,即可完成不同类型虚拟机的创建。

表 3-15 不同类型的虚拟机配置和价格

配置	小型	中型	大型
CPU	1 核	1 核	1 核
内存	1GB	2GB	4GB
$Cost_L$	1.761 元/小时	1.885 元/小时	2.084 元/小时
$Cost_D$	0.440 元	0.471 元	0.521 元

根据不同类型虚拟机的计算能力,设置两个配置方案的距离式(3-64)中的参数为 $u_1=0.143$,$u_2=0.286$,$u_3=0.571$。

基于 RUBiS 提供的客户端,可以模拟用户访问请求的行为。使用客户端模拟的用户数量表示总的工作负载,具体工作负载变化如图 3-26 所示。整个实验持续 6 小时,每小时内的平均负载是一定的,数量范围是[3000,5000]。负载的整体变化为先从 4000 开始,逐步增加到最高 5000,再骤降到 3000,然后再骤增到 4500,最后再下降到 4000。

本实验中,将响应时间 RT 通过 sigmoid 函数映射成在 0~1 变化的 S 形曲线,并将该映射值作为服务质量 QoS 的权衡,QoS 的大小和变化率反映了不同用户对服务质量的容忍度。分配的资源越多,响应时间越短,QoS 越大;反之,分配的资源越少,响应时间越长,QoS 越小。分配更多的资源以满足更好的 QoS 要求意味着需要更多资源代价开销 Cost,因此,需要找到一个折中点,使用适应度函数来决定资源分配的目标。

适应度函数表示云工程师给出的资源分配目标。更好的资源分配计划应该得到较

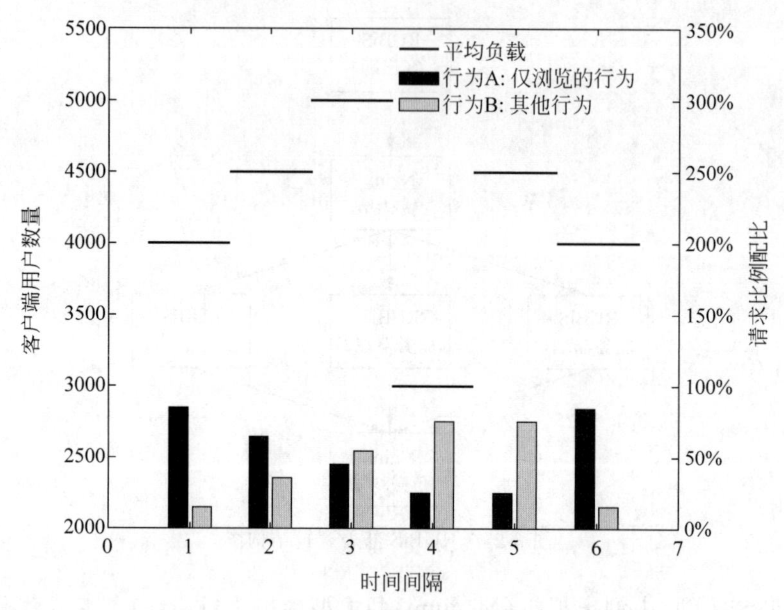

图 3-26 平均工作负载数量和比例的变化情况

小的适应度函数值。云工程师预先定义的权重(r_1 和 r_2)反映了它们对 QoS 和资源成本的不同偏好。例如,较高的 r_1 表示对 QoS 的更敏感的偏好,因此需要更多的虚拟机以保证在相同的工作负载下的 QoS。虽然较高的 r_2 表示对资源成本的更敏感的偏好,但是为了降低资源成本,需要更少的虚拟机。实际上,适应度函数是平衡 QoS 和资源成本,由于资源和云服务的 QoS 之间的复杂关系,这也很难实现。因此,在本节的实验中,根据经验设置 $r_1=320$ 和 $r_2=10$,以便平衡 QoS 和资源成本,如式(3-68)所示。

$$\text{Objective}=320\times\frac{1}{\text{QoS}}+10\times\text{Cost} \tag{3-68}$$

为了评估本节的方法,设置了两组对比实验:一个是根据求解的目标资源分配方案直接进行调整,即传统的资源分配方法,另一个是基于规则驱动的资源分配方法,是基于对 RUBiS 系统长期运行状态的观察而设置的,规则如表 3-16 所述。

表 3-16 基于规则驱动的资源分配方法

判断条件	调整操作
RT>1.4s	VM_l += 1
1.2s<RT≤1.4s	VM_m += 1
1.0s<RT≤1.2s	Remain
0.8s <RT≤1.0s	VM_m −= 1
RT≤0.8	VM_l −= 1

2. 迭代 QoS 模型准确度的评估

本节收集了 RUBiS 的运行时数据,共计 5000 多条。收集数据时,设置负载量从 100 开始,负载增量为 100,逐步增加到 5000。每个负载量下随机设置只浏览和其他行为两类负载类型的比例，以及不同类型的虚拟机数量，启动 RUBiS 客户端，运行约 6 分钟，可收集到在某个负载数量、某种负载类型的比例以及虚拟机数量配置下，RUBiS 的平均响应时间。

在进行各种负载类型和数量的模拟测试，完成数据集的收集后，基于 3 种机器学习的方法分别训练迭代 QoS 预测模型和一般的 QoS 预测模型。为了更好地评估模型的准确度，本节将 QoS 的预测值和实际值定义为 $QoS_{predict}$ 和 QoS_{actual}，并引入允许误差范围 E 和置信度 P。误差 E 表示模型预测的服务质量 QoS 值 $QoS_{predict}$ 和实际的值 QoS_{actual} 之差的绝对值。置信度 P 是表示误差在 E 范围内的 $QoS_{predict}$ 数量的比例，如式(3-69)所示。

$$P = P_r(QoS_{actual} - E \leqslant QoS_{predict} \leqslant QoS_{actual} + E) \tag{3-69}$$

在实验中，随机分配 4000 条数据为训练集，1000 条数据为测试集，并设置 4 个允许的误差范围 E 来评估模型的准确度，分别是 $E=0.1$、$E=0.15$、$E=0.2$ 和 $E=0.25$，如表 3-17 所示。针对相同的数据集规模，基于 3 种机器学习方法进行训练，迭代 QoS 预测模型的置信度与一般的 QoS 预测模型相比都有明显的提高。当允许的误差范围设置为 0.1 时，使用 SVM 的迭代 QoS 模型得到的最高准确率比基于 CART 的 QoS 模型的最高准确率还高了 46.87%。模型准确性的巨大提高是因为本节的迭代 QoS 预测模型和以前的 QoS 模型之间的差异，本节的迭代 QoS 模型是逐步预测并调整 QoS 值的，而以前的 QoS 模型则是直接预测最终的结果，这在数据相对集中的时候，产生的误差会比较大。

表 3-17　预测模型的准确度评估

P	***E*=0.1**		***E*=0.15**	
	迭代 QoS 模型	**QoS 模型**	**迭代 QoS 模型**	**QoS 模型**
SVM	88.89%	38.54%	93.35%	47.47%
NLREG	59.23%	37.18%	73.12%	44.75%
CART	76.88%	42.02%	88.99%	59.54%
P	***E*=0.2**		***E*=0.25**	
	迭代 QoS 模型	**QoS 模型**	**迭代 QoS 模型**	**QoS 模型**
SVM	96.03%	58.95%	97.02%	65.49%
NLREG	82.84%	51.89%	86.81%	58.10%
CART	93.75%	79.66%	96.73%	82.16%

很明显，模型的准确度随着误差范围 E 的增加而增加。对于所有允许的误差范围，本节的方法在使用 SVM 时会产生最好的准确度，例如 $E=0.1$ 时为 88.89%，$E=0.15$ 时为 93.35%，$E=0.2$ 时为 96.03% 而 $E=0.25$ 时则为 97.02%。相比之下，之前的 QoS 模型最适合的是 CART。尽管如此，本节的方法仍然胜过其最佳情况，即 96.73% 对 82.16%。两种模型在 NLREG 中的准确率最低，原因可能在于回归方程的设置与 SVM 和 CART 相比相对简单，因此无法适当地处理云中复杂的情况以进行资源分配。总的来说，本节的方法可以提高超过 15% 的更好 QoS 预测准确度。

3. 服务质量与资源成本的评估

为了更好地评估本节的方法性能，这里综合考虑软件服务质量 QoS 值和云资源成本 Cost（见式(3-68)）。可以说，式(3-68)显示了本节在提供最合理的资源管理方案时的成本效益。

针对服务质量 QoS 和云资源成本 Cost 反映的云资源管理方法性能，分别与传统方法和基于规则的方法进行比较。如图 3-27 所示，本节的方法都优于传统方法和规则驱动的方法，平均性能提高 5%～6%。相对于传统方法的性能提升主要来源于服务质量预测的准确度会影响资源配置的效率，如表 3-17 所示。相比于基于规则的方法的性能提升，是因为基于规则的方法通常不像本节的服务质量预测模型那样灵活，不能正确地处理复杂的情况，容易使用过多资源。此外，在规则驱动的方法中，需要专门针对每个单独的系统设计规则。设计者需要考虑 SLA 约定以及每种虚拟机的类型和适应性功能，这导致了较高的管理开销和实施难度。

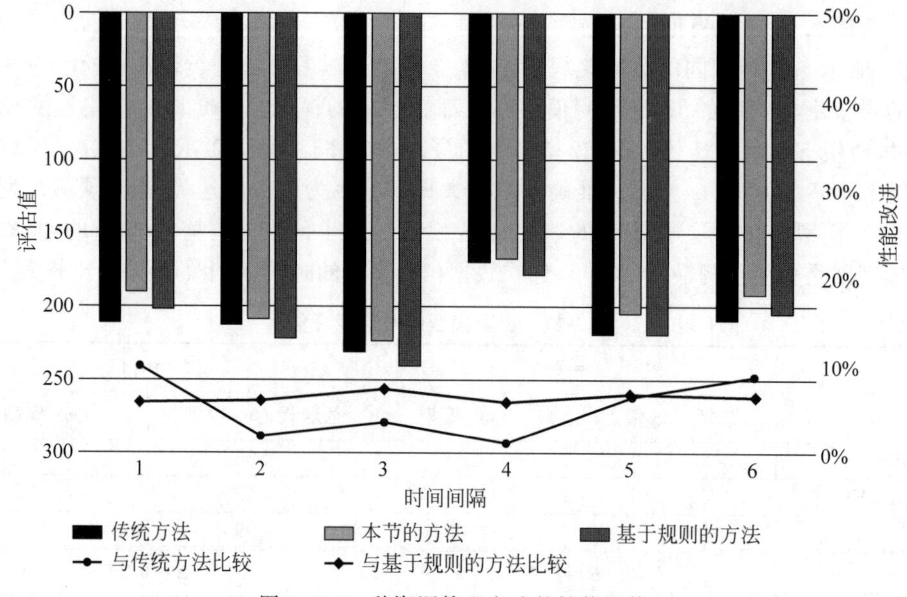

图 3-27　3 种资源管理方法的性能比较

本节的方法无法产生最佳的服务质量 QoS 值。如图 3-28 所示，基于规则的方法在所有的区间上总是能得到最佳的 QoS(第 1、第 2、第 3、第 5 和第 6 区间是 0.94，第 4 区间是 0.95)。传统的方法的资源分配方法得到的都是最差的 QoS 值，平均为 0.85。而本节的方法是介于这两者之间的一个合适的 QoS 值。

尽管基于规则的方法具有最佳的 QoS 值，但相应地也需要最高的资源成本。如图 3-28 所示，它在所有区间内的 Cost 都是最高的。这是因为基于规则的方法旨在优化平均响应时间，其规则主要就是针对响应时间设计的，忽略了分配资源的成本，因为设计规则既困难又不能实现更多复杂的目标。因此，基于规则的方法是对响应时间最敏感的方法，它提供了最佳的服务质量，但是同时需要占用最多的云资源。

此外，图 3-28 说明本节的方法在对云软件资源进行管理时，能够在服务质量 QoS 值和成本资源之间进行平衡。例如，本节的方法得到的 QoS 值和成本在第 1、第 2 和第 3 区间内都是在基于规则的方法和传统方法之间；而在第 4 和第 6 区间里，本节的方法产生了最差的服务质量，但最大限度地降低了成本。这说明本节的方法具有最佳的成本效益。图 3-28 还显示了本节的方法产生的相对稳定的服务质量 QoS 值。在前 3 个时间区间，服务质量 QoS 值约为 0.92，在后 3 个时间区间中，服务质量 QoS 值约为 0.87。规则驱动的方法是最稳定的，其产生的服务资源 QoS 值都是在 0.94 左右。与此相反，因为传统方法产生的服务质量 QoS 值是最不稳定的。在第 1 和第 3 时间区间分别为 0.73 和 0.92，波动性较大。

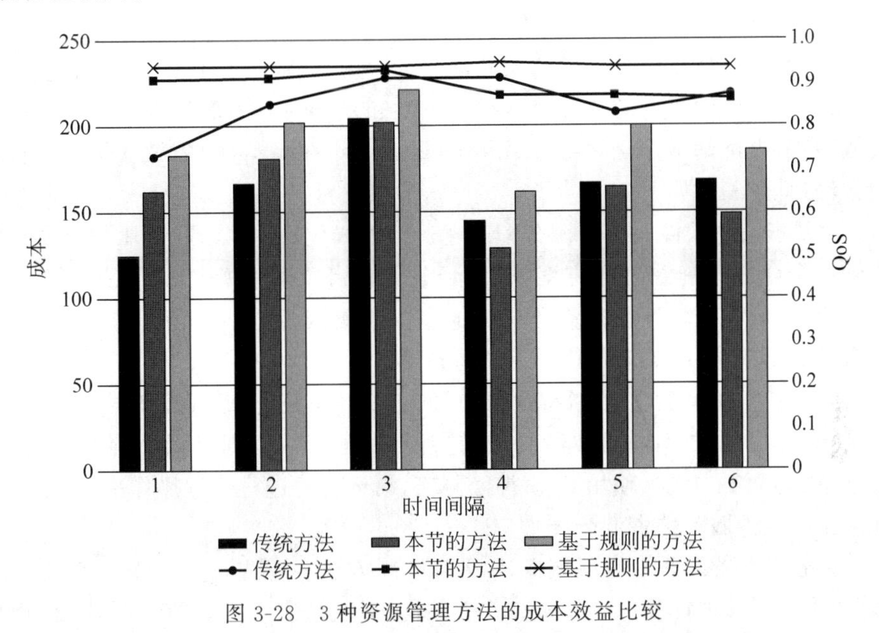

图 3-28　3 种资源管理方法的成本效益比较

3.2.6　总结

云计算技术的发展使得软件服务部署在云端并按需分配云资源的模式得到普及。在这种服务模式下，云软件工程师需要面对的首要问题是如何为基于云的软件服务分配合适的资源。本节结合机器学习技术与控制论方法，提出了一种基于迭代 QoS 预测模型的云软件服务资源管理方法。现有机器学习得到的 QoS 预测模型的预测是一步到位，因此准确率不高；与控制论方法结合后，QoS 预测模型改为迭代预测，并逐步找到合适的资源方案。本节将该方法使用在 CloudStack 云平台和 RUBiS 软件服务中，结果显示，方法能够提高 QoS 预测模型的准确度，与传统的预测模型相比准确度提高超过 15%；同时，方法能够提高云应用资源分配的有效性，性能提高 5%～6%；此外，本节的方法能综合考虑云应用的服务质量和资源开销的代价，给出合理的资源分配方案。

在未来的工作中，一方面，计划结合深度强化学习方法预测工作负载的变化，以实现在负载变动前提前对资源进行调整，实现被动式自适应到主动式自适应的转变；另一方面，收集更多的运行时数据，比如 CPU 利用率、内存利用率等，建立更完善的模型，指导云软件服务的资源管理。

3.3 基于预测反馈控制和强化学习的云软件服务资源分配方法

随着云计算技术的蓬勃发展，部署在云中的软件服务利用云平台的资源池，根据工作负载和服务请求变化对资源进行动态调整。管理员在进行动态资源分配时，需要在保证软件服务质量的同时降低资源成本开销。但是，由于系统状态不断变化，使得人为干预资源分配过程变得艰难，且不同的云软件服务应用具有不同的服务质量需求和资源偏好需求，基于云的软件服务的资源分配在动态性和复杂性方面面临着巨大的挑战。针对上述挑战，本节提出基于强化学习(Reinforcement Learning，RL)的云软件服务自适应资源分配方法，具体工作如下：

(1) 对基于云的软件服务资源分配问题进行形式化描述。云软件服务资源分配的目标是找到一个合适的资源分配方案，既保证软件服务质量良好。又使云资源成本最小化。为此，本节认为云软件服务资源分配的主要影响因素包括当前工作负载情况、当前资源分配情况、云软件服务质量以及云资源成本。

(2) 提出基于简单 DQN 的资源分配预测方法。首先，使用 DQN 强化学习方法，构建两个结构相同但参数不同的神经网络，针对历史运行数据训练两个神经网络的参数，得到 Q 值神经网络；其次，使用 Q 值神经网络，在运行时进行管理操作决策，逐步得出合适的基于云的软件服务的资源分配方案。

(3) 提出基于强化学习的预测驱动反馈控制方法。首先，使用 Q-学习强化学习方法，针对历史运行数据计算每一管理操作在不同环境、状态下的 Q 值；其次，使用机器学习方法，基于预处理后的 Q 值数据训练 Q 值预测模型，输入环境和状态，输出每一管理操作的 Q 值预测值；最后，使用基于反馈控制的框架与 Q 值预测模型，在运行时进行管理操作决策，逐步找到基于云的软件服务的目标资源分配方案。

为了验证本节方法的可行性与有效性，将方法使用在实际软件服务 RUBiS 中，结果表明，本节提出的基于简单 DQN 的资源分配方法与基于强化学习的预测驱动反馈控制方法均能够提高云软件服务资源分配的效率，两种方法管理操作决策准确率分别达到 82.3%与 93.7%，相比传统机器学习方法资源分配效果分别提高 1%～2%和 5%～7%，相比规则驱动方法资源分配效果分别提高 6%～8%和 10%～13%。

3.3.1 引言

随着云计算技术的蓬勃发展，部署在云中的软件服务利用云平台的资源池，根据工作负载和服务请求变化对资源进行动态调整，即按需分配资源，对外提供服务的模式已经被广泛应用在云平台上。由于云软件服务具有高可扩展性和可伸缩性等诸多特性，管理员根据其实时用户需求对云资源进行动态分配并按量付费，从而避免硬件设备方面的购买和维护费用。在上述基于云的软件服务模型下，资源分配的有效性将会影响云软件服务的计算能力和服务质量，若是分配过多的计算资源，则资源利用率低下且计算能力剩余，造成不必要的资源开销；反之则导致服务质量下降且影响服务总体业务价值体现，违反服务等级协议，同时出现用户体验差、用户流失等现象。因此，如何在兼顾服务质量和资源成本的情况下为云软件服务分配合适的资源成为云计算领域中的一个重要研究问题，即在实时变化的负载环境下，云软件服务需要拥有自适应分配资源的能力，一方面能够满足应用性能需求，如降低响应时间与用户高效交互；另一方面能满足服务质量要求，如降低资源成本、提高数据吞吐率。

早期的云软件服务资源通常是由管理员手动进行分配的。这种方法要求管理员对云软件服务的运行环境进行实时监控，并根据不同的运行状态快速采取不同的资源分配方案。但由于运行时环境具有不确定性与复杂多变性，人工配置方法不但会增加云应用管理员的负担，而且具有较低准确性和滞后性。在此基础之上，不少学者提出一些基础的自动化分配方法，基于资源使用情况设定阈值规则，比如设置 CPU 占用率阈值、内存使用率阈值、平均响应时间阈值以及平均吞吐量阈值等，对云资源进行动态增减，从而为云软件服务实现简单的动态资源分配。例如，当某个时间段内的平均内存使用率为低值水平时，认为系统内存资源剩余，需要减少内存资源，即进行资源回收；反之增加内存资源，即进行资源分配。可以设定如下对比规则：当资源使用率超出某阈值时，重新进行资源分配；当资源使用率低于某阈值时，进行资源回收。根据使用率变化情况，规定资源数量的增减幅度。上述即为基于规则的自适应资源分配方法的基本步骤。资源分配规则通常基于专家知识，需要针对不同的软件服务系统单独设定规则。例如，针对 CPU 密集型软件服务系统设定 CPU 分配规则，针对 IO 密集型软件服务系统设定 IO 分配规则。规则的设定依赖大量的先验知识和管理员的管理经验，而且资源使用率、资源成本及服务质量之间存在复杂的关系，不同云应用具有不同的服务质量需求和资源偏好需求，单独为每个系统设定资源分配规则成本高、效率低且范围受限。为系统设定统一规则难度系数大且无法适应系统极端特殊情况。总的来说，传统的云软件服务资源分配方法需要依靠工程师的经验，实施难度大且缺乏普适性。

为了智能化软件系统的资源分配过程，国内外学者从多个角度提出了不同的软件自适应管理模型，并应用在云软件服务的资源分配过程中。这些软件自适应管理模型的核心思想包括监控、分析、决策与执行 4 个概念，通过实时监控云软件服务的环境状态，经过系统分析与人工预设的管理操作决策评估，执行对应的资源分配决策以响应云软件服务的当前用户需求。借助自适应模型的核心思想，人们尝试研究让软件服务应用能够自动地对资源进行管理的自适应技术，并维持其准确性与可靠性，以提高软件系统的鲁棒性并降低成本。自适应技术能够在分析和执行过程中，依据给定知识库的知识分析边界条件或者约束条件，执行相关决策以取得最佳效果。因此，自适应技术是解决云软件服务中资源分配问题的有效途径。

自适应技术的关键在于系统对应知识库和策略的设定。与基于规则的传统方法相似，这些知识和策略通常依靠人工干预和专家知识，不仅降低了云软件服务的自主能力，也加大了开发与维护云软件服务的难度。设计智能化的自适应资源分配方法，实现云软件服务在资源分配方面的自主学习并根据环境变化进行资源分配，具有重大的研究意义。

近年来，越来越多的智能技术正在飞速发展，如启发式算法、控制理论、机器学习以及强化学习等。机器学习能够根据大量已有的数据集观察数据之间直观或者潜在的关系，如数据的结构特征、统计分布特征等，获取新的知识，并重新组织已有的知识结构，进而不断改善自身的性能。随着机器学习的发展，其基于数据学习出相应知识模型的性质，在越来越多的领域和工程中得到了验证。因此，将机器学习应用于自适应技术中的"管理知识的自学习"模块具有较高的可行性和创新性。

强化学习方法作为智能技术方法论之一，在与环境反复交互的过程中，不断尝试、改进并学习控制策略，其中，奖励值在与环境交互过程中产生并可用于指导控制行为。强化学习的目标是在学习过程中获得最大的奖励值。强化学习在互动过程中从环境中获取知识，并根据环境对执行该动作产生的动作效应作出评价，通过这种互动方式在环境中获取知识，以便改进策略获得更佳的环境适应性。基于这些智能计算方法，自适应技术可以为云应用软硬件资源分配问题近乎实时地进行求解，实现"自我决策"和"自我再分配"。因此，基于智能计算技术实现云软件服务的自适应资源分配这一研究问题具有重要的研究意义。

3.3.2 相关工作

云计算中的资源分配问题是近年来的研究热点，许多学者为解决这一重要问题作出了贡献。目前云软件服务的自适应资源分配方法主要包括基于规则或启发式算法的传统资源分配方法、基于控制理论的资源分配方法以及基于学习的资源分配方法。

作为用于资源分配的传统方法，基于规则的策略或启发式方法通常使用不同的阈值或规则设定来满足各种类型的软件服务需求。Zahid 等人提出了一种基于规则的语言，为服务提供商提供了一种自适应策略，以提高高性能计算云中的服务质量遵从性。Brandwajn 等人开发了具有概率阈值的系统模型，以完成不同服务级别的服务之间的切换。Kim 等人提出了一种基于阈值的动态控制器，以解决软件定义的数据中心网络中出现的即时性开销问题。Xiong 等人继承了 Johnson 规则和遗传算法，用于处理云数据中心中的多处理器调度问题。为了降低资源成本同时满足用户需求，Khatua 等人提出了一种基于启发式的公共云资源预留方法。Zhao 等人开发了一种基于聚类的边缘资源启发式方法用于最小化应用程序的平均服务响应时间。Ficco 等人设计了一种用于云资源分配的元启发式方法，其中采用了基于博弈论的优化策略。Jiao 等人设计了一种启发式方法来满足在线社交网络的服务质量要求，同时减少云资源的开销，但是他们仅考虑确定性资源需求而不执行动态配置，当环境改变时它可能不再满足服务质量要求。尽管通过基于规则的策略分配固定数量的云资源来满足基于云的软件服务的特定要求是可行的，但是必须分别设定不同的规则，如响应时间和吞吐量规则，来满足动态服务需求。此外，使用启发式方法实现的策略可能只是局部最优。因此，传统方法不仅严重限制了这些方法的应用范围，而且将在规则设定和管理方面产生高额开销。

众所周知，控制理论可以用于反馈环路的设计和建模，以使云软件服务具有自适应性，并在决策过程中取得高效性与稳定性之间的平衡。Avgeris 等人提出了一种分层的资源分配和准入控制机制，以使移动用户能够选择合适的边缘服务器来执行具有较低响应时间和计算成本的应用程序任务。Berekmeri 等人基于反馈控制机制为大数据 MapReduce 系统设计了一个动态模型，以减少集群重新配置的成本。Haratian 等人开发了一种满足服务质量要求的自适应资源管理框架，其中模糊控制器可以在控制周期的每次迭代中做出资源分配的决策。Berthier 等人基于无功控制技术将同步编程和离散控制器集成并用于自主管理系统的设计。Baresi 等人提出了一种用于 Web 应用程序的离散时间反馈控制器，以在虚拟机和容器级别自动扩展其资源。Tolosana-Calasanz 等人基于反馈控制和排队理论开发了一个自治控制器来弹性地提供虚拟机，以满足与特定数据流相关的性能目标。Ali-Eldin 等人设计了一种混合控制器来实现云的弹性，其中使用排队论来考虑并发请求速率来决定每个控制间隔的服务容量。但是，该解决方案可能无法保证应用程序的性能，并且未考虑由虚拟机开机引起的时间延迟。通常情况下，传统的控制理论解决方案需要大量的反馈迭代，以找到可行的资源分配方案。然而，虚拟机的频繁开机与关机可能会导致方案产生不必要的成本。

基于学习的方法能够增强云系统的资源分配能力，使其从应用程序的历史数据中学习特定领域的知识，从而更好地进行资源分配，例如，机器学习和深度学习（Deep Learning，DL）。Ranjbari 等人提出了一种方法，该方法基于学习自动机去优化云数据中心的服务质量、能效和虚拟机迁移策略。Tsai 等人设计了基于机器学习的预测模型，以预测具有特定服务水平协议的应用程序的内存需求。Chen 等人根据历史工作负载数据提出了一种基于深度学习的云工作量预测算法，以便通过高级资源配置更好地支持云资源分配。通过使用基于模型的方法来估算适当数量的活动物理机，Wei 等人设计了一种避免偏斜的多资源分配方法。基于机器学习训练的 QoS 预测模型，Chen 等人使用遗传算法找到合适的资源分配方案。Wang 等人通过收集历史数据，以使用基于机器学习的方法提取不同云环境之间的相似性，因此可以事先保留最佳或接近最佳的资源分配方案。通常，基于学习的方法需要大量的历史系统数据和大量的训练时间来构建准确的 QoS 或工作负载预测模型，以更好地支持资源分配。然而在现实世界的云环境中，通常没有足够的训练数据，这导致预测模型准确性降低，并且资源分配的有效性可能会受到严重影响。同时，云环境的变化情况不可预测，仅针对历史数据执行训练是不可行的。

相比之下，基于强化学习的解决方案可以通过与环境交互来制定资源分配的决策，而无需历史数据的支持。Orhean 等人提出采用 Q-学习算法来调度分布式系统中的异构节点，以最大限度地减少执行时间。通过使用 DQN 算法，Liu 等人开发了用于自适应资源分配的分层框架，该框架可以减少云数据中心的功耗。Alsarhan 等人设计了一个基于强化学习的服务等级协议框架，用于导出虚拟机租用策略，该策略可以适应动态系统更改并满足云环境中不同客户端的服务质量要求。Chen 等人提出了一种基于强化学习的优势行为者评论的资源分配方法，以减少作业调度中的等待时间。但是，现有的基于强化学习的解决方案通常以静态工作负载为目标环境，决策模型在工作负载发生变化时就需要重新进行训练。因此，这些基于经典学习的方法无法有效地适应具有可变工作负载和服务请求的云软件服务的实际场景。

3.3.3 云软件服务资源管理问题形式化

“云软件服务资源分配问题”主要研究如何在不断变化的环境下为部署在云平台中的软件服务分配合适的资源，既保证软件服务质量，又降低资源成本开销。接下来将对以上研究问题的目标与影响因素给出形式化定义和描述。

1. 云软件服务的资源分配目标

基于云的软件服务的质量水平随着环境而发生变化。环境变化通常划分为两种：外部变化和内部变化。在本节中，外部变化的主要影响因素是指工作负载，不同的工作负载具有不同的请求数量和请求种类，本节将对其进行更改；内部变化的主要影响因素是指分配的虚拟机计算资源，由具有不同计算能力和使用价格的多种类型虚拟机组成，本节将通过增减不同类型虚拟机的数量来实现资源分配。在本节中，影响云软件服务资源分配问题目标方案的主要因素是目标评估函数 Fitness，它在服务质量 QoS 和云资源成本 Cost 之间取得平衡，即在保证服务质量的同时使云资源成本最小化。根据上述描述对云软件服务资源分配问题进行形式化定义。

当前环境被描述为当前工作负载 $\mathrm{WL}_{\mathrm{current}}$ 和当前资源分配方案 $\mathrm{vm}_{\mathrm{current}}$。当前工作负载 $\mathrm{WL}_{\mathrm{current}}$ 如式(3-70)所示：

$$\mathrm{WL}_{\mathrm{current}}=(x_{i,0},x_{i,1},\cdots,x_{i,w}) \tag{3-70}$$

其中，$x_{i,0}$ 表示当前工作负载数，$x_{i,m}(1\leqslant m\leqslant w)$表示当前负载下不同任务类型的比例。当前资源分配方案 $\mathrm{vm}_{\mathrm{current}}$ 如式(3-71)所示：

$$\mathrm{vm}_{\mathrm{current}}=(x_{i,w+1},x_{i,w+2},\cdots,x_{i,w+r}) \tag{3-71}$$

其中，$x_{i,w+n}(1\leqslant n\leqslant r)$表示第 n 种类型的虚拟机资源数。对于每一条在运行时采集的环境数据，包括当前工作负载 $\mathrm{WL}_{\mathrm{current}}$ 和当前资源分配方案 $\mathrm{vm}_{\mathrm{current}}$，如表 3-18 所示。

表 3-18 运行时环境数据集

$\mathrm{WL}_{\mathrm{current}}$	$\mathrm{vm}_{\mathrm{current}}$
$x_{0,0},\ x_{0,1},\cdots,x_{0,w}$	$x_{0,w+1},\ x_{0,w+2},\cdots,x_{0,w+r}$
$x_{1,0},\ x_{1,1},\cdots,x_{1,w}$	$x_{1,w+1},\ x_{1,w+2},\cdots,x_{1,w+r}$
…	…
$x_{u,0},\ x_{u,1},\cdots,x_{u,w}$	$x_{u,w+1},\ x_{u,w+2},\cdots,x_{u,w+r}$

本节用于分配的资源指不同类型的虚拟机，因此可供选择的资源分配方案 $\mathrm{VM}_{\mathrm{optiomal}}$ 被表示为式(3-72)：

$$\mathrm{VM}_{\mathrm{opt}}=(x_{i,w+r+1},x_{i,w+r+2},\cdots,x_{i,w+r+r}) \tag{3-72}$$

其中，$x_{i,w+r+n}(1\leqslant n\leqslant r)$表示第 n 种类型的虚拟机资源数。

对基于云的软件服务进行资源分配的时候，可选择的管理操作由 Action 表示，其中 $\mathrm{Action}=\mathrm{add}_n(1\leqslant n\leqslant r)$表示添加第 n 种类型的虚拟机资源数，$\mathrm{Action}=\mathrm{remove}_n(1\leqslant n\leqslant r)$表示删减第 n 种类型的虚拟机资源数。

目标资源分配方案由适应度函数计算的评估值 Fitness 决定，其服务质量由 QoS 表示，云资源成本由 Cost 表示，那么目标分配方案的适应度函数值与服务质量及云资源成本之间的函数关系如式(3-73)所示：

$$\mathrm{Fitness}=r_1\times 1/\mathrm{QoS}+r_2\times \mathrm{Cost} \tag{3-73}$$

其中，r_1 和 r_2 分别表示 QoS 与 Cost 的权重。

对于任一当前环境，对应多个可供选择的资源分配方案，如表 3-19 所示，则与该可选资源分配方案 $\mathrm{VM}_{\mathrm{opt}}$ 对应的 QoS、Cost、Fitness 分别被表示为 $x_{i,w+2r+1}$、$x_{i,w+2r+2}$、

$x_{i,w+2r+3}$。

表 3-19 资源分配方案的数据集

VM_{opt}	QoS	Cost	Fitness
$x_{0,w+r+1}, x_{0,w+r+2}, \cdots, x_{0,w+r+r}$	$x_{0,w+2r+1}$	$x_{0,w+2r+2}$	$x_{0,w+2r+3}$
$x_{1,w+r+1}, x_{1,w+r+2}, \cdots, x_{1,w+r+r}$	$x_{1,w+2r+1}$	$x_{1,w+2r+2}$	$x_{1,w+2r+3}$
…	…	…	…
$x_{p,w+r+1}, x_{p,w+r+2}, \cdots, x_{p,w+r+r}$	$x_{p,w+2r+1}$	$x_{p,w+2r+2}$	$x_{p,w+2r+3}$

不同的虚拟机分配方案对应不同的 Fitness 值，本节的目标资源分配方案即最优资源分配方案应同时考虑 QoS 值和 Cost 值，由管理员根据当前环境和软件服务的实际运行数据得出具有最小 Fitness 值的方案作为理想目标方案，即对于式(3-70)中的任一当前环境，在对应的表 3-19 中搜索具有最小 Fitness 值的某一可选资源分配方案 VM_{opt} 作为最优分配方案 $vm_{objective}$。

在云软件服务运行过程中，云管理员或者自适应系统需要平衡好服务质量和资源成本之间的关系，在保证软件服务质量良好的同时最小化云资源成本。因此，通过得到当前工作负载下每个可能的资源分配方案的适应度函数评估值，可以作出更有效的决策。

2. 资源分配目标影响因素

在为基于云的软件服务分配资源时，云工程师或自适应系统应根据预设目标在服务质量 QoS 和云资源成本 Cost 之间取得平衡，在保证服务质量良好的情况下同时做到最小化云资源成本。如上所述，式(3-73)为以服务质量 QoS 和云资源成本 Cost 作为自变量的目标函数。接下来将对影响资源分配目标的两个影响因子进行相关阐述。

1) 服务质量

评估值的一个组成部分是 QoS 值。服务质量指的是在一段时间内，软件是否有效满足用户的 SLA 协议，包括一些常见指标，例如响应时间 RT 是指用户向软件服务发送请求后得到响应的总用时，数据吞吐量 DH 是指对系统在给定时间内可以处理多少个信息单元的度量等。

不同的软件服务具有不同的用户 SLA 协议，如规定服务响应时间 RT 的范围，规定服务数据吞吐量 DH 的度量。本节使用响应时间 RT 作为服务质量 QoS 值的主要度量维度，函数范式如式(3-74)所示：

$$QoS = SLA(RT_t) \tag{3-74}$$

其中，RT_t 表示在 t 时刻响应软件服务请求所花费的时间。

2) 资源成本

评估值的另一个组成部分是资源成本(Cost)。一般来说，为云软件服务分配的计算资源越多，服务质量越好。但是，计算资源数量和资源成本密切相关。

资源成本 Cost 主要来自正在使用的虚拟机租赁成本 $Cost_L$ 和关闭已分配的虚拟机代价成本 $Cost_D$，如式(3-75)所示：

$$Cost = Cost_L + Cost_D \tag{3-75}$$

频繁的调整会带来不必要的成本，包括计算和系统的额外费用。关闭已分配的虚拟

机代价成本 $Cost_D$ 可以通过避免不必要地关闭已分配的虚拟机来最大限度地减少该项成本开销，并保持软件服务的稳定性。

不同类型虚拟机根据其所能处理的计算任务及计算资源大小具有不同的单价，由 $price_i$ 表示第 i 种类型虚拟机每小时的租赁价格，那么所有类型虚拟机每小时的租赁价格集合 Price 如式(3-76)所示：

$$\text{Price} = (\text{price}_1, \text{price}_2, \cdots, \text{price}_r) \tag{3-76}$$

目前正在使用的虚拟机租赁成本 $Cost_L$ 是不同类型虚拟机当前使用数量与其对应租赁价格的乘积之和，如式(3-77)所示：

$$\text{Cost}_L = \sum_{i=1}^{r} \text{price}_i \times \text{vm}_i \tag{3-77}$$

其中，vm_i 表示目前正在使用的第 $i(1 \leqslant i \leqslant r)$ 种类型虚拟机资源数。

对于关闭已分配的虚拟机代价成本 $Cost_D$，本节设定租赁单价的 $1/d$ 作为虚拟机关闭代价，那么关闭第 i 种类型虚拟机的代价 $DCost_i$ 如式(3-78)所示：

$$\text{DCost}_i = 1/d \times \text{price}_i \times \text{num} \tag{3-78}$$

其中，num 表示被关闭的已分配虚拟机资源数。那么，关闭已分配的虚拟机代价成本 $Cost_D$ 如式(3-79)所示：

$$\text{Cost}_D = \sum_{i=1}^{r} \text{DCost}_i \tag{3-79}$$

3.3.4 基于简单 DQN 的资源分配预测方法

针对如何在云平台上设计和实现软件服务资源自适应分配的问题，提出一种基于简单 DQN 的资源分配预测方法。首先，对于给定的基于云的软件服务，使用 DQN 算法思想，基于大量历史运行数据训练两个神经网络的参数，得到 Q 值神经网络；其次，对于云平台下软件服务负载环境，使用 Q 值神经网络模型做出资源分配决策。

1. 方法概览

提出一种基于简单 DQN 的资源分配预测方法，如图 3-29 所示。

整体框架主要包括 4 个模块：运行时数据模块(Runtime Dataset)、强化学习模块(DQN Algorithm)、运行时决策模块(Runtime Decision)和云资源模块(Cloud Resource)。运行时数据模块主要是对基于云的软件服务的运行时数据进行收集，包括软件服务的负载类型和数量、计算资源类型和数量以及软件服务性能参数；强化学习模块通过使用 DQN 算法对收集的运行时数据进行 Q 值神经网络的搭建及训练；决策模块使用决策算法，基于 Q 值神经网络得到当前状态下合适的资源分配方案；云资源模块根据决策方案对云软件服务的计算资源进行分配调整。其中，运行时数据与云资源部分主要通过对软件以及云平台提供的相关接口来实现。下面重点介绍强化学习模块和运行决策。

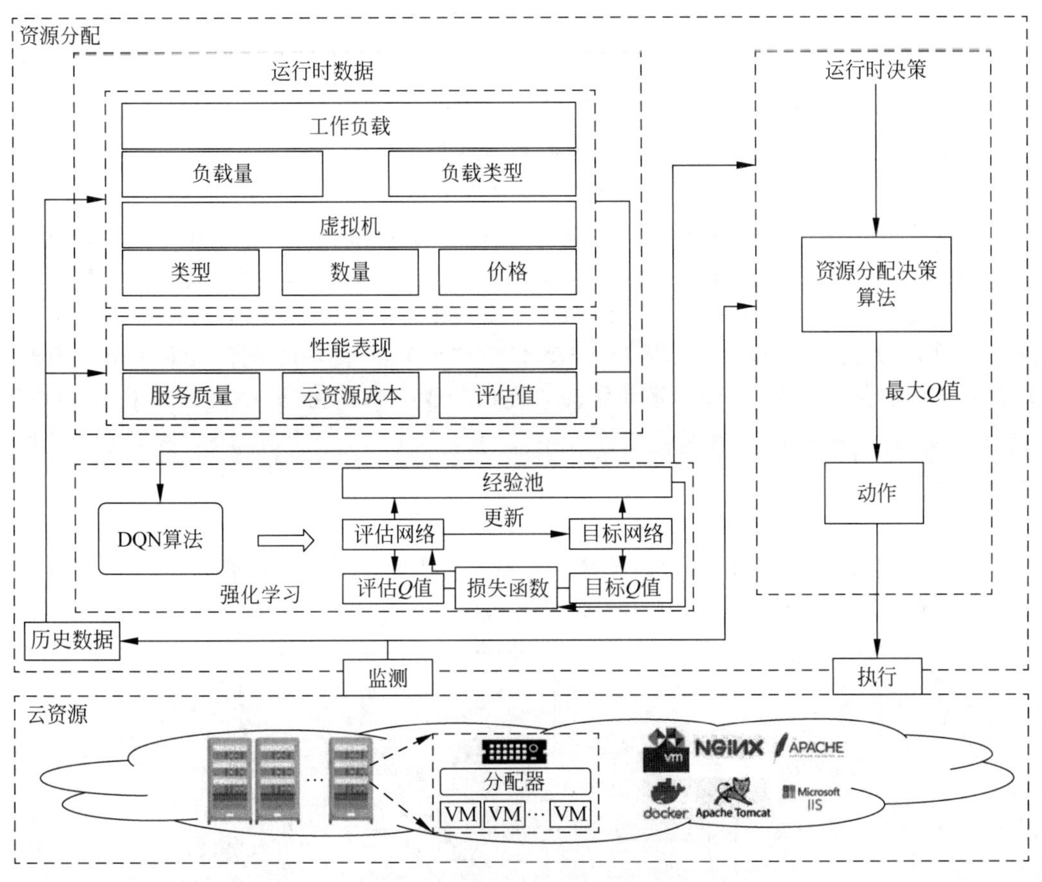

图 3-29 基于简单 DQN 的资源分配预测方法

针对上述模块,提出的方法具体描述为两个步骤。

步骤 1,使用强化学习 DQN 算法,构建两个结构相同但参数不同的神经网络,针对历史运行数据训练两个神经网络的参数,得到 Q 值神经网络模型。其中,预测 Q-eval 值神经网络 eval_net 具备最新模型训练参数,预测 Q-target 值的神经网络 target_net 则是使用早期的训练参数。历史运行数据集中每一条数据记录了某一时刻的工作负载、已分配资源即每一种类型的虚拟机数量,以及在该情况下的目标资源分配方案;将工作负载和已分配的资源作为状态,每一种类型虚拟机数量增加一台用于管理操作,是否达到目标资源分配方案作为奖励,使用 DQN 算法构建 Q 值神经网络。

步骤 2,使用由上述步骤得到的 Q 值神经网络,针对给定的云软件服务负载环境,基于 Q 值神经网络做出资源分配决策。基于 Q 值神经网络将状态值向量包括当前工作负载、当前虚拟机分配方案以及对应的 QoS 值作为输入,所有管理操作 Q 值构成向量作为输出,按照 Q-学习的原则,以一定概率去选择拥有最大值的管理操作作为当前执行的下一步动作进行管理操作决策,逐步寻找合适的资源分配方案。

2. Q 值神经网络的训练

DQN 结合 DL 与 RL 的优势,从历史运行时数据集中进行相关控制策略的学习。基于 DQN 算法将状态值向量包括当前工作负载、当前虚拟机分配方案以及对应的 QoS 值作为输入，所有管理操作 Q 值构成向量作为输出，采用深度神经网络(Deep Neural Networks，DNN)模型作为神经网络模型进行问题求解。DNN 内部包括输入层、隐藏层与输出层 3 种神经网络层，层与层之间采用全连接的方式。

训练 DQN 算法流程如图 3-30 所示。构造两个结构相同但参数不同的深度神经网络 eval_net 和 target_net。将从环境(Environment)中监测到的状态 s 作为深度神经网络 eval_net 的输入，输出所有管理操作 Q 值构成的向量。记状态 s 执行具有最大 Q 值的管理操作 a 后的下一状态为 s'，将 s' 作为深度神经网络 target_net 的输入，得到该状态下对应的最大 Q 值 $\max_{a'}Q(s',a';)$，在 DQN 训练过程中，从记忆回放单元(Memory)随机取出若干经验值(s,a,r,s')，计算动作的目标值与现实估计值，其中目标值 Q-target$=r+\gamma\max_{a'}Q(s',a';\omega^-)$，现实估计值 Q-eval$=Q(s,a;\omega)$，使用式(3-80)计算两者之间的损失函数：

$$\text{Loss}=[(r_1+\gamma\max_{a_{t+1}}Q(s_{t+1},a_{t+1},\omega^-)-Q(s_t,a_t,\omega))^2] \tag{3-80}$$

将损失函数梯度反向传播给神经网络 eval_net 更新神经网络权重参数，并在循环一定步数后，用更新神经网络 target_net 的权重参数。

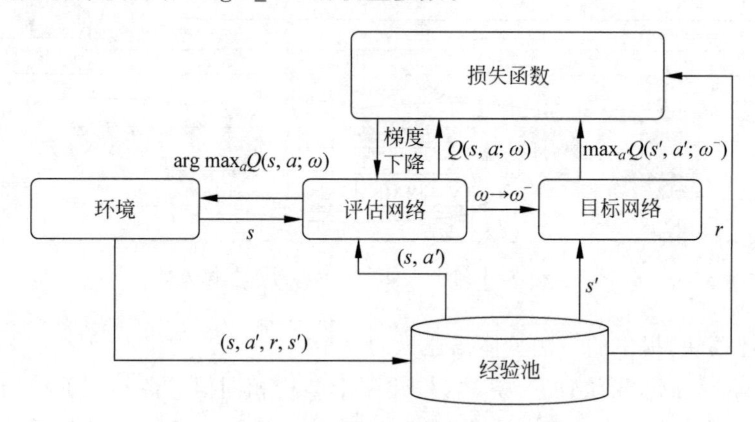

图 3-30　DQN 算法流程

假设当前状态 s 包括当前工作负载 $\text{WL}_{\text{current}}=(x_{i,0},x_{i,1},\cdots,x_{i,w})$，当前虚拟机分配方案 $\text{vm}_{\text{current}}=(x_{i,w+1},x_{i,w+2},\cdots,x_{i,w+r})$以及当前方案对应的 QoS，其中 $x_{i,0}$ 表示当前工作负载数，$x_{i,m}(1\leqslant m\leqslant w)$表示当前负载情况下软件服务应用中不同任务类型的比例，$x_{i,w+n}(1\leqslant n\leqslant r)$表示第 n 种类型的虚拟机资源数。所选动作 a 属于动作空间 A，其中 $A=\{\text{add}_1,\text{remove}_1,\text{add}_2,\text{remove}_2,\cdots,\text{add}_r,\text{remove}_r\}$，包括对每种类型虚拟机进行添加和删减的两种动作，$\text{add}_n$ 表示添加一台第 n 种类型的虚拟机，remove_n 表示删减一台第 n 种类型的虚拟机。采取动作获得的即时奖励 r 如式(3-81)所示：

$$R(\text{WL}_{\text{current}},\text{vm}_{\text{current}},a)=\begin{cases}10, & \text{getNextState}(\text{WL}_{\text{current}},\text{vm}_{\text{current}},a)=\text{vm}_{\text{objective}}\\ -1, & \text{getNextState}(\text{WL}_{\text{current}},\text{vm}_{\text{current}},a)\text{ 不合法}\\ 0, & \text{其他}\end{cases} \tag{3-81}$$

其中所有的奖励值初始值设为 0，若在当前虚拟机分配方案 $\text{vm}_{\text{current}}$ 下通过选择动

作 $a(a \in A)$ 即可转变为最优配置 $vm_{objective}$，则将在此分配方案下对应动作的奖励值设为10；若在当前虚拟机分配方案 $vm_{current}$ 下通过选择动作 $a(a \in A)$ 转变为一种不合法的分配状态，则将在此分配方案下对应动作的奖励值设为 -1。例如，当负载为(5000，0.45，0.55)，第一种类型虚拟机数量为0时，选择执行管理操作 $remove_1$ 即删减第一种类型虚拟机数量，由于虚拟机数量不能为负，故此时管理操作 $remove_1$ 对应的奖励值为 -1。表3-20列出了使用的相关符号及其说明。

表 3-20 符号与含义

符　号	含　义
$WL_{current}$	当前工作负载及其请求比例
$vm_{current}$	当前虚拟机资源分配方案
vm_{next}	在当前虚拟机配置方案下选择某一动作后转变的下一虚拟机分配方案
$vm_{objectvie}$	目标虚拟机资源分配方案
a	采取的管理操作，共有6种可选管理操作动作
γ	对未来预期奖励的折扣参数
ω	神经网络 eval_net 的权重参数
ω^{-}	神经网络 target_net 的权重参数，一段时间内固定不变在
$Q(s,a;\omega)$	状态 s 下采取动作 a，通过权重参数为 ω 的神经网络计算得到的值
$\max a' Q(s',a';\omega^{-})$	在状态 s' 下采取动作 a'，通过权重参数为 ω^{-} 的神经网络计算得到的值
M	用于存储经验值的内存空间
D	用于存储已执行的资源分配方案的内存空间

算法3.5描述了在工作负载为 $WL_{current}$、已分配资源为 $vm_{current}$ 以及当前方案对应QoS的状态下训练DQN模型的算法过程：初始化容量为 N 的内存空间 M、更新神经网络权重参数的回合数 C、从内存空间取出的经验个数 batch_memory、神经网络 eval_net 的权重参数 ω、神经网络 target_net 的权重参数 ω^{-}、初始状态 s 以及回合计数 i（第1～6行）。对于每一条训练数据，DQN通过多次回合迭代计算 Q-target 与 Q-eval 之间的损失函数，并通过梯度下降法让神经网络权重参数 ω 逐渐得到收敛。在每一个回合迭代计算过程中，通过 a-greedy 策略以概率随机选择动作 a，或者以 1-ε 概率通过 Q-学习算法的规则选择具有最大值的动作 a（第10和11行）。计算当前状态下选择动作 a 得到的即时奖励值 r 并得到下一状态 s' 以及记录是否到达目标方法的参数 Done（第12行）。将当前方案 (s,a,r,s') 存储到内存空间 M 中（第13行）。从 M 中任意抽取 batch_memory 个经验值方案 (s_j,a_j,r_j,s_j')，若 Done 的取值为真，则表明取出的方案为目标资源分配方案，则 Q-target 为 r_j，否则根据公式计算 Q-target 值，并计算该方案中 Q-target 与 Q-eval 之间的损失函数值 Loss_function[j]（第14～23行）。计算 batch_memory 个经验值方案损失函数值的平均值，将损失函数梯度反向传播给神经网络 eval_net 更新神经网络权重参数 ω（第24行）。回合计数加1，判断此时是否需要进行神经网络 target_net 权重参数的更新，若需要更新，则将 target_net 网络的参数 ω^{-} 更新为 ω（第25～29行）。对每一条数据经过多次回合迭代计算之后，得到 Q 值神经网络模型。

算法 3.5：Deep Q-learning with Experience Replay

Inputs：
the vector of current workload，the current resource allocation plan vmcurrent and the current QoS value
Outputs：
The vector of all actions' Q value Q-value(Action)

```
1. Initialize replay memory M to capacity N
2. Initialize the reset step C
3. Initialize the number of experience size batch_memory
4. Initialize the neural network layer weight of eval_net ω
5. Initialize the neural network layer weight of target_net ω⁻ = ω
6. Initialize s = (WL_current, vm_current), i = 1, Done = False, flag = 1, ε
7. for each data in dataset do
8.     for each episode do
9.         while flag do
10.        select a random action a with probability ε
11.            otherwise select action a = s.getAction.getMaxQvalue(s, a, ω)
12.            s', r, Done = environment.step(a)
13.            M ← (s, a, r, s')
14.            for each j ∈ [1, batch_memory] do
15.                (s_j, a_j, r_j, s'_j) ← M
16.                if Done == True then
17.                    Q-target = r_j
18.                    flag = 0
19.                else
20.                    Q-target = r_j + γ max_{aj+1} Q(s_{j+1}, a_{j+1}, ω⁻)
21.                end if
22.                Loss_function[j] = (Q-target - Q(s_t, a_t, ω⁻))^2
23.            end for
24.            Loss_function_ave = (ΣLoss_function[j])/batch_mini
25.            i = i+1
26.            if i == C then
27.                ω⁻ = ω
28.                i = 1
29.            end if
30.        end while
31.    end for
32. end for
```

3. 运行时决策机制

这里提出了一个管理操作决策算法，基于 Q 值神经网络指导云软件服务进行资源分配，如算法 3.6 所示。在进行管理操作决策时，开辟一个新的内存空间 D，用于将每一步的资源分配方案存入 D 中，并在执行管理操作前进行判断，如果执行该管理操作转变的新资源分配方案已存在于 D 中，则停止执行算法，表示找到合适的资源分配方案；如果新资源分配方案不存在于 D 中，则使用管理操作决策算法逐步找到合适的资源分配方案。

算法 3.6：Decision－making

Inputs.

The current state s, include the vector of current workload $WL_{current}$, the current resource allocation plan $vm_{current}$ and the current QoS value

Outputs:

the action to excute

Declare:

D - the memory space to store each state

s' - the next state when state s take action a

a - the action to excute

Q-value(action) - the Q value of action

```
 1. for each state s do
 2.     Q_value_vector ← getQvalue() using Q-networks
 3.     a = Action.getActionByMaxQvalue(Q_value_vector)
 4.     s' = getState(s, a)
 5.     if s' is illegal then
 6.         return NULL
 7.     end if
 8.     if (s'∈D) then
 9.         return NULL
10.     else
11.         D ← s'
12.         s = s'
13.         return a
14.     end if
15. end for
```

算法 3.6 描述了基于 Q 值神经网络，针对给定的云软件服务负载环境，在工作负载为 $WL_{current}$、已分配资源为 $vm_{current}$ 以及当前方案对应 QoS 的当前状态 s 下进行管理操作决策的过程，具体描述如下：输入当前状态 s，包括工作负载 $WL_{current}$、虚拟机配置 $vm_{current}$ 以及对应的 QoS，基于 Q 值神经网络计算得出对应 Q 值 Q-value(action)，并将具有最大 Q 值的管理操作记为 a，将当前状态 s 采取管理操作 a 转化的下一状态记为 s'（第 2～4 行）。判断 s' 是否为合法状态，若不合法则不再需要执行任何管理操作（第 5～7 行）。判断 s' 是否存在于内存空间 D 中，若存在，则不再需要执行任何管理操作，即找到合适的资源分配方案（第 8 和 9 行）。若不存在，则执行管理操作 a，并将状态 s'（包括工作负载、执行管理操作 a 后的虚拟机分配方案以及对应 QoS）记录到内存空间 D 中，重复上述步骤，继续寻找合适的资源分配方案（第 10～14 行）。

基于上述管理操作决策算法，云软件服务在运行时通过 Q 值神经网络逐步推理合适的资源分配方案。每次迭代，根据决策算法执行合适的管理操作类型，直到决策算法输出的管理操作为空，即找到了目标资源分配方案，停止迭代。

3.3.5 基于强化学习的预测反馈控制方法

针对如何为基于云的软件服务在环境及状态多变情况下设计和实现自适应资源分配的问题，提出一种基于强化学习的预测驱动反馈控制方法。对于给定的基于云的软件服务，首先，使用Q-学习强化学习方法，针对大量可用的历史运行时数据计算每一管理操作在不同环境、状态下的 Q 值；其次，对 Q 值进行预处理之后使用机器学习方法，基于上述 Q 值数据训练 Q 值预测模型，输入环境和状态，输出每一管理操作的 Q 值预测值；最后，使用基于反馈控制的框架与 Q 值预测模型，在运行时进行管理操作决策，逐步有效地找到基于云的软件服务的目标资源分配方案，而无须进行过多的反馈迭代。

1. 方法概览

本节提出一种基于预测反馈控制和强化学习的资源分配方法(Prediction-enabled feedback Control with Reinforcement learning based resource Allocation，PCRA)，如图3-31所示。

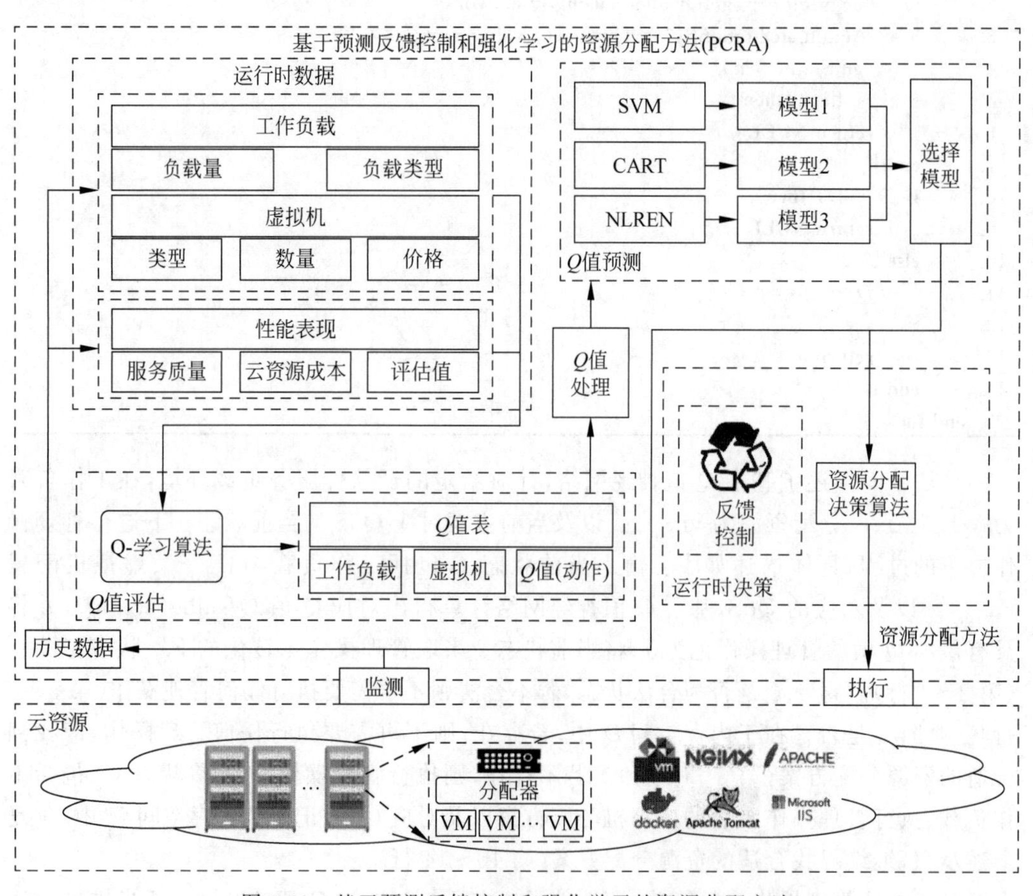

图3-31 基于预测反馈控制和强化学习的资源分配方法

方法将强化学习与机器学习结合，建立面向变化负载的管理操作决策模型，具体包括3个步骤。

步骤1，历史数据集包含不同系统状态下的运行时数据集(Runtime Dataset)，包括当前工作负载，具有QoS值的资源分配方案以及相应的目标资源分配方案。接下来，Q-学习算法通过计算 Q 值来评估在不同系统状态下采取不同管理操作的价值(Q-value Evaluation)。更具体地说，系统状态由运行时环境中的当前工作负载和资源分配方案组成，管理操作指添加或删除不同类型的虚拟机，并且当找到目标资源分配方案时可以得到相应的奖励。

步骤2，首先根据管理经验对由上述步骤获得的Q值进行预处理。接下来，使用机器学习方法，对预处理后的Q值进行训练并获得Q值预测模型(Q-value prediction)。更具体地说，3种基于机器学习的预测算法，包括SVM、CART和NLREG，被当作潜在学习机训练Q值预测模型，选择其中精度最高的模型作为最终的Q值预测模型。因此，当输入当前系统状态包括当前工作负载和具有QoS值的资源分配方案时，输出不同管理操作的Q值预测值。

步骤3，在运行时，首先使用由上述步骤获得的Q值预测模型基于当前工作负载、资源分配方案和相应的QoS值预测不同管理操作的Q值。接下来，通过比较同一状态下不同类型管理操作的相应Q值，执行所选管理操作进行运行时决策(Runtime Decision)。最后，通过使用基于反馈控制的决策算法，逐步找到目标资源分配方案。

2. 管理操作Q值计算

RL可以在与环境交互的过程中自动做出决策而无需先验知识。此优势使强化学习可以用于解决复杂云环境下的资源分配问题。目前，基于强化学习模型的算法区别主要在于模型更新的方式。采用Q-学习算法来指导学习过程，即采用Q-学习算法根据Q值评估不同管理操作的值，以探索基于云的软件服务最有效的资源分配。Q-学习算法的模型更新方式被表示为式(3-82)：

$$Q(s,a) \leftarrow Q(s,a) + \alpha[\text{reward}' + \gamma \max Q(s',a') - Q(s,a)] \tag{3-82}$$

其中，reward′表示当前环境处于状态s时采取动作a之后得到的即时奖励，s'表示状态s采取动作a之后得到的下一状态，a'表示处于状态s'下采取的新动作α，表示学习速率，γ表示对未来预期回报的折扣参数。

表3-21列出了本节中使用的符号及其说明。对应的强化学习任务四元组如表3-22所示。每一个状态s包括当前工作负载$\text{WL}_{\text{current}}=(x_{i,0},x_{i,1},\cdots,x_{i,w})$和当前虚拟机分配方案$\text{vm}_{\text{current}}=(x_{i,w+1},x_{i,w+2},\cdots,x_{i,w+r})$，其中$x_{i,0}$表示当前工作负载数，$x_{i,m}(1\leqslant m\leqslant w)$表示当前负载下不同任务类型的比例，$x_{i,w+n}(1\leqslant n\leqslant r)$表示第$n$种类型的虚拟机资源数。状态空间$S$包含了在当前工作负载$\text{WL}_{\text{current}}$下，从当前虚拟机分配方案$\text{vm}_{\text{current}}$通过对每种类型虚拟机进行添加和删减转变为最优配置$\text{vm}_{\text{objective}}$的所有可能存在状态，其中所有可能存在状态被表示为集合$\text{VM}_{\text{optional}}$。动作空间$A=\{\text{add}_1,\text{remove}_1,\text{add}_2,\text{remove}_2,\cdots,\text{add}_r,\text{remove}_r\}$，包括对每种类型虚拟机进行添加和删减的两种动作，其中add_n表示添加一台第n种类型的虚拟机，remove_n表示删减一台第n种类型的虚拟机。采用ε-greedy算法作为管理操作的选取策略，以1-ε概率选择具有最大Q值的管理操作进行执行。潜在的转移函数$P(s,s')$是状态密度函数为$P_r(s_{t+1}=s'|s_t=s,a_t=a)$的概率密度函数。奖励函数$R$的如式(3-83)所示，所有的奖励值初始值设为0，若在当前虚拟机分配方案$\text{vm}_{\text{current}}$下通过选择动作$a(a\in A)$即可转变为最优配置$\text{vm}_{\text{objective}}$，则将在此分配方案下对应动作的奖励值设为10；若在当前虚拟机分配方案$\text{vm}_{\text{current}}$下通过选择动作$a(a\in A)$转变为一种不存在于$\text{VM}_{\text{optional}}$中的分配状态，则将在此分配方案下对应动作的奖励值设为-1。

表 3-21 符号与含义

符　　号	含　　义
$WL_{current}$	当前工作负载及其请求比例
$vm_{current}$	当前虚拟机资源分配方案
vm_{next}	在当前虚拟机配置方案下选择某一动作后转变的下一虚拟机分配方案
$WM_{optional}$	可供选择的虚拟机配置方案
$vm_{objective}$	最优的虚拟机配置方案
$Fitness(P)$	配置方案为 P 时具有的 Fitness 值
$reward(P_0,a)$	在当前虚拟机配置为 P_0 时选择采取动作 a 后得到的即时回报
a	采取的动作，共有 6 种
$Q(P_0,a)$	基于当前虚拟机配置 P_0 采取动作 a 的 Q 值
α	学习速率，表示有多少误差要被学习
γ	对未来预期奖励的折扣参数
$\max Q(vm_{next},a)$	基于虚拟机配置 vm_{next} 采取动作的最大 Q 值

表 3-22 强化学习任务四元组

S			***A***			***P***		***R***
$WL_{current}$	$vm_{current}$	add_1	$remove_1$	…	add_r	$remove_r$	$P(s'\|s,a)$	$-1/0/10$

$$R(vm_{current},vm_{objective},a)=\begin{cases}10, & getNextState(vm_{current},a)=vm_{objective}\\ -1, & getNextState(vm_{current},a)\notin VM_{optional}\\ 0, & 其他\end{cases} \tag{3-83}$$

表 3-23 描述了算法 3.7 的输入数据集，即每条数据记录了某一时刻的工作负载 $WL_{current}$、已分配资源 $vm_{current}$ 以及在该情况下的目标资源分配方案 $vm_{objective}$。

表 3-23 算法 3.7 的输入

$WL_{current}$	$vm_{current}$	$vm_{objective}$
$x_{1,0},x_{1,1},\cdots,x_{1,w}$	$x_{1,w+1},x_{1,w+2},\cdots,x_{1,w+r}$	$x_{1,w+r+1},x_{1,w+r+2}\ x_{1,w+r+r}$
…	…	…
$x_{u,0},x_{u,1},\cdots,x_{u,w}$	$x_{u,w+1},x_{u,w+2},\cdots,x_{u,w+r}$	$x_{u,w+r+1},x_{u,w+r+2},\cdots,x_{u,w+r+r}$

表 3-24 描述了算法 3.7 的输出数据集，即，每条数据记录了某一时刻的工作负载情况、已分配资源情况以及该情况下的目标资源分配方案和每一管理操作的 Q 值。表 3-23 中的每一条数据，将生成表 3-24 中的一条数据，即增加了对应情况下每一管理操作的 Q 值。

表 3-24 算法 3.7 的输出

$WL_{current}$	$vm_{current}$	$vm_{objective}$	add_1	$remove_1$	…	addr	remover
$x_{1,0}$, $x_{1,1},\cdots$, $x_{1,w}$	$x_{1,w+1}$, $x_{2,w+2},\cdots$, $x_{3,w+r}$	$x_{1,w+r+1}$, $x_{1,w+r+2},\cdots$, $x_{1,w+r+r}$	$Q_{1,11}$	$Q_{1,12}$	…	$Q_{1,r1}$	$Q_{1,r2}$
…	…	…	…	…	…	…	…

续表

$WL_{current}$	$vm_{current}$	$vm_{objective}$	add_1	$remove_1$	…	addr	remover
$x_{u,0}$, $x_{u,1}$, …, $x_{u,w}$	$x_{u,w+1}$, $x_{u,w+2}$, …, $x_{u,w+r}$	$x_{u,w+r+1}$, $x_{u,w+r+2}$, …, $x_{u,w+r+r}$	$Q_{u,11}$	$Q_{u,12}$	…	$Q_{u,r1}$	$Q_{u,r2}$

算法3.7描述了在工作负载为$WL_{current}$、已分配资源为$vm_{current}$、目标资源分配方案为$vm_{objective}$情况下计算得出对应Q值表的Q-学习算法：初始化Q值表(第1行)。强化学习Q-学习算法通过多次回合迭代计算从当前资源分配方案到目标资源分配方案的每一可选方案的管理操作Q值，从而让Q值得到收敛(第2行)。在每一个回合迭代计算过程中，将当前虚拟机配置方案$vm_{current}$随机初始化为可供选择的虚拟机配置方案$VM_{optional}$中的任意方案(第3行)，若当前虚拟机配置方案$vm_{current}$不是目标资源分配方案$vm_{objective}$，则基于当前虚拟机配置方案$vm_{current}$在对应奖励值表reward_table中随机选取奖励值大于-1的动作作为待执行管理操作action(第5和6行)，利用式(3-83)计算该动作action对应的reward值(第7行)，基于该action得出下一步配置方案vm_{next}(第8行)，基于下一步配置方案vm_{next}选出最大的Q值(第9行)，根据Q值更新公式对当前配置方案的Q值进行迭代更新(第10行)，每执行一步策略就更新一次值函数估计，并将vm_{next}标记为当前方案$vm_{current}$，完成状态的转换(第11行)。

算法3.7：The Computation of Q-value

Input：

the vector of current workload $WL_{current}$, the current resource allocation plan $vm_{current}$ and the optimal resource allocation plan $vm_{objective}$

Output：

the Q-table of Q-value when workload and resource allocation are $WL_{current}$ and $vm_{current}$

1. **Initialize** Qvalue_table = 0
2. **for each** episode **do**
3. 　　$vm_{current}$ = random(vmoptional)
4. 　　**while** $vm_{current} \neq vm_{objective}$ **do**
5. 　　　　actionlist = find($vm_{current}$, reward_table)
6. 　　　　action = random(actionlist)
7. 　　　　reward = R($vm_{current}$, $vm_{objective}$, action)
8. 　　　　vm_{next} = getNextState($vm_{current}$, action)
9. 　　　　max$Q$($vm_{current}$, $vm_{objective}$, action') = getMaxQvalue(vm_{next}, $vm_{objective}$, action')
10. 　　　　$Q(vm_{current}, vm_{objective}, action) \leftarrow Q(vm_{current}, vm_{objective}, action) + \alpha[reward + \gamma \max Q(vm_{next}, action') - Q(vm_{current}, vm_{objective}, action)]$
11. 　　　　$vm_{current}$ = vm_{next}
12. 　　**end while**
13. **end for**

3. 管理操作Q值预测模型

1) 数据预处理

尽管可以根据使用Q-学习算法评估的Q值来确定可行的管理操作，但是当工作负载发生变化时，就需要重新训练资源分配的决策模型。这是因为传统的基于强化学习的方法通常以具有静态工作负载的云环境为目标。因此，它们无法有效地适应具有可变工作负载和服务请求的基于云的软件服务的实际场景。为了解决这个重要问题，设计了一个 Q 值预测模型以在具有不同工作负载和服务请求的状态下预测管理操作的 Q 值。因此，本节提出的 Q 值预测模型可以显著提高运行环境中资源分配的适应性和有效性。但是，直接使用 Q 值的原始数据训练有效的 Q 值预测模型存在困难，其原因描述如下：

(1) 由 Q-学习算法的学习过程得知，距离目标分配方案越远，管理操作 Q 值越小。当分配方案执行某种管理操作转变为不属于可选资源分配方案的方案时，该资源分配方案为不合法方案，即某种类型虚拟机的数量为负或超出某种类型虚拟机最大可分配数量，Q 值突变为 0，变化情况与其他明显不符。表 3-25 表示负载为(5000，0.45，0.55)，管理操作 $a=\mathrm{add}_3$ 时，更改虚拟机数量对 Q 值的影响。当工作负载为 5000 时，两种不同类型任务即不同类型服务请求在当前工作负载下的比例分别为 0.45 和 0.55，第一种类型虚拟机分配数量为 0 时，不断执行管理操作 add_2 即增加第二种类型虚拟机数量，第二种类型虚拟机数量最终将超过其最大可分配数量。因此，无论第三种类型虚拟机当前分配数量如何，管理操作 Q 值始终为 0，并不受到表中其他数据的影响。在这种情况下，不存在 Q 值渐变过程，直接对该处 Q 值进行预测将导致预测结果不精准。

(2) 对于同一个操作，距离目标资源分配方案越近，管理操作 Q 值越大。当位于目标资源分配方案时，Q 值为 0，则在求解拟合函数过程中存在奇点问题，其拟合函数难以准确有效预测管理操作 Q 值。如表 3-25 所示，负载为(5000，0.45，0.55)且第一种类型虚拟机数量为 0，当第二种类型虚拟机和第三种类型虚拟机分配数量分别为 2 和 5 时，可以得到最大 Q 值即 $Q_{\max}=10$，并且接近目标资源分配方案 $\mathrm{vm}_{\mathrm{objective}}=(0,3,5)$，但是此时添加第二种类型虚拟机数量，则 Q 值将变为 0。因此，越接近目标分配方案，其 Q 值越大，而当位于目标分配方案时，Q 值为 0。

表 3-25　当 $\mathrm{WL}_{\mathrm{current}}=(5000,0.45,0.55)$ 且 $a=\mathrm{add}_3$ 时的 Q 值表部分示例

虚拟机数量		第三种类型						
		…	2	3	4	5	6	7	8
第二种类型	…	…	…	…	…	…	…	…	…
	2	…	5.12	6.40	8.00	10.0	10.0	8.00	6.40
	3	…	4.01	5.12	6.40	0.00	0.00	6.40	5.12
	4	…	4.01	5.12	6.40	0.00	0.00	6.40	5.12
	5	…	3.28	4.01	5.12	6.40	6.40	5.12	4.01
	6	…	2.62	3.28	4.01	5.12	5.12	4.01	3.28
	7	…	2.10	2.62	3.28	4.01	4.01	3.28	2.62
	8	…	0.00	0.00	0.00	0.00	0.00	0.00	0.00

针对上述问题，对基于 Q-学习计算出的管理操作 Q 值进行预处理，步骤如下：

(1) 针对“距离目标分配方案越近，管理操作 Q 值越小”的问题，如果采取某种类型管理操作后，转变的方案不属于可选资源分配方案时，即某种类型虚拟机的数量为负或超出某种类型虚拟机最大可分配数量，认为该种管理操作为非法操作，则相应管理操作的 Q 值设为 I。例如，当第二种类型虚拟机已分配数量为 8 且上限为 8 时，若仍执行管理操

作 add_2，则会超出临界值成为不合法方案。除此之外，保留其他合法的管理操作 Q 值。

(2) 针对"对于同一个操作，距离目标资源分配方案越近，管理操作 Q 值越大"的问题，规定每次执行的管理操作，应能使转变后的虚拟机分配方案仍属于可选资源分配方案，即不超出临界设置。对所有不超出临界的管理操作的 Q 值进行处理，当资源分配方案是目标资源分配方案时，各管理操作的 Q 值不变，仍为 0；其余情况，将 Q 值设为其倒数。处理后的管理操作 Q 值在极大值和 0 之间，且越靠近目标资源分配方案 Q 值越小。其中，非法操作单独进行考虑。

根据上述步骤，Q 值预处理被描述为式(3-84)：

$$\text{Q-value}(vm_{current}, vm_{objective}, a) = \begin{cases} 0, & vm_{current} = vm_{objective} \\ I, & \text{getNextState}(vm_{current}, a) \notin VM_{optional} \\ 1/\text{Q\_value}, & \text{其他} \end{cases} \tag{3-84}$$

以表 3-25 为例，根据上述步骤对表中管理操作 Q 值进行数据预处理，得到表 3-26。如表所示，对于目标资源分配方案保持管理操作 Q 值不变，对于将当前分配方案转变为不合法分配方案的管理操作 Q 值设为 I，对于其他情况下的管理操作 Q 值置为倒数，并在后续执行具有最小 Q 值的管理操作。

表 3-26　当 $WL_{current}$=(5000,0.45,0.55)且 a=add_3 时预处理后 Q 值表部分示例

虚拟机数量		第三种类型						
		…	2	3	4	5	6	7	8
第二种类型	…	…	…	…	…	…	…	…	…
	2	…	0.20	0.16	0.13	0.10	0.10	0.13	0.16
	3	…	0.24	0.20	0.16	0.00	0.00	0.16	0.20
	4	…	0.24	0.20	0.16	0.00	0.00	0.16	0.20
	5	…	0.31	0.24	0.20	0.16	0.16	0.20	0.24
	6	…	0.38	0.31	0.24	0.20	0.20	0.24	0.31
	7	…	0.48	0.38	0.31	0.24	0.24	0.31	0.38
	8	…	I	I	I	I	I	I	I

2) 模型训练

接下来，使用机器学习方法，基于预处理后的 Q 值数据训练管理操作的 Q 值预测模型。如表 3-27 所示，对于每一种管理操作类型，都可以得到单独的数据集。该数据集的主要数据项包括工作负载 $WL_{current}$、已分配的虚拟机资源 $vm_{current}$、当前环境和状态下的软件服务质量 QoS 和相应管理操作的 Q 值 Q-value。

表 3-27　与每种管理操作类型对应的 Q 值预测模型训练集

$WL_{current}$	$vm_{current}$	QoS	Q-value
$x_{1,0}, x_{1,1}, \cdots, x_{1,w}$	$x_{1,w+1}, x_{1,w+2}, \cdots, x_{1,w+r}$	$x_{1,w+2r+1}$	y_1
$x_{2,0}, x_{2,1}, \cdots, x_{2,w}$	$x_{2,w+1}, x_{2,w+2}, \cdots, x_{2,w+r}$	$x_{2,w+2r+1}$	y_2
⋮	⋮	⋮	⋮
$x_{u,0}, x_{u,1}, \cdots, x_{u,w}$	$x_{u,w+1}, x_{u,w+2}, \cdots, x_{u,w+r}$	$x_{u,w+2r+1}$	y_u

表 3-27 中的每一条数据对应表 3-24 中的一条数据。其中，管理操作 Q 值预测模型的输入 $X=(\mathrm{WL_{current}},\mathrm{vm_{current}},\mathrm{QoS})$，输出 $Y=(\text{Q-value})$。特别地，在训练过程中剔除管理操作 Q 值为 I 的相关数据。

使用机器学习方法来研究输入 X 与输出 Y 之间的相关性，即 $y=\mathrm{predict}(x)$ 的相关性。主要采用 SVM、CART 和 NLREG 来训练迭代 Q 值预测模型。

(1) SVM。

对于 SVM 方法需要设置超平面方程和核函数。超平面方程如式(3-85)所示：

$$\boldsymbol{Y}=\boldsymbol{u}^{\mathrm{T}}\varphi(\boldsymbol{X})+\boldsymbol{v} \tag{3-85}$$

其中，$\boldsymbol{X}$ 代表输入矩阵，$\boldsymbol{Y}$ 代表输出矩阵。参数$(\boldsymbol{u}^{\mathrm{T}},\boldsymbol{v})$通过高斯核进行特征空间的映射，其函数如式(3-86)所示：

$$K(\boldsymbol{x}_i,\boldsymbol{x}_j)=\exp\left(-\frac{\|\boldsymbol{x}_i-\boldsymbol{x}_j\|^2}{2\sigma^2}\right),\quad \boldsymbol{x}_{\mathrm{i}},\boldsymbol{x}_j\in\boldsymbol{X},\sigma>0 \tag{3-86}$$

(2) CART。

对于 CART 方法需要设置数据集纯度和 Gini 指标函数的计算公式。数据集 $D=(\boldsymbol{X},\boldsymbol{Y})$的纯度计算如式(3-87)所示：

$$\mathrm{Gini}(D)=\sum_{k=1}^{|r|}\sum_{k'\neq k}p_k p'_k=1-\sum_{k=1}^{|r|}p_k^2 \tag{3-87}$$

其中，$\boldsymbol{X}$ 代表输入矩阵，$\boldsymbol{Y}$ 代表输出矩阵，p_k 是数据集中第 k 个类别的比例，其中数据集可以分为 r 类。

在输入矩阵 $\boldsymbol{X}$ 的属性列中，属性 att 的 Gini 值计算函数如式(3-88)所示：

$$\mathrm{Gini}(D,\mathrm{att})=\sum_{v=1}^{r}\frac{|D^v|}{|D|}\mathrm{Gini}(D^v) \tag{3-88}$$

具有最小基尼系数的属性列被认为是最优的配分属性。

(3) NLREG。

对于 NLREG 方法需要将回归方程设置为式(3-89)：

$$\begin{aligned}y_k=&w_0x_{k,0}+w_1x_{k,1}+\cdots+w_mk_{k,m}+w_{m+1}x_{k,m+1}^2+\\&w_{m+2}x_{k,m+2}^2+\cdots+w_{m+n}x_{k,m+n}^2+b\end{aligned} \tag{3-89}$$

其中，采用均方误差来进行模型求解，利用最小二乘法建立矩阵来对 w 和 b 进行估计以达到最小化 y_k 的目的。

采用 MAE 和 R^2 作为预测模型的评价指标。

平均绝对误差(MAE)是对现实值与预测值之间差值绝对值进行求和以后得到的平均值，如式(3-90)所示：

$$\mathrm{MAE}=\frac{1}{N}\sum_{t=1}^{N}|\mathrm{observed}_t-\mathrm{predicted}_t| \tag{3-90}$$

其中，$\mathrm{observed}_t(1\leqslant t\leqslant N)$表示第 t 个现实值，$\mathrm{predicted}_t(1\leqslant t\leqslant N)$表示第 t 个预测值。

用于评价回归模型的质量，其值介于 0 和 1 之间，大于 0.5 时模型较好，且其值越接近 1，表示模型越好，即黄金标准，如式(3-91)所示：

$$R^2 = 1 - \frac{\sum_{t=1}^{N}(\text{observed}_t - \text{predicted}_t)^2}{\sum_{t=1}^{N}(\text{observed}_t - \text{mean}_t)^2} \tag{3-91}$$

其中，observed_t 与 predicted_t 含义同上，$\text{mean}_t\,(1 \leqslant t \leqslant N)$表示平均观测值。

通过以上3种统计学习的回归方法可以得到3个Q值预测模型。基于上述Q值预测模型，对于给定的工作负载和资源分配情况，得到采取对应管理操作的Q值以便后续作出运行时决策。

4. 运行时决策机制

这里提出了一个管理操作决策算法，基于Q值预测模型指导云软件服务进行资源分配，如算法3.8所示。在进行管理操作决策时，判断管理操作是否合法，若不合法，则将其Q值标记为临界值；若合法，则采用Q值预测模型计算Q值，选择具有最小Q值的管理操作进行执行，直到所有类型管理操作的Q值均小于或等于阈值T时，其中除临界值I除外，则停止执行算法，表示找到合适的资源分配方案。

算法3.8描述了基于Q值预测模型，针对给定的云软件服务负载环境，在工作负载为$\text{WL}_{\text{current}}$、已分配资源为$\text{vm}_{\text{current}}$以及当前方案对应QoS的当前状态$s$下进行管理操作决策的过程，具体描述如下：输入当前负载和虚拟机配置，对于将当前分配方案转变为不合法分配方案的管理操作，其Q值设为临界值I(第2和3行)，对于将当前分配方案转变为合法分配方案的管理操作，其Q值根据Q值预测模型进行计算(第4～6行)。当所有类型管理操作的Q值均小于或等于阈值T时，其中除临界值I除外，不再需要执行任何管理操作，即找到合适的资源分配方案(第8和9行)。当存在某一类型管理操作的Q值大于阈值T时，执行具有最小Q值的管理操作，即继续寻找目标资源分配方案(第10～14行)。

基于管理操作决策算法，云软件服务在运行时通过反馈控制逐步推理目标资源分配方案。每次迭代，根据决策算法计算合适的管理操作类型并执行，直到决策算法输出的管理操作为空，此时，即找到了目标资源分配方案，停止迭代。

算法3.8：Decision-making

Input：
the vector of current workload, the current resource allocation plan and the current QoS value
Output：
the action to execute
Declare：
Action—the set of all possible operations
actionList—the set of actions with min Q value in
Action action—the action to execute
Q_value(action)—the Q value of action
1. **for each** action **in** Action **do**
2.   **if** getNextState($\text{vm}_{\text{allocated}}$, a) $\notin$ $\text{VM}_{\text{optional}}$ **then**
3.   Q_value(action) = 1

```
4.      else
5.          Q_value (action) ← get_Qvalue() using Q_value Prediction Model
6.      end if
7. end for
8. if(for each Q_value (Q_value <= T || Q_value==I)) then
9.      return Null
10. else
11.     actionList = Action.getActions_MinQvalue()
12.     action = actionList.getAction_Random()
13.     return action
14. end if
```

3.3.6 实验与评估

针对基于云的软件服务的资源分配问题，本节提出了两种方法：

(1) 提出基于简单 DQN 的资源分配预测方法（以下简称 DQN-based 方法）；

(2) 提出基于强化学习的预测驱动反馈控制方法（以下简称 PCRA 方法）。为了验证两种方法的可行性和有效性，在开源云平台 CloudStack 上部署 RUBiS 基准软件服务，并通过以下 3 个研究问题对两种方法进行评估。

研究问题一：本节方法是否能实现系统在不同环境下的自适应资源分配？

研究问题二：本节方法在资源分配过程中管理操作决策准确度达到多少？

研究问题三：相比传统方法，本节方法对系统资源分配效果有多大提升？

1. 实验设置与实验数据

本节在开源云平台 CloudStack 上部署 RUBiS 基准软件服务进行实验评估。RUBiS 基准是以 eBay.com 为原型进行建模的拍卖网站。它提供了一个客户端，可以针对各种工作负载模式模拟用户行为。客户数量表示工作负载，用户行为分为只浏览行为和其他行为（如竞价拍卖行为等）两种类型。只浏览行为主要由用户进行页面浏览操作，该类工作负载给软件服务带来较小的响应压力；其他行为由用户进行较为复杂的读写操作，该类工作负载的骤增骤减对软件服务的响应具有较大影响。在本节中，云平台 CloudStack 上存在 3 种类型的虚拟机为用户提供服务，如表 3-28 所示。

表 3-28　3 种虚拟机类型及其参数

参数	小型	中型	大型
CPU	1 核	1 核	1 核
内存	1GB	2GB	4GB
$Cost_L$	1.761 元/小时	1.885 元/小时	2.084 元/小时
$Cost_D$	0.440 元/小时	0.471 元/小时	0.521 元/小时

每种类型的虚拟机的数量分别表示为 vm_S、vm_M 和 vm_L。因此，分配的资源可以表示为 $vm_{current}=(vm_S, vm_M, vm_L)$。其中，小型、中型、大型虚拟机分别对应第一种、第二种、第三种类型的虚拟机。

式(3-73)是反映系统管理目标的适应度函数 Fitness，更好的资源分配方案将获得较小的适应度值。权重 r_1 和 r_2 由云工程师预先定义，反映了他们对服务质量和资源成本的不同偏好。例如，较高的 r_1 表示对服务质量的敏感性更高，因此需要更多的虚拟机来保证在相同工作负载下的服务质量。r_2 越高，表示对资源成本的敏感度越高，因此需要更少的虚拟机来降低资源成本。最常见的适应度函数是平衡服务质量和资源成本，由于资源和云服务质量之间的复杂关系，要实现这一点也具有挑战性。因此，实验中根据经验设置 $r_1=320$ 和 $r_2=10$，以便平衡服务质量和资源成本，如式(3-92)所示：

$$\text{Fitness}=320\times 1/\text{QoS}+10\times \text{Cost} \tag{3-92}$$

本节共采集 4000 条如表 3-29 所示数据集格式的系统运行数据，其中随机选取 3000 条作为训练集，1000 条作为测试集。在采集的历史数据集中，$\text{WL}_{\text{current}}$ 表示当前工作负载及其请求比例，其中工作负载均匀分布在区间[100,5000]，对于每一种工作负载随机分配请求比例，已分配虚拟机资源 $\text{vm}_{\text{current}}$ 是随机生成的；针对不同负载、已分配虚拟机资源，管理员根据管理目标，通过反复尝试得到当前环境、状态下的目标资源分配方案 $\text{vm}_{\text{objective}}$。云平台存在 3 种类型虚拟机，对应的管理操作类型有 6 种，分别是 add_1、remove_1、add_2、remove_2、add_3、remove_3。

表 3-29 历史运行数据集

$\text{WL}_{\text{current}}$	$\text{vm}_{\text{current}}$	QoS	Fitness	$\text{vm}_{\text{objective}}$
$x_{1,0}$，$x_{1,1}$	$x_{1,2}$，$x_{1,3}$，$x_{1,4}$	$x_{1,5}$	$x_{1,6}$	$x_{1,7}$，$x_{1,8}$，$x_{1,9}$
⋮	⋮	⋮	⋮	⋮
$x_{u,0}$，$x_{u,1}$	$x_{u,2}$，$x_{u,3}$，$x_{u,4}$	$x_{u,5}$	$x_{u,6}$	$x_{u,7}$，$x_{u,8}$，$x_{u,9}$

对于如表 3-29 所示的每一条数据，通过本节提出的基于强化学习的云软件服务自适应资源分配方法，得到如表 3-30 所示的管理操作 Q 值。

表 3-30 历史运行数据管理操作 Q 值

$\text{WL}_{\text{current}}$	$\text{vm}_{\text{current}}$	QoS	add_1	remove_1	add_2	remove_2	add_3	remove_3
$x_{1,0}$，$x_{1,1}$	$x_{1,2}$，$x_{1,3}$，$x_{1,4}$	$x_{1,5}$	$Q_{1,11}$	$Q_{1,12}$	$Q_{1,21}$	$Q_{1,22}$	$Q_{1,31}$	$Q_{1,32}$
⋮	⋮	⋮	⋮	⋮	⋮	⋮	⋮	⋮
$x_{u,0}$，$x_{u,1}$	$x_{u,2}$，$x_{u,3}$，$x_{u,4}$	$x_{u,5}$	$Q_{u,11}$	$Q_{u,12}$	$Q_{u,21}$	$Q_{u,22}$	$Q_{u,31}$	$Q_{u,32}$

对于本节提出的 DQN-based 方法，采用 DQN 算法搭建并训练 Q 值神经网络，其中，内存空间容量设为 500MB，更新神经网络权重参数的回合数设为 300，每次取出的经验值个数设为 32，学习速率设为 0.1，对未来 Reward 的衰减值设为 0.8。在实验中，根据经验值采用输入层为 6 个神经元、输出层为 6 个神经元以及隐藏层为 $4\times5\times4$ 的全连接神经网络。当得到的管理操作 Q 值出现回溯时，不再执行任何管理操作，即找到合适的资源分配方案。

对于本节提出的 PCRA 方法，采用 Q-学习算法，计算不同环境、状态下每一种管理操作的 Q 值，其中，回合数设为 100，学习速率设为 0.1，对未来 Reward 的衰减值设为 0.8。在实验中，根据经验值设定 Q 值阈值 T 为 0.10，当得到的所有管理操作 Q 值预测值均小于或等于阈值 0.10 时，不再执行任何管理操作，即找到合适的资源分配方案。

根据上述实验设置，基于 RUBiS 基准，模拟了 10 种不同的系统运行场景，包括当前工作负载和不同类型的服务请求比例以及相应的初始资源分配方案 $vm_{current}$，如表 3-31 所示。采用运行时决策算法，在不同场景下，使用本节方法逐步得到目标资源分配方案。

表 3-31　10 种场景下的工作负载和资源分配方案

序号	$WL_{current}$		$vm_{current}$		
			小型	中型	大型
1	3000	0.25	2	3	5
2	3000	0.2	3	1	4
3	3500	0.3	1	4	2
4	3500	0.35	2	5	5
5	4000	0.65	4	4	6
6	4000	0.45	5	3	2
7	4500	0.75	4	5	3
8	4500	0.25	2	3	4
9	5000	0.45	0	1	1
10	5000	0.35	3	2	2

2. 方法有效性分析

研究问题一主要验证本节提出方法是否能实现系统在不同环境下的自适应资源分配，是否能够接近理想方案，其性能差距是否能够满足系统管理的要求。

表 3-32 列出了上述 10 种场景下本节提出的两种方法得到的资源管理方法和理想方法。结果显示，本节方法接近理想方法。对于本节提出的 DQN-based 方法，在场景 4、5、7、9 下，该方法得到的结果距离理想方法仅 1 步管理操作；在场景 2、6、10 下，该方法得到的结果距离理想 2 步管理操作；在场景 1、3、8，该方法得到的结果距离理想方法 3 步管理操作。对于本节提出的 PCRA 方法，在场景 2、4、5、7、9 下，该方法得到的结果即理想方法；在场景 3、8 下，该方法在距离理想方法仅 1 步管理操作时停止；在场景 1、6、10 下，该方法达到理想方法后仅额外执行 1 步管理操作。

表 3-32　本节两种方法与理想方法的对比

序号	DQN-based 方法			PCRA 方法			理想方法		
	小型	中型	大型	小型	中型	大型	小型	中型	大型
1	0	3	6	0	1	4	0	2	4
2	0	2	5	0	1	4	0	1	4
3	0	3	6	0	3	4	0	2	4
4	0	3	5	0	3	4	0	3	4
5	0	2	5	0	3	5	0	3	5
6	0	1	4	0	2	4	0	3	4
7	0	4	5	0	4	4	0	4	4
8	0	4	4	0	3	5	0	2	5
9	0	3	4	0	3	5	0	3	5
10	0	3	6	0	2	6	0	2	5

进一步地，针对每一种场景，比较本节的两种方法与理想方法的资源分配效果，即两种资源分配方案的 Fitness 值，如图 3-32 所示，其中，左侧为柱状图对应值，代表了 Fitness 值，右侧为折线图对应值，代表了与理想方法的性能差距。DQN-based 方法与理想方法的性能差距基本维持在 8%以内，而 PCRA 方法与理想方法的性能差距低于 3%，两种方法均能满足系统管理的要求。

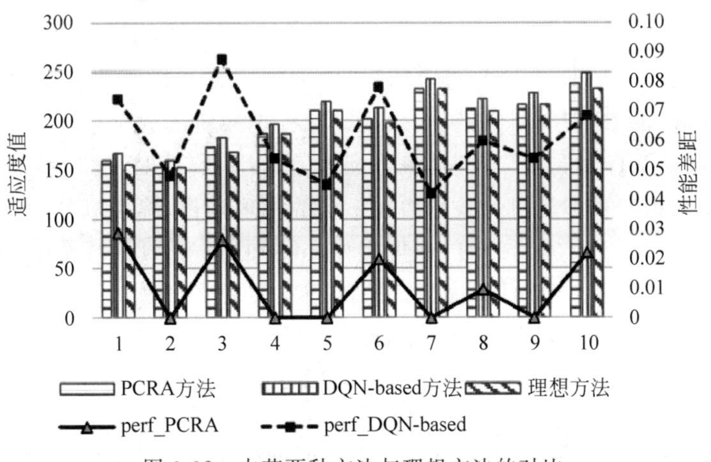

图 3-32 本节两种方法与理想方法的对比

接下来，以场景 9 为例介绍 DQN-based 方法与 PCRA 方法的资源分配过程。

表 3-33 以场景 9 为例，详细介绍 DQN-based 方法的资源分配过程。在该场景中，工作负载为 5000，任务比为 0.45，虚拟机初始配置为(0,1,1)。当虚拟机分配方案为(0,1,1)时，管理操作 add_3 具有最大 Q 值，将虚拟机分配方案(0,1,2)存储到内存空间 D 中，执行第三种虚拟机数量加 1 的管理操作，虚拟机分配方案变为(0,1,2)；当虚拟机分配方案为(0,1,2)时，管理操作 add_3 具有最大 Q 值，将虚拟机分配方案(0,1,3)存储到内存空间 D 中，执行第三种虚拟机数量加 1 的管理操作，虚拟机分配方案变为(0,1,3)；当虚拟机分配方案为(0,1,3)时，管理操作 add_3 具有最大 Q 值，将虚拟机分配方案(0,1,4)存储到内存空间 D 中，执行第三种虚拟机数量加 1 的管理操作，虚拟机分配方案变为(0,1,4)；当虚拟机分配方案为(0,1,4)时，管理操作 add_2 具有最大 Q 值，将虚拟机分配方案(0,2,4)存储到内存空间 D 中，执行第二种虚拟机数量加 1 的管理操作，虚拟机分配方案变为(0,2,4)；当虚拟机分配方案为(0,2,4)时，管理操作 add_2 具有最大 Q 值，将虚拟机分配方案(0,3,4)存储到内存空间 D 中，执行第二种虚拟机数量加 1 的管理操作，虚拟机分配方案变为(0,3,4)；当虚拟机分配方案为(0,3,4)时，管理操作 $remove_2$ 具有最大 Q 值，若是执行第二种虚拟机数量减 1 的管理操作，虚拟机分配方案将变为(0,2,4)，该方案存在于内存空间 D 中，故不再执行任何管理操作，即找到了合适的资源分配方案。

表 3-33 在场景 9 中 DQN-based 方法的决策过程

$WL_{current}$		$vm_{current}$			add_1	$remove_1$	add_2	$remove_2$	add_3	$remove_3$
5000	0.45	0	1	1	4.546258	5.088168	5.535664	6.786803	**7.139879**	6.260696
5000	0.45	0	1	2	5.599983	5.007624	5.520997	6.774487	**7.360276**	6.195598
5000	0.45	0	1	3	5.433935	5.929622	5.592125	6.860456	**7.551168**	6.016272

续表

$WL_{current}$		$vm_{current}$			add_1	$remove_1$	add_2	$remove_2$	add_3	$remove_3$
5000	0.45	0	1	4	5.576641	6.351637	**7.666488**	6.291462	5.668645	4.98761
5000	0.45	0	2	4	5.606404	6.371433	**7.720485**	6.699048	5.642091	4.942823
5000	0.45	0	3	4	6.558902	**7.877193**	6.452452	5.589377	4.95097	4.484383

表 3-34 以场景 9 为例,详细介绍 PCRA 方法的资源分配过程。在该场景中,工作负载为 5000,任务比为 0.45,虚拟机初始配置为(0,1,1)。当虚拟机分配方案为(0,1,1)时,管理操作 add_2 的 Q 值预测值最小,采取第二种虚拟机的数量增加 1 台的管理操作,虚拟机分配方案变为(0,2,1);当虚拟机分配方案为(0,2,1)时,管理操作 add_3 的 Q 值预测值最小,采取第三种虚拟机的数量增加 1 台的管理操作,虚拟机分配方案变为(0,2,2);当虚拟机分配方案为(0,2,2)时,管理操作 add_3 的 Q 值预测值最小,采取第三种虚拟机的数量增加 1 台的管理操作,虚拟机分配方案变为(0,2,3);当虚拟机分配方案为(0,2,3)时,管理操作 add_3 的 Q 值预测值最小,采取第三种虚拟机的数量增加 1 台的管理操作,虚拟机分配方案变为(0,2,4);当虚拟机分配方案为(0,2,4)时,管理操作 add_3 的 Q 值预测值最小,采取第三种虚拟机的数量增加 1 台的管理操作,虚拟机分配方案变为(0,2,5);当虚拟机分配方案为(0,2,5)时,管理操作 add_2 的 Q 值预测值最小,采取第二种虚拟机的数量增加 1 台的管理操作,虚拟机分配方案变为(0,3,5);当虚拟机分配方案为(0,3,5)时,所有管理操作的 Q 值预测值均小于阈值 0.10,不再执行任何管理操作,即找到了合适的资源分配方案。

表 3-34 在场景 9 中 PCRA 方法的决策过程

$WL_{current}$		$vm_{current}$			add_1	$remove_1$	add_2	$remove_2$	add_3	$remove_3$
5000	0.45	0	1	1	0.491408	0.464758	**0.312084**	0.440293	0.315783	0.448336
5000	0.45	0	2	1	0.387136	0.378332	0.272427	0.390037	**0.247889**	0.372103
5000	0.45	0	2	2	0.306222	0.348479	0.212876	0.316648	**0.193222**	0.310885
5000	0.45	0	2	3	0.239527	0.255253	0.168062	0.246425	**0.15305**	0.242074
5000	0.45	0	2	4	0.18166	0.19664	0.131158	0.187764	**0.130453**	0.187121
5000	0.45	0	2	5	0.146214	0.153731	**0.106182**	0.153731	0.135493	0.147933
5000	0.45	0	3	5	0.097682	0.09757	0.098355	0.09757	0.097235	0.098587

3. 模型准确度分析

研究问题二主要验证本节方法在资源分配过程中管理操作决策的准确度达到多少。

管理操作决策准确度(Action Accuracy Rate,AAR)用于评估 Q 值预测模型的管理操作决策准确度,如式(3-93)所示。当方法得到的管理操作与真实情况下所采取的管理操作相同时,即认定决策正确。

$$\mathrm{AAR}=\frac{A}{N}\times 100\% \tag{3-93}$$

其中,N 表示测试集数据总数,A 表示操作判定为准确的测试集数据条数。

如图 3-33 所示,以距离理想资源分配方案的不同步数为基准,研究了所提出的

DQN-based 方法的决策过程中管理操作准确度，其中，x 轴表示距离理想方法的管理操作步数，y 轴表示管理操作决策的准确度。当前资源分配方法接近理想方法时，AAR 降低。例如，从当前资源分配方案到理想方法有 7 个及以上步数时，AAR 基本保持在 89% 以上。从当前资源分配方案到理想方法有 2～6 个步数时，AAR 基本保持在 70%以上。当前的资源分配方案接近理想方法时，AAR 保持在 63%左右。因此，在距离理想资源分配方法有很多步数的情况下，DQN-based 方法始终可以在 Q 值神经网络模型的支持下，以较高准确度为管理操作做出决策。只有在接近理想方法时，管理操作的决策才会出现偏差，但是，此时的资源分配方案已接近理想方法。因此，DQN-based 方法获得的资源分配方案可以满足系统管理的要求。

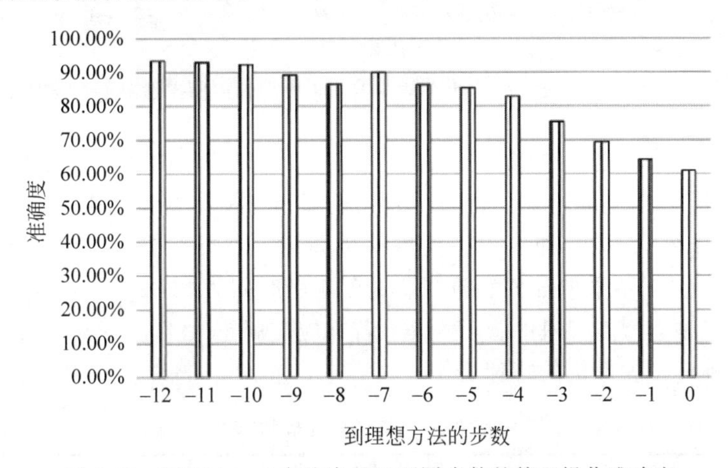

图 3-33 DQN-based 方法中基于不同步数的管理操作准确度

在 PCRA 方法中使用式(3-90)和式(3-91)测量 3 种不同机器学习方法在进行 Q 值预测模型训练的模型准确性。就 MAE 和而言，基于 SVM 的模型在这 3 个模型中均实现了最高的 Q 值预测精度，而与其他两种模型相比，它可以获得更高的 AAR，性能提高了 35%左右。因此，在 PCRA 方法中通过使用基于 SVM 的 Q 值预测模型，可以在决策过程中更好地进行资源分配。

如图 3-34 所示，以距离理想资源分配方案的不同步数为基准，研究了所提出的 PCRA 方法的决策过程中管理操作准确度，其中，x 轴表示距离理想方法的管理操作步数，y 轴表示管理操作决策的准确度。当前资源分配方案接近理想方法时，AAR 降低。例如，从当前资源分配方案到理想方法有 7 个及以上步数时，AAR 约为 95%。即使当前的资源分配方案接近理想方法时，AAR 仍然保持在 90%左右。因此，在距离理想资源分配方案有很多步数的情况下，PCRA 方法始终可以在 Q 值预测模型的支持下，以较高准确度为管理操作做出决策。只有在接近理想方法时，管理操作的决策才会出现细微的差异。因此，PCRA 方法获得的资源分配方案可以满足系统管理的要求。

4. 方法性能提升分析

研究问题三主要验证与基于规则方法(Rule-based method)与传统机器学习方法(ML-based method)相比，本节方法对系统资源分配效果的提升程度。

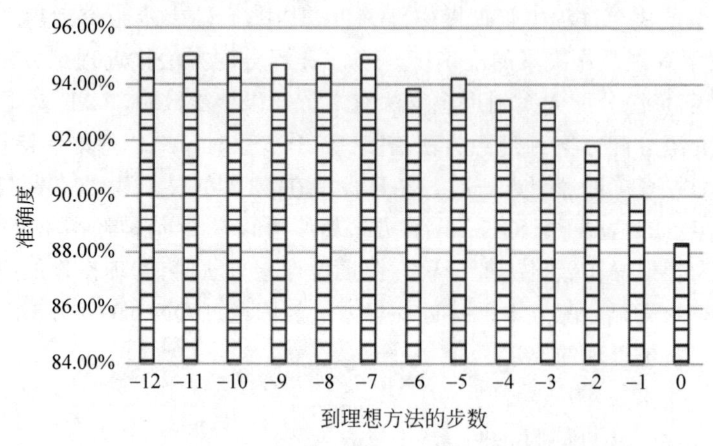

图 3-34 PCRA 方法中基于不同步数的管理操作准确度

方法遵循表 3-35 中描述的规则。如表 3-35 所示，以响应时间 RT 为条件，若响应时间基于规则超过 1.4s，采取增加一台大型虚拟机即第三种类型虚拟机的管理操作；若响应时间为 1.2～1.4s，采取增加一台中型虚拟机即第二种类型虚拟机的管理操作；若响应时间为 1.0～1.2s，不采取任何管理操作；若响应时间为 0.8～1.0s，采取减少一台中型虚拟机即第二种类型虚拟机的管理操作；若响应时间不大于 0.8s，采取减少一台大型虚拟机即第三种类型虚拟机的管理操作。

表 3-35 资源分配规则

条件	操作
RT＞1.4s	$vm_L = vm_L + 1$
1.2s ＜RT≤1.4s	$vm_M = vm_M + 1$
1.0s ＜RT≤1.2s	无变化
0.8s ＜RT≤1.0s	$vm_M = vm_M - 1$
RT≤0.8s	$vm_L = vm_L - 1$

传统机器学习方法的自适应资源分配过程简单描述如下。针对云软件服务的资源分配问题，采用基于传统机器学习的自学习和自适应方法。对于给定的云软件服务，首先将专家知识定义为 QoS 模型，基于机器学习从大量历史数据中训练 QoS 模型，该模型通过使用相关工作负载和已分配资源的信息预测输出的 QoS 值，QoS 值包括服务水平协议通常指定的指标，例如响应时间 RT、数据吞吐量 DH 等。然后基于遗传算法自动进行资源分配的在线决策，目的是利用 QoS 预测模型预测相关工作负载下各个资源分配方案的 QoS 值，根据 QoS 值得出适应度函数值，以便在遗传算法的在线决策过程中寻找合理的资源分配方案。

如图 3-35 所示，左侧为柱状图对应值，代表了适应度值，右侧为折线图对应值，代表了与传统基于规则方法的性能差距。针对以上 10 种场景，结果表明，相比规则驱动方法，由 DQN-based 方法和 PCRA 方法得出的两种资源分配决策方案对整体资源分配效果分别提高了 6%～8%和 10%～13%。与规则驱动方法相比，性能提高的主要原因是所使用的规则通常不如 Q 值神经网络与 Q 值预测模型灵活，无法正确处理实际中的复杂情况。在基于规则的方法中,最佳目标的依据主要是系统的平均响应时间,设计时需要考虑 SLA,包括每种虚拟机的类型和适应性功能,因此需要专门针对每个系统设计单独的规则,这导致了较高的管理开销和实施难度。同时,基于规则方法在提供最佳服务质量的同时也占用过多资源,将产生额外资源开销。

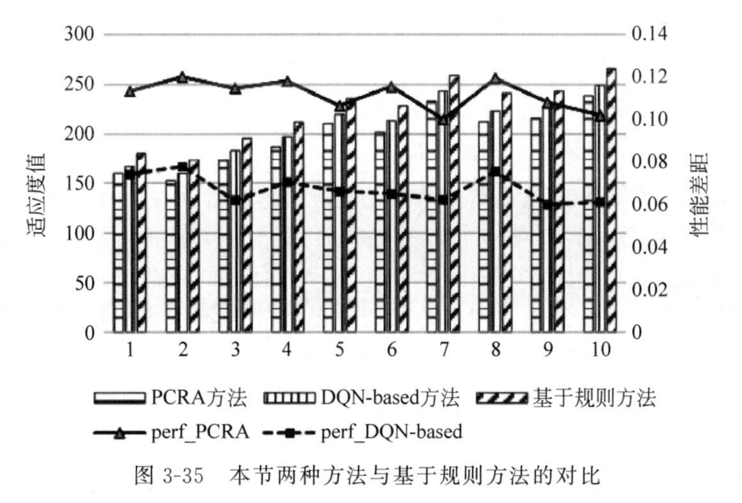

图 3-35 本节两种方法与基于规则方法的对比

如图 3-36 所示,左侧为柱状图对应值,代表了 Fitness 值,右侧为折线图对应值,代表了与传统机器学习方法的性能差距。针对以上 10 种场景,结果表明,相比传统机器学习方法,由 DQN-based 方法和 PCRA 方法得出的两种资源分配决策方案对整体资源分配效果分别提高了 1%～2%和 5%～7%。传统机器学习方法中 QoS 模型的预测准确率在误差范围不超过 0.15 的情况下达到约 77.2%。与本节方法不同,基于 QoS 模型的传统机器学习方法通常在预测时采用一步到位原则,但是,建立准确的 QoS 预测模型需要大量的历史数据。由于实际运行历史数据通常不足且变化有限,不能涵盖工作量和资源分配的不同情况,因此 QoS 预测模型不够准确,导致资源分配效率低下。针对上述问题,采用两种强化学习策略,分别建立 Q 值神经网络与 Q 值预测模型,在运行时根据云软件服务的环境状态进行逐步预测,具有更高的预测准确性,且系统性能表现较好。

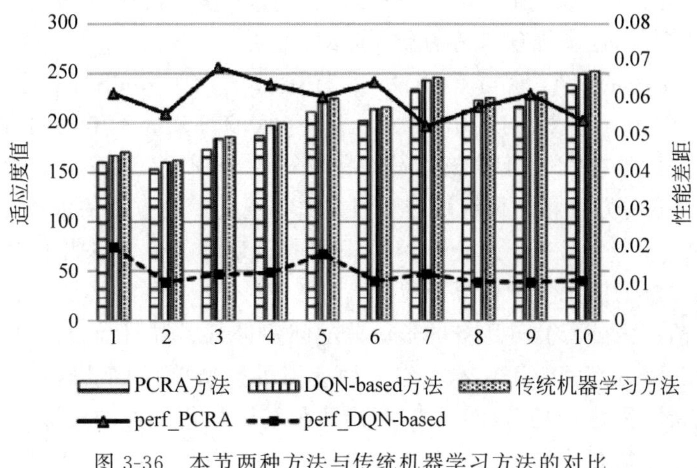

图 3-36 本节两种方法与传统机器学习方法的对比

3.3.7 总结

随着云计算技术的蓬勃发展,软件部署在云中,可以利用云平台的资源池,根据负载变化对资源进行动态调整。管理员动态进行资源分配,需要保证软件服务质量同时降低资源开销。但是,由于系统外部环境状态不断发生变化,管理员动态干预资源分配过程具有一定的操作难度和滞后性,且不同云软件服务应用具有不同的服务质量需求和资源偏好需求,基于云的软件服务的资源分配在动态性和复杂性方面面临着巨大的挑战。一些自适应技术已经被应用到云资源分配中,包括启发式方法、控制论和机器学习。启发式方法通常基于专家知识,针对每个系统单独制定一套分配规则,这类方法烦琐且开销大。基于控制论的资源分配方法通过大量迭代找到合适的资源分配方案,其中频繁的虚拟机开关导致高昂的额外开销。现有的机器学习需要大量历史数据构建预测模型,而在实际应用中,预测模型准确度通常受限,这极大地影响了资源分配的有效性。针对上述问题,本节提出基于强化学习的云软件服务自适应资源分配方法,其具体贡献如下:

(1) 对基于云的软件服务资源分配问题进行形式化描述。云软件服务资源分配问题的管理目标是为云软件服务分配合适的资源,既保证软件服务质量良好,又使云资源成本最小化。影响云软件服务资源分配的主要因素包括工作负载情况、资源分配情况、云软件服务质量以及云资源成本。

(2) 提出基于简单 DQN 的资源分配预测方法。首先,对于给定的基于云的软件服务,使用 DQN 强化学习方法,构建两个结构相同但参数不同的神经网络,针对历史运行数据训练两个神经网络的参数,得到 Q 值神经网络;其次,使用 Q 值神经网络,针对云软件服务的负载环境,在运行时进行管理操作决策,逐步得出合适的基于云的软件服务的资源分配方案。

(3) 提出基于强化学习的预测驱动反馈控制方法。首先,使用 Q-学习强化学习方法,针对大量可用的历史运行数据计算每一管理操作在不同环境、状态下的 Q 值;其次,使用机器学习方法,基于上述 Q 值数据进行预处理并训练 Q 值预测模型,输入环境和状态,输出每一管理操作的 Q 值预测值;最后,使用 Q 值预测模型,在运行时进行管理操作决策,通过反馈控制,逐步推理合适的资源分配方案。

为了验证方法的可行性与有效性,本节在云平台 CloudStack 上部署实际应用 RUBiS 并模拟了 10 种场景,对提出的方法进行了实验评估。本节的两种方法均能够提高云应用资源分配的有效性,且管理操作决策准确率分别达到 82.3%与 93.7%,其中基于 DQN 的资源分配方法相比传统机器学习方法和规则驱动方法的资源分配效果可以提高 1%～2%和 6%～8%,基于强化学习的预测驱动反馈控制方法相比传统机器学习方法和规则驱动方法的资源分配效果可以提高 5%～7%和 10%～13%。

本节对当前国内外云软件服务的资源分配问题进行了调研和分析,概述了不同自适应技术在资源分配方面的应用。本节以某种虚拟机类型单台数量的加减作为管理操作进行资源分配,针对给定的云软件服务,提出两种基于强化学习的资源分配方法,目的是实现云软件服务在资源分配方面的自适应决策。在未来的工作中,将继续深入基于强化学习的相关自适应资源分配研究,同时研究如何更好地引入深度学习为云软件服务提供更优的资源分配方案。我们计划考虑当前工作负载和未来工作负载的变化,即以时间窗口内负载量为工作负载探索一种新的适应性资源分配策略。除此之外,结合多种维度,如内存占用率、CPU利用率等,收集历史运行时数据,以便训练出更完善的模型来指导云软件服务的自适应分配。

3.4 面向负载-时间窗口的云软件服务资源分配方法

如今,基于云计算的软件服务对自适应资源分配提出要求,这种分配可以根据需要动态调整资源,以保证良好的服务质量(Quality of Service,QoS)和低成本资源。然而,在复杂波动的负载环境下,以具有成本效益的资源量来分配资源并满足QoS要求是一个挑战。本章引入一种同时考虑当前工作负载和未来工作负载变化的自适应资源分配策略,该策略在预测资源分配操作中,以QoS预测模型为基础,使用面向负载时间窗口的方法,将当前负载以及窗口内未来的负载加入资源分配方案计算过程中,最后使用基于PSO-GA的运行时决策算法来搜索合理的资源分配方案。在RUBiS历史数据的基础上评估了所提出的方法。实验结果表明,基于本方法的云应用资源分配的有效性有所提高。

3.4.1 引言

在云环境的动态性、不确定性和弹性条件下,资源分配对云软件服务来说是一项具有挑战性的任务。一方面,为了保证服务质量,需要更多的资源,包括短响应时间、高数据吞吐量等;另一方面,希望消耗更少的资源,从而降低成本。因此,在为基于云的软件服务分配资源时,需要在服务质量和所占用资源成本之间进行平衡。

云计算是将某一个或某几个数据中心的计算资源虚拟化之后,向用户提供计算资源的租用服务,云计算为海量数据和计算资源提供基础性的接入,并且这些资源可以按需进行动态接入和释放。在云计算环境中,云软件服务面临着动态变化的工作负载,然而,这种动态和不可预测的工作负载可能导致软件服务质量的下降,特别是当对资源的需求增加时,这种现象更加明显。为了在不断变化的工作负载下提供资源的可伸缩性和弹性,云提供商通常需要在共享基础设施中提供软件和硬件资源的按需配置。如今,基于云的软件服务的大量使用证明了云软件工程保持着良好的发展势头。如何为这些云软件服务合理分配资源是一个待解决的问题。近年来,随着云软件资源自适应技术的不断发展,云应用分配资源的有效性有所提高,用户追求的高软件服务质量与云厂商追求的低云资源开销之间的矛盾也有所缓解。与此同时,如何更好地提高资源分配的有效性成为了自适应技术发展新的挑战。

一些经典的方法(例如,基于规则的策略、启发式算法和控制理论)可以在一定程度上解决资源分配问题。但是,它们中的大多数都无法通过动态的工作负载和服务请求有效地满足云环境中软件服务的现实需求。例如,通过使用基于规则的策略来满足预期的最大工作负载,可以轻松地将固定数量的云资源分配给软件服务。然而,很难设置一个能够自适应地满足软件服务动态需求的资源阈值。因此,它们可能导致严重的资源浪费。此外，启发式算法通常使用特定云系统的专家知识或管理规则。因此，它们限制了应用范围，并导致规则设置和管理的高开销。此外，基于控制理论的方法需要多次迭代才能找到可行的资源分配方案。此外，基于机器学习或深度学习的解决方案通常需要大量的历史系统数据和大量的训练时间来建立精确的 QoS 或工作负载预测模型。然而，在真实的云环境中通常没有足够的训练数据。因此，预测模型的准确性将受到严重影响，难以支持资源配置的有效性。相比之下，强化学习可以在没有历史数据支持的情况下，通过与环境的交互自动做出决策。因此，强化学习以其低复杂度和高鲁棒性，近年来被广泛应用于解决复杂的资源分配问题。然而，现有的基于强化学习的方法针对的是具有静态工作负载的环境，因此当工作负载发生变化时，需要对决策模型进行重新训练。因此，这些经典方法无法有效地适应具有可变工作负载和服务请求的基于云的软件服务的真实场景。

3.4.2 相关工作

现有的自适应技术大都是针对云环境中当前负载的状况做出响应，并进行资源自适应分配。AlQayedi 等人提出一种基于排队理论的方案，根据当前的工作负载来估计满足响应时间所需的 VM 实例的数量，该方案还采用响应式资源调配技术，以 CPU 利用率为阈值，定期(每 1min 或 2min)检查工作负载状况，重新计算所需的 VM 实例，以调整(添加或删除)所分配的 VM 数量，但当未来工作负载波动比较严重时，该方案未能得到较好的虚拟机资源分配效果。Maurer 等人设计了一种新的自适应和资源高效的决策方法，并根据工作负载的波动性，提出了基于规则的自适应知识管理方法来实现虚拟机的自主重构，但其未考虑资源成本最小化目标。Xie 等人提出了一种基于粒子群优化算法的资源配置和价格调整策略，根据工作负载的特点，设计了一个效用函数来评价服务质量。根据所有工作负载对资源的需求，由相应的资源代理动态调整资源价格，以获得每个工作负载的最大利润，但粒子群优化算法存在局部收敛问题，在计算资源配置与价格调整时，得到的结果无法代表整体最优解。Dhrub 等人了一种考虑 QoS 指标的动态调整资源分配的自伸缩模型，它在虚拟机级别执行资源更正，同时考虑了使用不足和使用过度的情况，虽然该方法能够根据不断改变的负载对分配给应用程序的资源进行按需调整，但未综合考虑 QoS 与虚拟机租赁成本之间的关系，且未考虑到未来复杂波动的负载变化情况。Chen 等人提出了一种适用于云计算环境下软件服务的自适应资源管理框架，该框架由 3 部分构成：首先通过历史数据训练 QoS 预测模型；其次采用基于 PSO 的运行时决策算法结合 QoS 预测值来确定未来的资源分配操作；最后通过引入反馈控制使资源分配达到预期效果，但其在计算 QoS 预测值时，未考虑未来负载的影响。

基于规则的策略或启发式方法作为传统的资源分配方法，通常使用不同的阈值或规则设置来满足不同类型的服务需求。Zahid 等人提出了一种基于规则的语言，用于具有自适应策略的服务提供商，以提高高性能计算(HPC)云中的 QoS 遵从性。Kim 等人提出了一种基于阈值的动态控制器，以缓解软件定义数据中心网络中发生的即时性和开销问题。为了在满足用户需求的同时降低资源成本，Khatua 等人提出了一种基于启发式的公有云资源预留方法。Ficco 等人设计了一种元启发式的云资源分配方法，采用博弈论对策略进行优化。因此，当环境(例如，用户位置)改变时，它可能不再满足 QoS 需求。虽然通过基于规则的策略分配固定数量的云资源来满足基于云的软件服务的特定需求是可行的，但必须分别设置不同的规则来满足动态的服务需求(例如响应时间和整个过程)。此外，通过启发式方法获得的策略可能陷入局部最优。因此，不仅这些方法的应用范围受到严重限制，而且产生了较高的规则设置和管理开销。

另外，控制理论已经成熟，可以设计和建模反馈回路，使云服务自适应，并在决策过程中在速度和稳定性之间取得平衡。Avgeris 等人提出了一种层次化的资源分配和接纳控制机制，以使移动用户能够选择合适的边缘服务器来执行应用任务，同时降低响应时间和计算成本。Haratian 等人开发了一个自适应资源管理框架，用于满足 QoS 要求，其中模糊控制器可以在控制周期的每个操作中对资源分配做出决策。基于无功控制技术，同步编程和离散控制器被集成在自适应资源管理框架中，用于自主管理系统的设计。Baresi 等人提出了一种用于 Web 应用程序的离散时间反馈控制器，用于在虚拟机级别和容器级别自动调整其资源分配。Saikrishna 等人利用反馈控制理论对托管在私有云上的 Web 服务器进行建模和性能管理。然而，该解决方案可能无法保证应用性能，并且没有考虑到虚拟机的接通所引起的延迟。一般来说，传统的控制理论需要大量的反馈信息才能找到可行的资源分配方案。因此，可能会由于 VM 的频繁中断而导致不必要的成本。

在基于学习的方法(如 ML 和 DL)的云系统中，系统能够从应用程序的历史数据中学习特定的领域知识，以实现更好的资源分配。Ranjbari 等人提出了一种基于学习自动机的方法来优化云数据中心的 QoS、能效和虚拟机迁移。Chen 等人提出了一种基于历史工作负载数据的基于深度学习的云工作负载预测算法(L-PAW)，以便通过高级资源配置更好地支持云资源分配。通常，基于 ML 或 DL 的方法需要大量的历史系统数据和大量的训练时间来建立精确的 QoS 或工作负载预测模型。然而，在现实的云环境中通常没有足够的训练数据。因此，预测模型的精度会下降，资源配置的有效性可能会受到严重影响。同时，云环境具有不可预测性，不可能简单地对历史数据进行训练，而基于 RL 的解决方案可以在没有历史数据支持的情况下，通过与环境的交互来做出资源分配的决策。Orhean 等人采用 Q-学习算法对分布式系统中的异构节点进行调度，以最小化执行时间。Alsarhan 等人设计了一个基于 RL 的 SLA 框架来推导虚拟机租用策略，该框架能够适应动态系统变化，满足云环境下不同客户的 QoS 需求。然而，现有的基于 RL 的解决方案针对的是静态工作负载环境，因此在工作负载发生变化时需要对决策模型进行重新约束。也就是说，这些经典的基于学习的方法无法有效地适应具有可变工作负载和服务请求的基于云的软件服务的真实场景。

虽然有一些经典的方法可以在一定程度上解决资源分配问题，但是大多数方法都是基于云环境中当前的工作负载来分配资源的。Rui Han 等人介绍了 AdaptiveConfig，这是一种用于集群调度器的运行时配置程序，分两步自动适应不断变化的工作负载和资源状态。首先，Adaptirdonfig 的方法估计了不同配置和不同调度场景下作业的性能；其次，工作负载自适应优化器将巨大配置空间的集群级搜索转化为等价的动态规划问题，该问题可以大规模高效求解。Vinodh Kumaran Jayakumar 等人提出了一种新的通用工作负载预测框架 LoadDynamics，它可以为任何工作负载提供高精度的预测。LoadDynamics 采用长-短期记忆模型，可以针对单个工作负载自动优化其内部参数，以获得较高的预测精度。Boxiong Tan 等人首先提出了一个考虑虚拟机开销、虚拟机类型和亲和性约束的在线 RAC 问题的新模型。然后，设计了一种协同进化遗传规划（CCGP）超启发式方法来解决 RAC 问题。CCGP 可以从历史工作负载跟踪中学习工作负载模式和 VM 类型，并生成分配规则。通过预测工作负载来提高资源分配有效性受到工作负载预测模型精度的影响。针对以上问题，受 Wang 等人的启发，本节提出一种面向负载时间窗口的云软件服务资源自适应分配策略，并在此基础上建立优化虚拟机资源分配方案计算模型，在进行资源分配时，将当前的负载以及窗口内未来的负载加入模型计算过程中，使用基于 PSO-GA 的运行时决策算法搜索合适的资源分配方案。该模型旨在提高云软件服务的自适应资源分配的有效性。由于工作负载的变化是给定的，因此本节的模型是正交于工作负载进行预测的，可以与现有的负载预测模型相关联。

3.4.3 问题模型

1. 问题定义

下面对问题进行形式化定义，通过引入工作负载时间窗口来阐明基于云的软件服务的资源分配问题。

当运行的环境变化的时候，云中软件服务就会有不同的服务质量。而运行环境变化在本节中主要分为外部环境变化与内部环境变化。外部环境变化是由外部因素造成的，内部环境变化主要是受管理系统影响。在本节的问题定义中，有两个主要的因素，如表 3-36 所示。

表 3-36 问题定义中的主要元素

	元素	描 述
外部因素	W	负载，每一个负载由负载量与负载类型构成
内部因素	VM	分配的资源，由不同计算能力与价格的虚拟机组成
	ADD	增加的虚拟机资源，构成 VM 的子元素

如前所述，外部因素指的是动态工作负载。因此，假设工作负载变化是由以下分段函数定义的，其中每个工作负载在特定的时间间隔内是不变的：

$$W=\begin{cases} w_0, & t_0 \leqslant t < t_1 \\ w_1, & t_1 \leqslant t < t_2 \\ \cdots \\ w_i, & t_i \leqslant t < t_{i+1} \end{cases} \tag{3-94}$$

假设每段负载持续的时间是相等的，并由二元组表示：$w_i = <n_i, r_i>$。n_i 表示 t_i 时刻的请求数量，r_i 表示 t_i 时刻的请求读写率。另外，在 $t \geqslant t_{i+1}$ 的负载是不能观测到的。

内部因素是指由不同类型与数量的虚拟机组成的分配方案。由于虚拟机在租赁时是按小时来收费的，所以假设虚拟机每次租赁一小时，且一小时后自动关闭。在调整虚拟机分配方案时，只需考虑增加的虚拟机方案。对应于每个时段的负载，虚拟机增加方案可以表示为：

$$\mathrm{ADD}=\begin{cases}\mathrm{add}_0, & t=t_0\\ \mathrm{add}_1, & t=t_1\\ \cdots & \\ \mathrm{add}_i, & t=t_i\end{cases} \tag{3-95}$$

假设每个调整方案中有 m 种可增加的虚拟机类型 $\mathrm{Type}=<1,2,3,\cdots,m>$，则 t_i 时刻增加虚拟机配置方案 add_i 可以表示为：

$$\mathrm{add}_i=\{a_i^1,a_i^2,\cdots,a_i^j,\cdots,a_i^l\} \tag{3-96}$$

在式(3-96)中，a_i^j 表示 t_i 时刻增加虚拟机配置中第 j 种类型虚拟机的数量。

对应于增加虚拟机分配方案的是每个时刻调整后的虚拟机分配方案：

$$\mathrm{VM}=\begin{cases}\mathrm{add}_0, & t_0\leqslant t<t_1\\ \cdots & \\ \sum\limits_{k=\max\{0,i-q+1\}}^{i}\mathrm{add}_k, & t_i\leqslant t<t_{i+1}\end{cases} \tag{3-97}$$

其中，q 表示最大的未过期增加虚拟机分配方案的数量。$\Delta t=t_{i+1}-t_i$，表示每种负载持续的时间段。由式(3-97)可知，每个时段的虚拟机分配方案由对应时段未到期的所有增加虚拟机方案相加得到。

当为云系统应用分配资源时，云工程师或者自适应系统的目标是需要权衡分配方案对应的服务质量 QoS 与资源耗费 Cost 之间的关系。通过目标函数来表示它们之间的关系。

目标函数的其中一个参数为 QoS_i，它表示 t_i 时刻的 QoS 值，通常使用服务等级协议(Service-Level Agreement，SLA)来指定，包括响应时间(Response Time，RT)、数据吞吐量(Data Throughput，DT)等等。响应时间表示用户请求服务的时候，等待服务响应所需时间。数据吞吐量表示在一个给定时间系统能够处理的信息量。但是这些指标无法用来预测系统的 QoS 值，因为只有分配完虚拟机资源后，这些指标才能被监控到。于是就需要一个 QoS 预测模型，如式(3-98)所示，该模型的输入包括请求负载的数量与类型(w)、虚拟机数量与类型(vm)，输出为 QoS 预测值。

$$\mathrm{QoS}_{\mathrm{predicted}}=\mathrm{QoS}(w,\mathrm{vm}) \tag{3-98}$$

通过该 QoS 预测模型，给定一个负载的数量与类型 w 与资源配置方案 vm，模型就能够预测出对应的 QoS 值。

函数的另一个参数为 Cost_i，它表示 t_i 时刻负载区间对应地增加虚拟机 add_i 的成本。假设每种类型虚拟机租赁消费 $P=<p_1,p_2,\cdots,p_m>$，则 Cost_i 可表示为

$$\mathrm{Cost}_i=\sum_{j=1}^{m}a_i^j\times p_j \tag{3-99}$$

那么目标函数可以通过 QoS_i 与 Cost_i 表示为：

$$\mathrm{Minimize}\ r_1\times\frac{1}{\mathrm{QoS}_i}+r_2\times\mathrm{Cost}_i \tag{3-100}$$

式(3-100)中 r_1 与 r_2 代表权重，由工程师根据经验进行选定。

然而，在实际环境中，仅通过当前的负载计算出的对应资源分配方案有效性无法得到保障，于是需要使用面向负载的时间窗口，根据窗口内的负载给出对应的增加虚拟机的分配方案，进而求出对应时刻的虚拟机分配方案。

面向负载时间窗口，在进行资源分配时，通过时间窗口能够观察相对于当前时刻之后的一段负载，进而对资源进行相应调整。

假设窗口 i 能够预测到长度为 l(包含的区间数量)的工作负载区域，结合式(3-94)，该区域内的负载 W^i 可表示为：

$$W^i=\begin{cases}w_i, & t_i \leqslant t < t_{i+l}, \\ w_{i+1}, & t_{i+1} \leqslant t < t_{i+2}, \\ \cdots \\ w_{i+l-1}, & t_{i+l-1} \leqslant t < t_{i+l}\end{cases} \tag{3-101}$$

与负载窗口 W^i 对应的是窗口内增加虚拟机分配方案 ADD^i，它表示为：

$$\mathrm{ADD}^i=\begin{cases}\mathrm{add}_i, & t=t_i \\ \mathrm{add}_{i+1}, & t=t_{i+1} \\ \cdots \\ \mathrm{add}_{i+l-1}, & t=t_{i+l-1}\end{cases} \tag{3-102}$$

根据式(3-102)，窗口内虚拟机分配方案 VM^i 可表示为：

$$VM^i=\begin{cases}\sum\limits_{k=\max\{0,i-q+1\}}^{i} \mathrm{add}_k, & t_i \leqslant t < t_{i+1} \\ \cdots \\ \sum\limits_{k=\max\{0,i-q+j-1\}}^{i+j} \mathrm{add}_k, & t_{i+j} \leqslant t < t_{i+j+1} \\ \cdots \\ \sum\limits_{k=\max\{0,i-q+l\}}^{i} \mathrm{add}_k, & t_{i+l-1} \leqslant t < t_{i+l}\end{cases} \tag{3-103}$$

于是，问题就转化为搜索窗口内一个最优的增加虚拟机资源分配方案。由于该问题是一个经典的组合优化问题，在理论上属于 NP 难问题，所以可以使用启发式算法基于适应度函数来搜索一个合适的资源分配方案。

2. 方法框架

1) 方法概览

本节介绍了面向负载的时间窗口，并通过负载窗口计算虚拟机资源分配方案，如图 3-37 所示，可以分为以下几个部分：

首先，初始化时间窗口参数，其中包括时间窗口对应的负载、负载对应的增加虚拟机分配方案以及虚拟机分配方案；其次，使用 PSO-GA 算法，在 QoS 预测模型的支持下，搜索窗口内的目标资源分配方案；最后，根据目标资源分配方案，对当前的虚拟机分配方案做出相应调整。

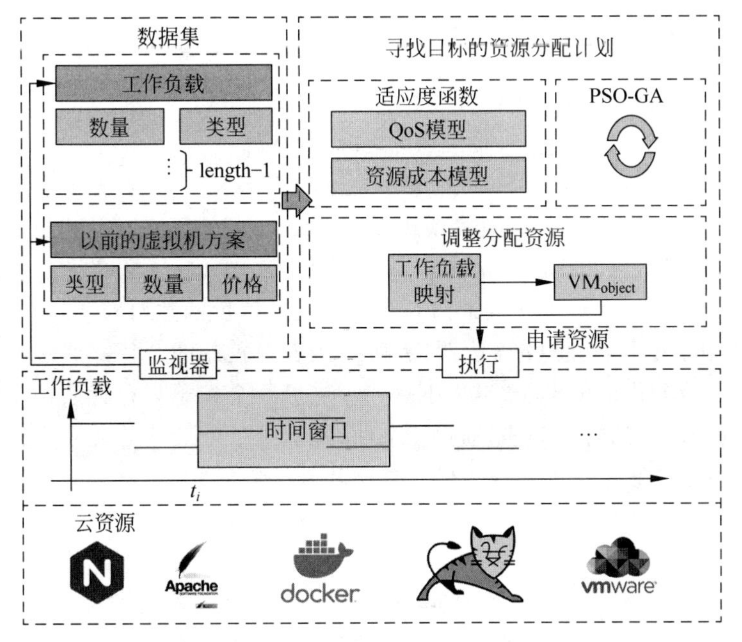

图 3-37　方法概览图

2）PSO-GA 搜索目标资源分配方案

（1）粒子群优化（PSO）算法。

PSO 算法属于进化算法的一种，源于对鸟群捕食的行为研究。粒子群优化算法的基本思想是：通过群体中个体之间的协作和信息共享来寻找最优解。PSO 算法的优势在于容易实现并且没有过多参数的调节，目前已被广泛应用于函数优化、神经网络训练、模糊系统控制以及其他遗传算法的应用领域。

粒子群优化算法通过设计一种无质量的粒子来模拟鸟群中的鸟，粒子仅具有两个属性：速度和位置，速度代表移动的快慢，位置代表移动的方向。每个粒子在搜索空间中单独搜寻最优解，并将其记为当前个体极值，并将个体极值与整个粒子群里的其他粒子共享，找到最优的那个个体极值作为整个粒子群的当前全局最优解，粒子群中的所有粒子根据自己找到的当前个体极值和整个粒子群共享的当前全局最优解来调整自己的速度和位置。粒子在 PSO 算法中是非常重要的概念，每一个粒子代表优化问题的一个候选解，粒子通过自身历史最优值与族群历史最优值不断在解空间中迭代更新。式（3-104）是粒子的速度公式，式（3-105）是粒子的位置公式。

$$V_i^{t+1}=\omega V_i^t+c_1r_1(\mathrm{pBest}_i^t-X_i^t)+c_2r_2(\mathrm{gBest}^t-X_i^t) \tag{3-104}$$

$$X_i^{t+1}=X_i^t+V_i^{t+1} \tag{3-105}$$

其中，t 代表当前的迭代次数，V_i^t 和 X_i^t 分别表示第 i 个粒子在第 t 次迭代时的速度和位置。w 为惯性权重，表示粒子具有保持当前速度的能力。pBet_i^t 和 gBest_i^t 分别表示在第 t 次迭代后的粒子自身历史最优值与种群历史最优值。r_1 和 r_2 是两个随机因子。c_1 和 c_2 是学习因子，可以控制粒子对自身历史最优值与种群历史最优值的学习能力。另外，为了评价粒子的优劣性，PSO 算法应用了一种适应度评价函数。

(2) 遗传算法(GA)。

遗传算法是通过模拟生物界中生物进化过程的计算模型。遗传算法同样从随机解出发,按照自然界优胜劣汰的原则,通过上一代优秀个体的组合交叉和变异过程,逐代演化生成越来越好的下一代个体,从而找到更优的近似解。

(3) 基于 PSO-GA 的目标虚拟机资源分配方案搜索策略。

本章提出一种改进的粒子群优化算法——PSO-GA。PSO-GA 通过引入 PSO 算法对粒子个体的优化过程,使遗传算法中的粒子个体得到优化,从而解决了遗传算法搜索后期效率低下的问题。PSO-GA 先通过粒子的适应度评价函数对粒子进行排序,保留其中优秀的个体用于下一次 PSO 算法迭代,而淘汰表现较差的个体。通过对优秀个体的交叉与变异操作得到剩下的粒子,进入下一代。这里一个粒子只是代表一个时间窗口内的解,每经过一个固定的时间间隔,通过 PSO-GA 求出一个最佳的粒子当作该时刻的目标虚拟机资源分配方案。下面对改进粒子群优化算法中的粒子编码、适应度函数以及更新策略进行设计。

(4) 粒子编码。

对于云软件服务资源分配问题的编码,本章采用离散编码方式对 PSO 算法的粒子进行编码。对于时间窗口 k,窗口内的增加虚拟机资源分配方案可以表示为

$$\mathrm{ADD}^k=\begin{cases}\mathrm{add}_k, & t=t_k\\ \mathrm{add}_{k+1}, & t=t_{k+1}\\ \cdots \\ \mathrm{add}_{k+l-1}, & t=t_{k+l-1}\end{cases} \tag{3-106}$$

其中,l 为时间窗口 k 的长度,它表示窗口内增加虚拟机资源分配方案的数量。

将窗口 k 内增加虚拟机分配方案 ADD^k 作为粒子 X,一个粒子代表窗口 k 对应增加的虚拟机资源分配方案。假设窗口中虚拟机类型有 m 种,窗口长度为 l,则第 i 个粒子的第 t 次迭代可表示为

$$X_i^t=(x_{i11}^t,x_{i21}^t,\cdots,x_{il1}^t,\cdots,x_{i1m}^t,\cdots,x_{ilm}^t) \tag{3-107}$$

每个粒子由 $m\times l$ 个元素构成。x_{ijk}^t 表示第 i 个粒子在第 t 次迭代后,时间窗口内第 j 个增加的虚拟机分配方案中第 k 种虚拟机类型的数量,且每种虚拟机类型数量的取值在[0,4]区间。

图 3-38 展示了长度为 3、虚拟机种类为 3 的时间窗口内的一个粒子编码。它表示窗口中第一个增加虚拟机分配方案为[011],第二个增加虚拟机分配方案为[014],第三个增加虚拟机分配方案为[001]。

0	1	1	0	1	4	0	0	1

图 3-38　增加虚拟机资源分配方案粒子编码

(5) 适应度函数建立。

在引入时间窗口之后,适应度函数需要通过窗口内的负载以及虚拟机资源分配方案来计算。假设时间窗口的长度为 l,则窗口 i 内的负载 W^i 可表示为

$$W^i=\begin{cases}w_i, & t_i \leqslant t < t_{i+1}\\ w_{i+1}, & t_{i+1} \leqslant t < t_{i+2}\\ \cdots & \\ w_{i+l-1}, & t_{i+l-1} \leqslant t < t_{i+l}\end{cases} \tag{3-108}$$

由式(3-108)可以看出,窗口 i 内的负载是分段函数。

时间窗口 i 内的虚拟机资源分配方案 VM^i 需要通过窗口 i 内增加的虚拟机资源分配方案 ADD^i 计算得到,ADD^i 如式(3-109)所示。

$$\mathrm{ADD}^i=\begin{cases}\mathrm{add}_j, & t=t_i\\ \mathrm{add}_{i+1}, & t=t_{i+1}\\ \cdots & \\ \mathrm{add}_{i+l-1}, & t=t_{i+l-1}\end{cases} \tag{3-109}$$

则 VM^i 可表示为

$$\mathrm{VM}^i=\begin{cases}\sum\limits_{k=\max\{0,i-q+1\}}^{i}\mathrm{add}_k, & t_i \leqslant t < t_{i+1}\\ \cdots & \\ \sum\limits_{k=\max\{0,i-q+j-1\}}^{i+j}\mathrm{add}_k, & t_{i+j} \leqslant t < t_{i+j+1}\\ \cdots & \\ \sum\limits_{k=\max\{0,i-q+1\}}^{i+l-1}\mathrm{add}_k, & t_{i+l-1} \leqslant t < t_{i+l}\end{cases} \tag{3-110}$$

由于已经对窗口 i 内增加的虚拟机资源分配方案 ADD^i 进行粒子编码,所以 VM^i 可以通过粒子编码计算得到。

在窗口内增加的虚拟机资源分配方案通过 Fitness 函数进行评估。Fitness 函数在 QoS 值与资源成本 Cost 之间进行权衡,能够指导粒子群优化算法搜寻求解的方向。由于引入了时间窗口,则 Fitness 函数可表示为

$$\begin{aligned}\mathrm{fitness}^i&=r_1\times \mathrm{QoS}+r_2+\mathrm{Cost}\\ &=r_1\times\sum_{k=i}^{i+l-1}\frac{1}{\mathrm{QoS}(w_k,\mathrm{vm}_k)}+r_2\times\sum_{k=i}^{i+l-1}\sum_{j=1}^{m}a_k^j\times p_j\end{aligned} \tag{3-111}$$

Fitness 函数中的 QoS 值为窗口 i 内总的 QoS 值,如式(3-111)前半部分所示,其中 $w_k\in W^i$,表示窗口 i 内 l 个时段中某个时段的负载。而 $\mathrm{vm}_k\in \mathrm{VM}^i$ 表示窗口 i 内 l 个时段中某个时段的虚拟机资源分配方案。

于是,根据时间窗口 i 内的负载 W^i 以及虚拟机分配方案 VM^i 中每个时段对应的 w_k 与 vm_k,通过 QoS 预测模型式(3-98),分别计算出 QoS,然后再对这 l 个 QoS 求和,就能得到窗口 i 内总的 QoS 值。

而成本 Cost 可以转换为窗口 i 内增加的虚拟机资源分配方案 ADD^i 的总 Cost,如式(3-111) 的后半部分所示。假设每个配置方案有 m 种可增加的虚拟机类型 $\mathrm{Type}=<1,2,3,\cdots,m>$,则在式(3-109) 中的 $\mathrm{add}_i=\{a_i^1,a_i^2,\cdots,a_i^3,\cdots,a_i^l\}$,其中,$a_i^j$ 表示 add_i

中第 j 个类型虚拟机的数量。若每种类型虚拟机租赁消费 $P=<p_1,p_2,\cdots,p_m>$,则窗口中每个增加的虚拟机方案的成本可表示为 $\sum_{j=1}^{m} a_k^j \times p_j$,然后再对这 l 个对应的增加的虚拟机资源分配方案的成本求和,即得到窗口中增加的虚拟机资源分配方案的总 Cost。

另外,它们的权重 r_1 与 r_2 是专家通过对不同系统的需求而定的。可以看出,窗口内增加的虚拟机资源分配方案越好,所对应的评估值也越小。因此,在给定窗口 i 内的负载 W^i 以及 ADD^i 对应的粒子编码后,可以通过 Fitness 函数计算出对应的评估值。

(6) 粒子更新策略。

通过遗传算法的交叉变异过程来更新整个粒子群的状态。

变异操作随机选取粒子中的一个基因段,不规律改变其基因值,且新值必须都在对应的阈值内。图 3-39 为对图 3-38 粒子编码的变异操作,随机选择粒子的一个基因段 mg_1,mg_1 位置上的值由(0,1,4)变异为(0,2,3),该变异符合虚拟机分配准则。

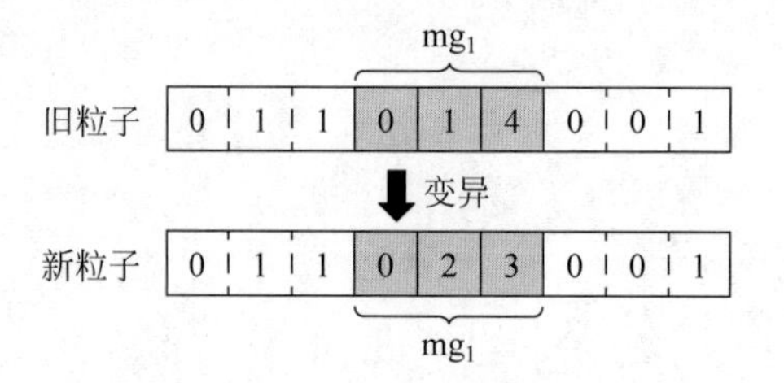

图 3-39 粒子编码惯性部分变异

图 3-40 为局部(或全局)最优粒子部分的交叉操作,随机产生两个交叉的基因段位置 cg_1 与 cg_2,将这两个基因段内的值替换为 pBest(或 gBest)对应基因段的值。在更新过程对于局部(或全局)最优粒子的交叉概率都为 50%。

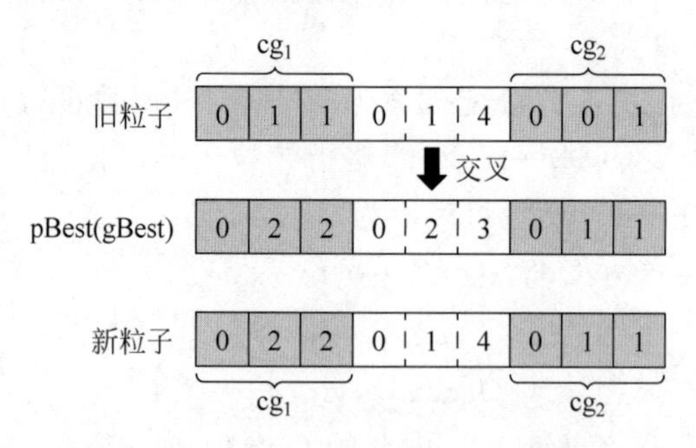

图 3-40 粒子编码局部(或全局)最优粒子部分的交叉操作

3) 调整虚拟机资源分配方案

于是,在每个资源调整的时刻,通过 PSO-GA 在窗口内搜索目标增加虚拟机资源方案,该方案是在满足算法执行条件下搜索到的适应度函数值最小的方案,可以表示为:

$$\mathrm{ADD}_{\mathrm{Objective}}^{i}=(\mathrm{add}_i,\mathrm{add}_{i+1},\cdots,\mathrm{add}_{i+l-1}) \tag{3-112}$$

最后,将 $\mathrm{ADD}_{\mathrm{Objective}}^{i}$ 中第一个增加的虚拟机资源分配方案 add_i 作为 t_i 时刻虚拟机资源分配的调整方案。

3.4.4 算法

如 PSO-GA 所示，搜索目标虚拟机配置方案的流程如下：

步骤 1，随机初始化粒子种群，其中包括种群规模大小 N、最大迭代次数以及种群本染色体 add_i，并初始化每个种群的局部最优解 $pBest_i$ 以及全局最优解 gBest（第 2～6 行）。

步骤 2，在满足算法执行条件时，通过粒子的交叉变异操作对粒子群进行更新操作，通过式(3-111)计算每个种群染色体 add_i 的评估值，并更新全局最优与局部最优染色体（第 7～16 行）。

步骤 3，输出最终的全局最优解 gBest。

算法 3.9：PSO-GA

输入：种群规模 N

输出：满足执行条件下的一个全局最优解 gBest

```
1.  procedure PSO-GA
2.  for each particle i
3.      Initialize velocity add_i for particle i
4.      Evaluate particle i and set pBest_i = add_i
5.  end for
6.  gBest = min{pBest_i}
7.  while not stop
8.      for i = 1 to N
9.          update particle i by mutate and crossover
10.         Evaluate particle i
11.         if Fitness^i(add_i) < Fitness^i(pBest_i)
12.             pBest_i = add_i
13.         if Fitness^i(pBest_i) < Fitness^i(gBest)
14.             gBest = pBest_i
15.     end for
16. end while
17. print gBest
18. end procedure
```

3.4.5 实验与评估

本实验在 RUBiS 基准上评估所提出的方法。评估的目标是：基于面向负载的时间窗口，通过比较 PSO-GA 与其他两种算法计算出来的目标虚拟机分配方案的各项指标，评估 PSO-GA 的性能。

1. 实验环境

RUBiS 是一个模仿 eBay. com 的拍卖网站原型，通常用于评估应用服务器的性能可伸缩性。它提供了一个客户端，可以为各种工作负载模式模拟用户行为。假设工作负载量在[2000,7000]范围内，并且工作负载中有两种类型的任务(读与写)。实验中使用到的虚拟机分为小、中、大3种类型，每种配置方案都是由虚拟机数量与类型构成的，具体的虚拟机信息如表3-37所示。

表3-37 虚拟机类型及价格

类型	小型	中型	大型
CPU	1核	1核	1核
内存	1GB	2GB	4GB
价格	1.761元/小时	1.885元/小时	2.084元/小时

在实验中，通过一个Sigmoid函数将响应时间(RT)的值映射到[0,1]区间，其值实际上是QoS值，根据经验数据，映射的QoS值(代表客户对服务质量的满意度)与响应时间的函数如图3-41所示。

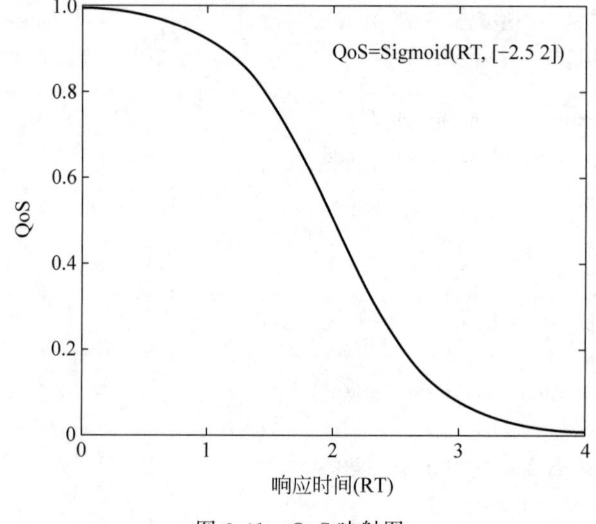

图3-41 QoS映射图

本实验在已知一段时间内连续的负载前提下进行的。定义 $W^i=\{w_i, w_{i+1}, w_{i+2}\}$，时间窗口长度为90min(窗口内包含3段负载)，每30min预测一次，并设置了实验场景验证方法的性能。

图3-42为负载情况图，一共预测了540min的时间，为了使预测趋于稳定，假设540分钟后的负载是无法直接观测到的。对于每个时间段的负载，在其下方都有对应的读写比率。

如式(3-111)所示，Fitness函数表示云工程师给出的资源分配目标。较好的资源配置方案应获得较小的适应度函数值。云工程师预先定义的权重(r_1 和 r_2)反映了他们对服务质量和资源成本的不同偏好。在实际应用中，最常见的适应度函数的作用是平衡服务质量和资源成本，由于云服务的服务质量和资源之间的复杂关系，这一点也很难实现。因此，在实验中，根据经验设置 $r_1=900$ 和 $r_2=1/6$，以平衡QoS和资源成本，如式(3-113)所示：

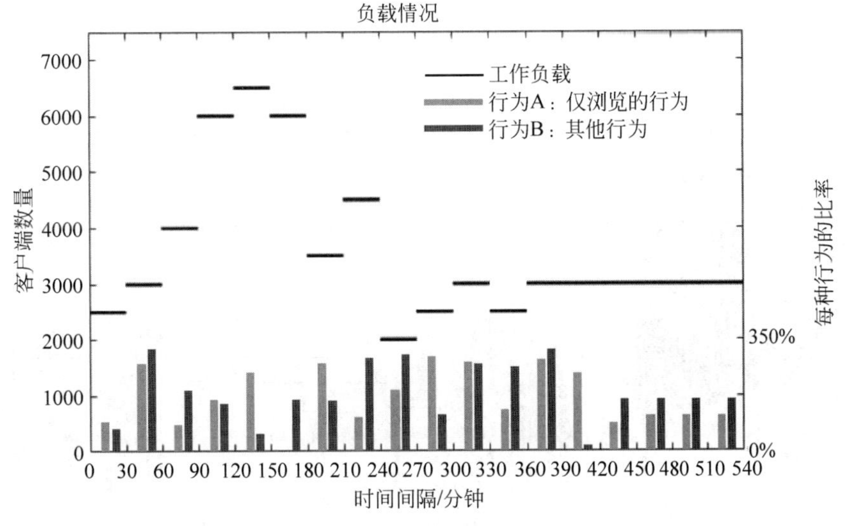

图 3-42　工作负载情况图

$$\mathrm{Fitness}^i = 900 \times \sum_{k=i}^{i+2} \frac{1}{\mathrm{QoS}_k} + \frac{1}{6} \times \sum_{k=i}^{i+2} \mathrm{Cost}_k \tag{3-113}$$

2. 实验总体介绍

在面向负载时间窗口计算目标虚拟机资源分配方案的过程中，使用 3 种方法进行实验：

（1）贪心算法。贪心算法不考虑时间窗口中负载的变化，在每次计算虚拟机资源分配方案的时候，都是以上一时刻的最优配置来计算当前时刻的负载对应的最优虚拟机配置。

（2）单点最优局部随机法。分成两个阶段来进行。首先，一个时间窗口内的负载区间 W^i 中包含 3 个负载，对于每个负载，依据 Fitness 函数，遍历所有虚拟机配置方案，找到对应的一个评估值最小的方案，称之为单点最优配置方案。其次，根据单点最优配置方案，在其附近随机增减 2 台虚拟机来进行实验。在设定的运行时间内，得到窗口 i 内最优的一个虚拟机资源分配方案。

（3）PSO-GA 算法。初始化时间窗口对应地增加虚拟机 ADD^i 的染色体，设定种群规模为 50，迭代次数为 100，每次迭代通过式(3-113)计算每个粒子染色体的评估值，并选出全局最优粒子与局部最优粒子，再通过概率都为 50％的变异交叉对粒子的染色体进行更新操作。在满足算法执行条件的前提下，继续进行更新后的粒子评估值计算，以及迭代更新。

设置单点最优局部随机法与 PSO-GA 算法执行的时间都为 2 分钟，进而比较上述 3 种实验方法的性能。

3. 实验结果比较与分析

分别对单点最优局部随机法、贪心算法以及 PSO-GA 算法在给定的负载场景下进行实验。对应的虚拟机分配结果如图 3-43～图 3-45 所示，其中位于图上方的表格表示每个时刻对应的增加虚拟机分配方案,条形图表示每个负载根据增加虚拟机分配方案调整过后对应的虚拟机分配方案,它们由小、中、大 3 种虚拟机组成。

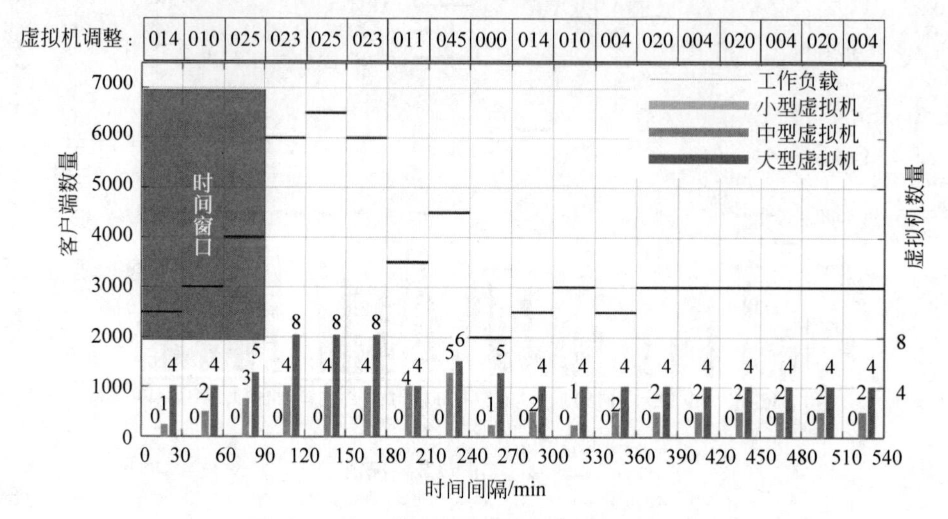

图 3-43　贪心算法实验虚拟机资源分配结果

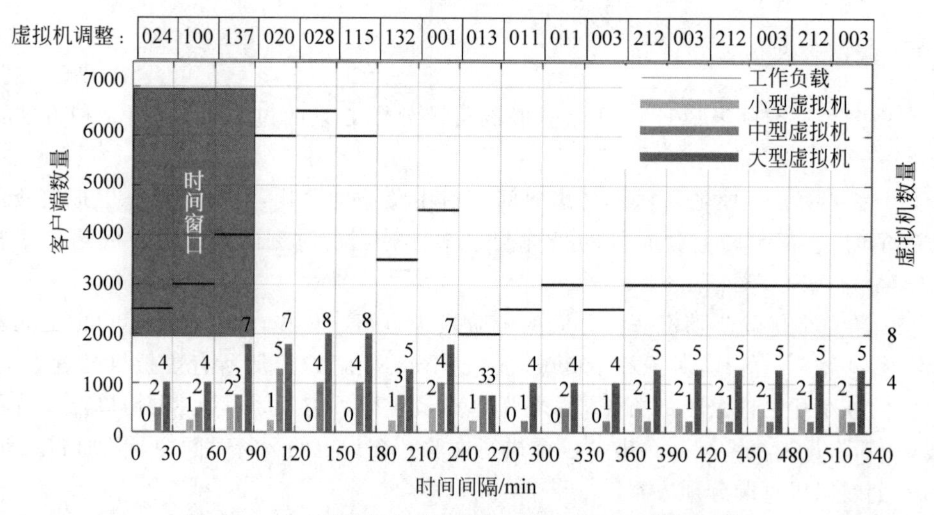

图 3-44　单点最优局部随机法实验虚拟机资源分配结果

为了更好地评估所提出的方法的性能,将 QoS 值、成本以及式(3-113)所获取到的评估值一起作为资源分配有效性的评估指标,这可以证明所提出的方法总体上提供了最合理的资源分配计划。

图 3-46 表示系统的总体 Fitness 值,它是由 0～360min 内各个时段的评估值相加得到。从图 3-46 中可以看出,所提出的方法比贪心算法跟单点最优局部随机法的性能分别高出 5.74%和 4.15%。这些性能增益主要是由于 PSO-GA 算法既注重种群每一代之间的进化过程,又注重优秀个体的保留与再成熟,从而提高了种群多样性,计算出来的虚拟机资源配置更接近最优资源分配方案。而单点最优局部随机法,虽然是基于单点最优进行随机实验,但搜索没有目的,具有随机性,无法更好地向最优的资源配置方案靠近。贪

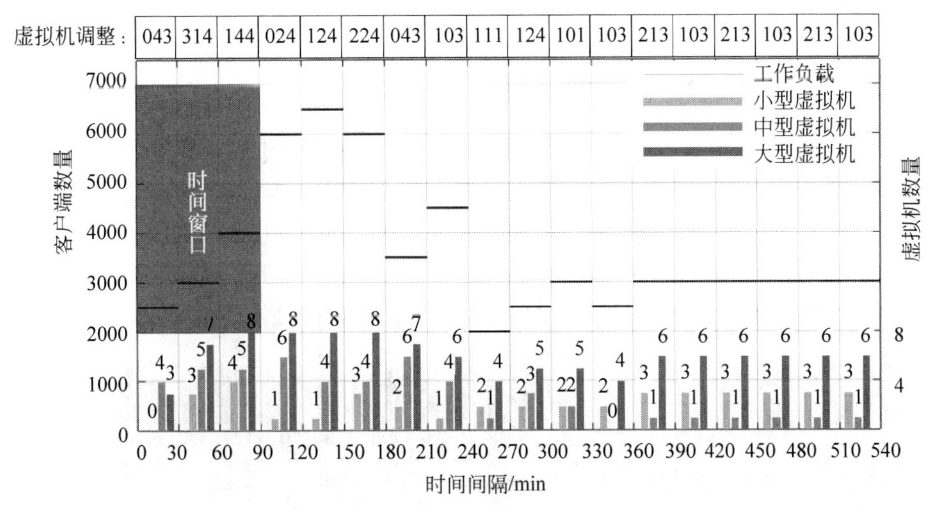

图 3-45　PSO-GA 实验虚拟机资源分配结果

心算法由于每次只考虑当前负载的最优资源分配方案，所以，其计算出来的方案会随负载的波动而波动。

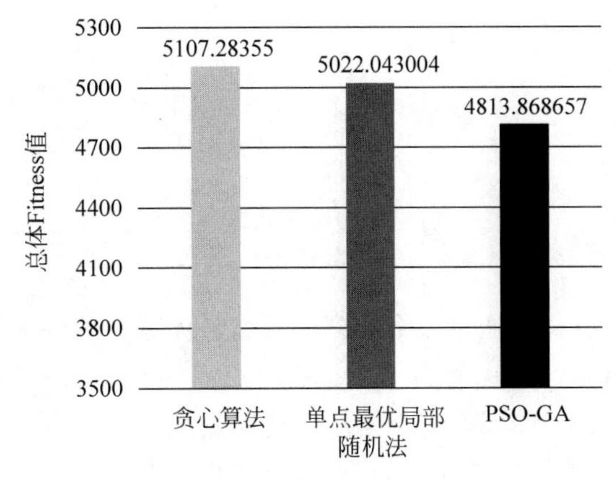

图 3-46　总体 Fitness 值比较

另外，从图 3-47 可以看出，就 QoS 而言，PSO-GA 计算出来的配置方案的平均 QoS 值为 0.96，比其他两种方法的平均 QoS 值好，且在 0～360 分钟内，QoS 值维持在 0.91～0.99，特别是在 60～150min 负载快速上升阶段，可以看到，基于 PSO-GA 算法的虚拟机资源分配方案能够将 QoS 值维持在一个合理的水平，且比较稳定。再观察贪心算法的 QoS 曲线，可以看出，它的 QoS 值波动比较严重，(在 240min 的时候达到 0.95，而到 120min 时，降到 0.77)而单点最优局部随机法的 QoS 值为 0.80～0.94，平均 QoS 值介于两者之间，为 0.89。其次，比较了 PSO-GA 算法与其他两种对比方法的资源成本，如图 3-47 中的条形图所示，贪心算法在 0～360min 内的每个时段的平均成本为 89.24 元，单点最优局部随机法为 91.94 元，而所提出的 PSO-GA 的平均成本最高，为 102.65 元。可以发现，在保证服务质量的前提下，PSO-GA 算法的资源成本是能够接受的。

最后，比较 3 种实验方法的执行时间，可以明显地看出，在同样执行 2 分钟时间的前提下，PSO-GA 算法在计算虚拟机资源分配方案的性能上比单点最优局部随机法要好。

虽然贪心算法计算虚拟机资源分配方案的速度是3种方法中最快的，但是，其虚拟机资源分配方案的各项指标比较差。

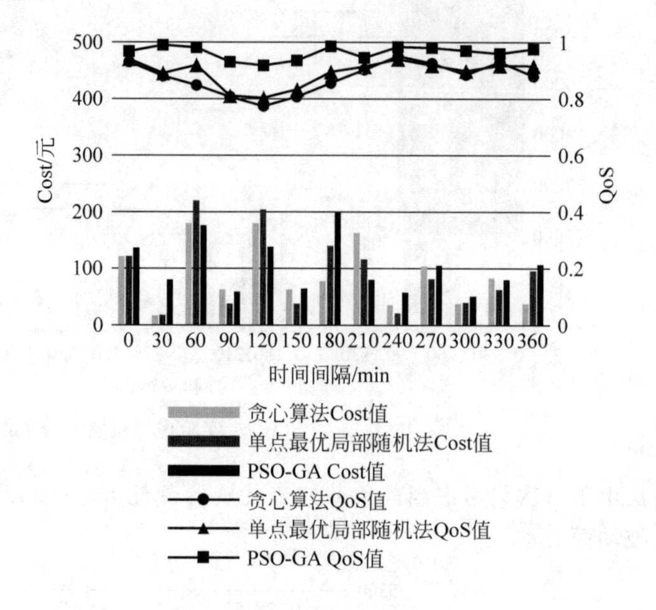

图 3-47　QoS 与 Cost 比较

3.4.6　总结

在进行资源分配的时候，通过每个时刻的负载来计算资源分配方案无法满足负载波动较大的云环境，且有效性无法得到保证。而使用面向负载的时间窗口，将当前的负载以及窗口内未来的负载加入计算，可以提高自适应资源分配的有效性。本节提出了面向负载时间窗口的云软件服务自适应资源分配策略，并使用PSO-GA算法来搜索合适的虚拟机资源分配方案。然后，通过将PSO-GA算法与另外两种方法进行比较，验证算法的性能。实验结果表明，PSO-GA算法所表现出来的性能比其他两种方法更好。

尽管本节的方法计算出的资源分配方案有效性有所提高，但是文中使用的负载是通过离散分段函数来定义的，在实际环境中，负载更多时候是连续的，此时，通过时间窗口观察到的负载数量就比分段函数多，如何将窗口内的连续负载加入计算成为新的挑战。未来的研究方向主要有两点：一是结合实验中3种算法的优缺点，继续研究和改进算法，提高算法性能；二是引入连续负载函数，研究如何在连续负载环境中进行自适应资源分配。

3.5　混合云环境下代价驱动的工作流应用任务调度方法

随着云计算技术的发展，当前云市场上出现多个云服务提供商共存的“多云”局面。不同云之间的实例类型异构、带宽传输差异等因素使得多云环境中科学工作流的调度问题变得难以解决，成为了一项重大挑战。

本章对多云环境下带截止日期约束的科学工作流调度问题进行充分研究，针对静态多云环境下带截止日期约束的科学工作流调度问题，本节引入局部关键路径算法思想，提出一种新的多云环境下基于代价驱动的科学工作流优化调度策略（Cost-driven scheduling with introducing PCP on Multi-Clouds，CSPCPM），目的是在满足科学工作流截止日期约束前提下，尽可能降低其执行代价。该策略充分考虑多云环境和科学工作流的独有特性，首先根据科学工作流的自身结构合并存在"有向割边"的相邻任务；接着基于"关键父任务"迭代机制来寻找带局部截止日期的局部关键路径；最后为局部关键路径分配"最适合"实例，并执行其上的所有任务。实验结果表明，该调度策略能有效提高现有真实科学工作流的执行效率，并大幅度减少其执行代价。

3.5.1 引言

多年来，分布式计算平台已经从共享资源发展到基于实用程序的环境，有许多不同的商业云提供商，如 GoGrid、Amazon EC2 和 Rackspace，他们正在向远程客户端提供各种技术解决方案和服务。云服务中根据具体服务提供内容的差异，其服务类型可分为基础设施即服务（IaaS）、软件即服务（SaaS）和平台即服务（PaaS）。本节主要关注 IaaS 云，它提供了一个虚拟的、异构的和无限的资源池，最终用户可以按需获得这些资源。此外，它们可以灵活地获取或释放具有各种配置的资源，以满足应用程序的需求。尽管有不同的服务，但为了有效利用资源，仍需要设计和实现高效的工作流任务调度策略。

不同的云提供商提供许多不同的虚拟机（VM）实例类型。例如，价格收费策略（例如预留、按需或现货）、支付时间间隔和不同实例类型的价格等，这使得终端用户很难选择合适的实例来部署其应用程序。此外，单个云中的带宽和两个不同云之间的带宽有差异，这对跨不同云提供商且截止时间受限的工作流安排有显著影响。由于"多云"模型复杂，如不同云提供商资源的多样性、同质云带宽与异构云带宽、不同云的定价模型等，迫切需要一种既能在 QoS 要求上提高服务质量又能降低终端用户成本的优良调度技术。尽管许多工作已经解决了传统分布式系统（如网格）中的调度问题，但很少有工作跨越多个云研究这个问题。

工作流调度是将工作流中的每个任务映射到适当的 VM 上，并对每个特定 VM 上的任务进行排序以满足某些给定的性能指标的问题。然而，现有的大部分研究工作要么不能满足 QoS 的要求，要么没有考虑云计算的现收现付、计算资源的异构性和弹性等基本原则。以往的研究提出了几种传统分布式系统上的工作流调度方法，主要关注工作流总执行时间的度量，然而，除了完成时间之外，还有一个重要因素，即云计算的经济成本。通常，较慢的服务比较快的服务便宜，因此工作流调度需要在成本和运行时间之间进行权衡。在复杂的截止时间受限的大数据工作流中，很难解决成本驱动的调度问题。

本节主要研究了多云环境下大数据应用中的截止时间约束工作流调度策略。所提出的工作是基于启发式优化方法——部分关键路径（PCP）。PCP 是一种传统的任务驱动技术，与任务图的结构密切相关。重点是根据所建立的准则找到所有的关键路径，然后对每条路径分别进行特定的处理以得到最优结果。许多不同领域的大数据问题已经通过 PCP 方法得到了成功的解决。例如，该方法已经应用于解决视频编码、VLSI 设计和医疗系统等领域的问题。

在之前的工作中，采用 PCP 方法生成了一个在多云环境下的大数据工作流调度策略，称为多云局部关键路径(Multi-Cloud Partial Critical Paths，MCPCP)。与其相比，本节研究的主要贡献如下：

(1) 模型考虑了多个云实例的启动和关闭时间、不同的带宽和两个不同提供商之间的数据传输成本等工作流调度的基本特征。

(2) 为了压缩两个相邻任务之间的数据量和减少该策略的运行时间，基于工作流结构将具有共同“有向割边”的两个任务合并为一个任务。这对所提出的调度结果的性能有显著的改进。

(3) 为了适应当前云市场的新价格方案，降低工作流的执行成本，加强了“最佳实例”的选择过程，使相应 PCP 的每个任务都能在最迟完成时间之前完成。

(4) 考虑工作流的结构和多云的特点，提出了一种在满足工作流的最后期限约束的前提下最小化工作流执行成本的调度策略。

3.5.2 相关工作

近年来，随着云计算技术的普及，以及云计算强大的并行计算能力，许多科研工作者开始着手研究大规模科学工作流在云计算环境下的优化调度问题，云平台中工作流调度效果的优劣直接影响到整个系统的作业性能。任务调度本身就是一个 NP 完全问题，由于不同服务提供商之间存在许多差异(如实例类型、要价机制、传输带宽等)，所以终端用户需要一种良好的调度策略来保证在满足其工作流约束的前提下，尽可能降低用户代价，这是一个带约束的单目标优化问题。虽然许多相关研究工作已在传统分布式环境下展开，但涉及云环境的工作流调度研究工作却相对较少，特别是在 IaaS 多云环境下处理带截止日期约束的复杂科学工作流调度问题。

工作流调度是一个传统的优化问题，它是在满足某些给定的约束前提下，将工作流中的每个任务按需分配到对应资源中，从而获得最佳的预期结果。Kwok 和 Ahmad 在多处理器环境下设计了一种分配有向任务图的有效调度算法。Song 等人针对动态多任务多处理器问题，提出了一种兼顾任务执行时间和任务价值的新的云调度策略。以上工作主要基于较为传统的多处理器环境，现有研究工作大多是针对共享社区环境(如社区网格)的工作流调度问题而展开。Cao 等人提出了一种基于分组调度和列表调度的新的工作流启发式调度方法，该方法能够在网格环境下提高资源利用率并缩短工作流执行时间。Yu 和 Buyya 在效用网格环境下设计了一种新型遗传算法来解决带代价约束的工作流调度问题，该算法在满足代价约束的前提下，大幅度降低工作流总执行时间。Chen 和 Zhang 基于蚁群优化算法，提出了一种网格环境下满足用户服务约束的大规模工作流调度策略。以上工作主要考虑最小化工作流执行时间或满足用户服务质量需求，并未涉及工作流执行代价的研究。

传统分布式环境的工作流调度科研成果为云环境下工作流研究提供了一定的借鉴。然而，它们并非完全适用于按区间要价并以利益为驱动的云计算环境。现有云环境下的研究工作主要是基于代价优化目标而展开。Bittencourt 等人充分分析了考虑代价因素的多种工作流调度策略，并通过实验验证带宽在混合云环境下对工作流调度性能的影响。Pandey 等人设计了一种基于粒子群优化的启发式调度策略，该策略同时考虑工作流计算代价和数据传输代价，目的是减少云环境下的工作流执行代价。Wu 等人改进原始粒子群优化编码方案，利用离散粒子群优化机制来处理云环境下的工作流执行代价优化问题。Abrishami 等人在 IaaS 单云环境下考虑带截止日期约束工作流的代价优化调度问题，他们仅在单云环境下考虑带约束条件的工作流代价优化调度，并未涉及不同带宽的多云环境对工作流执行代价影响。Li 等人提出了两种在线动态资源分配算法，解决多云环境下的批任务优化调度问题，但该工作忽略了现实世界中大部分任务间存在的复杂依赖关系，同时未充分考虑云环境下按需付费、按区间要价的基本性质。因此，在多云环境下，带截止日期约束的大规模科学工作流执行代价的优化调度问题仍未得到妥善解决。

科学工作流的执行成本中有很大一部分来自其中间任务产生的数据依赖，影响了执行时间跨度，导致代价增大。Wang 等人和 Liu 等人均分别提出了有效的数据放置和任务调度机制来大幅度减少数据传输时间。受 Wang、Liu 等人相关工作的启发，本章结合传统局部关键路径算法(Partial Critical Paths Algorithm，PCPA)思想在传统网格环境下对路径压缩和减少数据传输时间发挥的作用，提出了一种新的多云环境下基于代价驱动的科学工作流优化调度策略(CSPCPM)。该调度策略充分考虑了云环境下按区间要价的特点，多云之间的实例类型和要价机制的差异，以及多云之间不同传输带宽等因素，在多项式算法时间内尽可能降低工作流执行代价。

基于以上相关研究工作的分析，本章主要研究的问题及思路包括 3 个部分：首先，基于工作流自身结构特点，针对数据依赖边产生的数据传输时间影响调度的问题，采用合并“有向割边”的预处理机制来初步减少算法执行时间，并减少数据传输代价；其次，针对当前云计算环境下按区间要价、资源异构的特殊性质，同时考虑进一步压缩数据传输路径的问题，引入传统 PCPA 算法思想，将整个局部关键路径直接分配到对应的“最适合”实例中，发挥 PCPA 算法压缩数据传输路径和减少任务执行代价的特点；最后，针对多云环境下带截止日期约束的科学工作流的执行代价优化调度问题，结合工作流自身特点和多云环境的特殊性质，设计一种有效的调度策略来尽可能减少工作流执行代价。

3.5.3 问题模型

本节具体介绍关于静态多云环境下带截止日期约束工作流的代价驱动调度问题模型，其主要涉及科学工作流、IaaS 多云环境以及带性能指标要求的调度器 3 种角色，图 3-48 展示了调度系统的框架图。

科学工作流主要来源于对计算性能要求很高的科研领域，如天体研究、地震预测、RNA 信息解码等。本节用有向无环图 G(Vertex，Edge)来表示科学工作流 w，其中 Vertex 是一个含有 n 个任务节点的有限点集$\{t_1, t_2, \cdots, t_n\}$，而 Edge 则用来表示任务之间数据依赖关系的有限边集$\{e_{12}, e_{13}, \cdots, e_{ij}\}$。每条数据依赖边 $e_{ij}=(t_i, t_j)$代表任务 t_i 和任务 t_j 之间存在数据依赖关系，其中任务 t_i 是任务 t_j 的直接前驱(父)节点，而任务 t_j 则是任务 t_i 的直接后继(子)节点。在工作流调度过程中，一个任务必须在其所有前驱节点都已被执行完毕后，才能开始执行。在某个给定的代表工作流的有向无环图中，把没有前驱节点的任务称为“入任务”；同理，把没有后继节点的任务称为“出任务”。由于本节设计的调度算法需要将有唯一一个“入任务”和“出任务”的工作流作为输入，所以在执行调度策略前预先分别加入一个零代价的“伪入任务”节点和“伪出任务”节点，然后把“伪入任务”与真实“入任务”通过零依赖边相连；同样地，把真实“出任务”与“伪出任务”通过零依赖边相连，该处理不会对调度结果产生任何影响。另外，每个科学工作流 w 都有一个对应的截止日期 $D(w)$，表示在该截止时刻前必须完成相应的工作流。

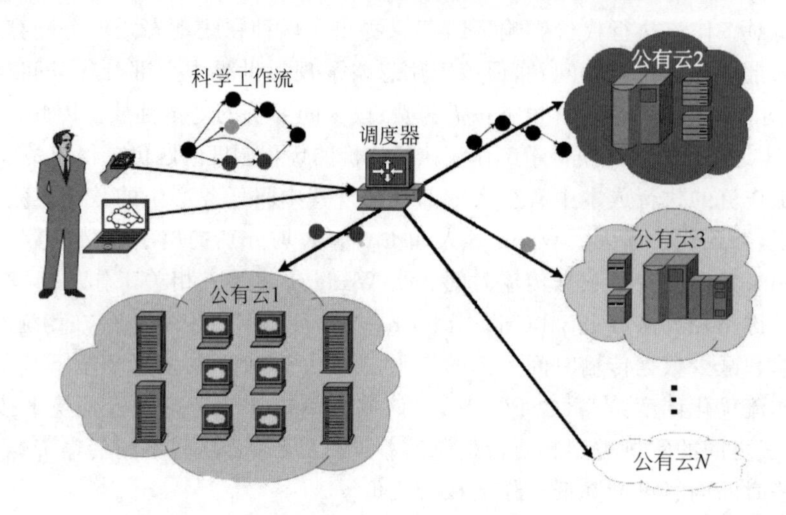

图 3-48　调度系统框架图

本节主要考虑 IaaS 服务类型，多云环境下包含多个不同的 IaaS 服务提供商 $P=\{p,q,\cdots,r\}$，他们给终端用户提供不同的虚拟资源。本节主要考虑计算密集型的科学工作流，故假设每个服务提供商都可以提供多种实例类型来执行工作流中的任务，并且拥有一个容量足够的本地存储服务(如 Amazon EC2 和 EBS)来容纳任务之间的输入输出数据。另外，每个服务提供商 p 向终端用户提供一组含有不同 CPU 数量、内存容量的实例类型 $S_p=\{s_{p1},s_{p2},\cdots,s_{pm}\}$，并根据用户选择服务的不同来进行差异化收费。通常情况下，低服务质量(较少的 CPU 数量或较低的内存容量)意味着相对较低的单位执行代价。在云环境下，任何一种实例类型资源都是无限的，这意味着用户可以在任意时刻获得任意数量的虚拟机执行实例。

当前主要的商业云服务提供商，通常的要价区间是按小时收费，用户按每小时的区间按需付费，服务提供商 p 的要价区间表示为 λ_p。例如，如果某用户租赁某个服务执行某个任务 121 分钟，那么他需要向服务提供商缴纳执行该任务 3 个小时的费用，而不是 121 分钟。因此，假设每种实例类型 s_{pi} 有一个对应的每小时收费价格 c_{pi}。除此之外，不考虑其他服务产生的代价，如数据传输、数据短暂存储、资源监测等，由于这些代价相对于任务执行代价而言都小得多。另外，某个任务 t_i 在实例类型为 s_{pj} 的虚拟机上执行时间表示为 $T_{\text{exe}}(t_i,s_{pj})$，且每个任务在不同云服务提供商的不同实例类型虚拟机上有不同的性价比。由于相同提供商的资源基本都分布在同一区域，而不同提供商之间的资源都分布在不同区域，所以造成同一服务提供商的内部服务传输带宽速度大大超过不同提供商之间的服务传输带宽速度。$B_{\text{intra}}(s_{pi},s_{pj})$表示同一服务提供商 p 的实例类型为 s_{pi}

的虚拟机到实例类型为 s_{pj} 的虚拟机的传输带宽速度，而 $B_{\text{inter}}(s_{pi},s_{qj})$ 则表示服务提供商 p 的实例类型为 s_{pi} 的虚拟机到服务提供商 q 的实例类型为 s_{qj} 的虚拟机的传输带宽速度。因此，一条数据依赖边 e_{ij} 在服务提供商 p 内部的传输时间 $T_{\text{intra}}(e_{ij})$ 和服务提供商 p 和 q 之间的传输时间 $T_{\text{inter}}(e_{ij})$，可表示如下：

$$T_{\text{intra}}(e_{ij})=\frac{\text{Data}(e_{ij})}{B_{\text{intra}}(s_{pi},s_{pj})} \tag{3-114}$$

$$T_{\text{inter}}(e_{ij})=\frac{\text{Data}(e_{ij})}{B_{\text{inter}}(s_{pi},s_{qj})} \tag{3-115}$$

其中，$\text{Data}(e_{ij})$ 表示依赖边 e_{ij} 的数据传输量，即任务 t_i 在任务 t_j 执行前，传输到 t_j 的数据量。当相互依赖的任务 t_i 和 t_j 被分配到同一个服务实例中，则它们之间的数据传输量变为 0，即任务之间的数据传输时间变为 0。实验结果表明，过分细化的云内带宽和云间带宽值对调度策略不构成实质性影响，所以设定每个云服务提供商内部的带宽 $B_{\text{intra}}(s_{pi},s_{pj})$ 为一个统一值；同理，不同云之间的带宽 $B_{\text{inter}}(s_{pi},s_{qj})$ 也设置成一个统一值。因此，$B_{\text{intra}}(s_{pi},s_{pj})$ 和 $B_{\text{inter}}(s_{pi},s_{qj})$ 的值仅与任务的执行云有关。

调度器接收终端用户提交的科学工作流，通过在保证工作流截止日期的前提下降低其执行成本的性能标准，在多云环境下优化调度相应的科学工作流。静态多云环境下带截止日期约束的工作流调度问题模型，可形式化地表示为式(3-116)，其目的是在满足工作流截止日期 $D(w)$ 约束前提下，最小化执行总代价。

$$\textbf{Minimize}\sum_{i=1}^{|\text{Re}|} c_{s(\text{vm}_i)}\cdot\left\lceil\frac{T_{\text{run}(\text{vm}_i)}}{\lambda_{p(\text{vm}_i)}}\right\rceil \tag{3-116}$$

$$\textbf{subject to}\ \max_{t_i\in w}\{\text{AET}(t_i)\}\leqslant D(w)$$

其中，Re 表示调度过程中使用过的虚拟机资源集，$T_{\text{run}}(\text{vm}_i)$ 表示虚拟机 vm_i 的运行时间，$s(\text{vm}_i)$ 表示虚拟机 vm_i 所属的实例类型，$c_{s(\text{vm}_i)}$ 表示对应实例类型的区间单价，$p(\text{vm}_i)$ 表示虚拟机 vm_i 所属的云服务提供商，由于云计算环境的按区间要价特性，所以要价结果按区间向上取整⌈⌉，$\text{AET}(t_i)$ 表示任务 t_i 的实际执行完成时间，工作流 w 中的任务最大实际完成时间即为该工作流的执行时间跨度。

3.5.4 pre_CSPCPM 调度算法

1. 相关定义

表 3-38 给出了本节所涉及符号和术语的相关定义。

表 3-38 符号定义

符 号	定 义
n	单一工作流 w 中的任务数
t_i	单一工作流 w 中的任务 t_i

续表

符　　号	定　　义
e_{ij}	任务 t_i 和 t_j 之间的数据依赖边，表明 t_j 必须在 t_i 执行结束后才能开始执行
$D(w)$	工作流 w 的对应截止日期
s_{pi}	服务提供商 p 提供的实例类型
c_{pi}	提供商 p 的实例类型 s_{pi} 每小时收费价格
$T_{\text{exe}}(t_i, s_{pj})$	任务 t_i 在实例类型为 s_{pj} 的虚拟机上的执行时间
$B_{\text{intra}}(s_{pi}, s_{pj})$	提供商 p 的服务 i 和服务 j 之间的云内带宽
$B_{\text{inter}}(s_{pi}, s_{qj})$	提供商 p 的服务 i 和提供商 q 的服务 j 之间的云间带宽
$\text{Data}(e_{ij})$	数据依赖边 e_{ij} 的数据传输量
$T_{\text{intra}}(e_{ij})$	数据依赖边 e_{ij} 的云内数据传输时间
$T_{\text{inter}}(e_{ij})$	数据依赖边 e_{ij} 的云间数据传输时间

本节将工作流中已分配到某个具体实例中的任务称为已调度任务；反之，则称为未调度任务。在未调度整个工作流前，每个任务 t_i 的最早完成时间(Earliest Finish Time，$\text{EFT}(t_i)$)可定义为式(3-117)：

$$\begin{cases} \underset{t_i \in \text{真实入任务集}}{\text{EFT}(t_i)} = \min\limits_{p \in P}\{\text{MET}(t_i, p)\} \\ \underset{t_i \notin \text{真实入任务集}}{\text{EFT}(t_i)} = \min\limits_{p \in P}\{\max\limits_{t_j \in t_i \text{的直接父任务集}}\{\text{EFT}(t_j) + \text{MET}(t_i, p) + \text{TE}(e_{ji}, p)\}\} \end{cases} \tag{3-117}$$

$$\text{EFT}(t_{\text{in}}) = 0 \tag{3-118}$$

其中，最小执行时间 $\text{MET}(t_i, p)$ 表示未调度任务 t_i 在云服务提供商 p 的所有实例类型 S_p 中最小的执行时间大小。在所提出的调度算法中，每个已计算 $\text{EFT}(t_i)$ 的任务 t_i 都有一个对应的最早倾向云 $\text{preP\_E}(t_i)$，它是在所有云服务提供商集合 P 中，使任务 t_i 取得最小 EFT(t_i)所对应的提供商。如果出现两个以上提供商使任务 t_i 取得对应最早完成时间，则选取编号小的提供商作为任务 t_i 的最早倾向云。$\text{TE}(e_{ji}, p)$ 表示数据依赖边 e_{ji} 在云服务提供商 $\text{preP\_E}(t_j)$ 和 p 之间的数据传输时间。由于伪入任务 t_{in} 是虚拟任务，且 $\text{MET}(t_{\text{in}}, p)$ 在任何云服务上的执行时间都为 0，所以伪入任务 t_{in} 的最早完成时间为 0，如式(3-118)所示。

任务 t_i 涉及 3 种不同的开始时间：最早开始时间(Earliest Start Time，$\text{EST}(t_i)$)，实际开始时间(Actual Start Time，$\text{AST}(t_i)$)和最迟开始时间(Latest Start Time，$\text{LST}(t_i)$)。$\text{EST}(t_i)$和 $\text{LST}(t_i)$在调度整个工作流前计算，$\text{AST}(t_i)$则在任务 t_i 分配到指定实例后才被计算。因此，未调度任务 t_i 的最早开始时间 $\text{EST}(t_i)$被定义为式(3-119)，且伪入任务 t_{in} 的最早开始时间为 0，如式(3-120)所示：

$$\text{EST}(t_i) = \text{EFT}(t_i) - \text{MET}(t_i, \text{preP\_E}(t_i)) \tag{3-119}$$

$$\text{EST}(t_{\text{in}}) = 0 \tag{3-120}$$

为了确保整个工作流 w 能在其对应的截止日期 $D(w)$前完成，任务 t_i 必须在其最迟开始时间 $\text{LST}(t_i)$前被分配并开始执行。未调度任务 t_i 的最迟开始时间 $\text{LST}(t_i)$定义如式(3-121)所示，相应的伪出任务 t_{out} 的最迟开始时间即为整个工作流的截止日期 $D(w)$，如式(3-122)所示：

$$\begin{cases} \underset{t_i \in 真实出任务集}{\mathrm{LST}(t_i)} = D(w) - \min\limits_{p \in P}\{\mathrm{MET}(t_i, p)\} \\ \underset{t_i \notin 真实出任务集}{\mathrm{LST}(t_i)} = \max\limits_{p \in P}\{ \min\limits_{t_j \in t_i 的直接子任务集} \{\mathrm{LST}(t_j) - \mathrm{MET}(t_i, p) - \mathrm{TL}(e_{ij,p})\}\} \end{cases} \tag{3-121}$$

$$\mathrm{LST}(t_{\mathrm{out}}) = D(w) \tag{3-122}$$

其中，每个已计算 $\mathrm{LST}(t_i)$ 的任务 t_i 都有一个对应的最迟倾向云 $\mathrm{preP\_L}(t_i)$，它是在所有云服务提供商集合 P 中，使任务 t_i 取得最大 $\mathrm{LST}(t_i)$ 对应的提供商。$\mathrm{TL}(e_{ij}, p)$ 表示数据依赖边 e_{ij} 在云服务提供商 p 和 $\mathrm{preP\_L}(t_j)$ 之间的数据传输时间。相应地，未调度子任 t_i 的最迟完成时间（Latest Finish Time，$\mathrm{LFT}(t_i)$），如式(3-123)所示：

$$\mathrm{LET}(t_i) = \mathrm{LST}(t_i) + \mathrm{MET}(t_i, \mathrm{preP\_L}(t_i)) \tag{3-123}$$

另外，定义任务 t_i 在执行时选择的对应服务实例为 $\mathrm{SS}(t_i)$，如式(3-124)所示：

$$\mathrm{SS}(t_i) = s_{p,j,k} \tag{3-124}$$

其中，$s_{p,j,k}$ 表示云服务提供商 p 的实例类型为 s_{pj} 所运行的第 k 个执行实例，其为实际运行的虚拟机实例。因此，任务 t_i 的实际执行时间 $\mathrm{AST}(t_i)$ 是在其被分配到具体某个实例上后才确定的。

在本节的调度策略中，局部关键路径（Partial Critical Path，PCP）思想是其中最主要的概念之一，它区别于以任务为基本单元的传统调度方式，它是把同一关键路径上的局部所有未调度任务当作一个基本单元而进行统一调度，这样可以有效压缩相互依赖任务之间的数据传输量，从而减少传输代价。对于某个任务 t_i，它对应的局部关键路径 $\mathrm{PCP}(t_i)$，如式(3-125)定义如下：

$$\mathrm{PCP}(t_i) = \begin{cases} \mathrm{path}(\mathrm{CP}(t_i)), & \mathrm{PCP}(\mathrm{CP}(t_i)), t_i 存在直接未调度父任务 \\ \varnothing, & 否则 \end{cases} \tag{3-125}$$

$$\mathrm{CP}(t_i) = \begin{cases} \varnothing, & t_i 不存在任何直接未调度父任务 \\ t_j, & \max\limits_{t_j \in t_i 的直接未调度父任务} \{\mathrm{EFT}(t_j) + T_{\mathrm{inter}}(e_{ji})\} \end{cases} \tag{3-126}$$

其中，$\mathrm{CP}(t_i)$ 表示任务 t_i 的关键父任务，它是任务 t_i 的所有直接未调度父任务中，数据最迟传输到达任务 t_i 的对应父任务，具体定义如式(3-126)所示。$\mathrm{path}(t_i, R)$ 表示一条关键路径，它的起点是任务 t_i，后面直接连接另一条关键路径 R。因此，在局部关键路径 $\mathrm{PCP}(t_i)$ 上的任何一个任务，到达它的下一个后继任务的传输时间都是最迟的。

最后，对于某条局部关键路径 $\mathrm{PCP}(t_i)$，其对应的"最适合"实例定义为：云服务提供商所提供的所有实例类型中的某个执行实例（已在运行中或刚刚启动），它能在该局部关键路径对应的局部截止日期前完成其上的所有任务，且同时满足以下 3 个条件的具体实例 $s_{p,j,k}$：

(1) 该实例 $s_{p,j,k}$ 对应于局部关键路径 $\mathrm{PCP}(t_i)$ 的执行增长代价 $\mathrm{Cost\_g}(\mathrm{PCP}(t_i), s_{p,j,k})$ 最低，执行增长代价的定义如式(3-127)：

$$\mathrm{Cost\_g}(\mathrm{PCP}(t_i), s_{p,j,k}) = c_{pj} \cdot (T_2 - T_1) \tag{3-127}$$

其中，T_1 是在执行 $\mathrm{PCP}(t_i)$ 之前实例 $s_{p,j,k}$ 已运行的窗口时间（即向上整合时间区间，如果已运行 61 分钟，则按 2 个小时计算），如果实例 $s_{p,j,k}$ 刚刚启动，则 T_1 为 0，相应地，T_2 则表示在执行 $\mathrm{PCP}(t_i)$ 之后实例 $s_{p,j,k}$ 总共运行的窗口时间。

(2) 如果存在多个最低执行增长代价相等的实例,则选择实际执行时间最长的实例 $s_{p,j,k}$ 作为“最适合”实例。

(3) 如果存在多个同时满足前两个条件的实例,则选择剩余时间最少(即当前窗口时间减去实际执行时间的差值)的实例 $s_{p,j,k}$ 作为“最适合”实例。

以上选择条件均以代价驱动贪心策略为出发点,使选择的“最适合”实例在保证能够完成相应任务的前提下,降低执行代价。

2. 总体调度框架

本节具体阐述应用在调度器中的带预处理机制的云环境下基于代价驱动的科学工作流优化调度算法(CSPCPM with workflow preporcess,pre_CSPCPM),其目的是在多云环境下,在满足科学工作流截止日期约束的前提下,尽可能减少其执行代价。pre_CSPCPM 算法是一个区别于传统网格环境下 PCPA 算法的调度方法,它的设计结构是一个新的单阶段框架,而不是传统的两阶段。pre_CSPCPM 算法给局部关键路径分配局部截止日期,并对整个局部关键路径进行统一调度,而不是对单一任务分配子截止日期并进行调度。它大量压缩了关键路径上任务之间的数据传输量,从而减少执行代价。而且,针对云环境下新的区间(窗口)要价机制,它将整个局部关键路径分配到其所对应的“最适合”实例上执行。pre_CSPCPM 算法主要包括 3 个主体部分:首先根据工作流自身结构合并存在“有向割边”的相邻任务,减少算法处理复杂度;接着基于“关键父任务”迭代机制来寻找带局部截止日期的局部关键路径;最后为局部关键路径分配相应“最适合”实例,并执行其上所有任务。

在多云环境下,调度并分配一个带截止日期 $D(w)$ 的科学工作流 w 的总体过程如算法 3.10 所示,其主要目的是在满足工作流截止日期前提下,尽可能降低其执行代价。首先,该算法调用 preProcess 过程对输入的工作流进行预处理操作(第 1 行);然后,对经过预处理的工作流图进行重构,并初始化一些必要参数(第 4 行);接着,设置伪入任务 t_{in} 和伪出任务 t_{out} 的实际开始时间分别是 0 和 $D(w)$,并把这两个伪任务标记成已调度任务(第 5 行和第 6 行),把伪出任务 t_{out} 的实际开始时间设置成 $D(w)$ 是为了让那些真实出任务在工作流的截止日期前完成,满足服务质量要求;最后,调用 Schedule_all_Parents 过程来调度其输入任务的所有未调度父任务(第 7 行),由于除了伪入任务 t_{in} 和伪出任务 t_{out} 两个任务外的其他所有真实任务都被初始化为未调度任务,且在第一次调用 Schedule_all_Parents 过程时以伪出任务 t_{out} 作为输入任务,所以该算法能够调度执行工作流中的所有任务。

算法 3.10:pre_CSPCPM 算法

procedure Schedule_Workflow(G(Vertex, Edge), $D(w)$, { S_p })

1. 调用 preProcess(G(Vertex, Edge))预处理过程
2. 在预处理后的工作流 G 基础上,加入任务 t_{in} 和 t_{out},并添加相关的零数据依赖边
3. 确认不同服务提供商所提供的有效实例类型
4. 计算工作流 G 中所有任务的 EFT(t_i), EST(t_i), LST(t_i)和 LFT(t_i)
5. 初始化:AST(t_{in}) ← 0, EFT(t_{in}) ← 0, AST(t_{out}) ← $D(w)$
6. 标记任务 t_{in} 和 t_{out} 为已调度任务
7. 调用 Schedule_all_Parents(t_{out})处理过程

end procedure

3. 预处理

算法 3.11 主要介绍了基于工作流自身结构特点，合并存在“有向割边”相邻任务预处理过程的伪代码。其中“有向割边”的定义是：一条有向边，其出节点的出度为 1，且其入节点的入度为 1，则称该有向边为“有向割边”，其结构如图 3-49(a)所示。这里“有向割边”的定义区别于传统割边，压缩“有向割边”可以有效降低数据传输量。首先，在输入工作流过程中记录每个任务相应的出度和入度(第 1 行)；然后，为了减少寻找“有向割边”的时间复杂度，本章构造一个父亲儿子图矩阵来直接判定父节点是否仅有一个儿子节点，且该儿子节点入度为 1，并以该儿子节点为新的父节点迭代寻找新的“有向割边”(第 2 行)；将寻找到的“有向割边”删除，合并对应的两个任务，更新相应执行时间，反复处理直到不存在“有向割边”(第 3 行和第 4 行)。经过预处理的工作流，可以大幅度减少任务数量，特别是存在大量“有向割边”的工作流(如 Epigenomics 工作流)，从而缩短算法执行时间，同时减少数据传输代价。图 3-49(b)展示了 LIGO 工作流在预处理前后的自身结构变化。

算法 3.11：合并存在"有向割边"的相邻任务

---

procedure preProcess(G(Vertex, Edge))

1. 在工作流 G 输入过程中记录每个任务的出度和入度
2. 构造一个父亲儿子节点图矩阵迭代寻找"有向割边"
3. 如果存在数据依赖边 e_{ij}("有向割边")，且任务 t_i 的出度为 1，任务 t_j 的入度为 1，则删除 e_{ij}，合并 t_i 和 t_j 为新任务 t_k，更新相应的 $T_{\text{exe}}(t_k, s_{pj})$
4. 反复执行步骤 2，直到不存在"有向割边"

end procedure

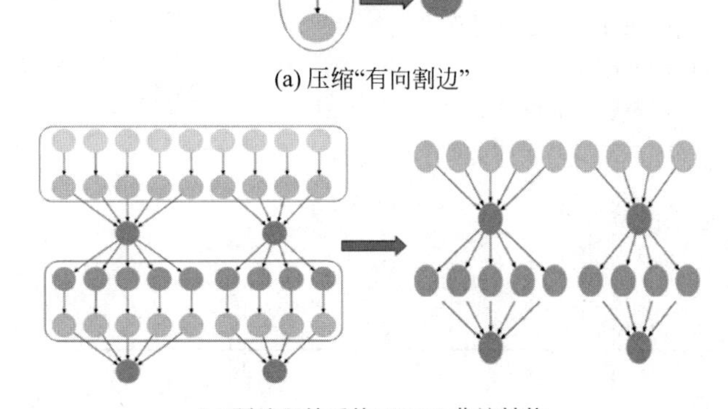

(a) 压缩“有向割边”

(b) 预处理前后的LIGO工作流结构

图 3-49 预处理过程

4. 调度未调度任务

算法 3.12 展示了 Schedule_all_Parents 处理过程的伪代码，它输入一个已调度任务，并在该任务的实际开始时间前调度所有未调度前驱任务。首先，Schedule_all_Parents 过程寻找输入任务 t_i 的局部关键路径 PCP(t_i)(第 3～11 行)。当第一次调用该处理过程时，以伪出任务 t_{out} 作为输入，并经过关键父任务的不断迭代，最终到达伪入任

务 t_{in}，所以该算法在第一次调用过程中，寻找到的局部关键路径是工作流本身的全局关键路径。然后，调用 Schedule_Path 处理过程（第 12 行），它输入一条带局部截止日期的局部关键路径 PCP，整体调度 PCP 到相应的“最适合”实例上，并在对应的局部截止日期前执行完成 PCP 上的所有任务。路径调度算法 Schedule_Path 的具体过程将在下面进行描述。当 PCP 上的某个任务被调度结束，则该任务对应的实际开始时间和实际结束时间将被确定，相应地，它将影响其所有未调度前驱任务的最迟结束时间 LFT 和最迟开始时间 LST，以及其所有未调度后继任务的最早开始时间 EST 和最早结束时间 EFT。因此，与该 PCP 上所有任务相关的这些参数，在调度结束后要进行更新操作（第 14 行和第 15 行）。最后，通过递归地调用 Schedule_all_Parents 过程，依次从头到尾地调度当前 PCP 上相应任务的所有未调度父任务（第 16 行）。

算法 3.12：调度所有任务 t_i 的直接未调度父任务

```
procedure Schedule_all_Parents(t_i)
 1. while t_i 存在直接未调度父任务 do
 2.      初始化：任务 t_pseudo ← t_i，堆栈 Sta ← null
 3.      while t_pseudo 存在直接未调度父任务 do
 4.           push CP(t_pseudo) into Sta
 5.           t_pseudo ←CP(t_pseudo)
 6.      end while
 7.      初始化：局部关键路径 PCP ← null
 8.      while Sta 为非空堆栈 do
 9.           把 top(Sta) 添加到 PCP 末端
10.           pop top(Sta)
11.      end while
12.      调用 Schedule_Path(PCP)处理过程
13.      foreach t_i in the PCP do
14.           更新 t_i 所有未调度后继任务的 EST 和 EFT
15.           更新 t_i 所有未调度前驱任务的 LFT 和 LST
16.           调用 Schedule_all_Parents(t_i)处理过程
17.      end for
18. end while
end procedure
```

5. 调度分配局部关键路径

调度整条局部关键路径 PCP 到“最适合”实例中的伪代码如算法 3.1.3 所示，该调度过程以一条带局部截止日期的路径作为其输入值。首先，利用贪心选择策略寻找执行 PCP 增长代价最低的运行中“可用”实例（第 1～3 行）。一个运行中的实例如果是一条带局部截止日期路径 PCP 的“可用”实例，必须满足以下两个条件：

（1）当路径 PCP 被调度到该实例上执行时，路径 PCP 上的所有任务都可以在其相应的子截止日期前完成；

（2）该实例的执行增长代价低于初始化一个同样实例类型的执行实例来调度该路径

PCP 的执行代价。这意味着，这个新的 PCP 调度必须占用已运行实例中一部分的剩余窗口时间。

在运行的实例中寻找“可用”实例，必须注意以下 3 点：

(1) 由于路径 PCP 上的所有任务都被分配到同一个实例上执行，所以它们之间的数据传输时间变为 0，但它们与非该路径 PCP 上的任务之间的数据传输时间依然存在。假设路径 PCP 上某个任务的直接父(子)任务已被分配到实例 $s_{p,j,k}$ 上执行，如果该路径在后续调度过程中也被分配到实例 $s_{p,j,k}$ 上，则该任务与其直接父(子)任务之间的数据传输时间为 0。同样，如果路径 PCP 上某个任务与其直接父(子)任务被分配到同一个云服务提供商的不同实例上，则它们之间的数据传输时间将变为 $T_{\text{intra}}(e_{ij})$。

(2) 利用实例的剩余窗口时间执行整条路径 PCP 的增长代价为 0。当存在多个增长执行代价相等的实例，则利用上文中介绍的方法选择一个“最适合”运行中实例。

(3) 算法考虑运行中的实例上每个已调度相邻任务之间的空闲时间槽(即后一个任务实际开始时间与前一个任务实际完成时间之间的差值)。当某个时间槽满足路径 PCP 要求，则将整条 PCP 插入该槽中，否则将该 PCP 调度到该实例上的第一个任务之前或最后一个任务之后执行。

如果不存在增长代价最低的运行中“可用”实例，则启动一个新的最便宜实例类型执行实例，该实例能够在满足该 PCP 局部截止日期前提下执行完成其上的全部任务(第 4～6 行)。在该 PCP 被调度到“最适合”实例上之后(第 7 行)，需要更新一些与该 PCP 上所有任务相关的参数，如选择的服务实例、实际开始时间和相应的调度状态(第 8～12 行)。

算法 3.13：调度分配整条局部关键路径 PCP

procedure Schedule_Path(PCP)
1. **foreach** 可用运行中实例 **do**
2. 　　为当前 PCP 寻找运行中的增长代价最低实例 $s_{p,j,k}$
3. **end for**
4. **if** $s_{p,j,k}$ 不存在 **then**
5. 　　在可满足 PCP 局部截止日期约束前提下执行完成其上的全部任务的所有实例类型中，选择最便宜的实例类型 s_{pj} 并初始化一个新的执行实例 $s_{p,j,k}$
6. **end if**
7. 调度 PCP 到实例 $s_{p,j,k}$ 上，该实例即为“最适合”实例
8. **foreach** t_i in the PCP **do**
9. 　　$\text{SS}(t_i) \leftarrow s_{p,j,k}$
10. 　　计算对应 $\text{AST}(t_i)$
11. 　　设置任务 t_i 为已调度任务
12. **end for**

end procedure

3.5.5 实验与评估

本节的相关实验均在 64 位的 Win7 操作系统下进行，其主要硬件配置：Intel i7-

3610QM 内核,2.30GHz 主频 CPU,8GB 内存。本节将介绍评价本章调度算法的相关实验设置、pre_CSPCPM 算法的对比算法以及对 pre_CSPCPM 调度算法的性能评价。

1. 实验设置

评价一个科学工作流调度算法的性能优劣,最理想的选择是利用科学领域的真实工作流数据库作为测试集来进行实验。然而,现实中不存在这样的真实工作流数据库,所以需要部分借助人为科学工作流模型来进行相关实验。Bharathi 等人已经深入研究了来自 5 个不同科学领域的 5 种现实工作流构造:天文学领域的 Montage、地震科学领域的 CyberShake、生物基因学领域的 Epigenomics、重力物理学领域的 LIGO 以及生物信息学领域的 SIPHT。每种工作流的大致组成结构如图 3-50 所示,它们彼此之间都有不同的构造特点。另外,Bharathi 等人还探讨了每种工作流的具体计算需求和数据需求,同时还开发一个工作流生成器来生成与真实科学工作流相近的人为工作流。针对每种工作流类型,生成器能生成对应的 4 种不同数量的 XML 格式工作流。实验中选取其中 3 种:小型(约 30 个任务)、中型(约 100 个任务)和大型(约 1000 个任务)。

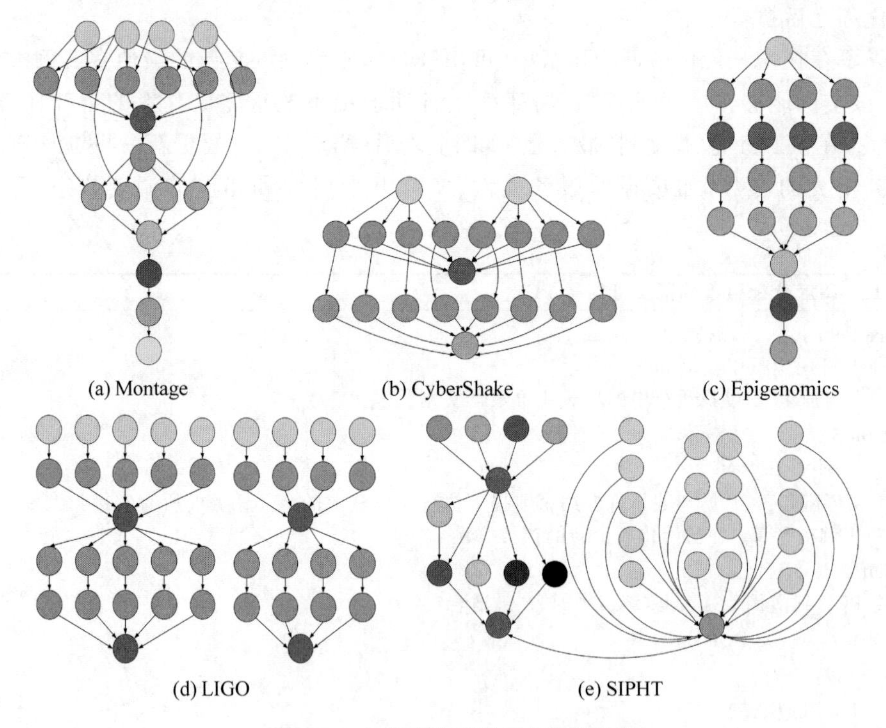

图 3-50 5 种真实科学工作流的构造

假设多云环境下存在 3 个服务提供商 C1、C2 和 C3,每个提供商均有 8 个不同的实例类型,每个实例类型拥有特定的任务执行速度和单位执行代价。对于服务提供商 C1/C2/C3,其最快可用实例类型的处理速度约为最慢实例类型的 5/8/10 倍,相应地,最快实例类型的单位执行代价约为最慢实例类型的 5/8/10 倍。此外,将每个服务提供商中的最慢实例类型的单位执行代价设定为 2 美元/小时。每个任务在不同的云中存在不同的性价比,设定每个工作流中每 1/3 的任务在某个对应的云中拥有最高的性价比。单云内部不同实例类型的执行实例之间平均带宽设定为 20MBps，该值与 Amazon 服务提供商实例类型的执行实例之间带宽相近。另外，由于云间带宽大大低于云内带宽，所以设定云间的平均带宽值为 2MBps(即相差 10 倍)。

最后，每个工作流需要一个对应截止日期来测试所提出的调度算法性能。太早的截止日期会导致大部分工作流无法及时完成，因此，针对每个工作流 w，定义 9 种不同的截止日期 $D_i(w)$，如下所示：

$$D_i(w)=r_i \cdot \mathrm{Min}(w), \quad i=1,2,\cdots,9 \tag{3-128}$$

其中，$\mathrm{Min}(w)$是指用 HEFT 算法执行工作流 w 的时间跨度，r_i 则是从集合 $R=\{1.2, 1.5,2,3,5,8,10,15,20\}$中依次取相应值。通过以上截止日期的取值，可以保证每个工作流顺利完成。

2. 对比算法

截至目前，还未有相关工作致力于本章问题的研究。为了测试本章提出的多云环境下工作流调度算法性能，改写 S. Abrishami 等人提出的网格环境下的工作流调度算法(PCPA)，作为本章调度算法的纵向对比算法。相对本章的调度算法，PCPA 有相同的目的：在满足工作流截止日期的前提下，降低其执行代价。它包含两个重要阶段：截止日期分配阶段和调度阶段。在截止日期分配阶段，某个工作流的对应截止日期被分配给每个单独任务。首先，调用路径分配过程，找到该工作流的全局关键路径，按照 3 种不同的分配机制把截止日期划分给相应的关键任务。初次分配结束后，每个关键任务都有一个自己对应的子截止日期。然后，通过迭代调用路径分配过程，找到以每个带子截止日期的关键任务为结束点的所有局部关键路径，进一步分配子截止日期，直到所有任务都被分配到一个任务截止日期。在调度阶段，在满足任务截止日期的前提下，把每个任务分配到执行代价最低的实例上执行。

为了适应新的价格机制(区间要价)和多云环境，经过改写的多云环境新 PCPA (PCP on Multi-Cloud Algorithm，PCPMCA)算法同样分为两个阶段，但与原有的 PCPA 算法有两个主要不同点。

首先，PCPMCA 在路径分配过程中只有公平路径分配机制，它根据路径上每个任务 t_i 的最小执行时间 $\mathrm{MET}(t_i)$按比例公平分配路径子截止日期。路径的子截止日期 PSD 是该路径上最后一个任务 t_l 的最迟结束时间 $\mathrm{LFT}(t_l)$与第一个任务 t_f 的最早开始时间 $\mathrm{EST}(t_f)$之间的差值，具体定义如式(3-129)所示。该路径上的每个任务 t_i 的子截止日期 $\mathrm{SD}(t_i)$则如式(3-130)所示：

$$\mathrm{PSD}=\mathrm{LET}(t_l)-\mathrm{EST}(t_f) \tag{3-129}$$

$$\mathrm{SD}(t_i)=\mathrm{EST}(t_f)+\mathrm{PSD} \cdot \frac{\mathrm{EFT}(t_i)-\mathrm{EST}(t_f)}{\mathrm{EFT}(t_l)-\mathrm{EST}(t_f)} \tag{3-130}$$

其次，在调度阶段，依次调度可调度任务(所有直接父任务都已被调度的任务)到对应的“最适合”实例上，该“最适合”实例的定义与本章相关定义中的定义相似。

引入扩展文献 *Deadline-constrained workflow scheduling algorithms for*

Infrastructure as a Service Clouds 在 IaaS 单云环境下的工作流调度算法 ICPCPD2，作为本章调度算法的另一个纵向对比算法。ICPCPD2 算法同样考虑云环境下的按区间要价和付费机制，寻求在截止日期约束下的工作流执行代价优化目标。ICPCPD2 算法经过扩展，成为了能够适应多云环境的 ICPMCA（ICPCPD2 on Multi-Cloud Algorithm）算法。ICPMCA 算法依次利用单云 ICPCPD2 工作流调度算法，分析调度工作流的最佳对应云，其对应的最终调度方案即将工作流调度到该对应云中执行。

另外，为了观察本章预处理操作对算法的性能和执行复杂度方面的影响，把不进行预处理操作的 CSPCPM 算法作为 pre_CSPCPM 算法的横向对比算法。

3. 结果评价

由于存在多种具有不同性质特征的科学工作流，所以需要一种标准化方法来统一定义执行代价。用式(3-131)来定义工作流 w 的标准执行代价 NEC(w)，其具体表示如下：

$$\mathrm{NEC}(w)=\frac{\mathrm{SC}(w)}{\min\limits_{p\in P}\{\mathrm{CC}(w)\}} \tag{3-131}$$

其中，SC(w)是多云环境下使用某种调度算法（如 CSPCPM、pre_CSPCPM 或 PCPMCA）后工作流 w 的实际执行代价，而 CC(w)则是单云环境下经过最便宜调度的工作流 w 实际执行代价。单云最便宜调度是利用贪心策略，依次在某个单云环境下，将所有任务分配到该单云中对应的最便宜实例类型的执行实例中，而不考虑该调度策略是否满足截止日期要求。

图 3-51 展示了多云环境下 5 种大型真实工作流在不同调度算法（即 pre_CSPCPM、CSPCPM、PCPMCA 和 ICPMCA）中的标准执行代价。需要说明的是，在本节的测试样例中，所有工作流均在截止日期前被成功执行完成（即使是最短截止日期 $D_1(w)$）。快速浏览图 3-51 中的 5 张子图，4 种算法的标准执行代价 NEC(w)均随着工作流截止日期的增大而不断减少。如图 3-51(b)和图 3-51(e)所示，由于 CyberShake 和 SIPHT 工作流中不存在可压缩的“有向割边”，所以 pre_CSPCPM 算法的预处理操作不产生实质性作用，其标准执行代价 NEC(w)与 CSPCPM 算法相同。然而对于其他可压缩类型的工作流，pre_CSPCPM 算法的标准执行代价 NEC(w)优于 CSPCPM 算法。在所有测试样例中，pre_CSPCPM 算法和 CSPCPM 算法的性能均超过原始的 PCPMCA 算法和依次遵循基于单云调度的 ICPMCA 算法，这主要归功于有效的数据传输量压缩机制。由于不同工作流自身结构性质的影响，CSPCPM 算法在调度 LIGO 和 SIPHT 工作流过程中的标准执行代价 NEC(w)明显优于 PCPMCA 算法和 ICPMCA 算法，而在调度 Montage 和 CyberShake 工作流时，CSPCPM 算法的性能稍微优于 PCPMCA 算法和 ICPMCA 算法，且在 Epigenomics 工作流的测试样例中，CSPCPM 算法与 PCPMCA 算法的性能基本相当，稍微优于 ICPMCA 算法。在本节实验的某些样例中，如在相对松弛的截止日期前提下调度 Epigenomics，LIGO 和 SIPHT 工作流，它们的标准执行代价 NEC(w)可以低于 1，这意味着在多云环境下调度这些科学工作流的代价比在单云环境下更低。

由图 3-51(a)可知，在相对紧张的截止日期前提下调度 Montage 工作流会产生很大

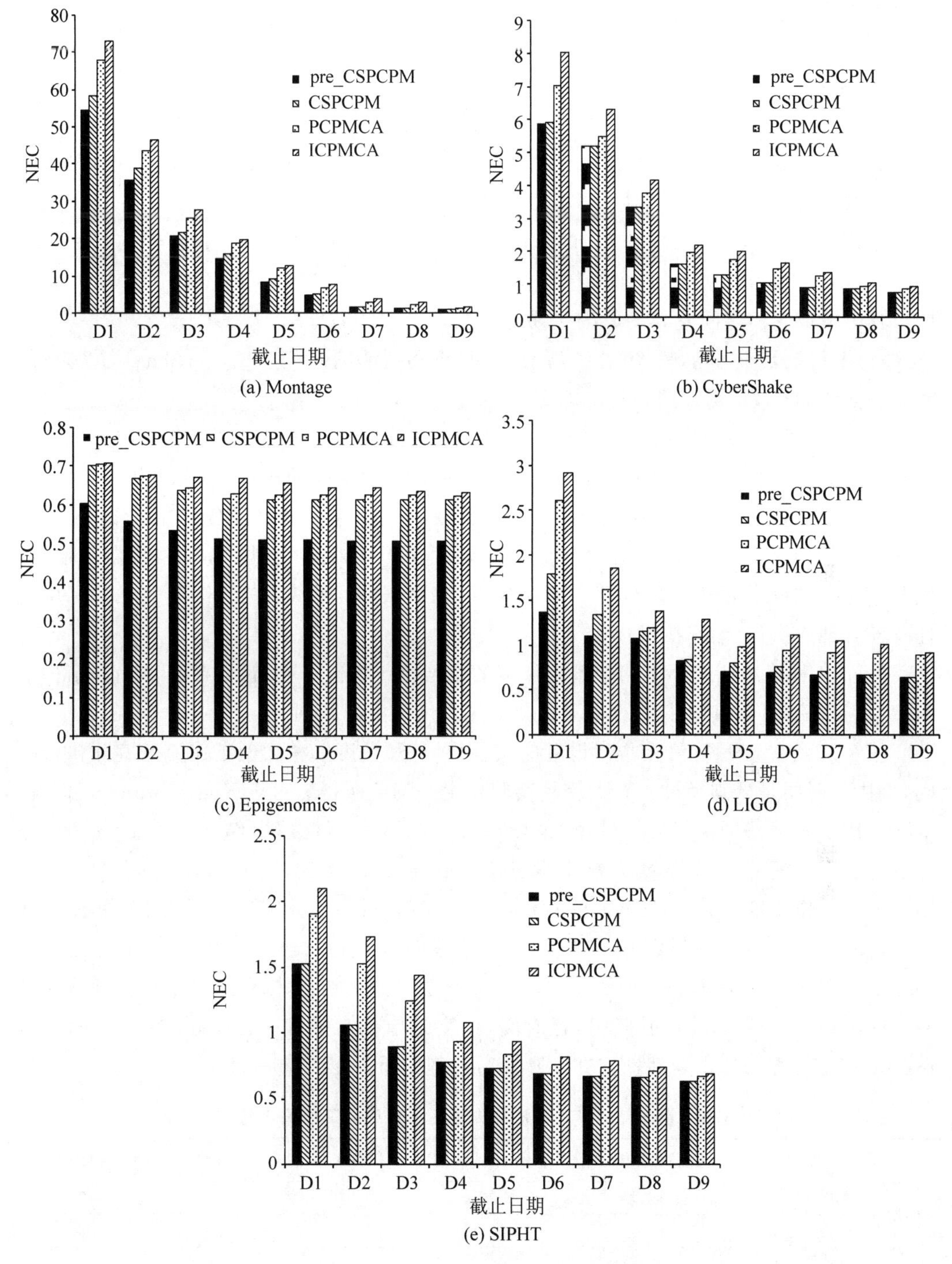

图 3-51 多云环境下 5 种大型真实工作流在 4 种调度算法中的标准执行代价

的标准执行代价 NEC(w)，它大约是在同等条件下调度 LIGO 工作流所产生的标准执行代价 NEC(w)的 30 倍。造成标准执行代价鸿沟的主要原因是不同工作流之间的结构差异。如图 3-51(a)所示，在 Montage 工作流的第二层中有许多任务，且该层中的每个任务在最快实例类型中的执行时间都约为 15 秒。当 Montage 工作流的截止日期相对紧张时，调度器不得不把该层中的所有任务分别分配到各自对应的较快实例类型执行实例中执行，以满足在 Montage 工作流第三层的单一任务最迟开始时间之前完成第二层中的所有任务。因此，需要启动更多的快速实例类型执行实例来完成带紧张截止日期的 Montage 工作流，同时，Montage 工作流第二层任务短暂的执行时间仅占用一小部分对应实例的要价区间(约 2%)，造成严重的执行代价浪费。如图 3-51(b)所示，CyberShake 工作流第二层与 Montage 工作流有相似的结构，然而在相对紧张的截止日期前提下调度 CyberShake 工作流产生的标准执行代价 NEC(w)没有像 Montage 工作流那样大得离谱。其中造成它们之间差异的原因主要有 3 点：

(1) 第二层任务在整个工作流任务中所占比例有区别，CyberShake 约 41%，Montage 约 56%，比例大的相对影响更大；

(2) 第二层任务的最快实例类型执行时间有区别，CyberShake 约 800s，Montage 约 15s，由于实验中的要价区间是 1 小时，所以 800s 占要价区间的比例约是 15s 的 50 倍；

(3) 第三层任务结构存在差异，CyberShake 第三层存在多个任务，Montage 仅有一个任务，按照算法思想，将可以合并的任务分配到同一个实例上执行，压缩数据传输量，然而 Montage 工作流第三层仅存在一个任务，在紧张截止日期环境下，会造成第二层的任务各自独立执行，浪费执行代价。

另外，4 种算法调度小型和中型工作流的标准执行代价实验结果，在整体趋势结构上与大型工作流相同，其中主要的不同是标准执行代价值的区别。

图 3-52 介绍 4 种算法在本章设置的实验环境下，调度 5 种大型工作流的实际执行时间，该执行时间是分别经过 100 次反复实验后求平均值所得。对于 Epigenomics 工作流，pre_CSPCPM 算法的执行时间最短(241.78ms)，因为其预处理操作压缩近 70%的任务量(如表 3-39 所示)，所以算法效率得到明显改善。结合表 3-39 可知，虽然 LIGO 和 Montage 工作流经过 pre_CSPCPM 算法的预处理后，任务量均有所降低(剩余约 50%和 95%)，但本身的预处理过程仍需要一定的处理时间，所以 pre_CSPCPM 算法在处理 Montage 工作流的执行时间仍大于 CSPCPM 算法。表 3-40 具体介绍了 4 种调度算法针对不同类型的 5 种工作流的详细执行时间，该度量单位为毫秒(ms)，由该表 3-40 可知，pre_CSPCPM 算法的预处理操作在实际执行过程中只占用少量时间。

表 3-39 pre_CSPCPM 算法预处理前后对应的工作流任务数量

	状态	CyberShake	Epigenomics	LIGO	Montage	SIPHT
小型	预处理后	30	7	16	21	29
	未预处理	30	24	30	25	29
中型	预处理后	100	26	53	96	97
	未预处理	100	100	100	100	97
大型	预处理后	1000	260	514	996	968
	未预处理	1000	997	1000	1000	968

表 3-40 4 种调度算法针对不同类型工作流的运行时间 单位：ms

	算法	CyberShake	Epigenomics	LIGO	Montage	SIPHT
小型	pre_CSPCPM	5.99	1.78	4.78	5.56	7.56
	CSPCPM	5.78	3.78	6.22	5.44	7.44
	PCPMCA	2.89	1.89	2.78	2.44	3.11
	ICPMCA	2.82	1.81	2.69	2.35	3.04
中型	pre_CSPCPM	24.89	8.11	17.89	37.44	27.56
	CSPCPM	24.00	14.89	22.89	37.11	27.11
	PCPMCA	12.89	9.89	12.22	20.44	12.00
	ICPMCA	10.17	8.34	9.77	16.68	10.55
大型	pre_CSPCPM	863.00	241.78	704.44	1414.00	721.56
	CSPCPM	861.00	393.22	904.33	1346.11	709.22
	PCPMCA	685.11	307.22	539.11	730.89	382.22
	ICPMCA	579.89	278.01	487.78	681.01	341.77

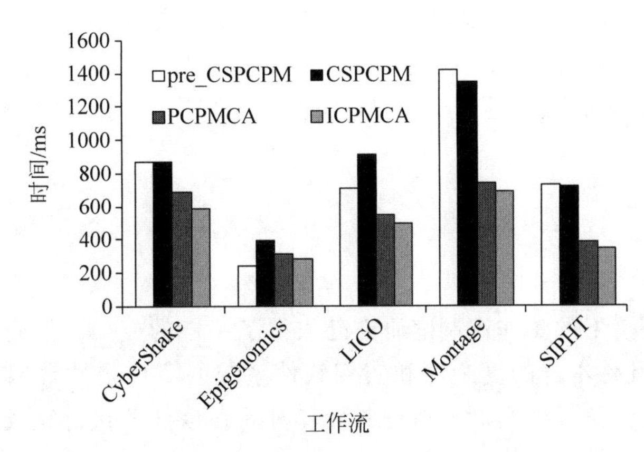

图 3-52 4 种算法调度 5 种大型工作流的运行时间

3.5.6 总结

云环境下的科学工作流调度是一个 NP-hard 问题，本章充分考虑云环境按区间要价、多云之间实例类型和要价机制存在差异、多云之间不同传输带宽等因素，提出一种静态多云环境中在满足科学工作流截止日期约束前提下，尽可能降低其执行代价的 pre_CSPCPM 调度策略。pre_CSPCPM 调度策略考虑多云环境下科学工作流调度的基本特性，采取合并“有向割边”、整体分配 PCP 任务到“最适合”实例等一系列优化措施来压缩数据传输路径并减少科学工作流的执行代价，其算法的执行性能和效率都相对优越。实验结果表明，pre_CSPCPM 算法在所有测试样例中的性能均超过原始 PCPMCA 算法和依次遵循基于单云调度的 ICPMCA 算法，并在拥有“有向割边”的科学工作流测试样例中性能超过 CSPCPM 算法。另外，pre_CSPCPM 算法在执行时间上也处于可接受范围，其在多云环境下合理地调度分配科学工作流比在单云环境下调度的效果更好。

3.6 混合云环境下代价驱动的大数据应用任务调度方法

随着云计算的发展,目前的云市场出现了多个云服务商并存的现象。由于多个云之间的异构实例类型、不同的带宽和不同的价格模型,跨多个云调度受期限限制的科学工作流是一个具有挑战性的问题。由于现实云环境基础设施硬件和执行实例软件的不稳定性,导致虚拟执行实例性能存在波动性,而虚拟实例的性能稳定程度将直接影响工作流调度方案的优劣,因此动态波动因素不容忽视。针对动态多云环境下带截止日期约束工作流的代价驱动调度问题,本节考虑虚拟机性能波动和带宽传输波动等动态因素,设计了一种基于遗传算法操作的自适应离散粒子群优化算法(Adaptive Discrete Paticle Swarm Optimization with Genetic Algorithm Operators,ADPSOGA)。该算法在考虑动态因素的基础上,引入遗传算法的随机两点交叉操作和随机单点变异操作,避免传统PSO存在的过早收敛问题,有效提高种群进化过程中的多样性,增强对动态环境的适应性。在调度粒子和调度结果的映射过程中,考虑任务数据传输代价和任务执行代价因素,提高最佳调度方案的选择精度。相关实验结果表明,本节提出的算法能够有效克服传统PSO算法的过早收敛问题,具有较好的种群多样性,对动态环境具有较强的适应性和较高的有效性。

3.6.1 引言

传统静态云环境下的工作流调度研究已取得了一定的成果。然而,在现实的云环境下,由于基础设施硬件本身的复杂性和实例软件系统的不稳定性等因素,造成工作流某个任务在云服务提供商具体实例上执行的精确时间在该任务执行完成前无法得知,只能根据历史经验大致估计它的执行时间范围。所以,现有的多云环境在执行相应工作流的过程中,呈现出一种动态不确定性。

在多云环境下,虚拟机性能的波动会增加工作流调度的实现难度。根据文献的相关报道,Amazon的EC2平台在实际运行过程中,其虚拟机的CPU性能波动范围在±24%以内。存在波动的原因主要是因为云环境基础设施的共享以及底层非虚拟化硬件资源的云虚拟化和异质化。这样的波动可能会导致一部分工作流无法在其相应的截止日期前完成,从而进一步影响云环境的调度决策和整体性能。许多现有研究工作都是基于工作流中任务在相应虚拟机上的预估执行时间来进行工作流调度和资源分配。Arabnejad和Barbosa提出了一种新的基于链表的静态工作流调度方法,其主要考虑任务预测最早完成时间,并通过设计任务乐观代价表来选择和处理相应任务,该方法在工作流执行时间跨度上优于其他基于链表的启发式算法,但并未将代价因素考虑在内,不适合基于代价驱动的云应用。Abrishami等人设计了两种基于工作流局部关键路径的调度算法,改进网格环境下尽力提供的资源模式,结合云环境按需供应和按区间要价的特性,该算法具有多项式的时间复杂度,对于云环境下大规模工作流的高效处理具有一定的借鉴意义。Alkhanak等人结合云环境下工作流的服务质量要求、系统需求功能和系统实现框架等因素,对基于代价驱动的调度方法进行深入分析和总结,并对该领域存在的挑战和机遇进行充分阐述，为进一步深入研究提供依据。然而，实际运行中的任务执行时间往往超过预估理想时间，这种延迟将随着工作流之间的依赖关系一直延续下去，直到整个工作流被执行完成。

另外，由于多云之间的带宽大小并不稳定，它们会随着链路上数据传输量的增大而出现拥塞状况，从而导致实际的带宽小于理想的预设带宽大小。这种由于链路拥塞而引起的带宽波动，会降低工作流中存在依赖关系的任务之间的数据传输效率，从而增大父任务的输出数据传输到子任务中的传输时间。带宽的波动将进一步增加工作流在云环境下的调度难度，针对动态云环境下的调度问题，目前国内外研究还比较匮乏。Calheiros 和 Buyya 研究了在带宽波动的云环境下，利用已提供资源的空闲时间和盈余预算复制任务，缩短工作流调度预期的执行时间，从而缓解带截止日期约束工作流的调度失效率，实验结果表明，在一定预算范围内，随着任务复制率的增加，工作流满足截止日期的可能性大大提高，从而执行时间也大幅度缩短，然而，其仅考虑云内的带宽波动，而未考虑多云之间的带宽情况。有文献同样考虑了在带宽波动云环境下的带截止日期约束的资源分配和工作流调度算法，研究者提出一种基于原始粒子群优化的 PSO 调度方法，该方法的缺陷是容易过早地陷入局部收敛，从而无法获得更好的调度优化效果，同时研究者还考虑虚拟机的启停时间在调度过程中的影响，关于虚拟机的启停时间，也将在后续部分做具体阐述。

由于云环境的商业性质，以及云资源按需付费的弹性要价机制，许多关于工作流调度的研究工作都与代价驱动相关。Zhang 等人提出了一种考虑资源计算代价的多目标优化工作流调度算法，该方法充分考虑云计算环境的相关特性，通过按序列优化的方法将优化目标按终端需求排序，从而制定最佳的调度方案。Czarnul 提出了一种基于预算代价约束的工作流最小执行时间调度算法，它们利用整数线性规划来解决因资源失效引起的资源重新分配和任务重新调度问题。以上在传统云环境下考虑代价驱动的工作流调度方法往往只考虑资源的计算代价，而忽略了任务之间的数据传输代价。根据文献的相关内容可知，数据传输代价对基于代价驱动的工作流调度算法影响重大。

目前云环境中大多数调度策略都是在基于静态的背景下实现的。关于动态多云环境下的带截止日期约束工作流的代价驱动调度问题，目前国内外相关研究工作较少。其中，最具相关性的研究工作是关于动态单云环境下的基于截止日期约束的工作流资源分配和任务调度研究，该工作利用传统 PSO 调度策略来处理全局的任务调度方案。PSO 是由 Kennedy 和 Eberhart 第一次提出的一种元启发式优化方法，该方法的提出是受鸟群社会行为启发。PSO 依靠种群之间的相互交流和空间移动，到达某个空间优化位置。受到文献的启发，本节研究工作主要是基于改进的 PSO 工作流调度算法，它简单易实现，只有小部分参数需要调整。在现有相关研究工作中，PSO 已经被应用到许多领域，并成功解决不同领域的相关问题，如 VLSI 设计、WSN 数据融合和模式识别等。

基于以上相关研究工作的分析，本节提出一种基于遗传算法操作的自适应离散粒子群优化算法（ADPSOGA），主要研究的问题及思路包括 3 个部分：首先，该方法考虑多云环境下更多的基本要素，如多云之间的数据传输费用、虚拟机的启动和关闭时间以及多云之间不同的带宽传输速率，当然，同时还考虑到虚拟机的性能波动和带宽传输波动；其次，为了避免传统 PSO 存在的过早收敛问题，引入遗传算法的随机两点交叉操作和随机单点变异操作，有效提高种群进化过程中的多样性；最后，在充分考虑数据传输代价和任务计算代价的前提下，设计一种基于工作流截止日期约束的代价驱动资源分配策略和ADPSOGA算法。

3.6.2 相关工作

动态工作流调度算法主要在资源供应和任务调度阶段实施，并且在实施阶段需要考虑云环境的资源弹性供应特性。基于当前网络状况和资源，动态调度方案需定期计算任务-资源映射方案，通常通过更新一些资源参数，如虚拟资源之间的通信成本和带宽状况等，从而优化调度结果。本节第1部分主要描述调度单一工作流的动态调度方法，第2部分着重强调对多工作流的动态调度策略。

1. 动态调度单一工作流

Pandey等人的主要贡献是设计一种基于粒子群优化(Particle Swarm Optimization，PSO)的启发式动态工作流调度方法，它的目的是最大限度地减少云环境下工作流的执行成本，该调度方法同时考虑云环境下的实例计算成本和任务之间的数据传输成本，该文献基于最新网络和资源状况条件在每个调度循环中更新的资源间的通信代价来决策调度方案，对任务的调度也是分层次进行的，一直到工作流中的所有任务都被调度完成才终止。许多研究者都提出了PSO的改进方案，Bilgaiya等人提出了一种基于猫的社会行为的猫群优化(Cat Swarm Optimization，CSO)启发式算法，每只猫代表一个任务-资源的映射解，其最终的解决方案是相应的猫处在最佳位置，这位置是具有最低总成本的最好映射，其中成本包括所有任务的执行成本和任务之间的数据传输成本，实验结果表明，猫群优化算法CSO比粒子群优化算法PSO在迭代数量方面有所改进。上述两个启发式算法均是基于传统群优化机制，有文献提出了另一种改进传统PSO的离散粒子群优化(Revised Discrete Particle Swarm Optimization，RDPSO)算法去调度云环境下的工作流，RDPSO算法在工作流截止日期约束下同时考虑到工作流执行成本和总执行时间跨度，该背景与本节相似，但其未考虑任务之间的数据传输代价。另外，Verma和Kaushal提出了一种基于粒子群优化的双标准优先级(Bi-Criteria Priority-based Particle Swarm Optimization，BPSO)工作流调度算法，他们的目标是在云环境中，在同时满足工作流最后截止日期和预算限制的前提下，最小化工作流执行成本和执行时间跨度。

Nagavaram等人提出了一种相对特殊的工作流调度方法，它为资源分配过程设置一个时间限制约束，该方法的主要思路包括两方面：初始时，预测工作流需要满足规定时间约束所需要的CPU(Central Processing Unit)数量；随后在工作流执行期间动态分配并启动相应的虚拟资源。Rahman等人提出了一种混合云环境下的自适应混合启发式(Adaptive Hybrid Heuristic，AHH)工作流调度算法，AHH调度算法不仅能够适应变化的云环境，也能够满足用户的预算和工作流截止日期约束，它首先利用遗传算法(Genetic Algorithm，GA)在满足用户的预算和工作流截止日期约束的前提下生成一个最低执行成本的任务-资源映射方案，随后根据初始分配情况、用户预算、工作流截止日期和相关资源的变更状态，设计一种动态关键路径(Dynamic Critical Path，DCP)启发式算法来动态逐级调度已就绪任务。此外，有文献提出了时间均衡划分调度(Partitioned Balanced Time Scheduling，PBTS)方法来估计一个带截止日期约束工作流所需要的最小资源量，工作流的运行时间被划分为若干个任务时间分区，通过迭代的方式对各层就绪任务进行时间评估和资源选择。PBTS调度算法主要包含3个阶段：首先，基于资源近似供应能力确定下一次划分的任务集；然后，估计所需的最小资源量和下一次时间划分的已选择任务的调度安排；最后，按估计情况分配资源并在相应资源上执行所选任务集。

以上描述的所有方法均针对具有确定性结构的工作流调度而展开，然而，Wang等人设计一种升级版适应算法(Upgrade Fit Algorithm，UFA)把现有DAG处理的工作流管理能力扩展应用到处理非DAG工作流的场景中。UFA利用动态资源供应策略来确定执行迭代工作流任务的虚拟机的适类型和最小数量，它还可以在资源成本支出和工作流执行效率之间寻找动态平衡。

2. 动态调度工作流组

本章考虑的动态多云环境下基于代价驱动的带截止日期约束的工作流调度问题模型，和静态问题模型在云环境中的资源管理目标以及管理目标的影响因素上存在许多相似之处，此处不再赘述。

在多云环境下，由云服务提供商 p 提供的实例类型为 s_{pi} 的第 k 个服务实例 $s_{p,i,k}$，即执行虚拟机 vm_{pik}，在被终端用户初次租赁时，需要一定的初始化启动时间 $T_{\mathrm{boot}}(\mathrm{vm}_{pik})$来进行初始化配置。在工作流调度过程中，这种虚拟机初始化时间应得到重视，因为它对工作流调度方案的形成会产生重大影响。同样地，当虚拟机上的所有任务被执行完成后，对应的虚拟机并不是立刻关闭，而是要等到虚拟机上所有任务把自身的输出数据完整传输到其后辈任务对应的虚拟机上为止。例如，假设某个虚拟机 vm_{pij} 执行完任务 t_i 后就完成其使命，但它不能立刻被关闭，需要等到任务 t_i 将其产生的数据完整传输到其后续直接后辈任务上，才可关闭。所以，对于任务 t_i 而言，其在虚拟机 vm_{pij} 上的总执行时间 $T_{\mathrm{exe}}(t_i,\mathrm{vm}_{pij})$是

$$T_{\mathrm{exe}}(t_i,\mathrm{vm}_{pij})=T_{\mathrm{com}}(t_i,\mathrm{vm}_{pij})+\left(\sum_{k=i+1}^{n}T_{\mathrm{data}}(e_{ik}\cdot z_k)\right) \tag{3-132}$$

$$T_{\mathrm{intra}}(e_{ik},s_{pi},s_{pj})=\frac{\mathrm{Data}(e_{ik})}{B_{\mathrm{intra}}(s_{pi},s_{pj})} \tag{3-133}$$

$$T_{\mathrm{inter}}(e_{ik},s_{pi},s_{qj})=\frac{\mathrm{Data}(e_{ik})}{B_{\mathrm{inter}}(s_{pi},s_{qj})} \tag{3-134}$$

其中，$T_{\mathrm{exe}}(t_i,\mathrm{vm}_{pij})$表示任务 t_i 在虚拟机 vm_{pij} 上的任务计算执行时间，$T_{\mathrm{data}}(e_{ik})$表示任务 t_i 将其产生的数据传输到其后辈任务 t_k 上的传输时间，这里的先驱节点序号一定小于其后继节点。其中，z_k 的值为0或1，当依赖边 e_{ik} 真实存在时，其值为1；否则为0。这里的传输时间 $T_{\mathrm{data}}(e_{ik})$存在两种不同情况。情况一：任务 t_i 和任务 t_k 均在同一个云服务提供商 p 的不同虚拟机类型 s_{pi} 和 s_{pj} 上执行，则传输时间 $T_{\mathrm{data}}(e_{ik})$就是云 p 内部的传输时间 $T_{\mathrm{intra}}(e_{ik},s_{pi},s_{pj})$，其定义如式(3-133)所示；情况二：任务 t_i 和任务 t_k 在两个不同的云服务提供商 p 和 q 的不同虚拟机类型 s_{pi} 和 s_{qj} 上执行，则传输时间 $T_{\mathrm{data}}(e_{ik})$就是服务提供商 p 和 q 之间的传输时间 $T_{\mathrm{inter}}(e_{ik},s_{pi},s_{qj})$，其定义如式(3-134)所

示。其中,$\text{Data}(e_{ik})$表示依赖边 e_{ik} 的数据传输量,即任务 t_i 在任务 t_k 执行前,传输到 t_k 的数据量。$B_{\text{intra}}(s_{pi},s_{pj})$和 $B_{\text{inter}}(s_{pi},s_{qj})$分别表示同一服务提供商 p 的实例类型为 s_{pi} 的虚拟机到实例类型为 s_{pj} 的虚拟机的传输带宽速度和服务提供商 p 的实例类型为 s_{pi} 的虚拟机到服务提供商 q 的实例类型为 s_{qj} 的虚拟机的传输带宽速度。当相互依赖的任务 t_i 和 t_k 被分配到同一个服务实例中,则它们之间的数据传输量变为 0,即任务之间的数据传输时间变为 0。本节假设在同一个云内的传输带宽大小 $B_{\text{intra}}(s_{pi},s_{pj})$大致相同,所以云内传输时间 $T_{\text{intra}}(e_{ik},s_{pi},s_{pj})$和云间传输时间 $T_{\text{inter}}(e_{ik},s_{pi},s_{qj})$的大小除了和数据传输量大小有关,还和任务选择的虚拟机有关。

关于传输代价,由于现有云服务提供商忽略自身内部的数据传输费用,所以本节同样不计算单云内部的数据传输费用。然而,在不同的云服务提供商之间传输数据,需要支付一定的传输费用。本节用 $c_{p,q}$ 表示从云服务提供商 p 传输 1GB 的数据量到云服务提供商 q 所需的费用单价,所以依赖边 e_{ij} 的数据传输量 $\text{Data}(e_{ij})$从云服务提供商 p 传输到 q 所需的代价 $C_{\text{data}}(e_{ij},p,q)$如下:

$$C_{\text{data}}(e_{ij},p,q)=\text{Data}(e_{ij})\cdot c_{p,q} \tag{3-155}$$

在动态多云环境下,调度带截止日期的工作流,目的是使工作流在尽可能满足截止日期约束的前提下,系统执行代价最低,其中系统代价包括虚拟机运行的要价费用和任务数据在不同云之间的传输费用。整个调度方案的定义如下:

$$S=(\text{Re},\text{Map},\text{Ttotal},\text{Ctotal}) \tag{3-136}$$

其中包含一组来自相同或不同云服务提供商的虚拟资源 Re、工作流任务到相应虚拟资源的映射关系 Map、工作流调度总的执行完成时间 Ttotal 和对应的总的系统执行代价 Ctotal。图 3-54 展示了工作流(如图 3-53 所示)在云服务提供商 p 和 q 之间的调度示例图,启动了 4 台虚拟机资源。Re 表示一组需要被租赁启用的虚拟机资源 $\text{Re}=\{\text{vm}_1,\text{vm}_2,\cdots,\text{vm}_r\}$,每台虚拟机都有对应的虚拟机(实例)类型 s_{pi},以及对应的开启时刻 $\text{Tls}(\text{vm}_i)$和关闭时刻 $\text{Tle}(\text{vm}_i)$。Map 表示工作流中任务对应虚拟机资源 Re 的映射关系,$\text{map}(t_i,\text{vm}_j)$ 表明任务 t_i 被调度到虚拟机 vm_j 上执行,当任务被调度完成后,都有一组对应的实际执行开始时间 $\text{AST}(t_i)$和实际执行完成时间 $\text{AET}(t_i)$,且实际出任务不需要再产生并传输数据。因此,工作流的总执行完成时间 Ttotal 和系统总执行代价 Ctotal 分别如式(3-137)和式(3-138)所示。

$$\text{Ttotal}=\max_{t_i\in w}\{\text{AET}(t_i)\} \tag{3-137}$$

$$\text{Ctotal}=\sum_{i=1}^{|\text{Re}|}c_{s(\text{vm}_j)}\cdot\left\lceil\frac{\text{Tle}(\text{vm}_i)-\text{Tls}(\text{vm}_i)}{\lambda_{p(\text{vm}_i)}}\right\rceil+\sum_{i=1}^{n}\sum_{j=i+1}^{n}c_{p(t_i),p(t_j)}\cdot\text{Data}(e_{ij})\cdot s_j \tag{3-138}$$

其中,$s(\text{vm}_i)$表示虚拟机 vm_i 所属的实例类型,$c_{s(\text{vm}_i)}$表示对应实例类型的区间单价,$p(\text{vm}_i)$表示虚拟机 vm_i 所属的云服务提供商,$\lambda_{p(\text{vm}_i)}$则是该服务提供商对应的要价区间,一般为 1 个小时。t_j 表示其直接父任务节点是 t_i 的任务节点,当 t_i 和 t_j 所分配的资源由同一个云服务提供商提供时,s_j 为 0;否则 s_j 为 1。另外,$p(t_i)$和 $p(t_j)$分别表示任务 t_i 和 t_j 所被最终分配的云服务提供商,则 $c_{p(t_i),p(t_j)}$表示对应两个服务提供商之间的数据传输单价。

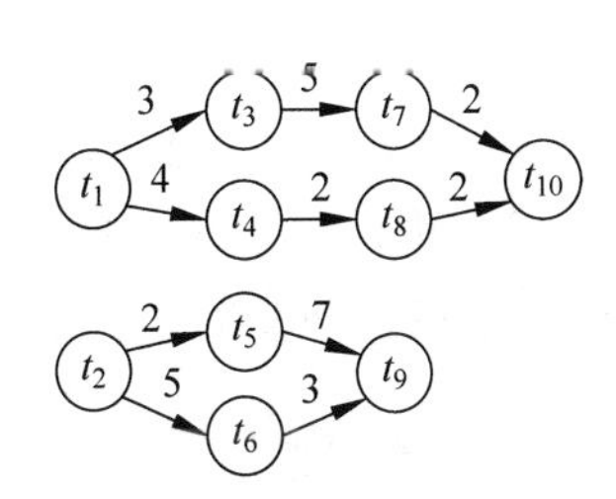

图 3-53 含有 10 个任务的工作流

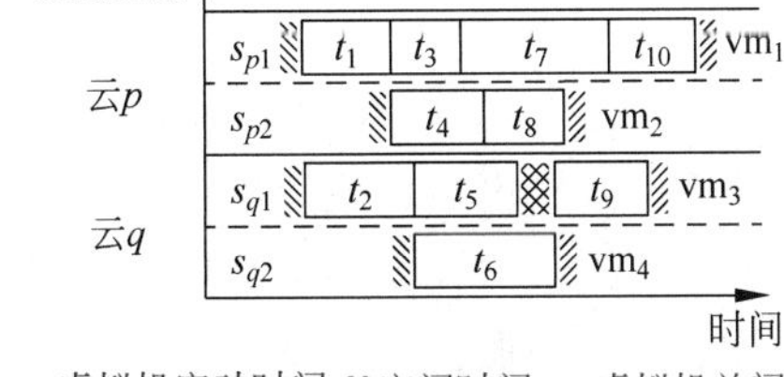

图 3-54 图 3-53 的工作流在云 p 和云 q 之间的调度示例图

因此,本节描述的动态多云环境下带截止日期约束的工作流调度问题,可形式化如表示为式(3-139),其核心思想是使执行总时间 Ttotal 小于或等于工作流截止日期 $D(w)$约束,追求系统总代价 Ctotal 最低。

$$\begin{aligned}&\textbf{Minimize}\ \mathrm{Ctotal}\\&\textbf{subject to}\ \mathrm{Ttotal}\leqslant D(w)\end{aligned} \tag{3-139}$$

3.6.3 相关算法

1. 粒子群优化算法

粒子群 PSO 优化算法是一种基于鸟群的社会行为的动物进化计算技术,它是在1995 年由 Eberhart 和 Kennedy 共同提出。从被提出开始,基于 PSO 的理论和应用研究就从未间断过。PSO 算法是一种随机优化技术,其基于问题空间产生多组的初始随机解,并作为进化过程中的初始种群。种群中的每个粒子代表每个个体,它们可以在整个问题空间范围内移动,每个粒子就是该优化问题的其中一个候选解。在某个给定时刻,每个粒子以某种速度移动更新自己的移动方向,该速度受粒子自身情况、粒子自身最佳历史位置以及整个种群的历史最佳位置这 3 方面影响。为了判断每个粒子在问题空间中的不同位置所产生解的优劣性,引入适应度函数来评估每个粒子的解质量。根据不同问题的背景和需求,适应度函数的定义也有所不同。

每个粒子是由它自身的位置和速度决定,它们根据周围粒子和自身的经验在问题搜索空间中不断迭代更新调整自己的位置和速度。其中速度是根据式(3-140)进行更新,位置根据式(3-141)进行更新。

$$V_i^{t+1}=w\times V_i^t+c_1r_1(\mathrm{pBest}_i^t-X_i^t)+c_2r_2(\mathrm{gBest}^t-X_i^t) \tag{3-140}$$

$$X_i^{t+1}=X_i^t+V_i^{t+1} \tag{3-141}$$

其中,t 表示当前的迭代次数,V_i^t 和 X_i^t 分别表示第 i 个粒子在第 t 次迭代时的速度和位置,通常需要定义一个最大速度 $V_{\max}$ 来限制粒子速度,使搜索结果在问题解空间内,pBest_i^t 和 gBest^t 分别是经过 t 次迭代后粒子 i 的自身历史最优位置和整个种群的历史最佳位置,w 是惯性权重,它决定前一次迭代速度对当前速度的影响大小,对算法的收敛性至关重要,c_1 和 c_2 是认知因子(或称为加速因子),它们体现当前粒子对自身历史最优值和种群全局历史最优值的认知学习能力,r_1 和 r_2 是 0～1 的两个随机变量,用于加强迭代搜索过程中的随机性。

2. 遗传算法

遗传算法(GA)是在1975年由美国Holland教授提出,它主要源自基于生物系统进化、选择和遗传的计算机模拟研究。它的核心思想是通过模拟自然界生物进化论和遗传机制,从而形成一种搜索问题空间最优解的方法。遗传算法具有简单通用、并行搜索、鲁棒性强等特征,基于基本遗传算法的理论和应用研究已在实际生活中被广泛应用,如函数优化、生产调度、组合优化和自动化控制等问题。

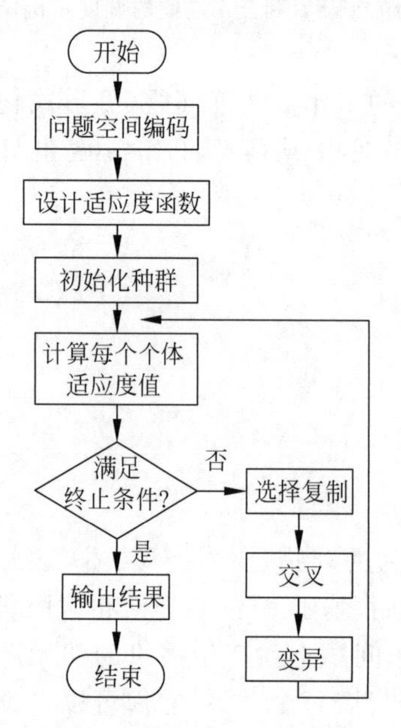

图3-55 基本遗传算法的运行流程

在自然界遗传进化过程中,由于个体之间存在的差异,造成生物对周围环境的生存和适应能力也参差不齐,遗传算法主要根据进化论的优胜劣汰、适者生存的生物进化原则,选择适应能力强的个体繁衍后代,淘汰适应能力差的个体。另外,生物之间通过交配继承父辈的遗传基因,或者经过染色体核基因的交叉组合产生更优秀的染色体,其适应和生存能力都更强。自然界中的生物基因也会发生偶然性突变,这种突变是小概率而且无法控制的,突变产生的新基因可能适应性更强。基于以上的选择、交叉和变异进化操作,遗传算法利用生物进化机制对问题空间进行最优化搜索。图3-55给出了基本遗传算法的运行流程图,其基本步骤如下:

编码。定义从问题搜索解空间到种群个体染色体编码空间的映射关系,Holland教授用由0和1组成的二进制字符串来表示解空间编码,一串字符串代表一个候选解。当然,也可以用其他的编码方式来表示解空间。

初始化个体种群。在解空间的搜索范围条件下初始化个体种群,该种群是问题解空间的一个子集。

适应度函数定义。定义评估解空间中每个个体适应度优劣的评价函数,即适应度函数,为后续的选择复制父本个体,优胜劣汰操作做准备。

选择。基于适应度函数的定义,选择适应度较大的个体繁殖后代。选择过程充分体现自然界的生物适者生存的理论。

交叉。随机选择两个种群个体,选中这两个个体的染色体的相同位置,在该位置上对基因进行相互交换。

变异。对个体染色体的某个基因按一定的概率进行变异,如在二进制串中,变异操作就是对选定某一位基因进行取反操作。

3.6.4 ADPSOGA调度算法

基本PSO算法最初设计的目的主要是解决连续优化问题,然而,在现实生活中存在许多离散的实际应用问题，因此现在许多科研人员开始逐步探索和设计可以用于求解相关离散问题的离散 PSO 算法。基于现有国内外研究工作结果，典型的离散 PSO 算法主要有 3 种：

(1) Pan 等人设计了一种解决流水车间作业调度优化问题的离散 PSO 算法；

(2) Kennedy 和 Eberhart 共同提出的普适性二进制离散 PSO 算法；

(3) Celec 设计了一种优化求解旅行商问题(Travelling Salesman Problem，TSP)的离散 PSO 算法。

另外，Pandey 等人设计了一种离散 PSO 算法用于优化求解云环境下单个工作流调度执行代价最低问题，他们通过负载均衡的调度理念使任务均衡被分配到对应资源上，忽略云环境弹性提供资源的性质。Wu 等人同样利用离散 PSO 算法构造一种近似最优的单工作流调度方案，他们分别针对截止日期约束的代价优化问题和预算约束的执行时间优化问题展开研究。基于 Pandey 和 Wu 等人的研究工作，本节设计一种基于遗传算法操作的自适应离散 PSO 算法，简称 ADPSOGA。接下来，将从粒子的编码策略、初始化资源分配、粒子的适应度函数、粒子的更新公式、粒子到调度结果的映射、算法的参数设置、算法的流程以及算法的复杂度分析 8 个方面具体介绍 ADPSOGA 调度算法。

1. 粒子的编码策略

PSO 算法对粒子的编码策略要求不高，但为了提高算法性能和搜索效率，需要一种好的编码方式。而编码策略的评价选择主要是考虑其健全性、完备性和非冗余性 3 个基本原则。

定义 3.20(健全性)：编码空间中的某个编码粒子，必须对应问题空间中的某个潜在问题优化解。

定义 3.21(完备性)：问题空间中的全部可行解，都能在编码空间中被相应的粒子表现出来。

定义 3.22(非冗余性)：问题空间中的潜在解，只能和编码空间中的相关粒子一一对应。

要实现同时满足以上 3 个基本原则的编码方式是十分困难的，基于本章要解决的多云环境下工作流的调度方案问题，这里采用云提供商-实例类型-具体实例的嵌套离散编码方式。假设在有 3 个云服务提供商，每个云服务提供商各自拥有 8 个实例类型的环境下，对含有 n 个任务节点的工作流进行调度并分配具体的相应实例。给工作流中的每个任务节点按层次顺序进行编号，并且在每一层中都是从左往右对任务进行排序，这样可以保证前驱任务节点排在后继任务节点的前面被调度，不影响调度过程中的依赖关系。因此，任务节点的编号依次为 $1,2,\cdots,n$。一个粒子代表多云环境下工作流任务的一个分配方案，例如粒子 i 在 t 时刻的位置 X_i^t 可表示为

$$X_i^t=(x_{i1}^t,x_{i2}^t,\cdots,x_{in}^t) \tag{3-142}$$

$$x_{ik}^t=(p,s_{pj},s_{pjr})_{ik}^t \tag{3-143}$$

其中，$x_{ik}^t(k=1,2,\cdots,n)$表示在粒子 i 分配方案中，工作流第 k 个任务节点在 t 时刻的分配位置。(p,s_{pj},s_{pjk})分别代表该任务节点被分配到云 p 中实例类型是 s_{pj} 的第 r 个具

体实例上。粒子上的每一个节点位被嵌套划分成3个小分位,分别表示云服务提供商、实例类型和具体实例。在初始化种群的过程中,粒子的每一个节点位中对应的小分位各自随机初始化为0到其对应总数量之间的整数值。粒子i在t时刻的个体自身最优值为$pBest_i^t=(pBest_{i1}^t, pBest_{i2}^t, \cdots, pBest_{in}^t)$,其中全局粒子最优值为$gBest^t=(gBest_1^t, gBest_2^t, \cdots, gBest_n^t)$。

假设含有8个任务的工作流的某一个粒子编码分配方案如图3-56所示,则粒子解码后第1个任务被分配到第1个云服务提供商的第1种实例类型的第1个实例上,而第2个任务则被分配到第1个云服务提供商的第2种实例类型的第3个实例上,其他任务的分配以此类推。

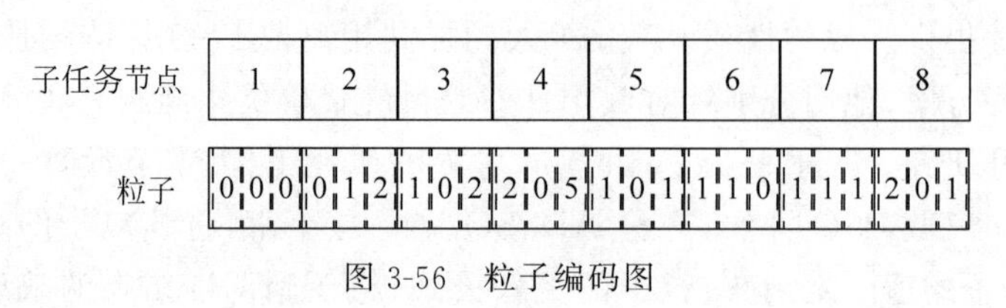

图3-56 粒子编码图

性质3.1:云提供商-实例类型-具体实例的嵌套离散编码方式满足编码完备性和非冗余性基本原则,但不满足编码的健全性基本原则。

显然,利用以上编码方式来解决多云环境下的工作流调度问题满足编码完备性基本原则,同时,不同编码的粒子分别代表不同的调度分配方案,也就是问题空间的某个可行解只与编码空间的其中一个编码粒子对应,因此该编码方式也满足非冗余性基本原则。然而,对于健全性基本原则,有些编码的粒子存在对应问题空间中不可行解的情况,如调度的结果超过了工作流自身预定的截止日期时间。

2. 初始化资源分配

Pandey的*A particle swarm optimization-based heuristic for scheduling workflow applications in cloud computing environments*和Wu的*A revised discrete particle swarm optimization for cloud workflow scheduling*利用离散PSO算法设计云环境下的工作流调度方案,为本节工作建立一个良好的基础。这二者的研究工作均假设虚拟机的种类和数目都是已知的,和具体调度的工作流结构和性质无关,然而,在现实云环境下,云计算资源往往是按需弹性供应,其所需的初始化资源量应和工作流的执行代价、执行时间和截止日期密切相关。由于云环境下弹性资源提供的动态性,对于终端用户而言,工作流所需的虚拟资源是无限的。对于离散PSO算法而言,初始化虚拟资源池的大小将决定优化进程的不同搜索空间,对算法复杂度以及工作流执行效果起着关键性作用。初始化资源池既要保证虚拟资源的多样性和搜索空间的完备性,又要不造成粒子潜在解的冗余性。当虚拟化资源池太小时,可能会出现本可以在截止日期前完成的工作流,由于资源的缺乏而无法及时完成的情况,这时PSO对应的编码粒子成为非正常不可行解。当虚拟化资源池太大时,PSO编码的潜在解过于庞大,使算法本身无法及时收敛,给发现优化可行解增加负担。

一种可行的初始化虚拟资源分配方案,是针对工作流中的每个任务,为每个任务初始分配多云环境下所有类别的虚拟机各一台，这样可以保证搜索空间的多样性和完整性，然而，这种方案的初始化资源池 R_{intial} 的大小为 $n\times \text{Num}_{\text{type(vm)}}$，其中 n 为工作流 w 中的任务数量，$\text{Num}_{\text{type(vm)}}$ 则为所有云服务提供商 P 的虚拟机(实例)类型数量总和，即

$$\text{Num}_{\text{type(vm)}}=\sum_{p}^{P}\text{Num}_{\text{vm}(p)} \tag{3-144}$$

其中，$\text{Num}_{\text{vm}(p)}$ 为云服务提供商 p 所提供的虚拟机(实例)类型数量。这种初始化资源池 $n\times \text{Num}_{\text{type(vm)}}$ 可以满足工作流算法的正常执行，但搜索空间还是比较大，增加了算法复杂度。

为进一步压缩搜索空间，缩小初始化资源量，并保持原有潜在解粒子的多样性，本节设计如下弹性初始化资源分配策略。假定 $S_{\text{par}(w)}$ 是工作流 w 中的最大可并行任务集合，为集合 $S_{\text{par}(w)}$ 中的每个任务初始化分配多云环境下所有类别的虚拟机各一台，即初始化资源池 R_{intial} 的大小是 $|S_{\text{par}(w)}|\times \text{Num}_{\text{type(vm)}}$。由于除了集合 $S_{\text{par}(w)}$ 中的任务，其他任务都会和 $S_{\text{par}(w)}$ 中的任务存在直接和间接的依赖关系，存在依赖关系的任务即使被分配到同一个虚拟机上执行，也不会影响它们之间执行的先后，更不会影响整个调度结果。通过以上资源池初始化方式，可以大幅降低初始化资源池大小，减少算法复杂度，同时不影响搜索空间和计算资源的多样性。另外，由于本节选择的测试工作流样例在结构上具有一定的层次性，并且本节重点并不在于具体实现计算工作流最大可并行任务集合的算法，所以本章选用传统广度优先搜索算法来寻找工作流大可并行任务集合。

3. 粒子的适应度函数

粒子的适应度函数用来评价两个粒子的优劣性，通常粒子群优化算法中较小的粒子适应度函数值代表对应的粒子越优秀。结合本章的多云环境下工作流调度问题，由于前期的粒子编码策略不满足编码的健全性基本原则，即会出现工作流调度后的总执行时间超过对应的截止日期时间的情况，所以需要对正常粒子和超过截止日期约束的非正常粒子的适应度函数区分定义。根据对多情况约束控制处理的策略，本节判断两个不同粒子优劣的粒子适应度函数分 3 种不同情况定义如下：

情况 1，一个粒子是可行解，另一个粒子是不可行解。

一个粒子是正常可行解，说明其对应的调度方案的最终工作流总执行时间 Ttotal 小于或等于对应的截止日期 $D(w)$；相反地，另一个粒子是非正常不可行解，则说明工作流总执行时间 Ttotal 大于其截止日期 $D(w)$。因此，可以简单定义不同情况的适应度值 fitness 来选择可行解作为优秀解，定义可行解的适应，度为 0，而不可行解的适应度为 1，如式(3-145)所示。其中 $\text{Ttotal}_{X_i^t}$ 表示 t 时刻的粒子 X_i^t 对应调度方案的工作流总执行时间。

$$\text{fitness}=\begin{cases}0, & \text{Ttotal}_{X_i^t}\leqslant D(w)\\ 1, & \text{否则}\end{cases} \tag{3-145}$$

情况 2，两个粒子都是不可行解。

两个粒子都是非正常不可行解，则说明它们对应调度方案的工作流总执行时间 Ttotal 都大于各自的截止日期 $D(w)$。因此，定义越可能成为可行解的粒子为较优秀解，

即定义总执行时间较小的粒子为选择对象。所以在二者均有非正常不可行解的情况下，粒子的适应度函数 fitness 定义如下：

$$\text{fitness}=\text{Ttotal}_{X_i^t} \tag{3-146}$$

情况 3,两个粒子都是可行解。

两个粒子都是正常可行解,则说明它们对应的调度方案的最终工作流总执行时间 Ttotal 都小于或等于对应的截止日期 $D(w)$。在这种大前提下,基于本章的基于代价驱动的调度目标,选择总执行代价较低的粒子对应的调度方案为较优解,

所以相应的适应度函数 fitness 定义如式(3-147)所示。其中 $\text{Ctotal}_{X_i^t}$ 表示 t 时刻的粒子 X_i^t 对应调度方案的工作流总执行代价。

$$\text{fitness}=\text{Ctotal}_{X_i^t} \tag{3-147}$$

4. 粒子的更新公式

在基本 PSO 算法中,式(3-140)包括 3 个核心部分：惯性部分、个体认知部分和社会认知部分。本节的 ADPSOGA 算法基于基本遗传算法的变异和交叉操作,对式(3-140)中的相应部分进行更新操作,克服传统 PSO 算法存在的过早收敛的缺陷,以解决动态多云环境下基于代价驱动的带截止日期约束工作流调度这一离散问题。粒子 i 在 t 时刻位置的更新方式如下所示：

$$X_i^t=c_2\oplus C_g(c_1\oplus C_p(w\oplus M(x_i^{t-1}),\text{pBest}_i^{t-1}),\text{gBest}^{t-1}) \tag{3-148}$$

其中,w 是惯性权重因子,c_1 和 c_2 是认知因子(或称为加速因子),M 表示变异操作,C_g 和 C_p 表示交叉操作,假定 r_1、r_2、r_3 是在区间$[0,1)$的随机数。

(1) 式(3-140)中的惯性部分结合了遗传算法中变异的思想,其中函数 M 表示以概率 w 对前一时刻粒子进行变异操作。

$$A_i^t=w\oplus M(X_i^{t-1})=\begin{cases}M(X_i^{t-1}), & r_1<w\\ X_i^{t-1}, & \text{其他}\end{cases} \tag{3-149}$$

在式(3-149)中,变异操作的具体过程：以 3.4.1 节中任务个数为 8 的工作流的候选调度方案为例,如图 3-57 所示,随机选取调度编码的其中 1 位云提供商-实例类型-具体实例的嵌套离散编码点作为变异点位,无论是云提供商、实例类型或者具体实例的变异编码,都只能取相应范围内的数字,例如,云服务提供商总共就 3 个,则变异编码对应的云提供商位则为 0～2 的整数范围。此时,随机产生一个 0～1 的数 r_1,若小于变异概率 w,则随机选择序列中一个位置(mp1),将 mp1 上的值更新为对应范围的整数,但需与 mp1 位置的原值不一样。如图 3-57,mp1 位置上值由(0,1,2)更新为(1,2,0),此时变异操作结束。

(2) 式(3-140)中的个体认知部分和社会认知部分结合了遗传算法中交叉的思想(其中函数 C_p 和 C_g 分别表示以概率 c_1、c_2 进行交叉操作)。

$$B_i^t=c_1\oplus C_p(A_i^t,\text{pBest}^{t-1})=\begin{cases}C_p(A_i^t,\text{pBest}^{t-1}), & r_2<c_1\\ A_i^t, & \text{其他}\end{cases} \tag{3-150}$$

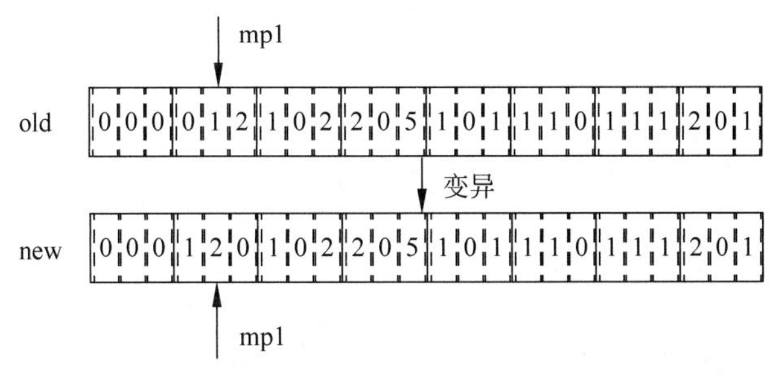

图 3-57　本节算法的变异操作

$$C_i^t = c_2 \oplus C_g(B_i^t, \text{gBest}^{t-1}) = \begin{cases} C_g(B_i^t, \text{gBest}^{t-1}), & r_3 < c_2 \\ B_i^t, & \text{其他} \end{cases} \tag{3-151}$$

在式(3-150)和式(3-151)中，粒子与其自身历史最优方案(种群全局最优方案)进行交叉操作的过程：在变异操作后，产生一个 0～1 的随机数 $r_2(r_3)$，若其小于交叉概率 $c_1(c_2)$，粒子的序列需与其历史最优方案(种群全局最优方案)进行交叉操作。如图 3-58 所示，随机产生两个交叉位置(cp1 和 cp2)，将本粒子中 cp1 和 cp2 的值替换为其历史最优方案(种群全局最优方案)在该区间的值，得到如图 3-58 右半部分所示交叉后的粒子编码情况。

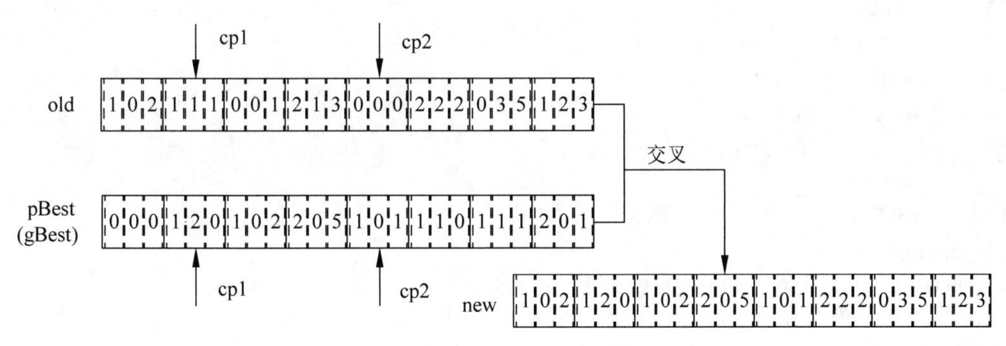

图 3-58　本节算法的交叉操作

5. 粒子到调度结果的映射

算法 3.14 给出了按照严格依赖关系的粒子编码到工作流调度结果映射的 Schedule_Generation 处理过程伪代码。该处理算法的初始输入包括工作流 w、前面讲述的初始化资源池 R_{intial} 以及严格按照依赖关系编码粒子 X。

算法 3.14：编码粒子到调度结果的映射

procedure Schedule_Generation(w, R_{intial}, X)

1. 初始化式(3-136)的四元素，Re ← null，Map ← null，Ttotal ← 0，Ctotal ← 0
2. 计算工作流 w 中每个任务对应初始化资源的历史估计执行时间 $T_{\text{exe}}[|w| \times |R_{\text{intial}}|]$
3. 分别计算单云和多云环境下工作流 w 相邻任务之间的数据历史估计传输时间 $T_{\text{intra}}[|w| \times |w|]$，$T_{\text{inter}}[|w| \times |w|, |P| \times |P|]$
4. **for** $i = 0$ to $i = |w| - 1$

```
5.      t_i = w[i], r_X(i) = R_intial[X(i)]
6.      if t_i 为真实入任务节点 then
7.          if r_X(i) 未启动 then
8.              启动 r_X(i), LETr_X(i) = T_boot(r_X(i)), Tls(r_X(i)) = LETr_X(i) − T_boot(r_X(i))
9.          end if
10.         STt_i = LETr_X(i)
11.     else
12.         调用 Max_Parents(t_i)处理过程, maxT = Max_Parents(t_i)
13.         if r_X(i) 未启动 then
14.         启动 r_X(i), LETr_X(i) = max(maxT, T_boot(r_X(i))), Tls(r_X(i)) = LETr_X(i) − T_boot(r_X(i))
15.         end if
16.         STt_i = max(maxT, LET r_X(i))
17.     end if
18.     exe = T_exe[i][X(i)]
19.     foreach child t_c of t_i do
20.         if t_c 被调度到与 t_i 同一个云中,但不同的虚拟机上 then
21.             transfer += T_intra[i][c]
22.         else if t_c 被调度到与 t_i 不同的云中 then
23.             transfer += T_inter[i_p][c_q]
24.         end if
25.     end for
26.     ETt_i = STt_i + exe + transfer
27.     Map = Map ∪ (t_i, r_X(i), STt_i, ETt_i)
28.     if r_X(i) ∉ Re then
29.         Re = Re ∪ { r_X(i) }
30.     end if
31.     LETr_X(i) = LETr_X(i) + exe + transfer
32. end for
33. 根据式(3-137)和式(3-138)分别计算 Ttotal 和 Ctotal
34. 输出调度方案及其对应结果 S = (Re, Map, Ttotal, Ctotal)
end procedure
```

首先,对构成调度结果的四元素进行初始化操作,租赁资源 Re、任务到租赁资源的映射关系 Map 刚开始均为空集,工作流在未执行前,其产生的总执行代价和总执行时间均为 0(第 1 行)。初始化完成后,依据工作流自身性质以及其在对应初始化资源池 R_{intial} 中相应虚拟机资源上的历史执行性能,估算工作流中每个任务在不同虚拟机上的执行时间二维矩阵 $T_{\text{exe}}[|w|\times|R_{\text{intial}}|]$,其中矩阵中的元素 $T_{\text{exe}}[i][j]$表示任务 t_i 在虚拟机 mv_j 上的历史估计执行时间(第 2 行)。同样地,计算工作流中存在依赖关系的相邻任务之间的数据量在单云和多云之间的历史估算传输时间,本章假设不同云的内部单云带宽都相同,所以仅需一个二维矩阵 $T_{\text{intra}}[|w|\times|w|]$来表示,其中 $T_{\text{intra}}[i][j]$表示在同一个云中,任务 t_i 产生的数据量传输到任务 t_j 所需的历史估计时间,当任务 t_i 和 t_j 之间不存在直接的依赖边或者 $t_i=t_j$,则其值为 0;另外,多云间的工作流 w 相邻任务的数据量历史估计传输时间则需要 $C_{|P|}^2$ 个 $T_{\text{inter}}[|w|\times|w|]$二维矩阵,计算任务 t_i 产生的数

据量从云 p 传输到云 q 的任务 t_j 所需的历史估计时间(第 3 行)。

其次,依照任务的编码顺序,即先驱任务节点的序号肯定比后辈任务节点先遍历到。对于任务 t_i,即工作流中第 i 个任务 $w[i]$,其在粒子编码中对应初始化资源池中的虚拟机 $R_{\text{intial}}[X(i)]$,算法中定义为虚拟机 $r_{X(i)}$,这里的虚拟机已经包含了所属的云服务提供商、类型以及具体第几个实例等信息(第 5 行)。接下来,计算任务 t_i 的开始时间 STt_i,这里分两种情况:

(1) 当任务 t_i 是真实入任务节点,即其没有直接先驱任务节点,则当虚拟机 $r_{X(i)}$ 可用时,任务 t_i 可立刻开始被执行,所以 t_i 的开始时间 STt_i 为虚拟机 $r_{X(i)}$ 的已租赁时间 $\text{LET}r_{X(i)}$。另外,需要额外判断虚拟机 $r_{X(i)}$ 是否已开启,如果未开启,则虚拟机 $r_{X(i)}$ 需要被启动,虚拟机的已租赁时间 $\text{LET}r_{X(i)}$ 即为虚拟机的初始化启动时间 $T_{\text{boot}}(r_{X(i)})$;

(2) 当任务 t_i 不是入任务节点时,即其有一个或多个直接父任务节点。在这种情况下,任务 t_i 不但需要等待资源空闲时才可执行,还得等待其所有直接父任务节点执行完成,并将产生数据传输到对应虚拟机 $r_{X(i)}$ 上才可执行,所以调用 Max_Parents(t_i)处理过程计算任务 t_i 等待其所有直接父任务节点执行完成并传输数据至虚拟机 $r_{X(i)}$ 的等待传输时间 maxT,Max_Parents(t_i)处理过程还计算任务 t_i 和其所有直接父任务节点之间的数据传输费用,而 t_i 的开始时间 STt_i 为虚拟机 $r_{X(i)}$ 的已租赁时间 $\text{LET}r_{X(i)}$ 和等待传输时间 maxT 间的较大者,当然,也得考虑虚拟机 $r_{X(i)}$ 是否已被启动(第 6～17 行)。

计算完任务 t_i 的开始时间 STt_i,需要根据任务在虚拟机上的估计执行时间和产生数据传输到其直接后辈任务的时间,来计算任务 t_i 的结束时间 $\text{ET}t_i$。对于产生数据的传输时间,需要根据其直接后辈任务 t_c 是否与任务 t_i 分配在同一个云中来确定,这里有 3 种情况:

(1) 后辈任务 t_c 与任务 t_i 在同一台虚拟机上执行,则传输时间 transfer 为 0;

(2) 后辈任务 t_c 与任务 t_i 在同一个云中但不同虚拟机上执行,由于在前述内容中假设单云内部的数据传输带宽一致,则传输时间 transfer 为 $T_{\text{intra}}[i][c]$;

(3) 后辈任务 t_c 与任务 t_i 分别在云 p 和云 q 上执行,则传输时间 transfer 为 $T_{\text{inter}}[i_p][c_q]$。通过任务 t_i 的开始时间 STt_i、在虚拟机 $r_{X(i)}$ 上的估计执行时间 $T_{\text{exe}}[i][X(i)]$以及数据传输到所有直接后辈任务的总时间 transfer,计算任务 t_i 的结束时间 ETt_i(第 18～26 行)。

最后,将任务 t_i 调度到虚拟机 $r_{X(i)}$ 上,以及其对应的开始时间 STt_i 和结束时间 ETt_i 四元素(t_i,$r_{X(i)}$,STt_i,ETt_i)添加到工作流 w 与租赁资源的映射关系 Map 中(第 27 行)。随后判断虚拟机 $r_{X(i)}$ 是否已被添加到租赁资源 Re 中,如果未被添加,则进行添加(第 28～30 行)。对于虚拟机 $r_{X(i)}$ 的最新已租赁时间,则是当下运行完成任务 t_i 的最新时刻(第 31 行)。

完成编码粒子中所有任务到对应虚拟机资源的执行情况,根据式(3-137)和式(3-138)分别计算工作流 w 的总执行时间和总执行代价(费用),其中总执行代价包括工作流计算代价和相邻任务之间的数据传输代价。整体的调度方案和对应结果,即为算法的输出结果 $S=(\text{Re},\text{Map},\text{Ttotal},\text{Ctotal})$ (第 33～35 行)。

算法 3.15 主要介绍 Max_Parents(t_i)的处理过程,计算任务 t_i 等待其所有直接父任务节点执行完成并传输数据至虚拟机 $r_{X(i)}$ 的最长等待传输时间 T_{wait},以及计算任务

t_i 与其所有直接父任务节点之间的数据传输费用总和。首先，初始化最长等待时间 T_{wait} 和数据传输总费用 C_{transfer}（第1行）。其次，对于任务 t_i 等待时间和数据传输费用，需要根据其直接前驱任务 t_p 是否与任务 t_i 分配在同一个云中来确定，这里有3种情况：

(1) 前驱任务 t_p 与任务 t_i 在同一台虚拟机上执行，则等待时间和数据传输费用均为0；

(2) 前驱任务 t_p 与任务 t_i 在同一个云中但不同虚拟机上执行，则等待传输时间为 $T_{\text{intra}}[p][i]$，而数据传输费用为0（因为在同一个云中，故不产生传输费用）；

(3) 前驱任务 t_p 与任务 t_i 分别在云 q 和云 p 上执行，则等待传输时间为 $T_{\text{inter}}[p_q][i_p]$，而数据传输费用为 $\text{Data}(e_{pi}) * c_{q,p}$，其中 $\text{Data}(e_{pi})$ 为任务 t_p 到任务 t_i 的数据传输量，$c_{q,p}$ 是云 q 到云 p 传输1GB数据量所需的成本。计算完每个等待父任务传输时间，取其中最大值，即最长等待传输时间，而数据传输费用，则由迭代相加获得（第2～9行）。最后，输出任务 t_i 的最长等待时间 T_{wait} 以及和父任务之间的数据传输费用的总和 C_{transfer}（第10行）。

算法 3.15：任务的最长等待时间和传输代价

```
procedure Max_Parents(t_i)
 1. 初始化，T_wait ← 0, C_transfer ← 0
 2. foreach parent t_p of t_i do
 3.     if t_p 被调度到与 t_i 同一个云中，但不同的虚拟机上 then
 4.         T_wait = max(T_wait, T_intra[p][i])
 5.     else if t_p 被调度到与 t_i 不同的云中 then
 6.         T_wait = max(T_wait, T_inter[p_q][i_p])
 7.         C_transfer += Data(e_pi) * c_q,p
 8.     end if
 9. end for
10. 输出最长等待时间 T_wait，传输费用 C_transfer
end procedure
```

6. ADPSOGA算法的参数设置

性质 3.2：惯性权重因子 w 的设置将影响到粒子的局部搜索能力和全局搜索能力的平衡情况。

从粒子的速度更新式(3-140)中可看出，式(3-140)的第一部分为粒子提供了在搜索空间的飞行动力，代表粒子在飞行轨道中受先前速度的影响程度。因此，惯性权重因子 w 是反映这种影响程度的具体数值。

性质 3.3：设置值较大的惯性权重因子 w 将使算法拥有更强的全局搜索能力。

从性质3.2和式(3-140)中可看出，惯性权重因子 w 决定了粒子保留多少先前的飞行速度。因此一个较大的惯性权重因子将增强粒子搜索未知区域的能力，有助于提高算法的全局搜索能力，从而跳出局部最优解。一个较小的惯性权重因子预示算法将主要集中在当前搜索位置的附近搜索，这有助于增强算法的局部搜索能力从而加快收敛速度。

在文献 *A modified particle swarm optimizer* 的工作中，Shi 和 Eberhart 设计了一种基于线性递减的惯性权重因子调整策略的 PSO 算法。其中，为了确保算法在早期拥有较强的全局搜索能力，采用一个较大的惯性权重因子，同时为了保证后期的收敛速度，即增加局部搜索能力，后期采用一个较小的惯性权重因子。通过在 4 种不同的基准测试函数上的实验仿真，最终的实验结果表明，基于这种参数调整策略的 PSO 算法能够有效地提高算法的性能。

性质 3.4：值较大的加速因子 c_1 可能导致算法在局部范围内搜索，而值较大的加速因子 c_2 则将使得算法过早收敛至局部最优解。

加速因子 c_1 和 c_2 是用于粒子间的交流学习。Ratnaweera 等提出一种加速因子的调整策略：在算法早期采用值较大的 c_1 和值较小的 c_2，而后期则相反。通过这种方式，可保证算法在早期可在局部范围内进行详细搜索，使其不会在早期直接移动至下一个局部最优位置，同时在后期加快算法的收敛速度。相关实验结果也表明，基于这种调整策略的算法可获得优秀的解方案。

基于以上 PSO 算法的参数性质分析，由于式(3-140)的惯性权重因子 w 是一个重要参数，它已被证明能够影响 PSO 算法的收敛性和搜索能力。当惯性权重因子 w 较小时，其有利于算法的局部搜索能力；否则，有利于算法的全局搜索能力。在 PSO 算法的执行初期，更注重问题空间搜索的多样性和粒子全局搜索能力，随着搜索的深入进行，算法在后期更加注重其在局部搜索方面的能力。因此，惯性权重因子 w 的权值应随着算法迭代次数 iters 的增加而逐渐减少。经典的惯性权重因子随迭代次数线性递减的调整策略如下：

$$w = w_{\max} - \text{iters}_{\text{cur}} \times \frac{w_{\max} - w_{\min}}{\text{iters}_{\max}} \tag{3-152}$$

其中，$w_{\max}$ 和 $w_{\min}$ 分别是惯性权重因子 w 初始化时设定的最大值和最小值，$\text{iters}_{\text{cur}}$ 和 $\text{iters}_{\max}$ 分别是当前算法已迭代的次数和初始化设定的算法最大迭代次数。

在以上的经典惯性权重因子调整策略中，w 的变化仅仅和迭代次数有关，不能很好满足本节算法在实际运行中的非线性、复杂多变性要求。实际上，惯性权重因子 w 的权值大小应该随着种群粒子的进化而不断演变，因此下面构建一种可以根据当前种群粒子的优劣而进行自适应调整的惯性权重因子调整策略，该策略以基于当前粒子与全局历史最优粒子之间的差异程度来调整惯性权重因子大小，其中差异程度由式(3-153)计算：

$$d(X_i^{t-1}) = \frac{\text{div}(X_i^{t-1}, \text{gBest}^{t-1})}{3 \cdot T} \tag{3-153}$$

其中，$\text{div}(X_i^{t-1}, \text{gBest}^{t-1})$表示粒子 X_i^{t-1} 和全局历史最优粒子 gBest^{t-1} 之间粒子编码位的不同节点位的位数，T 是工作流中任务的个数，由于本章采用云提供商-实例类型-具体实例的嵌套离散编码策略，所以 $3 \cdot T$ 是粒子的维数。当 $\text{div}(X_i^{t-1}, \text{gBest}^{t-1})$的值较小时，表示粒子 X_i^{t-1} 和全局历史最优粒子 gBest^{t-1} 之间的差别位数和差异程度较小，所以应该减小惯性权重因子 w 的权值，以保证粒子可在小范围内更好地搜索，找到优化解；当 $\text{div}(X_i^{t-1}, \text{gBest}^{t-1})$的值较大时，则粒子 X_i^{t-1} 和全局历史最优粒子 gBest^{t-1} 之间的差别位数和差异程度就较大，所以应该加大惯性权重因子 w 的权值，使粒子的搜索空间变大，以便更快地找到优化解空间。因此，本节惯性权重因子 w 的权值计算公式如下：

$$w=w_{\max}-(w_{\max}-w_{\min})\times\exp(d(X_i^{t-1})/(d(X_i^{t-1})-1.01)) \tag{3-154}$$

如式(3-154)所示，$d(X_i^{t-1})$的最大值为1，即粒子X_i^{t-1}和全局历史最优粒子gBest^{t-1}是同一个粒子，为了防止除零现象的发生，以$d(X_i^{t-1})-1.01$作为除数。由式(3-154)可知，当$d(X_i^{t-1})$较大时，说明粒子之间差距较大，惯性权重因子w变大，以利于算法跳出局部搜索范围去寻找全局优化值；否则，说明粒子之间差距较小，惯性权重因子w也随之变小，以利于算法寻找局部范围优化解，从而加快算法收敛速度，这里的$w_{\max}$和$w_{\min}$分别设置成0.9和0.4。

另外，本节算法的两个加速因子c_1和c_2采用Shi等所提出的线性增减策略进行设置。具体设置为加速因子c_1从0.9线性递减至0.2，加速因子c_2从0.4线性递增至0.9，每次迭代中相应的参数设置具体按照式(3-155)和式(3-156)进行更新。

$$c_1=\mathrm{c_1\_start}-\frac{\mathrm{c_1\_start}-\mathrm{c_1\_end}}{\mathrm{iters_{max}}}\times\mathrm{iters_{cur}} \tag{3-155}$$

$$c_2=\mathrm{c_2\_start}-\frac{\mathrm{c_2\_start}-\mathrm{c_2\_end}}{\mathrm{iters_{max}}}\times\mathrm{iters_{cur}} \tag{3-156}$$

其中，$\mathrm{c_1_start}$和$\mathrm{c_2_start}$表示参数c_1和c_2迭代开始的初始值；$\mathrm{c_1_end}$和$\mathrm{c_2_end}$表示参数c_1和c_2的迭代的最终值。

7. ADPSOGA算法的流程

ADPSOGA算法的流程图如图3-59所示，其详细步骤可概括如下：

步骤1，初始化ADPSOGA算法中种群大小、迭代次数、惯性权重因子、加速因子等参数的数值，同时随机生成初始种群。

步骤2，根据3.4.5节的调度映射算法，以及式(3-145)、式(3-146)和式(3-147)计算每个粒子不同情况下的适应度值，再从中选择适应度值最小的粒子作为种群的全局最优粒子，同时将第一代中每个粒子设置为其历史最优粒子。

步骤3，根据粒子更新式(3-148)～式(3-151)逐步更新粒子的速度，并最终得到更新后的粒子位置。

步骤4，根据式(3-145)、式(3-146)和式(3-147)重新计算每个粒子的适应度值，若当前粒子的适应度值小于其历史最优值，则将更新后的粒子设置为其历史最优粒子。

步骤5，若更新后的粒子的适应度值小于种群的全局最优粒子的适应度值，则将更新后的粒子设置为种群全局最优粒子。

步骤6，检查是否满足算法的终止条件(得到一个足够好的解方案或达到设定的算法最大迭代次数)。如果满足，则算法终止；反之，转到步骤3。

8. ADPSOGA算法的复杂度分析

假设初始化种群的大小为N，一个粒子的维度大小为D，算法的迭代次数为iters，工作流的任务个数为n，需要租赁的虚拟化资源量为Re，则ADPSOGA算法复杂度为$O(\mathrm{iters}\times N\times n^2\times \mathrm{Re})$。在ADPSOGA算法的主内部循环中，即从步骤3到步骤5的循

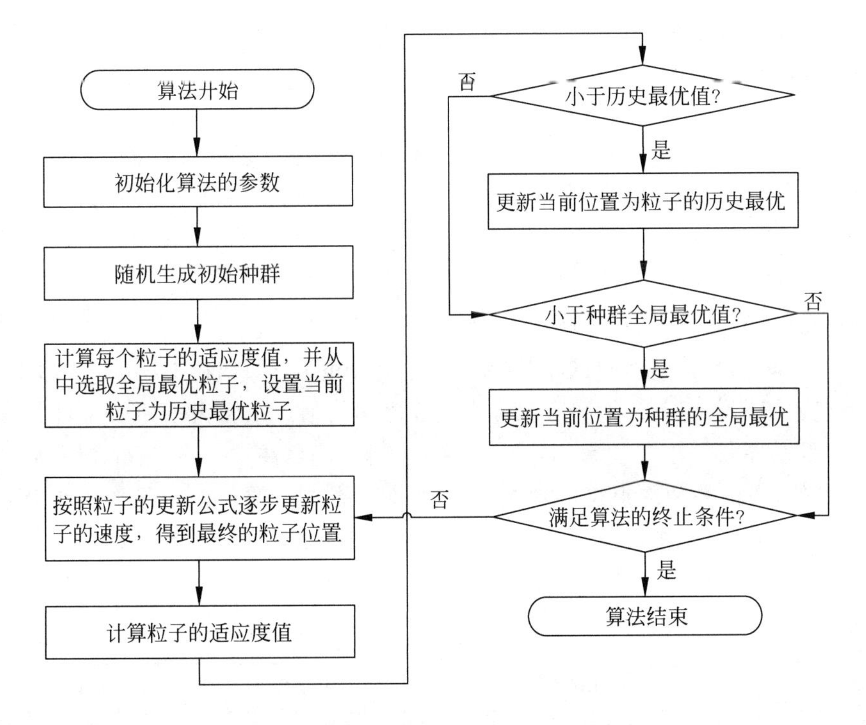

图 3-59　ADPSOGA 算法的流程图

环，包括变异、交叉以及适应度值计算操作。其中的变异和交叉操作，由于算法本身只是变换任务对资源虚拟机的不同选择方式，所以其计算时间为常数时间。然而，在适应度值计算的操作中，主要利用式(3-137)和式(3-138)求解工作流总执行时间和总执行代价，以评判粒子适应度好坏，其计算的复杂度由工作流中的任务数量和所需虚拟化资源量共同决定。因此，算法内部循环的复杂度为 $O(T \times \mathrm{Re})$。同时算法的主外部循环的复杂度主要跟种群大小、粒子的维度以及算法的迭代次数相关，粒子的维度在编码中 $D=3n$，因此 ADPSOGA 算法复杂度为 $\mathrm{O}(\mathrm{iters} \times N \times n^2 \times \mathrm{Re})$。

3.6.5　实验与评估

本节算法的相关实验环境和第 2 章相同，此处不再赘述。ADPSOGA 算法的参数设置如下：种群大小为 100，最大迭代次数为 1000。为了验证 ADPSOGA 算法在静态和动态多云环境下对工作流调度的有效性，本章进行动态和静态两种不同多云环境的实验对比。

1. 实验设置

本章的工作流测试样例依旧采用 Bharathi 等人研究的来自 5 个不同科学领域的 5 种现实工作流：天文学领域的 Montage、地震科学领域的 CyberShake、生物基因学领域的 Epigenomics、重力物理学领域的 LIGO 以及生物信息学领域的 SIPHT。实验中选取其中 3 种类型：小型(约 30 个任务)，偏小型(约 50 个任务)和中型(约 100 个任务)。在本节算法中，事先预估工作流中每个任务对应不同云服务提供商不同类型实例的执行时间，由前述引言可知这种预估执行时间未必准确，所以本章假设工作流中任务的大小符合正态分布，其变化率区间为(−10%,10%)。

多云环境下存在 3 个服务提供商 EC2 (C1)、Rackspace (C2)和 GoGrid (C3)，为了增加任务分配的多样性，假设每个提供商均有 8 个不同的实例类型，每个实例类型拥有特定的任务执行速度和单位执行代价。服务提供商对应实例类型的速度、价格以及性价比设定与第 2 章的实验设置相同。根据文献对虚拟机处理性能变化的发现，假设虚拟机处理性能降低的变化率满足均值为 12%、最大降低率为 24%、标准差为 10%的正态分布。单云内部不同实例类型之间的平均带宽设定为 20MBps，该值与 Amazon 服务提供商的实例类型之间带宽相近。不同云服务提供商之间的估计带宽大小如表 3-41 所示，在算法测试中，假设带宽大小变化率满足最大减少 19%、均值减少 9.5%、标准差为 5%的正态分布。另外，假设每种虚拟机的初始化启动时间是 97s，要价区间是按 1 小时要价。表 3-42 描述了不同云服务提供商之间传输数据量的价格表，这是一个阶梯数据量传输要价表(这些数据来自对应云服务提供商的官网)。

表 3-41　不同云服务提供商之间的带宽大小

	Avg(MB/s)	**Time(s/GB)**	**Stdev(%)**
C1-C2	1.33	770	29.50
C1-C3	3.25	315	18.23
C2-C3	5.43	189	33.26

表 3-42　不同云服务提供商之间传输数据量的价格表

	Price($ /GB)			
	0～1GB	**1GB～1TB**	**1～10TB**	**10～50TB**
C1→(C2,C3)	0.00	0.19	0.19	0.15
C2→(C1,C3)	0.12	0.12	0.12	0.10
C3→(C2,C3)	0.00	0.12	0.11	0.10

最后，每个工作流需要一个特定的截止日期来检验调度算法性能。由于本章主要围绕动态环境展开，选择的 5 个不同的截止日期 $D_i(w)$如下所示：

$$D_i(w)=r_i \cdot \mathrm{Min}(w),\quad i=\{1,2,\cdots,5\} \tag{3-157}$$

其中，Min(w)是用 HEFT 算法执行工作流 w 的时间跨度，r_i 则是从集合 $R=\{1.5,2,5,8,15\}$中依次取相应值。

2. 对比算法

首先，通过扩展 pre_CSPCPM 调度算法来作为 ADPSOGA 算法的对比算法。pre_CSPCPM 算法的核心是对局部关键路径 PCP 的定义和将整个局部关键路径调度到“最适合”实例上的选择操作。由于 pre_CSPCPM 算法未考虑多云之间的数据传输代价因素，所以需要在“最适合”实例选择操作上做一些调整，而保持对局部关键路径 PCP 的定义操作。对于某条局部关键路径 PCP(t_i)，其对应的“最适合”实例 $s_{p,j,k}$ 需要满足的条件1需要进行调整(具体见2.3.1节)。即实例 $s_{p,j,k}$ 对应于局部关键路径 PCP(t_i)的执行增长代价需要重新定义如下：

$$\text{Cgrow}(s_{p,j,k},\text{PCP}) = c_{pj} \cdot (T_2 - T_1) + C_{\text{PCP}} \tag{3-158}$$

$$C_{\text{PCP}} = \sum \text{Cdata}(e_{ij}, p, q) \tag{3-159}$$

其中,C_{PCP} 是调度整条局部关键路径 PCP 到对应实例 $s_{p,j,k}$ 所产生的数据传输总代价，具体定义如式(3-159)。

其次,扩展与本章研究内容相近的单云环境下工作流 PSO 调度算法,简称为 WPSO (Workflow Scheduling with PSO),作为本节的另一个对比算法。Rodriguez 的 *Deadline based resource provisioningand scheduling algorithm for scientific workflows on clouds* 利用传统 PSO 算法的连续编码方式,其任务与资源的映射关系是通过选取编码粒子的实数取整部分来实现,该算法的更新方式基于式(3-140)的传统方式。为了使该文献和本节算法具有可对比性,WPSO 在初始化资源过程中,考虑多云环境下的资源类型,而非单云情况。另外,在粒子到调度结果映射过程,需要考虑不同类型实例的数据传输代价,特别是在不同云之间调度任务过程,需要考虑任务在不同云上的数据传输时间和数据传输代价。其惯性权重因子 w 和认知因子 c_1、c_2 的设置仍然依据该文献。

最后,为了验证本章惯性权重因子 w 和认知因子 c_1、c_2 的设置策略在算法运行过程中发挥的作用,将 ADPSOGA 算法的惯性权重因子和认知因子按该文献进行重新设置,形成自身横向对比算法 PSOGA(Particle Swarm Optimization with Genetic Algorithm Operators)。

3. 结果评价

本节利用工作流 w 标准执行代价 NEC(w)评价标准,对多云环境下带截止日期约束的 pre_CSPCPM、ADPSOGA、WPSO 以及 PSOGA 四种调度算法进行评价。下面在静态多云环境和动态多云环境两种不同情况下对以上调度算法展开具体分析。静态多云环境的任务大小、虚拟机执行性能和带宽大小都是确定的,不存在波动情况。而动态多云环境的工作流任务大小、虚拟机执行性能和带宽大小根据上述的实验设置方案,呈正态分布波动。

1) 静态环境

图3-60是静态多云环境下5种中型工作流在4种不同调度算法(即 pre_CSPCPM、ADPSOGA、WPSO 以及 PSOGA)中的标准执行代价。需要说明的是,其中 ADPSOGA、WPSO 和 PSOGA 是基于 PSO 的优化算法,所以在对应的测试实例中各执行10次并取最优值作为最终的相应标准执行代价。另外,在本部分的静态环境测试样例中,所有工作流均在截止日期前被成功执行完成(即使是最短截止日期 $D_1(w)$)。快速浏览图3-60中的5张子图,4种算法的标准执行代价 NEC(w)均随着工作流截止日期的增大而不断减少。在静态环境的所有测试样例中,pre_CSPCPM 算法的性能均超过其他基于 PSO 的随机优化算法(即 ADPSOGA、WPSO 和 PSOGA 算法),这主要由于 pre_CSPCPM 算法是确定的有目的性,而不是大面积随机游走,而且其有效地压缩任务之间的数据传输量。在静态环境下,性能仅次于 pre_CSPCPM 算法的是 ADPSOGA 算法,即在 PSO 随机优化算法中,ADPSOGA 算法的性能最优,这主要归功于其自适应的惯性权重因子调整策略和离散的编码方式,使其在问题搜索空间中具有更广的多样性和良好的搜索能

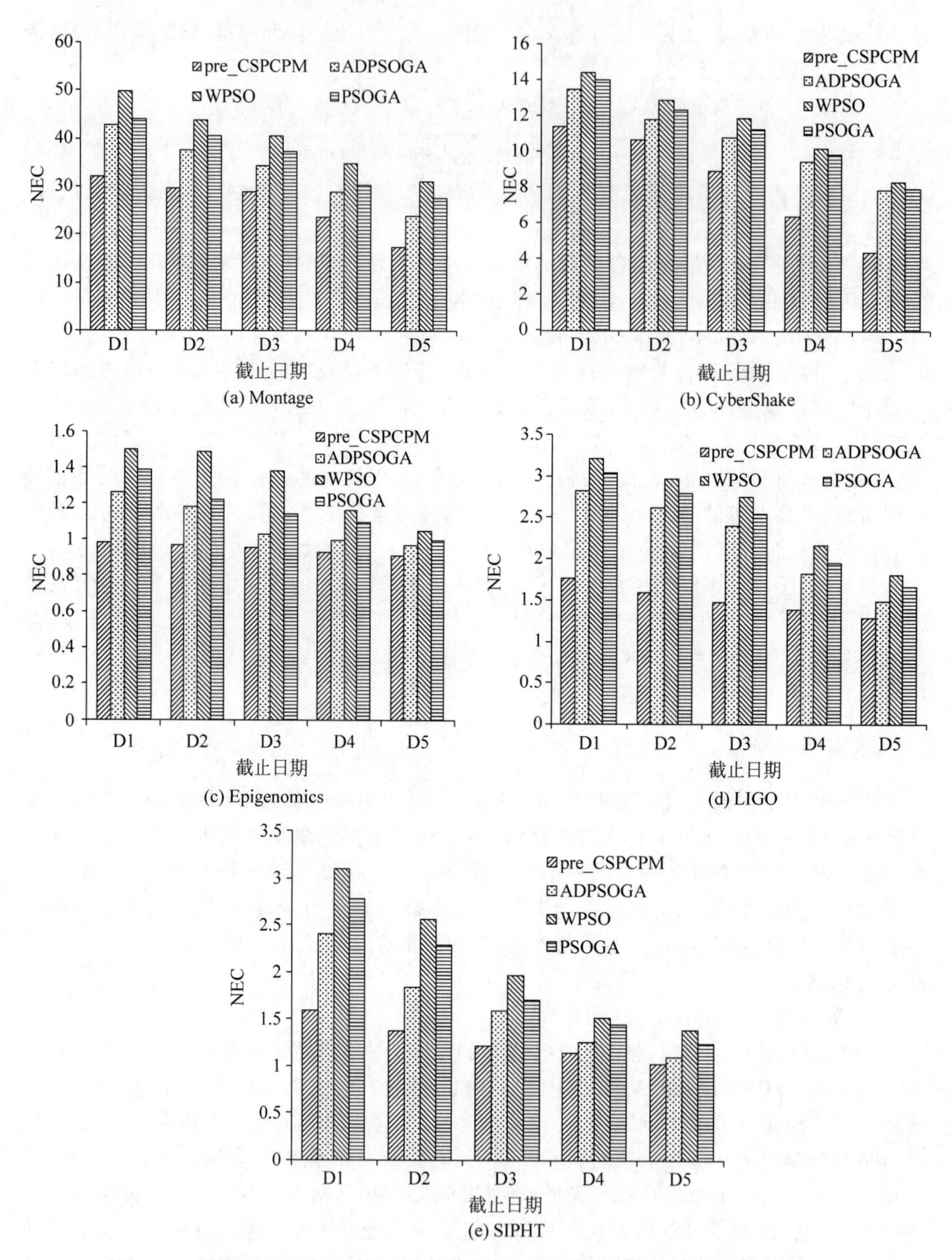

图 3-60　静态多云环境下 5 种中型工作流在 4 种不同调度算法中的标准执行代价

力，具体可以从表 3-43～表 3-45 中得知。由于不同工作流自身结构性质的影响，在截止日期约束不大时（即截止日期较大，如 $D_4(w)$ 或 $D_5(w)$），pre_CSPCPM 算法在调度 Montage 和 CyberShake 工作流过程中的标准执行代价 NEC(w)明显优于 ADPSOGA 算法，而在调度 LIGO 工作流时，pre_CSPCPM 算法的性能稍微优于 ADPSOGA 算法，且在 Epigenomics 和 SIPHT 工作流的测试样例中，pre_CSPCPM 算法与 ADPSOGA 算法的性能基本相当。

另外，关于小型和偏小型工作流在四种不同调度算法中的标准执行代价实验结果，在整体趋势结构上与中型工作流相同，其中主要的不同是标准执行代价值的区别。由于不同类型工作流中所含的任务数量不同，所以会造成这种区别，在此不做具体阐述。

表 3-43～表 3-45 分别展示了基于 PSO 的 3 种优化算法(ADPSOGA、WPSO 和 PSOGA)，在不同截止日期($D_1(w)$、$D_3(w)$和 $D_5(w)$)达到全局历史最优值 gBest 时的迭代次数。从整体上看，基于 PSO 的 3 种优化算法并没有随着截止日期 $D(w)$的增大而明显减少，这说明截止日期对算法达到历史最优值的迭代次数影响较小。这是因为 3 种算法的迭代次数主要受粒子编码及更新策略影响，而且和种群的初始化有关，本章的初始种群主要采取随机生成方式。随着工作流中任务数量的增加，ADPSOGA、WPSO 和 PSOGA 达到全局历史最优值 gBest 的迭代次数也随之增加。这主要是因为随着任务数量的增加，粒子编码的维度也增加，这样就使粒子多样性的总规模变大，粒子更新过程中也产生更多的新粒子和更大的搜索空间，从而导致达到全局历史最优值 gBest 的迭代次数增加。在同样的条件下，ADPSOGA 算法的迭代次数超过 PSOGA 算法，结合图 3-60 中 ADPSOGA 算法的标准执行代价优于 PSOGA 算法，这主要是由于自适应惯性权重因子和渐进式增减加速因子的设置，导致 ADPSOGA 算法的粒子更具有多样性，在算法执行初期注重问题空间的广泛性搜索，而后期则对算法收敛性更加关注，从而产生更好的全局历史最优值。另外，PSOGA 算法在同等条件下的迭代次数明显超过 WPSO 算法，而且在图 3-60 关于标准执行代价的计算中，PSOGA 算法明显优于 WPSO 算法，这主要是因为 WPSO 算法采用连续的编码和更新方式来解决离散问题，这种编码方式容易陷入局部最优，过早收敛，从而导致产生的优化结果并不优秀。

表 3-43　ADPSOGA、WPSO 和 PSOGA 算法在 $D_1(w)$达到 gBest 的迭代次数

	算法	CyberShake	Epigenomics	LIGO	Montage	SIPHT
小型	ADPSOGA	369	392	689	612	590
	WPSO	103	273	239	174	169
	PSOGA	310	331	401	411	455
偏小	ADPSOGA	688	934	605	916	511
	WPSO	159	348	212	210	213
	PSOGA	421	565	401	603	401
中型	ADPSOGA	998	997	998	998	877
	WPSO	214	391	331	296	269
	PSOGA	553	712	781	726	581

表 3-44　ADPSOGA、WPSO 和 PSOGA 算法在 $D_3(w)$达到 gBest 的迭代次数

	算法	CyberShake	Epigenomics	LIGO	Montage	SIPHT
小型	ADPSOGA	314	535	736	694	460
	WPSO	188	109	134	143	268
	PSOGA	205	385	517	428	337

续表

	算法	CyberShake	Epigenomics	LIGO	Montage	SIPHT
偏小	ADPSOGA	580	473	426	987	869
	WPSO	159	304	329	233	369
	PSOGA	310	346	378	748	547
中型	ADPSOGA	940	938	903	998	897
	WPSO	226	346	321	298	375
	PSOGA	421	645	612	688	567

表 3-45　ADPSOGA、WPSO 和 PSOGA 算法在 $D_5(w)$ 达到 gBest 的迭代次数

	算法	CyberShake	Epigenomics	LIGO	Montage	SIPHT
小型	ADPSOGA	426	457	332	475	695
	WPSO	252	260	184	267	134
	PSOGA	381	312	271	311	428
偏小	ADPSOGA	612	585	542	762	600
	WPSO	161	322	249	257	320
	PSOGA	358	415	362	511	431
中型	ADPSOGA	940	861	896	710	936
	WPSO	319	308	376	222	368
	PSOGA	571	612	598	577	713

2）动态环境

为了测试 pre_CSPCPM、ADPSOGA、WPSO 以及 PSOGA 四种调度算法在动态多云环境下的有效性，下面根据各个波动因素的分布函数，对每个测试实例设置 100 组测试实验。

图 3-61 是在动态多云环境下 5 种中型工作流在 4 种不同调度算法（即 pre_CSPCPM、ADPSOGA、WPSO 以及 PSOGA）中的完成率 Rate，即每个算法对应的 100 组测试中，工作流完成时间达到相应截止日期约束的比例。从整体上看，随着工作流截止日期的增大，3 种基于 PSO 的算法（即 ADPSOGA、WPSO 和 PSOGA 算法）的工作流完成率均不断上升，在截止日期约束较小时，如在 $D_5(w)$ 阶段，除了 CyberShake 工作流，3 种算法在其他工作流的调度通过率都达到了 100%。pre_CSPCPM 算法在动态环境下的工作流完成率均明显低于其他 3 种算法，它的完成率与截止日期不存在明显的相关性（即不随着截止日期的增大而上升）。在 Montage、Epigenomics 和 LIGO 工作流的测试样例中，pre_CSPCPM 算法在不同的截止日期约束下均未有通过实例，即完成率均为 0，这主要是因为 pre_CSPCPM 算法忽略云环境的性能变化以及虚拟机的启动时间。

从图 3-61(a) 可以看到，WPSO 算法在 $D_1(w)$ 阶段的完成率还不到 30%，但在 $D_3(w)$ 阶段就达到近 80%，在 $D_4(w)$ 和 $D_5(w)$ 阶段均达到 100%。ADPSOGA 和 PSOGA 算法性能接近，均优于 WPSO 算法。以图 3-61(b) 可以看到，在 $D_1(w)$ 阶段，WPSO 算法的完成率最高，pre_CSPCPM 算法次之，ADPSOGA 算法最差，但随着截止日期的增大，特别是在 $D_3(w)$ 阶段之后，ADPSOGA 和 WPSO 算法基本相当，均超过其他两种算法，在 $D_5(w)$ 阶段，ADPSOGA、WPSO 和 PSOGA 算法基本全部通过测试实

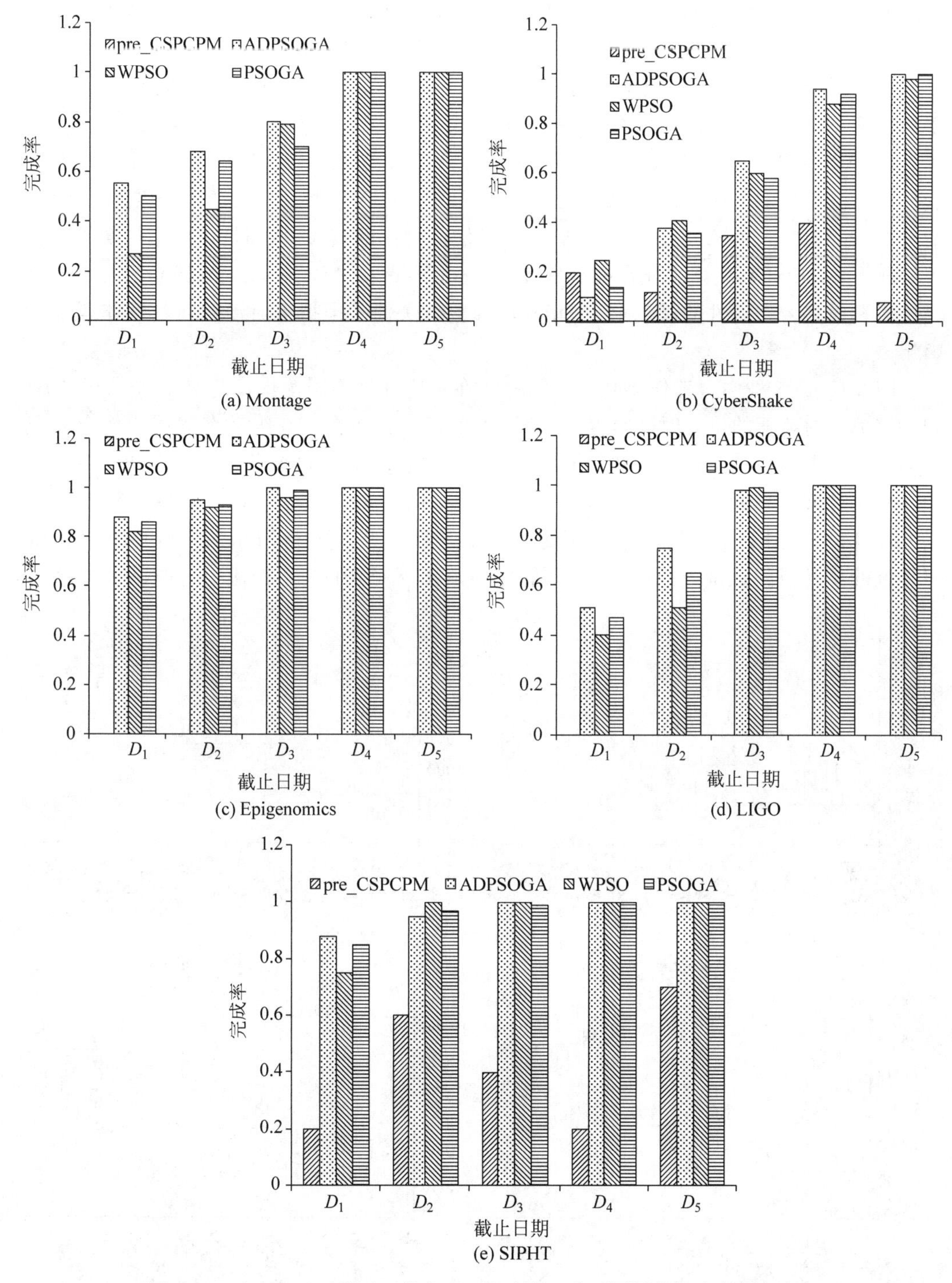

图 3-61　动态多云环境下 5 种中型工作流在 4 种不同调度算法中的完成率

例，但 pre_CSPCPM 算法却只有不到 10%的完成率。从图 3-61(c)可以看到，从 $D_1(w)$ 开始，ADPSOGA、WPSO 和 PSOGA 三种算法的完成率均超过了 85%，而且三者的完成率相接近。从图 3-61(d)可以看到，ADPSOGA 算法在 $D_1(w)$ 和 $D_2(w)$ 阶段的完成率均达到 50%以上,明显优于其他两种基于 PSO 算法,在 $D_3(w)$之后,这 3 种算法的完成率基本接近。从图 3-61(e)可以看到,在 $D_1(w)$阶段,ADPSOGA 算法的完成率最高,但在 $D_2(w)$阶段,PSOGA 完成率最高,在 $D_5(w)$阶段,基于 PSO 的 3 种优化算法的完成率均达到 100%,同时 pre_CSPCPM 算法的完成率也达到自身的最高值 70%。

pre_CSPCPM 算法在动态多云环境下的适应性最差,主要其未考虑动态环境的性能变化对算法产生的影响。ADPSOGA、WPSO 和 PSOGA 三种算法在截止日期约束较大情况下,各有优劣,但 ADPSOGA 算法取得最优值的比例较大,特别是在截止日期约束较小情况下,ADPSOGA 算法通常都是最优的,这主要是在 ADPSOGA、WPSO 和 PSOGA 算法均考虑多云动态性的基础上,ADPSOGA 算法关注了虚拟机启动时间对整体调度的影响。

图 3-62 是 5 种中型工作流基于不同算法在对应 3 种不同截止日期($D_1(w)$、$D_3(w)$和 $D_5(w)$)约束下的执行时间跨度箱线图,表示每种算法在 100 组动态测试样例中对应不同截止日期约束的工作流的执行时间分布情况,图 3-62 中每个子图中的 3 条虚线表示相应的 3 种截止日期参考线。各个子图的纵坐标时间的单位是秒(s),从纵坐标跨度可以发现,每种中型工作流的执行时间处在不同的数量级。其中 Montage 和 CyberShake 工作流的执行时间数量级最低,为 10^2 左右;LIGO 和 SIPHT 工作流执行时间数量级居

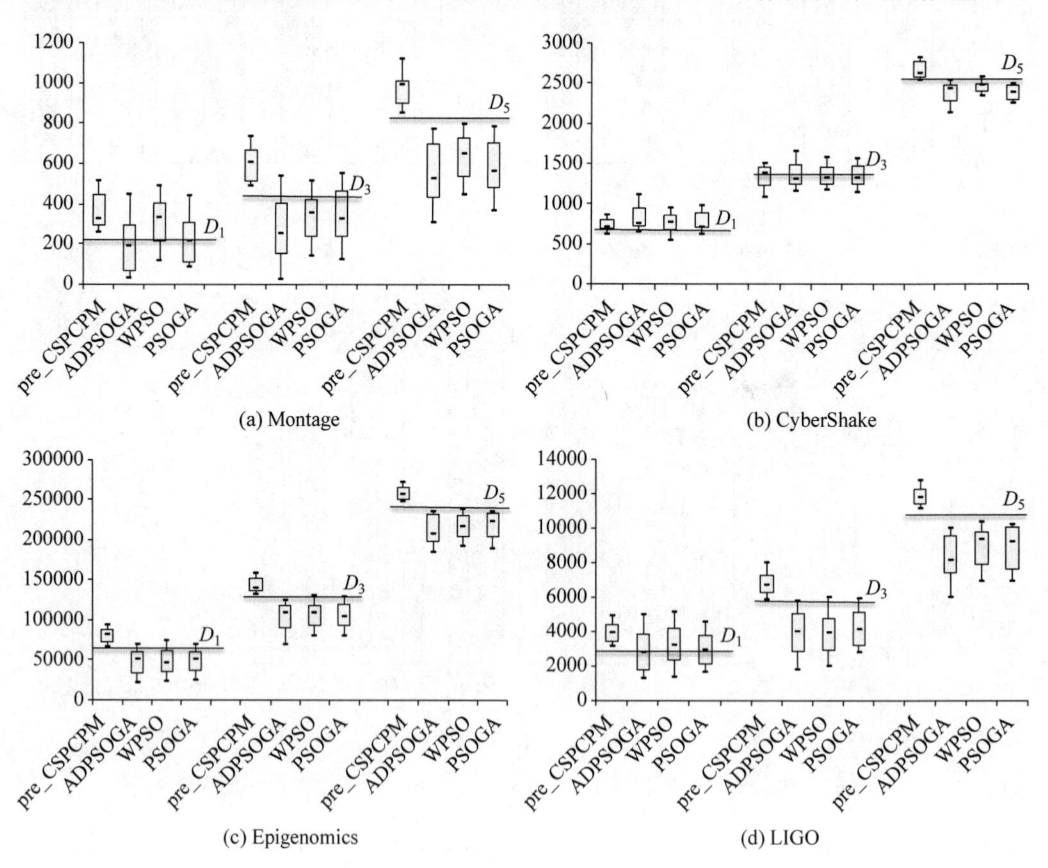

图 3-62 不同调度算法在 $D_1(w)$、$D_3(w)$和 $D_5(w)$3 种截止日期约束下的中型工作流执行时间跨度箱线图

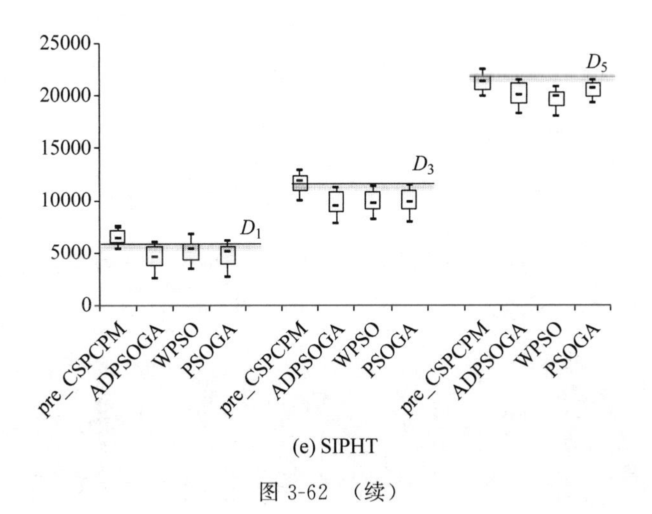

(e) SIPHT

图 3-62 （续）

中，为 10^3 左右；Epigenomics 工作流执行时间数量级最高，为 10^4 左右。从整体上看，pre_CSPCPM 算法的执行时间跨度区间相对于其他 3 种算法较小。除了个别的 ADPSOGA 算法的执行时间跨度区间和 WPSO 算法或 PSOGA 算法相近（如图 3-62(c) 的 $D_1(w)$ 阶段、图 3-62(d) 的 $D_1(w)$ 和 $D_2(w)$ 阶段以及图 3-62(e) 的 $D_1(w)$ 阶段）外，ADPSOGA 算法的执行时间跨度区间最大，说明该算法问题搜索空间相比于其他 3 种算法是最大的。另外，ADPSOGA 算法在执行时间性能方面相比其他 3 种算法基本也是最优的。

pre_CSPCPM 算法的样例执行时间分布比较狭隘，区间较小，而其他 3 种基于 PSO 的算法执行时间分布较广，区间较大，其中 ADPSOGA 算法总体上相对最优。

图 3-63 是不同调度算法在对应 3 种不同截止日期（$D_1(w)$、$D_3(w)$ 和 $D_5(w)$）约束下的 100 组测试样例工作流平均执行时间和平均标准执行代价，同时展示执行时间和执行代价的目标是寻找执行时间满足截止日期要求，且执行代价低廉的有效算法，而不是单纯追求执行时间最低或者执行代价最优。图 3-63 各个子图中都有 3 条虚线，代表 3 种截止日期参考线，是为了更方便了解对应工作流的平均执行时间是否超过相应截止日期。

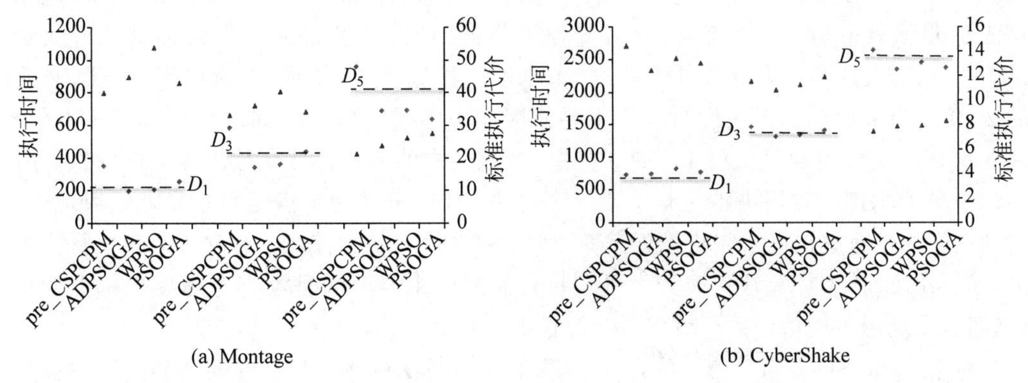

图 3-63 不同调度算法在 $D_1(w)$、$D_3(w)$ 和 $D_5(w)$ 3 种截止日期约束下的工作流平均执行时间(s)和平均标准执行代价（▲表示平均 NEC，◆表示平均执行时间）

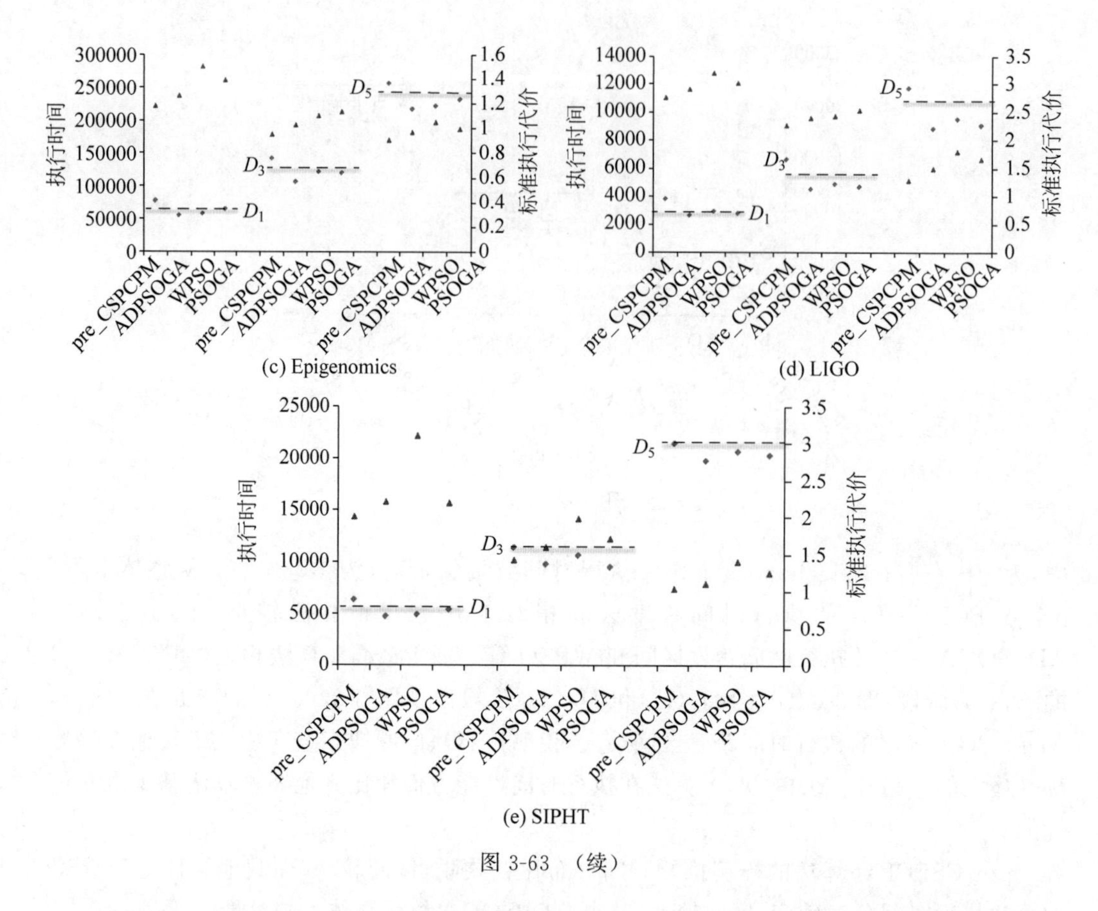

(c) Epigenomics

(d) LIGO

(e) SIPHT

图 3-63 （续）

对于 Montage 工作流，pre_CSPCPM 算法在 3 个截止日期阶段的平均标准执行代价 NEC(w)都是最低的，然而其每个阶段的平均执行时间均远超对应的截止日期参考线，说明 pre_CSPCPM 算法在 3 个阶段均基本不满足截止日期约束条件。在 $D_1(w)$阶段，ADPSOGA 和 WPSO 算法均满足截止日期约束，ADPSOGA 算法的平均标准执行代价 NEC(w)较低。在 $D_3(w)$和 $D_5(w)$阶段，ADPSOGA、WPSO 以及 PSOGA 算法基本都满足对应截止日期约束，在 $D_3(w)$阶段，PSOGA 算法平均标准执行代价 NEC(w)最低；而在 $D_5(w)$阶段，ADPSOGA 算法的平均标准执行代价 NEC(w)明显最低。另外，调度算法在执行 Montage 工作流时，相对其他工作流而言，产生很大的平均标准执行代价 NEC(w)，它大约是在同等条件下调度 SIPHT 工作流所产生的标准执行代价 NEC(w)的 20 倍。造成标准执行代价鸿沟的主要原因在于不同工作流之间的结构和任务差异。在 Montage 工作流的第二层中有许多任务，且该层中的每个任务在最快虚拟机的执行时间都约为 15s，即只占用虚拟机整个要价区间的一小部分。为了满足截止日期约束，需要启动更多的快速虚拟机来完成带紧张截止日期的 Montage 工作流，造成严重的执行代价浪费。pre_CSPCPM 算法产生过大平均执行时间的主要原因是没有考虑虚拟机性能变化，而直接利用历史估计执行效率来分配任务。

对于 CyberShake 工作流，在 $D_1(w)$阶段，4 种算法的平均执行时间均超过了对应截止日期参考线，其中 WPSO 和 PSOGA 算法超过较为明显，其中 ADPSOGA 算法的平均标准执行代价 NEC(w)最低，但由于不满足截止日期约束条件，所以无法评价算法优劣。

在 $D_3(w)$ 阶段，情况与 Montage 工作流相似，pre_CSPCPM 算法不满足约束条件，ADPSOGA、WPSO 以及 PSOGA 算法基本都满足对应截止日期约束，其中 PSOGA 算法的平均执行时间处在截止日期参考线邻近位置，3 种算法中 ADPSOGA 算法的平均标准执行代价 NEC(w)最低。同样，在 $D_5(w)$ 阶段，基于 PSO 的 3 种调度算法明显满足相应截止日期约束，其中 WPSO 算法和 ADPSOGA 算法的平均标准执行代价 NEC(w)相近，是满足约束条件下的较低值。

对于 Epigenomics 工作流，pre_CSPCPM 算法的情况和在 Montage 工作流中相似，虽然每个阶段的平均标准执行代价 NEC(w)都是最低的，但其相应的工作流平均执行时间均明显高于截止日期参考线。在 Epigenomics 工作流中，ADPSOGA 算法的优势较为明显，在 3 个不同阶段，其不仅在工作流平均执行时间上处于较低值，而且对应的平均标准执行代价 NEC(w)在满足约束条件的算法中也是最低的。ADPSOGA 算法在 LIGO 工作流的调度处理效果，与 Epigenomics 工作流相近，在满足约束条件的算法中，其优势明显。

对于 SIPHT 工作流，pre_CSPCPM 算法的工作流平均执行时间在 $D_3(w)$ 和 $D_5(w)$ 阶段均接近截止日期参考线，说明在相应 100 组测试实例中，有一定部分样例不满足截止日期约束，在这两个阶段中，pre_CSPCPM 算法的工作流平均标准执行代价 NEC(w)是所有算法中最低的，其次是 ADPSOGA 算法。另外，在 $D_1(w)$ 和 $D_3(w)$ 阶段，虽然 WPSO 算法均满足相应的截止日期约束，但其产生的平均标准执行代价 NEC(w)都较大，特别是在 $D_1(w)$ 阶段。

综上所述，pre_CSPCPM 算法产生的工作流平均标准执行代价 NEC(w)通常较低，但其不满足对应的截止日期约束。WPSO 算法虽然满足截止日期约束条件，但其产生的平均标准执行代价 NEC(w)一般不理想。在所有动态环境测试样例中，在满足截止日期约束条件下，ADPSOGA 算法的平均标准执行代价相对其他算法通常最低。另外，对于小型和偏小型工作流的实验结果，在整体趋势结构上与中型工作流相同，在此不展开详述。

3.6.6 总结

虚拟机执行性能和多云间带宽传输波动会对科学工作流调度结果产生直接影响，本节重点研究动态多云环境下带截止日期约束科学工作流调度的代价优化问题，考虑虚拟机启动和关闭延时、多云间数据传输费用等因素，设计一种基于遗传算法操作的自适应离散粒子群优化 ADPSOGA 算法。该算法对动态多云科学工作流调度采取针对性的粒子编码、适应度函数设定、粒子更新、粒子到调度的映射、参数设定等操作，构建综合考虑科学工作流任务计算代价和数据传输代价的代价优化目标。实验结果表明，无论是在静态还是动态多云环境下，ADPSOGA 算法相比于传统连续编码方式的 WPSO 算法，都具有较好的种群多样性，能够有效解决过早收敛问题，使科学工作流执行代价减少。另外，惯性权重因子和认知因子的自适应设定让 ADPSOGA 算法在动态多云环境下具有更好的适应性和有效性，使其能够获得更高的科学工作流完成率和更少的平均执行代价。

3.7 混合云环境下资源利用率和代价双目标驱动的工作流应用任务调度方法

云环境下实例自适应分配整合调度机制需要平衡好工作流组性能需求和系统成本支出。面对不可预测到达的工作流组，调度机制需要保证提供工作流组在对应截止日期前完成的最少实例资源量，并将工作流的任务调度到相应的实例资源上执行，同时在实例资源量供应过剩的情况下及时关闭多余实例，减少成本支出。动态多云环境的独有特征和工作流自身的复杂依赖结构给带截止日期约束工作流组的在线优化调度和执行实例自适应分配整合问题带来巨大挑战。然而，现实环境下工作流组的到达时间和性能需求并不确定，因此需要一种动态环境下的资源缩放机制，在保证不确定工作流组性能需求前提下，自适应分配整合对应执行实例资源。针对基于工作流组性能需求的资源适当实时提供问题，本节设计一种动态多云环境下基于实例自适应分配整合的在线工作流组调度算法(Online Workflow Ensembles Scheduling based on Adaptive Allocation and Consolidation for the Instances，OWSA2CI)，其目的是在满足不确定工作流组对应截止日期约束的前提下，提高执行实例利用率，减少执行成本支出。

3.7.1 引言

在传统单云环境下针对连续或间断性到达的工作流组调度处理的研究较少，目前的云服务提供商主要基于调度缩放和规则缩放机制实现对执行实例的实时开启和关闭，并未考虑基于系统实时工作流组性能和用户代价因素的资源自适应分配整合调度机制。过多冗余资源供应将带来大量空闲执行实例，导致资源浪费，而资源供应不足则会影响工作流组的执行性能。针对基于工作流组性能需求的资源适当实时提供问题，本节主要研究动态多云环境下带截止日期约束工作流组的在线优化调度和执行实例自适应分配整合策略，目的是在满足动态工作流组对应截止日期约束的前提下，提高执行实例利用率，减少执行成本支出。

在进行云环境中实例自适应分配整合调度时，需要综合考虑工作流组的性能需求和系统的成本支出。面对动态随机到达的工作流组，调度机制不仅要满足其截止日期要求，还要尽可能减少资源使用量。在多云环境下，各个云服务提供商提供多种不同类型的实例资源，每种实例类型的要价机制和执行性能均存在差异。云环境下的虚拟机实例需要一定的启动时间才能执行对应任务，费用按执行时间区间收取，所以立刻关闭正在执行的空闲虚拟机实例并不能达到节省成本支出的目的。由于动态多云环境的独有特征以及工作流自身的复杂依赖结构，使得带截止日期约束工作流组的在线优化调度和执行实例自适应分配整合成为了巨大的挑战。

当前许多云服务提供商都为终端用户提供了自适应调整执行实例资源量的应用编程接口(Application Programming Interface，API)，以方便用户在执行应用过程中动态调整所需资源量，减少执行代价。当前的云服务提供商，如 AWS 和 RightScale，主要基于调度缩放和规则缩放两种机制来自适应调整执行实例资源量。基于调度缩放的自适应资源调整机制允许用户在某个时间段对执行实例资源进行添加或删除,如在每天的8:00到17:00之间,为用户提供20个高计算性能虚拟机实例,而其他时间段则仅提供5个高性能虚拟机实例。基于规则缩放的自适应资源调整机制允许用户定义资源调整触发机制和措施规则,如当执行实例的CPU平均利用率超过80%时,立刻添加新的执行实例;当CPU平均利用率低于20%时,迁移其中利用率最低实例上的任务,并关闭该执行实例。当用户可以预知工作流负载情况和到达规律时,以上两种资源缩放机制将为实例自适应分配整合提供便利。然而,现实环境中工作流组的到达时间和性能需求并不是固定的,在工作流组不断到达的过程中需要对资源进行动态缩放调整以满足不同的性能需求。

本节设计一种动态多云环境下基于实例自适应分配整合的在线工作流组调度算法(Online Workflow Ensembles Scheduling based on Adaptive Allocation and Consolidation for the Instances,OWSA2CI),其目的是在满足不确定工作流组对应截止日期约束前提下,提高执行实例利用率,减少执行成本支出。首先,通过预处理手段对工作流任务进行压缩,减少算法的执行时间;其次,设计一种基于实例执行性能的任务截止日期动态划分方法,从单工作流局部层面提高执行实例的利用率;再次,基于当前工作流组的性能需求,动态分配并整合相应的执行实例资源,从全局角度提高执行实例利用率,减少成本支出;最后,按照最短截止日期优先的原则,动态调度任务集到对应的实例上执行,保证各个任务在其对应子截止日期前被执行完成。本节的动态算法同时从局部和全局两个层面分别对带截止日期工作流组优化调度和实例自适应分配整合展开深入研究,在满足工作流组性能需求的同时提高资源利用率,降低执行成本支出。

3.7.2 相关工作

针对带截止日期约束工作流的调度问题,目前在云环境下的研究工作已陆续展开。Abrishami等人扩展了传统网络环境下基于截止日期约束的工作流调度算法,该扩展方法是基于IaaS云环境并设计了两种新的云环境调度算法IC-PCP和IC-PCPD2,新算法考虑云计算的主要特征,如按需资源调配、均质网络环境和按区间要价的定价模式等,其目标是在用户规定的截止日期前完成工作流调度的同时最小化工作流的执行成本,该方法的目的与本节研究工作相似,但其仅考虑单一的工作流调度方案,并未对不确定工作流组的调度工作进行深入探讨。Sakellariou等人在网络环境下提出的基于预算限制的单一工作流代价驱动GAIN调度算法,该算法利用最高性价比分配策略和逐步逼近的方式调整分配方案,该算法对本节的截止日期分配过程有一定的启发作用。Mao和Humphrey考虑带截止日期约束工作流组的代价优化调度问题,提出了一种自适应资源缩放方法,可以有效地降低执行实例成本支出,但其主要基于单云环境下的任务调度分配,并未考虑多云环境下的资源分配和任务调度问题。Malawski等人设计基于预算和截止日期双约束的工作流组静态和动态调度算法,其考虑到工作流中任务执行时间的不确定性、虚拟机启动的延时性等因素,利用关键的工作流准入技术在双约束前提下保障工作流组的完成率,该工作对本节工作流组调度过程中任务执行时间和虚拟机启动延时因素的考虑具有一定借鉴意义,但其仅考虑一种虚拟机实例类型,未对多云环境下的多类型实例展开讨论。Durillo 等人提出了一种考虑收益的基于 Pareto 工作流调度算法 MOHEFT,该算法主要考虑优化工作流执行时间跨度和资源利用率双目标问题。

3.7.3 问题模型

本节考虑的动态多云环境下基于实例自适应分配整合的在线工作流组调度问题模型,主要侧重研究带截止日期约束工作流组的在线优化调度和执行实例自适应分配整合策略,其与 3.5.3 节带默认私有云的静态多云环境下的工作流组调度问题模型存在一定的相似之处,但优化的目标不同。本节具体介绍问题模型,未明确说明的相关概念,可参照 3.5.3 节具体说明,在线工作流组调度框架图如图 3-64 所示。

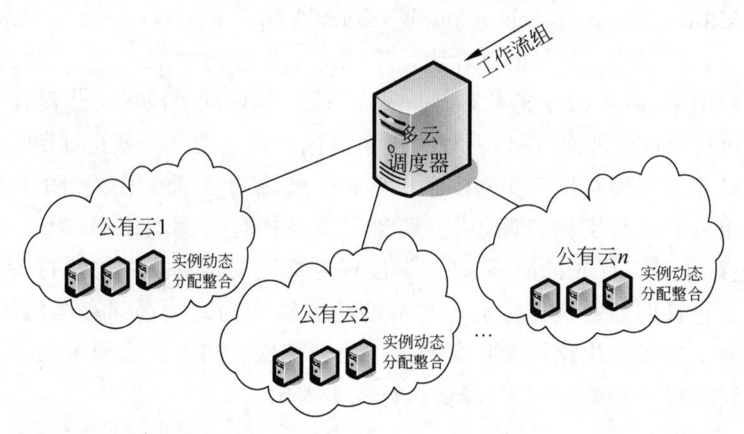

图 3-64　动态多云环境下基于实例自适应分配整合的在线工作流组调度框架图

对于某个工作流 w_i,用对应的有向无环图 G_i(Vertex$_i$,Edge$_i$)来表示,其包含点集 Vertex$_i$ 和边集 Edge$_i$。Vertex$_i$ 是一个含有 n 个任务节点的有限点集$\{t_{i1},t_{i2},\cdots,t_{in}\}$,而 Edge$_i$ 则用来表示任务之间控制依赖关系的有限边集$\{e_{i12},e_{i13},\cdots,e_{ijk}\}$。由于本节侧重研究执行实例动态分配和整合对工作流调度的影响,所以本节的工作流模型暂时不考虑任务间的数据传输因素。工作流上的控制依赖边用来表示任务间的执行约束关系,工作流中相应任务的直接前驱(父)节点、直接后继(子)节点的定义,以及在调度工作流过程中必须满足依赖关系的规则等细节描述,可参照 3.8 节相关定义。另外,每个工作流 w_i 都有相应的到达时刻 Arrived(w_i)和约束截止日期 $D(w_i)$,其分别表示对应工作流被提交到多云调度系统的时刻和其工作流的截止日期约束条件。每个工作流 w_i 中的任务 t_{ij} 都有一个对应的执行负荷量 Load_{ij},该任务对应不同实例类型虚拟机 s_{pk} 的执行时间 $T_{\mathrm{exe}}(t_{ij},s_{pk})$与该负荷量呈正相关关系,本节还考虑虚拟机执行性能波动因素。工作流组 W 中的各个工作流的到达时刻和资源需求量都是不可预判的。

不同的 IaaS 服务提供商 $P=\{p,q,\cdots,r\}$,每个服务提供商 p 提供多种不同类型的实例类型 $S_p=\{s_{p1},s_{p2},\cdots,s_{pm}\}$,其具体定义可参照第 3.8 节具体描述。本节的同样假设虚拟机服务执行的要价区间是按 1 小时收费。每种实例类型 s_{pk} 都有一个对应的每小时收费价格 c_{pk}。由云服务提供商 p 提供的实例类型为 s_{pk} 的虚拟机 vm_{pkj},在被终端用户初次租赁时,需要一定的初始化启动时间 $T_{\mathrm{boot}}(\mathrm{vm}_{pkj})$来进行初始化配置。由于多云系统中工作流组的不确定到达性，且虚拟机实例需要一定的启动时间才能执行相应任务，所以每个云服务提供商需要良好的实例动态分配和整合策略，避免频繁开启或关闭执行实例，因为这样会带来系统损耗。为进一步说明实例分配整合策略对工作流组在线调度的重要性，本节同样考虑执行实例初始化启动时间波动带来的影响。

本节考虑现实执行环境下，如何通过实例自适应分配整合策略来合理调度带截止日期约束的不确定工作流组，目的是在各个工作流截止日期前执行完成相应工作流，并进一步减少公有云下的工作流组执行代价。多云环境下带截止日期约束工作流组的代价优化调度问题模型，可形式化地表示为式(3-160)：

$$\textbf{Minimize}\sum_{i=1}^{|\mathrm{Re}|}c_{s(\mathrm{vm}_i)}\cdot\left\lceil\frac{\mathrm{Tle}(\mathrm{vm}_i)-\mathrm{Tls}(\mathrm{vm}_i)}{\lambda_{p(\mathrm{vm}_i)}}\right\rceil$$
$$\textbf{subject to}\ \forall w_i,\quad \max_{t_{ij}\in w_i}\{\mathrm{AET}(t_{ij})\}\leqslant D(w_i) \tag{3-160}$$

其中，Re表示执行工作流组过程中用到的所有执行实例集合，$\mathrm{Tle}(\mathrm{vm}_i)$和$\mathrm{Tls}(\mathrm{vm}_i)$分别表示执行实例$\mathrm{vm}_i$对应的关闭时刻和开启时刻，$s(\mathrm{vm}_i)$表示虚拟机$\mathrm{vm}_i$所属的实例类型，$p(\mathrm{vm}_i)$表示虚拟机$\mathrm{vm}_i$所属的云服务提供商，$\lambda_{p(\mathrm{vm}_i)}$则是该服务提供商对应的要价区间，$\mathrm{AET}(t_{ij})$表示工作流$w_i$的任务$t_{ij}$的实际执行完成时间。

3.7.4 OWSA2CI调度算法

1. 算法概述

本节具体介绍动态多云环境下基于实例自适应分配整合的在线工作流组调度OWSA2CI算法，其目的是在满足不确定工作流组对应截止日期约束的前提下，提高执行实例利用率，减少执行成本支出。由于工作流组的到达时刻和到达规模都是不可预知的，所以OWSA2CI算法是一种实时在线算法。OWSA2CI算法每隔N_{scan}秒周期性地执行一次，为了更加符合实际环境操作过程，本节的Nscan扫描周期定义为实时扫描，即Nscan=0，根据当前系统的资源更新信息，对已到多云环境下的工作流组进行任务调度，并及时分配整合实例资源。由于云环境下的实例资源的收费标准是按区间(1小时)收费的，并不是按实际执行时间收费，所以算法对未完全利用实例进行实例整合操作。本节将从工作流预处理、工作流截止日期再分配、执行实例分配整合、工作流组动态调度和算法的流程5个方面具体介绍OWSA2CI调度算法。

2. 工作流预处理

由于多云环境不包含私有云资源有限的限制，且追求的目标是最小化工作流组执行代价，所以工作流组的执行先后顺序不影响整体调度性能，在此不展开讨论。为了提高算法的时间执行性能，需要根据工作流的结构特点，对其进行预处理操作。相关的预处理操作可具体参考算法3.11，其核心思想就是通过合并存在“有向割边”的相邻任务，压缩工作流的数据传输量，缩短算法执行时间。

3. 工作流截止日期再分配

对于每个到达多云环境的工作流 w_i，都有相应的到达时刻 Arrived(w_i)和约束截止日期 $D(w_i)$，由于 OWSA2CI 算法为实时扫描算法，所以用户定义的截止日期 $D(w_i)$ 即为执行调度操作过程中的最终截止日期。在执行调度前，把工作流中的任务划分成可以独立调度(不含依赖关系)的任务，所以需要把工作流的截止日期分配给任务，即任务的子截止日期。如果工作流中的所有任务能够在其子截止日期前执行完成，则整个工作流就可以在其对应的截止日期前执行完成。

工作流截止日期再分配的具体伪代码如算法 3.16 所示，首先，确认当前多云环境下的所有有效实例类型，并将工作流 w_i 中的所有任务按照相应顺序分别假设分配到对应的性价比最高的实例中去，形成 w_i 的任务假设分配方案 Map。假设分配是指并未在实际调度中真正分配，该操作只是为后续实际分配做铺垫。本节用性价比最高的实例替代单云环境下的“最适合”实例分配策略或者最快执行实例分配策略，主要是考虑工作流组是连续到达，一个实例可能同时需要执行多个不同工作流的任务(第 1～5 行)；接着，考虑 3.5 节出现的多个并行小任务单独占用执行实例小部分时间，浪费大量剩余执行时间的问题，采用并行执行小任务转串行任务操作 Parallel_to_Serial(G_i(Vertex_i，Edge_i)，$D(w_i)$，Map)处理过程(第 6 行)；最后，如果形成的假设分配方案 Map 的执行时间跨度 makespan(Map)低于工作流 w_i 的截止日期 $D(w_i)$，则输出假设分配方案，后续操作可以根据该方案计算每个任务的执行区间分配情况，否则，依次迭代改变每个任务的分配方案，将任务分配到更快一些的执行实例上执行，缩短假设分配方案的执行时间跨度。这里的截止日期分配方案主要考虑在实际执行过程中，任务最终需要分配到执行实例上

算法 3.16：工作流截止日期再分配算法

procedure Deadline_Reassignment(G_i(Vertex_i，Edge_i)，$D(w_i)$)
1. 确认多云环境下的所有有效实例类型
2. **foreach** t_{ij} in the w_i **do**
3.   将任务 t_{ij} 假设分配到执行性价比最高的实例 vm_{pkr} 中
4. **end for**
5. 形成 w_i 的任务假设分配方案 Map
6. 调用 Parallel_to_Serial(G_i(Vertex_i，Edge_i)，$D(w_i)$，Map)处理过程
7. **while** true **do**
8.   **if** makespan(Map) $\leqslant D(w_i)$ **then**
9.   **return** Map
10.   **else**
11.   **foreach** t_{ij} in the w_i **do**
12. Map_{ij} = Map - ($t_{ij} \rightarrow vm_{pkr}$) + ($t_{ij} \rightarrow$ nextFasterVM)
13. $rank_{ij}$ = (makespan(Map) − makespan(Map_{ij})) / (cost(Map_{ij}) - cost(Map))
14.   **end for**
15.   index = subscript(**max**(ran k_{ij}))
16.   Map = Map_{index}
17.   **end if**
18. **end while**

end procedure

执行，具体执行区间需要依据实例确定。在更新假设分配方案的过程中，引入启发式方法，选取截止日期满足要求且具有最高性价等级的分配方案。性价等级 rank 的定义如式(3-161)所示。

$$\text{rank}=\frac{\text{makespan}(\text{Map}_{\text{before}})-\text{makespan}(\text{Map}_{\text{after}})}{\text{cost}(\text{Map}_{\text{after}})-\text{cost}(\text{Map}_{\text{before}})} \tag{3-161}$$

其中，$\text{makespan}(\text{Map}_{\text{before}})$和 $\text{makespan}(\text{Map}_{\text{after}})$分别表示前一种分配方案和后一种分配方案的执行时间跨度大小，而 cost(Map)则是对应分配方案的执行成本代价，该代价按实例实际执行时间计算，而不是按云计算环境下的区间要价计算模式，由于此处的分配方案是假设分配，所以不按区间要价计算模式计算单工作流执行代价。

算法 3.17 展示了 Parallel_to_Serial 并行执行小任务转串行任务过程的伪代码，该处理过程主要针对云环境下存在一些并行任务的实例执行时间较短，产生大量的实例空闲时间，造成资源浪费的情况。通过将占用短暂执行实例时间的并行任务转化成串行执行任务，可以有效提高执行实例资源利用率。本章利用广度优先搜索策略，串行转化具有相同父节点和子节点，且在假设分配实例上的执行时间均不超过该实例要价区间一半的并行任务，并将这些转化后的串行任务统一假设分配到所有并行任务中执行速度最快的实例上执行(第 2 行和第 3 行)。为了满足算法的完整性，即在并行转串行过程中，会出现假设分配方案的执行时间超过截止日期，所以需要对这种异常情况进行特殊处理，调整后的合并方案一旦出现超过截止日期约束情况，则立即停止(第 4～6 行)。

算法 3.17：并行执行小任务转串行任务算法

procedure Parallel_to_Serial(G_i(Vertex$_i$, Edge$_i$), $D(w_i)$, Map)
1. **foreach** t_{ij} and t_{ik} in the w_i **do**
2.   **if** t_{ij} 和 t_{ik} 有相同的父节点和子节点 && $T_{\text{exe}}(t_{ij}, s_{pk})\leqslant\frac{1}{2}\lambda_p$ && $T_{\text{exe}}(t_{ik}, s_{qr})\leqslant\frac{1}{2}\lambda_q$ **then**
3.   将任务 t_{ij} 和 t_{ik} 由并行任务转化成串行任务，并假设分配到速度较快的实例上执行
4.   **if** 需要调整 Map 才能满足串行任务的子截止日期要求 **then**
5.   **break**
6.   **end if**
7.   **end if**
8. **end for**

end procedure

图 3-65 是并行执行小任务转串行任务过程的示例图。转串行前，工作流占用 5 个执行实例，且任务 t_3、t_4、t_5、t_6 是具有相同父节点 t_1 和子节点 t_7 的并行任务，分别占用其中一个执行实例，且其中 vm_3 执行速度最快。按照转化原则，并行任务 t_3、t_4、t_5、t_6 转化成串行任务，并分配到执行速度最快的 vm_3 实例上执行，并能够在工作流截止日期前完成，并行任务转串行之后，可以节省两个小时的执行实例时间费用。

4. 执行实例分配整合

1) 执行实例分配

经过工作流截止日期再分配处理过程，每个任务 t_{ij} 都有一个对应的假设执行区间

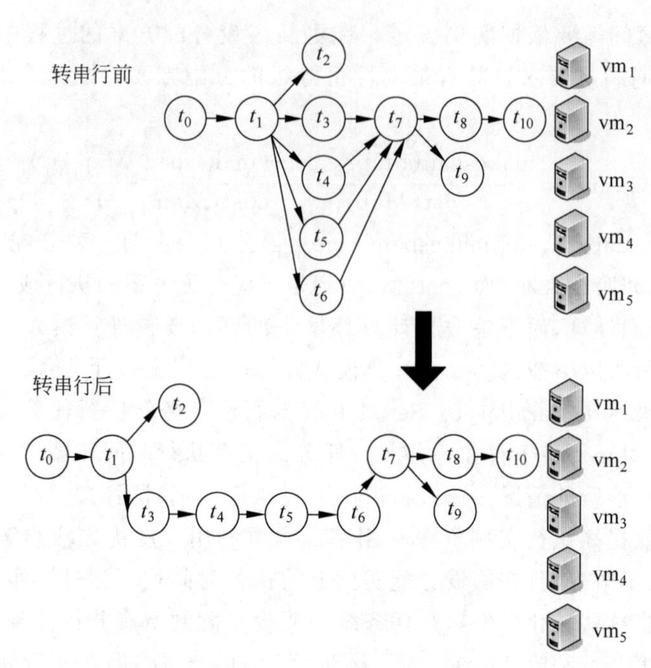

图 3-65　并行执行小任务转串行任务示例图

$\text{Interval}_{ij}(T_0,T_1)$，该假设执行期间是基于每个任务对应不同类型执行实例的预计执行时间决定的。其中，T_0 表示任务在假设分配中的开始时间，T_1 对应结束时间，任务 t_{ij} 的假设执行区间 $\text{Interval}_{ij}(T_0,T_1)$ 定义如下：

$$\text{Interval}_{ij}(T_0,T_1)=[T_0,T_1] \tag{3-162}$$

另外，任务 t_{ij} 在实例类型为 s_{pk} 的虚拟机上执行时间为 $T_{\text{exe}}(t_{ij},s_{pk})$，定义工作流上所有任务对应该类型实例的执行向量 $\mathbf{EV}(w_i,s_{pk})=[\text{ev}(t_{i1},s_{pk}),\text{ev}(t_{i2},s_{pk}),\cdots,\text{ev}(t_{in},s_{pk})]$，其中，$\text{ev}(t_{ij},s_{pk})$ 表示任务 t_{ij} 对应实例类型 s_{pk} 的执行单量，其定义如下：

$$\text{ev}(t_{ij},s_{pk})=\frac{T_{\text{exe}}(t_{ij},s_{pk})}{T_1-T_0} \tag{3-163}$$

从式(3-163)可知，$\text{ev}(t_{ij},s_{pk})$ 表示在实例类型 s_{pk} 虚拟机上执行完成任务 t_{ij} 所需的虚拟机数量，由于本节研究的工作流最小粒度是任务，任务不允许再拆分，所以当执行单量 $\text{ev}(t_{ij},s_{pk})$ 大于 1 时，即执行时间超过了假设执行区间，则表示该任务在该实例类型虚拟机上无法在子截止日期内被执行完成。构建执行单量的目的，是为执行实例分配和整合做准备，如图 3-66 所示，有两个任务 t_{i1} 和 t_{i2}，假设经过工作流截止日期再分配处理后，它们的假设执行区间分别是 $\text{Interval}_{i1}(5{:}00,6{:}00)$ 和 $\text{Interval}_{i2}(5{:}20,5{:}40)$，它们在执行实例 vm_{pk1} 上执行的预估执行时间分别是 20 分钟和 10 分钟，所以这两个任务对应实例类型 s_{pk} 的执行单量分别是 1/3 和 1/2，这二者之和不超过 1，所以可以把这两个任务同时分配到实例 vm_{pk1} 上执行，且能够在它们各自对应的假设执行区间内完成。

针对多云环境下多个云服务提供商的不同实例类型，分别计算工作流上所有任务对应于不同实例类型的执行向量形成矩阵 $\boldsymbol{S}_{\text{EV}}$，如式(3-164)所示，通过将矩阵 $\boldsymbol{S}_{\text{EV}}$ 的行向量相加，则每行相加结果即为在截止日期 $D(w_i)$ 内执行完成工作流 w_i 所需对应实例类型的虚拟机数量 $N_P=\{N_{pk},N_{qk},\cdots,N_{rk}\}$。在动态调度过程中，保证任何时刻的虚拟

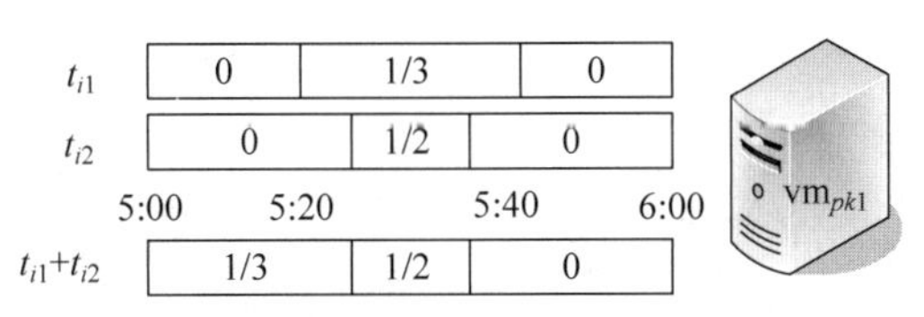

图 3-66 基于执行单量的任务分配示例图

机数量大于或等于对应类型的执行向量之和，则工作流中的任务均可在对应子截止日期前被执行完成。

$$
\boldsymbol{S}_{\mathrm{EV}}=\begin{bmatrix}\mathbf{EV}(w_i,s_{pk})\\ \mathbf{EV}(w_i,s_{qk})\\ \vdots\\ \mathbf{EV}(w_i,s_{rk})\end{bmatrix}=\begin{bmatrix}\mathrm{ev}(t_{i1},s_{pk}) & \mathrm{ev}(t_{i2},s_{pk}) & \cdots & \mathrm{ev}(t_{in},s_{pk})\\ \mathrm{ev}(t_{i1},s_{qk}) & \mathrm{ev}(t_{i2},s_{qk}) & \cdots & \mathrm{ev}(t_{in},s_{qk})\\ \vdots & \vdots & \cdots & \vdots\\ \mathrm{ev}(t_{i1},s_{rk}) & \mathrm{ev}(t_{i2},s_{rk}) & \cdots & \mathrm{ev}(t_{in},s_{rk})\end{bmatrix} \tag{3-164}
$$

另外，本章考虑由云服务提供商 p 提供的实例类型为 s_{pk} 的虚拟机 vm_{pkj}，需要一定的初始化启动时间 $T_{\mathrm{boot}}(\mathrm{vm}_{pkj})$来进行初始化配置，所以任务 t_{ij} 的假设执行区间 $\mathrm{Interval}_{ij}(T_0,T_1)$被迫受到压缩，当任务假设分配到虚拟机 vm_{pkj} 上执行，式(3-162)重新定义如下：

$$
\mathrm{Interval}_{ij}(T_0,T_1)=[T_0+T_{\mathrm{boot}}(\mathrm{vm}_{pkj}),T_1] \tag{3-165}
$$

通过计算执行向量，可以动态分配执行实例资源，同样地，当虚拟机数量 N_P 超过对应类型实例的执行向量之和，且出现某些虚拟机空转大于一个要价周期时，应通过关闭该虚拟机来提高实例资源利用率。虚拟机启动时间的不确定性对实例资源开启和关闭分配策略的性能会造成影响，具体将在实验测试阶段说明。另外，基于执行向量进行的实例资源开启和关闭分配策略，需要动态更新各个任务的执行向量，在更新执行向量前，需要重新执行工作流截止日期再分配处理过程 Deadline_Reassignment，因为在动态多云环境中，虚拟机的实际执行时间不确定，一些任务可能比预期分配的子截止日期提早完成，这样可以让后续依赖任务分配到速度低但廉价的虚拟机上执行，进而降低执行成本。

2）执行实例整合

工作流组动态调度过程中，理想的分配方案是将每个任务调度到其对应性价比最高的执行实例上执行，且被启动的所有虚拟机实例的利用率都达到百分之百。然而，在实际动态调度过程中，往往会出现一些虚拟机实例的利用率低下的情况，这主要是因为工作流组的不确定到达和任务的执行时间存在差异等因素造成的。为了提高执行实例的资源利用率，本节对一些执行实例进行整合操作，将某些任务转移分配到其非最高性价比的执行实例上执行，达到降低工作流组总执行代价的目的。如图 3-67 所示，任务 t_{i1} 原先的假设分配执行实例是 vm_{pk1}，任务 t_{i2} 原先的假设分配执行实例是 vm_{pj1}，二者均只占用对应执行实例上某个要价区间的小部分时间，且在该要价区间内，没有其他任务占用这两个执行实例，故本节通过将任务 t_{i1} 和 t_{i2} 整合分配到执行实例 vm_{pk1} 上，虽然任务 t_{i2} 的最高性价比执行实例不是 vm_{pk1}，且在 vm_{pk1} 上的执行时间更长，但这种实例整合方案能够节省一小时的实例 vm_{pj1} 执行代价。这里需要注意的是，在实例整合过程中，需要保证每个任务在对应子截止日期前完成。

执行实例动态整合的具体伪代码如算法 3.18 所示，首先，将不同类型实例的执行向

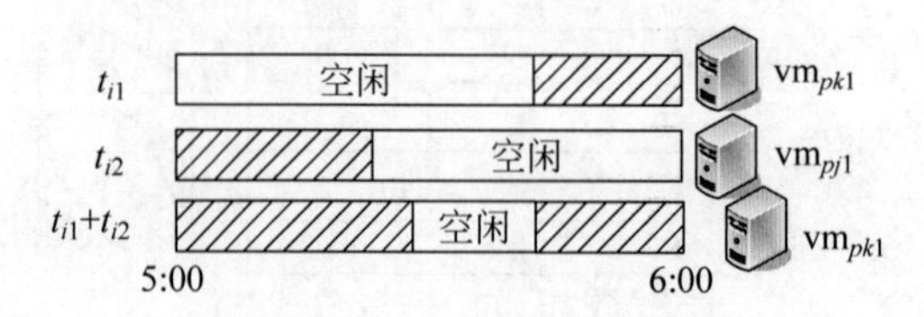

图 3-67　执行实例整合示例图

量相加，即计算完成当前任务所需的基本资源量，确认当前多云环境下不同类型启动虚拟机的资源量，基于这些相关更新信息对执行实例进行整合（第 1～2 行）；当发现某种类型实例 s_{pk} 的执行向量和大于目前启动的对应虚拟机数量，本节不采用立刻启动新实例的措施，而是通过不断查找其他资源有剩余的实例类型 s_{qk}，将未能在类型实例 s_{pk} 上完成的子截止日期最近的任务 $t_{\text{top\_in\_Spk}}$ 分配到实例类型 s_{qk} 的虚拟机上执行（第 3～10 行）；该处理是一个循环过程，直到目前启动的类型实例 s_{pk} 的虚拟机数量超过其对应执行向量和，才跳出循环，进行下一个虚拟机资源量不满足需求的实例动态整合过程（第 11～15 行）。

算法 3.18：执行实例整合算法

procedure Instances_Consolidation(S_{EV}, N_P)
1. 将执行向量矩阵 $\boldsymbol{S}_{\text{EV}}$ 的各行向量相加，每行相加结果为 L_j
2. 确认现有启动实例数量，各个不同类型的数量分别为 N_j
3. **foreach** s_{pk} in P **do**
4. 　　**if** $L_p > N_p$ **then**
5. 　　　　**foreach** s_{qk} in P **do**
6. 　　　　　　**if** $L_q < N_q$ && Num (L_q + ev($t_{\text{top\_in\_S}_{\text{pk}}}$, s_{qk})) <= N_q **then**
7. 　　　　　　　　$L_p = L_p -$ ev($\text{t}_{\text{top\_in\_S}_{\text{pk}}}$, s_{pk})
8. 　　　　　　　　$L_q = L_q +$ ev($\text{t}_{\text{top\_in\_S}_{\text{pk}}}$, s_{qk})
9. 　　　　　　　　调度 $t_{\text{top\_in\_S}_{\text{pk}}}$ 到类型为 s_{qk} 的实例上执行
10：　　　　**end if**
11. 　　　　　　**if** Num(L_p) <= N_p **then**
12. 　　　　　　　　**break**
13：　　　　　　**end if**
14. 　　　　**end for**
15. 　　**end if**
16. **end for**

end procedure

5. 工作流组动态调度

经过执行实例动态分配整合过程，确定云环境下各种类型的执行实例需求数量，本节通过最早截止日期优先 EDF 算法，对经过截止日期再分配处理的各个任务进行动态调度。截止日期再分配和执行实例分配整合过程确定了某个任务对应的执行实例类型。针对某种类型的执行实例，将假设分配到该类型实例的所有任务按照它们的子截止日期从小到大排序，当该类型的某个虚拟机可用时，立刻按顺序调度对应任务到该虚拟机上执行。在工作流组动态调度过程中，任务错过对应子截止日期的情况会被及时发现，能够立刻启动新的需求执行实例来及时完成该任务，即在整个调度过程中，能够保证足够的执行实例资源量，但不产生冗余浪费资源。

6. 算法的流程

OWSA2CI调度算法的流程图如图3-68所示，本节设置扫描周期 N_{scan} 为0。OWSA2CI算法是一种实时监督算法，第3.8节主要侧重公有云的工作流组调度方案，通过实例自适应分配整合和基于最早截止日期优先的调度原则分配调度工作流组任务，其详细步骤可概括如下：

步骤1，扫描待执行工作流组，获取多云环境下的有效实例类型、已启动的虚拟机资源以及这些启动资源上的任务执行情况等相关信息。

步骤2，根据算法3.17对待执行工作流组的各个工作流进行压缩"有向割边"预处理操作。

步骤3，根据算法3.16对各个工作流进行截止日期再分配操作，计算假设执行期间，其中为了减少执行实例资源浪费，基于算法3.17对并行小任务进行转串行操作。

步骤4，根据式(3-162)～式(3-165)，计算各个任务对应不同实例类型的执行向量，获

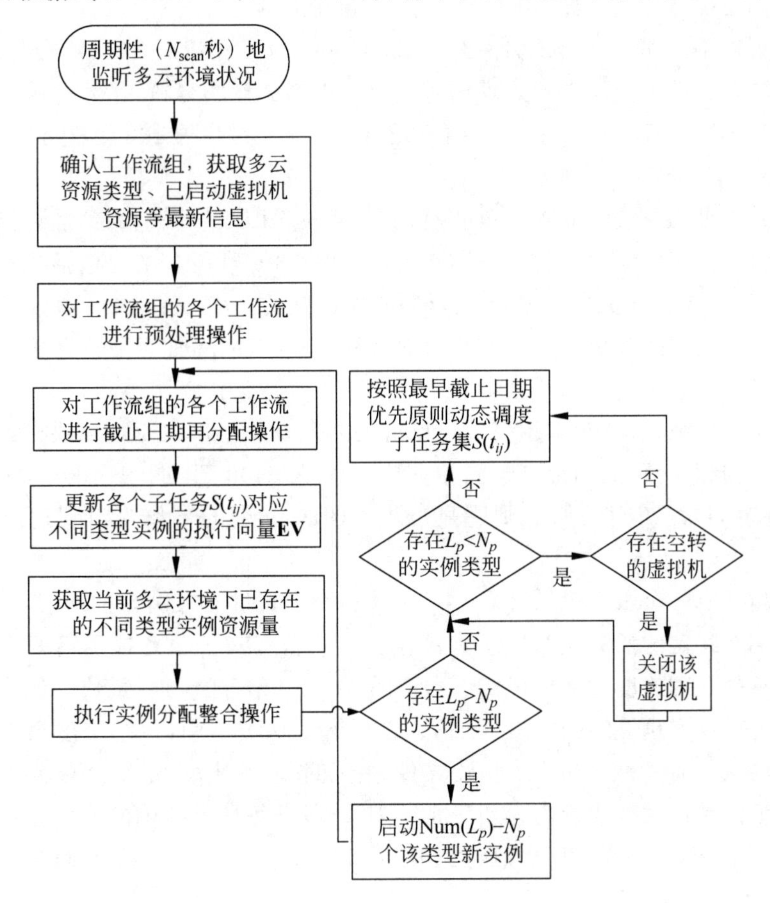

图3-68 本节算法的流程图

取当前启动虚拟机的执行状况和资源数量，根据算法 3.18 对执行实例进行动态整合操作。

步骤 5，判断是否存在资源供应不足的情况，如果存在，则启动新的对应数量资源实例，并转到步骤 3 执行；否则，进一步判断是否出现资源供应过剩情况。如果存在资源供应过剩情况，则迭代判断并关闭空转至少一个要价区间的虚拟机，否则转到步骤 6 执行。

步骤 6，经过工作流截止日期再分配的任务都有相应的执行区间，实例资源通过动态分配和整合，提高资源利用率，通过以上两个步骤操作，每个任务都有一个对应的执行实例类型，按照任务最早子截止日期优先原则，对任务进行调度分配操作。

3.7.5 实验与评估

1. 实验设置

本节的工作流组的类型主要包含五大类，分别是文献介绍的来自 5 个不同科学领域的工作流类型：天文学领域的 Montage、地震科学领域的 CyberShake、生物基因学领域的 Epigenomics、重力物理学领域的 LIGO 以及生物信息学领域的 SIPHT。每种工作流各自具有不同的构造特点。如 SIPHT 工作流，存在大量可并行执行的任务，依赖关系在该工作流表现得不是那么突出。然而对于 Epigenomics 工作流而言，则串行任务居多，这意味着依赖关系在该工作流中的表现相对抢眼。由第 2 章的分析可知，每种工作流生成器可生成 4 种不同任务数量的工作流，主要选取其中的中型(约 100 个任务)工作流作为本节实验对象。

对于每种类型工作流组的到达负载模式，负载模式即工作流组的到达规律和数量特征，本节主要选用 3 种具有代表性的负载模式。如图 3-69 所示，主要包括平稳型负载模式、增长型负载模式和开关型负载模式，模拟 72 小时内工作流组的到达数量和规律情况。平稳型负载模式反映出到达工作流组数量稳定且波动小，如企业内部服务系统仅针对内部稳定员工独立开放。增长型负载模式反映出到达工作流组数量快速增长，如一则爆炸性新闻瞬间扩散，引发越来越多用户点击关注。开关型负载模式反映出到达工作流组数量具有时间相关性，如淘宝订购服务系统，在白天 8:00 到晚上 11:00，有大量用户访问，而在其他时间段，访问的用户则明显减少。图 3-69 中的工作流组到达时间间隔是 5 分钟。

多云环境下有 3 个服务提供商 C1、C2 和 C3，每个提供商提供 8 种不同实例类型，每种实例类型拥有特定的任务执行速度和单位执行代价。对于服务提供商 C_1、C_2、C_3，其最快实例类型的处理速度约为最慢实例类型的 5、8、10 倍，相应地，最快实例类型的单位执行代价约为最慢实例类型的 5、8、10 倍。在所有实例类型中，执行速度最慢的实例对应各个任务的执行时间从 XML 工作流文件[①]中获取。另外，设定每个服务提供商中的最慢实例类型的单位执行代价均为 2 美元/小时。假设每种虚拟机的初始化启动时间是平均 97 秒，各个云服务提供商要价区间按 1 小时要价。每个任务在不同的云中存在不

① https://confluence.pegasus.isi.edu/display/pegasus/WorkflowGenerator.

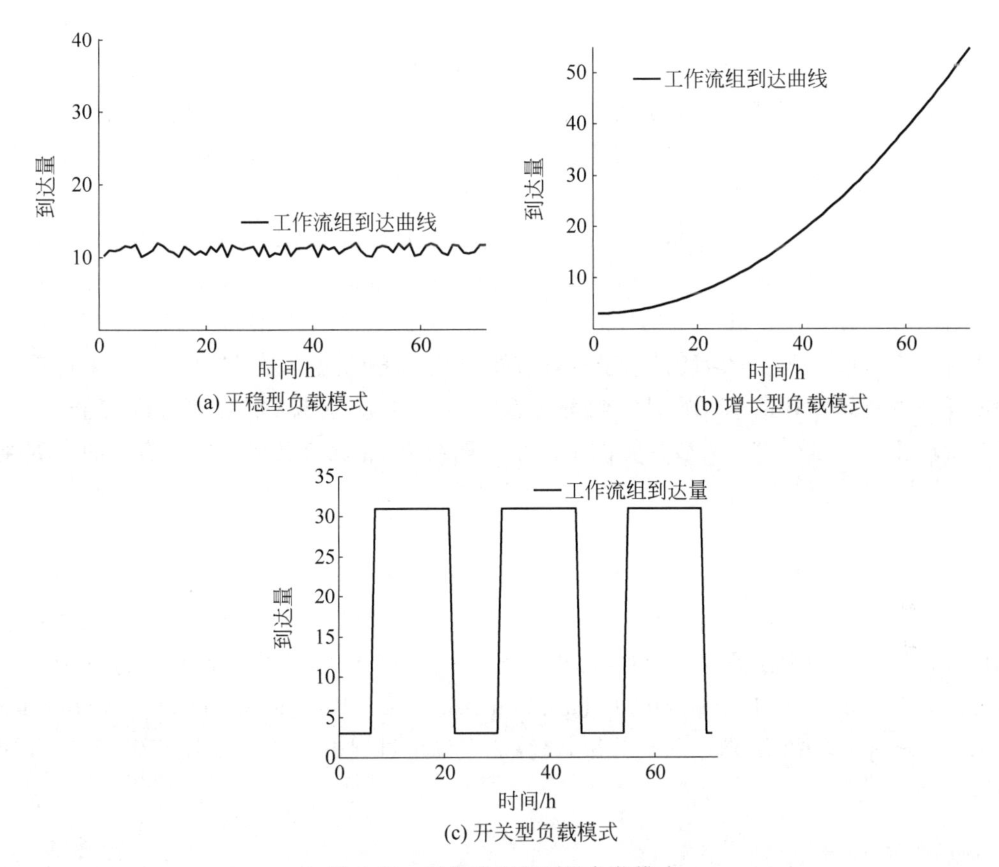

(a) 平稳型负载模式

(b) 增长型负载模式

(c) 开关型负载模式

图 3-69 工作流组的到达负载模式

同的性价比执行实例，设定在某个对应的云中每个工作流中 1/3 的任务拥有最高的性价比。

最后，对于每一个工作流，需要利用特定截止日期来检测所提出调度算法的性能。太早的截止日期会导致大部分工作流无法及时完成，因此，针对每个工作流 w_i，定义 5 种不同的截止日期 $D_k(w_i)$，如下所示：

$$D_k(w_i)=r_k \cdot \mathrm{Min}(w_i), \quad k=\{1,2,\cdots,5\} \tag{3-166}$$

其中，$\mathrm{Min}(w)$是用 HEFT 算法执行工作流 w_i 的时间跨度，r_k 则是从集合 $R=\{1.2,1.5,3,5,8\}$中依次取相应值。通过以上截止日期的取值，可以保证每个工作流在多云环境中被顺利执行完成。

2. 对比算法

由于目前云环境下的任务调度研究大多针对批任务模型，或者仅对单一工作流展开，而基于截止日期约束的代价优化研究较少。为了测试本章提出的在线工作流组基于实例自适应分配整合的调度策略，需要对已有的相关算法进行改写，作为本节算法的对比算法。

首先，扩展 Sakellariou 等人在网络环境下提出的基于预算限制的单一工作流代价驱动 GAIN 调度该算法能够适应多云环境下带截止日期约束工作流组的代价驱动问题研究。GAINM算法主要包含两个阶段：第一阶段与GAIN调度算法相似，对单一工作流的任务，选取执行增长代价最低的实例类型来调度对应任务；第二阶段与GAIN调度算法不同，GAIN通过不断迭代改进最高性价比等级的调度方案来满足预算约束，而对比算法GAINM则是按照式(3-161)的等级替换，不断更新调度方案，直到调度结果的执行时间在截止日期内才终止。

另外，改写3.8.4节的OMLFHP调度算法，主要选取OMLFHP算法中的"分层迭代划分"过程和"混合调度分配"过程的公有云中调度工作流步骤，形成分层划分贪心调度(Partition Hierarchically and Greedy Scheduling，PHGS)对比算法。PHGS调度算法主要有两个阶段：第一个阶段是基于任务权重等权划分思想的分层迭代划分，来计算未调度任务的初始预计最早开始时间和可容忍时间，即计算任务对应的调度子截止日期；第二阶段主要是基于第一阶段计算的子截止日期约束，在现有已启动或未启动的实例类型中，选取可满足任务子截止日期约束且执行增长代价最低的执行实例，在这些实例上调度分配对应任务。

最后，为了观察工作流截止日期再分配过程对调度结果的影响，该方式基于任务权重等权划分思想分层迭代划分方式获取子截止日期，这种截止日期再分配方式主要基于工作流自身的结构和任务权重，与实际的执行实例类型无关，形成实例自适应分配整合的分层划分(Partition Hierarchically based on Adaptive Allocation and Consolidation for the Instances，PHA2CI)调度对比算法，该算法在调度过程中同样考虑执行实例动态分配整合机制。

3. 结果评价

由于存在多种不同类型的工作流，且基于不同工作流组负载到达模式的工作流数量会存在差异，为了形成标准化对比，选用标准平均执行代价$\mathrm{Avg}_{\mathrm{Nec}(W)}$和执行实例平均利用率$\mathrm{Avg}_{\mathrm{Uti(VM)}}$来对各个调度算法(即GAINM、PHGS、PHA2CI和OWSA2CI)的性能进行测试。$\mathrm{Avg}_{\mathrm{Nec}(W)}$和$\mathrm{Avg}_{\mathrm{Uti(VM)}}$的具体定义如下：

$$\mathrm{Avg}_{\mathrm{Nec}(W)}=\frac{C_{\mathrm{total}}(W)}{N(W)\cdot\min\limits_{p\in P}\{\mathrm{CC}(w)\}} \tag{3-167}$$

$$\mathrm{Avg}_{\mathrm{Uti}}(\mathrm{v_M})=\frac{\sum\limits_{i=1}^{M}\mathrm{Uti}(\mathrm{vm}_i)}{M} \tag{3-168}$$

其中，$C_{\mathrm{total}}(W)$表示工作流组的总执行代价，$N(W)$表示工作流组的到达总数量。另外，$\mathrm{Uti}(\mathrm{vm}_i)$表示已执行完毕虚拟机$\mathrm{vm}_i$在整个执行过程中的利用率，$M$表示在执行工作流组$W$整个过程中开启的虚拟机总数量。

下面通过静态多云环境和动态多云环境两种不同场景对所提出的调度算法展开对比分析。在静态多云环境中，虚拟机执行性能和虚拟机启动时间都是确定的，不存在波动情况。在动态多云环境中，虚拟机执行性能和启动时间平均时间可知，但存在波动。

1）静态环境

图3-70、图3-71和图3-72分别展示了4种不同调度算法对CyberShake、Epigenomics

和 LIGO 工作流组，在平稳型、增长型和开关型等不同负载模式下的标准平均执行代价 $Avg_{Nec(W)}$ 和执行实例平均利用率 $Avg_{Uti(VM)}$。其中"-C"和"-U"分别对应 $Avg_{Nec(W)}$ 和 $Avg_{Uti(VM)}$ 指标。从总体上看，4 种调度算法在增长型负载模式下的性能最优，其次是平稳型负载模式，最差的是开关型负载模式。由于增长型模式的工作流组到达量不断增加，执行实例资源空转次数减少，资源利用率整体提高，相应的标准平均执行代价就会降低；对于开关型负载模式而言，高峰期时需要供应足够多的执行实例资源，而低谷期时则会带来许多执行实例空转，往复多次会导致资源总体利用率下降，从而引起标准平均执行代价升高。

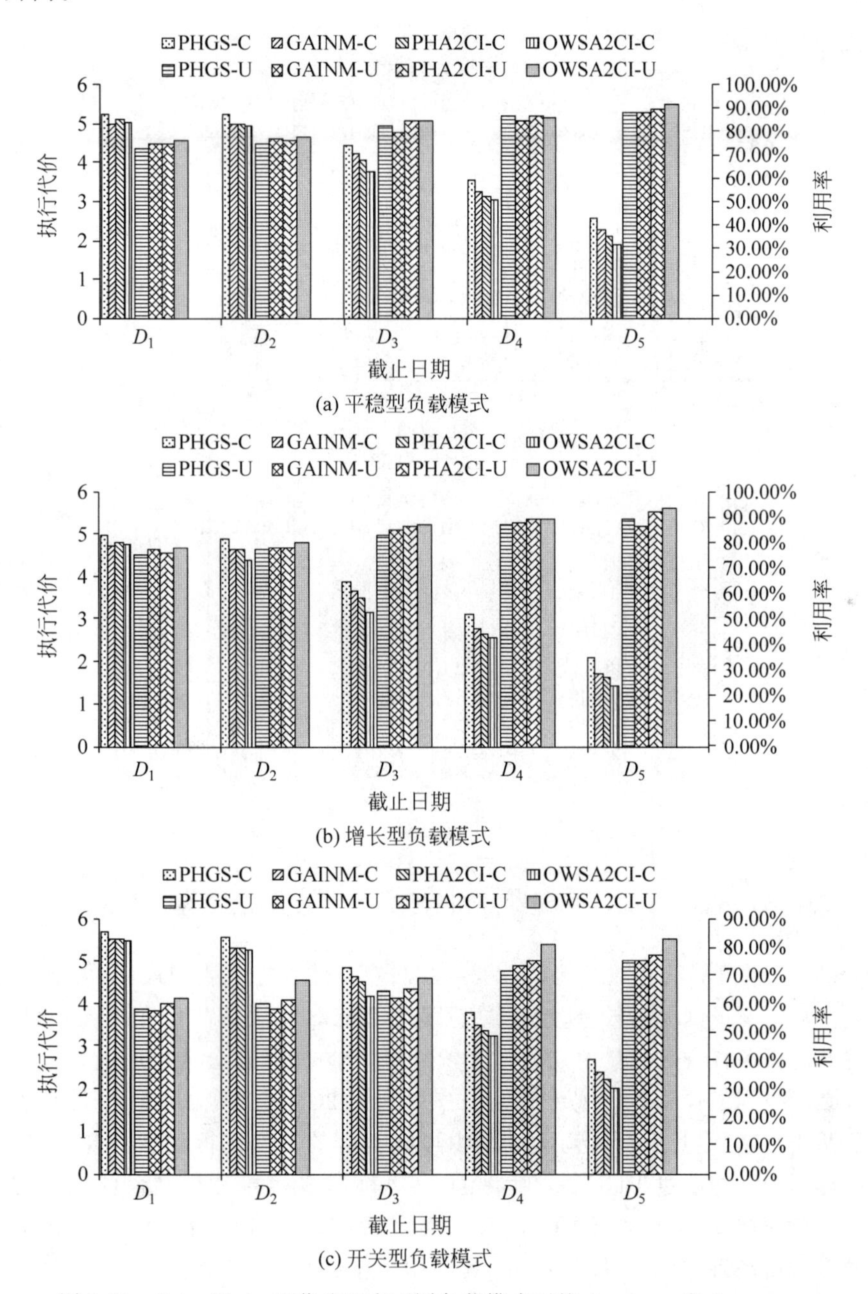

图 3-70 CyberShake 工作流组在不同负载模式下的 $Avg_{Nec(W)}$ 和 $Avg_{Uti(VM)}$

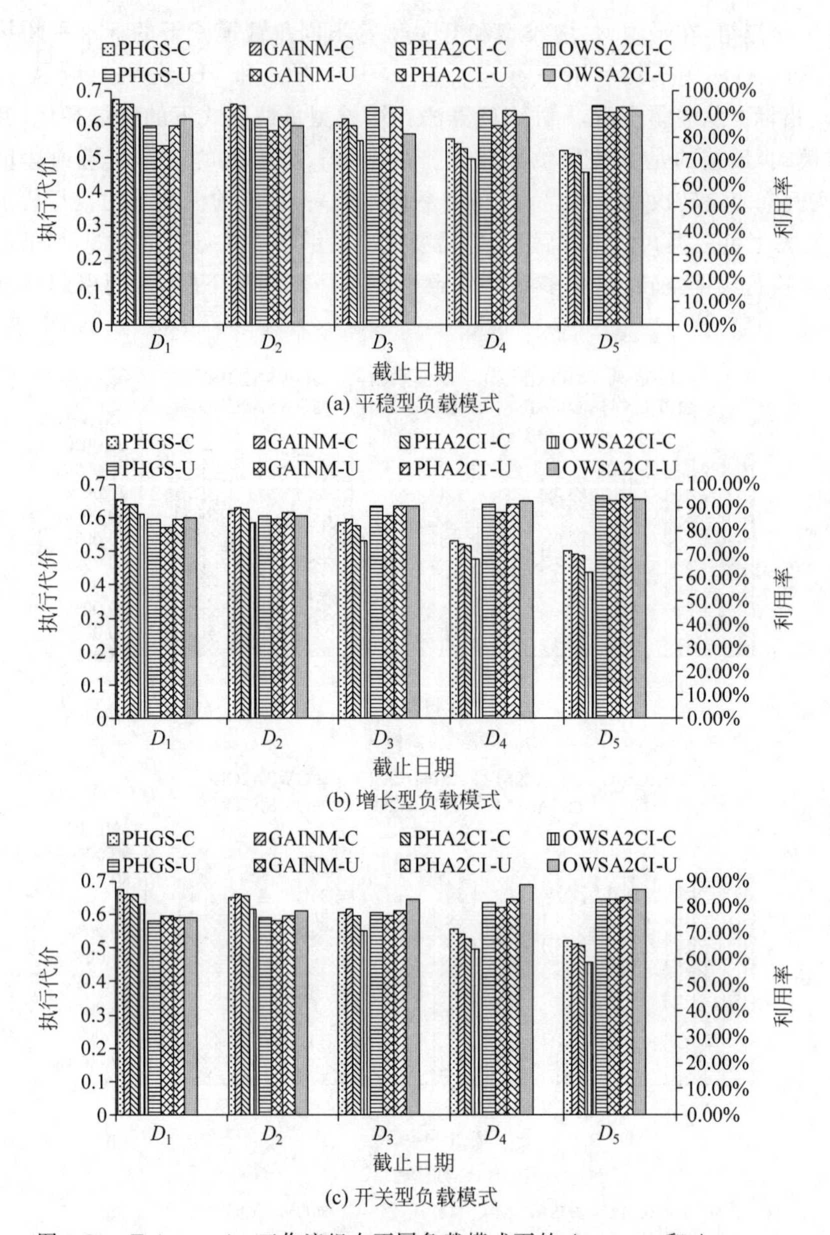

(a) 平稳型负载模式

(b) 增长型负载模式

(c) 开关型负载模式

图 3-71 Epigenomics 工作流组在不同负载模式下的 $Avg_{Nec(W)}$ 和 $Avg_{Uti(VM)}$

OWSA2CI 调度算法相对其他 3 种调度算法在整体性能上表现最佳，而 PHGS 调度算法在大多数情况下则相对较差，这主要是因为 PHGS 算法在截止日期再分配过程中，主要考虑基于任务自身负载量的划分方式，这种划分方式往往会造成通过划分出的子截止日期未必能找到最佳的执行实例分配方案。PHA2CI 调度算法虽然也是基于任务性质划分子截止日期，但其后期对调度过程中可以整合的实例进行动态整合操作，所以在多数测试样例中性能超过 PHGS 调度算法。GAINM 调度算法利用最优性价比实例来对任务进行分配调度，其相对于 PHGS 算法而言，更适合工作流组调度，因为随着工作流组数量增多，执行实例会不断接收任务，其利用率不断提高，整体执行代价就大大压缩。

但对于一些极端情况，如图 3-72(a)和图 3-72(b)所示，在截止日期(D_1)紧张情况下调度情况，GAINM 调度算法会逊色于 PHGS 调度算法，主要是因为 LIGO 工作流的并行性较强，且在截止日期紧张的情况下，整体压缩程度没那么明显。

如图 3-71(a)和图 3-71(b)所示，当截止日期约束较大时(即截止日期较小，如 D_1)，4 种调度算法性能差距不是很大，主要是因为受到截止日期的较大约束，初分配调度方案都把任务分配到相对执行速度最快的实例上。可以看出，这种情况下的执行实例平均利用率也不高，其主要原因也是因为截止日期约束大，没有多少实例优化空间。随着截止日期增大，OWSA2CI 调度算法性能表现突出，这主要是由于最高性价比分配方案和执行实例动态整合机制节省出了大量执行代价。而 PHGS 调度算法由于倾向于局部贪心选择策略，未考虑工作流组整体分配的均衡性，所以在截止日期较大时性能最差。

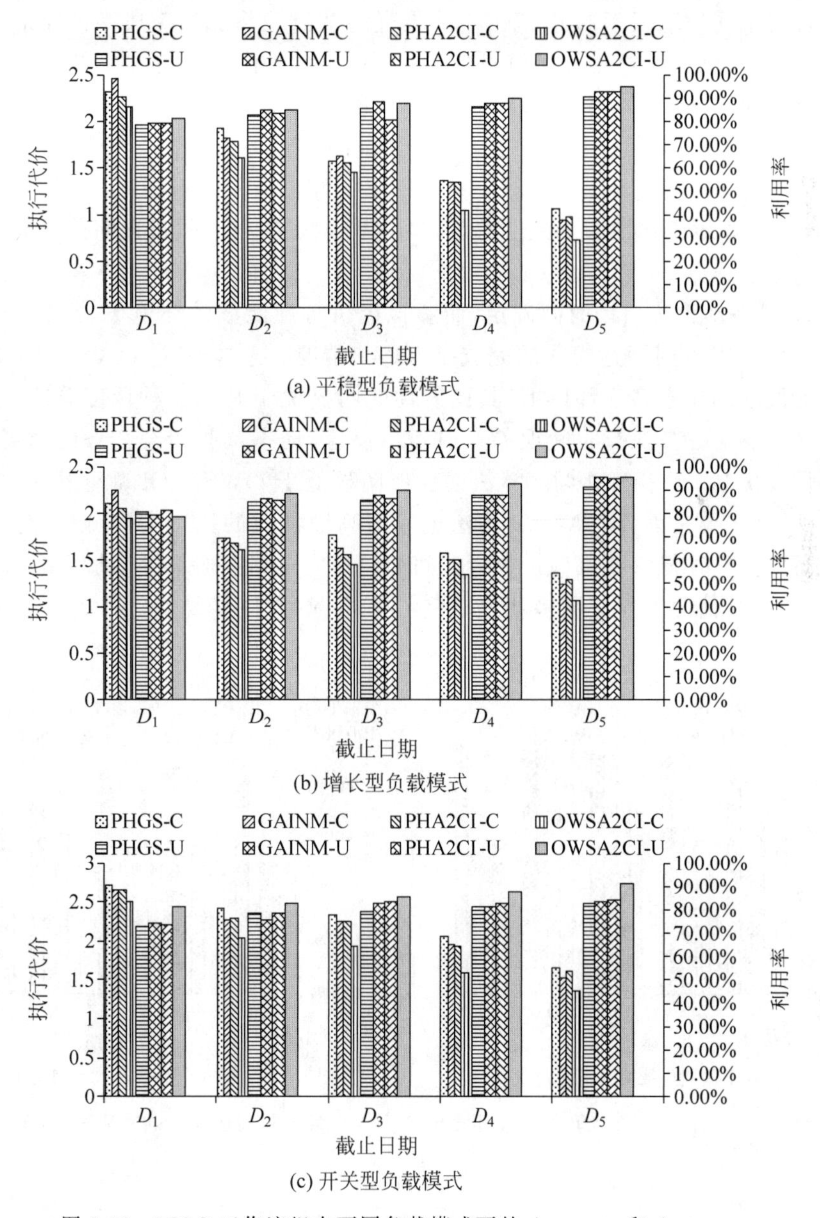

(a) 平稳型负载模式

(b) 增长型负载模式

(c) 开关型负载模式

图 3-72 LIGO 工作流组在不同负载模式下的 $\mathrm{Avg}_{\mathrm{Nec}(W)}$ 和 $\mathrm{Avg}_{\mathrm{Uti}(VM)}$

如图 3-71 所示，GAINM 调度算法的执行实例平均利用率普遍低于其他 3 种调度算法，特别是在截止日期较大时，这重要是因为该算法主要考虑基于最高性价比实例的分配方案，当截止日期较大时，分配单一工作流时会腾出较多可压缩空间，但由于 Epigenomics 工作流串行程度较高，其工作流组的可压缩性受到限制，所以造成利用率较低的结果。

2）动态环境

为了测试 GAINM、PHGS、PHA2CI 和 OWSA2CI 4 种调度算法在动态多云环境下的有效性，下面主要针对虚拟机执行性能波动和虚拟机启动时间波动两种动态因素展开讨论。其中虚拟机执行性能下降的变化率满足均值 12%、最大下降率 24%、标准差 10% 的正态分布，而虚拟机启动时间则满足最大延时 10%、平均延时 4%、标准差为 3% 的正态分布。针对不同波动因素的分布函数，主要通过测试工作流组完成率情况来验证算法性能，每个测试样例均设置 100 组测试实验，并取其均值作为最终实验结果。工作流组完成率 $R(W)$ 的定义如下：

$$R(W)=\frac{N_{\mathrm{F}}(W)}{N_{\mathrm{total}}(W)} \tag{3-169}$$

其中，$N_{\mathrm{total}}(W)$ 表示工作流组的到达总量，$N_{\mathrm{F}}(W)$ 则是在相应截止日期前完成的工作流总数。

图 3-73 是在虚拟机启动时间确定，而虚拟机执行性能波动环境下，4 种调度算法基于 LIGO 工作流组不同到达模式的完成率 $R(W)$ 情况。总体来说，OWSA2CI 调度算法在执行性能波动的动态多云环境下，其调度性能明显优于其他 3 种调度算法，这主要归功于该算法能够对任务执行时间误差及时作出反应，动态调整后续任务的调度方案，是一种动态调度机制。GAINM 调度算法的性能明显低于 OWSA2CI 调度算法，但优于其他两种算法，这主要是因为 GAINM 算法追求最高性价比的执行实例分配方案，任务所分配的执行实例往往能够在其假设执行区间前较早完成，这样就给波动环境留下了一定的缓冲空间，而其他两种算法更多地追求贪心策略调度，使其受实例执行性能波动影响较大。

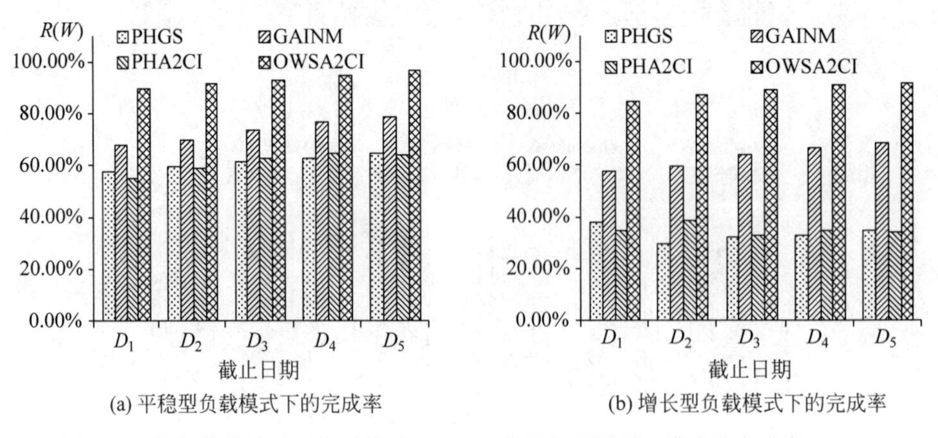

(a) 平稳型负载模式下的完成率　　(b) 增长型负载模式下的完成率

图 3-73　执行性能波动环境下基于 LIGO 工作流组不同到达模式的完成率 $R(W)$

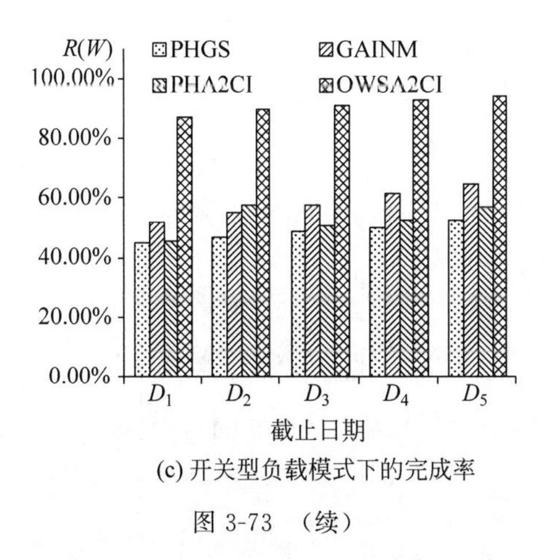

(c) 开关型负载模式下的完成率

图 3-73 (续)

3 种不同负载到达模式中,图 3-73(b)增长型负载模式的工作流组完成率相对较低,且该模式下的 GAINM 调度算法和 PHGS 调度算法的差距最大。这主要是因为在增长型负载到达模式下,工作流组持续到达且数量不断增加,造成分配执行实例上的任务之间的空闲空间较少,这个从图 3-70 到图 3-72 的执行实例平均利用率情况就可以看出,从而任务完成时间波动对完成率影响较大。GAINM 调度算法的最高性价比调度方案整体上能够较早完成对应分配任务,受完成时间波动影响较小;而 PHGS 调度算法尽可能压缩执行实例空间且启用廉价实例的分配方案,导致某个任务的完成时间对相同实例上的其他任务影响较大,造成工作流组完成率受实例执行性能波动影响最大。

图 3-74 是在虚拟机执行性能稳定,而虚拟机启动时间波动的环境下,4 种调度算法基于 LIGO 工作流组不同到达模式的完成率 $R(W)$情况。比较图 3-73 和图 3-74,可以看出虚拟机启动时间波动对调度结果的影响远远超过虚拟机执行性能波动。在虚拟机性能波动环境下,OWSA2CI 调度算法的动态调整性质导致所受影响较小,图 3-73(c)的开关型负载模式的最差完成率约为 85%,而在虚拟机启动时间波动环境下,OWSA2CI 调度算法在如图 3-74(b)所示的增长型模式的最差完成率仅约为 35%,这主要是因为该模式需要启动更多的执行实例来执行到达量越来越多的工作流组,虚拟机启动时间波动的影响在该模式下也更加明显。

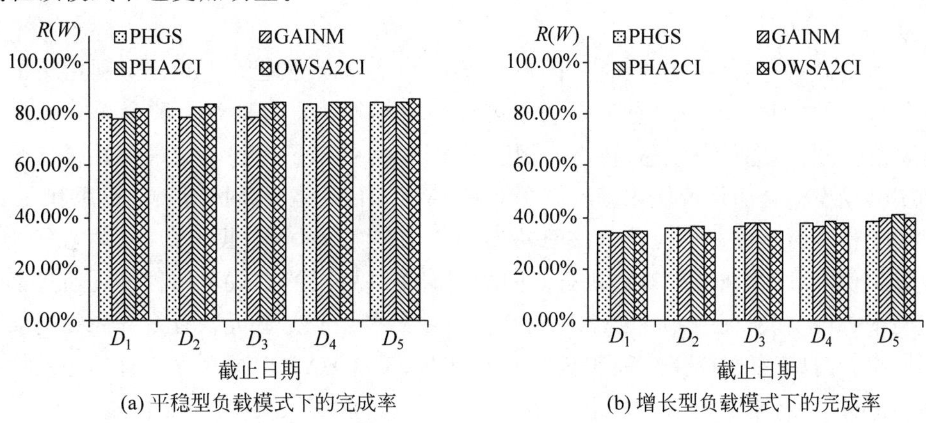

(a) 平稳型负载模式下的完成率

(b) 增长型负载模式下的完成率

图 3-74 启动时间波动环境下基于 LIGO 工作流组不同到达模式的完成率 $R(W)$

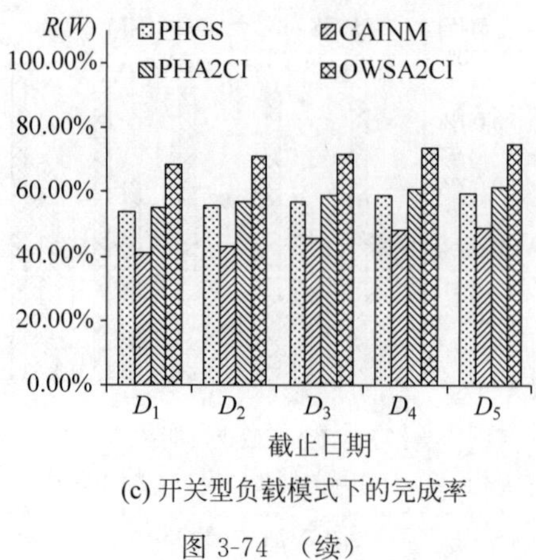

(c) 开关型负载模式下的完成率

图 3-74 （续）

OWSA2CI 调度算法在开关型负载模式下相对其他 3 种调度算法具有明显优势，如图 3-74(c)所示，这主要是因为开关型负载模式需要较为频繁地开启的和关闭执行实例，当高峰期时，需要开启所需新实例；而在低谷期时，则需要关闭多余的执行实例。OWSA2CI 调度算法通过动态分配整合执行实例，使在高峰期和低谷期所开启或关闭的执行实例数量降低，从而减少了虚拟机开启时间波动的影响。PHA2CI 调度算法在该模式下的性能优于 PHGS 调度算法，同样得益于对执行实例的动态整合机制，使虚拟机启动时间波动影响下降。如图 3-74(b)所示，4 种调度算法在增长型负载模式下的完成率，相比于其他两种负载模式都是最低的。这主要是因为增长型负载模式需要持续不断地处理到达数量越来越多的工作流组，需要不断开启新的执行实例，相比于其他两种模式，该模式在整个执行过程中需要开启的执行实例数量是最多的，所以在该模式下受到虚拟机启动时间影响也是最大的。而对于平稳型负载模式，如图 3-74(a)所示，4 种调度算法的表现性能相对其他两种模式都是最优的，这主要也是由执行实例开关情况决定的。在平稳型负载模式下，工作流组到达量稳定，执行实例运行也相对稳定，执行实例开关的频率大大降低，所以在该模式下的调度算法性能受虚拟机启动时间影响最低。

3.7.6 总结

实例资源的有效提供和及时关闭有利于科学工作流处理系统的资源利用率的提高和执行成本的控制。本节侧重研究动态多云环境下带截止日期约束科学工作流组的自适应调度问题，考虑任务压缩、执行实例压缩等因素，提出了一种基于最高性价比任务分配和实例动态整合的代价优化调度算法 OWSA2CI，目的是提高执行实例资源利用率，降低科学工作流组整体执行代价。该算法通过压缩任务、再分配截止日期、动态分配和整合执行实例等方式，在减少算法执行时间的同时提高资源的有效利用程度。通过静态和动态两个分组实验，证明 OWSA2CI 调度算法在大多数情况下可以有效提高执行实例平均利用率，并且降低科学工作流组整体执行代价。OWSA2CI 调度算法对动态环境具有较强的适应性，特别是对虚拟机执行性能波动情况，能够及时调整任务分配调度方案。另外，虚拟机启动延时波动对频繁启动或关闭执行实例的调度算法影响较大，进一步说明了动态分配和整合执行实例的重要性。

1. 论文工作总结

云计算作为一种新兴的商业计算模式，其资源“无限透明”、弹性供应、按需付费等优势，为科学工作流处理带来了便利。伴随着云计算技术的发展，云市场上出现多个云服务提供商共存的“多云”局面。多云环境下调度具有依赖结构的科学工作流是一个NP-难问题，其相比于传统分布式计算环境下的调度操作显得更加复杂，需要考虑更多的实际因素，如多云之间的要价机制多样、实例类型异构，以及云内和云间带宽传输差异等。截止日期约束是科学工作流调度过程中的重要服务质量因素，对于云环境下的科学工作流调度问题来说，不仅要考虑其服务质量，还要兼顾终端用户执行代价和云环境的资源利用率。因此，如何在多云资源异构环境下，在保证科学工作流截止日期约束的同时，结合云计算相关性质，提高多云资源的总体利用率，并减少科学工作流执行代价已成为云计算领域的一个重点研究课题。

现有研究工作大多是在传统分布式计算环境的基础上做相应改进，这些工作存在云环境单一、单纯追求执行时间优化或未考虑云计算特殊性质等缺陷。基于目前该领域研究工作的不足和迫切需求，本节结合已有云环境下科学工作流调度的相关研究工作，从“多云”角度考虑带截止日期约束科学工作流的优化调度问题，试图构建一种解决多云环境下科学工作流调度问题的完整有效解决方案，本节的主要研究内容和创新之处总结如下：

(1) 关于静态多云环境下基于代价驱动的带截止日期约束的科学工作流调度问题，科学工作流中任务之间的数据传输延时对整体调度的时间和代价性能影响很大，为此，本节提出一种压缩任务间数据传输的有效整体科学工作流调度策略。该方法通过合并科学工作流中的“有向割边”、整体调度科学工作流局部关键路径、渐进式分配“最适合”执行实例等方式，在压缩数据传输量和提高算法执行效率的同时，减少科学工作流执行代价。多种类型科学工作流的调度实验结果表明，本节提出的算法对多云环境具有良好的适应性，不仅可以提高算法本身的执行效率，而且能够有效控制科学工作流执行代价。该工作是多云环境下首次讨论数据传输因素的科学工作流调度研究。

(2) 关于动态多云环境下基于代价驱动的带截止日期约束的科学工作流调度问题，虚拟机执行性能波动和带宽传输波动等动态因素将直接影响调度方案的优劣，为此，本节设计一种考虑动态影响因子的自适应离散粒子群优化调度策略。该方法在引入遗传算法随机单点变异操作和随机两点交叉操作的基础上，综合考虑任务之间数据传输代价和任务自身执行代价因素的整体调度映射方案，不仅有效解决了传统PSO的过早收敛问题，提高了种群进化过程中的多样性，同时增强了对动态环境的适应性，减少了科学工作流执行代价。实验结果表明，该方法能够在满足动态环境约束条件下，有效扩大种群多样性，获得较少的科学工作流执行成本。该工作是动态多云环境下首次考虑数据传输代价和任务计算代价的科学工作流调度研究。

(3) 关于带默认私有云的多云环境下基于完成率的带截止日期和预算约束的科学工作流组调度问题，科学工作流组的调度优先顺序和任务子截止日期分配策略是调度过程的关键，为此，本节提出了一种基于任务权重等权划分和科学工作流结构特点的在线优化调度策略。该方法通过将最长路径负荷量最小的科学工作流优先安排调度、截止日期细粒度再分配、基于预算约束准入原则选择代价最优实例等方式，降低数据传输成本，及时回收私有资源，在提高科学工作流组完成率的同时控制执行总成本。实验结果表明，该方法能够有效利用私有云资源，在满足相关约束前提下，提高科学工作流组完成率的同时将执行代价控制在一定范围内。

(4) 关于动态多云环境下基于实例利用率和执行总代价的带截止日期约束的科学工作流组调度问题，调度方案的动态调整和执行实例的自适应缩放是调度过程的关键，为此，本节提出了一种基于实例自适应分配整合的在线科学工作流组动态调度策略。该方法通过合并"有向割边"相邻任务、基于执行实例的截止日期细粒度再分配、执行实例动态分配和整合等方式，压缩任务并提高算法执行效率，有效增加执行实例利用率的同时大幅度降低科学工作流总执行代价。实验结果表明，该调度算法对动态多云环境具有较强的适应性，能够在满足相关约束条件下，有效提高执行实例资源整体利用率，并降低科学工作流组执行代价。

2. 未来工作展望

伴随着云计算技术的不断成熟，云计算按需提供、动态扩展的计算模式已被广泛应用到工业界和企业界的各个相关领域。本节对多云环境下的科学工作流调度策略进行了深入研究，充分分析了多云环境的独特性质和科学工作流的复杂依赖结构，并取得了一定的科研成果。尽管如此，本节仍存在诸多不足之处，同时伴随关于云计算技术研究的不断深入和发展，一些新的研究问题也会随之出现，需要进一步进行深入的分析、研究和解决。在接下来的研究工作中，将对以下几个相关方面问题进行进一步深入探讨：

(1) 由于云环境下科学工作流调度研究是当前云计算研究的一个热点，本节已探索了利用自适应离散粒子群优化算法求解动态多云环境下带截止日期约束科学工作流的代价驱动调度问题，并取得了一定科研成果。在研究过程中，发现多云环境的初始化资源池大小将极大地影响 ADPSOGA 调度算法的执行时间和性能，所以下一步工作将进一步结合科学工作流自身的结构特点以及任务的执行负荷量需求情况，优化云环境初始资源池的虚拟资源量，提高 ADPSOGA 算法的执行效率和执行性能，进一步优化多云环境的资源利用率。另外，本节动态环境定义主要体现在虚拟机性能和传输带宽的波动性方面，在未来的工作中，将进一步考虑其他波动特性，如时间维度上波动对象的时变波动情况。

(2) 本节研究的多云环境下科学工作流主要以截止日期为约束条件，追求科学工作流总体执行代价或科学工作流组完成率优化的目标，主要涉及 3 种类型的 QoS 性能指标，即截止日期、执行代价和完成率，其约束条件和追求目标都相对单一，然而在现实应用环境中，还包括资源负载均衡和执行可靠性等功能性需求，因此，本节接下来的研究工作将主要集中在研究多约束条件下的科学工作流多目标优化问题。

3.8 混合云环境下代价驱动的多工作流应用在线任务调度方法

得益于云计算所具有的强大并行计算能力，研究人员纷纷对其在处理工作流等大规模科学应用方面的缺点和优势展开研究。当前的云市场由众多不同的公共云和本地私有云组成，工作流调度是混合云面临的最大挑战之一，因为云市场在服务供应、定价模式和带宽方面高度分散。本节针对混合云上连续提交的科学工作流，提出了一种在线调度策略，旨在以较低的价格尽可能多地完成受限应用。首先，提出了一种分层迭代应用划分 OMLFHP 算法，将应用划分为一组相关任务。此外，还提出了结合分层迭代应用划分算法的在线调度算法，以较低的平均费用完成工作流。所提出的策略考虑了混合云的基本特征，如带宽限制、数据传输成本和计算成本。使用各种工作流来评估多种调度算法，实验结果表明，MLF_ID 方法可以获得令人满意的性能。

3.8.1 引言

在现实多云环境下，在大多数科学应用领域都需要面临连续密集海量的工作流组，而非纯粹地处理单个工作流。在处理多云环境科学工作流的调度分配过程中，多个工作流可能在同一时刻被提交，或者在调度处理计算过程中存在工作流被动态提交的情况，因此在现实环境中通常要求处理工作流组的多云调度分配算法需要满足工作流动态连续或间断性到达的实时优化处理需求，同时保障各个工作流的 QoS 要求。连续工作流组的实时调度算法并不能简单套用单一工作流调度方法并进行演化，它是一个新问题，需要新的研究思路和方法。本节主要研究带默认私有云的多云环境下带截止日期和预算约束的工作流组的优化调度策略，目的是尽可能提高工作流组的完成率。

通过虚拟化技术将计算和存储等资源有效整合，以按需付费方式提供给用户的云计算网络是在 IT 产业实现资源高效利用最具前景的有效手段。云计算技术已成为近年来研究的一个热点问题，许多信息技术公司，如 IBM、Amazon、Google、Microsoft 等，都先后提出了各自云计算系统的基本框架并提供相应的云服务。企业往往拥有具备一定计算和存储能力的私有云中心，来处理它们的应用负载。然而某些特定时刻的高峰应用负载会超过企业自身的处理能力，使其力有未逮。峰值罕见且企业在大部分时间里的处理能力能够满足业务需求，虽然通过增加服务器资源可以解决峰值问题，但会增加企业运营成本。为了避免增添额外服务器容量的高昂费用，同时能有效处理罕见的业务峰值需求，企业利用公有云资源来处理资源紧张的峰值问题，而利用本地基础设施来处理大部分的业务需求。这将导致私有云与公有云之间的应用负载发生转移，形成多云交互的多云环境。工作负载共享能够有效扩大云资源池容量，提供更灵活和便宜的共享资源，同时进一步降低终端用户的工作流执行代价。然而，由于不同服务提供商之间存在许多差异(如要价机制、传输带宽、实例类型等)，所以终端用户需要一种良好的调度策略来保证在满足工作流组截止日期约束的前提下，尽可能提高工作流组的完成率，并控制其执行总代价，这是一个带约束的多目标在线优化问题。虽然许多相关研究工作已在传统分布式环境下展开，但涉及云环境的工作流组调度研究工作相对较少，特别是在 IaaS 多云环境下处理带截止日期和预算约束的复杂工作流组调度问题。

3.8.2 相关工作

近年来，在单云环境下基于单个科学工作流的调度研究，不论是在调度模型方面，还是在工作流的多目标调度方面，都取得了相当大的进展。Wieczorek 等人从多个不同角度分析了优化调度分配算法在科学工作流应用中的关键性。然而针对多个科学工作流组的优化调度研究却相对较少，Topcuoglu 等人最早构建多工作流组的近似处理模型，并设计了一种对工作流组逐个处理的调度方法，这种方法虽然简单，但是会产生大量的虚拟机空闲等待时间，不但降低资源利用率，同时也会延长整个工作流组的执行时间。文献 *Scheduling strategies for mapping application workflows onto the grid* 和文献 *Scheduling multiple DAGs onto heterogeneous systems* 设计了一种组合调度方法，将多个代表工作流的 DAG 图合并成一个大的复合型工作流 DAG 图，通过调度新的工作流 DAG 图中的任务来完成整个工作流组的调度。这种方式忽略了工作流之间的调度先后及不公平性问题。Tian 等人提出了一种基于动态 RANK-HYBD 方法的 Planner-guided 调度算法，该策略实现对多个工作流的不同优先级分配，但是未充分考虑不同工作流的到达时间不同等情况。另外，该文献的实验充分验证了文献 *Scheduling strategies for mapping application workflows onto the grid* 和文献 *Scheduling multiple DAGs onto heterogeneous systems* 的简单工作流合并不能显著提高工作流组的整体处理性能。文献《异构网络化汽车电子系统中多 DAG 离线任务调度》设计了一种基于离线时间开销的数据密集型工作流组调度算法，该算法未考虑因工作流中个别任务得不到及时处理而使执行时间跨度增大带来的影响。综上所述，工作流组中不同工作流的到达先后顺序以及相关处理优先级定义，对工作流组调度问题的性能影响十分重大。

传统分布式环境的工作流组调度策略主要基于执行时间跨度优化展开，不适用于按区间要价并以代价为驱动的云计算环境。现有云环境下的研究工作主要是基于代价优化目标展开的。Bittencourt 和 Madeira 分析了混合云环境下考虑代价驱动的多种批任务及工作流调度算法，算法涉及多种目标约束，如截止日期、执行时间跨度和执行代价等，然而其未涉及不同带宽的多云环境对工作流执行代价影响分析。Li 等人同样考虑一种云环境下基于截止日期约束的在线优先级负载调度算法，然而其仅在单云环境下，且仅针对单一工作流进行调度，并考虑持续达到工作流组的调度复杂性。文献 *Online cost-efficient scheduling of deadline-constrained workloads on hybrid clouds* 设计了一种混合云环境下带截止日期约束的批任务代价驱动调度算法，其考虑在满足批任务服务质量前提下追求代价最优，同时考虑带宽约束及数据传输带来的影响，该文献对本节的调度环境及算法设计有一定的借鉴作用，然而其未考虑依赖关系工作流组的调度问题。因此，在多云环境下，涉及工作流组完成率的带截止日期和预算约束大规模工作流组在线优化调度问题仍未得到妥善解决。

本节基于工作流组中任务权重等权划分思想，依据科学工作流自身结构特点划分优先级，设计带截止日期和预算约束的工作流组在线优化调度方法。根据实时到达工作流的时空相关性，将最长路径负荷量最小的工作流优先处理，增加工作流完成率并降低数据传输成本；基于工作流自身特点，将截止日期按任务权重划分容忍时间，以保证满足截止日期约束和服务质量需求；利用贪心选择策略在线调度分配满足截止日期和预算约束的代价增值最低的实例，进一步降低执行代价。本节设计的多云环境下基于分层迭代划分的在线最小最长路径负荷量工作流优先处理算法（Online Minimum Longest-path-load First based on Hierarchical Patition iteratively，OMLFHP），在满足相应约束的前提下，尽可能提高了工作流组的完成率。

3.8.3 问题模型

本节具体介绍关于多云环境下在线工作流组调度的问题模型，主要涉及工作流组、带默认私有云的 IaaS 多云环境以及基于代理框架的在线调度器 3 种角色，如图 3-75 所示展示了在线调度系统的框架图。

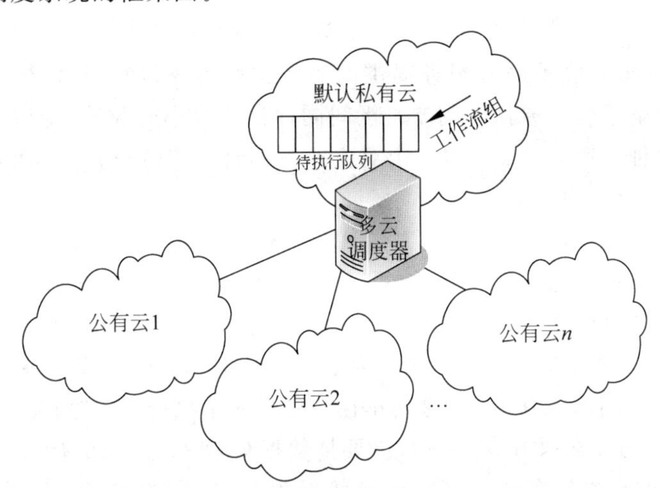

图 3-75 带默认私有云的多云环境调度框架图

不同性质和结构的工作流，以及差异化的用户需求，使工作流组的调度问题显得格外复杂。为了简化问题模型，同时保持问题本身的主要性质特点，本章着重考虑带截止日期约束的工作流组模型 $W=\{w_1,w_2,\cdots,w_z\}$。W 表示一组工作流集合，其中每个单一工作流 w_i 用对应的有向无环图 $G_i(\mathrm{Vertex}_i,\mathrm{Edge}_i)$ 来表示，其包含点集 Vertex_i 和边集 Edge_i。对于某个有向无环图 $G_i(\mathrm{Vertex}_i,\mathrm{Edge}_i)$，其中 Vertex_i 是一个含有 n 个任务节点的有限点集 $\{t_{i1},t_{i2},\cdots,t_{in}\}$，$\mathrm{Edge}_i$ 用来表示任务之间数据依赖关系的有限边集 $\{e_{i12},e_{i13},\cdots,e_{ijk}\}$，点集 Vertex_i 和边集 Edge_i 对应着工作流组中的工作流 w_i。关于每个单一工作流中相应任务的直接前驱（父）节点、直接后继（子）节点的定义，工作流"入任务"和"出任务"的定义，工作流"伪入任务"和"伪出任务"的定义，以及调度工作流过程中必须满足依赖关系的规则等细节描述，可详细参照第 2 章的定义。另外，每个工作流 w_i 中的任务 t_{ij} 都有一个对应的执行负荷量 Load_{ij}，该任务对应不同实例类型虚拟机的执行时间与该负荷量呈正相关关系。对于大量持续达到的工作流组 W，每个单一工作流 w_i 都有相应的到达时刻 $\mathrm{Arrived}(w_i)$ 和约束截止日期 $D(w_i)$，其分别表示对应工作流到达默认私有云的时刻和在该截止时刻前必须完成相应的工作流。

此处考虑的 IaaS 多云环境模型与第 2 章讨论的存在诸多相似之处，关于不同的 IaaS 服务提供商 $P=\{p,q,\cdots,r\}$，服务提供商 p 提供的实例类型 $S_p=\{s_{p1},s_{p2},\cdots,s_{pm}\}$，以及虚拟机要价机制等定义，此处不再赘述。需要说明的是，本章主要研究带默认私有云的多云环境，相对于公有云而言，私有云中也存在多种实例类型，但其资源总量是有限的，本章主要考虑公有云实例类型，所以在默认私有云中主要考虑 CPU 资源，而忽略内存、带宽等其他虚拟资源。对于任何一个工作流 w_i，假设其均被默认提交到相应的默认私有云 p，如图 3-76 所示，对于最后的资源分配位置，需要根据在线调度器决定。对于工作流 w_i 中的某个任务 t_{ij}，其在服务提供商 p 的实例类型 s_{pk} 虚拟机上的执行时间为 $T_{\text{exe}}(t_{ij}, s_{pk})$，该执行时间与任务 t_{ij} 自身的执行负荷量 Load_{ij} 严格正相关，与实例类型的 CPU 数量负相关，其具体定义如下：

$$T_{\text{exe}}(t_{ij}, s_{pk}) = \frac{\text{Load}_{ij}}{n(\text{CPU}_{s_{pk}} \cdot \text{vel})} \tag{3-170}$$

其中，$n(\text{CPU}_{s_{pk}})$表示实例类型 s_{pk} 的 CPU 数量，vel 表示每个 CPU 的处理速度。

另外，不同任务对应不同云服务提供商实例类型的执行时间/执行价格的性价比存在差异。本节的虚拟机服务执行的要价区间同样是按每小时收费，即用户在每小时的区间按需付费。每种实例类型 s_{pk} 有一个对应的每小时收费价格 c_{pk}。相对默认私有云而言，虚拟实例的执行费用均为 0。

为了简化问题模型，本节不考虑工作流内部任务之间的数据传输时间及代价，而仅针对整个工作流进行相应数据转移传输。某个工作流 w_i 存在相关的数据集 $\text{DS}(w_i)$，其最初的存储位置默认都是在私有云中，即该工作流最初被提交的私有云中。在该工作流 w_i 被执行前，必须首先查看其需要的数据集 $\text{DS}(w_i)$是否在其相应的执行云中。假设经过在线调度器调度，工作流 w_i 被安排在公有云 q 中执行，而其所需的数据集 $\text{DS}(w_i)$ 却在私有云 p 中，所以在执行 w_i 之前，需要把数据集 $\text{DS}(w_i)$从私有云 p 传输到公有云 q。在不同私有云 p 和公有云 q 之间传输数据集 $\text{DS}(w_i)$会产生一定的数据传输时间 $T_{\text{inter}}(p, q, \text{DS}(w_i))$和数据传输代价 $C_{\text{data}}(p, q, \text{DS}(w_i))$，其定义如下：

$$T_{\text{inter}}(p, q, \text{DS}(w_i)) = \frac{\text{DS}(w_i)}{B_{\text{inter}}(p, q)} \tag{3-171}$$

$$C_{\text{data}}(p, q, \text{DS}(w_i)) = \text{DS}(w_i) \cdot c_{p,q} \tag{3-172}$$

其中，$B_{\text{inter}}(p,q)$表示私有云 p 和公有云 q 之间的数据传输带宽大小，$c_{p,q}$ 则表示从私有云 p 传输 1GB 的数据量到云服务提供商 q 所需的费用单价。当工作流 w_i 的数据集 $\text{DS}(w_i)$存储云和其执行云是同一个时，即在私有云 p 中执行，则其数据传输时间 $T_{\text{inter}}(p, q, \text{DS}(w_i))$和数据传输代价 $C_{\text{data}}(p, q, \text{DS}(w_i))$均为 0。同样地，本节考虑工作流的整体调度，即工作流 w_i 中的所有任务 t_{ij} 必须被调度到同一个云服务提供商中，而不能被拆分调度到不同云中。

设计一种多云代理调度框架，基于系统评价机制自主调度到达系统的工作流组，其位于默认私有云中，如图 3-76 所示，负责与其他公有云服务提供商通信和调度分配工作流组。本节多云代理调度的任务是对到达默认私有云的带截止日期约束的工作流组每隔 N_{scan} 秒进行周期性扫描并在多云之间调度，在尽可能提高工作流组完成率 $R_{\text{com}}(W)$ 的前提下，控制整体工作流组执行代价。对于多云系统，基于集中式管理方法，利用超级节点在异构多云之间调度相关应用是方便有效的。受到文献 *Online optimization for scheduling preemptable tasks on IaaS cloud systems* 启发，本节提出一种基于中心数据库的多云代理调度设计框架，其具体框架结构如图 3-76 所示。其中带箭头虚线表示信息流，带箭头实线表示控制流。

在整个调度过程中，终端用户向默认私有云的多云代理提交相应的应用程序，即工

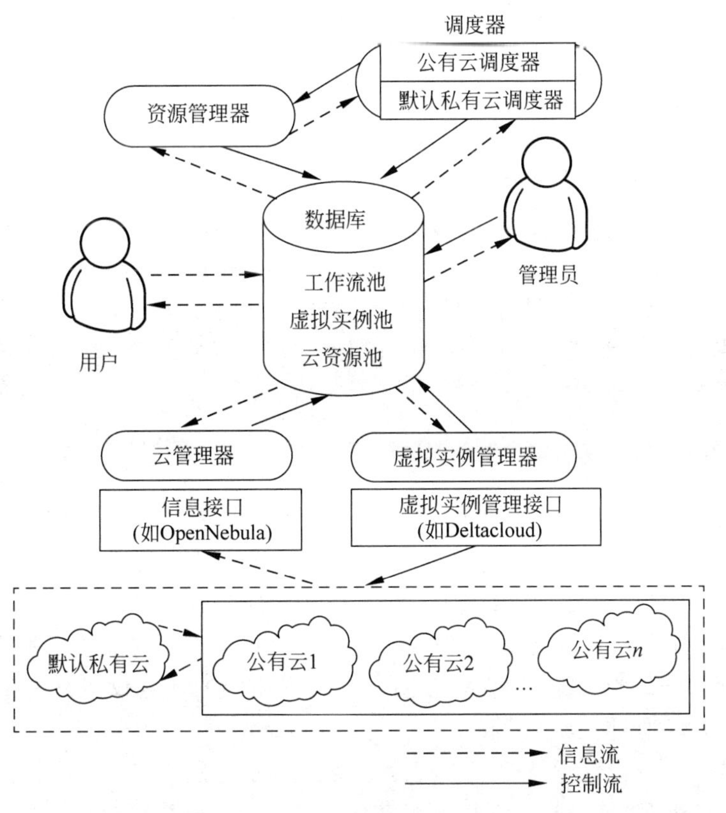

图 3-76　多云代理调度设计框架

作流，并对相应的工作流所需的数据集，约束截止日期等信息作出说明，默认私有云的多云代理每隔 N_{scan} 秒周期性地扫描接收多用户的工作流组，并查看中心数据库信息（如各个云服务提供商的实例类型、实例价格等），通过整体调度方式，合理安排各个工作流的调度方案，使最终的调度方案满足系统需求。以下将简要介绍多云代理调度框架中的4个主要组成部分。

1. 云管理器

云管理性周期性地收集相关云服务提供商信息，如可用云服务提供商、云服务提供商实例类型、相应实例价格等信息。信息的收集操作利用基于OpenNebula框架的云管理接口来实现。完成相关云服务提供商的信息收集后，云管理器通过查看中心数据库中的原有信息与当前更新信息是否一致，如果信息存在不一致，则立刻更新中心数据库的相关云服务提供商信息。这种即时更新机制适用于动态的多云调度环境，如一些云服务提供商的实例价格或类型发生变动。由于本章重点关注多云环境下执行工作流组的调度算法，所以不考虑云服务提供商价格或类型变化情况。

2. 虚拟实例管理器

基于在线调度器的调度决策，其周期性地为待执行工作流组中的任务分配“合适”的虚拟机实例，并实时监测和管理这些虚拟机实例资源，及时分配和回收相应虚拟资源，特别是回收默认私有云中的已利用资源。在相应的工作流被完整执行完成后，虚拟实例管理器及时回收已分配的虚拟机资源，并更新中心数据库中的相关虚拟机信息。

3. 资源管理器

其根据中心数据库中资源情况，对已接收工作流组的结构和性质进行分析，并记录每个待执行工作流相关的服务质量需求和约束条件。根据当前资源状况和各个工作流的特点，资源管理器利用迭代分层划分的方式对每个待执行工作流进行任务划分，使工作流中的任务都有相应的子截止日期约束，如果一个工作流的所有任务均在相应的子截止日期前完成，则该工作流可在对应截止日期前完成。具体的工作流划分成带子截止日期的任务过程将在3.8.4节具体描述。

4. 在线调度器

负责决策各个工作流中对应的任务与多云环境下的虚拟机实例的映射关系，使各个工作流在保证满足工作流截止日和预算约束期前提下提高工作流组的整体完成率。在执行调度决策前，在线调度器需要收集中心数据库中有关虚拟资源的各项最新信息，通过3.8.4节将要介绍的调度算法来进行最终决策，在线调度器主要包含默认私有云和公有云调度器两部分。为简化问题模型，同一个工作流中的任务仅限分配到某个特定云中，而不允许分配到不同云中。

本节主要介绍资源管理器的工作流分层迭代划分过程和在线调度器的调度决策过程，其主要目的是尽可能地提高工作流组完成率 $R_{\text{com}}(W)$，并控制其执行代价在可接受范围内。带默认私有云的多云环境下基于截止日期约束的工作流组调度问题模型，可形式化表示为式(3-173)：

$$\begin{aligned}&\text{Maximize } R_{\text{com}}(W)\\&\text{subject to} \sum_{q=1}^{|P|} s_q \cdot \Big(\sum_{j=1}^{|q|} c_s(\text{vm}_j)\Big) \cdot \left\lceil \frac{T_{\text{run}}(\text{vm}_j)}{\lambda_p(\text{vm}_j)} \right\rceil + \sum_{i=1}^{|W|} k_{qi} \cdot \text{DS}(w_i) \cdot c_{p,q} \leqslant C_{\max}\end{aligned} \tag{3-173}$$

其中，s_q 表示判断工作流 w_i 是否在公有云 q 上被执行完成，如果是则 s_q 为1；如果未被执行完成或者在默认私有云中被执行完成则 s_q 为0。$|q|$ 表示公有云 q 上启动执行虚拟机资源集数量，$T_{\text{run}}(\text{vm}_j)$ 表示虚拟机 vm_j 的运行时间，$s(\text{vm}_j)$ 表示虚拟机 vm_j 所属的实例类型，$c_{s(\text{vm}_j)}$ 表示对应实例类型的区间单价，$p(\text{vm}_j)$ 表示虚拟机 vm_j 所属的云服务提供商，当工作流 w_i 被分配到公有云 q 上时，则 k_{qi} 为1，否则为0，$C_{\max}$ 是工作流组的执行预算代价约束。工作流组的总执行代价包含计算代价和数据传输代价两部分。$\text{AET}(t_{ij})$ 表示工作流 w_i 的任务 t_{ij} 的实际执行完成时间。

3.8.4 OMLFHP 调度算法

1. 相关定义

表3-46中给出了本章所涉及符号和术语的相关定义。本节主要介绍与本节工作流

组调度相关的一些基本定义。

表 3-46　符号定义

符　　号	定　　义
w_i	到达默认私有云工作流组中的其中个单一工作流 w_i
$n(w_i)$	工作流 w_i 中的任务数
t_{ij}	工作流 w_i 中的第 j 个任务
Load_{ij}	任务 t_{ij} 对应的执行负荷量
e_{ijk}	工作流 w_i 中第 j 个任务和第 k 个任务之间的数据依赖边
$\mathrm{Arrived}(w_i)$	工作流 w_i 到达默认私有云的时刻
$\mathrm{D}(w_i)$	工作流 w_i 的对应截止日期
$T_{\mathrm{exe}}(t_{ij}, s_{pk})$	任务 t_{ij} 在服务提供商 p 的实例类型 s_{pk} 虚拟机上的执行时间
c_{qk}	公有云服务提供商 q 的实例类型 s_{qk} 的每小时费用
$\mathrm{DS}(w_i)$	执行工作流 w_i 的整体所需数据集
$B_{\mathrm{inter}}(p,q)$	私有云 p 和公有云 q 之间的数据传输带宽大小
$c_{p,q}$	从私有云 p 传输 1GB 数据量到公有云 q 所需的费用单价
$T_{\mathrm{inter}}(p,q,DS(w_i))$	在私有云 p 和 q 之间传输数据集 $\mathrm{DS}(w_i)$产生的数据传输时间
$C_{\mathrm{data}}(p,q,DS(w_i))$	在私有云 p 和 q 之间传输数据集 $\mathrm{DS}(w_i)$产生的数据传输代价
N_{scan}	在线调度器每隔 N_{scan} 时间扫描已到达默认私有云的工作流组

定义 3.23(工作流负荷量)：工作流 w_i 的总负荷量 Load_workflow(w_i)，指工作流 w_i 中所有任务负荷量的总和，其具体定义如下：

$$\mathrm{Load\_workflow}(w_t) = \sum_{j=1}^{n} \mathrm{Load}_{ij} \tag{3-174}$$

定义 3.24(最长路径负荷量)：工作流 w_i 的最长路径负荷量 Load_longest_app(w_i)，指从工作流的入节点出发，到工作流的出节点结束的所有路径中，路径上所有任务负荷量总和最大的那条路径的总负荷量，其具体定义如下：

$$\mathrm{Load\_longest\_app}(w_i) = \begin{cases} \mathrm{Load\_max\_sub}(w_i), & \text{工作流 } w_i \text{ 是树结构} \\ \underset{t_{ij} \in \text{入任务}}{\mathrm{Max}} \{\mathrm{Load\_max\_sub}_{s(ij)}\}, & \text{其他} \end{cases} \tag{3-175}$$

其中，$\mathrm{Load\_max\_sub}_{s(ij)}$ 表示以工作流 w_i 的任务 t_{ij} 为根的子树 $s(ij)$的最大路径负荷量，它表示从根任务 t_{ij} 到子树 $s(ij)$所有出任务的路径中，路径所有任务量总和最大的负荷量，其具体定义如下：

$$\mathrm{Load\_max\_sub}_{s(sj)} = \begin{cases} \mathrm{Load}_{t_{ij}} + \underset{t_{ik} \in t_{ij} \text{的子任务}(Load\_max\_sub_{s(ik)})}{\mathrm{Max}}, & t_{ij} \notin \text{出任务} \\ \mathrm{Load}_{t_{ij}}, & t_{ij} \in \text{出任务} \end{cases} \tag{3-176}$$

从以上定义可知，当子树 $s(ij)$仅含有一个任务 t_{ij} 时，其最大路径负荷量就是任务 t_{ij} 的负荷量；否则，通过迭代的方式，寻找任务 t_{ij} 的所有子任务中，含有最大路径负荷量的子任务 t_{ik}。

定义 3.25(工作流最长容忍时间)：工作流 w_i 的最长容忍时间 $\mathrm{Tol\_T}_i$，指工作流 w_i 进入待执行队列后被默认私有云预处理过程中的最长容忍时间，在静态环境下，它等同于工作流对应的截止日期 $D(w_i)$，在动态实时环境下，如果工作流无须等待而被立即执行，那么其最长容忍时间与截止日期 $D(w_i)$ 相等；否则，其具体定义如下：

$$\text{Tol\_T}_i\begin{cases}D(w_i), & \text{工作流 } w_i \text{ 被直接处理}\\ D(w_i)-(\text{Pro\_T}_i-\text{Arrived}(w_i)), & \text{其他}\end{cases} \tag{3-177}$$

其中，Pro_T_i 表示工作流 w_i 的被处理时刻。考虑到每个工作流都有相应的依赖数据集 $\text{DS}(w_i)$，当某个云服务提供商 q 需要处理某个工作流 w_i 时，它需要把该工作流所需的数据集 $\text{DS}(w_i)$ 从默认私有云 p 传输到对应的公有云服务提供商 q 中，从默认私有云 p 传输数据集 $\text{DS}(w_i)$ 到公有云服务提供商 q 需要一定的传输时间，故工作流最长容忍时间在动态实时调度环境下的定义如下：

$$\text{Tol\_T}_i=\begin{cases}D(w_i)-T_{\text{inter}}(p,q,\text{DS}(w_i)), & \text{工作流 } w_i \text{ 被直接处理}\\ D(w_i)-(\text{Pro\_T}_i-\text{Arrived}(w_i))-T_{\text{inter}}(p,q,\text{DS}(w_i)), & \text{其他}\end{cases} \tag{3-178}$$

定义 3.26(伪不可行工作流)：工作流 w_i 在默认私有云中被调度处理，其总执行时间超过对应的截止日期 $D(w_i)$ 约束，则称该工作流 w_i 为伪不可行工作流。

定义 3.27(不可行工作流)：工作流 w_i 在带默认私有云的多云环境下被调度处理，其总执行时间超过对应的截止日期 $D(w_i)$ 约束，则称该工作流 w_i 为不可行工作流。

定义 3.28(任务预计最早开始时间)：在未调度整个工作流 w_i 前，每个任务 t_{ij} 的预计最早开始时间 $\text{EST}(t_{ij})$ 可定义为式(3-179)：

$$\begin{cases}\underset{t_{ij}\in\text{真实入任务}}{\text{EST}(t_{ij})}=\text{Pro\_T}_i\\ \underset{t_{ij}\notin\text{真实入任务}}{\text{EST}(t_{ij})}=\min\limits_{t_{ik}\in t_{ij}\text{的直接父任务}}\{\text{EST}(t_{ik})+\text{MET}(t_{ik},p)\}\end{cases} \tag{3-179}$$

其中，默认私有云最小执行时间 $\text{MET}(t_{ik},p)$ 表示未调度任务 t_{ik} 在私有云 p 的所有实例类型中最小的执行时间大小。

定义 3.29(任务公有云 q 中的"最佳"实例)：对于工作流 w_i 中的任务 t_{ij}，其对应公有云 q 上的**"最佳"**实例定义为满足任务子截止日期约束的执行增长代价最低的实例。实例 s_{qkr} 对应任务 t_{ij} 的执行增长代价 $\text{Cost\_g}(t_{ij},s_{qkr})$ 最低，执行增长代价的定义如式(3-180)：

$$\text{Cost\_g}(t_{ij},s_{qkr})=c_{qk}\cdot(T_2-T_1) \tag{3-180}$$

其中，T_1 是在执行 t_{ij} 之前实例 s_{qkr} 已运行的窗口时间，如果实例 s_{qkr} 刚刚启动，则 T_1 为 0；相应地，T_2 则表示在执行 t_{ij} 之后实例 s_{qkr} 总共运行的窗口时间。

定义 3.30(任务私有云 p 中的"最佳"实例)：对于工作流 w_i 中的任务 t_{ij}，其对应私有云 p 上的**"最佳"**实例定义为满足任务子截止日期约束的执行重量最低的实例。实例 s_{pkr} 对应任务 t_{ij} 的执行重量 $\text{Weight}(t_{ij},s_{pkr})$ 的定义如式(3-181)所示：

$$\text{Weight}(t_{ij},s_{pkr})=n(\text{CPU}_{s_{pk}})\cdot T_{\text{exe}}(t_{ij},s_{pk}) \tag{3-181}$$

其中，$\text{n}(\text{CPU}_{S_{pk}})$ 表示私有云 p 实例类型 s_{pk} 的 CPU 数量。由于私有云资源有限，且不产生执行代价，所以应首先考虑尽快回收处理资源。

2. 算法概述

本节具体阐述应用在资源管理器和在线调度器中的多云环境下基于分层迭代划分

的在线最小最长路径负荷量工作流优先处理算法 OMLFHP,其目的是在实时多云多工作流环境下,在满足各个工作流截止日期约束的前提下,尽可能减少整个工作流组的执行成本。由于多云调度代理不知道相应的工作流何时到达,更不清楚工作流组到达的规模数量,所以本节所设计的 OMLFHP 算法是一种实时在线算法。OMLFHP 算法每隔 N_{scan} 秒周期性地执行一次,将已到达默认私有云并且已被安排待执行的工作流组放置在相应的待执行队列中。首先,对默认私有云中已接收的待执行队列中的工作流组,基于最小最长路径负荷量工作流优先处理的原则进行优先级排序。其次,对各个待执行的带截止日期约束的工作流进行基于任务权重等权划分思想的分层迭代划分,使相互依赖的任务变得相对"独立",且每个任务都有对应的子截止日期约束。最后,对各个工作流的所有任务进行整体分配,给每个任务找到相应的"最佳"实例,使任务在满足对应子截止日期的前提下,整体执行费用最低。任务的整体分配分为默认私有云内部分配、公有云外部分配以及两部分混合分配方式。本节将从待执行队列中的工作流组优先级排序、基于任务权重的工作流分层迭代划分、工作流混合调度分配和算法的流程 4 个方面具体介绍 OMLFHP 调度算法。

3. 工作流组优先级排序

由于默认私有云中的资源总量有限,如果将所有到达默认私有云待执行队列中的工作流组全部调度到自身拥有的实例上执行,则可能会导致一部分工作流需要等待而无法及时获取相应的计算资源,从而错过相应的截止日期约束,成为伪不可行工作流。默认私有云中虚拟机实例,在执行完成相应的任务序列后,需要进行资源回收再利用,即如果有新的任务需要处理,则该实例继续运行;如果没有,则关闭该虚拟机实例。

在资源有限环境下,工作流组处理先后顺序将对整个系统的执行性能产生重大影响。因此,需要对默认私有云待执行队列中的工作流组执行顺序进行优先级排序,本章采用最长路径负荷量最小的工作流被优先处理的原则,对待执行队列中的工作流组进行排序。由于默认私有云中的虚拟机实例在执行过程中不产生费用,但其资源总量是有限的,所以本节从默认私有云中尽快处理完成预计总执行时间较小的工作流,及时回收资源并分配给后续工作流,提高默认私有云内部的工作流组完成率。对于默认私有云中的工作流 w_i,如果它的最长路径负荷量 Load_longest_app(w_i)较小,那么在相同私有云虚拟资源执行环境下,通常其所需的总执行时间会小于其他最长路径负荷量较大的工作流。如图 3-77 所示,工作流 w_a 和工作流 w_b 的工作流负荷量相同,二者均包含 4 个依赖任务,每个任务的执行负荷量为 5,其中工作流 w_a 的最长路径负荷量为 20,而工作流 w_b 的最长路径负荷量为 10,按照本节的排序原则,工作流 w_b 在待执行队列中排在工作流 w_a 之前执行,若默认私有云中资源充足,则安排执行工作流 w_b 后可立即安排工作流 w_a 执行;否则,可在安排执行工作流 w_b 后,在资源可回收利用的前提下共享安排工作流 w_a 执行。特别是在资源紧张时,工作流 w_b 先执行可节省一半的执行时间,之后对这两个工作流进行总体调度,可进一步提高工作流组的执行完成率。

为了避免重复的排序操作,增加算法运行时间复杂度,对于刚到达默认私有云的工作流,逐一采用记录下标的二分查找即刻插入方式,让每个工作流达到后的排序操作在 $O(\log(n))$时间复杂度内完成,其中 n 是待执行队列中当前的工作流数量。如图 3-78 所

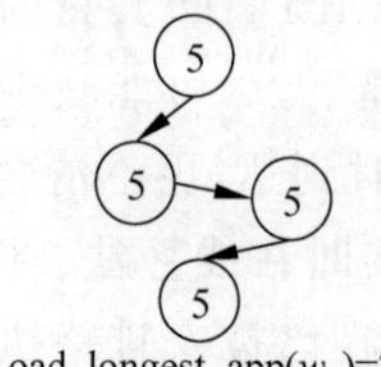

(a) 最长路径负荷量为20的工作流w_a

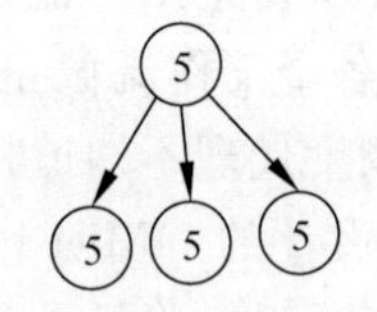

(b) 最长路径负荷量为10的工作流w_b

图 3-77　相同工作流负荷量的两种不同工作流

示，待执行队列中原来有 6 个已按最长路径负荷量最小工作流优先的顺序排序好的工作流组，新达到的工作流 w_i 通过计算其最长路径负荷量大小，发现大于工作流 $w_{\mathrm{index}(4)}$ 的最长路径负荷量而小于工作流 $w_{\mathrm{index}(5)}$ 的最长路径负荷量，通过二分查找方式，插入到 index(5)的位置。

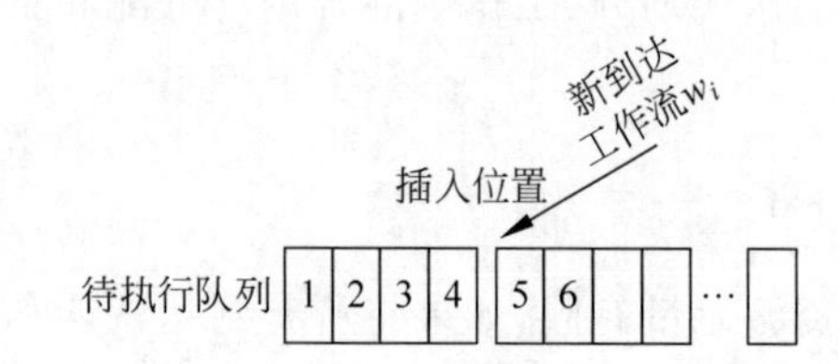

图 3-78　新到达工作流在待执行队列中的插入方式

4. 分层迭代划分

对待执行队列中的工作流组执行完成优先级排序后，依次对最高优先级的待执行工作流进行基于任务权重等权划分思想的分层迭代划分。对于工作流 w_i，通过未调度前的分层迭代划分，设定工作流内部各个任务 t_{ij} 的未调度前初始预计最早开始时间 EST(t_{ij})和可容忍时间 Tol(t_{ij})，预计最早开始时间 EST(t_{ij})是基于默认私有云中的最快虚拟处理实例确定的，代表任务相应的理论最早开始时间；可容忍时间 Tol(t_{ij})是基于任务自身执行负荷量、工作流中对应树路径负荷量以及截止日期等因素来共同确定的，它代表任务的子截止日期。该过程是一个动态的求解过程。工作流 w_i 分层迭代划分求解内部任务预计最早开始时间 EST(t_{ij})和可容忍时间 Tol(t_{ij})的伪代码如算法 3.19 所示。

算法 3.19：工作流分层迭代划分算法

procedure Workflow_Partition(G_i(Vertex$_i$, Edge$_i$), Arrived(w_i), $D(w_i)$, Pro_T$_i$)
1. 在预处理后的工作流 G_i 基础上，加入任务 $t_{i0\text{伪入任务}}$ 和 $t_{in+1\text{伪出任务}}$，添加相关的零数据依赖边
2. 确认默认私有云中的有效实例类型
3. 计算各个任务 t_{ij} 对应子树 $s(ij)$的最大路径负荷量 Load_max_sub$_{s(ij)}$
4. 计算工作流 w_i 最长容忍时间 Tol_T$_i$
5. 初始化：Tol_ST$_{s(i0)}$ ←Tol_T$_i$，Pro_Tree _T$_{s(i0)}$ ←Pro_T$_i$
6. 调用 Task_Tolerate($s(i0)$, Tol_ST$_{s(i0)}$, Pro_Tree _T$_{s(i0)}$)处理过程

end procedure

首先，为了便于算法执行，对工作流图进行一些预处理操作，并确认当前默认私有云

中的有效实例类型（第1行和第2行）；接着，根据式(3-177)和式(3-176)分别计算工作流 w_i 最长容忍时间 Tol_T_i 以及其任务 t_{ij} 对应子树 s(ij)的最大路径负荷量 $Load\_max\_sub_{s(ij)}$（第3行和第4行）；根据计算结果，初始化伪入任务 t_{i0} 对应子树 $s(i0)$ 的最长容忍时间 $Tol\_ST_{s(i0)}$ 和理论最早被执行时刻 $Pro\_Tree\_T_{s(i0)}$，子树最长容忍时间的定义与工作流最长容忍时间相近，子树是工作流的子部分（第5行）；最后，调用 Task_Tolerate 过程来计算子树 $s(ij)$ 的任务预计最早开始时间 $EST(t_{ij})$ 和任务可容忍时间 $Tol(t_{ij})$，由于除了伪入任务和伪出任务两个任务外的其他所有真实任务都被初始化为未调度任务，且在第一次调用 Task_Tolerate 过程时以子树 $s(i0)$ 及其相关参数作为输入，所以该算法能够计算得到工作流 w_i 中所有任务的预计最早开始时间和可容忍时间。

算法3.20展示了 Task_Tolerate 分层迭代划分过程的伪代码，它输入子树 s(ij)及其最长容忍时间 $Tol\_ST_{s(ij)}$ 和理论最早被执行时刻 $Pro\_Tree\_T_{s(ij)}$，并分层迭代求解对应根任务 t_{ij} 的预计最早开始时间 $EST(t_{ij})$ 和可容忍时间 $Tol(t_{ij})$。首先，根任务的预计最早执行时间显然与子树理论最早执行时间相等，任务可容忍时间是基于任务权重等权划分的方式来分配的，利用任务的自身执行负荷量和以任务为根任务的子树最大路径负荷量之间的比例关系来划分截止日期约束，这样划分的目的是当任务可以在对应可容忍时间内完成时，整体工作流也满足截止日期约束（第1行和第2行）。其次，任务 t_{ij} 的直接后继任务 t_{ik}，其对应子树的理论最早执行时间 $Pro\_Tree\_T_{s(ik)}$，需要等待其所有直接前驱任务完成后才可执行（第3行）。另外，对于子树 $s(ik)$ 的最长容忍时间的计算，需要考虑任务 t_{ik} 是否为单父任务情况，如果不是，则需要选择最短的最长容忍时间来约束保证算法正确执行（第4～11行）。最后，通过迭代调用 Task_Tolerate 处理过程，完成对整个工作流 w_i 的任务预计最早开始时间和可容忍时间的分配。

算法3.20：任务可容忍时间计算算法

procedure Task_Tolerate($s(ij)$, $Tol\_ST_{s(ij)}$, $Pro\_Tree\_T_{s(ij)}$)
1. $EST(t_{ij}) = Pro\_Tree\_T_{s(ij)}$
2. $Tol(t_{ij}) = \frac{Load_{ij}}{Load\_max\_sub_{s(ij)}} \cdot Tol\_ST_{s(ij)}$
3. **foreach** $t_{ik} \in t_{ij}$ 直接子任务 **do**
4. $\quad Pro\_Tree\_T_{s(ik)} = \max\{EST(t_{ij}) + MET(t_{ik}, p)\}$
5. $\quad$ **if** $Tol\_ST_{s(ik)}$ **exists then**
6. $\quad\quad$ **if** $Tol\_ST_{s(ik)} > Tol\_ST_{s(ij)} - Tol(t_{ij})$ **then**
7. $\quad\quad\quad Tol\_ST_{s(ik)} = Tol\_ST_{s(ij)} - Tol(t_{ij})$
8. $\quad\quad$ **end if**
9. $\quad$ **else**
10. $\quad\quad Tol\_ST_{s(ik)} = Tol\_ST_{s(ij)} - Tol(t_{ij})$
11. $\quad$ **end if**
12. $\quad$ Task_Tolerate($s(ik)$, $Tol\_ST_{s(ik)}$, $Pro\_Tree\_T_{s(ik)}$)
13. **end for**

end procedure

图3-79展示了一个在0时刻到达默认私有云且即被处理的工作流 w_i，其截止日期 $D(w_i)$ 为20的DAG图，图中的数字代表任务的执行负荷量。为了具体解释算法3.19

的迭代划分效果，表 3-47 基于图 3-79 的工作流 w_i，给出了不同层次任务的可容忍时间计算过程。由于预计最早开始时间的时间设置需要结合具体执行实例性能，所以在此忽略。

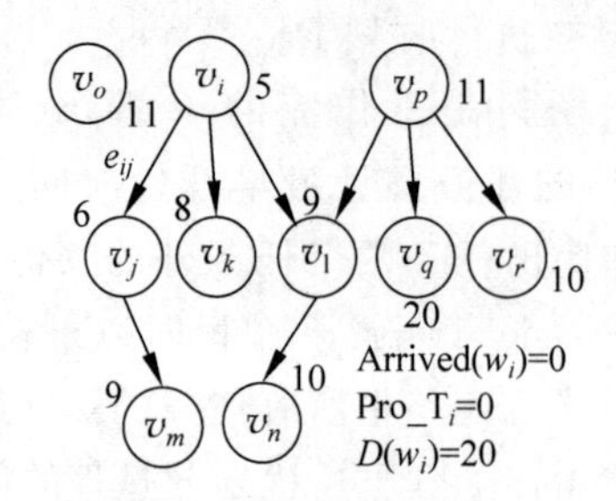

图 3-79　到达立刻被处理的工作流 w_i

表 3-47　任务可容忍时间计算过程实例

	v_i	v_j	v_k	v_l	v_m	v_n	v_o	v_p	v_q	v_r
Load_max_sub			8		9	10	11		20	10
		15		19						
	24							31		
Tol	4.17						20	7.1		
		6.33	15.83	6.11					12.9	12.9
					9.5	6.79				

5. 混合调度分配

经过对默认私有云中待执行工作流组的分层迭代划分操作后，工作流中的各个任务 t_{ij} 都有了相应的预计最早开始时间 EST(t_{ij})和可容忍时间 Tol(t_{ij})，其中可容忍时间即为该任务 t_{ij} 按照等权划分原则处理后的子截止日期 $D(t_{ij})$。如果工作流 w_i 中的所有任务 t_{ij} 均能在对应的子截止日期 $D(t_{ij})$前被执行完成，则工作流 w_i 可在其截止日期 $D(w_i)$前被执行完成。接下来，需要具体调度待执行队列中的各个工作流，使在满足约束的前提下，在提高工作流组完成率的同时控制其总执行代价。

调度整个工作流组的伪代码如算法 3.21 所示，该调度过程以经过分层迭代划分的工作流组作为其输入值。首先，由于默认私有云的资源有限，实时回收已利用完毕，且未有任务运行的虚拟实例资源(第 2 行)。其次，在当前私有云资源情况下，预判断当前工作流 w_i 是否可在截止日期 $D(w_i)$前被执行完成。预判断是在未调度工作流时进行的，其判断公式如下：

$$\text{value}=\begin{cases}0, & \dfrac{\text{Load\_workflow}(w_i)}{n(\text{CPU}_{\text{surplus(private)}}\cdot \text{vel})}>\text{Tol\_T}_i \\ 1, & \text{其他}\end{cases} \tag{3-182}$$

当工作流 w_i 的总负荷量与私有云中剩余 CPU 资源数量 $n(\text{CPU}_{\text{surplus(private)}})$的比值，即非并行环境下的估算执行时间，超过工作流 w_i 的最长容忍时间，即动态环境下的截止日期，则判断值为 0，即调度到公有云上执行；否则直接在私有云中调度执行，调用

算法 3.21：混合调度分配工作流组

```
procedure Schedule_Workflows(W)
 1. foreach w_i in the W do
 2.       回收默认私有云可回收资源
 3.       if w_i 在私有云可执行完成 then
 4.           Private_Schedule(w_i)
 5.       else
 6.           更新工作流 w_i 的最长容忍时间 Tol_T_i
 7.           if w_i 在所有公有云中不可执行完成 then
 8.               w_i←不可行工作流
 9.           else
10.               选取预测代价最低公有云 q 调度 w_i
11.               Public_Schedule(q, w_i)
12.           end if
13.       end if
14. end for
end procedure
```

Private_Schedule(w_i)处理过程。预判断操作是做近似的判断，精确程度并非 100%，因为在实际调度过程中，存在调度插入操作，从而减少总执行时间的调度处理（第 3 和 4 行）。

另外，对于被调度到公有云 q 上执行的工作流 w_i，需要按式(3-178)来更新其最长容忍时间 Tol_T_i。然后依次遍历其他所有公有云，在可执行完成工作流 w_i 的公有云中寻找预测代价最低的公有云 q 执行工作流 w_i，调用 Public_Schedule(q,w_i)处理过程。同样使用预判断操作来寻找可行公有云，在未调度工作流 w_i 前，其判断公式如下：

$$\text{value}=\begin{cases}0, & \dfrac{\text{Load\_longest\_app}(w_i)}{\max\{n(\text{CPU}_{s_{qk}})\}\cdot \text{vel}} > \text{Tol\_T}_i \\ 1, & \text{其他}\end{cases} \tag{3-183}$$

其中，$n(\text{CPU}_{s_{qk}})$表示公有云 q 实例类型 s_{qk} 的 CPU 数量，由于工作流最长路径负荷量上的任务之间都存在上下依赖关系，所以只要简单通过判断该路径上的所有任务分配到最快（CPU 数量最多）实例上的执行时间是否满足可容忍时间要求，就可以预判断公有云 q 是否可执行完成工作流 w_i。对于预测代价的计算，如式(3-184)所示：

$$\text{potential\_cost}(q,w_i)=C_{\text{data}}(p,q,\text{DS}(w_i))+\sum_{1}^{n}\min\{C_{\text{task}}(t_{ij},s_{qk})\} \tag{3-184}$$

上式主要包括数据传输代价和实例执行代价两部分，前者为确定值，后者在未实际调度前为大致预测值，仅用于判断预测最低值执行云，所以此处的 $\min\{C_{\text{task}}(t_{ij},s_{qk})\}$表示可在相应任务可容忍时间 $\text{Tol}(t_{ij})$前完成该任务的实例中，价格最低者的实际执行代价，该计算代价按实际运行时间，而非区间要价。如果不存在可执行的公有云，则工作流 w_i 为不可行工作流（第 6～12 行）。

私有云中调度单一工作流和公有云中调度单一工作流的过程伪代码如算法 3.22 和算法 3.23 所示。可以看到，二者的总体调度框架相差不多，但仍存在细微差别。在私有云中，在调度工作流 w_i 的任务前，由于私有云的资源有限，需要回收已分配但未使用或者已使用完的虚拟资源。在运行的实例中寻找“可用”实例，即寻找满足任务 $\mathrm{Tol}(t_{ij})$ 约束的运行中实例，当“可用”实例不止一个时，则分别利用定义 7 和定义 8 分别寻找私有云和公有云中对应任务 t_{ij} 的“最佳”实例。算法考虑运行中的实例上每个已调度相邻任务之间的空闲时间槽(即后一个任务实际开始时间与前一个任务实际完成时间之间的差值)。若某个时间槽满足任务 t_{ij} 的 $\mathrm{Tol}(t_{ij})$ 要求，则将 t_{ij} 插入该槽中，否则将该 t_{ij} 调度到该实例上的第一个任务之前或最后一个任务之后执行。如果不存在运行中的“可用”实例，则启动一个新的实例类型执行实例。在公有云调度过程中，需要考虑是否已经超过执行预算代价 $C_{\max}$，如果未超过，则继续调度执行任务；否则放弃当前该工作流的调度操作。

算法 3.22：私有云中调度工作流

procedure Private_Schedule(w_i)
1. **foreach** t_{ij} in the w_i **do**
2. 回收可回收资源
3. 在可用运行中实例寻找“最佳”实例 s_{pkr}
4. **if** s_{pkr} 不存在 **then**
5. 在可满足 $\mathrm{Tol}(t_{ij})$ 的实例类型中，选择 CPU 数量最少的 s_{qk} 并初始化一个 s_{pkr} 实例
6. **end if**
7. 调度 t_{ij} 到实例 s_{pkr} 上，该实例即为“最佳”实例
8. **foreach** $t_{ik} \in t_{ij}$ 直接子任务 **do**
9. 更新 $\mathrm{EST}(t_{ik})$，$\mathrm{Tol}(t_{ik})$
10. **end for**
11. **end for**

end procedure

算法 3.23：公有云中调度工作流

procedure Public_Schedule(q, w_i)
1. **foreach** t_{ij} in the w_i **do**
2. 在可用运行中实例寻找“最佳”实例 s_{qkr}
3. **if** s_{qkr} 不存在 **then**
4. 在可满足 $\mathrm{Tol}(t_{ij})$ 的实例类型中，选择单价最小的 s_{qk} 并初始化一个 s_{qkr} 实例
5. **end if**
6. **if** 预算代价约束 $C_{\max}$ 未达到 **then**
7. 调度 t_{ij} 到实例 s_{qkr} 上，该实例即为“最佳”实例
8. **foreach** $t_{ik} \in t_{ij}$ 直接子任务 **do**
9. 更新 $\mathrm{EST}(t_{ik})$，$\mathrm{Tol}(t_{ik})$
10. **end for**
11. **else**
12. **break**
13. **end if**
14. **end for**

end procedure

在公有云中，启动一个执行代价最低的实例；而在私有云中，则启动CPU数量最少的实例。导致二者的区别主要是由于私有云资源有限不考虑代价，而公有云资源"无限"按区间要价。新启动的实例必须能够在满足Tol(t_{ij})前提下执行完成该任务。调度任务t_{ij}到"最佳"实例上执行之后，需要更新一些与该任务t_{ij}的后继任务相关的参数，如初始预计最早开始时间EST(t_{ij})和可容忍时间Tol(t_{ij})，私有云和公有云的更新方式不同，在公有云中需要额外考虑数据集DS(w_i)的传输时间。

6. 算法的流程

OMLFHP算法的流程图如图3-80所示。OMLFHP算法是一种在线实时算法，每隔N_{scan}秒对默认私有云中的待执行队列进行扫描，其详细步骤可概括如下：

步骤1，扫描待执行队列中的工作流组，对工作流组中的各个工作流进行一些初始化操作(如添加伪出入任务和相关零依赖边)。

步骤2，根据式(3-175)计算工作流组中所有工作流w_i的最长路径负荷量Load_longest_app(w_i)，并按照最长路径负荷量最小的工作流优先处理的原则，对工作流组中的工作流进行优先级排序。

步骤3，确定多云环境提供的有效实例类型和相应实例价格，选取当前工作流组中最高级工作流w_i进行预调度。

步骤4，根据算法3.19和算法3.20，计算工作流w_i中任务的预计最早开始时间EST(t_{ij})和可容忍时间Tol(t_{ij})。

步骤5，根据算法3.21判断工作流w_i是否可直接在默认私有云中执行，如果可以，则根据算法3.22调度分配工作流w_i；否则，根据算法3.23将工作流w_i调度到预测代价最低的公有云上执行。

步骤6，更新相应资源实例的状态，特别是默认私有云中的资源回收操作。判断待执行队列中的所有工作流组是否已被调度完成，如果是，则输出调度方案算法终止；反之，转到步骤3。

3.8.5 实验与评估

本次实验在64位的Widlows 7操作系统下进行，其主要硬件配置：lntel i7-3610QM内核，2.30GHz主频CPU，8GB内存。

1. 实验设置

本次实验构造含有1000个工作流的连续工作流组测试样例，其中的工作流结构同样采用Bharathi等人研究的来自5个不同科学领域的5种现实工作流：天文学领域的Montage、地震科学领域的CyberShake、生物基因学领域的Epigenomics、重力物理学领域的LIGO以及生物信息学领域的SIPHT。实验中对每种工作流各选取200个大型(约1000个任务)工作流作为本章的测试样例，工作流到达的先后分别是Montage、CyberShake、Epigenomics、LIGO和SIPHT。1000个工作流组间的每个工作流组到达默认私有云时间和每两个工作流组的到达时间间隔，如图3-81所示。这个到达规律是基于

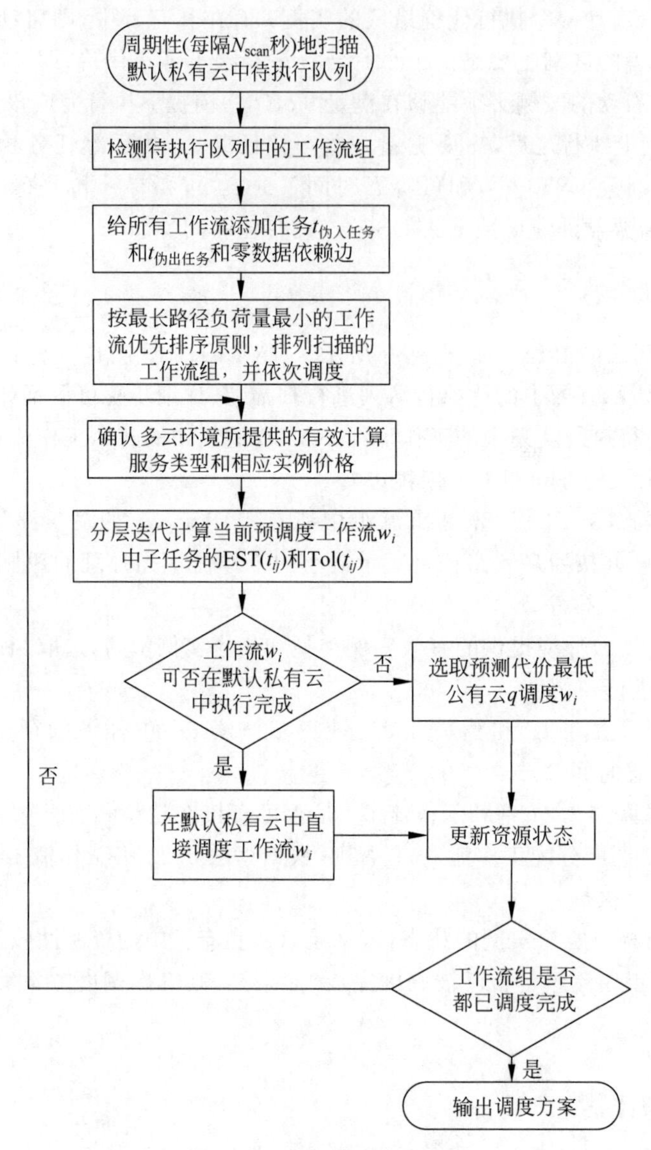

图 3-80 本节算法的流程图

并行工作流文档中的 Thunder LLNL 文档计算出来的，由图 3-81(a)可知，最后一个工作流到达的时间是 2754427 秒，这意味着测试工作流组跨度为近两个月时间。另外，通过进一步计算得知，工作流到达的平均间隔时间是 2547 秒。各个工作流中任务执行负荷量大小对应 Bharathi 等人的 XML 文档中的任务“size”大小。实验中 N_{scan} 为 5 小时，大约每次扫描调度处理 7 个工作流组。

带默认私有云的多云环境下存在 3 个公有云服务提供商 AmazonEC2 (C1)、Rackspace (C2)和 GoGrid (C3)，以及一个私有云 p，其中 Amazon EC2 包含新加坡(Singapore，C11)、东京(Tokyo，C12)和悉尼(Sydney，C13)3 个区域。假设私有云位置在福州大学，则利用带宽测试工具 iperf 测试得到的私有云 p 到不同区域云服务提供商之间的估计带宽大小如表 3-48 所示。表 3-49～表 3-51 分别表示 Amazon EC2 (C1)、

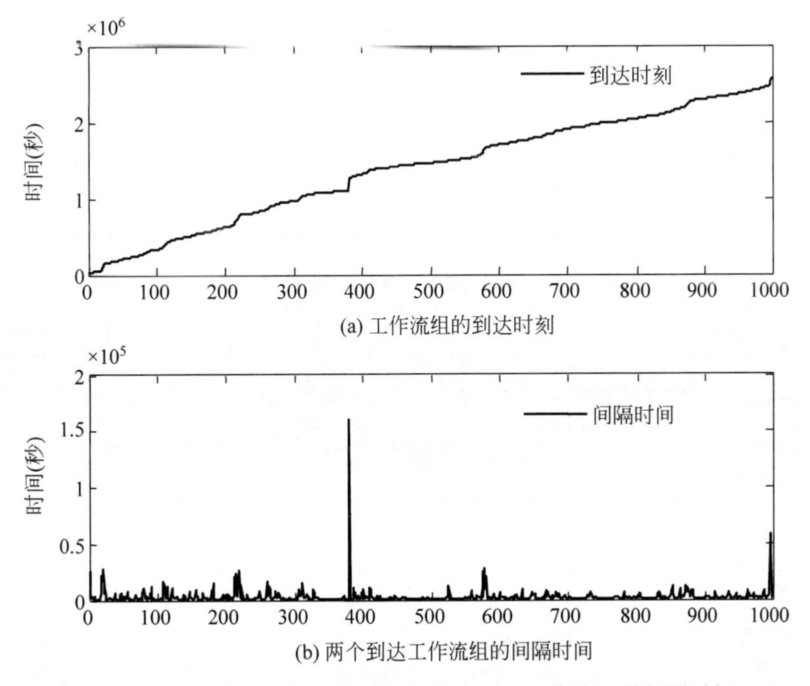

图 3-81　工作流组的到达时刻和每两个到达工作流组的间隔时间

Rackspace (C2)和 GoGrid (C3)服务提供商的实例类型及相应单价(每小时收费),另外,表 3-52 是本章假设的默认私有云中的实例类型。工作流组执行预算代价约束 C_{max} 取值为将所有任务分配到新加坡的 c3. large 实例上执行的总费用,此处暂时忽略截止日期约束条件。

表 3-48　私有云到不同区域云服务提供商之间的带宽大小

	Avg (MB/s)	Time (s/GB)	Stdev (%)
p-C11	1.21	826	22.36
p-C12	0.825	1212	24.10
p-C13	1.41	709	27.32
p-C2	3.33	300	20.02
p-C3	5.17	193	31.78

表 3-49　Amazon EC2 的实例类型和对应单价

实例类型	CPU 数量	价格($/h)		
		新加坡	东京	悉尼
m3. medium	3	0.161	0.151	0.161
m3. large	6.5	0.322	0.302	0.322
m3. xlarge	13	0.644	0.603	0.644
m3. 2xlarge	26	1.288	1.206	1.288
c3. large	7	0.238	0.231	0.238
c3. xlarge	14	0.477	0.462	0.477

续表

实例类型	CPUs 数量	价格（$/h）		
		新加坡	东京	悉尼
c3.2xlarge	28	0.953	0.925	0.953
c3.4xlarge	55	1.906	1.849	1.906
c3.8xlarge	108	3.813	3.699	3.813

表 3-50　Rackspace 的实例类型和对应单价

实例类型	CPU 数量	价格（$/h）
1GBP	1	0.04
2GBP	2	0.08
4GBP	4	0.16
8GBP	8	0.32

表 3-51　GoGrid 的实例类型和对应单价

实例类型	CPU 数量	价格（$/h）
X-小型	0.5	0.03
小型	1	0.06
中型	2	0.12
大型	4	0.24
X-大型	8	0.48
XX-大型	16	0.96
XXX-大型	24	1.44

表 3-52　默认私有云中的实例类型

实例类型	CPU 数量
X-小型	1
小型	4
中型	8
大型	10
X-大型	24

2. 对比算法

为了测试工作流组优先级排序对本节算法的影响，引入以下 3 种优先级排序算法进行比较。

先到先服务(First Come First Served，FCFS)：先到达默认私有云的工作流优先被调度处理。

最早截止日期优先(Earliest Deadline First，EDF)：传统定义是截止日期最小的工作流优先被处理，此处考虑在线处理性质，让工作流最长容忍时间最短的工作流优先被处理。

最高代价优先(Highest Cost First，HCF)：工作流负荷量最大的工作流优先处理。

另外，引入 Abrishami 等人在单云环境下针对截止日期约束工作流提出的基于局部关键路径的代价优化算法思想，构造本章基于分层迭代划分混合调度过程的局部关键路径整体调度对比(Scheduling Partial Critical Path Together，SPT)算法。SPT 算法的思想是在寻找到局部关键路径后，对整个局部关键路径进行整体调度，而不同于本节算法的按任务进行调度，其无论在私有云还是公有云中，均采取整体调度的方式。

综上所述，基于上述的算法流程，结合工作流组排序和调度两个过程，形成 7 种不同的多云环境在线工作流组的调度比较算法 FCFS_SPT、FCFS_HP、EDF_SPT、EDF_HP、HCF_SPT、HCF_HP 和 MLF_SPT。其中以“_SPT”结尾的算法表示采用局部关键路径整体调度处理策略，以“_HP”结尾的算法表示采用分层迭代划分混合调度策略，在“_”前面表示工作流组不同的排序方式，“MLF”即为本节的最小最长路径负荷量优先的工作流组排序原则。

3. 结果评价

本部分主要评估工作流 w_i 自身的截止日期 $D(w_i)$、数据集 $DS(w_i)$ 以及默认私有云资源量对工作流组在线调度算法在工作流组完成数量 $N_F(W)$ 以及平均执行代价 $C_{\text{Avg}}(W)$ 的影响，以及各个算法在不同约束下的执行性能。工作流组完成数量 $N_F(W)$ 即为在对应截止日期前完成的工作流总数，平均执行代价 $C_{\text{Avg}}(W)$ 的定义如下：

$$C_{\text{Avg}}(W)=\frac{C_{\text{total}}(W)}{N_F(W)} \tag{3-185}$$

其中，$C_{\text{total}}(W)$ 表示已完成工作流组的总执行代价。另外，平均传输执行代价 $C_{\text{AvgT}}(W)$ 和平均计算执行代价 $C_{\text{AvgC}}(W)$ 的定义与平均执行代价 $C_{\text{Avg}}(W)$ 相近，分别指数据传输方面和实例计算方面各自产生的平均代价。

1) 截止日期

在工作流组中，每个工作流需要一个对应截止日期来测试所提出的在线调度算法性能，选择的 11 个不同的截止日期 $D_k(w_i)$ 如下所示：

$$D_k(w_i)=r_k \cdot \text{Min}(w_i), \quad k=\{1,2,\cdots,11\} \tag{3-186}$$

其中，$\text{Min}(w_i)$ 是用 HEFT 算法执行工作流 w_i 的时间跨度，r_k 是从集合 $R=\{1.5,2,3,5,8,10,15,18,20,30,50\}$ 中依次取相应值。另外，各个工作流的数据集 $\text{DS}(w_i)$ 大小统一设置成 8GB，默认私有云集群资源量为 512 个 CPUs。

图 3-82 是 8 种不同调度算法在不同工作流截止日期约束的性能。图 3-82(a)是在对应截止日期前完成的工作流数量；图 3-82(b)是完成工作流的平均执行代价；图 3-82(c)和图 3-82(b)分别表示完成工作流的平均计算执行代价和平均传输执行代价。如图 3-82(a)所示，随着截止日期约束的放松(截止日期增大)，各个算法的工作流组的完成数量逐渐上升，主要由于随着截止日期增大，工作流中各个任务的调度执行跨度约束减少，从而更容易在相应的约束时间内完成。OMLFHP 算法的性能稍微高于 EDF_HP 算法，其中最大性能差别不超过 7%，OMLFHP 算法和 EDF_HP 算法的性能优于其他算法，特别是在截止日期 $D_5(w_i)$ 之后尤为明显。这主要是因为 OMLFHP 和 EDF_HP 都采用分层迭代划分的任务分配原则，减少了实例空闲时间槽，使工作流任务更多地“插入”执行，加快工作流完成时间。另外，OMLFHP 算法的平均工作流组完成数量超过 MLF_SPT 大约为 16%，主要也是因为细化任务后带来的空闲时间槽减少，加快工作流组完成时间。

如图 3-82(b)所示,随着工作流截止日期的增大,完成工作流组的平均执行代价 $C_{\mathrm{Avg}}(W)$并没有随之减少,而是存在波动情况,这主要是由于默认私有云的存在导致的。随着截止日期的增大,默认私有云中的工作流组完成数量和其他公有云的完成数量都在增加,由于传递到其他公有云的工作流需要传递相应的数据集,其工作流最长容忍时间被压缩,导致一部分工作流仍需要在效率高但昂贵的虚拟实例上执行。MLF_SPT 算法的完成工作流组平均执行代价最低,但其完成的工作流组数量也是最少的,OMLFHP 算法的平均执行代价居中,HCF_SPT 算法最高。由图 3-82(c)可知,在工作流组调度执行过程中,完成工作流组的平均计算执行代价图和平均执行代价图的趋势基本保持一致,说明

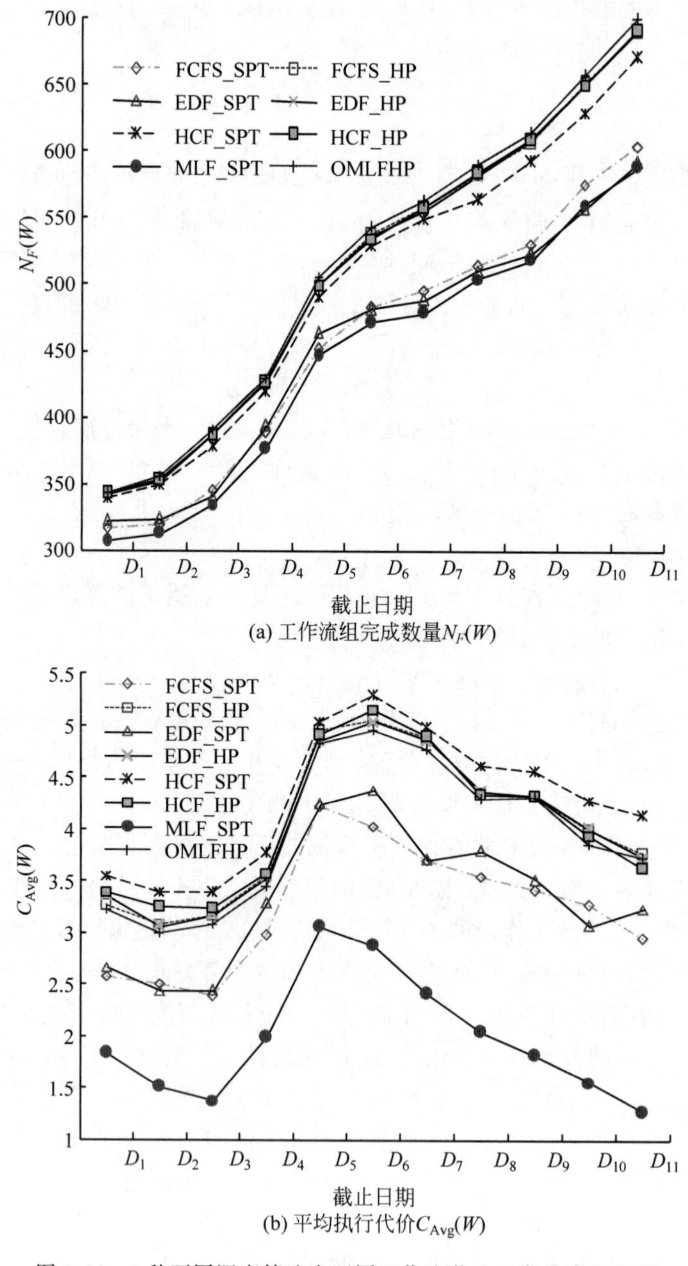

图 3-82　8 种不同调度算法在不同工作流截止日期约束的性能

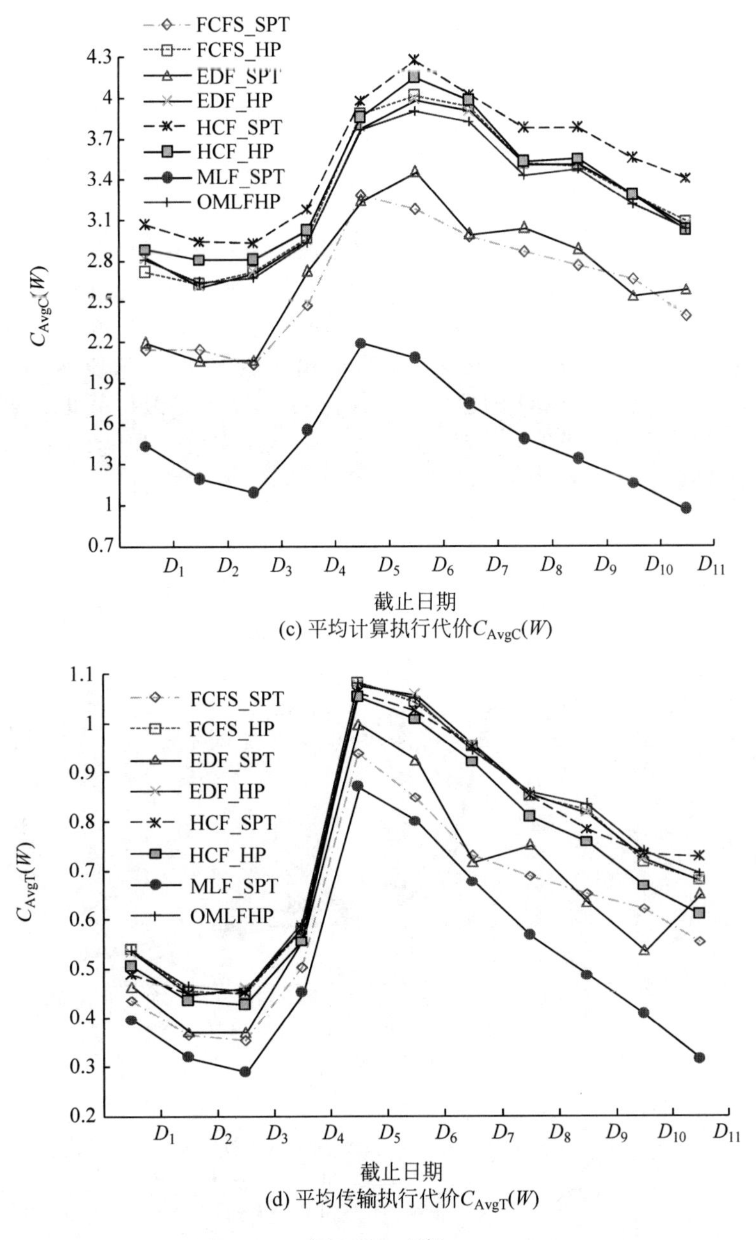

(c) 平均计算执行代价$C_{AvgC}(W)$

(d) 平均传输执行代价$C_{AvgT}(W)$

图 3-82 （续）

实例的计算代价在总执行代价中占了绝大部分比例，而图 3-82(c)的平均传输执行代价基本不会对趋势产生影响。

2）数据集

每组实验的各个工作流的数据集 DS(w_i)大小设置成统一值，为了评估 8 种调度算法在不同工作流数据集上的性能优劣，选择 11 种不同大小的数据集，分别是从 0GB 均匀递增到 20GB。另外，工作流截止日期设为 $D_6(w_i)$，即 $10\times \mathrm{Min}(w_i)$，默认私有云集群资源量为 512 个 CPU。

图 3-83 是 8 种不同调度算法基于不同工作流数据集大小的性能情况。其中图 3-83(a)是在对应截止日期约束前完成的工作流组完成数量 $N_F(W)$，为了更加清晰地了解算法

性能之间的差异度，图 3-83(b)给出了 6～20GB 数据集大小的工作流组完成数量 N_F(W)缩略图。由图 3-83(a)和图 3-83(b)可知，随着工作流数据集大小的增加，各个调度算法的完成数量急剧下滑。显而易见，随着工作流数据集的增大，需要调度到公有云上执行工作流的数据传输增加，其对应的工作流最长容忍时间减少，任务的执行容忍时间受到限制，所以执行完成的概率大大降低，造成工作流组的完成数量下降。特别地，数据集大小为 2～6GB，工作流组完成数量的下降率最大，而在数据集大小超过 8GB 时，工作流完成数量下降的速率趋于平缓，这主要是由于当数据集超过 8GB 时，在 $D_6(w_i)$截止日期约束下，绝大多数工作流由于数据传输延误而无法及时执行完成。当不存在数据传输时，即数据集大小为 0 时，8 个调度算法的性能相差不多。随着数据集大小不断增加，EDF_HP 算法和 OMLFHP 算法的性能一直保持领先，主要是最早截止日期优先(EDF)与本节工作流组排序策略的出发一致，都是尽可能多地完成工作流。另外，大小为 6～20GB 的数据集上，OMLFHP 算法的性能比 FCFS_SPT 算法高出 8.1%～19.8%。

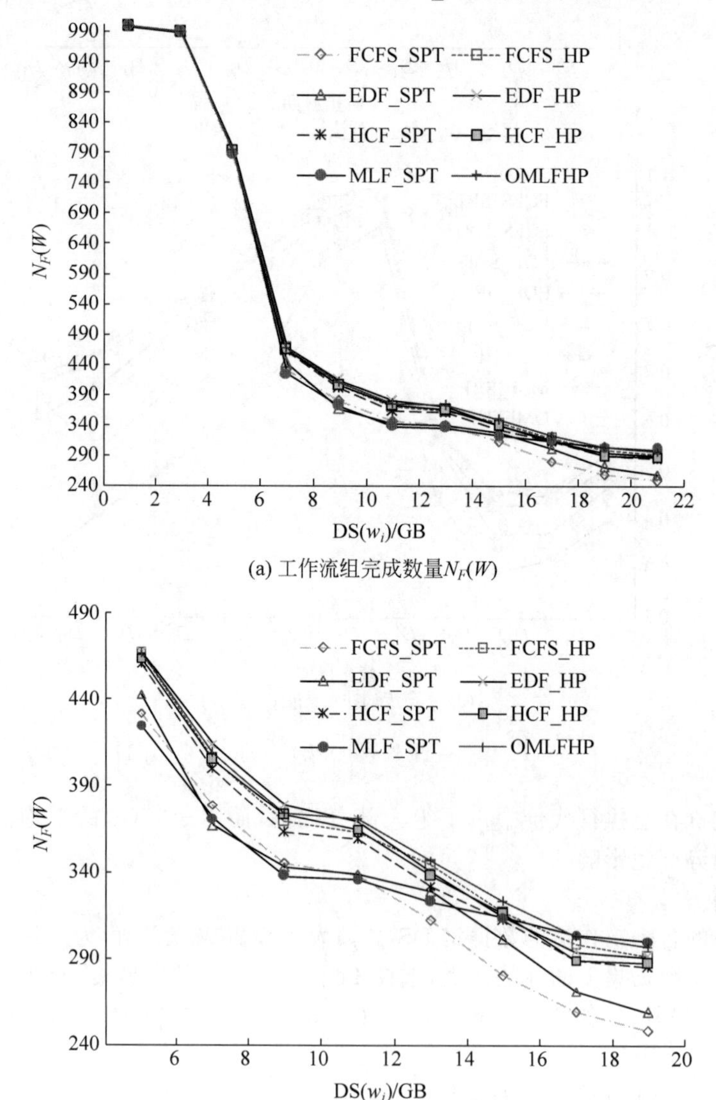

(a) 工作流组完成数量$N_F(W)$

(b) 工作流组完成数量$N_F(W)$

图 3-83　8 种不同调度算法基于不同工作流数据集大小的性能

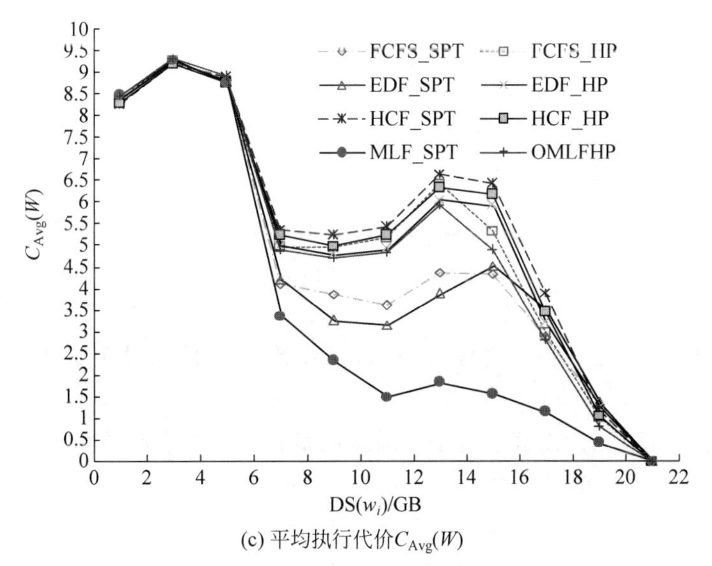

(c) 平均执行代价$C_{\text{Avg}}(W)$

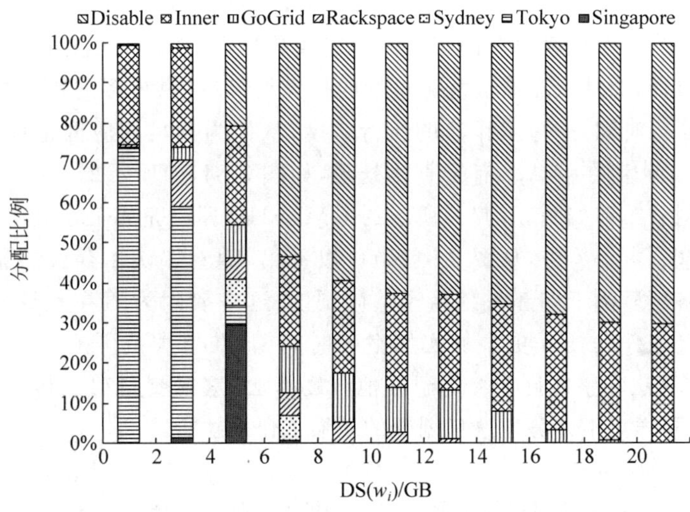

(d) OMLFHP算法完成工作流组的比例分布

图 3-83 8 种不同调度算法基于不同工作流数据集大小的性能

图 3-83(c)是各个算法完成工作流组的平均执行代价，以 HCF 排序的调度算法平均执行代价相对最高，主要是由于其最高代价优先原则以及有限的默认私有云资源。当数据集大小为 4～6GB 时，平均执行代价会发生骤降现象，这主要是因为在此期间公有云上的工作流组完成数量骤降，而默认私有云中的工作流组完成数量基本保持不变，所以导致整体平均执行代价下降。当数据集大小约为 14GB 时，平均执行代价发生波动，这段时间公有云上的工作流组完成数量持续下降，而数据集传输代价却在增加。当数据集大小达到 20GB 时，数据传输时间超过了相应的截止日期约束时间，所以公有云上不再执行任何工作流。OMLFHP 算法的平均执行代价在前期处于中间水平，其性能在后期表现较为明显，特别在数据集大小超过 14GB 时，其平均执行代价仅高于 MLF_SPT 算法。

图 3-83(d)给出了 OMLFHP 算法随着工作流数据集不断增大的工作流调度分布情

况。当数据集大小为 0，大部分完成工作流被调度到 EC2 的东京区域的公有云执行，这主要是因为该区域的实例类型性价比最高。在数据集相对较大时，分配到 GoGrid 区域的工作流相对比较多，主要是因为该区域的带宽较大，数据传输代价较低。不可行工作流的比例在 4～6GB 时上升得最快，6GB 之后上升得相对稳定。

3）默认私有云资源量

为了评估 8 种调度算法在不同默认私有云资源总量，即 CPU 集群大小上的性能特点，选择 11 种不同大小的默认私有云资源量，是从 128 个 CPU 到 3072 个 CPU，分别是 128、256、512、768、1024、1536、1792、2048、2560、2816 和 3072 个 CPU。另外，各个工作流的数据集 DS(w_i)大小统一设置成 8GB，工作流截止日期设定成 $D_6(w_i)$，即 10×Min(w_i)。

图 3-84 是 8 种不同调度算法基于不同默认私有云资源总量的性能。其中图 3-84(a)是在对应截止日期约束前完成的工作流组完成数量 $N_F(W)$，实验中，测试默认私有云资源总量为 0 的情况，即仅剩下公有云调度，结果发现 FCFS_SPT 算法的不可行工作流比例最高达到 62%，而本节的 OMLFHP 算法的完成比例最高，不可行工作流比例为 52%。由图 3-84(a)可知，各个调度算法的工作流组完成数量，随着默认私有云资源总量的增大而增加，这主要是因为默认私有云资源总量的扩大，可以提供更多的快速处理虚拟实例，从而减少任务执行时间，缩短工作流的执行跨度，从而为满足相应截止日期约束提供便利，导致更多的工作流在默认私有云直接处理，如图 3-84(c)所示的 HCF_HP 算法完成工作流组的比例分布和如图 3-84(d)所示的 OMLFHP 算法完成工作流组的比例分布可以进一步说明这一点。另外，从图 3-84(a)可以看出，随着默认私有云资源总量增大，分层迭代划分策略明显优于局部关键路径整体调度，这主要因为随着更多实例的运行，分层迭代划分可以把任务插入更多的实例空闲时间槽，在更大范围上减少工作流执行跨度。OMLFHP 算法在整体性能上优于其他调度算法，这主要归功于其追求快速完成工作流的出发点，同样离不开分层迭代划分的压缩工作流执行跨度。

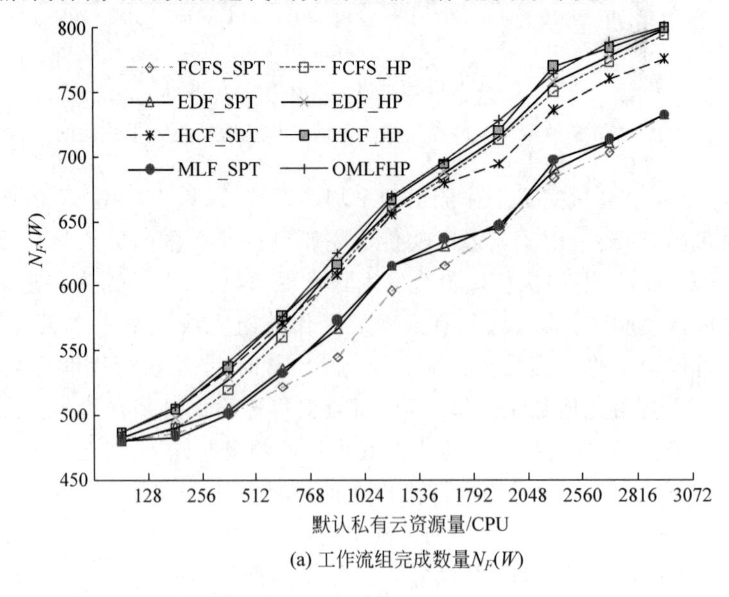

(a) 工作流组完成数量$N_F(W)$

图 3-84　8 种不同调度算法基于不同默认私有云资源总量的性能

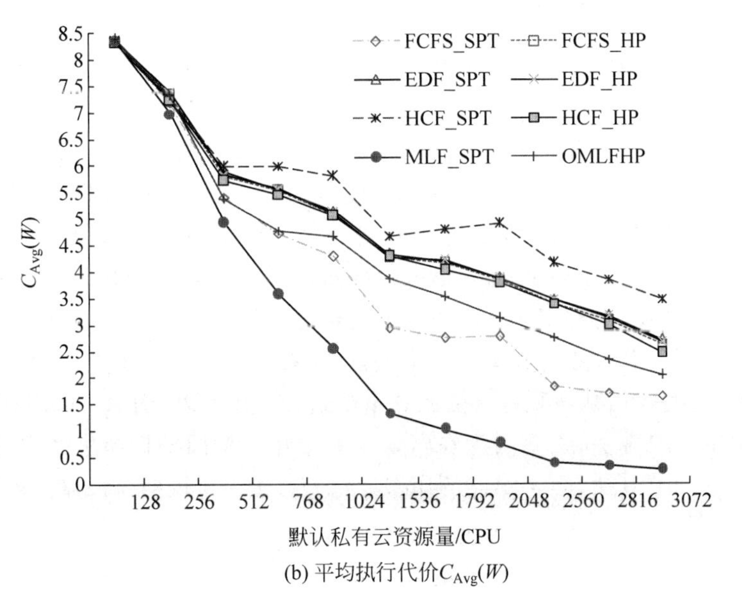

(b) 平均执行代价$C_{\text{Avg}}(W)$

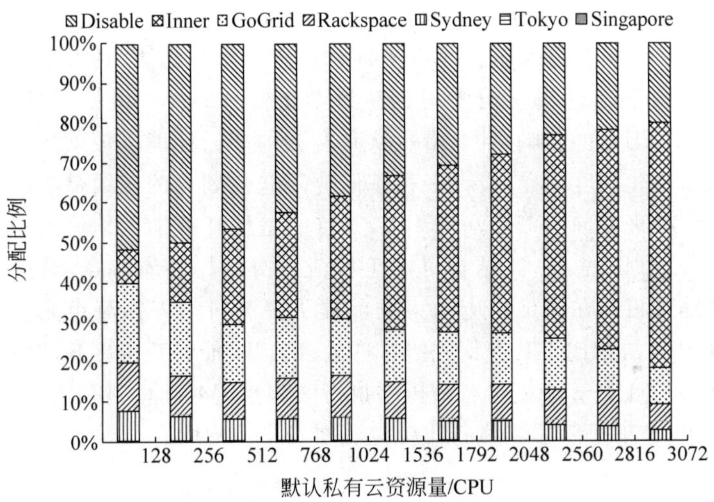

(c) HCF_HP算法完成工作流组的比例分布

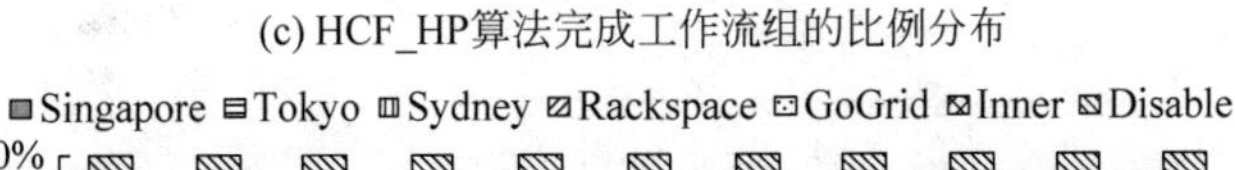

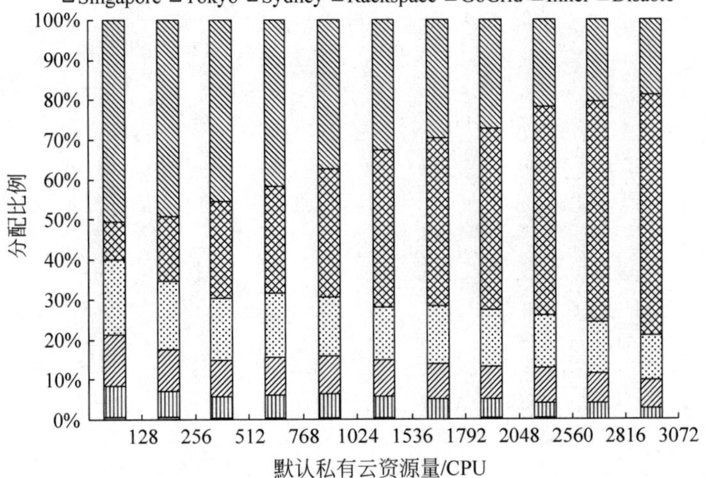

(d) OMLFHP算法完成工作流组的比例分布

图 3-84 （续）

图 3-84(b)是完成工作流组平均执行代价 $C_{\mathrm{Avg}}(W)$，随着默认私有云资源总量的增大，各个调度算法的平均执行代价随之下降，这是因为更多的工作流组在默认私有云中被执行完成，而在默认私有云中完成的工作流不产生任务执行代价。MLF_SPT 算法的平均执行代价最低，因为其工作流组完成数量较低，而且经实验检测其在默认私有云上执行的工作流组比例比其他算法平均多 15%，较少的工作流组完成数量和较大比例的默认私有云完成数量导致了较低的平均执行代价。另外，FCFS_SPT 算法的性能状况与 MLF_SPT 算法类似。OMLFHP 算法的平均执行代价仅高于 FCFS_SPT 算法和 MLF_SPT 算法，而且其工作流组完成数量是最高的，不存在与后面二者类似的情况，是真正性能优秀的调度策略。当默认私有云资源总量超过 256 个 CPU 时，OMLFHP 算法的性能明显优于 HCF_HP 算法，主要因为在默认私有云中 OMLFHP 算法完成的工作流数量明显高于 HCF_HP 算法，图 3-84(c)和图 3-84(d)可进一步说明这一点。

3.8.6 总结

现实的科学工作流处理系统往往不是针对单一科学工作流，且科学工作流的到达往往是不规律且不均匀的，本节充分考虑到达科学工作流的优先级排序、数据集大小以及默认私有云大小等因素的影响，针对带默认私有云的多云环境下带截止日期和预算约束的科学工作流组优化调度问题，设计一种基于分层迭代划分的在线最小最长路径负荷量科学工作流优先处理 OMLFHP 调度算法，其目的是提高科学工作流组完成率。该算法基于任务权重等权划分思想，并结合科学工作流自身结构性质特点，通过截止日期再分配方式和预算准入机制在满足相应约束的前提下提高科学工作流组完成率。实验结果表明，OMLFHP 算法相比于其他优先级排序处理方法，能够获得更高的科学工作流组完成率。另外，OMLFHP 算法能够有效压缩执行实例空闲时间槽，使其在满足截止日期和预算约束前提下，能够进一步将执行代价控制在较小范围内。

第4章 面向云-边协同计算的资源自适应管理方法

4.1 云-边协同环境下时间驱动的工作流应用数据布局方法

科学工作流在云计算环境中执行，相比网格等传统分布式环境，可以节省大量资源，优化执行代价，但存在数据传输时延严重问题。边缘计算能够降低时延，对科学工作流隐私数据固定存放提供支持，但自身存储容量存在瓶颈。如何结合边缘计算和云计算各自的优势，对科学工作流数据进行合理布局，优化数据传输时延，是科学工作流面临的重大挑战。现有研究工作大多采用基于负载均衡的数据布局策略，以达到每个云数据中心的负载平衡，但数据传输时延严重。本节考虑结合边缘计算和云计算环境的数据布局特点，提出一种基于遗传算法算子的自适应离散粒子群优化算法(GA-DPSO)，目的是优化科学工作流传输时延。该方法考虑数据中心间的带宽、边缘计算数据中心个数和容量等因素对传输时延的影响；通过引入遗传算法的交叉算子和变异算子，避免粒子群优化算法的过早收敛问题，提高种群进化的多样性，有效压缩数据传输时延。实验结果表明，基于GA-DPSO的数据布局策略可以有效降低结合边缘计算和云计算环境的科学工作流数据传输时延。

4.1.1 引言

科学工作流系统是一种数据密集型应用，已被广泛应用于天文、高能物理和生物信息等科学研究领域。科学工作流应用基于数据驱动，其计算任务节点之间存在复杂的数据依赖，且处理的数据集大小通常可达TB甚至PB量级。这些数据集包括已存在的原始输入数据集，以及处理分析过程中产生的中间数据集和最终数据集。由于科学工作流应用结构依赖复杂、数据量大等性质，其对部署环境的计算能力和数据存储方面有严格要求。网格等传统分布式环境，通常为某个具体科学应用研究而建设，它们之间的共享程度低，科学工作流部署在这样的环境中会造成严重的资源浪费。

云计算通过虚拟化技术将不同地理位置的资源虚拟成资源池,以即付即用的方式面向终端用户,其高效、灵活、高伸缩性、可定制的特点为科学工作流部署提供了一种经济的解决方案。然而,云计算资源通常部署在远端,科学工作流部署需要进行大规模的数据集交互,存在数据传输时延严重的问题。

边缘计算模型下的计算资源通常部署在近端,能够降低科学工作流数据传输时延,对隐私数据保护有积极作用。然而,由于边缘计算资源有限,无法存储科学工作流需要和产生的所有数据。

结合边缘计算和云计算各自的优势,对科学工作流数据进行合理布局,能够有效减少数据传输时延。云计算可以在科学工作流负载波动剧烈的情况下保证资源供应,维护服务质量;边缘计算可以为科学工作流隐私数据的安全性提供保障。随着大数据在科学应用领域重要性的增大,结合边缘计算和云计算环境的科学工作流数据布局已成为科学研究领域的热点。在应急管理应用领域,存在大量并发的实例,对科学工作流数据布局的时延要求严格。然而,科学工作流隐私数据在固定数据中心存放,导致应用执行过程中需要进行大量跨数据中心的数据传输,TB甚至PB量级的数据集传输和数据中心之间的有限网络带宽形成巨大矛盾,造成传输时延严重。因此,研究结合边缘计算和云计算环境的科学工作流数据合理布局方案,显得至关重要,具体体现为:

(1) 科学工作流应用结构依赖复杂、数据量大,结合边缘计算和云计算环境,合理的数据布局方案应保证单数据中心内部高内聚、数据中心之间低耦合,降低跨数据中心的数据传输时间开销。

(2) 出于安全性考虑,隐私数据被指定存放在边缘计算数据中心,由于边缘计算数据中心的容量有限,所以需要进行跨数据中心传输,如何在传输带宽有限和隐私数据固定存放限制下,考虑带宽因素的影响,优化数据传输时延,是科学工作流数据布局的一个挑战。

(3) 有效的数据布局方案,应在考虑压缩数据传输时延的前提下,兼顾数据中心资源的有效利用。

现有科学工作流数据布局工作主要基于聚类方法和智能方法。聚类方法主要考虑多个数据中心的负载均衡数据布局,有效利用数据中心资源。然而在云边协同环境下,存在隐私数据的科学工作流需要一种单数据中心内部高内聚、数据中心之间低耦合的数据布局方式,从而有效保障数据传输的低延时。传统基于负载均衡的聚类方法无法满足云边协同环境下科学工作流的低延时数据布局要求。传统的智能方法主要是基于遗传算法的数据布局策略,这些方法主要考虑负载均衡问题,且易陷入局部最优。现有研究方法主要针对优化数据布局过程中的跨数据中心传输次数和数据传输量展开,对数据传输时延的压缩研究较少,另外,传统研究方法尚未对数据中心之间的传输带宽差异进行充分讨论。因此,针对结合边缘计算和云计算的科学工作流时延优化数据布局问题,目前的研究工作尚未形成一个完整有效的解决方案。

前期工作中,通过对多云环境下带截止日期约束科学工作流的代价优化调度研究,对复杂依赖科学工作流结构有一定认识,在数据传输压缩方面积累了一定的经验。根据前期工作对传统粒子群优化算法(Particle Swarm Optimization,PSO)的改进经验,本节考虑结合边缘计算和云计算环境的数据布局特点,结合科学工作流数据间的依赖关系,规整科学工作流“出任务”和“有向割边”，压缩数据传输量，提出了一种基于遗传算法算子的自适应离散粒子群优化算法(GA-DPSO)，目的是优化科学工作流传输时延。该方法充分考虑数据中心间的带宽、边缘计算数据中心个数和容量等因素对传输时延的影响，并通过引入遗传算法的交叉算子和变异算子来优化粒子群优化算法的性能表现，有效减小了数据传输时延。

本节的主要贡献如下：

(1) 根据科学工作流数据间的依赖关系性质，设计一种规整科学工作流“出任务”和“有向割边”的预处理方法，可以有效压缩数据传输量，提高 GA-DPSO 算法执行效率。

(2) 引入遗传算法的交叉算子和变异算子，避免粒子群优化算法的过早收敛问题，提高种群进化的多样性，有效压缩数据传输时延。

(3) 考虑数据中心间的带宽、边缘计算数据中心个数和容量等因素对传输时延的影响，设计一种结合边缘计算和云计算的基于遗传算法算子的自适应离散粒子群优化科学工作流数据布局策略，从全局角度优化数据传输时延。

4.1.2 相关工作

云环境下的科学工作流数据布局对科学工作流执行效率至关重要。科学工作流数据规模可达 TB 甚至 PB 量级，数据中心之间的带宽瓶颈，以及部分隐私数据必须固定存放等限制，造成数据传输时延严重。因此，研究压缩数据传输、提高科学工作流执行效率的数据布局策略，对当前云环境下的科学工作流应用具有重要意义。当前研究工作主要围绕减少数据移动频率、降低数据传输量和优化数据传输时延 3 个目标展开。

(1) 减少数据移动频率：Yuan 等人设计了一种云环境下基于 K 均值聚类和 BEA 算法聚类变换的科学工作流数据布局方法，该方案可以有效降低数据中心之间的数据移动频率，具有一定的借鉴作用，但是其忽略了数据中心存储容量的限制，另外，数据移动频率并不能准确代表数据传输量，不能反映网络实际的数据传输状况。Liu 等人充分挖掘数据间的相关性，分析任务和数据中心之间以及数据集和数据中心之间的相关度，设计了一种云环境下科学工作流的两阶段数据布局和任务调度策略，有效减少了跨数据中心的数据移动频率，然而该方案未考虑单个数据中心计算能力和存储空间有限对最终数据放置的干扰。Wang 等人考虑数据大小和数据依赖关系，基于 K 均值聚类策略，设计了一种云环境下的科学工作流数据布局，其主要是通过数据复制机制来降低数据传输频率，但未对数据复制代价做形式化表示。以上工作主要面向数据移动频率的优化，未充分考虑实际网络环境的数据传输情况。

(2) 降低数据传输量：Deng 等人考虑数据中心负载均衡和私有数据固定存放等限制条件，提出一种云环境下多层 K 分割的数据布局方法，可以最小化多个数据中心之间的数据传输总量，提高科学工作流执行效率，但其忽略不同数据中心容量差异对最终布局结果的影响。Zhao 等人考虑工作流数据大小的差异，利用数据相关矩阵来评估数据传输代价，通过预测中间传输数据大小来降低数据传输量，最终自动构建出云环境下的实时科学工作流数据布局方案，优化数据传输量，但其未考虑数据中心之间带宽差异带来的影响。Cui 等人基于三重图分割模型，利用数据复制布局方法，设计了一种云环境下基于遗传算法的科学工作流数据复制布局策略，能够达到同时减少数据移动频率和降低数据传输量的目的，然而该工作并未对科学工作流中存在的隐私数据集展开讨论。以上工作均基于公有云环境下考虑科学工作流数据布局问题，未充分考虑混合云环境下科学工作流数据放置所面临的挑战。

（3）优化数据传输时延：Zheng 等人分别针对科学工作流数据依赖、跨数据中心数据传输和全局负载均衡等问题，基于遗传算法的交叉、选择和变异操作，设计了一种云环境下科学工作流的三阶段数据布局策略，优化数据传输时延效果显著，但该算法时间复杂度高，易陷入局部最优，难以推广到实际应用。Zhang 等人基于隐私数据的存放要求，提出了一种在“客户端＋云端”架构下的科学工作流数据布局方法，在云环境下有效降低科学工作流数据传输延时，但其未考虑数据中心存储容量对最终数据布局的影响。Li 等人针对传统数据布局存在跨数据中心传输时延严重的问题，基于数据依赖破坏度，提出了一种混合云环境下面向数据中心的科学工作流数据布局方法，该方案可以有效降低传输时延，对本节工作有了一定的启示作用，但其忽略不同数据中心之间的存储空间大小差异和数据中心间的带宽差异对最终布局结果产生的影响。

综上所述，现有工作对云环境下的科学工作流数据布局问题展开了一定的研究，但未充分考虑数据中心存储有限和传输带宽差异等现实因素，对云边协同环境下科学工作流数据布局的时延优化问题尚未展开充分研究。

4.1.3 问题模型

本节将对结合边缘计算和云计算的科学工作流时延优化数据布局问题的相关概念进行定义，并结合实例进行问题分析。问题定义主要包括结合边缘计算和云计算的新混合环境、科学工作流，以及数据布局方案。

1. 问题定义

新混合环境 $DC=\{DC_{cld},DC_{edg}\}$ 中主要包括远端云计算和近端边缘计算，无论是远端云计算还是近端边缘计算，均由多个数据中心构成。远端云计算数据中心 $DC_{cld}=\{dc_1,dc_2,\cdots,dc_n\}$ 由 n 个数据中心构成，近端边缘计算数据中心 $DC_{edg}=\{dc_1,dc_2,\cdots,dc_m\}$ 由 m 个数据中心构成。本节重点关注数据布局问题，因此仅关注数据中心的存储能力，忽略其计算能力。编号为 i 的数据中心 dc_i 表示如下：

$$dc_i=<capacity_i,type_i> \tag{4-1}$$

其中，$capacity_i$ 表示数据中心 dc_i 的存储容量，存储在该数据中心上的数据集不能超过该容量。$type_i=\{0,1\}$ 表示数据中心 dc_i 所处位置，当 $type_i=0$ 时，dc_i 属于远端云计算的数据中心，其只能存放非隐私数据；当 $type_i=1$ 时，dc_i 属于近端边缘计算的数据中心，其能够存放隐私数据和非隐私数据。另外，各个数据中心之间的带宽表示如下：

$$\text{Bandwidth}=\begin{bmatrix} b_{11} & b_{12} & \cdots & b_{1|DC|} \\ b_{21} & b_{22} & \cdots & b_{2|DC|} \\ \vdots & \vdots & \cdots & \vdots \\ b_{|DC|1} & b_{|DC|2} & \cdots & b_{|DC||DC|} \end{bmatrix} \tag{4-2}$$

$$b_{ij}=<\text{band}_{ij},\text{type}_i,\text{type}_j> \tag{4-3}$$

其中，对 $\forall i,j=1,2,\cdots,|\text{DC}|$ 且 $i\neq j$，b_{ij} 表示数据中心 dc_i 和数据中心 dc_j 之间的网络带宽，band_{ij} 是其带宽值。本节假设数据中心之间的带宽值可知，且不会产生波动。

科学工作流用有向无环图 $G=(T,E,\text{DS})$ 来表示，其中 $T=\{t_1,t_2,\cdots,t_r\}$ 表示包含 r 个任务的节点集合，$E=\{e_{12},e_{13},\cdots,e_{ij}\}$ 则表示任务之间数据依赖关系，而 $\text{DS}=\{\text{ds}_1,\text{ds}_2,\cdots,\text{ds}_n\}$ 表示科学工作流的所有数据的集合。

每条数据依赖边 $e_{ij}=(t_i,t_j)$ 代表任务 t_i 和任务 t_j 之间存在数据依赖关系，其中任务 t_i 是任务 t_j 的前驱(父)节点，而任务 t_j 则是任务 t_i 的直接后继(子)节点。在科学工作流调度过程中，一个任务必须在其所有前驱节点都已被执行完毕后，该任务才能开始执行。在某个给定的代表科学工作流的有向无环图中，把没有前驱节点的任务称为“入任务”，同理，把没有后继节点的任务称为“出任务”。

对于某个子任务 $t_i=<\text{IDS}_i,\text{ODS}_i>$，其输入数据组成的集合是 IDS_i，输出数据组成的集合是 ODS_i。任务和数据之间的对应关系是多对多，即一个数据可被多个任务使用，一个任务执行时可能需要多个输入数据。

对于某个数据集 $\text{ds}_i=<\text{dsize}_i,\text{gt}_i,\text{lc}_i,\text{flc}_i>$，其数据集大小是 dsize_i，gt_i 表示生成数据集 ds_i 的任务，lc_i 表示数据集 ds_i 的存储位置，flc_i 表示数据集 ds_i 的最终布局位置，gt_i 和 lc_i 分别表示如下：

$$\text{gt}_i=\begin{cases}0, & \text{ds}_i\in \text{DS}_{\text{ini}}\\ \text{Task}(\text{ds}_i), & \text{ds}_i\in \text{DS}_{\text{gen}}\end{cases} \tag{4-4}$$

$$\text{lc}_i=\begin{cases}0, & \text{ds}_i\in \text{DS}_{\text{flex}}\\ \text{fix}(\text{ds}_i), & \text{ds}_i\in \text{DS}_{\text{fix}}\end{cases} \tag{4-5}$$

数据集按照来源可分为初始数据集 DS_{ini} 和生成数据集 DS_{gen}，初始数据集是科学工作流的原始输入，而生成数据集是科学工作流执行过程中产生的中间数据集，这些数据集往往成为其他任务的输入数据集，$\text{Task}(\text{ds}_i)$ 表示生成数据集 ds_i 的任务。数据集按照存放位置可分为固定存放数据集(隐私数据集)DS_{fix} 和任意存放数据集(非隐私数据集)DS_{flex}，隐私数据集只能存放在边缘计算数据中心 DC_{edg}，$\text{fix}(\text{ds}_i)$ 表示指定存放隐私数据集 ds_i 的边缘计算数据中心编号。

数据布局的目的是在满足任务执行需求的前提下，最小化数据传输时间。任意一个任务的执行都需要满足两个条件：

(1) 该任务被调度到数据中心执行；

(2) 该任务所需的输入数据集都已在数据中心。

由于向一个数据中心调度任务的时间远小于向该数据中心传输数据的传输时间，本节主要关注数据布局，而任务调度并非本节重点，因此假设将任务调度至传输时间开销最少的数据中心执行。整个数据布局方案的定义为 $S=(\text{DS},\ \text{DC},\text{Map},T_{\text{total}})$，其中，$\text{Map}=\bigcup\limits_{i=1,2,\cdots,|\text{DS}|}\{<\text{dc}_i,\text{ds}_k,\text{dc}_f>\}$ 表示数据集 DS 到数据中心 DC 的映射关系，某个映射 $<\text{dc}_i,\text{ds}_k,\text{dc}_j>$ 表示数据集 ds_k 从源数据中心 dc_i 传输到目标数据中心 dc_j，该过程产生的数据传输时间如式(4-6)所示。T_{total} 表示数据布局过程中跨数据中心的数据传输所

造成的时间总开销，其定义如式(4-7)所示。

$$T_{\text{transfer}}(\mathrm{dc}_i, \mathrm{ds}_k, \mathrm{dc}_j) = \frac{\mathrm{dsize}_k}{\mathrm{band}_{ij}} \tag{4-6}$$

$$T_{\text{total}} = \sum_{i=1}^{|\mathrm{DC}|}\sum_{j \neq i}^{|\mathrm{DS}|}\sum_{k=1}^{|\mathrm{DC}|} T_{\text{transfer}}(\mathrm{dc}_i, \mathrm{ds}_k, \mathrm{dc}_j) \cdot e_{ijk} \tag{4-7}$$

其中，$e_{ijk}=\{0,1\}$表示数据布局过程中是否存在数据集 ds_k 从源数据中心 dc_i 传输到目标数据中心 dc_j，如果存在，则 e_{ijk} 的值为1；否则为0。

基于以上相关定义，结合边缘计算和云计算的科学工作流时延优化数据布局问题，可形式化表示为式(4-8)，其核心思想是追求时间总开销 T_{total} 最低，同时满足每个数据中心的存储容量限制。

$$\begin{aligned} &\text{Minimize } T_{\text{total}} \\ &\text{subject to } \forall i, \quad \sum_{j=1}^{|\mathrm{DS}|} \mathrm{ds}_j \cdot u_{ij} \leqslant \mathrm{capacity}_i \end{aligned} \tag{4-8}$$

其中，$u_{ij}=\{0,1\}$表示数据集 ds_j 是否存放在数据中心 dc_i 上，如果是则 u_{ij} 的值为1；否则为0。由于数据布局过程中，数据不断进行传输迁移，所以当某个边缘计算数据中心有新的数据放置时，就对其进行容量限定判断。

2. 问题分析

图4-1(a)是一个科学工作流示例，该科学工作流包含5个任务$\{t_1, t_2, t_3, t_4, t_5\}$，5个原始输入数据集$\{\mathrm{ds}_1, \mathrm{ds}_2, \mathrm{ds}_3, \mathrm{ds}_4, \mathrm{ds}_5\}$和1个中间数据集$\{\mathrm{ds}_6\}$组成，6个数据集的大小$\{\mathrm{dsize}_1, \mathrm{dsize}_2, \mathrm{dsize}_3, \mathrm{dsize}_4, \mathrm{dsize}_5, \mathrm{dsize}_6\}$分别是{3GB,5GB,3GB,3GB,5GB,8GB}，其中 ds_4 是隐私数据集，且必须存储在数据中心 dc_2 上。任务 t_4 的输入数据集为$\{\mathrm{ds}_3, \mathrm{ds}_4, \mathrm{ds}_6\}$，由于 ds_4 是必须固定存放在数据中心 dc_2 上的隐私数据，所以 t_4 也必须在数据中心 dc_2 上执行。同样地，ds_5 是必须存储在数据中心 dc_3 上的隐私数据集，t_5 也必须在数据中心 dc_3 上执行。图4-1(b)和图4-1(c)分别是两种数据布局方案，dc_1 是云计算数据中心，存储容量无限，而 dc_2 和 dc_3 是两个边缘计算数据中心，存储容量均为20GB，边缘计算数据中心间的带宽大约是云计算数据中心到边缘计算数据中心带宽的10倍，因此假设3个数据中心之间带宽的大小$\{\mathrm{band}_{12}, \mathrm{band}_{13}, \mathrm{band}_{23}\}$分别是{10Mb/s,20Mb/s,150Mb/s}。

图4-1(b)是以减少数据传输次数为目标产生的数据布局方案，根据依赖矩阵划分模型，将公有数据集 ds_1、ds_2 和 ds_3 部署在云计算数据中心 dc_1 中，ds_6 部署在边缘计算数据中心 dc_2 中，隐私数据集 ds_4 和 ds_5 各自部署在相关数据中心。形成的布局方案产生4次数据传输，27GB的数据传输量，跨数据中心传输时间约为1953s。

图4-1(c)是最优数据布局方案，将公有数据集 ds_1 和 ds_2 部署在云计算数据中心 dc_1 中，ds_3 和 ds_6 部署在边缘计算数据中心 dc_3 中。形成的布局方案产生5次数据传输，30GB的数据传输量，跨数据中心传输时间约为1023s。虽然该布局方案在数据传输频率和数据传输量方面均超过另一方案，但跨数据中心传输时间明显优于前者，这主要是该方案综合考虑数据中心间传输带宽带来的影响。

传统的基于数据依赖破坏度的矩阵划分模型或负载均衡模型，将数据依赖度高的数

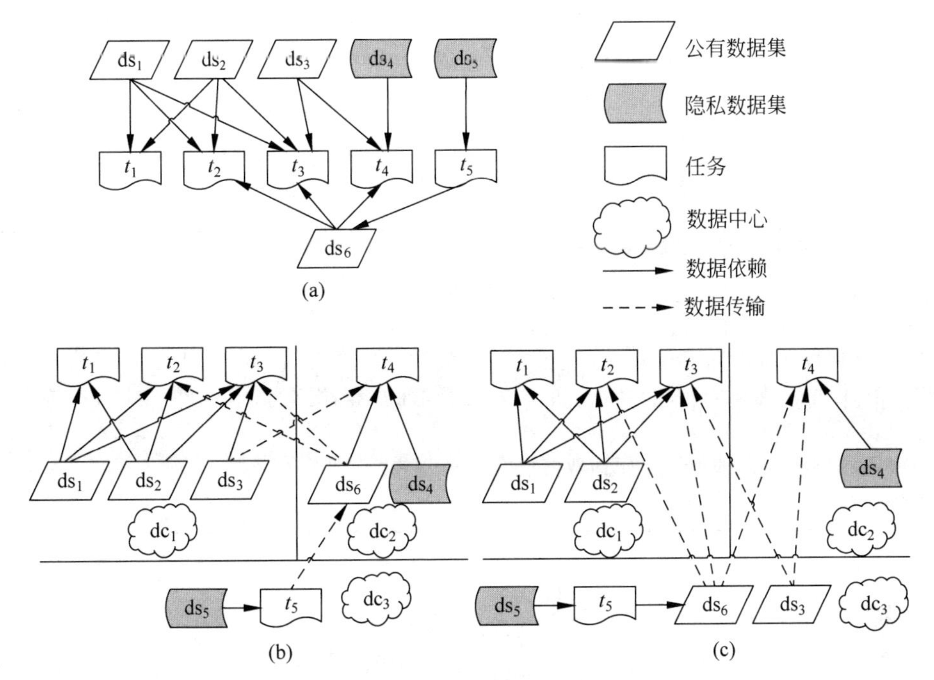

图 4-1　科学工作流数据布局实例

据尽量划分到同一数据中心，可以有效降低数据中心之间的数据传输量，但这些方法未综合考虑不同数据中心之间的带宽差异带来的布局影响。因此，本节针对传统数据布局模型的不足，结合差异化带宽划分机制，设计一种基于 GA-DPSO 的数据布局策略，根据带宽和数据中心容量限制等因素，自适应地放置不同数据集，有效降低结合边缘计算和云计算的科学工作流数据布局的传输时延。

4.1.4　算法

对于数据布局方案 $S=(\mathrm{DS},\ \mathrm{DC},\mathrm{Map},T_{\mathrm{total}})$，本节的核心目的是寻找数据集 DS 到数据中心 DC 的最佳映射关系 Map，使跨数据中心传输时间 T_{total} 最低。DS 到 DC 的最佳映射寻找是一个 NP-hard 问题，且需要考虑新混合环境下不同数据中心之间的带宽差异。为压缩科学工作流数据规模，本节首先对其进行预处理操作，提高数据布局策略的执行效率；为避免传统解决 NP-hard 问题的粒子群优化算法的过早收敛问题，本节提出了一种 GA-DPSO 算法，提高种群进化的多样性，优化科学工作流数据布局传输时延。以下依次介绍科学工作流预处理和基于遗传算法算子的自适应离散粒子群优化数据布局策略。

1. 科学工作流预处理

算法 4.1 主要介绍了基于科学工作流自身结构特点，合并仅有一个相关任务的相邻数据集的预处理过程伪代码。其中“单向数据割边”的定义是：两个数据集 ds_i 和 ds_j，ds_i 的出度为 1，ds_j 的入度为 1，两个数据集之间仅有一个相关任务，其结构如图 4-2(a)

所示。当科学工作流存在"单向数据割边",且 ds_i 和 ds_j 不全是隐私数据,因此可以将 ds_i 和 ds_j 合并放置,如图 4-2(a)所示。对于某些存在大量"单向数据割边"的科学工作流,如 Epigenomics 科学工作流,经过预处理后,可以大幅度减少数据集数量,从而提高 GA-DPSO 数据布局算法的执行效率。图 4-2(b)展示了 Epigenomics 工作流在预处理前后的自身结构变化,经过预处理后,数据集数量压缩了 30%以上。

算法 4.1:合并仅有一个相关任务的相邻数据集

procedure preProcess($G(T, E, \text{DS})$)

1. 记录科学工作流 G 所有任务和数据集的出度和入度
2. 寻找"单向数据割边"e_{ij}
3. 如果存在"单向数据割边"e_{ij},且 ds_i 和 ds_j 不全是隐私数据,则删除 e_{ij},合并 ds_i 和 ds_j 为新数据集 ds_k
4. 反复执行步骤 2,直到不存在"单向数据割边"

end procedure

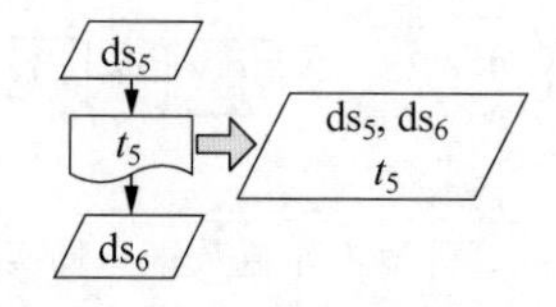

(a) 压缩"单向数据割边"

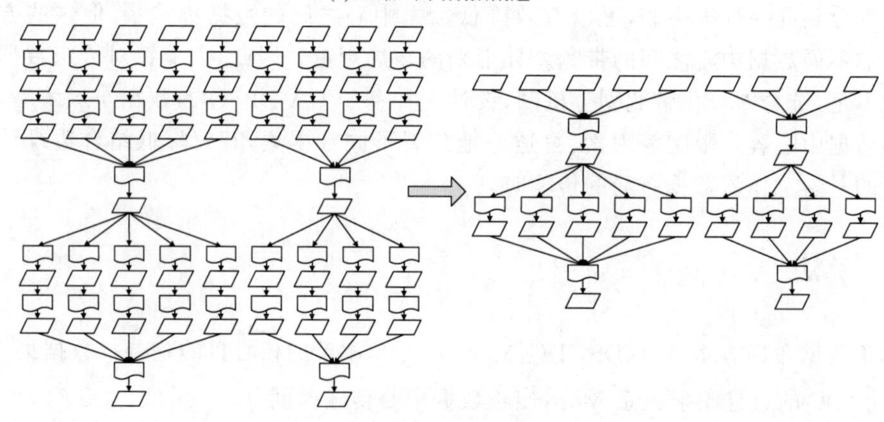

(b) 预处理前后的Epigenomics工作流结构

图 4-2 预处理过程

性质 4.1:科学工作流预处理策略可以压缩科学工作流数据集数量,提高算法执行效率,但可能会影响最终的数据布局结果。

图 4-2 已经展示压缩科学工作流数据集数量实例,本节采用基于数据集数量的离散编码方式,因此数据集数量的减少可以提高算法执行效率。图 4-2(a)中合并放置 ds_5 和 ds_6,意味着 ds_5 和 ds_6 始终都放置在同一个数据中心。如果某个边缘计算数据中心的容量,只能存储 ds_5 或 ds_6 的其中一个数据集,则预处理后的数据布局结果与未预处理的数据布局结果将不同。

2. 基于遗传算法算子的自适应离散粒子群优化数据布局策略

PSO算法在1995年由Eberhart和Kennedy共同提出，是一种基于鸟群社会行为的群体随机优化算法。粒子是PSO中的重要概念，每个粒子代表问题的一个候选解，粒子在问题空间中移动和迭代更新，得到更优的粒子。粒子移动更新主要是调整它的速度和位置，速度和位置更新如式(4-9)和式(4-10)所示。

$$V_i^{t+1} = w \times V_i^t + c_1 r_1 (\text{pBest}_i^t - X_i^t) + c_2 r_2 (\text{gBest}^t - X_i^t) \tag{4-9}$$

$$X_i^{t+1} = X_i^t + V_i^{t+1} \tag{4-10}$$

其中，V_i^t 和 X_i^t 分别表示在第 t 次迭代时第 i 个粒子的速度和位置，为保证粒子在问题解空间中更新，需要定义限制粒子速度的最大粒子速度 $V_{\max}$。粒子的速度更新受粒子自身情况、粒子自身最佳历史位置以及种群历史最佳位置3方面的影响。惯性权重 w 直接影响算法的收敛性，调节粒子对解空间的搜索能力。pBest_i^t 和 gBest^t 分别表示在第 t 次迭代后粒子 i 的自身历史最优位置和种群历史最佳位置。c_1 和 c_2 是认知因子，分别表示对自身历史最优位置和种群历史最优位置的认知学习能力。r_1 和 r_2 是两个随机因子，取值范围为(0,1)，这两个参数可以增加算法迭代过程中的搜索随机性，提高种群多样性。另外，为了判定粒子在问题空间不同位置的优劣性，需要定义适应度函数。

传统PSO算法用于解决连续型问题，本节数据集到数据中心的数据布局是一种离散型问题，需要新的问题编码方式和适应度评价函数。针对传统PSO算法存在的过早收敛问题，需要一种新的粒子更新策略。另外，算法参数的设置直接影响算法执行过程的迭代次数和搜索能力。以下将从问题编码、适应度函数设置、粒子更新策略、算法参数设置等方面，详细介绍本节提出的GA-DPSO数据布局优化算法。

1) 问题编码

好的问题编码策略可以有效提高算法效率和搜索能力，问题编码主要考虑3个基本原则：完备性、非冗余性和健全性。

定义4.1(完备性)：问题空间中的所有候选解，都能在编码空间中找到对应编码粒子。

定义4.2(非冗余性)：问题空间中的某个候选解，在编码空间中只有唯一一个编码粒子与之对应。

定义4.3(健全性)：编码空间中的任意编码粒子，都对应问题空间中的候选解。

要构建同时满足以上3个原则的问题编码具有挑战性。受到启发，采用离散编码方式来构建 n 维的候选解粒子。一个粒子代表新混合环境下科学工作流的一个数据布局方案，粒子 i 在第 t 次迭代的位置 X_i^t 如式(4-11)所示。

$$X_i^t = \{x_{i1}^t, x_{i2}^t, \cdots, x_{in}^t\} \tag{4-11}$$

其中，每个粒子有 n 个分位，n 代表经过预处理操作后的数据集数量。$x_{ik}^t (k=1,2,\cdots,n)$ 表示第 k 个数据集在第 t 次迭代的存储位置，具体取值是某个数据中心编号，即 $x_{ik}^t = \{1,2,\cdots,|\text{DC}|\}$。这里需要注意的是，对于隐私数据集而言，无论如何迭代更新，其存储位置都是固定的，如图4-1中的数据集 ds_4 和 ds_5，它们分别只能固定存储在 dc_2 和 dc_3 中。图4-3展示了针对图4-1(a)科学工作流所形成的图4-1(c)数据布局所对应的问题编

码方案，由于经过预处理操作，数据集由原来的 6 个压缩成 5 个，压缩成一个整体数据集的 ds_5 和 ds_6 都被存储在 dc_3 中。

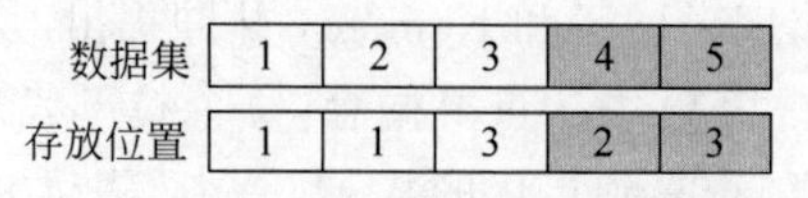

数据集	1	2	3	4	5
存放位置	1	1	3	2	3

图 4-3　数据布局粒子编码示例

性质 4.2：离散编码策略满足非冗余性和完备性原则，但不满足健全性原则。

每个数据集最终存储在相应的数据中心上，都有对应的数据中心编号，一个数据集最终的存储位置只能在某个数据中心上，科学工作流某个数据布局方案对应一个 n 维粒子，每个分位的值就是对应的数据中心编号，一种布局方案只对应一个编码粒子，满足非冗余性原则。非隐私数据集可以在所有数据中心中选择存放，而对应的编码分位同样可以选择不同数据中心编号，每个数据集对应的编码分位值就是其指定存放的数据中心编号，每种布局方案都有对应的编码粒子，满足完备性原则。部分编码粒子不是问题空间的候选解，图 4-3 的数据集存放位置如果变为(1,2,2,2,2)，则除去 ds_1 外的所有数据集都被存储在 dc_2，数据总量达到 24GB，超过 dc_2 的 20GB 存储容量，造成数据布局方案不可行，因此不满足健全性原则。

2) 适应度函数

适应度函数用来评价粒子的优劣性，一般情况下，适应度函数值较小的粒子性能较优。本节目的是减少科学工作流数据布局的跨数据中心数据传输时间，传输时间越小的粒子越优，因此可以直接定义适应度函数值等于粒子所对应数据布局方案的数据传输时间。然而，由于问题编码不满足健全性原则，即可能出现放置在某个边缘计算数据中心的数据集超过该数据中心容量，因此需要对适应度函数区分定义。

定义 4.4(可行解粒子)：编码粒子所对应的数据布局策略满足数据中心容量限制要求，没有出现某个边缘计算数据中心的数据集超过该数据中心容量。

定义 4.5(不可行解粒子)：编码粒子所对应的数据布局策略不满足数据中心容量限制要求，出现某个边缘计算数据中心的数据集超过该数据中心容量。

本节分 3 种不同情况，比较两种编码粒子的适应度函数值。

情况 1：两个编码粒子都是可行解粒子，选择跨数据中心数据传输时间较小的编码粒子，适应度函数定义如下：

$$\text{fitness} = T_{\text{total}}(x_i) \tag{4-12}$$

情况 2：两个编码粒子都是不可行解粒子，同样选择跨数据中心数据传输时间较小的编码粒子，通过后期的粒子更新操作，不可行解粒子有可能变成可行解粒子，而原先数据传输时间较小的编码粒子更有可能保持较小数据传输时间，适应度函数定义与式(4-12)一致。

情况 3：一个编码粒子是不可行解粒子，一个编码粒子是可行解粒子，毫无疑问地选择可行解粒子，适应度函数定义如下：

$$\text{fitness} = \begin{cases} 0, & \forall i, \quad \sum_{j=1}^{|\text{DS}|} \text{ds}_j \cdot u_{ij} \leqslant \text{capacity}_i \\ 1, & \text{其他} \end{cases} \tag{4-13}$$

3）粒子更新策略

如式(4-9)所示，传统 PSO 包括 3 个核心部分：惯性、个体认知和社会认知。传统 PSO 容易过早收敛，陷入局部最优。为增强 PSO 的搜索能力，使其适用于离散型问题并可以探索更大范围的解空间，避免过早收敛问题，本节算法引入遗传算法的交叉算子和变异算子，改进式(4-9)对粒子 i 在 t 时刻的更新操作如下：

$$X_i^t = c_2 \oplus C_g(c_1 \oplus C_p(w \oplus M_u(X_i^{t-1}), \mathrm{pBest}_i^{t-1}), \mathrm{gBest}^{t-1}) \tag{4-14}$$

其中，$C_g()$和 $C_p()$代表遗传算法的交叉算子，$M_u()$代表遗传算法的变异算子。

对于个体认知部分和社会认知部分，本节结合遗传算法的交叉算子思想，对式(4-9)中相应的部分进行更新，其更新操作如式(4-15)和式(4-16)所示。

$$B_i^t = c_1 \oplus C_p(A_i^t, \mathrm{pBest}^{t-1}) = \begin{cases} C_p(A_i^t, \mathrm{pBest}^{t-1}), & r_1 < c_1 \\ A_i^t, & \text{其他} \end{cases} \tag{4-15}$$

$$C_i^t = c_2 \oplus C_g(B_i^t, \mathrm{gBest}^{t-1}) = \begin{cases} C_g(B_i^t, \mathrm{gBest}^{t-1}), & r_2 < c_2 \\ B_i^t, & \text{其他} \end{cases} \tag{4-16}$$

其中，r_1、r_2 是随机因子，取值范围为(0,1)。$C_p()$(或 $C_g()$)随机选择编码粒子的两个分位，与 pBest (或 gBest)相同分位之间的数值进行交叉。图 4-4(a)是个人(社会)认知部分的交叉算子操作，随机选择编码粒子的两个交叉位置(ind_1 和 ind_2)，将旧粒子 ind_1 和 ind_2 分位之间的值替换成 pBest (gBest)在该区间上的值，形成新粒子。

性质 4.3：交叉算子操作可能会将编码粒子从可行解变成不可行解，反之亦然。

图 4-4 的编码粒子(1,1,3,2,3)是可行解，假设 pBest 粒子的编码是(2,3,2,2,3)，随机生成的交叉位置是 1 和 2，因此交叉后形成的新编码粒子是(2,3,3,2,3)。新编码粒子将 ds_2、ds_3、ds_5 和 ds_6 放置在 dc_3，ds_2、ds_3、ds_5 和 ds_6 的数据量总和为 21GB，而 dc_3 的数据中心容量只有 20GB，因此新编码粒子为不可行解。同样地，不可行解粒子(2,3,3,2,3)和 pBest 编码粒子(2,2,1,2,3)的交叉位置是 1 和 2，则可以生成新的可行解粒子(2,2,3,2,3)。

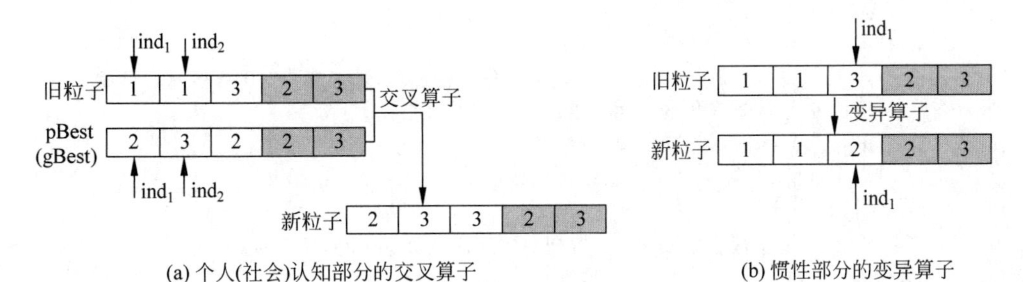

(a) 个人(社会)认知部分的交叉算子　(b) 惯性部分的变异算子

图 4-4　粒子更新操作

对于惯性部分，本节结合遗传算法的变异算子思想，对式(4-9)中相应的部分进行更新，其更新操作如式(4-17)所示。

$$A_i^t = w \oplus M_u(X_i^{t-1}) = \begin{cases} M_u(X_i^{t-1}), & r_3 < w \\ X_i^{t-1}, & \text{其他} \end{cases} \tag{4-17}$$

其中，r_3 是随机因子，取值范围如(0,1)。M_u()监督式随机选取编码粒子中的一个分位，随机改变该分位的数值，且该数值满足对应的取值范围。监督式随机就是在一定的分位范围内进行随机选取，主要有两种情况。

情况 1：编码粒子是可行解粒子，则选择的分位不包含隐私数据集所在分位。由于隐私数据集固定存放，所以不能改变该隐私数据集的存储位置。

情况 2：编码粒子是不可行解粒子，则选择的分位为超负荷数据中心编码所对应的分位。一个不可行解粒子对应的数据布局方案，可能存在多个超负荷的数据中心，随机选择其中一个超负荷数据中心编码所对应的分位进行变异操作，有可能将不可行解粒子变异成可行解粒子。

图 4-3 的编码粒子属于情况 1，图 4-4(b)随机选择除了第 4 和第 5 分位(ds_4 和 ds_5 所对应的分位)外的分位 ind_1 进行变异算子操作，ind_1 分位上的值从 3 更新为 2。

性质 4.4：变异算子操作可能会将编码粒子从可行解变成不可行解，反之亦然。

编码粒子(1,2,3,2,3)是可行解，随机选择第 2 分位变异，形成新的编码粒子(1,3,3,2,3)是不可行解，新编码粒子将 ds_2、ds_3、ds_5 和 ds_6 都放置在 dc_3 中，ds_2、ds_3、ds_5 和 ds_6 的数据量总和为 21GB，超过 dc_3 数据中心的 20GB 容量。同样地，不可行解粒子(1,3,3,2,3)，变异位置是 2，则有可能生成新的可行解粒子(1,1,3,2,3)。

4) 粒子到数据布局结果的映射

算法 4.2 是编码粒子到数据布局结果映射的伪代码。该算法的输入包括科学工作

算法 4.2：编码粒子到数据布局结果的映射

```
procedure dataPlacement (G, DC, X)
  1.    初始化：所有数据中心当前存储量 dc_cur(i) 为 0，传输时间 T_total 为 0
  2.    foreach ds_i of DS_ini              //判定初始数据布局之后，是否有数据中心容量超负荷
  3.        dc_cur(X[i]) += dsize_i，将 ds_i 布局到 dc_X[i]
  4.        if dc_cur(X[i]) > capacity_X[i] then
  5.            return 该编码粒子是不可行解粒子
  6.        end if
  7.    end for
  8.    for j = 1 to j = |T|                //判定任务执行过程，是否有数据中心容量超负荷
  9.        将任务 t_j 放置在传输时间开销最小的数据中心 dc_j
 10.        if dc_cur(j) + sum(IDS_j) + sum(ODS_j) > capacity_j
 11.            return 该编码粒子是不可行解粒子
 12.        end if
 13.        将 t_j 的输出数据集 ODS_j 放置到对应编码位数据中心，并更新对应存储量
 14.    end for
 15.    for j = 1 to j = |T|                //计算整体数据布局的跨数据中心传输时间
 16.        寻找任务 t_j 的输入数据集 IDS_j 所布局的所有数据中心 DC_j
 17.        根据式(4-6)计算输入数据集 IDS_j 传输到 dc_j 的总时间 Transfer_j
 18.        T_total += Transfer_j
 19.    end for
 20.    输出 T_total 和相应的数据布局方案
end procedure
```

流 $G=(T,E,\mathrm{DS})$、新混合环境数据中心 DC 和编码粒子 X。首先,设置每个数据中心的初始存储量 $\mathrm{dc}_{\mathrm{cur}(i)}$ 都为 0,跨数据中心的传输时间为 0(第 1 行)。初始化后,将初始数据集布局到对应数据中心,相应地,记录各个数据中心的当前存储量 $\mathrm{dc}_{\mathrm{cur}(X[i])}$。当某个边缘计算数据中心的存储量超过其容量时,说明该编码粒子是不可行解粒子,停止操作并返回(第 2~7 行)。按任务执行顺序依次扫描,将任务 t_j 部署到传输时间开销最小的数据中心 dc_j,如果 dc_j 的当前存储量、任务 t_j 的输入数据集总量和任务 t_j 的输出数据集总量三者之和超过 dc_j 的容量,则终止执行并返回,说明该粒子为不可行解;否则将 t_j 的输出数据集 ODS_j 放置到对应编码位数据中心,并更新对应存储量(第 8~14 行)。当编码粒子是可行解粒子,得到相应的数据集对应各个数据中心的布局,需要进一步计算跨数据中心传输时间。依次扫描科学工作流任务,查找任务 t_j 的输入数据集 IDS_j 对应的所有布局数据中心 DC_j,计算任务放置在布局数据中心 dc_j 的输入数据传输时间 $\mathrm{Transfer}_j$,并叠加计算对应数据传输时间,形成最终的跨数据中心传输时间 T_{total}(第 15~19 行)。最后输出跨数据中心传输时间 T_{total} 和对应数据布局方案(第 20 行)。

5) 参数设置

式(4-9)中的惯性权重因子 w 决定速度的变化情况,它对 PSO 算法的搜索能力和收敛性有直接作用。当惯性权重因子 w 较大时,算法的全局搜索能力较强且不易收敛;否则,算法的局部搜索能力较强且容易收敛。式(4-18)中是经典的惯性权重因子调整机制,在算法运行初期,注重粒子的全局搜索能力和更大范围的问题解空间,随着后期迭代次数增加和搜索深入,粒子更注重局部搜索能力和收敛性。因此式(4-18)中的惯性权重因子 w 的值随着迭代次数的增加而线性递减。其中 $w_{\max}$ 和 $w_{\min}$ 分别是初始化时设定的惯性权重因子 w 最大值和最小值,$\mathrm{iters}_{\max}$ 和 $\mathrm{iters}_{\mathrm{cur}}$ 分别是初始化时设定的最大迭代次数和当前的迭代次数。

$$w=w_{\max}-\mathrm{iters}_{\mathrm{cur}}\times\frac{w_{\max}-w_{\min}}{\mathrm{iters}_{\max}} \tag{4-18}$$

式(4-18)中的惯性权重因子是基于迭代次数而进行线性递减调整,不能很好地解决本节的非线性数据布局问题,因此需要设计一种可以根据当前粒子优劣来自适应调整搜索能力的惯性权重因子。如式(4-19)所示,新的惯性权重因子调整机制可以根据当前粒子和全局最优粒子之间的差异程度来进行自适应调整。

$$w=w_{\max}-(w_{\max}-w_{\min})\times\exp(d(X_i^{t-1})/(d(X_i^{t-1})-1.01)) \tag{4-19}$$

$$d(X^{t-1})=\frac{\mathrm{div}(X^{t-1},\mathrm{gBest}^{t-1})}{|\mathrm{DS}|} \tag{4-20}$$

其中,$\mathrm{div}(X^{t-1},\mathrm{gBest}^{t-1})$表示当前粒子 X^{t-1} 和全局最优粒子 gBest^{t-1} 相同分位上存在不同取值的位数。当 $\mathrm{div}(X^{t-1})$的较大时,说明当前粒子 X^{t-1} 和 gBest^{t-1} 之间差异较大,需要扩大搜索范围,所以应该增大 w 的权值,以保证粒子在更大范围内寻找问题解,避免过早陷入局部最优;否则,缩小搜索范围,减少 w 的权值,在小范围加速收敛过程,更快找到优化解。

另外,自身认知因子 c_1 和种群认知因子 c_2 的设置参照文献的线性增减方式,式(4-21)和式(4-22)分别是 c_1 和 c_2 的更新机制。

$$c_1 = c_1^{start} - \frac{c_1^{start} - c_1^{end}}{iters_{max}} \times iters_{cur} \tag{4-21}$$

$$c_2 = c_2^{start} - \frac{c_2^{start} - c_2^{end}}{iters_{max}} \times iters_{cur} \tag{4-22}$$

其中,c_1^{start} 和 c_2^{end} 分别是自身认知因子 c_1 的设定初始值和最终值,c_2^{start} 和 c_2^{end} 分别是种群认知因子 c_2 的设定初始值和最终值。

6）算法流程

图 4-5 是 GA-DPSO 算法的具体流程图,其详细步骤阐述如下：

步骤 1,根据科学工作流预处理策略,减少数据集数量,提高数据布局算法的执行效率。

步骤 2,初始化 GA-DPSO 算法的相关参数,如种群大小、最大迭代次数、惯性权重因子和认知因子等,考虑隐私数据的存放位置,随机生成初始种群。这里需要注意,隐私数据的分位值为对应的固定数据中心编号。

步骤 3,根据粒子到数据布局的映射策略,以及式(4-12)和式(4-13)计算各个编码粒子的适应度值,每个粒子为其设置自身历史最优粒子,并选取适应度值最小的可行解粒子作为种群全局最优粒子。

步骤 4,基于粒子更新式(4-14)～式(4-17)更新粒子,并重新计算每个更新粒子的适应度值。

步骤 5,若更新粒子的适应度值小于其自身历史最优值,则将更新粒子设置为其自身历史最优粒子；反之,跳转到步骤 7。

步骤 6,若更新粒子的适应度值小于种群全局最优粒子的适应度值,则将更新粒子设置为种群全局最优粒子。

步骤 7,验证算法终止条件是否满足,如果不满足,则跳转到步骤 4；反之,则算法终止。

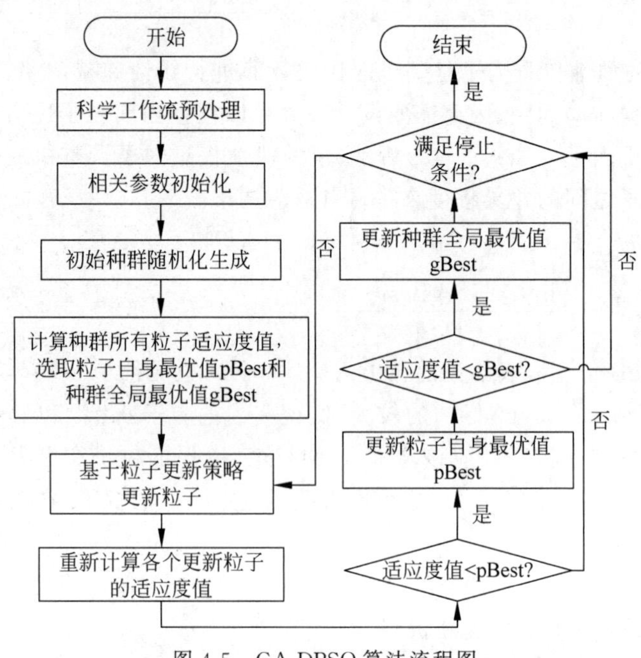

图 4-5　GA-DPSO 算法流程图

4.1.5 实验与评估

实验环境是 Intel Core i7-7500U 2.90GHz、RAM 8GB、Windows8 64 位操作系统。涉及 GA-DPSO 算法的相关参数设置为：初始化种群规模 100，限制迭代次数 1000，$w_{\max}=0.9$，$w_{\min}=0.4$，$c_1^{\text{start}}=0.9$，$c_1^{\text{end}}=0.2$，$c_2^{\text{start}}=0.9$，$c_2^{end}=0.4$。

1. 实验设置

科学工作流采用 Bharathi 等人对 5 个不同科学领域研究的 5 种科学工作流模型：地震科学的 CyberShake、天文学的 Montage、生物信息学的 SIPHT、生物基因学的 Epigenomics、重力物理学的 LIGO。每个科学领域的科学工作流依赖结构、不同任务对应的数据集大小都不相同，具体的依赖结构和输入输出数量集信息均被存储在特定 XML 格式的文件中。针对每个科学领域，有 4 种不同任务量级的科学工作流，本节选取测试其中 3 种：小型(约 30 个任务)，中型(约 50 个任务)和大型(约 100 个任务)。

实验测试不同影响因子对数据布局的影响，需要在默认实验环境中对个别因子进行调整观察。默认实验环境设置：新混合环境包含 4 个数据中心$\{dc_1, dc_2, dc_3, dc_4\}$，其中 dc_1 是容量无限的云计算数据中心，其他 3 个数据中心是边缘计算数据中心。考虑不同科学工作流对数据中心容量要求不同，针对不同科学工作流定义边缘计算数据中心基准容量如下：

$$\text{capacity}=\frac{\sum_{i=1}^{|\text{DS}|}\text{dsize}_i}{|\text{DC}|-1} \tag{4-23}$$

3 个边缘计算数据中心的容量均为 2.6 倍的基准容量。隐私数据集比例为 25%，不同数据中心间的带宽表示如下(单位是 MB/s)：

$$\text{Bandwidth}=\begin{bmatrix} \sim & 10 & 20 & 30 \\ 10 & \sim & 150 & 150 \\ 20 & 150 & \sim & 100 \\ 30 & 150 & 100 & \sim \end{bmatrix} \tag{4-24}$$

式中“～”代表该数字无意义 Bandwidth[i][j]代表数据中心 i 与 j 的带宽当 $i\neq j$ 时才有意义。

2. 对比算法

结合边缘计算和云计算的新环境与混合云环境有一定的相似性。为验证 GA-DPSO 算法的有效性，需要改进 DCO-K-均值数据布局方法和基于遗传算法的数据布局策略(Genetic Strategy，GS)，使相应算法适应结合边缘计算和云计算的科学工作流时延优化数据布局。

DCO-K-均值数据布局方法首先以数据中心为聚类中心对数据集进行聚类划分，再根据存储在各个数据中心中非隐私数据集和隐私数据集之间的依赖关系，利用基于数据依赖破坏度的矩阵划分模型将数据集划分成数据块，最终确定数据的布局方案。数据依赖破坏度通过计算数据集之间的依赖度获取，数据集之间的依赖度表示以对应两个数据集作为输入的任务个数，它不能合理反映涉及带宽影响的时间驱动的数据布局，因此对数据集之间的依赖度 dependency_{ij} 重新定义如下：

$$\text{dependency}_{ij}=\text{Count}(\text{ds}_i.T\cap\text{ds}_j.T)\cdot\begin{cases}\dfrac{\min(\text{dsize}_i,\text{dsize}_j)}{\text{band}_{(\text{flc}_i)(\text{flc}_j)}}, & \text{ds}_i,\text{ds}_j\in\text{DS}_{\text{flex}}\\ \dfrac{\text{dsize}_i}{\text{band}_{(\text{flc}_i)(\text{flc}_j)}}, & \text{ds}_i\in\text{DS}_{\text{flex}},\text{ds}_j\in\text{DS}_{\text{fix}}\\ \dfrac{\text{dsize}_j}{\text{band}_{(\text{flc}_i)(\text{flc}_j)}}, & \text{ds}_i\in\text{DS}_{\text{fix}},\text{ds}_j\in\text{DS}_{\text{flex}}\\ 0, & \text{ds}_i,\text{ds}_j\in\text{DS}_{\text{fix}}\end{cases}\tag{4-25}$$

其中，$\text{Count}(\text{ds}_i.T\cap\text{ds}_j.T)$表示同时以数据集 ds_i 和数据集 ds_j 作为输入的任务个数，$\text{band}_{(\text{flc}_i\times\text{flc}_j)}$ 表示数据集 ds_i 和数据集 ds_j 的预布局带宽。改进后的数据集之间的依赖度表示方法可以有效体现涉及带宽影响的数据传输时间优化。

另外，GS 主要基于遗传算法的随机进化机制，利用二进制编码方案，对云环境下的数据布局展开数据传输频率、数据传输量和数据传输时间 3 个方面的研究工作。该工作未考虑私有数据集因素，且处于单云环境，为了能与 GA-DPSO 算法形成对比，需要对 GS 做适当改进：二进制编码过程，需要考虑隐私数据集的固定存放问题，更新操作过程中隐私数据集的存放位置不变；编码染色体对应数据布局映射过程，需要考虑带宽差异，适应度函数中也需要引入带宽因素。

最后，为了观察 GA-DPSO 算法的预处理操作对最终布局结果和算法复杂度的影响，将不带预处理操作的 NGA-DPSO 算法作为另一种对比算法。

3. 实验结果和分析

GS、GA-DPSO 和 NGA-DPSO 属于元启发式算法，设置连续 80 次迭代过程的最优值不更新则算法终止。由于这些算法的最优数据布局不唯一，因此对每种算法进行 100 组实验，数据布局的传输时间取 100 组重复实验的平均值。跨数据中心的传输时间单位统一为秒(s)，实验结果的传输时间统一缩小为原来的$\frac{1}{1000}$。

图 4-6 是默认实验环境下 3 种不同量级的科学工作流对应不同数据布局算法的数据传输时间。从总体上看，GA-DPSO 和 NGA-DPSO 的布局算法性能最优，GS 布局算法性能次之，DCO-K-均值布局算法的性能总体上较差。主要是由于 DCO-K-均值布局算法在数据依赖度设置时，利用预布局带宽来计算未实际布局的两数据间的数据传输时间，与最终实际部署的数据间带宽存在误差，导致出现最终数据布局的不合理性。GS 布局算法每次迭代过程中的搜索范围较为固定，没有根据当前染色体的性能进行自适应调整，但总体上的布局方案优于 DCO-K-均值。在 Epigenomics 和 Montage 工作流类型中，NGA-DPSO 性能会稍微优于 GA-DPSO，跨数据中心的平均数据传输时间减少 1.5%左

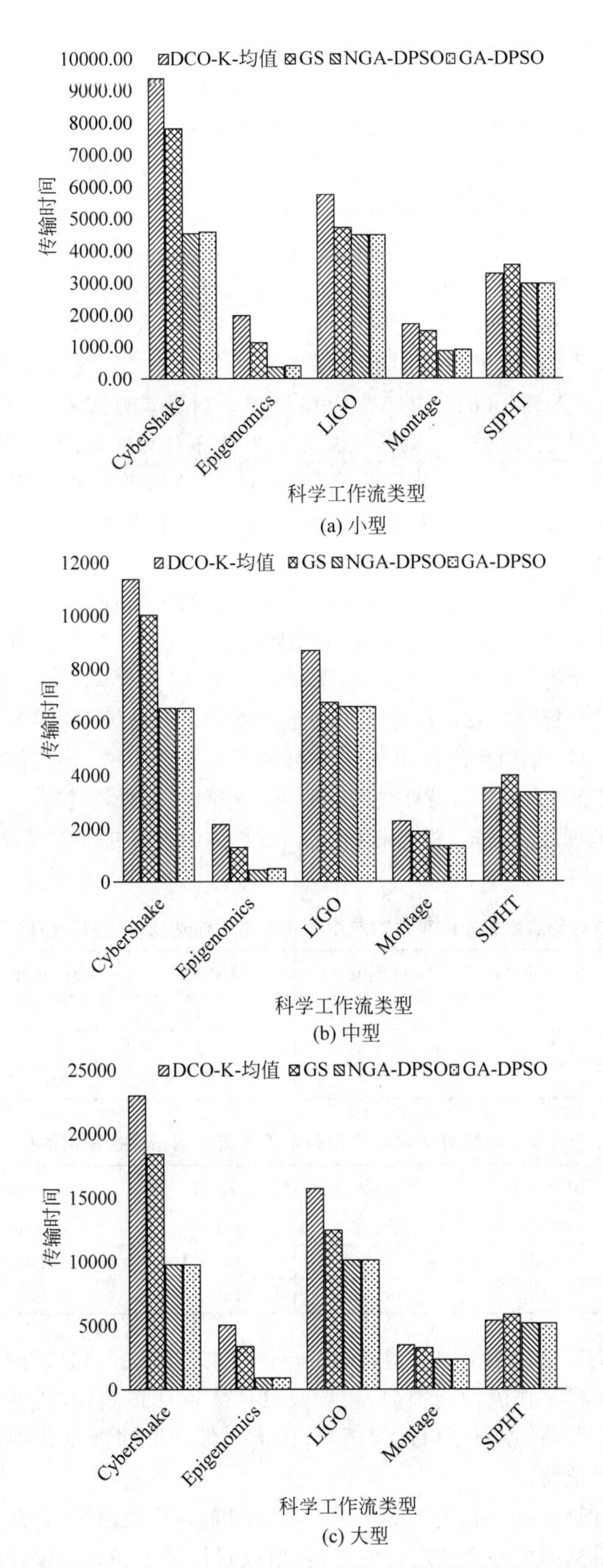

(a) 小型

(b) 中型

(c) 大型

图 4-6 新混合环境下 3 种不同量级的科学工作流对应不同数据布局算法的数据传输时间

右。这主要是由于 GA-DPSO 产生性质 4.1 提及的预处理后影响最终数据布局结果的现象,即合并后的数据集变大,会出现无法再存放到编码对应的边缘计算数据中心,而必须存放到其他数据中心的现象,最终导致 GA-DPSO 和 NGA-DPSO 的性能存在微小差异。

图 4-6(c)是大型科学工作流所对应不同数据布局算法的数据传输时间,相比于图 4-6(a)和图 4-6(b)不同数据布局算法的数据传输时间,其需要耗费更多的数据传输时间。这主要是因为随着工作流任务的增加,其对应的数据集个数和数据总量也在不断增加,如 LIGO 科学工作流,其小型、中型和大型对应的数据集个数分别是 47 个、77 个和 151 个,数据总量分别是 2.47TB、4.08TB 和 7.98TB。在数据中心之间的带宽不变情况下,需要更多的时间来传输更多、更大的数据集。

表 4-1 是 GS、GA-DPSO 和 NGA-DPSO 三种元启发式算法对应中型科学工作流达到最优搜索值的迭代次数,表 4-2 则是三种元启发式布局算法对应中型科学工作流达到最优搜索值的执行时间,其计量单位为毫秒(ms)。GA-DPSO 布局算法的迭代次数在 Epigenomics 和 Montage 工作流中会优于 NGA-DPSO,平均可以减少 10%的迭代次数,这主要得益于 GA-DPSO 布局算法的预处理操作,Epigenomics 科学工作流的数据集从 77 个压缩到 50 个,压缩率超过 35%。通过对数据集的压缩预处理,可以减少数据集的个数,降低数据布局的问题编码空间,从而减少搜索最优值的迭代次数。随着编码空间的压缩,算法的执行效率也进一步提高,算法执行时间随之降低,由表 4-2 可知,GA-DPSO 布局算法的执行时间在高压缩比的科学工作流中明显优于 NGA-DPSO,这同样得益于预处理操作。GS 布局算法相比于其他两种元启发式算法,其迭代次数和执行时间都是最差的,主要是因为 GS 布局算法的问题编码空间没有有效进行压缩,同时在每次迭代过程中的搜索范围较为固定,没有根据当前染色体的性能进行自适应调整,无法高效得到最优搜索值。

表 4-1　3 种元启发式布局算法对应中型科学工作流达到最优搜索值的迭代次数

布局算法	CyberShake	Epigenomics	LIGO	Montage	SIPHT
GS	482	534	374	472	664
NGA-DPSO	273	219	273	245	484
GA-DPSO	271	184	275	234	479

表 4-2　3 种元启发式布局算法对应中型科学工作流达到最优搜索值的执行时间(ms)

布局算法	CyberShake	Epigenomics	LIGO	Montage	SIPHT
GS	89847	97902	185388	105246	1051482
NGA-DPSO	49943	76804	145821	85436	853540
GA-DPSO	50435	56851	152956	75499	850142

关于不同布局算法在小型和大型科学工作流中的迭代次数和执行时间表现,它们的总体趋势和中型科学工作流性能类似,主要是具体数值存在差异,此处不再赘述。在后面的实验结果中,同样存在趋势相近的情况,因此后续实验仅展示各种布局算法关于中型科学工作流的性能情况。

为观察边缘计算数据中心个数变化对 4 种不同布局算法的影响,在默认实验环境设置下仅对边缘计算数据中心个数进行变更,其他设置保持不变。边缘计算数据中心个数分别为{3,5,6,8,10},新增边缘计算数据中心和现有及其他边缘计算数据中心之间的带宽均设置为120Mb/s,新增边缘计算数据中心到云计算数据中心之间的带宽设置为20Mb/s。随着边缘计算数据中心的增加,边缘计算数据中心基准容量也会随之下降。

图4-7是4种数据布局算法针对5种中型科学工作流,在不同边缘计算数据中心数据数量环境下的跨数据中心传输时间。整体来看,随着边缘计算数据中心数量的增加,4种数据布局算法的跨数据中心传输时间均在增加。这主要是因为边缘计算数据中心的总容量一致,随着个数的增加,每个边缘计算数据中心的容量都有所下降,导致放置在每个边缘计算数据中心上的数据集减少,造成各个数据中心之间的数据传输增加,从而使传输时间增加。从数据传输时间来看,整体上NGA-DPSO和GA-DPSO布局算法性能最优,GS布局算法次之,DCO-K-均值布局算法表现不佳。主要是因为DCO-K-均值基于聚类之后再将数据集划分到各个数据中心,造成一些量级较大的数据无法放置到合适的数据中心中。GS迭代过程中的搜索范围较为固定,经常没有找到相对优化的解空间。

从图4-7(a)的CyberShake、图4-7(c)的LIGO和图4-7(e)的SIPHT科学工作流的数据传输时间数据可知,NGA-DPSO和GA-DPSO布局算法性能几乎一致(由于实验过程取100组数据传输时间的平均值,所以会有微小偏差),这主要是因为GA-DPSO布局算法的预处理操作未发生实质作用,没有可压缩的数据集。而图4-7(b)的Epigenomics和图4-7(e)的Montage科学工作流中NGA-DPSO和GA-DPSO布局算法性能存在一定差距,特别是Epigenomics科学工作流。随着GA-DPSO布局算法预处理操作产生一定数据集压缩效果,导致性质1中的现象的出现,特别是边缘计算数据中心个数较大时(8个或10个),性质4.1带来的影响相对较大,GA-DPSO的性能会稍低于NGA-DPSO。但在有压缩现象出现时,GA-DPSO的执行效率一定会高于NGA-DPSO。图4-7(e)是SIPHT科学工作流对应4种不同布局算法的数据传输时间,由图可知,GS布局算法的效果劣于DCO-K-均值布局算法,这主要是由于SIPHT科学工作流的数据集大小都比较相近,DCO-K-均值布局算法经过聚类之后可以得到相对较优的数据中心划分结果。

接下来的实验选取具有代表性的Epigenomics和SIPHT中型科学工作流作为实验对象。为观察边缘计算数据中心容量变化对4种不同布局算法的影响,在默认实验环境设置下仅对边缘计算数据中心容量进行变更,其他设置保持不变。边缘计算数据中心容量相对于基准容量倍数分别为{2,2.6,3,5,8}。

图4-8是4种数据布局算法针对Epigenomics和SIPHT中型科学工作流,在不同边缘计算数据中心容量环境下的跨数据中心传输时间。在包括1个云计算数据中心和3个边缘计算数据中心的新混合环境中,随着边缘计算数据中心容量的不断增加,使更多的数据可以放置在边缘计算数据中心,边缘计算数据中心之间带宽较大,跨数据中心传输时间整体上呈不断下降趋势。

图4-8(a)是Epigenomics科学工作流数据布局的数据传输时间,实验数据表明,当数据中心容量达到基准容量的3倍以上时,Epigenomics的全部数据集在NGA-DPSO和GA-DPSO布局算法环境下仅放置于边缘计算数据中心,而不需要再转移至云计算数据中心,大大压缩跨数据中心传输时间。但是,Epigenomics的数据集在DCO-K-均值布局算法环境下,在数据中心容量达到基准容量的8倍时,才能完全放置在边缘计算数据中心。这主要是由于DCO-K-均值布局算法首先采取聚类方法,将原始输入数据先放置,生

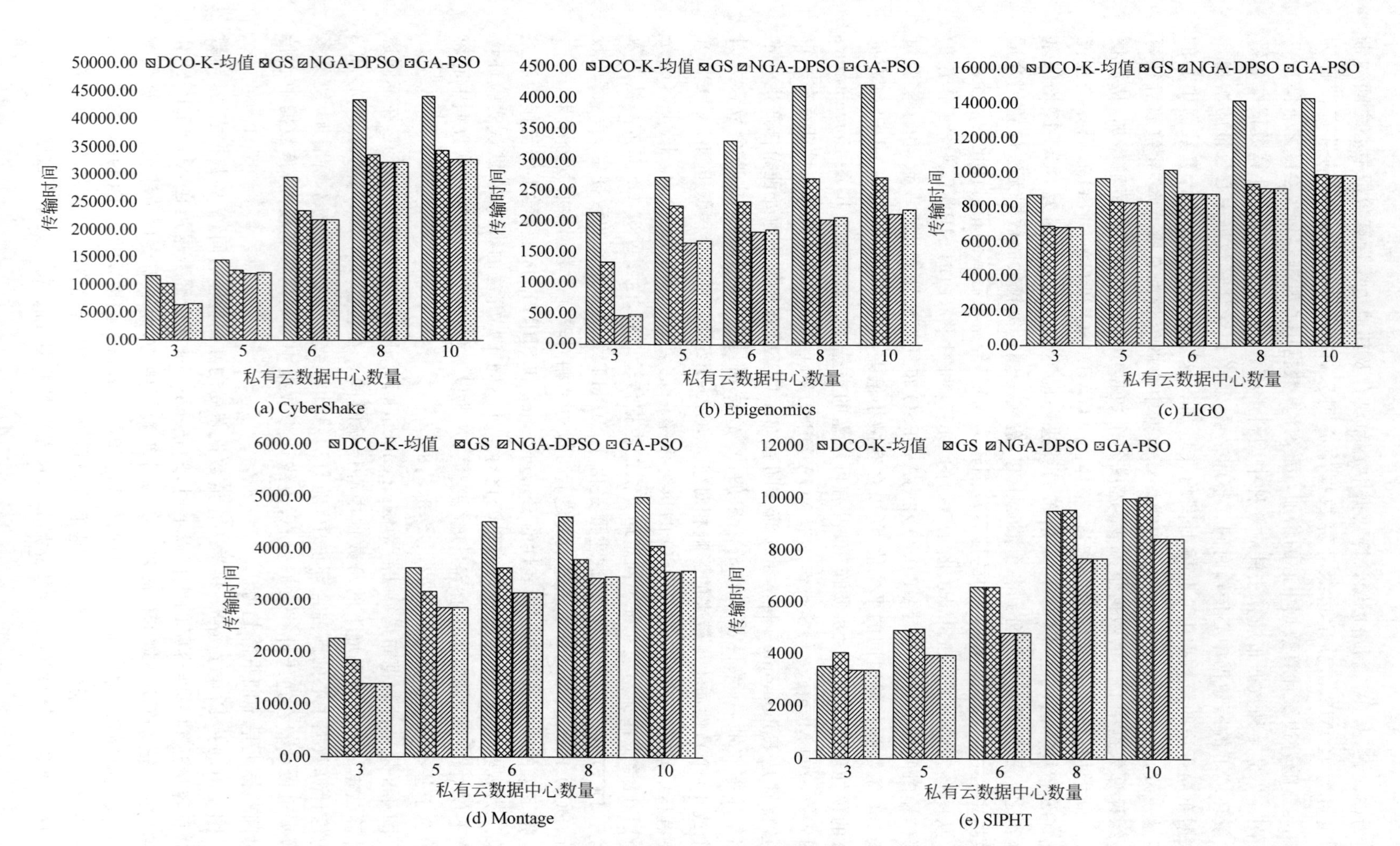

图 4-7　4 种数据布局算法在不同边缘计算数据中心数量的数据传输时间

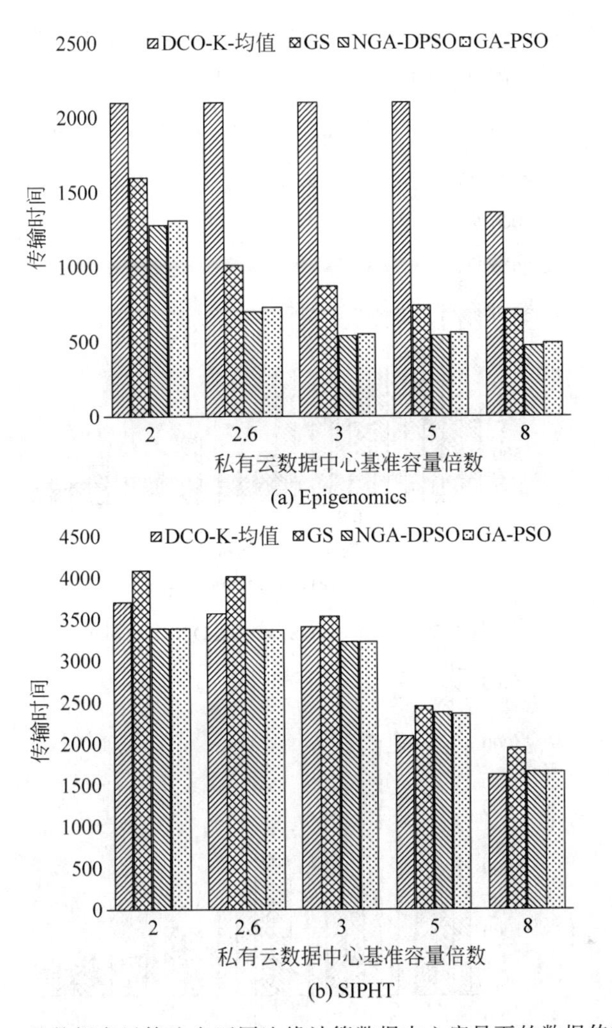

图 4-8　4 种数据布局算法在不同边缘计算数据中心容量下的数据传输时间

成的数据集后放置，导致 Epigenomics 的两个大数据量的生成数据集在基准容量倍数较小时无法放置在边缘计算数据中心，因此在达到基准容量的 8 倍时，DCO-K-均值布局算法的跨数据中心传输时间有个骤降现象。图 4-8(b)是 SIPHT 科学工作流数据布局的数据传输时间，DCO-K-均值布局算法的性能优于 GS 布局算法，主要原因是 SIPHT 数据集较多(1049 个)，且每个数据集的数据量不会差距太大，不会对 DCO-K-均值布局算法带来太大冲击。然而，较多的数据集增加 GS 搜索最优解的难度，且使 GS 易陷入局部最优搜索。

为观察数据中心之间带宽变化对 4 种不同布局算法的影响，在默认实验环境设置下仅对数据中心之间不同带宽进行变更，其他设置保持不变。数据中心之间带宽变化相对于默认实验环境带宽的倍数分别为{0.5，0.8，1.5，3，5}。

图 4-9 是 4 种数据布局算法针对 Epigenomics 和 SIPHT 中型科学工作流，在数据中心之间不同带宽大小环境下的跨数据中心传输时间。随着数据中心之间的带宽增大，数据中心之间的数据移动速度得到有效提升，跨数据中心之间的数据传输时间显著降低。

实验结果表明,带宽的增大并没有显著改变各个算法对科学工作流数据集的最终布局。对于子图可参考图 4-7 和图 4-8 的相关分析,此处不再赘述。

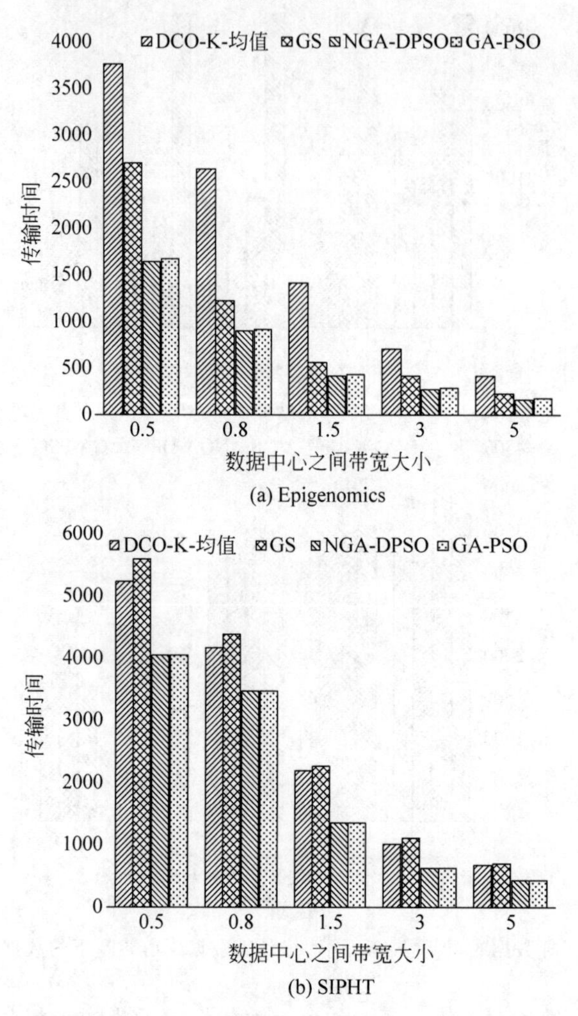

图 4-9　4 种数据布局算法在数据中心之间不同带宽环境下的数据传输时间

4. 工业应用

数据传输时延对于时间敏感度较高的应用的用户体验起着决定性作用。在增强现实应用中,视频应用可转化为简单的工作流应用,利用本节提出的基于 GA-DPSO 数据布局策略,结合边缘计算的存储资源和云端的存储资源,可以有效降低科学工作流数据传输时延,提升增强现实应用的用户体验。

4.1.6　总结

针对结合边缘计算和云计算环境的包含隐私数据的科学工作流数据布局传输时延严重问题,本节考虑结合边缘计算和云计算的数据布局特点,结合科学工作流数据间的依赖关系，提出了一种基于遗传算法算子的自适应离散粒子群优化算法(GA-DPSO)。该方法考虑诸多因素对传输时延的影响，并通过引入遗传算法中的更新算子，提高种群进化的多样性，有效压缩了数据传输时延。实验结果表明，与其他算法相比，基于GA-DPSO的数据布局策略可以更加有效地降低结合边缘计算和云计算环境的科学工作流数据传输时延。在保持边缘计算数据中心总容量不变的前提下，增加边缘计算数据中心数量会使数据整体布局更加分散，增加跨数据中心的数据传输时间；整体提高边缘计算数据中心容量，可以有效增加单个边缘计算数据中心的布局数据集，甚至可以保证数据集均在边缘计算数据中心上布局，优化组合边缘计算和云计算环境资源，降低跨数据中心的数据传输时间；整体扩大数据中心之间的带宽，跨数据中心的数据传输时间随之降低，但不会显著改变布局算法对科学工作流数据集的最终布局。

在未来的工作中，将考虑隐私数据集比例对数据布局算法的影响，以及不同边缘计算数据中心拥有不同数据中心容量对最终布局的影响。另外，在云计算和边缘计算的数据中心之间进行数据传输，会产生数据传输代价，后期工作中将综合考虑科学工作流数据布局在满足数据传输时延约束前提下的数据传输代价优化。

4.2 云-边协同环境下代价驱动的工作流应用任务调度方法

作为一种新型计算范式，边缘计算已成为解决大规模科学应用程序的重要途径。针对边缘环境下的科学工作流调度问题，考虑到任务计算过程中的服务器执行性能波动和数据传输过程中的带宽波动造成的不确定性，基于模糊理论，使用三角模糊数表示任务计算时间和数据传输时间。同时，提出一种基于遗传算法算子的自适应离散模糊粒子群优化算法(Adaptive Discrete Particle Swarm Optimization employing the Operators of Genetic Algirthm，ADPSO-Os-GA)，目的是在满足工作流截止日期约束的前提下，降低其模糊执行代价。该方法引入遗传算法的两点交叉算子以及关于任务优先级的邻域变异算子和关于服务器编号的自适应多点变异算子，避免粒子陷入局部最优，有效提高算法的搜索性能。实验结果表明，与其他调度策略相比，基于ADPSO-Os-GA的调度策略能够更加有效地降低边缘环境下带截止日期约束的科学工作流的模糊执行代价。

4.2.1 引言

在生物信息学、天文学和物理学等其他科学领域，科学工作流(下文简称为工作流)被广泛用于大规模科学应用程序的建模。工作流通常是数据密集型或计算密集型的，由成百上千个数据相互依赖的任务组成。事实上，工作流的调度至关重要，其结果好坏将直接影响科学应用系统的运行性能。由于工作流自身结构的复杂性以及任务之间的数据依赖关系，即使在高性能计算环境下，在合理的时间范围内完成工作流的执行仍然是一项挑战。

就云计算环境下的工作流调度而言，由于用户终端与云端资源之间的物理距离较远，任务之间的大规模数据传输往往存在响应时延高、带宽压力大等问题。在传统云计算架构的基础上，边缘计算技术通过在网络边缘部署一定的计算和存储能力，增强移动网络的计算能力，为用户提供低时延和高带宽的网络服务。通过将数据密集型任务调度到边缘，而将计算密集型任务调度到云端，这样不仅满足了计算密集型科学应用程序的需求，同时有效地降低了数据传输延迟。尽管如此，云端虚拟机和边缘服务器(下文简称为服务器)之间往往是异构的，服务器的处理能力、传输带宽以及在负载和能耗方面产生的代价效益存在差异，因此需要一个高性价比的调度策略，使得在满足截止日期约束的同时，最大限度地降低工作流的执行代价。

另外，现有关于工作流调度的研究主要集中于确定性环境下，服务器的CPU、带宽等其他因素相对稳定。然而，在实际调度过程中，服务器的执行性能波动和带宽波动等因素都会对工作流调度产生不确定的影响，任务的计算时间和任务之间的数据传输时间难以预估，且不可忽视。当前相关工作主要针对模糊作业车间调度，尚缺乏对于大规模科学工作流模糊调度问题的深入研究，因此本节主要研究边缘环境下基于模糊理论的工作流调度问题。受到现有工作的启发，使用三角模糊数来表示边缘环境下任务计算时间和数据传输时间的不确定性，同时提出一种基于遗传算法算子的自适应离散模糊粒子群优化算法(ADPSO-Os-GA)，在尽可能满足截止日期约束的条件下，最小化工作流在边缘环境下的执行代价。本节的主要贡献包括以下3个部分：

(1) 考虑任务计算过程中的服务器执行性能波动和数据传输过程中的带宽波动对工作流调度造成的不确定性；

(2) 采用二维离散粒子来编码工作流的模糊调度策略，并引入遗传算法的两点交叉算子以及关于任务优先级的邻域变异算子和关于服务器编号的自适应多点变异算子，有效提高ADPSO-Os-GA的搜索性能，避免粒子陷入局部最优；

(3) 综合考虑由任务计算和数据传输引起的科学工作流模糊执行代价，设计了一种基于ADPSO-Os-GA的带截止日期约束的科学工作流代价驱动调度策略。

4.2.2 相关工作

科学工作流由一系列存在数据依赖关系的计算任务组成，常用于模拟和分析现实世界中复杂的大规模科学应用程序。工作流调度至关重要，其结果将直接影响科学应用程序的性能。

由于边缘计算技术能够有效降低工作流调度的系统时延，边缘环境下工作流调度或卸载已引起广泛关注。Xie等设计了一种新型的定向非局部收敛粒子群优化算法，以达到同时优化工作流的完成时间和执行代价的目标。Huang等提出了一种安全且高能效的计算卸载策略，其目标是在风险概率和截止日期的约束下优化工作流的能耗，实验结果表明，该策略能够为移动应用程序实现安全性和高能源效率。Peng等开发出一种基于Krill-Herd的算法，来评估移动边缘计算环境中的资源可靠性，结果表明，该方法在成功率和完成时间方面均明显优于传统方法。Lin等根据自动驾驶中实时推理任务的差异和各个时隙中边缘节点的变化，设计了一种在边缘环境中的工作流调度策略，同时建立马尔可夫决策过程来描述问题模型，并提出基于模拟退火算法的Q-学习算法，实验结果从有效性、可行性、探索性和收敛性4个方面展示了该算法的性能。然而，现有关于边缘环境下工作流调度研究，较少考虑在截止日期约束下对任务计算和数据传输引起的工作流执行代价进行优化。

传统的工作流调度研究主要集中于确定性环境下。然而，在实际的工作流调度中，服务器的性能和带宽存在波动，边缘环境的不确定性是必然存在的。现有不确定性计算环境下的模糊调度研究，主要面向智能制造系统。Lei 使用三角模糊数表示模糊完成时间，用梯形模糊数表示模糊交货期，同时提出一种改进的模糊取大运算，研究关于客户满意度的带可用性约束的模糊作业车间调度问题。Sun 等使用三角模糊数表示处理时间，同时提出一种模糊化方法，将经典数据集中的处理时间模糊化为三角模糊数，研究模糊柔性作业车间调度问题。Fortemps 将不确定的持续时间表示为六点模糊数，并以最小化模糊完成时间为目标，建立模糊调度模型。然而，模糊不确定性边缘环境下的工作流调度，仍然是一个亟待解决的问题。

因此，边缘环境下考虑模糊任务计算代价和模糊数据传输代价的工作流调度具有更加实际的意义。本节将研究模糊不确定性边缘环境下基于截止日期约束的代价驱动工作流调度问题。

4.2.3 问题模型

1. 问题定义

边缘环境下基于模糊理论的工作流调度模型，主要包括 3 个部分：边缘环境、工作流以及带截止日期约束的不确定性代价调度器。

边缘环境 $s=\{s_{\text{cloud}},s_{\text{edge}}\}$ 由云和边缘组成，如图 4-10 所示。云 $s_{\text{cloud}}=\{s_1,s_2,\cdots,s_n\}$ 包含 n 个云服务器，边缘 $s_{\text{edge}}=\{s_{n+1},s_{n+2},\cdots,s_{n+m}\}$ 包含 m 个边缘服务器。本节只考虑在一个区域内的工作流调度，服务器 s_i 可表示为：

$$s_i=(\zeta_i^{\text{boot}},\tilde{\omega}_i^{\text{shut}},p_i,c_i^{\text{com}},\lambda_i,f_i) \tag{4-26}$$

其中，ζ_i^{boot} 和 $\tilde{\omega}_i^{\text{shut}}$ 分别表示服务器 s_i 的初始化时间和关闭时间；p_i 表示服务器 s_i 的处理能力；c_i^{com} 表示服务器 s_i 在 p_i 时间内的单位计算代价；λ_i 表示服务器 s_i 的单位要价时间；$f_i=\{0,1\}$ 表示服务器 s_i 属于的环境：当 $f_i=0$ 时，s_i 属于云，具有较强的处理能力；当 $f_i=1$ 时，s_i 属于边缘，具有一般的处理能力，假定每个服务器的处理能力是已知的。

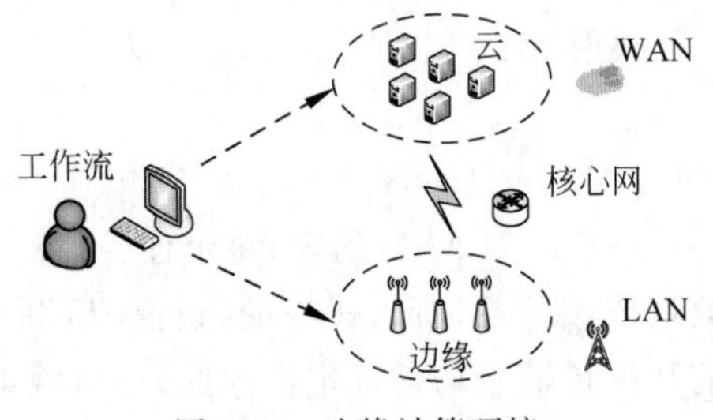

图 4-10 边缘计算环境

在一个区域内，云服务器一般处于网络的中心，通过广域网进行通信；而边缘服务器则分布在网络的边缘，彼此之间通过局域网进行通信；云服务器和边缘服务器之间相距较远，通过核心网进行通信。边缘环境下两个服务器 s_i 和 s_j 之间的带宽，由式(4-27)给出：

$$b_{i,j}=(\beta_{i,j},c_{i,j}^{\text{tran}}),\tag{4-27}$$

其中，$b_{i,j}$ 是服务器 s_i 和 s_j 之间的带宽。$\beta_{i,j}$ 表示带宽 $b_{i,j}$ 的值，$c_{i,j}^{\text{tran}}$ 表示从服务器 s_i 传输 1GB 数据到服务器 s_j 产生的代价。

工作流 w 可以用一个带权有向无环图 $W=(V,E)$ 来表示，其中，V 表示包含 l 个任务的顶点集合 $\{v_1,v_2,\cdots,v_l\}$，E 表示任务之间的数据依赖集合 $E\{e_{i,j}=<v_i,v_j>|v_i,v_j\in V,\forall i\neq j\}$。对于有向边 $e_{i,j}=<v_i,v_j>$，任务 v_j 是任务 v_i 的后继节点，任务 v_i 是任务 v_j 的前驱节点，$d_{i,j}$ 的值为任务 v_i 传输到任务 v_j 的数据量。每个工作流都有一个对应的截止日期 $D(W)$，在某个调度策略中，若工作流 w 能够在相应的截止日期前被执行完成，则称该调度策略为一个可行解。

在本次研究中，主要关注服务器的计算能力和传输能力，并假定在执行过程中有足够的容量来存储传输数据。因此，侧重于考虑任务计算时间 t_{com} 和数据传输时间 t_{tran}。在不同的调度策略下，工作流中任务计算和数据传输的时间都是不同的，所产生的执行性价比也是不同的。

给定任务 v_i 在服务器 s_j 上执行所需的计算时间为 $t_{\text{com}}(v_i,s_j)$，每个任务在不同服务器上的计算时间都是已知的。对于数据依赖边 $d_{i,j}$，其数据传输时间 $t_{\text{tran}}(d_{i,j},s_k,s_l)$，即数据 $d_{i,j}$ 从服务器 s_k 传输到服务器 s_l 的时间为

$$t_{\text{tran}}(d_{i,j},s_k,s_l)=\frac{d_{i,j}}{\beta_{k,l}}\tag{4-28}$$

由于单个服务器上的带宽为无穷大，当两个任务被分配到同一台服务器上执行时，其数据传输时间为 0。

工作流的调度策略可以被定义为：

$$\Psi=(W,S,M,t_{\text{toatal}},c_{\text{total}})\tag{4-29}$$

其中，$M=\{(v_1,s_j)\cup(d_{k,l},s_r,s_t)|v_i\in V,d_{k,l}\in E,s_j,s_r,s_t\in S\}$表示工作流 $W=(V,E)$对应于边缘计算环境 S 的映射关系，t_{total} 表示工作流的完成时间，c_{total} 表示工作流的执行代价。

对于映射 M 中的两类元素，(v_i,s_j)表示任务 v_i 在服务器 s_j 上执行，$(d_{k,l},s_r,s_t)$表示数据 $d_{k,l}$ 从服务器 s_r 传输到服务器 s_t 上。当映射 M 的子映射 $M_V=\{(v_i,s_j)|v_i\in V,s_j\in S\}$被确定时，子映射 $M_E=\{(d_{k,l},s_r,s_t)|d_{k,l}\in E,s_r,s_t\in S\}$也随之确定。因此，映射 M 可等价为

$$M=M_V=\{(v_i,s_j)\mid v_i\in V,s_j\in S\}\tag{4-30}$$

在某个调度策略 Ψ 中，一旦映射 M 被确定，每个任务执行的服务器也随之确定。由于任务之间存在严格的数据依赖关系，所以任务的执行先后顺序也是确定的。服务器之间的带宽以及任务之间的数据传输量均被确定。因此，一旦映射 M 被确定，每个任务 v_i 都有其相应的开始时间 $t_{\text{start}}(v_i)$和完成时间 $t_{\text{end}}(v_i)$，从而工作流的完成时间 t_{total} 由式(4-31)计算得到。

$$t_{\text{total}}=\max_{v_i\in V}\{t_{\text{end}}(v_i)\}\tag{4-31}$$

同样地,每个服务器 s_i 也有相应的开启时间 $t_{on}(s_i)$ 以及关闭时间 $t_{off}(s_i)$。基于上述定义,给定调度策略 Ψ,工作流的任务计算代价 c_{com} 和数据传输代价 c_{tran} 分别计算如下:

$$c_{com}=\sum_{i=1}^{|S|}c_i^{com}\left\lceil\frac{t_{off}(s_i)-t_{on}(s_i)}{\lambda_i}\right\rceil \tag{4-32}$$

$$c_{tran}=\sum_{v_j\in\mathbf{V}}\sum_{v_k\in\mathbf{V}}c_{r,t}^{tran}d_{j,k},(v_j,s_r),(v_k,s_t)\in M \tag{4-33}$$

其中,当 t_k 和 t_j 在同一服务器上被执行时,$c_{j,k}^{tran},(v_j,s_r),(v_k,s_t)\in M=0$,不产生数据传输代价。

由于工作流调度过程中数据存储、资源监控等代价与上述代价相比可以忽略不计,所以只考虑任务计算代价和数据传输代价。因此,工作流的执行代价可以表示为:

$$c_{total}=c_{com}+c_{tran} \tag{4-34}$$

综上所述,对于边缘环境下的工作流调度问题,代价调度器的目标是在完成时间 t_{total} 满足工作流截止日期 $D(W)$ 约束的同时,最小化工作流的执行代价 c_{total}。因此,该问题可形式化表示为:

$$\begin{cases}\min c_{total}\\ \text{s. t. } t_{total}\leqslant D(W)\end{cases} \tag{4-35}$$

在上述问题定义中,总是假定任务计算时间 t_{com} 和数据传输时间 t_{tran} 是确定的。然而,在实际的边缘环境中,由于任务计算过程中的服务器执行性能波动以及数据传输过程中的带宽波动,工作流的调度过程是不确定的。因此,本节在传统调度模型中引入不确定性的概念。基于模糊理论,用三角模糊数来表示任务计算时间 t_{com} 和数据传输时间 t_{tran} 的不确定性,从而建立工作流的模糊调度模型。

三角模糊数 $\tilde{t}=(t^l,t^m,t^u)$ 的隶属函数 $\mu_{\tilde{t}}(x)$ 的表达式如式(4-36)所示,其图形如图 4-11 所示。其中,顶点 t^m 表示 $\tilde{t}$ 的最可能值,左右端点 t^l 和 t^u 表示 $\tilde{t}$ 的取值范围。当 $t^l=t^m=t^u$ 时,$\tilde{t}$ 即实数。

$$\mu_{\tilde{t}}(x)=\begin{cases}\dfrac{x-t^l}{t^m-t^l}, & x\in[t^l,t^m]\\ \dfrac{x-t^u}{t^m-t^u}, & x\in[t^m,t^u]\\ 0, & x\in(-\infty,t^l)\cup(t^u,+\infty)\end{cases} \tag{4-36}$$

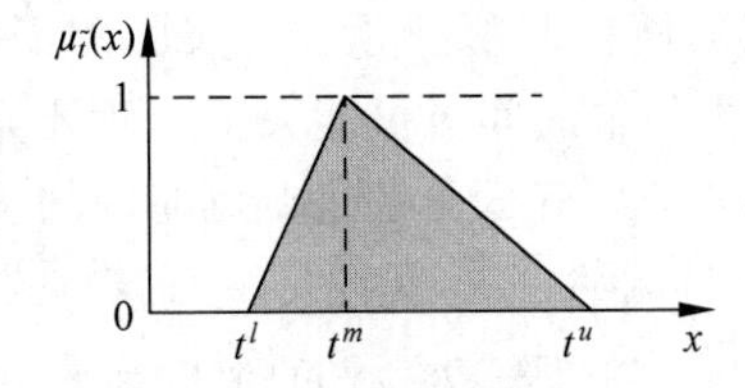

图 4-11　三角模糊数的隶属函数

基于不确定性的概念,在边缘环境下工作流调度问题中,工作流的执行代价和完成时间均为三角模糊数，表示为$\tilde{c}_{\text{total}}$和$\tilde{t}_{\text{total}}$。本节统一用“$\tilde{\tau}$”表示变量τ在不确定性调度下对应的模糊变量。基于式(4-35)，该问题可形式化地表示为：

$$\begin{cases}\min \tilde{c}_{\text{total}} \\ \text{s.t. } \tilde{t}_{\text{total}} \leqslant D(W)\end{cases} \tag{4-37}$$

对于目标函数$\tilde{c}_{\text{total}}$，其函数值是一个三角模糊数，采用最小化其均值和标准差的方法加以实现。因此，目标函数可转化为：

$$\min \tilde{c}_{\text{total}} = (c^l, c^m, c^u) \Rightarrow \min \text{mean}(\tilde{c}_{\text{total}}) + \eta \text{std}(\tilde{c}_{\text{total}}), \quad \eta \geqslant 0 \tag{4-38}$$

其中，$\text{mean}(\tilde{c}_{\text{total}})$表示$\tilde{c}_{\text{total}}$的均值，$\text{std}(\tilde{c}_{\text{total}})$表示$\tilde{c}_{\text{total}}$的标准差，$\eta$为标准差$c_\sigma$的权重。

基于模糊事件概率测度的概念，Lee 和 Li 定义了模糊集均匀分布和比例分布两种情形下的均值和标准差。本节用三角模糊数$\tilde{c}_{\text{total}}$来刻画执行代价的不确定性，这是一种基于比例分布的情形，其均值$\text{mean}(\tilde{c}_{\text{total}})$和标准差$\text{std}(\tilde{c}_{\text{total}})$分别由式(4-39)和式(4-40)给出：

$$\text{mean}(\tilde{c}_{\text{total}}) = \frac{\int x \tilde{c}^2_{\text{total}}(x)\mathrm{d}x}{\int \tilde{c}^2_{\text{total}}(x)\mathrm{d}x} = \frac{c^l + 2c^m + c^u}{4} \tag{4-39}$$

$$\text{std}(\tilde{c}_{\text{total}}) = \left[\frac{\int x^2 \tilde{c}^2_{\text{total}}(x)\mathrm{d}x}{\int \tilde{c}^2_{\text{total}}(x)\mathrm{d}x} - c^2_\mu\right]^{1/2} = \left[\frac{2(c^l - c^m)^2 + (c^l - c^u)^2 + 2(c^m - c^u)^2}{80}\right]^{1/2} \tag{4-40}$$

对于约束条件$\tilde{t}_{\text{total}} \leqslant D(W)$。基于时效性的考虑，认为调度策略在最坏情况下也应该满足截止日期约束，也就是说，$\tilde{t}_{\text{total}}$的上界t^u应小于或等于工作流的截止日期。因此，约束条件可转化为：

$$\text{s.t. } \tilde{t}_{\text{total}} = (t^l, t^m, t^u) \leqslant D(W) \Rightarrow \text{s.t. } t^u \leqslant D(W) \tag{4-41}$$

综上所述，引入不确定性概念后，对于边缘环境下基于模糊理论的工作流调度问题，可以形式化地表示为：

$$\begin{cases}\min \text{mean}(\tilde{c}_{\text{total}}) + \eta \text{std}(\tilde{c}_{\text{total}}) \\ \text{s.t. } t^u \leqslant D(W)\end{cases} \tag{4-42}$$

2. 数据集的模糊化

引入不确定性的概念后，需要将数据集中的任务计算时间和数据传输时间模糊化为三角模糊数，以适用于工作流的模糊调度问题。在实际的工作流调度中，除了等于预估时间t外，任务计算时间和数据传输时间更可能大于t，而不是小于t。因此，基于 Sun 等所采用的方法，提出一种更加符合实际的方法来刻画时间的不确定性，具体如下：

对于两个给定的参数$\delta_1 < 1$和$\delta_2 > 1$，满足$\delta_2 - 1 > 1 - \delta_1$。如图 4-12 所示，对于一个确定时间$t$，$t^l$从区间$[\delta_1 t, t]$中随机选取；$t^m$的值取为$t$，并随机选取满足$t^u \in [2t - t^l, \delta_2 t]$的实数值，从而得到对应的模糊时间$\tilde{t} = (t^l, t^m, t^u)$。

此时，构造出来的三角模糊数满足 $t^u - t^m \geqslant t^m - t^l$，由此推出：

$$\text{mean}(\tilde{t}) = \frac{t^l + 2t^m + t^u}{4} \geqslant t^m = t \quad (4\text{-}43)$$

也就是说，在模糊事件的概率测度意义下，模糊时间 i 的均值 $\text{mean}(\tilde{t})$ 大于或等于确定时间 t，即在工作流的执行过程中，实际时间较事先预估的时间更可能会有所延迟。

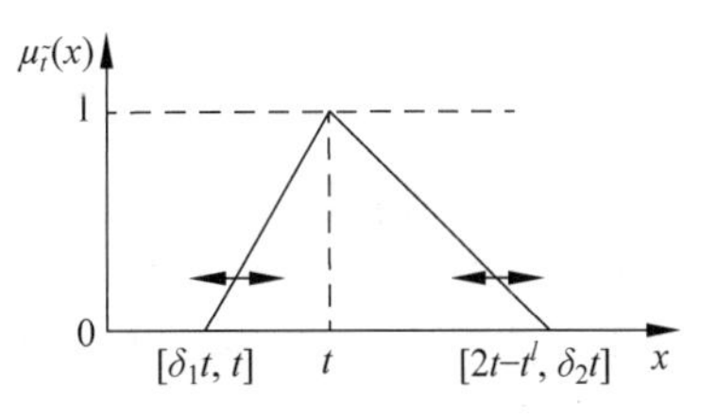

图 4-12　时间 t 的模糊化

3. 工作流调度中的模糊运算

在不确定性调度中，在构建工作流的模糊调度策略时，模糊数的一些运算需要被重新定义，如加法运算、比较运算、取大运算和数乘运算。值得注意的是，对于实数 a，将其看作特殊的模糊数 $\tilde{a} = (a, a, a)$ 进行运算。

加法运算被用于计算任务的模糊完成时间。假设任务的模糊开始时间为 $\tilde{r} = (r^1, r^m, r^u)$，模糊执行时间为 $\tilde{t} = (t^l, t^m, t^u)$，根据加法运算，得到模糊完成时间 $\tilde{e} = (e^l, e^m, e^u)$。根据定义，加法运算由下式给出：

$$\tilde{e} = \tilde{r} + \tilde{t} = (r^l + t^l, r^m + t^m, r^u + t^u) \tag{4-44}$$

比较运算被用于比较前驱任务的最大模糊完成时间。在工作流调度过程中，前驱任务的两个模糊完成时间分别表示为 $\tilde{r} = (r^l, r^m, r^u)$ 和 $\tilde{t} = (t^l, t^m, t^u)$，若有多个前驱任务，则进行多次比较。本节采用 Sakawa 等提出的比较准则进行比较，具体如下：

- 若 $\alpha_1(\tilde{r}) = (r^l + 2r^m + r^m)/4 > \alpha_1(\tilde{t}) = (t^l + 2t^m + t^u)/4$，则 $\tilde{r} > \tilde{t}$；
- 若 $\alpha_1(\tilde{r}) = \alpha_1(\tilde{t})$ 且 $\alpha_2(\tilde{r}) = r^m > \alpha_2(\tilde{t}) = t^m$，则 $\tilde{r} > \tilde{t}$；
- 若 $\alpha_1(\tilde{r}) = \alpha_1(\tilde{t})$，$\alpha_2(\tilde{r}) = \alpha_3(\tilde{t})$ 且 $\alpha_3(\tilde{r}) = r^u - r^l > \alpha_3(\tilde{t}) = t^u - t^l$，则 $\tilde{r} > \tilde{t}$。

取大运算被用于确定任务的模糊开始时间。假设所有前驱任务的最大模糊完成时间为 $\tilde{r} = (r^l, r^m, r^u)$，当前服务器的最大模糊完成时间为 $\tilde{t} = (t^l, t^m, t^u)$，根据取大运算，得到任务的模糊完成时间 $\tilde{e} = \tilde{r} \vee \tilde{t}$ 的隶属函数 $\mu_{\tilde{e}}(z)$ 定义如下：

$$\mu_{\tilde{e}}(z) = \mu_{\tilde{r} \vee \tilde{t}}(z) = \sup_{z = x \vee y} \min(\mu_{\tilde{r}}(x), \mu_{\tilde{t}}(y)) \triangleq \bigvee_{z = x \vee y} (\mu_{\tilde{r}}(x) \wedge \mu_{\tilde{t}}(y)) \tag{4-45}$$

本节采用 Lei 准则用于近似计算两个三角模糊数的最大值。对于 $\tilde{r} = (r^l, r^m, r^u)$ 和 $\tilde{t} = (t^l, t^m, t^u)$，由 Lei 准则近似得到的 $\tilde{e}$ 具体如下：

$$\tilde{e} = \tilde{r} \vee \tilde{t} \approx \begin{cases} \tilde{r}, & \tilde{r} \geqslant \tilde{t} \\ \tilde{t}, & \tilde{r} < \tilde{t} \end{cases} \tag{4-46}$$

数乘运算被用于计算服务器的模糊计算代价和模糊传输代价，分别如式(4-32)和式(4-33)所示，以下给出一般性的运算法则。对于三角模糊数 $\tilde{t} = (t^l, t^m, t^u)$，根据定义，其数乘运算由下式给出：

$$\kappa \cdot \tilde{t} = (\kappa t^l, \kappa t^m, \kappa t^u), \quad \forall \kappa \in \mathbf{R} \tag{4-47}$$

另外，三角模糊数与实数之间的除法运算可以等价为数乘运算处理，即

$$\tilde{t} \div \upsilon \triangleq \kappa \cdot \tilde{t}, \quad \kappa = 1/\upsilon, \quad \forall \upsilon \in \mathbf{R} \tag{4-48}$$

4.2.4 算法

对于工作流在边缘环境下的模糊调度策略 $\Psi=(W,S,M,\tilde{t}_{\text{total}},\tilde{c}_{\text{total}})$，其核心目标是找到一个将工作流 W 对应于边缘计算环境 S 的最优映射关系 M，使得在完成时间 $\tilde{t}_{\text{total}}$ 满足截止日约束的条件下，最小化工作流的执行代价 $\tilde{c}_{\text{total}}$。由于边缘环境下基于模糊理论的工作流调度是一个 NP-hard 问题，基于传统 PSO 算法，本节提出了 ADPSO-Os-GA 算法来最小化工作流在边缘环境下的执行代价。

本节首先介绍 PSO 算法，然后具体阐述 ADPSO-Os-GA 算法的主要内容。

1. PSO 算法

PSO 算法是一种基于种群社会行为的群体智能优化技术，最早由 Kennedy 和 Eberhart 于 1995 年提出，粒子群中每个粒子都具有速度和位置两个属性，它们通过学习自身和其他粒子的经验，在解空间中不断更新自身的速度和位置，以获得更优的适应度。粒子的运动速度可根据自身当前情况、粒子个体最优位置和种群全局最优位置进行调整，粒子运动过程即为问题搜索过程。其中，在第 $t+1$ 次迭代中第 $i+1$ 个粒子的速度 V_i^{t+1} 和位置 X_i^{t+1} 分别由式(4-49)和式(4-50)进行更新。

$$V_i^{t+1}=w\cdot V_i^t+c_1r_1(\text{pBest}_i^t-X_i^t)+c_2r_2(\text{gBest}^t-X_i^t) \tag{4-49}$$

$$X_i^{t+1}=X_i^t+V_i^{t+1} \tag{4-50}$$

其中，pBest_i^t 和 gBest^t 分别表示粒子的个体最优位置和种群全局最优位置。w 是惯性因子，决定算法的搜索能力，从而影响算法的收敛性。c_1 和 c_2 是学习因子，分别体现粒子对个体认知部分和社会认知部分的学习能力。r_1 和 r_2 是取值于区间[0,1]的随机数，用于加强算法在迭代过程中的随机搜索能力。

2. ADPSO-Os-GA 算法

1）问题编码

为了使 PSO 算法更好地解决多目标组合优化问题，本节提出一种全新的编码方式，即优先级和执行位置嵌套组成的离散粒子来编码工作流调度。P_i^t 表示第 t 次迭代中粒子群的第 i 个粒子，如式(4-51)所示，对应于工作流在边缘计算环境中的一种潜在模糊调度策略。

$$P_i^t=((\chi_{i1},s_{i1})^t,(\chi_{i2},s_{i2})^t,\cdots,(\chi_{i|V|},s_{i|V|})^t) \tag{4-51}$$

对于二元组 $(\chi_{ij},s_{ij})^t$，$j=1,2,\cdots,|V|$，χ_{ij} 表示第 j 个任务的优先级，该编码为一实数，其值越大，表明该任务在待执行队列中的优先级越高，若存在编码值相同的任务，则最先进入待执行队列的任务优先级更高；s_{ij} 表示第 j 个任务的执行位置，该编码为一整数，它的值代表不同的服务器编号。图 4-13 展示了包含 8 个任务的工作流调度的编码粒子，以任务 2～任务 4 为例，若任务 2～任务 4 同时在待执行队列中，则按照任务优先级大小，优先为任务 4 分配第 1 个服务器，然后依次为任务 3 和任务 2 分配相应的服务器。

任务节点	0	1	2	3	4	5	6	7
编码粒子	0.2 ¦ 0	1.3 ¦ 3	0.5 ¦ 2	1.2 ¦ 1	2.4 ¦ 1	1.6 ¦ 4	0.7 ¦ 2	2.1 ¦ 2

图 4-13　一种对应于工作流调度的编码粒子

2）模糊适应度函数

本节旨在满足工作流截止日期约束的同时，最小化工作流调度的模糊执行代价 $\tilde{c}_{\text{total}}$，由此可见，本节提出的编码策略可能存在不满足截止日期约束的不可行解。因此，基于模糊理论，用于比较两个候选解优劣性的模糊适应度函数，根据以下 3 种情况进行区分定义。

- 两个粒子都是可行解。根据目标函数，选择模糊执行代价 $\tilde{c}_{\text{total}}$ 较低的粒子，其模糊适应度函数定义为

$$F(P_i^t)=\tilde{c}_{\text{total}}(P_i^t)=\text{mean}(\tilde{c}_{\text{total}}(P_i^t))+\eta\cdot\text{std}(\tilde{c}_{\text{total}}(P_i^t)) \tag{4-52}$$

- 一个粒子是可行解，另一个粒子是不可行解。基于约束条件，显然应选择可行解，其模糊适应度函数定义为

$$\begin{aligned} F(P_i^t)&=\begin{cases}\tilde{c}_{\text{total}}(P_i^t), & \tilde{t}_{\text{total}}(P_i^t)\leqslant D(w)\\ \infty, & \tilde{t}_{\text{total}}(P_i^t)>D(w)\end{cases}\\ &=\begin{cases}\text{mean}(\tilde{c}_{\text{total}}(P_i^t))+\eta\cdot\text{std}(\tilde{c}_{\text{total}}(P_i^t)), & t^u(P_i^t)\leqslant D(w)\\ \infty, & t^u(P_i^t)>D(w)\end{cases}\end{aligned} \tag{4-53}$$

- 两个粒子都是不可行解。当截止日期约束都不满足时，选择模糊完成时间 $\tilde{t}_{\text{total}}$ 较小的粒子，因为该粒子经过进化后更有可能成为可行解，其模糊适应度函数定义为

$$F(P_i^t)=\tilde{t}_{\text{total}}(P_i^t)=t^u(P_i^t) \tag{4-54}$$

3）粒子的更新策略

在迭代过程中，每个粒子的更新受其自身当前情况、粒子个体最优位置和种群全局最优位置的影响。为了增强算法的搜索能力，ADPSO-Os-GA 引入遗传算法的变异算子和交叉算子，对式(4-49)的相应部分进行更新，从而避免算法早熟而陷入局部最优。在第 $t+1$ 次迭代中，第 i 个粒子 P_i^{t+1} 的更新方式如式(4-55)所示，其中，op^{mu} 和 op^{cr} 分别表示遗传算法的变异算子和交叉算子。

$$P_i^{t+1}=c_2\otimes\text{op}^{\text{cr}}(c_1\otimes\text{op}^{\text{cr}}(w\odot\text{op}^{\text{mu}}(P_i^t),\text{pBest}_i^t),\text{gBest}^t) \tag{4-55}$$

对于惯性部分，引入遗传算法中的变异算子对式(4-49)的相应部分进行更新，其更新方式如式(4-56)所示。

$$A_i^{t+1}=w\odot\text{op}^{\text{mu}}(P_i^t)=\begin{cases}\text{op}^{\text{mu}}(P_i^t), & r<w\\ P_i^t, & \text{其他}\end{cases} \tag{4-56}$$

其中，r 是取值于区间[0,1]的随机数，仅当 $r<w$ 时，对粒子 P_i^t 执行双变异算子 op^{mu}，包含关于任务优先级的邻域变异算子和服务器编号的自适应多点变异算子，具体如下。

首先，对于任务优先级，邻域变异算子随机选取编码粒子的3个编码分位，基于这3个分位的任务优先级，生成该粒子的邻域，然后随机选择该邻域内的一个粒子作为变异后的编码粒子，如图4-14所示；其次，对于服务器编号，自适应多点变异算子随机选取粒子的k个编码分位，分别对每个分位的服务器编号在区间$[0,|s|]$内进行随机变异，从而生成新的编码粒子，如图4-15所示。

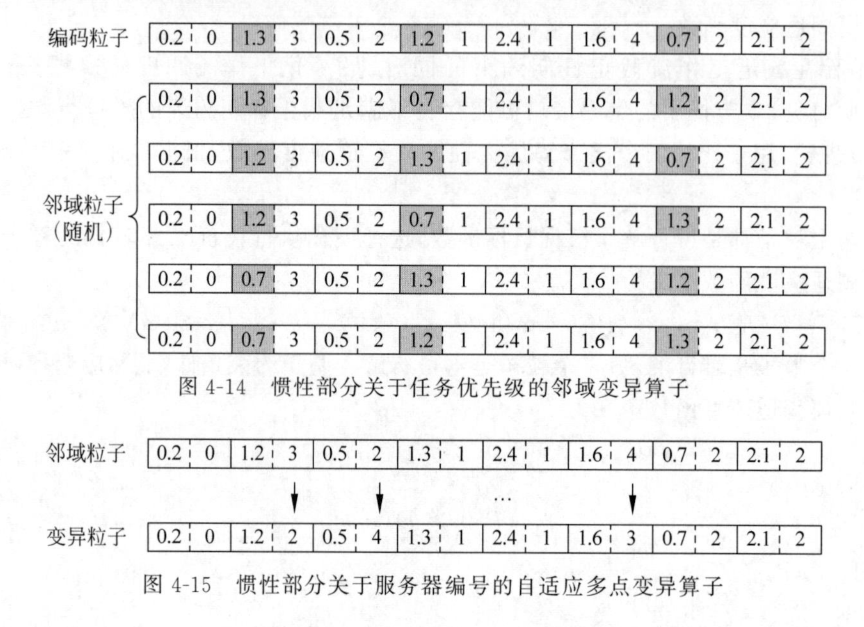

图4-14　惯性部分关于任务优先级的邻域变异算子

图4-15　惯性部分关于服务器编号的自适应多点变异算子

对于个体认知和社会认知部分，引入遗传算法中的交叉算子对式(4-49)的相应部分进行更新，其更新方式分别如式(4-57)和式(4-58)所示。

$$B_i^{t+1}=c_1 \otimes \mathrm{op}^{\mathrm{cr}}(A_i^{t+1},\mathrm{pBest}_i^t)=\begin{cases}\mathrm{op}^{\mathrm{cr}}(A_i^{t+1},\mathrm{pBest}_i^t), & r_1<c_1 \\ A_i^{t+1}, & \text{其他}\end{cases} \tag{4-57}$$

$$P_i^{t+1}=c_2 \otimes \mathrm{op}^{\mathrm{cr}}(B_i^{t+1},\mathrm{gBest}^t)=\begin{cases}\mathrm{op}^{\mathrm{cr}}(B_i^{t+1},\mathrm{gBest}^t), & r_2<c_2 \\ B_i^{t+1}, & \text{其他}\end{cases} \tag{4-58}$$

其中，r_1和r_2是取值于区间$[0,1]$的随机数，仅当$r_1<c_1$(或$r_2<c_2$)时，对A_i^{t+1}(B_i^{t+1})执行两点交叉算子$\mathrm{op}^{\mathrm{cr}}$，随机选取待更新粒子中的2个编码分位，然后将2个分位之间的编码与pBest(或gBest)中对应的编码进行交叉，如图4-16所示。

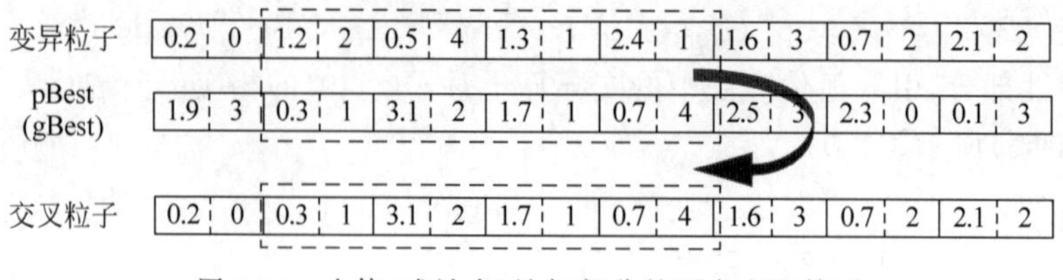

图4-16　个体(或社会)认知部分的两点交叉算子

4）编码粒子到工作流模糊调度策略的映射

边缘环境下编码粒子到工作流模糊调度策略的映射如算法4.3所示，其输入包括工

作流 W、边缘计算环境 S 和编码粒子 P，输出为编码粒子 P 所对应的模糊调度策略 $\Psi=(W,S,M,\tilde{t}_{\text{total}},\tilde{c}_{\text{total}})$。

算法 4.3：编码粒子到工作流模糊调度策略的映射

procedure Workflow_Scheduling (W, S, P)

Input：W, S, P

Output：$\Psi=(W,S,M,\tilde{t}_{\text{total}},\tilde{c}_{\text{total}})$

1. **Initialization**：M←mull, $\tilde{t}_{\text{total}}\leftarrow 0$, $\tilde{c}_{\text{total}}\leftarrow 0$, $\tilde{c}_{\text{tran}}\leftarrow 0$
2. **Definition**：$\chi \triangleq P.\chi$, $s \triangleq P.s$
3. 读取工作流文件，得到 $W=(V,E)$，$t_{\text{com}}[|V|\times|S|]$，并计算 $t_{\text{tran}}[|E|,|S|\times|S|]$.
4. 对 $t_{\text{com}}[|V|\times|S|]$和 $t_{\text{tran}}[|E|,|S|\times|S|]$进行模糊化处理，得到 $\tilde{t}_{\text{com}}$ 和 $\tilde{t}_{\text{tran}}$.
5. 基于任务优先级 χ，对工作流进行拓扑排序，并更新 $W=(V,E)$结构.
6. **for** $i=0$ **to** $i=|V|-1$
7. $\quad M=M\cup(v_i,s_j)$
8. $\quad$**if** v_i 为入任务 **then** // v_i 不存在前驱任务.
9. $\quad\quad$**if** s_j is off **then**
10. $\quad\quad\quad$Turn on s_j, $\bar{\zeta}_j^{\text{boot}}=\bar{\omega}_j^{\text{shnt}}=(0,0,0)$
11. $\quad\quad$**end if**
12. $\quad\quad\tilde{t}_{\text{start}}(v_i)=\bar{\omega}_j^{\text{shut}}$
13. $\quad$**else**
14. $\quad\quad$maxT=(0,0,0)
15. $\quad\quad$**for each** parent v_p of v_i **do**
16. $\quad\quad\quad\text{maxT}=\text{maxT}\vee(\tilde{t}_{\text{end}}(v_p)+\tilde{t}_{\text{tran}}[d_{\text{pc}}][s_q][s_j])$ //$(v_p,s_q),(v_i,s_j)\in M$
17. $\quad\quad\quad\tilde{c}_{\text{tran}}+=\text{fuzzy}(c_{\text{qj}}^{\text{tran}}\cdot d_{\text{pi}})$ // fuzzy(*)为模糊化函数.
18. $\quad\quad$**end for**
19. $\quad\quad$**if** s_j is off **then**
20. $\quad\quad\quad$Turn on s_j, $\bar{\zeta}_j^{\text{boot}}=\bar{\omega}_j^{\text{shut}}=\text{maxT}$
21. $\quad\quad$**end if**
22. $\quad\quad\tilde{t}_{\text{start}}(v_i)=\text{maxT}\vee\tilde{w}_j^{\text{shut}}$
23. $\quad$**end if**
24. $\quad\text{comT}=\tilde{t}_{\text{com}}[v_i][s_j]$
25. $\quad\tilde{t}_{\text{end}}(v_i)=\tilde{t}\ \text{start}(v_i)+\text{comT}$
26. **end for**
27. 根据式(4-31)和式(4-34)分别计算$\tilde{t}_{\text{total}}$ 和 $\tilde{c}_{\text{total}}$.
28. **if** $\tilde{t}_{\text{total}}>D(w)$ **then** // 模糊约束条件转化为 $t^u>D(w)$.
29. $\quad$标记 P 为不可行解.
30. **end if**
31. **return** $\Psi=(W,S,M,\tilde{t}_{\text{total}},\tilde{c}_{\text{total}})$

end procedure

首先，初始化工作流的模糊调度策略 Ψ，将映射 M 初始化为空集 null，将 $\tilde{T}_{\text{total}}$、$\tilde{C}_{\text{total}}$、$\tilde{C}_{\text{tran}}$ 初始化为 0，并将粒子 P 中的优先级编码和服务器编码分别定义为两个变量 χ 和 s（第 1 行和第 2 行）。其次，从 XML 文件中读取工作流 W，得到有向无环图 $W=$

(V,E)以及每个任务在不同服务器上的计算时间$t_{\text{com}}[|V|\times|S|]$,并计算数据在服务器之间的传输时间$t_{\text{tran}}[|E|,|S|\times|S|]$(第3行)。再次,将计算时间和传输时间模糊化为三角模糊数$\tilde{t}_{\text{com}}[|V|\times|S|]$和$\tilde{t}_{\text{tran}}[|E|,|S|\times|S|]$,使之具有不确定性(第4行)。最后,基于工作流任务的优先级χ,对工作流任务进行拓扑排序,并以此更新$W=(V,E)$,使其下标对应拓扑序列(第5行)。

经过上述操作,编码粒子P中的候选策略信息已被全部解析。遍历工作流W的所有任务(第6行),将任务v_i调度到服务器s_j上,对应的映射关系添加到映射M中(第7行),并计算任务v_i的开始时间$\tilde{t}_{\text{start}}(v_i)$(第8~23行),分以下两种情况讨论:

(1) 任务v_i为入任务,即其不存在前驱任务。当服务器s_j可用时,任务v_i直接开始执行,其开始时间$\tilde{t}_{\text{start}}(v_i)$为服务器$s_j$的当前使用时间$\tilde{\omega}_j^{\text{shut}}$。另外,需要判断服务器$s_j$是否已经启动,若未开启,则需要先启动服务器,服务器s_j的启动时间$\tilde{\zeta}_j^{\text{boot}}$和当前使用时间$\tilde{\omega}_j^{\text{shut}}$均设置为(0,0,0),然后再执行任务$v_i$。

(2) 任务v_i不是入任务,即其有一个或多个父任务。此时,任务v_i不仅要等待服务器空闲,还需等待其所有父任务执行完成,并将生成的数据传输到服务器s_j后方可执行,同时计算该过程的数据传输代价$\tilde{c}_{\text{tran}}$。另外,服务器s_j的启动与第(1)种情况类似。

至此,任务v_i的开始时间$\tilde{t}_{\text{start}}(v_i)$已经确定。根据任务$v_i$在服务器$s_j$上的计算时间$\text{comT}=\tilde{t}_{\text{com}}[v_i][s_j]$,来计算任务$v_i$的完成时间$\tilde{t}_{\text{end}}(v_i)$(第24~26行)。

根据式(4-31)和式(4-34),分别计算$\tilde{t}_{\text{total}}$和$\tilde{c}_{\text{total}}$(第27行)。另外,若工作流的完成时间$\tilde{T}_{\text{total}}$超过其截止日期$D(w)$,即$t^u>D(w)$,则该调度策略不满足截止日期约束,将编码粒子P标记为不可行解(第28~30行)。最后,返回工作流的模糊调度策略$\Psi=(G,S,M,\tilde{T}_{\text{total}},\tilde{C}_{\text{total}})$(第31行)。

5) 参数设置

惯性因子w影响传统PSO算法的收敛性能和搜索能力,较大的惯性因子使得算法具备跳出局部最优的能力,提高粒子的全局搜索能力;反之,算法具有更强的局部搜索能力。本节提出一种新的调整机制,能够根据当前粒子的质量自适应调整惯性因子w的值,从而增强算法的搜索能力,如式(4-59)所示。

$$w=w_{\max}-(w_{\max}-w_{\min})\times\exp\left(\frac{d(P_i^t)}{d(P_i^t)-1.01}\right),\quad d(P_i^t)=\frac{\text{div}(\text{gBest}^t,P_i^t)}{|P_i^t|} \tag{4-59}$$

其中,$w_{\max}$和$w_{\min}$分别表示w的最大值和最小值,$\text{div}(\text{gBest}^t,P_i^t)$表示当前粒子$P_i^t$和全局最优粒子$\text{gBest}^t$之间不同编码值的位数,$|P_i^t|$表示粒子$X_i^t$的编码空间大小。该机制可以根据全局最优粒子与当前粒子之间的差异自适应调整算法的搜索能力。当$\text{div}(\text{gBest}^t,P_i^t)$较小时,意味着$\text{gBest}^t$与$P_i^t$之间存在较小的差异,应倾向于增强粒子的局部搜索能力,以提高算法的收敛效果,因此减小惯性因子w的大小;反之,应增大惯性因子w的大小,加强粒子的全局搜索能力,扩大对解空间的搜索。

另外,对于惯性部分所采用的自适应多点变异算子,其变异位数k随惯性因子w的变化进行自适应调整,其调整策略如式(4-60)所示。

$$k = k_{\max} + (k_{\max} - k_{\min}) \cdot \frac{w - w_{\min}}{w_{\max} - w_{\min}} \tag{4-60}$$

其中,$k_{\max}$ 和 $k_{\min}$ 分别表示变异位数 k 的最大值和最小值。在这种策略下,变异位数 k 的调整对惯性因子 w 具有正反馈作用:当惯性因子 w 较大时,变异位数 k 增加,提高变异算子的变异能力,从而进一步增强算法的全局搜索能力;反之,则减少变异位数 k,只保留一定的变异能力,以维持种群在进化过程中的多样性,使得在惯性因子 w 较小时能够对解空间进行更加精确的局部搜索。

随着算法的不断迭代,学习因子 c_1、c_2 采用线性增减的方式进行动态调整,具体的更新策略不再赘述。

6) 算法流程

ADPSO-Os-GA 的算法流程主要包含以下 6 个步骤,如图 4-17 所示。

(1) 初始化 ADPSO-Os-GA 算法的相关参数,如种群大小、最大迭代次数、惯性因子、学习因子和变异位数等,并随机生成初始种群。

(2) 根据算法 4.3,基于式(4-52)~式(4-54),计算每个粒子的模糊适应度。每个粒子的初始状态设置为其个体最优粒子,而初始种群中适应度值最小的粒子设置为当前的全局最优粒子。

(3) 根据式(4-55)~式(4-58),引入相应的遗传算子对粒子编码进行更新,并计算更新后粒子的模糊适应度值。

(4) 若更新后粒子的模糊适应度值小于其个体最优粒子,则将当前粒子设置为其个体最优粒子;否则,直接执行第(6)步。

(5) 若更新后粒子的模糊适应度值小于种群的全局最优粒子,则将当前粒子设置为

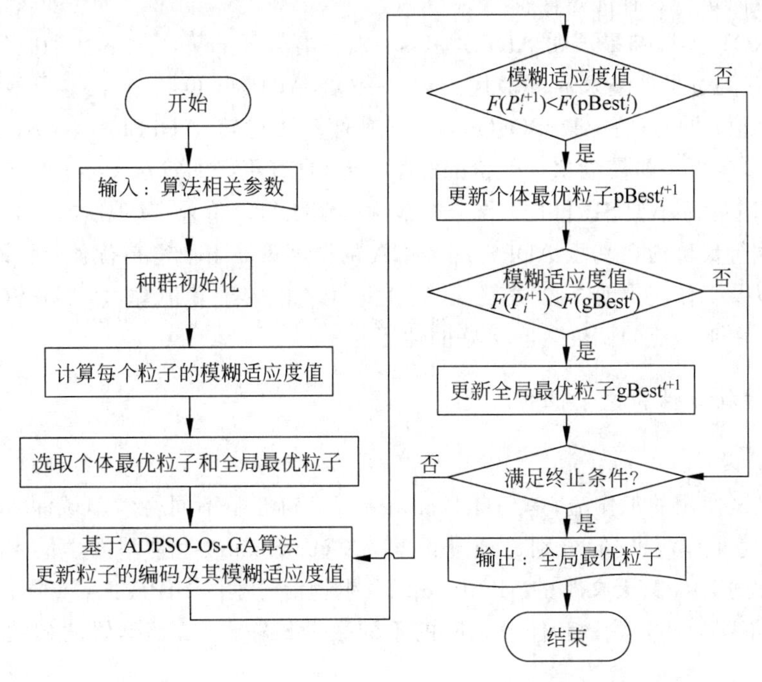

图 4-17　ADPSO-Os-GA 算法的流程图

种群全局最优粒子。

(6) 检查是否满足算法的终止条件，即是否达到最大迭代次数。若满足终止条件，则输出粒子群中全局最优粒子，并终止算法；否则，返回至第(3)步。

4.2.5 实验与评估

为了验证基于 ADPSO-Os-GA 算法的调度策略对于在截止日期约束下最小化工作流模糊执行代价的有效性，ADPSO-Os-GA 和对比算法均在 Python 3.7 环境下实现，并在 8GB RAM 和 2.70GHz Intel i5-7200U CPU 的 Windows 10 系统下运行。另外，ADPSO-Os-GA 的相关参数设置如表 4-3 所示。

表 4-3 算法参数设置

种群规模	迭代次数	惯性因子		个体学习因子		社会学习因子		变异位数	
S_{pop}	$iter_{max}$	w_{max}	w_{min}	c_1^{start}	c_1^{end}	c_2^{start}	c_2^{end}	k_{max}	k_{min}
100	1000	0.9	0.4	0.9	0.2	0.4	0.9	$\|T\|/10$	1

本节的实验主要围绕以下研究问题(Research Question，RQ)进行讨论：

RQ1：相较于传统 PSO 算法，ADPSO-Os-GA 在搜索性和收敛性的性能方面是否得到改进？

RQ2：对于模糊执行代价的优化，ADPSO-Os-GA 在算法稳定性方面是否优于其他算法？

RQ3：对于带截止日期约束的工作流调度，和其他算法相比，ADPSO-Os-GA 在模糊执行代价方面是否具有优越性？

对于 RQ1，实验结果表明 ADPSO-Os-GA 具有较强的算法搜索性和收敛性，而传统的 PSO 算法则过早地陷入局部最优。对于 RQ2，ADPSO-Os-GA 获得了最多次数的样本方差最小值；同时，将 ADPSO-Os-GA 与其他算法对较，ADPSO-Os-GA 对于至少 12 种工作流，具有更小的模糊执行代价的样本方差，具有更好的算法稳定性。对于 RQ3，实验结果证明：除了小型 SIPHT 工作流的最优模糊执行代价外，其他所有工作流的最优或平均模糊执行代价均在基于 ADPSO-Os-GA 的调度策略下取得最优值；另外，通过分析实验结果以及工作流自身的相关性质，得出结论：相较于其他算法，ADPSO-Os-GA 对于计算密集型工作流的调度具有更好的性能。

1. 对于收敛性和搜索性的改进

1) 实验设置

本节测试使用的工作流，是来自 Bharathi 等人对 5 个不同科学领域深入研究得到的 5 种不同类型工作流，它们分别是地震科学的 CyberShake、生物基因学的 Epigenomics、重力物理学的 LIGO、天文学的 Montage 以及生物信息学的 SIPHT。每种工作流具有不同的结构、不同的任务数量和任务之间的不同数据传输量等，其具体的相关信息均被存储在 XML 文件[1]中。针对每个科学领域，本节选取 3 种不同规模大小的工作流：小型（约 30 个任务）、偏小型（约 50 个任务）和中型（约 100 个任务）。

云-边计算环境下存在 3 个云服务器（s_1, s_2, s_3）和 2 个边缘服务器（s_4, s_5）。每个服务器具有特定的任务计算能力和单位时间计算代价。假定云服务器 s_3 的计算能力最强，工作流中各任务在 s_3 上的计算时间直接根据相应的 XML 文件得到。同时，以 s_3 为基准，云服务器 s_1（s_2）的计算能力大约为 s_3 的 1/2(1/4)，边缘服务器 s_4（s_5）的计算能力大约为 s_3 的 1/8(1/10)。另外，设定云服务器 s_3 的单位时间计算代价为 15.5 \$/h，基于云服务器 s_3 的单位时间计算代价，其余服务器的单位时间计算代价近似与其计算能力成正比。

目前主流的云服务提供商，如 Amazon EC2，通常以 1 分钟或 1 小时为单位要价时间进行按需收费。根据工作流的不同规模大小，本节选取不同的单位要价时间：针对小型和偏小型工作流，以 1 分钟为单位要价时间；对于中型工作流，以 1 小时为单位要价时间。

两个不同服务器 s_i 和 s_j 之间的带宽和单位数据传输代价，根据二者所属平台 f_i 和 f_j 的类型，按表 4-4 进行设置。

表 4-4　s_i 和 s_j 之间的带宽和单位数据传输代价

f_i	↔	f_j	$\beta_{i,j}$/(MB/h)	$c_{i,j}^{\text{tran}}$(\$/GB)
0	↔	0	2.5	0.4
0	↔	1	1.0	0.16
1	↔	1	12.5	0.8

最后，每个工作流都有一个对应的截止日期作为约束条件，并以此来测试算法对于工作流调度这一带约束优化问题的性能。针对每个工作流 W，定义其截止日期 $D(W)$ 如式(4-61)所示。

$$D(W) = 1.5 \times \text{HEFT}(W) \tag{4-61}$$

其中，HEFT(W)表示用 HEFT 算法调度工作流 W 所需的执行时间。

4.2.4 节中已详细介绍了如何将任务计算时间 t_{com} 和数据传输时间 t_{tran} 模糊化为三角模糊数，其中，参数 δ_1 和 δ_2 分别取 0.85 和 1.2。为了更好地比较各算法之间的结果，对结果中的模糊执行代价和模糊完成时间进行去模糊化处理，具体方法详见 4.2.4 节，其中，η 取为 1。另外，去模糊化后的执行代价和完成时间分别记作代价（单位：\$）和时间（单位：s），后续不再重复说明。

2）对比算法

本节所提出的 ADPSO-Os-GA 是基于传统 PSO 算法框架，引入遗传算法中的变异和交叉算子分别对粒子的惯性部分和个体（社会）认知部分进行更新，以期提高算法的搜索性和收敛性性能，使之避免陷入局部最优。在本次实验中，将传统 PSO 算法作为对比算法，该算法采用与 ADPSO-Os-GA 类似的优先级和执行位置嵌套编码方案，任务的优先级编码和服务器编码均采用传统的连续编码值，并将服务器编码值四舍五入的结果作

[1] https://confluence.pegasus.isi.edu/display/pegasus/WorkflowGenerator

为服务器编号；基于式(4-49)和式(4-50)，采用传统PSO算法的更新策略对优先级和执行位置嵌套编码进行更新以寻找较优的调度策略。通过比较两个算法在迭代过程中粒子对应的候选策略的模糊执行代价，以及对截止日期约束的满足情况，分析二者的搜索性和收敛性性能。

3) 实验结果

为了验证ADPSO-Os-GA的搜索性和收敛性，记录了ADPSO-Os-GA和PSO两种算法在1000次迭代过程的模糊执行代价和模糊完成时间。为了直观地描述模糊执行代价的收敛性以及模糊完成时间是否满足截止日期约束，图4-18和图4-19分别展示了两个算法在5种中型和偏小型工作流上的迭代曲线，其中，实线和虚线分别表示工作流的执行代价和完成时间，水平参考线为工作流对应的截止日期。

从算法的迭代过程来看，两个算法初期的全局搜索更侧重于降低工作流的完成时间，使之满足截止日期约束，得到一个可行解。随着迭代次数的增加，在满足截止日期约束的前提下，算法致力于对工作流执行代价的优化，进行更加精确的局部搜索。

对于中型工作流，由图4-18可以发现，ADPSO-Os-GA和PSO第一次搜索到可行解的迭代次数相差无几。对于CyberShake工作流，随着执行代价的不断优化，其完成时间在截止日期范围内有所波动，并逐渐趋于稳定，其中，基于PSO的调度策略在200代左右就已经趋于稳定并收敛到全局最优粒子，而基于ADPSO-Os-GA的调度策略直到700代仍然能够对种群的全局最优粒子进行更新；同时，就收敛结果而言，基于ADPSO-Os-GA的调度策略优于PSO，即对于CyberShake工作流而言，基于ADPSO-Os-GA的调度策略的执行代价低于PSO。对于LIGO工作流，随着执行代价的降低，工作流的完成时间总体也呈下降趋势；同时，PSO的收敛代数明显少于ADPSO-Os-GA，其调度策略的执行代价也明显劣于ADPSO-Os-GA。对于Montage工作流，从完成时间的波动来看，PSO在算法后期也会生成新的全局最优粒子，但值得注意的是，其执行代价并无显著的改善。

对于偏小型工作流，如图4-19所示，ADPSO-Os-GA和PSO的搜索和收敛趋势总体上与中型工作流基本保持一致。另外，偏小型工作流的规模约为50个任务，仅为中型工作流的一半，其问题的解空间大幅度降低，因此，较相同类型的中型工作流而言，两个算法第一次得到可行解的搜索迭代次数及其收敛代数均有所提前。

无论是中型还是偏小型工作流，基于ADPSO-Os-GA的调度策略的执行代价总是明显优于PSO。这是因为ADPSO-Os-GA中参数的动态调整，使得算法初期更加侧重于解空间的全局搜索，而后期则对当前的搜索空间进行更加精确的局部搜索，从而得到更佳的全局最优粒子；同时引入了遗传算法中的变异和交叉算子，使得其编码粒子更具有多样性，算法能够跳出局部最优，从而避免过早收敛。反观PSO，它采用连续的粒子编码方式和更新策略来解决工作流调度这个离散问题，这将导致算法容易陷入局部最优，因此产生的优化结果并非理想结果。

综上所述，相较于PSO，ADPSO-Os-GA表现出了更好的搜索性和收敛性，因为它对问题解空间具有更强的搜索能力，使之避免过早收敛。

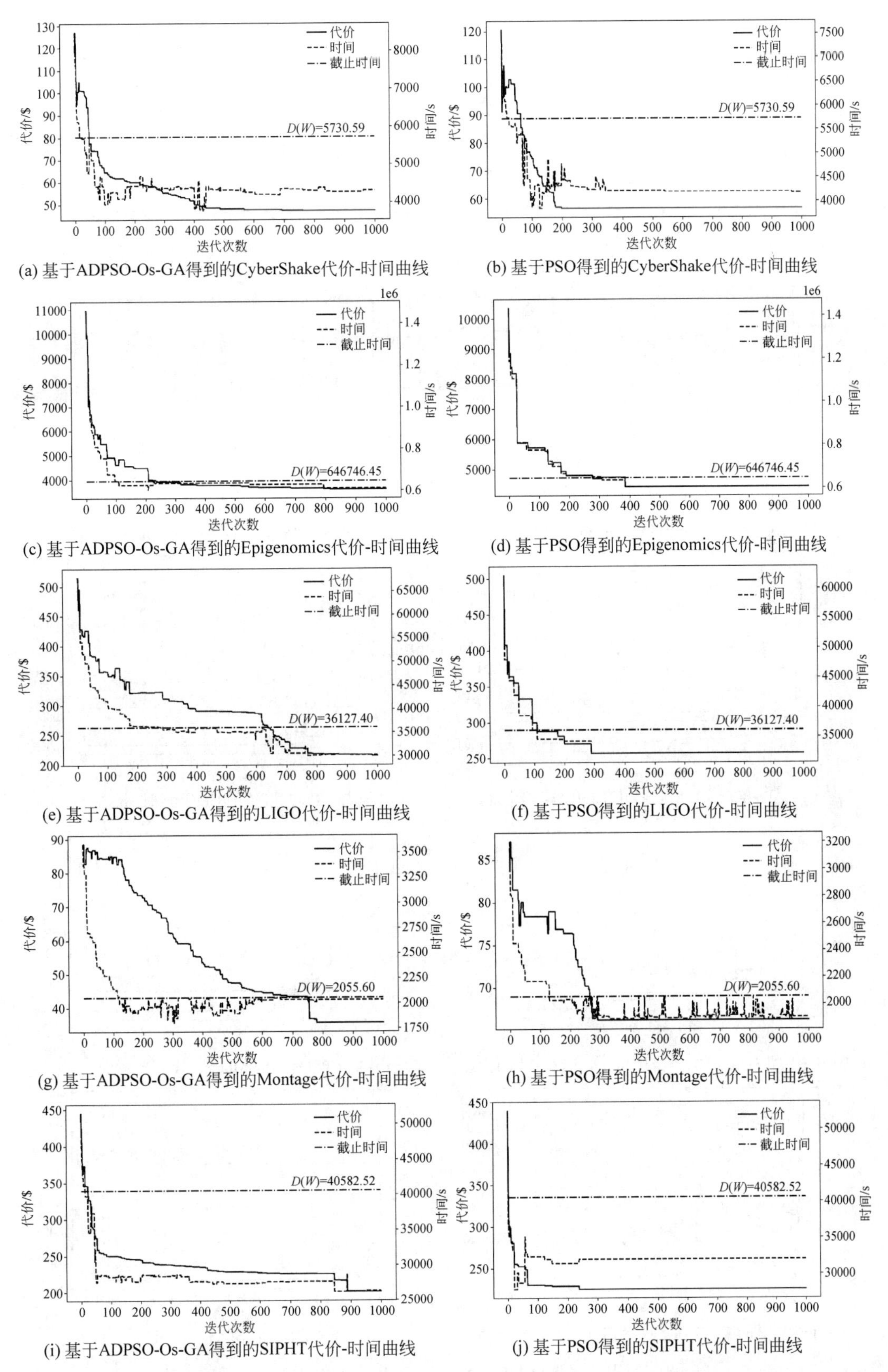

(a) 基于ADPSO-Os-GA得到的CyberShake代价-时间曲线
(b) 基于PSO得到的CyberShake代价-时间曲线
(c) 基于ADPSO-Os-GA得到的Epigenomics代价-时间曲线
(d) 基于PSO得到的Epigenomics代价-时间曲线
(e) 基于ADPSO-Os-GA得到的LIGO代价-时间曲线
(f) 基于PSO得到的LIGO代价-时间曲线
(g) 基于ADPSO-Os-GA得到的Montage代价-时间曲线
(h) 基于PSO得到的Montage代价-时间曲线
(i) 基于ADPSO-Os-GA得到的SIPHT代价-时间曲线
(j) 基于PSO得到的SIPHT代价-时间曲线

图 4-18 ADPSO-Os-GA 和 PSO 在 5 种中型工作流上的迭代曲线

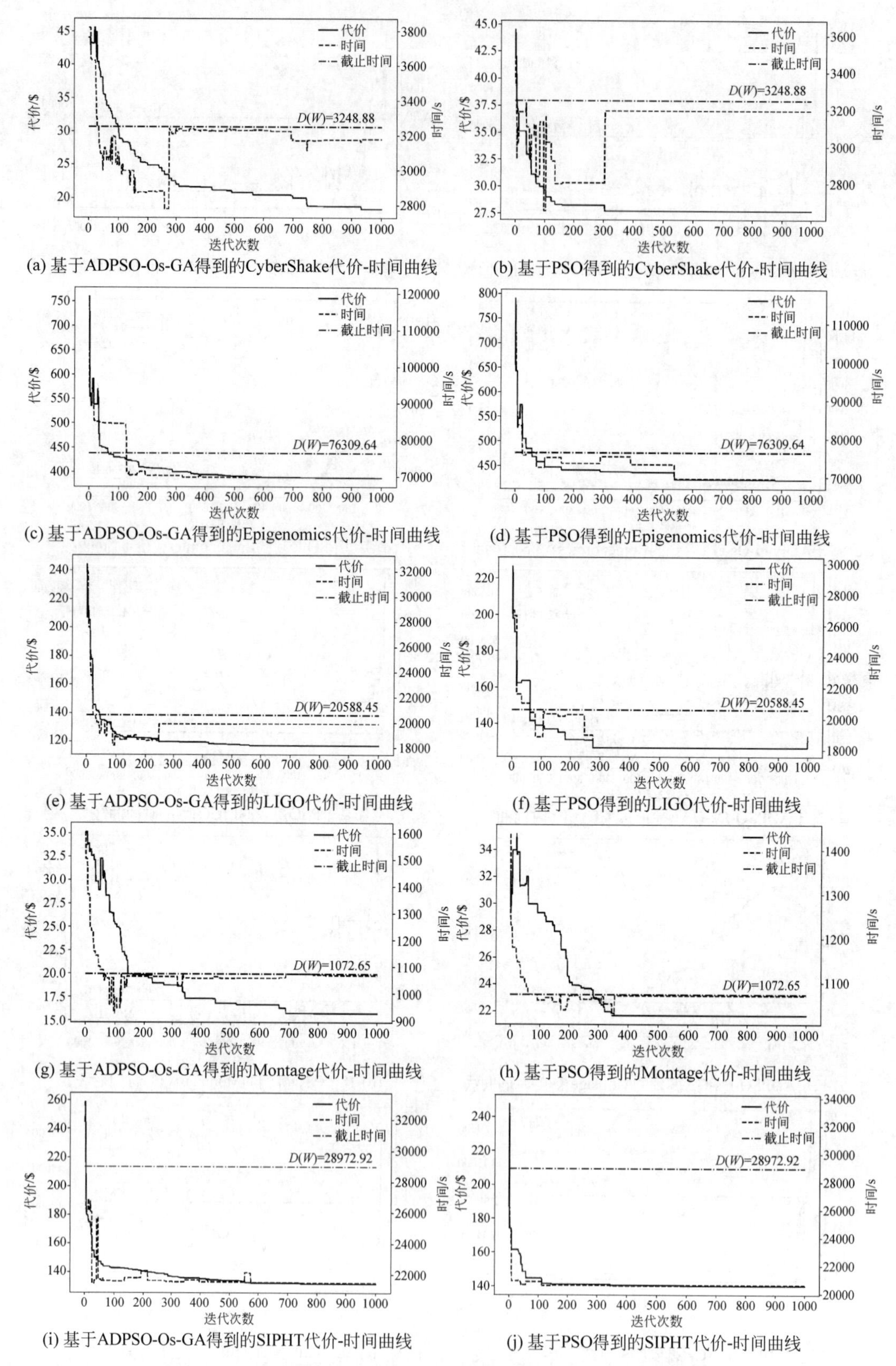

(a) 基于ADPSO-Os-GA得到的CyberShake代价-时间曲线

(b) 基于PSO得到的CyberShake代价-时间曲线

(c) 基于ADPSO-Os-GA得到的Epigenomics代价-时间曲线

(d) 基于PSO得到的Epigenomics代价-时间曲线

(e) 基于ADPSO-Os-GA得到的LIGO代价-时间曲线

(f) 基于PSO得到的LIGO代价-时间曲线

(g) 基于ADPSO-Os-GA得到的Montage代价-时间曲线

(h) 基于PSO得到的Montage代价-时间曲线

(i) 基于ADPSO-Os-GA得到的SIPHT代价-时间曲线

(j) 基于PSO得到的SIPHT代价-时间曲线

图 4-19 ADPSO-Os-GA 和 PSO 在 5 种偏小型工作流上的迭代曲线

2. 执行代价的稳定性

1）实验设置

在本次实验中，仍然采用上面引入的5种类型工作流，关于云-边环境的设置也与上面相同。

2）对比算法

除了4.2.6节第1部分提到的PSO算法，本次实验还引入了以下两个对比算法，用于比较ADPSO-Os-GA对于工作流在不确定性环境下的调度性能。

- GA(Genetic Algorithm)：该方法采用与ADPSO-Os-GA相同的优先级和执行位置嵌套编码，根据传统GA的更新策略，通过二元锦标赛选择、两点交叉和交换变异算子对当前种群进行更新，并采用精英保留策略，将当前种群中的精英个体，即适应度值最高的个体，完整地复制到下一代，不断对染色体进行更新，最终输出种群的精英个体作为最优解。其中，GA的交叉概率和变异概率分别取为0.8和0.1。
- RS(Random Searching)：该方法同样采用与ADPSO-Os-GA相同的优先级和执行位置嵌套编码，使用随机搜索策略生成新的种群，在相应的定义域内随机生成每个粒子的优先级和服务器编码，并将粒子映射到对应的调度策略，计算粒子的适应度值，记录随机搜索过程中的最优解，每次迭代之间互不影响，最终输出种群的最优解，即最优调度策略。

3）性能参数

为了展现ADPSO-Os-GA的稳定性，基于给定样本，使用样本方差向量**var**来比较各算法的稳定性，其中，各算法的样本方差var_i计算如式(4-62)所示。

$$\mathrm{var}_i=\frac{\sum_{j=1}^{h}(F_j-\bar{F})^2}{h-1} \tag{4-62}$$

其中，下标$i=1,2,3,4$依次对应ADPSO-Os-GA、PSO、GA和RS四个算法；h表示测试次数；F_j和$\bar{F}$分别表示第j次测试得到的适应度值和经过h次测试的平均适应度值。

由于工作流调度本身就具有不确定性，对于模糊执行代价而言，微小的扰动都会造成较大的影响。因此，主要考虑4个算法的方差之间的相对大小，并对样本方差向量**var**进行标准化处理如下：

$$\mathbf{var}'=\frac{\mathbf{var}}{\|\mathbf{var}\|_2} \tag{4-63}$$

其中，$\mathbf{var}'$表示标准化的样本方差向量，$\|\cdot\|_2$表示2-范数。

4）实验结果

在本次实验中，进行了10次独立重复测试，即$h=10$。根据10次运行的结果，计算各算法对于不同规模不同类型工作流的模糊执行代价的标准化样本方差，其结果如表4-5所示。一般来说，算法的样本方差越小，则该算法的稳定性越好。

为了直观比较各算法的样本方差大小，对于每个工作流，对样本方差的最小值和最大值分别进行了加粗和下画线标注。由表4-5可以看出，ADPSO-Os-GA获得了最多次数的样本方差最小值，PSO 次之；GA 和 RS 则是得到了最多次数的样本方差最大值，而 ADPSO-Os-GA 仅在小型 CyberShake 工作流上的样本方差值最大。同时，将 ADPSO-Os-GA 与其他算法两两比较，ADPSO-Os-GA 对于至少 12 种工作流，具有更小的模糊执行代价的样本方差。注意到 5 种类型的小型工作流，基于 ADPSO-Os-GA 的调度策略对于至少 3 种工作流具有更小的模糊执行代价的样本方差；而偏小型或中型工作流，ADPSO-Os-GA 对于 4 种工作流得到更小的样本方差，具有比小型工作流更好的稳定性。

综上所述，ADPSO-Os-GA 在样本方差上表现最好，即 ADPSO-Os-GA 的稳定性最好。

表 4-5　各算法对于不同规模不同类型工作流的模糊执行代价的标准化样本方差

规模	工作流	算法			
		ADPSO-Os-GA	PSO	GA	RS
小型	CyberShake	0.67	**0.35**	0.42	0.49
	Epigenomics	0.61	0.64	**0.1**	0.45
	LIGO	**0.07**	0.1	0.08	0.99
	Montage	**0.04**	0.4	0.38	0.83
	SIPHT	**0.02**	0.1	0.97	0.23
偏小型	CyberShake	0.57	**0.35**	0.58	0.47
	Epigenomics	**0.03**	0.14	0.04	0.99
	LIGO	**0.04**	0.09	0.91	0.41
	Montage	**0.03**	0.84	0.11	0.53
	SIPHT	**0.19**	0.25	0.89	0.33
中型	CyberShake	0.5	0.58	**0.17**	0.62
	Epigenomics	**0.02**	0.06	0.27	0.96
	LIGO	**0.02**	**0.02**	0.87	0.49
	Montage	**0.08**	0.62	0.77	0.14
	SIPHT	0.35	**0.16**	0.53	0.76

3. ADPSO-Os-GA 对于执行代价的优越性

1）实验设置

在本次实验中，仍然采用 4.2.5 节中引入的 5 种类型工作流，关于云-边环境的设置也与 4.2.5 节相同。

2）对比算法

本次实验采用与 4.2.5 节相同的对比算法。

3）实验结果

为了比较 ADPSO-Os-GA 和其他算法在云-边计算环境下基于模糊理论的工作流调度性能，对不同规模不同类型的工作流分别进行 10 组独立重复实验，并分析 ADPSO-Os-GA 在工作流调度中模糊执行代价方面的优越性。

本次实验将分别针对不同规模的工作流，具体分析各算法得到的调度结果。为了更加直观地展示所提出算法的性能，表 4-6～表 4-8 分别记录了基于各算法的调度策略对于不同规模大小工作流的模糊执行代价的最优值和平均值及其适应度值，并对所有算法中的最优解进行加粗处理，对不可行解用“*”标注。

小型工作流 10 次重复实验的调度结果如表 4-6 所示。对于小型工作流而言，除 SIPHT 最优值外，ADPSO-Os-GA 获得所有的最优解；而 PSO 和 GA 性能次之；RS 效果最差，同时存在不可行解的产生。这是由于 ADPSO-Os-GA 改进传统 PSO 的编码方式，并引入 GA 的交叉算子和变异算子对粒子进行更新，从而避免过早陷入局部最优，得到更优的调度策略。另外，工作流调度问题的解空间大小一般是指数级的，而 RS 采用的随机策略搜索效率较低，在有限的种群规模和搜索次数下，难以搜索到高质量解，甚至无法得到可行解。

表 4-6　小型工作流的调度结果

工作流	算法	最优值及其适应度值	平均值及其适应度值
CyberShake	ADPSO-Os-GA	**(8.94,8.98,9.08),9.02**	**(11.25,11.48,12.14),11.74**
	PSO	(11.08,11.19,11.60),11.36	(13.42,13.73,14.66),14.09
	GA	(9.86,9.93,10.22),10.05	(12.18,12.49,13.31),12.81
	RS	(17.96,18.66,20.65),19.43	(21.07,21.96,24.42),22.91
Epigenomics	ADPSO-Os-GA	**(146.64,154.25,174.53),162.05**	**(151.50,159.47,181.36),167.92**
	PSO	(150.71,157.72,173.19),163.51	(157.01,164.49,177.16),169.03
	GA	(162.41,166.14,177.28),170.49	(165.85,171.71,181.42),175.17
	RS	(168.93,174.57,186.42),178.98	(173.47,180.76,198.27),187.40
LIGO	ADPSO-Os-GA	**(63.14,64.08,66.81),65.14**	**(63.77,65.81,70.11),67.41**
	PSO	(64.80,67.05,72.19),68.98	(67.28,69.06,73.61),70.80
	GA	(64.59,66.27,70.48),67.88	(66.90,68.27,72.09),69.75
	RS	(79.77,81.74,86.06),83.36*	(87.39,89.05,93.78),90.88
Montage	ADPSO-Os-GA	**(3.89,3.99,4.17),4.05**	**(4.11,4.24,4.48),4.32**
	PSO	(4.79,4.92,5.33),5.08	(5.44,5.64,6.16),5.84
	GA	(4.79,5.00,5.32),5.11	(5.52,5.76,6.30),5.96
	RS	(12.45,13.07,14.53),13.62	(13.76,14.49,16.28),15.17
SIPHT	ADPSO-Os-GA	(56.26,58.05,64.33),60.54	**(56.58,58.38,64.79),60.93**
	PSO	**(58.51,59.79,61.88),60.53**	(59.41,60.90,63.78),61.95
	GA	(60.69,60.84,61.31),61.02	(62.21,63.41,65.96),64.36
	RS	(68.62,69.60,72.03),70.52	(70.62,71.72,74.62),72.84

偏小型工作流 10 次重复实验的调度结果如表 4-7 所示。ADPSO-Os-GA 对于所有工作流均得到最优值和平均值的最优解。此外，ADPSO-Os-GA 的最优值优于 PSO 的比例最高达 26.4%，最高优于 GA 15.9%，RS 则是 125.5%，均为工作流 CyberShake 的调度结果；而平均值分别优于 PSO、GA 和 RS 最高达 19.9%(Montage)、16.3%(CyberShake)和 117.6%(Montage)。由此看出，ADPSO-Os-GA 对于工作流 CyberShake 和

Montage 的调度性能优于其他对比算法。值得注意的是,这两种类型的工作流具有类似的计算密集型特点,包含大量数据密集型和数据分区型任务,可以认为 ADPSO-Os-GA 对于计算密集型工作流的调度具有更佳的性能。

表 4-7　偏小型工作流的调度结果

工作流	算法	最优值及其适应度值	平均值及其适应度值
CyberShake	ADPSO-Os-GA	**(16.50,16.71,17.32),16.94**	**(19.77,20.31,21.67),20.83**
	PSO	(20.20,20.73,22.48),21.42	(22.61,23.36,25.37),24.13
	GA	(18.72,19.25,20.29),19.63	(22.54,23.40,25.57),24.23
	RS	(35.50,36.83,40.38),38.20	(37.83,39.41,43.37),40.92
Epigenomics	ADPSO-Os-GA	**(345.83,363.89,411.18), 382.04**	**(376.84,386.03,410.86), 395.60**
	PSO	(391.26,398.33,418.60), 406.20	(407.82,416.06,435.23), 423.30
	GA	(363.74,379.11,428.36), 398.48	(388.50,397.94,425.33), 408.59
	RS	(496.64,505.48,523.12), 511.98*	(564.06,568.60,579.76), 572.85
LIGO	ADPSO-Os-GA	**(107.82,111.24,118.70), 114.03**	**(113.38,116.20,122.40), 118.52**
	PSO	(120.41,123.28,131.47), 126.46	(124.62,127.64,134.89), 130.39
	GA	(114.56,116.30,120.01), 117.68	(123.37,126.19,132.77), 128.68
	RS	(152.70,154.54,160.22), 156.76*	(164.98,168.11,175.94), 171.09
Montage	ADPSO-Os-GA	**(14.04,14.74,16.51),15.41**	**(14.81,15.63,17.55),16.35**
	PSO	(15.19,15.97,17.73),16.63	(17.79,18.70,21.08),19.61
	GA	(15.18,15.98,17.69),16.62	(16.21,17.10,19.18),17.89
	RS	(27.20,28.72,32.28),30.06 *	(32.01,33.87,38.39),35.58
SIPHT	ADPSO-Os-GA	**(121.53,125.81,131.61), 127.79**	**(127.25,130.62,137.58), 133.20**
	PSO	(126.75,129.94,138.62), 133.29	(131.67,135.11,143.00), 138.08
	GA	(116.28,121.37,138.58), 128.18	(130.06,131.97,139.32), 134.92
	RS	(158.74,164.08,172.71), 167.14	(169.13,172.17,178.76), 174.63

中型工作流 10 次重复实验的调度结果如表 4-8 所示。与偏小型工作流相同,ADPSO-Os-GA 对于所有工作流均得到最优值和平均值的最优解,同时在不同程度上优于其他算法。而 RS 随着任务规模增大,其性能变差,几乎无法得到可行的调度策略。由此看出,ADPSO-Os-GA 在任务规模较大的工作流上得到更好的调度性能,具有更好的鲁棒性。

表 4-8 中型工作流的调度结果

工作流	算法	最优值及其适应度值	平均值及其适应度值
CyberShake	ADPSO-Os-GA	**(44.17,45.38,48.34),46.51**	**(47.44,48.76,52.23),50.09**
	PSO	(45.97,47.64,51.34),49.03	(49.40,51.19,55.32),52.75
	GA	(50.24,51.94,56.05),53.50	(52.92,54.64,58.70),56.18
	RS	(93.39,96.68,105.27),99.97*	(98.46,101.74,110.10),104.94
Epigenomics	ADPSO-Os-GA	**(3386.73,3466.08,3589.69),3509.62**	**(3504.47,3596.05,3774.37),3661.50**
	PSO	(3626.87,3666.34,3815.99),3726.23	(3977.96,4007.34,4085.84),4037.54
	GA	(3554.42,3610.30,3761.11),3668.39	(3898.24,3962.29,4105.97),4016.23
	RS	(5627.38,5650.88,5724.76),5679.87*	(7282.51,7315.38,7398.61),7347.17
LIGO	ADPSO-Os-GA	**(211.42,212.46,218.45),214.94**	**(217.55,219.01,224.18),221.06**
	PSO	(241.59,243.66,263.88),252.26	(255.12,257.34,263.90),259.90
	GA	(217.03,218.52,227.99),222.46	(242.46,243.76,250.33),246.45
	RS	(370.15,371.98,376.40),373.66*	(407.01,410.40,416.49),412.60
Montage	ADPSO-Os-GA	**(33.12,34.10,36.36),34.95**	**(35.63,36.56,38.82),37.42**
	PSO	(49.53,51.48,56.65),53.47	(56.11,58.42,63.99),60.53
	GA	(35.43,36.28,38.23),37.01	(44.48,45.86,49.01),47.05
	RS	(76.85,80.90,90.94),84.72*	(80.16,84.64,95.54),88.78
SIPHT	ADPSO-Os-GA	**(179.68,179.88,183.85),181.61**	**(196.88,198.53,207.24),202.11**
	PSO	(202.81,211.04,222.32),214.91	(217.00,221.85,231.43),225.37
	GA	(183.41,185.18,187.36),185.91	(197.15,199.97,208.19),203.17
	RS	(286.66,289.82,298.31),293.09	(310.68,315.97,324.83),319.14

ADPSO-Os-GA 引入了 GA 的变异算子和交叉算子，使得粒子能够有效地跳出局部最优；根据粒子质量对惯性因子 w 进行自适应调整，使得算法具备较强的搜索性能；对于变异位数 k 的自适应调整，设计了关于 w 的正反馈机制，促进惯性因子 w 对于算法搜索性能的提高。综上所述，相较于对比算法，基于 ADPSO-Os-GA 的调度策略能够得到更好的模糊执行代价，表现出更佳的性能。

4.2.6 总结

针对边缘环境下工作流的不确定性调度，基于模糊理论，本节将任务计算时间和数据传输时间表示为三角模糊数，提出一种 ADPSO-Os-GA 算法，将遗传算子引入粒子群优化算法，以提高算法的搜索能力，避免过早陷入局部最优。通过对 5 种不同规模的科学工作流进行不确定性调度测试，结果表明，对于不确定性边缘环境下带截止日期约束的工作流调度，ADPSO-Os-GA 的最优模糊执行代价优于 FPSO、FGA 和 FRAND 分别最高达 26.4%、15.9%和 125.5%，表现出良好的性能。

在未来的工作中，将进一步研究工作流的自身特点，对工作流结构进行预处理。另外，将对服务器的性能波动和带宽波动进行直接建模，以充实工作流的不确定性调度模型。

4.3 云-边端协同环境下代价驱动的 DNN 应用计算卸载任务调度方法

深度神经网络(Deep Neural Network，DNN)广泛用于许多应用程序中，传统的方法是将它们迁移到云中，这会导致严重的数据传输延迟、高昂的网络资源成本以及用户隐私泄露等问题。移动边缘计算的出现为基于 DNN 的应用程序的执行提供了新的解决方案，将基于 DNN 的应用程序的部分层迁移到边缘能够加快系统响应速度，减轻云中心的负担。然而 DNN 应用与边缘网络拓扑环境的复杂性使得 DNN 应用计算迁移决策十分困难。对 DNN 应用进行边缘环境下的计算迁移决策存在两方面挑战：一方面是成本优化，不同于传统的云计算，边缘服务器的要价模式更加复杂多变；另一方面是能耗优化，不同的 DNN 应用计算迁移方案会导致不同的机器能源消耗，不合理的迁移方案会大大增加能耗。针对上述挑战，本节的主要工作如下：

建立包括物联网设备端、边缘节点端以及云端的边缘网络拓扑环境模型，根据现实场景对问题做出约束并根据不同的优化目标构建边缘环境下的 DNN 应用迁移统一模型，从模型层面对本节要解决的问题进行了阐述。

在边缘环境下 DNN 应用迁移的成本优化问题上，考虑了不同 DNN 的结构、不同类型计算节点的特点等多种因素对 DNN 应用迁移系统总成本的影响，针对该问题提出了一种面向成本优化的 DNN 应用迁移决策技术。该技术通过在离散粒子群优化算法中引入遗传算法的交叉算子和变异算子，有效避免了离散粒子群优化算法容易过早收敛的问题，可以有效减少 DNN 应用迁移的系统总成本。

在边缘环境下 DNN 应用迁移的能耗优化问题上，考虑了计算节点运行间隔等因素对计算节点总能耗的影响，针对该问题提出了一种面向能耗优化的 DNN 应用迁移决策技术。该技术在引入遗传算子的离散粒子群优化算法基础上，通过对算法参数进行自适应调整，进一步避免了离散粒子群优化算法的过早收敛问题，可以有效减少 DNN 应用迁移的系统总能耗。

最后，为了验证技术的有效性，本节模拟了相关实验环境，对提出的技术进行了评估。结果表明面向成本优化的 DNN 应用计算迁移决策技术相比于其他技术可以减少 19%～27%的成本，面向能耗优化的 DNN 应用计算迁移决策技术相比于其他技术可以减少 13%～24%的能耗。

4.3.1 引言

1. 研究背景和意义

机器学习技术的不断发展使得智能应用的数量爆炸式增长，深度神经网络在人工智能等领域取得了巨大的成功。DNN 被广泛用于许多应用程序中，例如微软小娜(Microsoft cortana)、苹果 siri 和谷歌 Now。然而鉴于物联网设备的处理能力有限，计算密集型的 DNN 模型直接在物联网设备上执行将会导致时延长和能耗大等问题。所以，DNN 通常部署在计算能力强大的云服务器上。在此模式下，云端和物联网设备之间的远距离传输又会导致响应时间过长等不可接受的问题。

移动边缘计算(Mobile Edge Computing，MEC)是能够有效解决上述问题的新型计算范式。移动边缘计算通过将云计算资源下沉到网络边缘的方式为用户提供计算服务。相比于将 DNN 部署到远端服务器，DNN 部署到边缘服务器在时延等性能指标上具有明显优势。而边缘服务器的计算能力相较于物联网设备也有一定的优势。所以，相较于迁移到云服务器，将 DNN 迁移到边缘服务器是一种更为合理的模式，有助于在降低云服务器资源开销的同时提高应用的执行性能。

DNN 应用庞大的数量以及边缘环境复杂的网络拓扑结构使得 DNN 应用计算迁移策略对计算资源的使用效率影响重大。正确的迁移方案将提高用户体验，解决网络拥塞问题。但是得到正确的迁移方案并非易事。

首先，DNN 种类繁多，不同 DNN 的结构特征大不相同。由于神经网络层的种类不尽相同，即使是相同的 DNN，其层与层之间的传输数据量以及各层的计算任务复杂性都可能不同；其次，不同计算终端之间的网络带宽异构性是的网络拓扑变得复杂；最后，服务器提供商的收益和终端用户的用户体验需要综合进行考虑。

为了应对上述挑战，本节提出一种边缘环境下基于启发式算法的 DNN 应用计算迁移决策技术，该技术能够通过输入的 DNN 应用任务以及边缘网络拓扑环境，根据不同的优化目标决策出对应的 DNN 应用迁移方案。

2. 课题研究现状

DNN 在自然语言处理和计算机视觉等领域非常流行。迁移策略对于智能应用至关重要，由于计算资源有限，智能应用程序很少能在移动设备上运行。许多工作专注于将 DNN 从物联网设备迁移到云服务器。Fang 等人首先设计了一种启发式方法，可以有效地调度异构服务器以进行 DNN 推理，从而满足了对处理吞吐量的要求，并保持了低响应延迟，然后，他们提出了一种深度强化学习(RL)方法，该方法可以最大限度地提高从学习到计划的服务质量(QoS)，这项工作优化了响应延迟和推理精度，并且忽略了 DNN 中两层之间的数据传输。Qi 等人设计了一种面向 DNN 对象的自适应检测系统，并通过所提出的模型调度算法，将 DNN 的各个层自适应地迁移到云中，旨在减少系统延迟。Tang 等人提出了一种服务质量感知的调度方案 Nanity，它通过自适应技术批量处理 DNN 的推理请求，并进行实时调度，旨在提高 GPU 和 GPU 的使用效率。但是，仅在云服务器中部署 DNN 会造成严重的响应延迟。

边缘计算近年来引起了极大的关注，并且移动应用程序的边缘云协作处理已被证明是提高移动应用程序性能的有效方法。Hauswald 等人提出了流水线机器学习体系结构中的数据迁移方案。Li 等人使用参数服务器构建了一个大规模的分布式机器学习框架。另外，许多研究试图压缩 DNN 模型，使 DNN 模型能够在资源有限的物联网设备上执行。微软和谷歌在移动平台上探索用于语音识别的小型 DNN。Han 等人使用 3 个流水线对 DNN 模型进行深度压缩：剪枝、量化训练和哈夫曼编码。Chen 等人引入了一个低成本的散列函数，将权重分组到散列桶中，用于参数共享，另外，引入移动云计算来解决该问题。Jeong 提出了一种轻量级的迁移系统，通过将 DNN 层从资源受限的移动设备转移到边缘，该系统在支持 Web 的设备上运行，以将 DNN 计算迁移到边缘服务器。他设计了一种 DNN 分区算法，以有效利用边缘资源并减少系统响应时间。Chen 等人提出了一种自适应框架，该框架在移动边缘计算中支持具有迁移功能的移动应用程序，从而使应用程序可以在移动设备、移动边缘和云之间动态迁移。Lu 等人利用了雾计算的优势，在响应约束和容量约束下，将与网络运营商的雾节点数量成正比的总成本降至最低。为了最小化边缘计算系统的成本，Zhang 等人研究了任务调度问题，并提出了一种任务调度算法，旨在降低任务调度所产生的系统成本。Kang 等人设计了一种轻量级的调度程序，该调度程序可以适应各种 DNN 模型结构，并以神经网络层的粒度自动划分 DNN 模型，使 DNN 应用可以部分执行在物联网设备端或云中心。Li 等人提出了一种联合精度和等待时间感知的执行框架，该框架将 DNN 解耦，以便它的某些层可以在边缘或云上运行，并且它们还提供了一种可以显著减少基于 DNN 的应用程序的执行延迟的解决方案。Teerapittayanon 等人提出了在分布式计算层次结构上的分布式深度神经网络，它可以在移动设备，边缘和云上执行基于 DNN 的应用程序，通过联合培训这些部分、最大限度地利用云中提取的功能，并最大限度地减少设备的通信和资源使用。Mao 等人考虑了数据的隐私，并使用差分私有机制来实现基于隐私保护边缘的 DNN 人脸识别模型训练，DNN 在移动设备和边缘服务器之间是分开的，私有数据和模型参数都受到保护，本地计算成本很少。Hu 等人设计了一种动态自适应 DNN 的方案，可以在限制数据传输的同时在边缘和云中处理 DNN 任务，与在边缘和云上执行整个 DNN 相比，该方案可以在不同的网络条件下对 DNN 进行最佳分区，并提高吞吐量。

现有的工作大多数从单个 DNN 模型角度出发，通过寻找 DNN 的分区点来实现 DNN 模型在多个设备上的执行，但是针对具体场景(例如小区、商场)中用户产生的大量 DNN 应用任务迁移决策问题还没有成熟的研究。

3. 主要工作

在边缘网络拓扑环境下，有多种不同类型的计算节点，如物联网设备、边缘节点以及云计算中心。不同类型计算节点的计算能力差异较大，同时服务提供商提供的边缘计算服务与云服务的模式也有很大不同。在这样复杂的网络拓扑环境下，不合理的 DNN 应用迁移方案会导致响应时延过长、成本过高以及能耗过高等问题。如何合理运用各类计算节点的特点，制定一套较优的 DNN 应用迁移方案，是本节的研究重点。本节通过启发式算法将 DNN 应用按层切分并正确地迁移到相应的计算节点，从而减少成本与能耗。

本节的主要工作分为以下几个部分。

1）DNN应用迁移统一建模

首先，为了更好地定义边缘环境下DNN应用迁移问题，本节从模型层面对本节要解决的问题进行了阐述，构建了边缘环境下DNN应用计算迁移统一模型，并对模型中的边缘网络拓扑环境和DNN应用进行了详细的说明。

2）边缘环境下面向成本优化的DNN应用迁移决策技术

在边缘环境下DNN应用迁移的成本优化问题上，考虑了不同DNN的应用结构、DNN层与层之间的数据传输关系、不同类型计算节点的特点以及不同计算节点间的带宽及传输成本等因素对DNN应用迁移系统总成本的影响，针对该问题提出了一种面向成本优化的DNN应用迁移决策技术。该技术通过在传统离散粒子群优化算法中引入遗传算法的交叉算子和变异算子，有效避免了离散粒子群优化算法容易过早收敛的问题，可以有效地减少DNN应用迁移的系统总成本。

3）边缘环境下面向能耗优化的DNN应用迁移决策技术

在边缘环境下DNN应用迁移的能耗优化问题上，考虑了计算节点运行间隔以及计算节点上的DNN应用工作负载等因素对计算节点总能耗的影响，针对该问题提出了一种面向能耗优化的DNN应用迁移决策技术。该技术在引入遗传算子的离散粒子群优化算法基础上，通过对算法参数进行自适应调整，进一步避免了离散粒子群优化算法的早熟收敛问题，可以有效地减少DNN应用迁移的系统总能耗。

4.3.2 相关概念与关键技术

为了更好地说明本节所提出的边缘环境下基于启发式算法的DNN应用计算迁移决策技术。本节针对该技术所涉及的一些启发式算法和相关深度神经网络概念进行阐述，帮助读者更好地理解本节的方法。

1. 粒子群优化算法

Eberhart和Kennedy通过观察自然界的生物群体得到灵感，提出了粒子群优化算法(Particle Swarm Optimization，PSO)。粒子是粒子群优化算法中的重要概念，每个粒子有速度和位置两个值，其速度的大小以及方向影响粒子在后续迭代中的移动，位置表示优化问题的候选解决方案。在移动的过程中，移动速度及方向会随着自身以及族群内其他粒子的行为而动态变化，然后逐渐移动到更好的搜索空间，该算法的搜索模式模拟了鸟类飞行捕食的社会行为。

此外，为了表示粒子在解空间中所对应的问题解的优劣性，提出了适应度函数值这个概念，适应度函数值与要解决的实际问题相关联且每个粒子都有一个适应度函数值，该值由粒子的位置确定，并随着粒子的迭代而变化。在初始化时，每个粒子根据一定的策略或者完全随机分配到一个位置，之后不断迭代。在每一次迭代中，粒子会根据两个因素来修改自己的速度与方向：第一个因素是自身的经验，粒子会记忆自身历史到达过的最佳位置，这对应着自然界鸟类从自身的飞行经验中学习；第二个因素是社会认知，粒子会根据族群当前的最佳位置调整自身的迭代策略，这对应着鸟群中的社会认知部分。

粒子群算法通过平衡这两个因素对粒子的影响,最终收敛到一个最优解。研究结果表明,这种基于自然界鸟类行为的优化算法是很有前景的。

2. 遗传算法

John Holland 等人通过研究生物进化论得到灵感,提出了遗传算法,该算法是基于进化论的算法。在遗传算法中,一条染色体代表了优化问题中的一个解决方案,染色体编码通常用二进制或者十进制。遗传算法由 3 个主要部分组成,分别是交叉、变异和优胜劣汰,其中交叉操作是指在每一代迭代中,通过一定策略选出表现优良的染色体,通过随机选择双亲的部分相同位置的基因并将其互换,从而得到两个新染色体。变异操作是指为了增加整个族群的多样性,在族群迭代时,每条染色体都有一定概率发生突变,突变会将染色体的部分位置的基因随机变异到另一个可行值。同样,遗传算法的每条染色体都有一个对应的适应度函数值,该值用来评估该染色体在解空间中对应的解方案的性能,该适应度函数与具体优化问题的目标函数相关联。最后,通过模拟生物界优胜劣汰的自然规则,每一代将表现优秀的染色体留下并淘汰表现较差的染色体,使每一代的染色体数量保持一个固定值,以此策略不断迭代最终找到优化目标的最优解。

遗传算法已被广泛应用于各个领域,其中包括离散问题和连续问题,例如求解复杂的非线性问题。同时,随着群智能算法的不断发展,针对遗传算法的研究和改进也越来越多。

3. 深度神经网络

人工神经网络来源于对人脑神经网络的抽象。通过对不同神经元进行输入以及神经元之间连接的权重,最后由激活函数将输入的值进行计算得出一个最终值。而深度神经网络则是在简单人工神经网络的基础上,通过大量的中间层以及对层的分类,增强了神经网络的学习能力,实现了更复杂多样的功能。目前,深度神经网络已经被广泛用于图形识别、自然语言处理等多个机器学习领域。

如图 4-20 所示,DNN 由有向图表示,其中每个节点都是一个单元(神经元),将一个函数应用于其输入并产生输出。边代表神经元之间的连接。以图像分类为例,当输入图像时,DNN 将图像的所有像素作为第一个输入层,该层的权重代表了图像的不同低阶特征。随着网络层次的加深,这些低阶特征被组合以生成高阶特征。例如,可以将多个线段组合成一个形状,或可以将多个形状组合成一个整体。最后,神经网络根据整体给出分类结果。

4. DNN 模型实例

在机器学习领域,对深度神经网络已经有许多比较成熟的研究,接下来将介绍几个比较经典的深度神经网络模型实例来帮助读者认识深度神经网络。

1) AlexNet

Hinton 和他的学生 Alex Krizhevsky 在 2012 年的 ImageNet 比赛上设计了深度神经网络模型 AlexNet,并且通过该模型成功夺得了比赛冠军。该模型被运用于计算机视觉领域的图形识别。

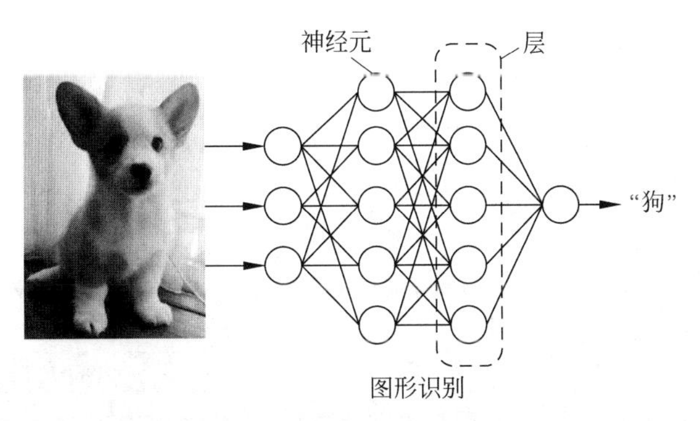

图 4-20 深度神经网络示例

图 4-21 是 AlexNet 的模型结构图,模型包含了 8 个学习层。该模型运用修正非线性单元作为激活函数,效果远好于传统的激活函数。此外,AlexNet 使用双 GPU 进行训练,有效减少了错误率和训练时间。同时,通过数据扩张和 Dropout 操作有效地防止了过拟合现象。实验结果表明,AlexNet 的准确率大大领先比赛的其他神经网络模型。

2) VGG

VGG 是 2014 年 ILSVRC 比赛分类项目的第二名,该模型由牛津大学和谷歌公司共同研发。到目前为止,VGG 仍然被用来提取图像特征。

VGG 探索了卷积神经网络中性能和卷积网络层深度之间的关系,成功证明了深度神经网络的深度会在一定程度上影响模型的最终性能和正确性。通过研究,16～19 层深的卷积神经网络 VGG 被提出,VGG 模型的泛化性能非常好,同时,扩展性非常强。

图 4-22 是 VGG-16 的模型结构,VGG 整个网络的卷积核尺寸都固定为 3×3 大小,而最大池化尺寸都被固定为 2×2 大小,这使得 VGG 模型结构变得非常简洁。但 VGG 也存在参数过多、计算量大以及占用更多内存等缺点。

3) GoogLeNet

GoogLeNet 是 2014 年 ILSVRC 比赛分类项目的第一名,由 Christian Szegedy 提出。上面提到的 AlexNet 和 VGG 采取加深网络深度的策略来提高模型的训练效果。虽然 VGG 的研究人员成功证明了加深深度可以提高性能,但是加深深度也容易带来很多负面效应,如过拟合、梯度弥散以及参数过多等。

图 4-23 是 GoogLeNet 的模型结构,GoogLeNet 模型的深度只有 22 层,但是其神经网络模型大小比上面提到的 AlexNet 和 VGG 小很多,GoogLeNet 的参数远小于 AlexNet 和 VGG,但是其性能却更优。为解决深度增加产生的问题,GoogLeNet 提出了 Inception 架构,不同于传统的深度神经网络模型设计,该架构采用一种横向的卷积核排列设计。通过使用不同大小的卷积核,将不同大小卷积核产生的结果进行再聚合,拓宽计算力,有效避免了深度过大产生的问题。

图 4-24 是 GoogLeNet 中一个 Inception 的结构,GoogLeNet 的 Inception 结构经历了很多版本的发展,这里选择一个最早的版本 v1 进行介绍。

该结构将卷积操作以及池化操作横向排列在一起(卷积和池化操作后的尺寸相同),通过这样的优秀设计,增加了网络的适应性。

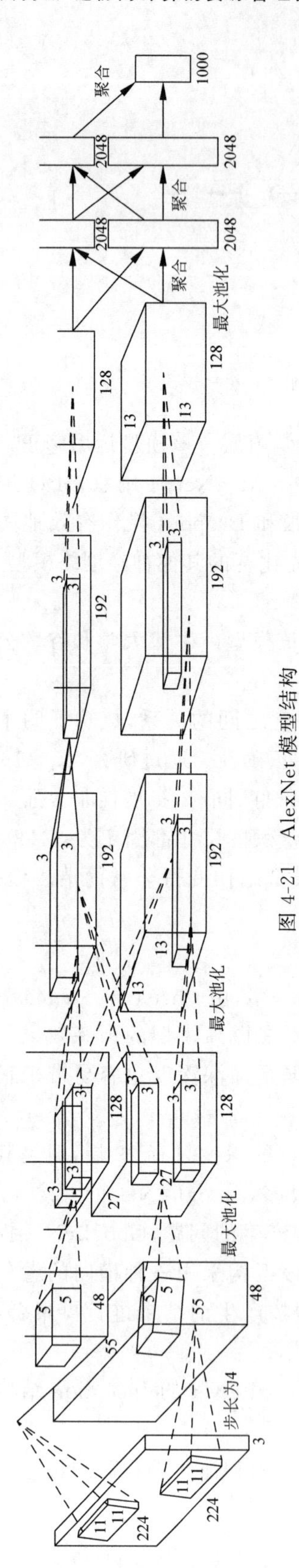

图 4-21　AlexNet 模型结构

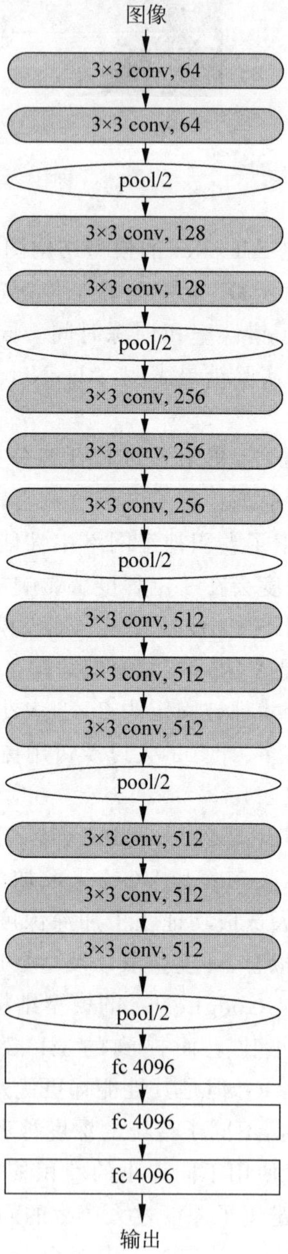

图像

3×3 conv, 64

3×3 conv, 64

pool/2

3×3 conv, 128

3×3 conv, 128

pool/2

3×3 conv, 256

3×3 conv, 256

3×3 conv, 256

pool/2

3×3 conv, 512

3×3 conv, 512

3×3 conv, 512

pool/2

3×3 conv, 512

3×3 conv, 512

3×3 conv, 512

pool/2

fc 4096

fc 4096

fc 4096

输出

图 4-22　VGG-16 模型结构

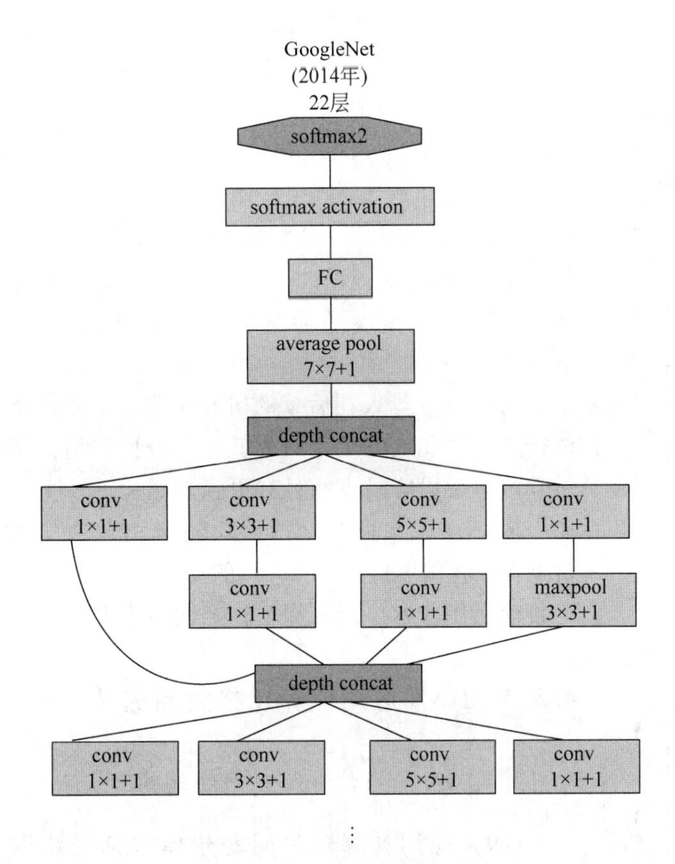

图 4-23　GoogLeNet 模型结构

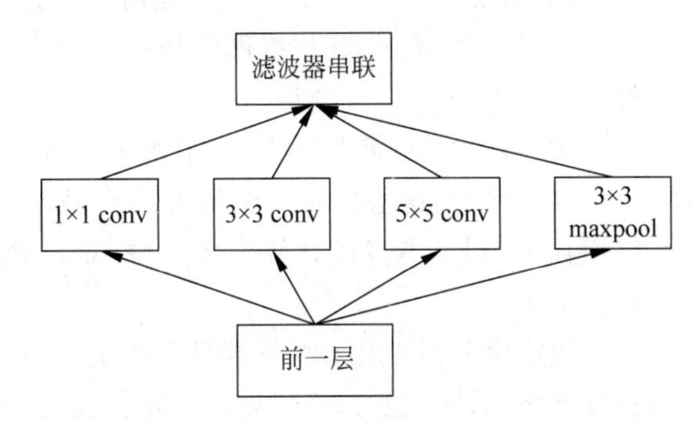

图 4-24　GoogLeNet 模型中 Inception v1 结构

4）ResNet

上面提出的 3 种深度神经网络模型均是以增加深度作为提升模型性能的策略，其中 GoogLeNet 虽然通过提升深度神经网络宽度减轻了深度过深带来的负面影响，但是随着深度神经网络的发展，深度神经网络模型层数不断加深已经成为了一种发展趋势。

He 等人在 2015 年证明了：虽然模型精度在一定程度内随着网络模型层的不断加深而提高，但是当深度神经网络的层级超过一定的数目之后，精度会随着网络深度的加深而降低，这说明深度神经网络的网络深度并不完全和模型精度成正比。对此，他们提出了

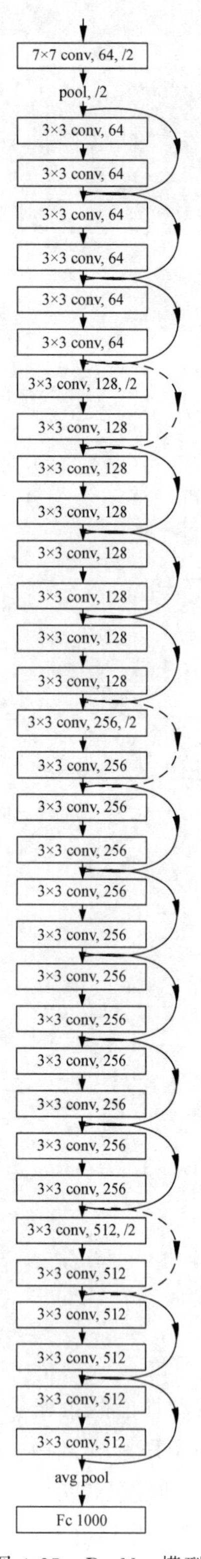

图 4-25　ResNet 模型结构

一种新的残差神经网络(Deep Residual Network,DRN),图 4-25 是 ResNet 的模型结构,一个残差神经网络模型的深度可以达到上千层,而其模型精度不会降低。其核心思想主要是通过一种捷径连接(shortcut connections)的策略,该策略能够在当深度学习已经达到较饱和的准确率时,用一种恒等映射的学习来代替剩余层,恒等映射就是用一个特殊的恒等函数 $H(x)$,使得输入 x 近似等于输出 $H(x)$,以此来保证准确率不会在后续的层中降低,而当前网络的深度还能继续使准确率提高时,继续进行深度学习。

随后,He 等人在后续的研究中改进了残差学习单元,将原来捷径连接的非线性激活函数替换为身份映射。实验证明,新的残差学习单元更容易训练且有更强的泛化性。

ResNet 在 2015 年夺得了 ILSVRC2015 竞赛的第一名,其主要贡献在于将深度提高到 152 层的同时,将错误率降低到了 3.57%。是目前运用非常广泛的深度神经网络模型。

4.3.3　DNN 应用计算迁移问题定义

1. DNN 应用计算迁移问题建模

DNN 应用计算迁移问题建模包括边缘网络拓扑环境和 DNN 应用。为了在不同平台上统一表达计算资源,本节统一使用"计算节点"表示一个具有计算能力的计算资源实例。

如图 4-26 所示,在边缘网络拓扑环境中,本节考虑以下 3 种计算节点类型。

物联网设备:如智能手机、平板电脑或者带有传感器的摄像头和麦克风等,这些物联网设备可以获得数据并产生 DNN 智能应用任务,但其本身的计算资源有限,难以处理自身产生的所有任务请求。

边缘服务器:边缘服务器部署在城市内,相比于物联网设备具有更强的计算能力,可以处理一定覆盖范围内物联网设备产生的 DNN 智能应用任务,由于地理位置与终端用户近且服务用户数量相对中心云服务器较少,所以拥有更好的网络资源以及网络质量。

云服务器:传统云服务器,具有强大的计算处理能力,但与终端用户具有较大的传输延迟。

定义 4.6:本节定义 $C=\{c_1,c_2,\cdots,c_n\}$ 表示计算节点的集合,其中计算节点 c_i 表示为

$$c_i=<\mathrm{cp}_i,\mathrm{type}_i,p_i,\mathrm{cost}_i,\mathrm{stu}_i,e_i> \tag{4-64}$$

cp_i 表示计算节点的计算能力，其计算能力始终和 CPU 相关且假定计算能力恒定，$type_i=\{0,1,2\}$ 表示其节点类型，其中 $type_i=0$ 表示该计算节点是物联网设备，$type_i=1$ 表示该计算节点是边缘计算节点，$type_i=2$ 表示该计算节点是云计算节点。p_i 表示该计算节点的任务最大并行数量。$cost_i$ 表示 c_i 每秒的运行成本，其与计算能力 cp_i 保持相对正比。stu_i 表示计算节点 c_i 的运行状态集合，$stu_i=\{<open_i^1, close_i^1>, <open_i^2, close_i^2>, \cdots, <open_i^n, close_i^n>\}$，其中每一个二元组 $<open_i^j, close_i^j>$ 表示计算节点 c_i 第 j 段运行时间，其开启时间是 $open_i^j$，关闭时间是 $close_i^j$。其中 e_i 表示 c_i 的能耗集合，其定义为

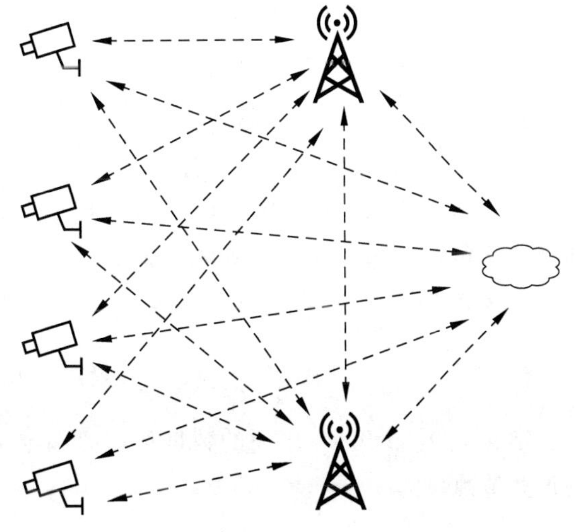

图 4-26　边缘网络拓扑环境示例

$$e_i=<e_i^r, e_i^s, e_i^c> \tag{4-65}$$

其中，e_i^r 表示在没有负载的情况下，计算节点 c_i 的每秒基础运行能耗，是计算节点 c_i 维持运行状态所需要消耗的基础能耗。e_i^s 是每次计算节点 c_i 单次开启到关闭的切换能耗。e_i^c 是计算节点 c_i 每秒每单位负载所消耗的能耗。

式(4-66)用于计算节点之间的带宽矩阵。

$$\boldsymbol{B}=\begin{bmatrix} b_{1,1} & b_{2,2} & \cdots & b_{1,|C|} \\ b_{2,1} & b_{2,2} & \cdots & b_{2,|C|} \\ \vdots & \vdots & \ddots & \vdots \\ b_{|C|,1} & b_{|C|,2} & \cdots & b_{|C|,|C|} \end{bmatrix} \tag{4-66}$$

其中，对 $\forall i,j=1,2,\cdots,|C|$ 且 $i\neq j$，$b_{i,j}$ 表示 c_i 和 c_j 之间的带宽值。本节不考虑临时网络，因此两个物联网设备之间没有互联网连接。另外，WiFi 具有一定的连接范围，因此，物联网设备只能连接到其辐射范围内的边缘服务器。本节假设带宽不是波动的。

式(4-67)用于计算节点之间的传输代价矩阵。

$$\textbf{Cost}=\begin{bmatrix} cost_{1,1}^{trans} & \cdots & cost_{1,|C|}^{trans} \\ \vdots & \ddots & \vdots \\ cost_{|C|,1}^{trans} & \cdots & cost_{|C|,|C|}^{trans} \end{bmatrix} \tag{4-67}$$

其中，对 $\forall i,j=1,2,\cdots,|C|$ 且 $i\neq j$，$cost_{i,j}^{trans}$ 表示 c_i 和 c_j 之间的每 Mb 数据量的传输代价。

定义 4.7：$T=\{T_1, T_2, \cdots, T_n\}$ 表示 DNN 应用任务的集合，其中单个 DNN 应用任务 T_i 表示如下：

$$T_i=<L_i, W_i, Edge_i, rc_i, ar_i, g_i> \tag{4-68}$$

$L_i=\{l_i^1, l_i^2, \cdots, l_i^n\}$ 代表 T_i 的层集合，其中 l_i^j 表示 T_i 的第 j 层，每一层是一个最小任务执行单位，不可再被切分，$W_i=\{w_i^1, w_i^2, \cdots, w_i^n\}$ 表示 T_i 的工作负载集合，其中

w_i^j 表示 l_i^j 的工作负载。$\text{Edge}_i=\{\text{edge}_i^{1,2},\text{edge}_i^{2,3},\cdots,\text{edge}_i^{j,k}\}$表示层与层之间的依赖，其中 $\text{edge}_i^{j,k}=<\text{data}_i^{j,k},l_i^j,l_i^k>$表示 l_i^j 层的输出数据作为 l_i^k 的输入数据，其中 $\text{data}_i^{j,k}$ 表示 l_i^j 和 l_i^k 之间的数据传输量，rc_i 表示 T_i 的响应时延约束。ar_i 表示 T_i 产生的时间，g_i 表示 T_i 产生的设备节点，所有 DNN 应用任务均由物联网设备产生。

本节假设在执行过程中采用串行处理模型，这意味着计算节点只能同时执行一层，而整个层都可以在同一计算节点上执行。

定义 4.8：将层 l_i^j 迁移到就绪计算节点 c_x 的执行时间 $T_{\text{exe}}(l_i^j,c_x)$由式(4-69)计算：

$$T_{\text{exe}}(l_i^j,c_x)=\frac{w_i^j}{cp_x} \tag{4-69}$$

定义 4.9：l_i^j 和 l_i^k 之间的数据传输时间定义如下，其中 x 和 y 分别指 l_i^j 和 l_i^k 执行的计算节点。

$$T_{\text{trans}}(l_i^j,l_i^k,c_x,c_y)=\frac{\text{data}_i^{j,k}}{b_{x,y}} \tag{4-70}$$

神经网络层和数据集是多对多的对应关系，即一个图层可能需要来自不同计算节点的许多输入数据集，而一个数据集可能会被许多图层使用，例如 GoogLeNet。

2. DNN 应用计算迁移实例分析

图 4-27 是一个 DNN 应用迁移示例，由一个 DNN 应用实例、一个边缘网络拓扑环境和两个不同的迁移方案构成。图 4-27(a)是单个 DNN 应用的实例以及边缘网络拓扑环境，该 DNN 应用任务 T_i 包含 4 层神经网络层$\{l_i^1,l_i^2,l_i^3,l_i^4\}$和 4 个需要传输的数据集

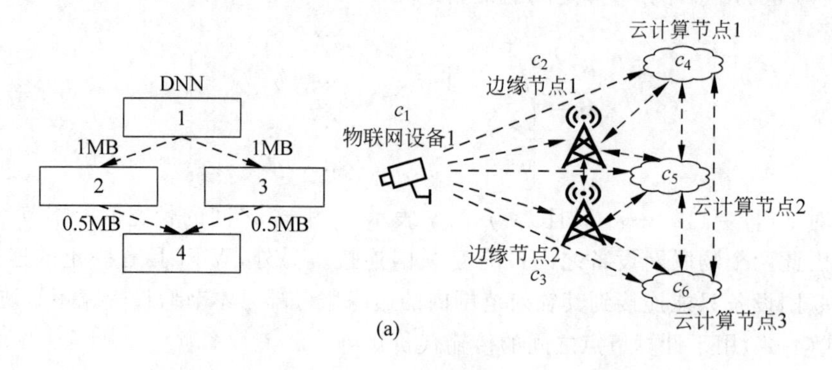

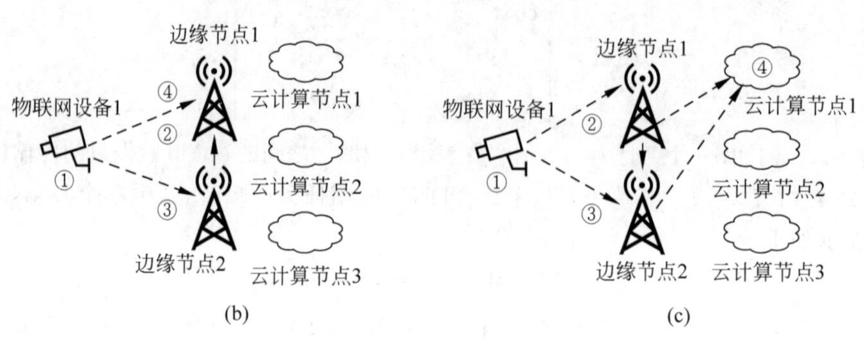

图 4-27　DNN 应用迁移示例

$\{data_i^{1,2}, data_i^{1,3}, data_i^{2,4}, data_i^{3,4}\}$，大小分别为{1MB,1MB,0.5MB,0.5MB}。T_i 的响应时延约束 rc_t 为3.7s，其中第一层 l_i^1 必须在物联网设备上执行。边缘环境中有6个计算节点，其中 c_1 是物联网设备，c_2 和 c_3 是边缘节点，c_4、c_5 和 c_6 是云计算节点。

表4-9显示了6个计算节点上每一层的执行时间。表4-10显示了6个计算节点服务器的成本。表4-11显示了两个计算节点 c_i 和 c_j 之间的带宽以及相应的单位传输成本。

表4-9 每层在不同计算节点上的执行时间

	c_1	c_2	c_3	c_4	c_5	c_6
l_i^1	1.10s	—	—	—	—	—
l_i^2	1.92s	0.98s	0.62s	0.31s	0.19s	0.09s
l_i^3	2.35s	1.20s	0.75s	0.67s	0.41s	0.32s
l_i^4	2.12s	1.00s	0.80s	0.56s	0.45s	0.21s

表4-10 6个计算节点的运行成本

服务器	每小时成本($)	服务器	每小时成本($)
c_1	0	c_4	1
c_2	10	c_5	2
c_3	15	c_6	3

表4-11 计算节点之间的传输带宽以及传输成本

c_i	c_j	$b_{i,j}$ (Mb/s)	$cost_{i,j}^{trans}$ ($/GB)
1	2	10	0.16
1	3	10	0.16
2	3	10	0.16
1	4	2	0.8
1	5	2	0.8
1	6	2	0.8
2	4	2	0.8
2	5	2	0.8
2	6	2	0.8
3	4	2	0.8
3	5	2	0.8
3	6	2	0.8
4	5	5	0.4
4	6	5	0.4
5	6	5	0.4

图4-27(b)是根据贪心策略得出的迁移方案。该方案将 l_i^1 迁移到物联网设备 c_1 上，将 l_i^2 和 l_i^4 迁移到边缘计算节点 c_3 上，将 l_i^2 迁移到边缘计算节点 c_2 上，该方案DNN的完成时间为3.65s。

图4-27(c)是最佳迁移方案。该方案将 l_i^1 迁移到物联网设备 c_1 上，将 l_i^2 迁移到边缘计算节点 c_2 上，将 l_i^3 迁移到边缘计算节点 c_3 上，将 l_i^4 迁移到云计算节点 c_4 上，DNN的完成时间为3.41s。

对比可以看出，采用最佳策略的系统成本比前者降低了18.18%。贪心策略在相应的响应时延约束内逐步将每一层迁移到当前层成本最低的计算节点上。但是，从全局角度出发，将每一层迁移到当前层成本最低的计算节点上并不一定能保证整体的成本最低。因此需要一种合适的迁移技术来从全局角度迁移所有DNN层。

3. 小结

本节介绍了本节构建的边缘环境下DNN应用计算迁移统一模型，以满足当前边缘环境下DNN应用迁移方案，并对模型中的边缘网络拓扑环境和DNN应用进行了详细的说明。此外，为了更好地说明问题，本节举了一个边缘环境下DNN计算迁移的具体实例，说明合理的DNN应用迁移方案对迁移结果的积极影响以及可能产生的收益以说明DNN计算迁移决策技术的重要性。

4.3.4 面向成本优化的DNN应用计算迁移决策技术

1. 方法概览

本节提出的边缘环境下面向成本优化的DNN应用计算迁移决策技术，通过引入遗传算法的交叉算子与变异算子，使传统粒子群优化算法更适应解决DNN应用迁移这一离散问题，同时有效避免了原始粒子群优化算法易陷入局部最优的缺陷，提高了决策技术的执行效率及性能。本节的方法概览如图4-28所示。

由图4-28可知，首先需要给定一组DNN应用任务以及边缘环境网络拓扑信息，其中包含了各个计算节点的信息以及计算节点间的传输带宽以及传输代价等信息。

之后，本节提出基于遗传算法算子改进的离散粒子群优化算法(Discrete，Particle Swarm Optimization based on Genetic Operator，DPSO-GO)，该算法可以根据输入的边缘环境网络拓扑信息和DNN应用任务集合，决策出合理的DNN应用迁移方案，对边缘环境下的DNN应用迁移过程中的总系统成本进行优化，具体步骤如下：

步骤1，初始化DPSO-GO的相关参数，如算法认知因子c_1和c_2的开始值和最终值、最大迭代次数$iter_{max}$以及惯性权重w的最大值和最小值，其计算方式在4.3.3节有详细介绍。

步骤2，随机初始化生成族群粒子。

步骤3，根据4.3.5节的编码粒子到DNN应用迁移映射算法，以及4.3.2节相关公式计算粒子的初始适应度函数值，初始化每个粒子的pBest，并选择族群中适应度函数值最优的粒子作为族群最优粒子gBest。

步骤4，根据4.3.2节提出的粒子更新策略对粒子进行迭代更新，重新计算每个粒子的适应度函数值。

步骤5，每一轮迭代，族群中的每个粒子个体根据粒子适应度函数值判断是否要更新自身历史最优粒子pBest和族群最优粒子gBest。

步骤6，判断是否满足终止条件，如果满足，则输出算法目前得到的族群最优粒子gBest所对应的DNN应用迁移方案；如果不满足，则跳转到步骤4继续执行。

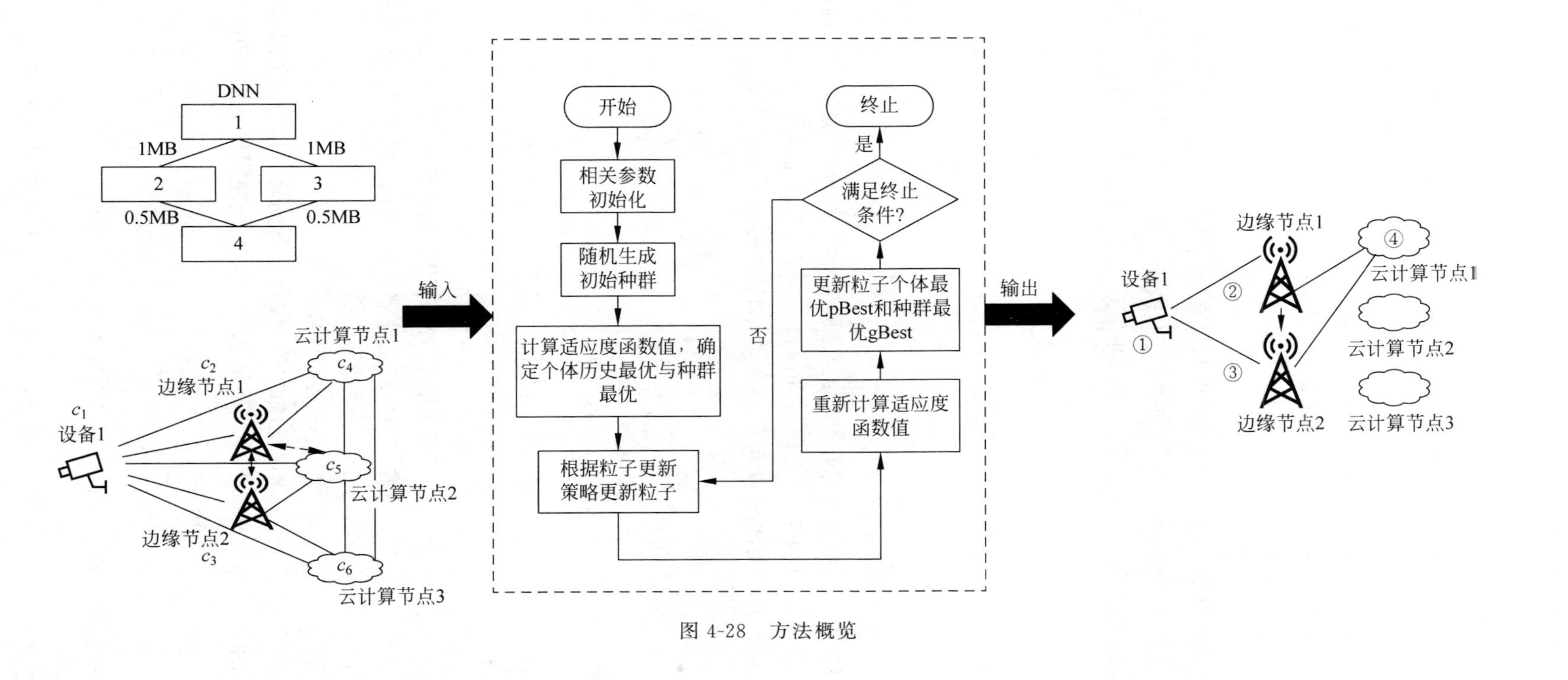

DNN
1
1MB
1MB
2
3
0.5MB
0.5MB
4
c_1
设备1
c_2
边缘节点1
边缘节点2
c_3
云计算节点1
c_4
c_5
云计算节点2
c_6
云计算节点3
输入
开始
相关参数初始化
随机生成初始种群
计算适应度函数值，确定个体历史最优与种群最优
根据粒子更新策略更新粒子
重新计算适应度函数值
更新粒子个体最优pBest和种群最优gBest
满足终止条件?
是
否
终止
输出
设备1
①
②
③
④
边缘节点1
边缘节点2
云计算节点1
云计算节点2
云计算节点3

图 4-28　方法概览

2. DNN 应用计算迁移方案定义

面向成本优化的 DNN 应用计算迁移决策技术的主要目的是减少边缘环境下 DNN 应用运行时的运行成本，该决策需要综合考虑 DNN 应用各层之间的依赖关系、不同计算节点的特点以及计算节点间的传输带宽和单位传输成本等因素。因此，边缘环境下面向成本优化的 DNN 应用迁移方案可以定义为一个五元组 $M=<C,T,\mathrm{Map},D,\mathrm{Cost}^{\mathrm{total}}>$，$C$ 表示计算节点集合，T 表示 DNN 应用集合，Map 如式(4-71)所示：

$$\mathrm{Map}=\bigcup_{i=1,2,\cdots,|T|;\ j=1,2,\cdots,|L_i|}\{<l_i^j,c_x>\} \tag{4-71}$$

Map 表示 DNN 应用层与计算节点间的映射关系集合，某个映射 $<l_i^j,c_x>$ 表示 DNN 应用任务 T_i 的第 j 层 l_i^j 被迁移到计算节点 c_x 上执行。$D=\{D_1,D_2,\cdots,D_{|T|}\}$ 表示 DNN 应用实际完成时间的集合，其中 D_i 表示 DNN 应用 T_i 的实际完成时间，其计算方式如式(4-72)所示：

$$D_i=\max_{l_i^j\in L_i}\{\mathrm{finish}(l_i^j)\} \tag{4-72}$$

其中，$\mathrm{finish}(l_i^j)$ 表示 DNN 应用层 l_i^j 的完成时间。$\mathrm{Cost}^{\mathrm{total}}$ 表示该方案的总成本。其由运行成本与数据传输成本两部分组成，运行成本 Cost^e 计算公式如(4-73)所示：

$$\mathrm{Cost}^e=\sum_{i=1}^{|C|}\mathrm{cost}_i\times(T_{\mathrm{off}}(c_i)-T_{\mathrm{on}}(c_i)) \tag{4-73}$$

其中，$T_{\mathrm{off}}(c_i)$ 是服务器 c_i 的关闭时间，$T_{\mathrm{on}}(c_i)$ 是服务器 c_i 的开启时间。本节假设当第一个任务到达服务器时，该服务器将立即打开而没有延迟，而当服务器上的最后一个任务完成时，该服务器将立即关闭而没有延迟。数据传输成本 Cost^t 计算公式如(4-74)所示：

$$\mathrm{Cost}^t=\sum_{i=1}^{|T|}\sum_{\mathrm{edge}_i^{j,k}\in\mathrm{Edge}_i}\mathrm{data}_i^{j,k}\times\mathrm{cost}_{x,y}^{\mathrm{trans}} \tag{4-74}$$

其中，x 和 y 分别是 l_i^j 和 l_i^k 迁移的计算节点。所以总成本 $\mathrm{Cost}^{\mathrm{total}}$ 可以表示为式(4-75)：

$$\mathrm{Cost}^{\mathrm{total}}=\sum_{i=1}^{|C|}\mathrm{cost}_i\times(T_{\mathrm{off}}(c_i)-T_{\mathrm{on}}(c_i))+\sum_{i=1}^{|T|}\sum_{\mathrm{edge}_i^{j,k}\in\mathrm{Edge}_i}\mathrm{data}_i^{j,k}\times\mathrm{cost}_{x,y}^{\mathrm{trans}} \tag{4-75}$$

基于以上的相关定义，优化边缘环境下的 DNN 应用计算迁移成本，其核心思想是追求 $\mathrm{Cost}^{\mathrm{total}}$ 最低。此外，边缘环境下的 DNN 应用计算迁移方案必须满足以下几个要求：

每个 DNN 层 l_i^j 必须且只能迁移到一个计算节点上。

每个 DNN 应用任务 T_i 必须在响应时延约束前完成。

综上所述，在边缘环境下 DNN 应用程序的成本优化迁移问题可以形式化为式(4-76)。其核心目的是追求最低的总系统成本，同时满足每个基于 DNN 的应用程序的响应时延约束。

$$\begin{gathered}\text{Minimize }\mathrm{Cost}^{\mathrm{total}}\\ \text{subject to }\forall i,\quad D_i-\mathrm{ar}_i\leqslant \mathrm{rc}_i\end{gathered} \tag{4-76}$$

3. 基于改进离散粒子群优化算法的 DNN 应用迁移策略

对于迁移策略 $M=<C,T,\mathrm{Map},D,\mathrm{Cost}^{\mathrm{total}}>$，其核心目的是找到一个从 T 到 C 的

映射，该映射具有最小的系统总成本 $\text{Cost}^{\text{total}}$，而每个 DNN 完成时间 D_i 不超过它们的响应时延约束。从 T 到 C 寻找最佳映射是一个 NP-hard 问题。因此，本节从全局的角度出发，提出了一种基于遗传算法算子改进的离散粒子群优化算法，该算法可以根据输入的边缘环境网络拓扑信息和 DNN 应用任务集合，决策出合理的 DNN 应用迁移方案，以优化 DNN 应用迁移的系统总成本。本节将从问题编码、适应度函数、粒子更新策略、离散粒子群优化算法参数设置以及编码粒子到 DNN 应用迁移方案的映射 5 个部分来介绍本节提出的策略。

1）问题编码

对于群智能算法，问题编码是从族群中的个体到实际问题解决方案的实际映射关系。映射关系会影响算法搜索的效率与性能，因此需要合适的问题编码来保证算法的效率和性能。在群智能算法中，问题编码通常考虑 3 个特性：健全性、完备性和非冗余性。其中健全性是指每一个编码粒子都必须表现为某个实际问题解空间的解；完备性是指算法的编码空间中的编码粒子必须能够完全映射出实际问题解空间的全部可行解；而非冗余性是指实际问题空间的所有解要能够由编码粒子一一对应来表示。

要设计一种同时满足 3 个特性的问题编码并非易事。本节使用 DNN 层-计算节点映射离散编码策略对 DNN 应用的迁移问题粒子进行编码。在第 t 次迭代中，粒子 i 的位置 X_i^t 如式(4-77)所示：

$$X_i^t=(x_{i11}^t,\cdots,x_{i1l}^t,\cdots,x_{ij1}^t,\cdots,x_{ijk}^t) \tag{4-77}$$

每个粒子由 n 维元素组成，其中 n 是 DNN 智能应用迁移问题中 DNN 智能应用的总任务数量(即总层数)。x_{ijk}^t 表示在第 t 次迭代时第 j 个 DNN 应用任务的第 k 层 l_j^k 所在的计算节点编号，其取值范围是任务产生的移动设备节点自身，所有可连接的边缘节点及云节点，由于 DNN 应用结构的特殊性，每个 DNN 应用的第一层固定在移动设备端执行。

图 4-29 展示了图 4-27(c)DNN 应用迁移方案对应的粒子编码策略，在迁移 DNN 应用层之后，将每个层按指定顺序迁移到相应的服务器。由于编码粒子每位的取值范围是所有可以迁移的计算节点。因此，每个迁移策略都有对应的粒子，满足完备性原则。同时，改变编码粒子一个分位上的值必然会导致 DNN 应用迁移方案改变，所以 DNN 应用迁移方案和编码粒子符合一一对应原则，即满足非冗余性原则。但是，某些与粒子相对应的候选解决方案可能无法满足期限约束。例如，如果图 4-2 中层的最终迁移位置是(1,1,2,3)，则将层 l_i^1 和层 l_i^2 迁移到物联网设备 c_1。此 DNN 的完成时间超过 4s，超过了其响应时延约束(即 3.7s)。因此，编码策略可能不符合可行性原则。

层	1	2	3	4
迁移节点	1	2	3	4

图 4-29 问题编码示例

2）适应度函数

适应度函数用于评估所有编码粒子的性能。通常，较好的候选解决方案对应的粒子拥有较小的适应度函数值。本节工作旨在满足 DNN 层响应时延约束的同时，力求为 DNN 层迁移实现最低系统成本。因此，可以将总系统成本较低的粒子视为更好的解决方案。但是，因为本节设计的编码策略不能满足可行性原则，所以，本节中将所有的编码粒子分为两类：可行解粒子与不可行解粒子。

对于面向成本优化的边缘环境下的 DNN 应用计算迁移问题，可行解表现为所有

DNN 任务的完成时间均在响应时延约束内；不可行解表现为某个或某多个 DNN 任务的完成时间超出了其响应时延约束。

因此，比较两个编码粒子的适应度函数的定义有以下 3 种情况：

情况 1，如果两个编码粒子均为可行解粒子，则选择总系统成本低的方案。适应度函数定义为式(4-78)：

$$\text{fitness}(X_i)=\text{Cost}^{\text{total}}(X_i) \tag{4-78}$$

其中，$\text{Cost}^{\text{total}}(X_i)$是第 i 个粒子所表示的迁移方案的总系统成本。

情况 2，如果两个编码粒子均为不可行解粒子，则选择未完成任务较少的编码粒子，因为它更有可能在迭代的过程中转换为可行粒子。适应度函数定义为式(4-79)：

$$\text{fitness}(X_i)=\text{Card}(X_i) \tag{4-79}$$

其中，$\text{Card}(X_i)$是第 i 个粒子所表示的迁移方案的未完成任务的数量。

情况 3，如果其中一个编码粒子为可行解粒子，而另一个编码粒子是不可行的，那么显然应该选择可行解粒子。适应度函数被定义为式(4-80)：

$$\text{fitness}(X_i)=\begin{cases}0, & \forall i, \quad D_i-\text{ar}_i\leqslant \text{rc}_i\\ 1, & \text{其他}\end{cases} \tag{4-80}$$

3) 粒子更新策略

传统的 PSO 粒子位置定义与速度定义如式(4-81)与式(4-82)所示：

$$V_i^{t+1}=w\times V_i^t+c_1r_1(\text{pBest}_i^t-X_i^t)+c_2r_2(\text{gBest}^t-X_i^t) \tag{4-81}$$

$$X_i^{t+1}=X_i^t+V_i^{t+1} \tag{4-82}$$

式(4-81)表明，PSO 算法具有 3 个主要部分：惯性、个人认知和社会认知。每个粒子的迭代更新受其个人最佳位置和当前一代中全局最佳位置的影响，本节对传统 PSO 算法进行了相应的改进，引入了遗传算法的交叉算子和变异算子进行粒子更新，使其能适应 DNN 应用迁移这一离散问题。第 t 次迭代中第 i 个粒子的迭代更新为式(4-83)：

$$X_i^t=c_2\oplus G_x(c_1\oplus P_x(M(X_i^{t-1}),\text{pBest}_i^{t-1}),\text{gBest}^{t-1}) \tag{4-83}$$

其中，$G_x()$和 $P_x()$表示交叉算子，而 $M()$是变异算子，对于个人认知部分和社会认知部分，引入了遗传算法的交叉算子以替代式(4-11)的相应部分，个体交叉与族群交叉分别如式(4-84)和式(4-85)所示：

$$B_i^t=c_1\oplus P_x(C_i^{t-1},\text{pBest}_i^{t-1})=\begin{cases}P_x(C_i^{t-1},\text{pBest}_i^{t-1}), & c_1>r_1\\ C_i^{t-1}, & \text{其他}\end{cases} \tag{4-84}$$

$$A_i^t=c_2\oplus C_x(B_i^{t-1},\text{gBest}^{t-1})=\begin{cases}G_x(B_i^{t-1},\text{gBest}^{t-1}), & c_2>r_2\\ B_i^{t-1}, & \text{其他}\end{cases} \tag{4-85}$$

其中，r_1 和 r_2 是介于 0 和 1 之间的两个随机因子，交叉算子随机选择要更新的粒子中的两个位置，然后用 pBest(或 gBest)粒子中相同间隔的片段替换两个位置之间的片段。个体(或社会)认知组件的交叉算子如图 4-30 所示。它随机选择旧粒子中的 ind_1 和 ind_2 位置，然后以相同间隔用 pBest(或 gBest)粒子替换 ind_1 和 ind_2 之间的片段。

交叉算子之后，粒子可以从不可行变为可行；反之亦然。

例如在图 4-29 的场景下，图 4-30 中的编码粒子(1,1,2,2)不可行，其完成时间大于5s。pBest 粒子为(1,2,3,4)，并且交叉算子随机选择的位置是第二位和第三位。因此，生成的编码粒子在交叉算子之后为(1,2,3,2)。新粒子的完成时间为 3.65s，小于相应的响应时延约束，通过该操作，粒子从不可行变为可行。相反，可行的粒子(1,4,4,4)与位置 1 和 2 处的 pBest 粒子(1,2,3,4)进行交叉算子操作，新生成的粒子(1,2,4,4)不可行。

对于惯性分量，引入了遗传算法的变异算子以更新式(4-81)的相应部分，变异算子如式(4-86)：

$$C_i^t = w \oplus M(X_i^{t-1}) = \begin{cases} M(X_i^{t-1}), & w > r_3 \\ X_i^{t-1}, & \text{其他} \end{cases} \tag{4-86}$$

其中，r_3 是介于 0 和 1 之间的随机因子。变异算子随机选择粒子中的索引，并在定义值的范围内不规则地更改索引值。图 4-31 显示了突变过程。它随机选择粒子的索引 ind_3，并将其值从 0 更改为 1。

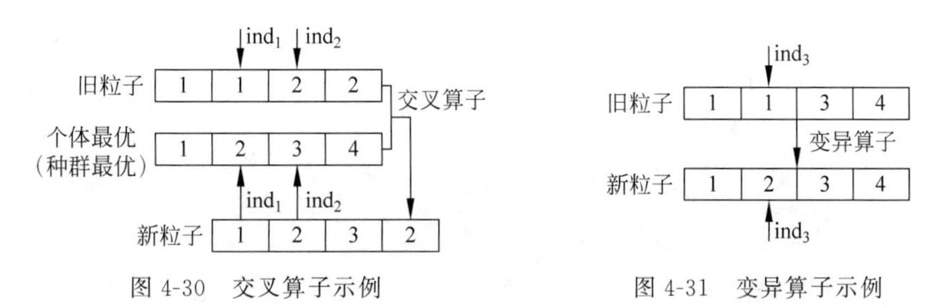

图 4-30 交叉算子示例

图 4-31 变异算子示例

变异算子后，粒子可以从不可行变为可行；反之亦然。

在如图 4-27 所示的场景下，图 4-31 中的编码粒子(1,1,3,4)不可行，变异算子随机选择不可行粒子的第二个位置进行变异，然后生成一个新的可行粒子(1,2,3,4)。该粒子是图 4-27 中的最佳解决方案。或者，在位置 2 处的可行粒子(1,2,3,4)产生了突变，生成了一个新的不可行粒子(1,1,3,4)。该粒子的完成时间超过 4s，超过了其响应时延约束(即 3.7s)。

(1) 离散粒子群优化算法参数设置。

式(4-81)中描述的惯性权重 w 决定了算法的搜索能力。算法的惯性权重 w 越小，则算法局部搜索能力越强；反之，算法具有更好的全局搜索能力。在初始阶段，算法主要关注粒子的多样性，所以应当在初始阶段提升算法全局搜索能力，而算法在后期更加注重算法的收敛性和局部搜索能力。因此，惯性权值应随迭代次数的增加而减小。式(4-87)为惯性权重 w 的经典调整策略。

$$w = w_{\max} - \text{iters}_{\text{cur}} \times \frac{w_{\max} - w_{\min}}{\text{iters}_{\max}} \tag{4-87}$$

其中，$w_{\max}$ 为 w 的最大初始值，$w_{\min}$ 为 w 的最小值。$\text{iters}_{\text{cur}}$ 是当前迭代次数，$\text{iters}_{\max}$ 是定义的最大迭代次数。

另外，另两个加速度系数(即 c_1 和 c_2)被定义为式(4-89)和式(4-88)。它们是基于线性增加(或减少)的策略。

$$c_1 = c_1.\text{start} - \text{iters}_{\text{cur}} \times \frac{c_1.\text{start} - c_1.\text{end}}{\text{iters}_{\max}} \tag{4-88}$$

$$c_2 = c_2.\text{start} - \text{iters}_{\text{cur}} \times \frac{c_2 \cdot \text{end} - c_2.\text{start}}{\text{iters}_{\max}} \tag{4-89}$$

其中，c_1.start 表示 c_1 的起始值，c_1.end 表示 c_1 全部迭代完成时的最终值，c_2.start 表示 c_2 的起始值，c_2.end 表示 c_2 全部迭代完成时的最终值。

(2) 编码粒子到 DNN 应用迁移方案的映射。

下面给出面向成本优化的 DNN 应用迁移决策技术中编码粒子到 DNN 应用迁移方案的映射关系。算法 4.4 是编码粒子 X 到 DNN 应用迁移方案映射的伪代码。在算法开始前，输入边缘环境下的计算节点集合 C、DNN 应用集合 T 以及编码粒子 X。

算法 4.4：编码粒子 X 到 DNN 应用迁移方案的映射

```
procedure DNNs Migrating(C,T,X)
 1.   初始化 Cost^total = 0, Cost^e = 0, Cost^t = 0
 2.   for i = 0 to i = |T|-1
 3.       foreach l_i^j in T_i
 4.           if l_j^i 是输入层 then
 5.               T_start(l_i^j) = T_ready(C_x(l_i^j))
 6.           else
 7.           maxTrans = 0
 8.           foreach input layer l_i^p of l_i^j do
 9.               x = C_x(l_i^p), y = C_x(l_i^j)
10.               maxTrans = max(maxTrans, T_end(l_i^p) + data_i^{p,j} / b_{x,y})
11.               Cost^t += data_i^{p,j} · cost_{x,y}^trans
12.           end for
13.           T_start(l_i^j) = max(T_ready(C_x(l_i^j)), maxTrans)
14.           end if
15.           exe = T_exe(l_i^j, C_x(l_i^j))
16.           T_end(l_i^j) = T_start(l_i^j) + exe
17.           if T_end(l_i^j) > ar_i + rc_i then
18.               return 粒子不可行
19.           end if
20.           T_ready(C_x(l_i^j)) = T_end(l_i^j)
21.       end for
22.   end for
23.   foreach c_i in C
24.       Cost^e += (T_off(c_i) - T_on(c_i)) · cost_i
25.   end for
26.   Cost^total = Cost^e + Cost^t
27.   输出 Cost^total 和相应的调度方案
end procedure
```

首先，将整个系统成本 $\text{Cost}^{\text{total}}$ 初始化为 0(第 1 行)。初始化之后，对于所有 DNN

应用的所有层。根据层执行顺序,层 l_i^j 被迁移到计算节点 $C_x(l_i^j)$。如果 l_i^j 没有输入数据(即 l_i^j 是输入层),则其开始时间 $T_{start}(l_i^j)$ 等于计算节点 $C_x(l_i^j)$ 的最早空闲时间 $T_{ready}(C_x(l_i^j))$(第 2～5 行)。

否则,层 l_i^j 的开始时间必须考虑来自其父节点的数据传输时间,通过计算所有层 l_i^j 输入数据的产生层 l_i^p,计算最晚结束时间 maxTrans。然后其开始时间 $T_{start}(l_i^j)$ 等于计算节点最早空闲时间 $T_{ready}(C_x(l_i^j))$ 和输入数据产生层中最晚结束时间 maxTrans 更迟的那一个,并计算其中产生的数据传输成本(第 6～14 行)。

显然,层 l_i^j 的结束时间 $T_{end}(l_i^j)$ 等于其开始时间与在服务器 $C_x(l_i^j)$ 上执行时间的总和(第 15 行和第 16 行)。另外,如果任何层的结束时间超过其相应的响应时延约束,则此粒子不可行,并且算法执行将终止(第 17～19 行),然后将该计算节点的最早空闲时间更新为层 l_i^j 的结束时间(第 20 行)。

最后对每一个计算节点计算产生的运行成本(第 23～25 行)并输出 DNN 应用迁移系统总成本 $\text{Cost}^{\text{total}}$ 和对应的 DNN 应用迁移方案(第 27 行)。

4.3.5 面向能耗优化的 DNN 应用计算迁移决策技术

1. 方法概览

针对边缘环境下面向能耗优化的 DNN 应用计算迁移问题,本节提出了面向能耗优化的 DNN 应用计算迁移决策技术。通过引入遗传算法的交叉算子与变异算子,使粒子群优化算法更适应解决 DNN 应用迁移这一离散问题,同时通过对算法惯性权重进行自适应调整,可以有效提升算法在 DNN 应用计算迁移能耗优化问题上的性能,进一步有效避免了原始粒子群优化算法易陷入局部最优的缺陷。本节的方法概览如图 4-32 所示。

由图 4-32 可知,首先需要给定一组 DNN 应用任务以及边缘环境网络拓扑信息,其中包含了各个计算节点的信息以及计算节点间的传输带宽以及传输代价等信息。

之后,本节提出了一种基于遗传算法算子改进的自适应离散粒子群优化算法(Self-Adaptive Discrete Particle Swarm Optimization based on Genetic Operator,SDPSO-GO)的 DNN 应用迁移策略,用于对边缘环境下的 DNN 应用迁移过程中的总系统能耗进行优化,具体步骤如下:

步骤 1,初始化 SDPSO-GO 相关参数,如算法认知因子、c_2 的起始值和最终值、最大迭代次数 iter_{max} 以及惯性权重 w 的最大值和最小值。

步骤 2,初始化随机生成族群粒子。

步骤 3,根据编码粒子到 DNN 应用迁移映射算法,以及相关公式计算粒子的初始适应度函数值,初始化每个粒子的 pBest,并选择族群中适应度函数值最优的粒子作为族群最优粒子 gBest。

步骤 4,根据提出的粒子更新策略对粒子进行迭代更新,重新计算每个粒子的适应度函数值。

步骤 5,每一轮迭代,族群中的每个粒子个体根据粒子适应度函数值判断是否要更新自身历史最优粒子 pBest 和族群最优粒子 gBest。

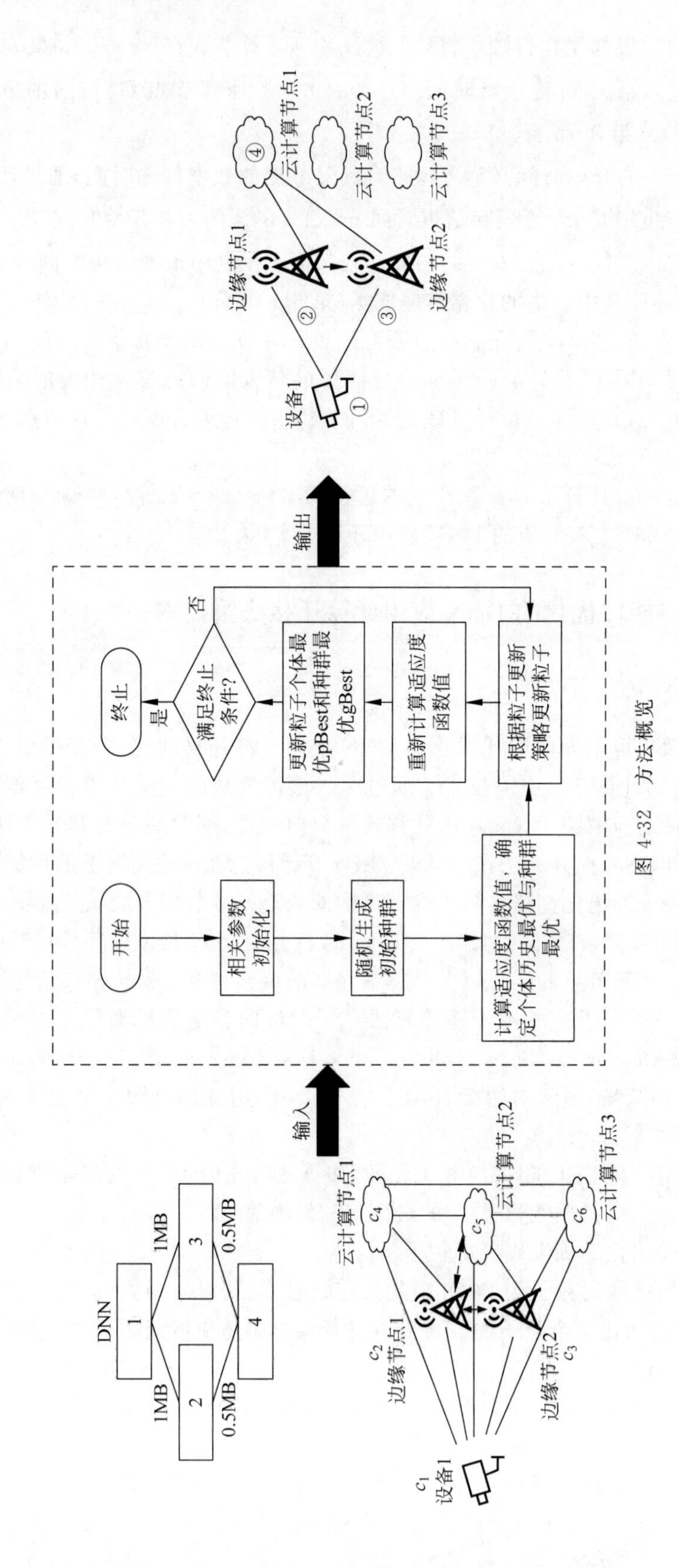
DNN
1
2
3
4
1MB
1MB
0.5MB
0.5MB
c_1
设备1
c_2
边缘节点1
c_3
边缘节点2
c_4
c_5
c_6
云计算节点1
云计算节点2
云计算节点3
输入
开始
相关参数初始化
随机生成初始种群
计算适应度函数数值，确定个体历史最优与种群最优
根据粒子更新策略更新粒子
重新计算适应度函数数值
更新粒子个体最优pBest和种群最优gBest
满足终止条件?
是
否
终止
输出
设备1
①
②
③
④
边缘节点1
边缘节点2
云计算节点1
云计算节点2
云计算节点3

图 4-32　方法概览

步骤 6，判断是否满足终止条件，如果满足，则输出算法目前得到的族群最优粒子 gBest 所对应的 DNN 应用迁移方案；如果不满足，则跳转到步骤 5 继续执行。

2. DNN 应用计算迁移方案定义

面向能耗优化的 DNN 应用计算迁移决策技术的主要目的是减少边缘环境下 DNN 应用运行时的系统总能耗，该决策需要综合考虑 DNN 应用各层之间的依赖关系、不同计算节点的特点、计算节点的开关时机以及计算节点间的传输带宽等因素。因此，边缘环境下面向能耗优化的 DNN 应用迁移方案可以定义为一个五元组 $M=\langle C, T, \text{Map}, D, \text{Energy}^{\text{total}}\rangle$，$C$ 表示计算节点集合，T 表示 DNN 应用集合，Map 表示 DNN 应用层与计算节点间的映射关系集合，$D=\{D_1, D_2, \cdots, D_{|T|}\}$ 表示 DNN 应用实际完成时间的集合，Map 和 D 的公式表示与 4.3.4 节相同，此处不再赘述。

$\text{Energy}^{\text{total}}$ 表示该迁移方案产生的系统总能耗、由运行能耗、切换能耗与计算能耗 3 部分组成。其中运行能耗是在没有负载的情况下服务器产生的基础运行能耗，切换能耗是计算节点每次开启时所需要的能耗，计算能耗与计算节点的计算负载量有关，其值会与计算节点所处理的计算任务负载量呈正相关且随着负载量的波动而变化。

运行能耗 Energy^r 如式(4-90)所示：

$$\text{Energy}^r = \sum_{i=1}^{|C|} \sum_{j=1}^{|\text{stu}_i|} e_i^r \times (\text{close}_i^j - \text{open}_i^j) \tag{4-90}$$

其由所有计算节点的运行能耗相加，其中 e_i^r 表示计算节点 c_i 的每秒基础运行能耗，close_i^j 和 open_i^j 分别表示计算节点 c_i 第 j 段运行状态的关闭时间和开启时间。

切换能耗 Energy^s 如式(4-91)所示：

$$\text{Energy}^s = \sum_{i=1}^{|C|} \sum_{j=1}^{|\text{stu}_i|} e_i^s \tag{4-91}$$

其中，e_i^s 是每次计算节点 c_i 单次开启到关闭的切换能耗。

计算能耗 Energy^c 如式(4-92)所示：

$$\text{Energy}^c = \sum_{i=1}^{|C|} \sum_{k} e_i^c \times w_i^k (\text{close}_i^j - \text{open}_i^j) \tag{4-92}$$

其中，e_i^c 是计算节点 c_i 每秒每单位负载所消耗的能耗，w_i^k 是计算节点 c_i 当前的工作负载，其由计算节点 c_i 当前所处理的所有任务的负载相加得到，会随着任务执行的开始结束而变化。

所以总结可得总能耗 $\text{Energy}^{\text{total}}$ 如下：

$$\text{Energy}^{\text{total}} = \sum_{i=1}^{|C|} \sum_{j=1}^{|\text{stu}_i|} (e_i^r \times (\text{close}_i^j - \text{open}_i^j) + e_i^s) + \sum_{i=1}^{|C|} \sum_{k} e_i^c \times w_i^k \times (\text{close}_i^j - \text{open}_i^j) \tag{4-93}$$

基于以上的相关定义，优化边缘环境下的 DNN 应用计算迁移能耗，其核心思想是追求 $\text{Energy}^{\text{total}}$ 最低。

综上所述，在边缘环境下 DNN 应用程序的能耗优化迁移问题可以形式化为式(4-94)。其核心目的是追求最低的总系统能耗，同时满足每个基于 DNN 的应用程序的响应时延约束。

$$\begin{aligned}&\text{Minimize Energy}^{\text{total}}\\&\text{subject to } \forall i,\quad D_i - \text{ar}_i \leqslant \text{rc}_i\end{aligned} \tag{4-94}$$

3. 基于改进自适应离散粒子群优化算法的 DNN 应用迁移策略

对于迁移策略 $M=<C,T,\text{Map},D,\text{Energy}^{\text{total}}>$，其核心目的是找到一个从 T 到 C 的映射，该映射具有最小的系统总能耗 $\text{Energy}^{\text{total}}$，而每个 DNN 完成时间 D_i 不超过其相应的响应时延约束。本节将从问题编码、适应度函数、粒子更新策略、离散粒子群优化算法参数设置以及编码粒子到 DNN 应用迁移方案的映射几个方面来介绍，本节部分思想与 4.3.4 节相同，介绍时将会略过相同部分。

1）问题编码

本节，同样采用 DNN 层-计算节点映射离散编码策略，与 4.3.2 节所介绍的编码策略相同，此处不再赘述。

2）适应度函数

适应度函数用于评估所有编码粒子的性能。本节工作旨在满足 DNN 层响应时延约束的同时，力求为 DNN 层迁移实现最低系统能耗，总系统能耗越低则粒子性能越优，因此直接定义粒子的适应度函数值就等同于粒子所对应 DNN 应用迁移方案的总系统能耗。但是，由于本节设计的编码策略不能完全满足可行性原则，所以所有的编码粒子被分为可行解粒子与不可行解粒子两类。

对于面向能耗优化的边缘环境下的 DNN 应用计算迁移问题，可行解表现为所有 DNN 任务的完成时间均在响应时延约束内；反之，一个或多个 DNN 任务的完成时间超出了其响应时延约束为不可行解。

因此，比较两个编码粒子的适应度函数的定义有以下 3 种情况。

情况 1，如果两个编码粒子均为可行解粒子，则选择总系统能耗低的方案。适应度函数定义为式(4-95)：

$$\text{fitness}(X_i)=\text{Energy}^{\text{total}}(X_i) \tag{4-95}$$

其中 $\text{Energy}^{\text{total}}(X_i)$是第 i 个粒子所表示的迁移方案的总系统能耗。

情况 2，如果两个编码粒子均为不可行解粒子，则选择未完成任务较少的编码粒子，因为它更有可能在迭代的过程中转换为可行粒子。适应度函数定义为式(4-96)：

$$\text{fitness}(X_i)=\text{Card}(X_i) \tag{4-96}$$

其中 $\text{Card}(X_i)$是第 i 个粒子所表示的迁移方案的未完成任务的数量。

情况 3，如果其中一个编码粒子为可行解粒子，而另一个编码粒子是不可行的，那么显然应该选择可行解粒子。适应度函数被定义为式(4-97)：

$$\text{fiteness}(X_i)=\begin{cases}0, & \forall i,\quad D_i-\text{ar}_i\leqslant \text{rc}_i\\ 1, & \text{其他}\end{cases} \tag{4-97}$$

3）粒子更新策略

在本节中，粒子更新策略的算法公式以及性质均与 4.3.4 节介绍的相同，在此不做赘述。

4）离散粒子群优化算法参数设置

本节的惯性权重使用了线性调整策略，在初始阶段有较强的全局搜索能力而在后期能够收敛至最优。但是在这种调整机制下，惯性权重是基于迭代次数而进行线性递减调整，如果在族群初始化时没有适应度函数值较好的粒子，很容易陷入局部最优，而本节所研究的是非线性DNN应用迁移问题，因此本节针对惯性权重因子的调整策略做了优化，公式如下所示：

$$w = w_{\max} - (w_{\max} - w_{\min}) \times \exp\left(\frac{\delta}{\delta - 1.01}\right) \tag{4-98}$$

$$\delta = \operatorname{div}(X^{t-1}, \mathrm{gBest}^{t-1}) = \frac{\sum_{i=1}^{y} z_i}{y} \tag{4-99}$$

其中，$w_{\max}$ 和 $w_{\min}$ 表示初始化期间给定的惯性权重的最大值和最小值。δ 表示全局最优解 gBest^{t-1} 和当前候选解 X^{t-1} 之间的差异程度。z_i 表示统计因子。当全局最优解 gBest^{t-1} 和当前候选解 X^{t-1} 同一位置的值不同时，其值为1，否则为0。因此，该调整方法可以根据当前粒子与全局最佳粒子之间的差异自适应地调整本节算法的搜索能力。当最佳粒子 gBest^{t-1} 和当前粒子 X^{t-1} 之间的差距较大时，本节的算法具有很强的全局搜索能力；否则，本节的算法倾向于增强局部搜索能力以找到最佳解决方案。

5）编码粒子到DNN应用迁移方案的映射

下面给出面向能耗优化的DNN应用迁移决策技术中编码粒子到DNN应用迁移方案的映射关系。算法4.5是编码粒子 X 到DNN应用迁移方案映射的伪代码。在算法开始前，输入包括边缘环境下的计算节点集合 C，DNN应用集合 T 以及编码粒子 X。

算法4.5：编码粒子X到DNN应用迁移方案的映射

procedure DNNs Migrating(C, T, X)

1. 初始化 $\mathrm{Energy}^{\mathrm{total}}=0$，$\mathrm{Energy}^{r}=0$，$\mathrm{Energy}^{s}=0$，$\mathrm{Energy}^{c}=0$
2. **for** $i=0$ **to** $i=|T|-1$
3. **foreach** l_i^j **in** T_i
4. **if** l_i^j 是输入层 then
5. $T_{\mathrm{start}}(l_i^j) = T_{\mathrm{ready}}(C_x(l_i^j))$
6. **else**
7. maxTrans = 0
8. **foreach** input layer l_i^p **of** l_i^j **do**
9. $x = C_x(l_i^p)$，$y = C_x(l_i^j)$
10. maxTrans = max(maxTrans, $T_{\mathrm{end}}(l_i^p) + \mathrm{data}_i^{p,j} / b_{x,y}$)
11. **end for**
12. $T_{\mathrm{start}}(l_i^j)$ = max($T_{\mathrm{ready}}(C_x(l_i^j))$, maxTrans)
13. **end if**
14. exe = $T_{\mathrm{exe}}(l_i^j, C_x(l_i^j))$
15. $T_{\mathrm{end}}(l_i^j) = T_{\mathrm{start}}(l_i^j)$ + exe
16. **if** $T_{\mathrm{end}}(l_i^j) > \mathrm{ar}_i + \mathrm{rc}_i$ **then**
17. **return** 粒子不可行

```
18.                end if
19.                T_ready(C_x(l_i^j)) = T_end(l_i^j)
20.            end for
21.        end for
22.        foreach c_i in C
23.            //对于每段没有任务的空闲间隙,判断切换能耗是否大于空转能耗
24.            foreach interval in c_i
25.                if e_i^r * t > e_i^s      // t 是空闲间隔时长
26.                    关闭计算节点并在下次执行任务时开启
27.                end if
28.            end for //得出了所有 stu_i
29.            foreach <open_i^j, close_i^j> in stu_i
30.                Energy^r += (close_i^j - open_i^j) · e_i^r
31.                Energy^s += e_i^s
32.                计算 Energy_c
33.            end for
34.        end for
35.        Energy^total = Energy^r + Energy^s + Energy^c
36.        输出 Energy^total 和相应的调度方案
end procedure
```

首先,将整个系统能耗 $\text{Energy}^{\text{total}}$、运行能耗 Energy^r、切换能耗 Energy^s 以及计算能耗 Energy^c 初始化为 0(第 1 行)。初始化之后,对于所有 DNN 应用的所有层。根据层执行顺序,层 l_i^j 被迁移到计算节点 $C_x(l_i^j)$。如果 l_i^j 没有输入数据(即 l_i^j 是输入层),则其开始时间 $T_{\text{start}}(l_i^j)$等于计算节点 $C_x(l_i^j)$的最早空闲时间 $T_{\text{ready}}(C_x(l_i^j))$(第 4 行和第 5 行);否则,层 l_i^j 的开始时间则需要考虑数据从其父节点传输而来所产生的数据传输时间,通过计算所有层 l_i^j 输入数据的产生层 l_i^p,计算最晚结束时间 maxTrans。然后其开始时间 $T_{\text{start}}(l_i^j)$等于计算节点最早空闲时间 $T_{\text{ready}}(C_x(l_i^j))$和输入数据产生层中最晚结束时间 maxTrans 更迟的那一个(第 6~14 行)。

显然,层 l_i^j 的结束时间 $T_{\text{end}}(l_i^j)$等于其开始时间与其在服务器 $C_x(l_i^j)$上执行时间之和(第 15 行和第 16 行)。另外,如果某一粒子对应的任何层的结束时间超过其相应的响应时延约束,则此粒子是不可行的,并且算法执行将终止(第 17~19 行),然后将该计算节点的最早空闲时间设置为层 l_i^j 的结束时间(第 20 行)。

然后,对于每一个计算节点,由于任务在计算节点上的时间已经确定。对于计算节点上每段没有任务的空闲间隙,判断切换能耗是否大于空转能耗,若空转能耗(即这段时间产生的基础运行能耗)大于切换能耗,则暂时关闭计算节点,等下一个任务开始时再重启(第 25~29 行)。

得到了每个计算节点 c_i 上的状态集合 stu_i 之后,计算运行能耗、切换能耗以及计算能耗。计算节点上的工作负载是同一时间所有正在并行执行的任务的负载总和(第 29~33 行)。

最后得到系统总能耗,输出系统总能耗和相对应的迁移方案。

4.3.6 实验与评估

本节将对上文所提出的面向两种不同优化目标的DNN应用迁移决策技术进行实验评估。实验评估采用的DNN是4.3.2节提出的4种结构、数据大小均不同的DNN：AlexNet、VGG-16、GoogLeNet、ResNet101。所有仿真实验都是在带有G3250 3.20GHz处理器和8GB RAM的Windows8 64位操作系统上进行的。

1. 面向成本优化的DNN应用计算迁移策略评估

本节将对4.3.5节提出的面向成本优化的DNN应用迁移决策技术进行实验评估。本节将算法的相关参数设置为：族群数量为100，$iters_{max}=1000$，$w_{max}=0.9$，$w_{min}=0.4$，$c_1.start=0.9$，$c_1.end=0.2$，$c_2.start=0.4$，$c_2.end=0.9$。

1）对比算法

为了验证本节4.3.4节提出的DPSO-GO，本节改进了遗传算法和贪心策略，以适应面向成本优化的边缘计算环境中DNN迁移问题。

遗传算法适应度函数根据式(4-71)、式(4-72)以及式(4-73)。从编码染色体到DNN迁移方案的映射应考虑每层的计算成本和计算节点间的传输成本。

贪心策略在相应的期限内将每一层迁移到最该层便宜的计算节点上而不考虑后续的迁移。如果某个DNN层迁移到最便宜的计算节点不能满足响应时延约束，则必须将该层迁移到第二便宜的计算节点，以此类推。贪心策略将根据层之间的依赖关系，按顺序将前置依赖已经全部迁移完成的DNN层依次迁移。

另外，遗传算法以及本节提出的DPSO-GO属于元启发式算法。如果它们的族群最优解在50次迭代中保持相同的值，则将终止它们。在每个实验中，相同配置的迁移结果可能会有所不同。因此，系统成本是50次重复实验的平均值。如果在实验中找不到可行粒子(可行解)，则将系统成本表示为负值。

2）实验设置

边缘计算环境有20个计算节点$\{c_1,c_2,\cdots,c_{20}\}$，分为3类。前10个计算节点属于物联网设备，后5个计算节点属于云，其他5个计算节点属于边缘。同一类别中计算能力的处理能力大致与其成本成正比。本节假设物联网设备的配置最低，并且无须付费即可执行DNN层。表4-12显示了所有计算节点的配置和成本信息。在本部分中，每个物联网设备都连接到两个附近的边缘计算节点。表4-13中标出了两类计算节点之间的带宽值以及相应的传输成本。

表4-12 计算节点基础信息

计算节点	配置	成本/($/小时)	类型	并发任务数
$\{c_1,c_2,\cdots,c_{10}\}$	2个CPU 4GB	0	0	1
$\{c_{11},c_{12},\cdots,c_{15}\}$	16个CPU 32GB	2.43	1	4
c_{16}	4个CPU 8GB	0.225	2	8
c_{17}	8个CPU 16GB	0.45	2	8

续表

计算节点	配置	成本/($/小时)	类型	并发任务数
c_{18}	16 个 CPU 32GB	0.9	2	8
c_{19}	32 个 CPU 64GB	1.8	2	8
c_{20}	64 个 CPU 128GB	3.6	2	8

表 4-13　计算节点之间的传输带宽以及传输成本

计算节点类型	计算节点类型	带宽/(Mb/s)	成本($/GB)
云	云	5	0.4
云	边缘	2	0.8
边缘	边缘	10	0.16
物联网设备	边缘	10	0.16
物联网设备	云	2	0.8

最后，每个 DNN 需要一个特定的响应时延约束来验证迁移策略是否可行。本节为每个 DNN 设置了 5 个不同的响应时延约束，如式(4-100)所示：

$$R_j = r_j \times H(T_i),\quad r=(1,2,1.5,3,5,8) \tag{4-100}$$

其中 $H(T_i)$是基于 HEFT 算法的 DNN 应用 T_i 的执行时间。

3) 实验结果分析

图 4-33 显示了每个物联网设备一个 DNN 应用任务的不同迁移策略的系统成本。在这些实验中，最初每个物联网设备上只有一个 DNN 应用任务。通常，随着所有迁移策略的响应时延约束逐渐宽松，系统成本将越来越少，这是由于期限限制较为宽松，因此在相同的情况下，可以将更多的层迁移到较便宜的计算节点上。从实验结果中可以看出 DPSO-GO 具有最佳性能，这是因为它是从全局角度迭代地发展的。而贪心策略比较极端。当响应时延约束非常宽松时，可以找到较好的解决方案，但是在响应时延约束非常紧张的条件下，它有时找不到可行的解决方案，这是因为贪心策略只从当前层的最优迁移角度出发，虽然可以满足当前层在响应时延约束内，但是未考虑后续层的完成时间。遗传算法的搜索范围在每次迭代过程中都相对受限，并且不会根据当前染色体的性能进行自适应调整，所以与 DPSO-GO 相比，此结果更差。

图 4-33(a)显示了每个终端设备一个基于 AlexNet 的应用任务的不同策略的系统成本。与图 4-33(b)和图 4-33(d)相比，图 4-33(a)中的策略具有较少的系统成本。这主要是由于 AlexNet 的层数、数据传输量大小和每层的平均执行时间都比图 VGG-16 和 ResNet 中的少得多。从图 4-33(c)中可以看出，没有任何一个迁移策略在 R1 和 R2 响应时延约束下能找到可行的解决方案。这是因为尽管对于每个 DNN 应用，通过 HEFT 算法将响应时间约束延长了完成时间的 1.5 倍，但这是在理想的没有其他 DNN 应用任务的特殊网络环境下得到的，在图 4-33 的模拟实验以及实际场景中，边缘计算节点和云计算节点有多个 DNN 应用任务争抢计算资源，这导致了整个系统中某些 DNN 应用任务可能无法在较短的时间内完成。

图 4-34 显示了每个物联网设备 3 个 DNN 应用任务的不同策略的系统成本。这意味着每个物联网设备上最初有 3 个 DNN 应用任务。从图 4-33 中可以发现，在 R1 和 R2

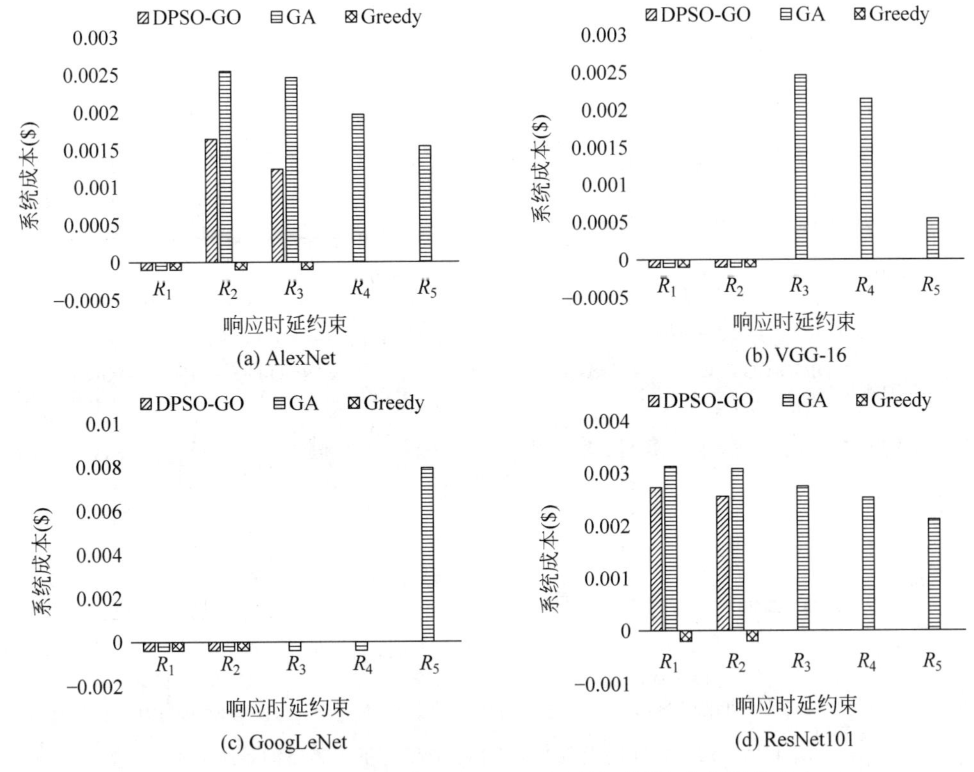

图 4-33 每个物联网设备一个 DNN 应用的不同策略的系统成本

的响应实验约束中几乎所有迁移策略都没有可行的解决方案，而图 4-34 中 DNN 的层数是图 4-33 中相应 DNN 数量的 3 倍。所以为了减少不可行解的生成，图 4-34 中实验的响应时延约束是图 4-33 中的 2 倍。

总体来说，图 4-34 中的系统成本大约是图 4-33 的 4 倍，总体变化趋势与图 4-33 相似。很明显，随着响应时延约束越来越宽松，系统总成本越来越低。贪心策略的表现最差。与图 4-33 相比，图 4-34 中的 DNN 应用任务数量更多，因此更需要从全局的角度进行迁移方案的制定，所以贪心策略只能在 R_4 和 R_5 的响应时延约束下找到可行的解决方案。DPSO-GO 的效果最优，因为引入遗传算法的交叉算子与变异算子，使其克服了容易陷入局部最优的缺陷，并且增加了种群多样性。从实验中可以发现，数据传输成本占 GoogLeNet 和 ResNet101 系统总成本的大部分。产生此结果的原因是相比于 AlexNet (层数为 11)具有更多的层，而层的计算量相对较小。

为了观察边缘服务器和云服务器的计算能力对不同策略性能的影响，本节选择了具有代表性的 AlexNet 作为实验对象。实验设置基于 R_2 响应时延约束，且每个物联网设备一个基于 AlexNet 应用。同时不断调整边缘计算节点和云计算节点的计算能力，将边缘计算节点和云计算节点的更新计算能力调整为原始设置的{0.8,1,1.5,3,5}倍。

图 4-35 显示了在 R_2 响应时延约束下中每个物联网设备一个基于 AlexNet 应用的不同迁移策略的系统成本。随着边缘计算节点和云计算节点的计算能力的提高，执行 DNN 层任务的时间缩短，计算成本也随之降低。由于 AlexNet 的数据传输量较大，提供高带宽的边缘计算节点成为了迁移的较优选择，因此边缘计算节点计算能力的提高对系

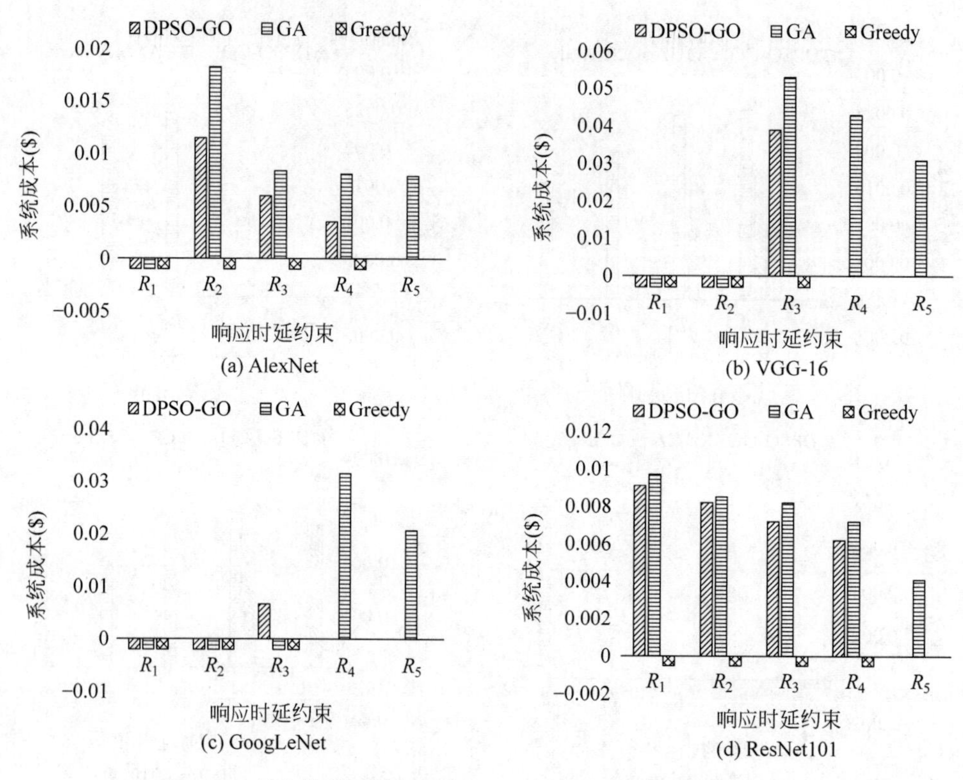

图 4-34　每个物联网设备 3 个 DNN 应用的不同策略的系统成本

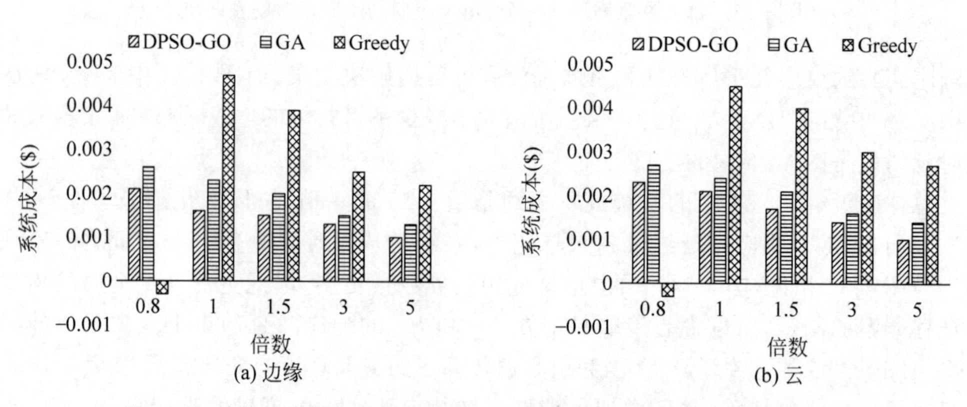

图 4-35　计算能力调整的每个设备一个 AlexNet 的不同策略的系统成本

统成本的影响比云计算节点计算能力提高产生的影响更大。随着边缘计算节点计算能力的提高，不同策略的系统成本平均比云计算节点低 4%～31%。

综上所述，DPSO-GO 在面向成本优化的 DNN 应用迁移时，从全局角度充分考虑了层与层之间的数据传输成本以及不同计算节点的计算成本，相比于传统遗传算法和贪心策略，更有可能找到可行解并且可以减少迁移的系统总成本。因此，本节提出的面向成本优化的 DNN 应用迁移决策技术在减少成本方面有着良好的优化效果。

2. 面向能耗优化的 DNN 应用计算迁移策略评估

本节将对 4.3.5 节提出的面向能耗优化的 DNN 应用迁移决策技术进行实验评估。

算法的相关参数被设置为：族群数量为 50，$iters_{max}=300$，$w_{max}=0.9$，$w_{min}=0.4$，$c_1.start=0.9$，$c_1.end=0.2$，$c_2.start=0.4$，$c_2.end=0.9$。

1）对比算法

为了验证 4.3.5 节提出的 SDPSO-GO 的有效性，本节改进了遗传算法和贪心策略，以适应面向能耗优化的边缘计算环境中 DNN 迁移问题。

遗传算法适应度函数根据式(4-95)、式(4-96)以及式(4-97)。从编码染色体到 DNN 迁移方案的映射应考虑每层的运行能耗、切换能耗和计算能耗。

贪心策略将每层迁移到计算能耗最低的计算节点上。如果某个 DNN 层迁移到计算能耗最低的计算节点不能满足响应时延约束，则必须将该层迁移到第二低的计算节点，以此类推。贪心策略将根据层之间的依赖关系，按顺序将所有前置依赖均迁移完成的 DNN 层依次迁移。

除了贪心策略，其他所有算法均以 50 次实验的平均值作为准。如果在实验中找不到可行粒子(可行解)，则将系统能耗表示为负值。

2）实验设置

边缘计算环境有 15 个计算节点$\{c_1,c_2,\cdots,c_{15}\}$。前 10 个计算节点属于物联网设备，后 1 个计算节点属于云，其他 4 个计算节点属于边缘。表 4-14 显示了所有计算节点的基础信息，计算节点与计算能耗大致成正比，其中运行能耗、切换能耗和计算能耗的单位分别是 $\mu W\cdot ms^{-1}$、μW 和 $\mu W\cdot ms^{-1}\cdot byte^{-1}$。在本节中，每个物联网设备都连接到两个附近的边缘计算节点。表 4-15 中给出了两类计算节点之间的带宽值。

表 4-14 计算节点基础信息

计算节点	计算能力	运行能耗	切换能耗	计算能耗	类型	并发任务数
$\{c_1,c_2,\cdots,c_{10}\}$	0.5	0.1	30	0.1	0	1
c_{11}	1	0.2	45	0.2	1	4
c_{12}	0.8	0.18	45	0.18	1	4
c_{13}	1.2	0.22	45	0.22	1	4
c_{14}	1.5	0.27	45	0.27	1	4
c_{15}	2	0.3	60	0.3	2	8

表 4-15 计算节点之间的传输带宽

计算节点类型	计算节点类型	带宽(Mb/s)
云	云	5
云	边缘	2
边缘	边缘	10
物联网设备	边缘	10
物联网设备	云	2

3）实验结果分析

图 4-36 描述了每个物联网设备一个 DNN 应用任务的不同迁移策略的系统能耗。这意味着在这些实验中，每个设备只有一个 DNN 应用任务。从图 4-36 中可以看出，随着基于 SDPSO-GO 和 GA 的迁移策略的最后期限越来越宽松，系统能耗越来越低。这

是因为随着响应时延约束变得越来越宽松，基于元启发式算法的策略将在相同情况下为能耗更低的计算节点分配更多的层。每种 DNN 的系统的能耗大小是不同的。主要原因是每种类型的 DNN 具有不同的计算层数、计算量大小、总体结构以及数据传输量。对于 AlexNet，其模型的计算量比其他 3 种类型的 DNN 多。因此，与其他相比，AlexNet 的计算能耗更高。对于 GoogLeNet，与其他类型的 DNN 相比计算量较低，且由于其特殊的 Inception 结构，提升了其深度神经网络模型的宽度，使其可以并行执行许多层，所以计算能耗更低。VGG 的数据传输量与 GoogLeNet 相似，但是 GoogLeNet 的模型结构宽度为 GoogLeNet 节省了系统能耗。这是因为并行结构减少了 GoogLeNet 的完成时间。从总体上来说，提出时间越晚的深度神经网络模型消耗的能耗越低，这也符合实验的预期，而 ResNet 比 GoogLeNet 的总系统能耗高出一些是因为本节从最坏的角度进行考虑 ResNet，即假设 ResNet 执行了所有层的学习，不考虑 ResNet 残差神经网络模型的捷径连接策略。

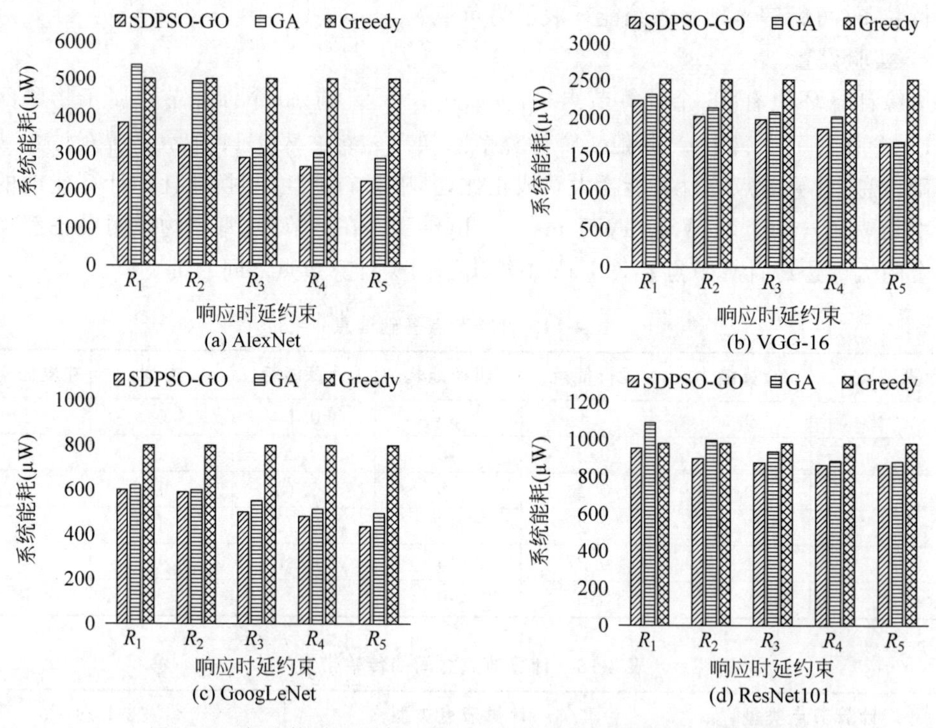

图 4-36　每个物联网设备一个 DNN 应用的不同策略的系统能耗

本节在 4.3.5 节提出的 DPSO-GO 的基础上，通过对惯性权重参数进行自适应调整对算法进行进一步改进，使得 SDPSO-GO 在所有的实验中都取得了最好的效果。而传统 GA 算法，因为搜索效率低下，所以在迭代次数有限时，效果不佳。贪心策略在所有类型的 DNN 中都保持稳定，其得出的迁移方案没有随着响应时延约束的变化而变化，这是因为在每个物联网设备只有一个 DNN 任务时，边缘节点和云节点资源竞争并不激烈，所以可以在响应时延约束内找到可行的方案，而贪心策略总是从局部角度考虑，导致其得出的迁移方案在全局角度并非是最优的。

图 4-37 显示了每个物联网设备 3 个 DNN 应用任务的不同迁移策略的系统能耗。

在这些实验中,DNN 应用任务在物联网设备上以与 $H(T_i)$成比例的时间间隔到达物联网设备。图 4-37 中的总体趋势与图 4-36 中的相似。图 4-37 中的系统能耗大约是图 4-36 中的 3 倍。但是,与图 4-36 相比,图 4-37 中产生了更多的不可行方案。

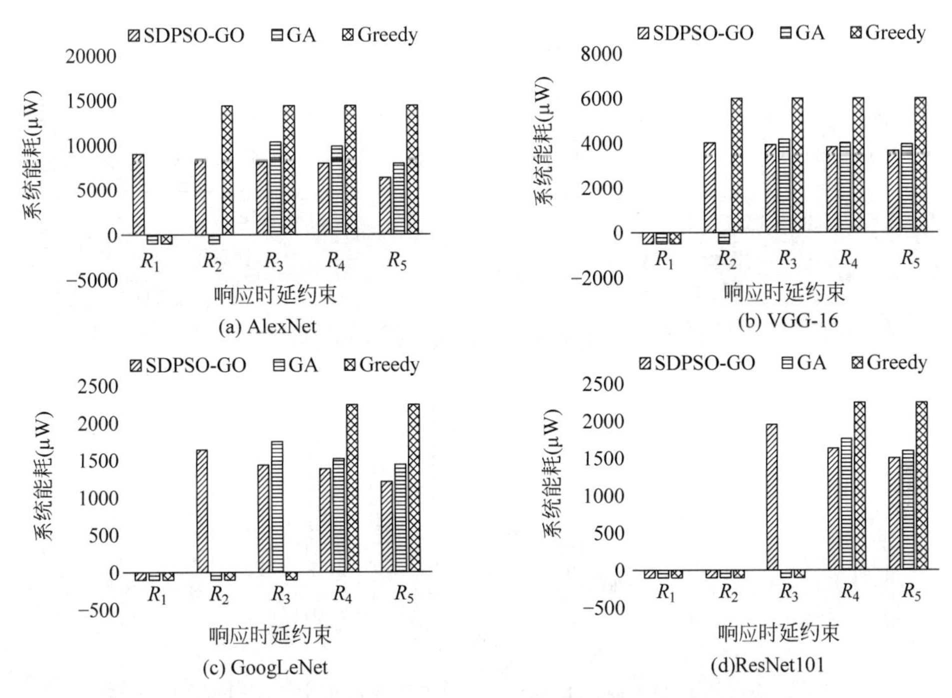

图 4-37 每个物联网设备 3 个 DNN 应用的不同策略的系统能耗

从图 4-37 可以看出,贪心策略的表现最差。与图 4-36 相比,图 4-37 中的 DNN 应用任务数量更多,因此更需要从全局的角度进行迁移方案的制定,所以在响应时延约束非常紧张的情况下,贪心策略经常难以找到可行解,其原因在于贪心策略在迁移 DNN 的编号较小的层时,从局部考虑将其迁移到当前能耗最低的计算节点上,但是并未考虑其耗费的时间对后续层迁移的影响,导致后续层无法在响应时延约束前完成。与图 4-36 相比,图 4-37 中的 SDPSO-GO 算法性能比 GA 算法有更显著的提升,且可以在大部分情况下找出最优解。

图 4-37(d)显示了每个物联网设备 3 个基于 ResNet101 模型应用任务的不同策略的系统能耗。可以发现,在 R_1 和 R_2 的响应时延约束下,没有策略可以找到可行解。这是因为 ResNet101 网络模型的层数非常多,而物联网设备受限于自身的计算能力,所以要将大量的层迁移到边缘端和云端执行,但编号较小的层由于卷积核的尺寸较大,通过物联网设备直接传输到云端将会耗费大量的传输时间上,难以按时完成任务,同时边缘节点的数量有限,这导致了大量计算任务在边缘上聚集并争夺计算资源,最终导致某些基于 ResNet101 网络的应用任务无法按时完成。

后续实验选择 GoogLeNet 作为代表对象。为了研究计算节点的计算能力对不同策略的性能的影响,本节针对每个设备中 3 个 GoogLeNet 的示例(见图 4-37(c))调整了云、边缘和物联网设备的计算能力,响应时延约束选择 R_2。

图 4-38 显示了在 R_2 响应时延约束下每个物联网设备 3 个基于 GoogLeNet 应用任务

的不同迁移策略随物联网设备、边缘节点以及云计算中心计算能力变化的系统能耗。从总体上看,随着计算节点的计算能力的提高,DNN 层的执行时间和 DNN 的完成时间将减少。

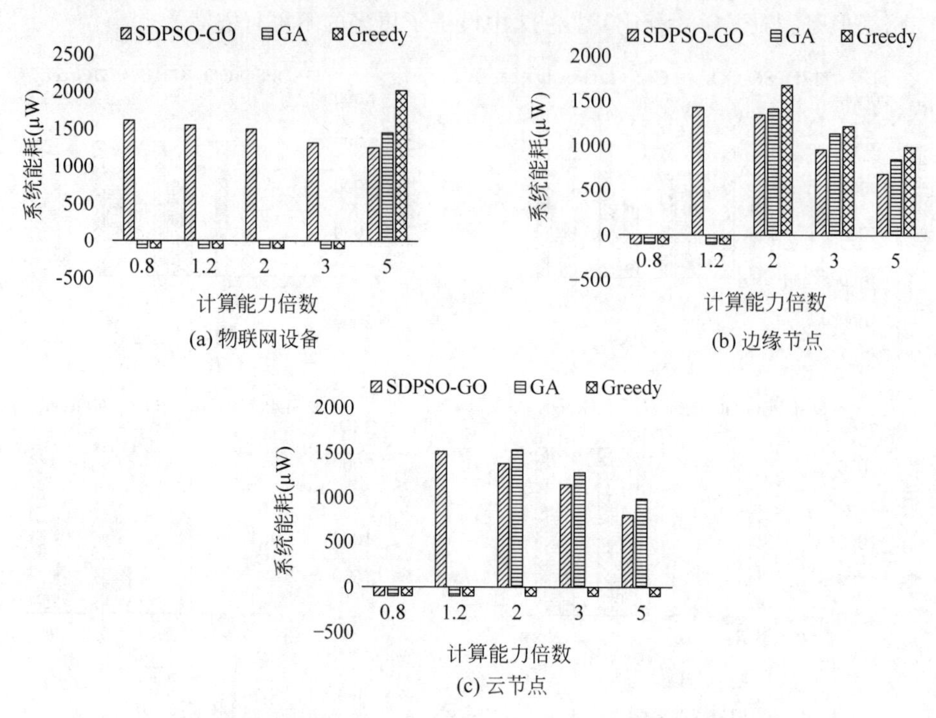

图 4-38 计算能力调整的每个设备 3 个 GoogLeNet 的不同策略的系统能耗

从图 4-38 中可以看出,边缘节点的计算能力提高对总能耗的影响最大,云端其次,物联网设备最小。首先,云端的计算能力本来就非常强大,但是受限于地理因素,物联网设备到云端的带宽限制 DNN 应用层只有在执行到数据传输量较小的层时,才能迁移到云端,边缘节点与物联网设备间的高速带宽有效地解决了这一问题。因此,边缘节点计算能力的提高对系统的能耗比云端更有意义。物联网设备计算能力远不如边缘计算节点和云计算节点,所以只有在物联网设备计算能力放大 5 倍时,才能显著地降低计算能耗。数据显示,边缘节点的计算能力提高到 5 倍时,与云计算和物联网设备计算相比,基于 SDPSO-GO 的迁移策略的系统能耗分别可以节省 22.8%和 83.3%。

综上所述,4.3.5 节提出的 SDPSO-GO 在面向能耗优化的 DNN 应用迁移时,从运行能耗、切换能耗以及计算能耗 3 个方面综合考虑了多个因素对系统总能耗的影响,与传统遗传算法和贪心策略相比,更有可能找到可行解并且可以减少迁移的系统总能耗。因此,本节提出的面向能耗优化的 DNN 应用迁移决策技术在减少能耗方面有着良好的优化效果。

4.3.7 总结

1. 工作总结

基于深度神经网络的应用数量近年来大幅度增长,传统云计算的中心化难以很好地处理大量的基于深度神经网络的应用任务。移动边缘计算的出现,为这类问题提供了新的解决思路。与远端服务器相比,边缘服务器将产生更低的时延以保证服务质量。物联网设备将借助计算能力相对较强的边缘服务器处理计算任务。本节基于上述背景情况,调研了目前国内外在边缘网络环境下的任务迁移问题上的研究现状,并提出了两种面向不同优化问题的 DNN 应用计算迁移决策技术,通过引入遗传算法的交叉和变异算子,并对粒子群优化算法的参数进行自适应调整,实现将 DNN 分层并按层迁移到合适的计算节点,有效地降低了边缘环境下 DNN 迁移的成本和能耗。本节的主要贡献如下:

1) DNN 应用迁移统一建模

首先,为了更好地定义边缘环境下 DNN 应用迁移问题,本节构建了边缘环境下 DNN 应用计算迁移统一模型,并对模型中的边缘网络拓扑环境和 DNN 应用进行了详细的说明,从模型层面对本节要解决的问题进行了阐述。

2) 边缘环境下面向成本优化的 DNN 应用迁移决策技术

本节在边缘环境下 DNN 应用迁移的成本优化问题上,考虑了不同 DNN 的应用结构、DNN 层与层之间的数据传输关系、不同类型计算节点的特点以及不同计算节点间的带宽及传输成本等因素对 DNN 应用迁移系统总成本的影响,针对该问题提出了一种面向成本优化的 DNN 应用迁移决策技术。该技术通过在传统离散粒子群优化算法中引入遗传算法的交叉算子和变异算子,有效避免了离散粒子群优化算法容易过早收敛的问题,可以有效地减少 DNN 应用迁移的系统总成本。

3) 边缘环境下面向能耗优化的 DNN 应用迁移决策技术

本节在面向能耗优化的 DNN 应用迁移问题上,考虑了计算节点运行间隔以及计算节点上的 DNN 应用工作负载等因素对计算节点总能耗的影响,针对该问题提出了一种面向能耗优化的 DNN 应用迁移决策技术。该技术在引入遗传算子的离散粒子群优化算法基础上,通过对算法参数进行自适应调整,进一步避免了离散粒子群优化算法的早熟收敛问题,可以有效地减少 DNN 应用迁移的系统总能耗。

2. 未来工作展望

本节对当前国内外边缘环境下的任务迁移问题进行了调研和分析,分析了不同 DNN 模型的结构特征,针对两种不同的优化目标分别提出了相对应的 DNN 应用计算迁移决策技术,目的是优化 DNN 迁移的系统总成本和系统总能耗。

在未来的工作中,将继续深入这方面的研究,考虑环境变化(即网络延迟、带宽波动和服务器故障)对 DNN 应用迁移决策的影响,以及考虑同时处理基于不同 DNN 模型的应用任务同时到达的复杂场景下的 DNN 应用迁移问题。另外,本节将在后期工作中对优化目标进行综合考虑,将多个优化目标(如成本、能耗以及负载均衡)整合成一个多目标优化问题研究。

4.4 移动边缘环境下基于预测反馈控制和强化学习的多边缘协同负载均衡方法

随着无线通信技术的进步,越来越多的人在商务、娱乐和社交活动中严重依赖便携式移动设备。这对跨不同计算平台构建无缝应用程序体验提出了巨大挑战。一个关键问题是移动设备由于其便携尺寸而受到的资源限制，然而这可以通过将计算密集型任务从移动设备卸载到称为边缘的附近计算机集群(通过无线接入点)来克服。随着越来越多的人通过移动设备接入互联网，有理由设想在不久的将来，边缘服务将通过易于访问的公共无线城域网向公众提供。然而，必须摒弃将边缘视为盒子中的孤立数据中心的过时观念，因为将多个边缘连接在一起形成网络有明显的好处。在已有工作中，多边缘协同往往采用集中式决策的模式进行负载均衡调度，然而，无线城域网中边缘节点数量多、分布广，集中式决策的模式会带来长的决策时间和大的通信代价，每个边缘节点独立调度的分散式决策模式，则可以避免上述问题。本节提出一个基于预测反馈和强化学习的多边缘协同负载均衡方法(PCRLB)，每个边缘节点基于局部信息，独立进行本节点和相邻节点间的负载均衡调度，通过强化学习和机器学习结合的方法进行单次调度决策，经过反馈控制和多边缘协同，逐步寻找合适的负载均衡方案。仿真结果表明，PCRLB方法选择负载均衡调整操作的正确率为96.3%。

4.4.1 引言

近年来，移动计算技术的进步使得用户能够体验到各种各样的应用程序。然而，随着新开发的应用程序的资源需求不断增长，移动设备的计算能力仍然有限，这是由于它们的便携性。克服移动设备资源匮乏的传统方法是利用远程云中丰富的计算资源。移动设备通过将计算密集型任务卸载到远程云上执行，可以减轻其工作负载并延长电池寿命。然而，将任务卸载到远程云的一个重要限制是用户与这些远程云之间的距离。云和用户之间的长时间延迟会导致用户交互频繁的应用程序出现延迟，干扰用户体验。为了尽量减少卸载任务对远程云的响应时间延迟影响，研究人员建议使用部署在用户网络中的称为边缘的计算机集群，通过在附近的边缘上执行卸载任务来支持移动设备。

边缘是一个资源丰富的计算机集群，通过无线方式连接到附近的移动用户。通过提供对其丰富计算资源的低延迟访问，边缘可以显著提高移动应用程序的性能。如果附近没有可用的边缘，那么通常假设用户可以将其应用程序卸载到远程云，或者在其移动设备上运行应用程序。尽管边缘通常被定义为孤立的“盒子中的数据中心”，但将多个边缘连接在一起形成网络有明显的好处。最近的一项研究讨论了如何在公共无线城域网(Wireless Metropolitan Area Network，WMAN)中部署边缘，作为WiFi互联网接入的免费服务。大城市地区通常人口密度较高，这意味着边缘将可供大量用户使用。这提高了边的成本效益，因为它们不太可能空闲。此外，由于网络的规模，WMAN服务提供商在通过WMAN提供边缘服务时可以利用规模经济，使边缘服务更能为公众所接受。

WMAN服务提供商面临的一个主要问题是如何将用户的任务请求分配到不同的边缘，从而使WMAN中边缘之间的工作负载得到很好的平衡，从而缩短任务的响应时延，增强用户使用服务的体验。这个问题的一个典型解决方案是将用户请求分配到其最近的边缘以最小化网络延迟，然而这种方法在WMAN设置中已被证明是不够有效的。具体来说，网络中的大量用户意味着每个边缘的工作负载都将是高度不稳定的。如果边缘突然被用户请求淹没，那么边缘的任务响应时间将急剧增加，从而导致用户应用程序的延迟和用户体验的降低。为了防止某些边缘过载，将用户请求分配给不同的边缘非常重要，这样边缘之间的工作负载就可以很好地平衡，从而减少最大响应时间。

存在一些工作，旨在研究无线城域网中的边缘负载均衡，这些工作往往采用集中式决策的模式，从各边缘节点获取负载、网络连接、计算能力等实时信息，进一步地，采用启发式算法或搜索策略寻找合适的负载均衡方案。然而，上述方法很难解决各边缘负载不断变化的实际情况，主要存在两方面问题：

(1) 边缘节点数量众多且距离较远，获取所有边缘节点的实时信息将导致较大的决策时延和通信代价；

(2) 目前的启发式算法和搜索策略大多需要较长的决策时间，难以适应各边缘节点负载不断变化的情况。

为了解决上述问题，本节提出一个基于预测反馈和强阿虎学习的多边缘协同负载均衡方法(PCRLB)。本节的主要贡献包括：

- 提出一种基于分散式决策和反馈控制的多边缘协同负载均衡框架。每个边缘节点基于局部信息，独立进行本节点和相邻节点间的负载均衡调度，经过反馈控制和多边缘协同逐步寻找合适的负载均衡方案。
- 提出一种强化学习和机器学习结合的负载均衡调度策略，用于每个节点和相邻节点间的负载均衡调度。首先，利用Q-学习算法，根据Q值来评估调整操作的值。其次，基于Q-学习得到的Q值，建立了一个Q值预测模型，对不同系统状态下的调整操作Q值进行了精确预测。最后，设计了一种新的基于反馈控制的决策算法，根据预测的Q值对调整操作进行决策，并利用该算法寻找本节点和相邻节点之间的目标负载均衡方案。
- 使用真实世界的城市无线基站分布图进行广泛的模拟实验，实验结果验证了所提出的PCRLB方法在多边缘协作中实现高效负载均衡的有效性。

4.4.2 相关工作

计算卸载是解决设备资源受限问题的一个有效途径，它将软件中的计算密集型任务从本地发送到远程设备执行，通过利用远程资源来扩展本地资源。MAUI是一种以方法为粒度的计算卸载框架，开发者只需要标注应用程序中可卸载的方法，框架就能够自动进行程序重构，在此基础上，根据运行时上下文环境决定哪些方法卸载到云服务器执行。DPartner是一种以类为粒度的计算卸载框架，它采用代理机制实现类实例(对象)的远程访问，并实现程序自动重构，进一步采用程序静态分析方法计算类耦合度，自动将应用程序中的类划分为两个集合，分别部署在移动设备和云服务器。CloneCloud是一种以线程为粒度的计算卸载框架，它修改了应用程序级的虚拟机，支持原生软件的线程无缝卸载到云服务器执行。Neurosurgeon是一种以神经网络层为粒度的计算卸载框架，它通过每一层的参数评估其执行开销和传输开销，自动将深度神经网络纵向切分为两个部分，进一步采用轻量级的调度器，实现深度神经网络在移动设备和云中心之间的协同执行。上述计算卸载使能机制,能够有效支持单个软件的计算卸载,但没有解决多个软件同时进行计算卸载时的负载均衡问题。

目前,一些研究工作旨在解决不同场景中的负载均衡问题。Jia 等人研究了 WMAN 中的微云负载均衡问题,提出了一种基于规则的微云负载均衡算法,以缩短任务的平均响应时间。Wan 等人针对制造集群的复杂能耗问题,提出了一种基于改进粒子群优化算法的能量感知负载均衡与调度方法。Lin 等人提出了一种带有遗传算法算子的自适应离散粒子群优化算法(GA-DPSO),用于在云边缘环境中放置科学工作流数据时优化数据传输时间。Gomez 等人提出了一种基于机器学习技术的负载均衡方案,该方案使用无监督和有监督的方法,以及马尔可夫决策过程(Markov Decision Process,MDP)来实现密集物联网中的最佳负载均衡。Li 等人提出了一种基于卷积神经网络(Convolutional Neural Network,CNN)的负载均衡方法来解决车载网络中移动边缘服务器之间的负载均衡问题。Xu 等人提出了一种基于深度强化学习(Deep Reinforcement Learning,DRL)的移动性负载均衡算法,并提出了一种两层结构来解决超密集网络的大规模负载平衡问题。

4.4.3 问题模型

本节对无线城域网中的多边缘协作负载均衡问题进行了形式化定义。如图 4-39 所示,在一个无线城域网中的固定位置上有若干个边缘。边缘位于网络中的无线接入点(Access Point,AP)上,并且通过无线网络互相连接。假设用户应用程序被动态地划分为可以在任何一个边缘上处理的独立的可卸载任务。用户将任务卸载到附近的边缘上以提高应用程序的性能。然而,由于城市人群的流动性,用户分布不断变化,会导致有的边缘负载高,有的边缘负载低。负载高的边缘会带来更大的任务执行时间,从而增加该边缘上任务的响应时间。因此,需要通过负载均衡以避免某些边缘节点上的任务响应时间过长而影响用户体验。本节使用所有边缘的到达任务的最大平均响应时间作为负载均衡效果的评价指标,最大平均响应时间越小,负载均衡效果越好。本节用到的符号及其定义如表 4-16 所示。

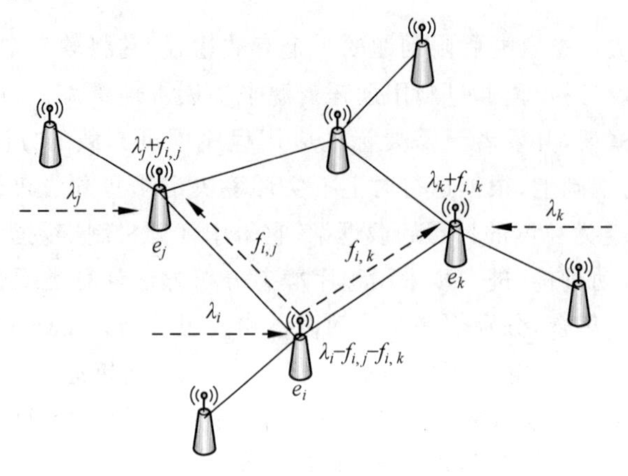

图 4-39　无线城域网中的负载均衡

表 4-16 问题定义的符号及其说明

符号	说明
N	网络中的边缘数量
e_i	网络中的第 i 个边缘
k	每个边缘连接的边缘个数
v_i	边缘 e_i 的服务速率,即单位时间内边缘 e_i 能处理的任务量
$d_{i,j}$	表示边缘 e_i 和边缘 e_j 之间单位任务的传输时间
λ_i	边缘 e_i 的任务到达率,即单位时间内用户卸载到边缘 e_i 的任务量
F	全局负载均衡方案
F_i	边缘 e_i 的局部负载均衡方案
$f_{i,j}$	单位时间内边缘 e_i 的到达任务中调度到边缘 e_j 上执行的任务量
w_i	单位时间内边缘 e_i 的实际任务负载(负载均衡前的值等于 λ_i)
l_i	边缘 e_i 的负载率
$T_a(l_j)$	表示负载率为 l_j 时,边缘 e_j 上的任务的平均执行时间
T_r^i	边缘 e_i 的到达任务的平均响应时间
$t_{i,j}$	单位时间内边缘 e_i 的到达任务中调度到相邻边缘 e_j 上执行的任务的平均响应时间
$T_{\max}$	N 个边缘上的到达任务的最大平均响应时间

假设一个无线城域网中部署了 N 个边缘,用集合 $E=\{e_1,e_2,\cdots,e_N\}$表示,其中 e_i 表示第 i 个边缘。边缘之间通过无线网络连接,互相连接的两个边缘称为相邻边缘。每个边缘 e_i 仅和附近的 k 个边缘相连。用 $V=\{v_1,v_2,\cdots,v_N\}$表示 N 个边缘的服务速率,其中,v_i 表示边缘 e_i 的服务速率,即单位时间内边缘 e_i 能处理的任务量。

为了更好地表示网络环境和边缘之间的连接情况,用矩阵 $\boldsymbol{D}$ 表示 N 个边缘之间的单位任务传输时间:

$$\boldsymbol{D}=\begin{bmatrix} d_{1,1} & d_{1,2} & \cdots & d_{1,N} \\ d_{2,1} & d_{2,2} & \cdots & d_{2,N} \\ \vdots & \vdots & \ddots & \vdots \\ d_{N,1} & d_{N,2} & \cdots & d_{N,N} \end{bmatrix}$$

其中,$d_{i,j}$ 表示边缘 e_i 和边缘 e_j 之间单位任务的传输时间。特别地,如果 $i=j$,则有 $d_{i,j}=0$。如果 $d_{i,j}$ 为无穷大,则说明边缘 e_i 和边缘 e_j 之间没有连接。

用 $\lambda=\{\lambda_1,\lambda_2,\cdots,\lambda_N\}$表示 N 个边缘的任务到达率,其中 $\lambda_i>0$ 表示边缘 e_i 的任务到达率,即单位时间内用户卸载到边缘 e_i 的任务量。为了方便描述,以下将单位时间内用户卸载到边缘的任务称为边缘的到达任务。为了使边缘负载均衡,边缘上的到达任务可以被调度到该边缘的相邻边缘上执行,如图 4-39 所示。

同时,用矩阵 $\boldsymbol{F}$ 表示全局负载均衡方案:

$$\boldsymbol{F}=\begin{bmatrix} \boldsymbol{F}_1 \\ \boldsymbol{F}_2 \\ \vdots \\ \boldsymbol{F}_N \end{bmatrix}=\begin{bmatrix} f_{1,1}, & f_{1,2} & \cdots & f_{1,N} \\ f_{2,1}, & f_{2,2} & \cdots & f_{2,N} \\ \vdots & \vdots & \ddots & \vdots \\ f_{N,1}, & f_{N,2} & \cdots & f_{N,N} \end{bmatrix}$$

其中,$\boldsymbol{F}_i$ 表示边缘 e_i 的局部负载均衡方案,描述边缘 e_i 上的到达任务的调度情况。注意每个边缘只能对其到达任务进行调度而不能对来自相邻边缘的任务再进行调度。当 $i=j$ 时，$f_{i,j}$ 表示单位时间内边缘 e_i 的到达任务中实际在本节点上执行的任务量。当 $i\neq j$ 时，$f_{i,j}$ 表示单位时间内边缘 e_i 的到达任务中调度到边缘 e_j 上执行的任务量。特别地，如果边缘 e_i 和边缘 e_j 之间没有连接，则 $f_{i,j}=0$。

此外，定义 $W=\{w_1,w_2,\cdots,w_N\}$ 表示单位时间内 N 个边缘的实际任务负载，其中 $w_i>0$ 表示单位时间内边缘 e_i 的实际任务量，即边缘 e_i 实际需要执行的总任务量，包括边缘 e_i 的到达任务中在本节点执行的任务量和从相邻边缘调度过来的任务量。进行负载均衡前，单位时间内边缘 e_i 的实际任务负载等于边缘 e_i 的到达任务量。负载均衡时，一个边缘的到达任务往往分散在自身和相邻边缘上执行。因此，每个边缘上的到达任务的平均响应时间应为其各部分任务的平均响应时间的加权平均值。因此，定义边缘 e_i 上的到达任务的平均响应时间 T_r^i 如下：

$$T_r^i=\frac{1}{\lambda_i}\sum_{j=1}^{N}(f_{i,j}\cdot t_{i,j}) \tag{4-101}$$

其中，λ_i 表示单位时间内用户卸载到边缘 e_i 的任务量，$f_{i,j}(i\neq j)$ 表示单位时间内边缘 e_i 的到达任务中调度到边缘 e_j 上执行的任务量，如果边缘 e_i 和边缘 e_j 没有连接，则 $f_{i,j}=0$；$f_{i,j}$ 表示单位时间内边缘 e_i 的到达任务中实际在本节点上执行的任务量。$t_{i,j}$ 表示单位时间内边缘 e_i 的到达任务中调度到相邻边缘 e_j 上执行的任务的平均响应时间。

任务响应时间由执行时间和传输时间组成，于是，单位时间内边缘 e_i 的到达任务中调度到相邻边缘 e_j 上执行的任务的平均响应时间 $t_{i,j}$ 定义如下：

$$t_{i,j}=T_a(l_j)+d_{i,j} \tag{4-102}$$

其中，$T_a(l_j)$ 表示负载率为 l_j 时，边缘 e_j 上的任务的平均执行时间，即单位任务的执行时间，$T_a(l_j)$ 与具体的节点配置相关。$d_{i,j}$ 表示边缘 e_i 与边缘 e_j 之间单位任务量的传输时间且有 $d_{i,j}=0$。l_j 表示单位时间内边缘 e_j 的实际任务负载率，其定义如下：

$$l_j=\frac{w_j}{v_j} \tag{4-103}$$

即 l_j 为边缘 e_j 的实际任务负载与服务速率的比值。

进一步地，为了评估 N 个边缘的负载均衡效果，定义 $T_{\max}$ 表示 N 个边缘上的到达任务的最大平均响应时间，即

$$T_{\max}=\max\{T_r^1,T_r^2,\cdots,T_r^N\} \tag{4-104}$$

最后，定义本节的目标函数为

$$\min(T_{\max}) \tag{4-105}$$

即最小化 N 个边缘上的到达任务的最大平均响应时间。

用不同的全局负载均衡方案 $\boldsymbol{F}$ 进行负载均衡后，N 个边缘上的到达任务的最大平均响应时间 $T_{\max}$ 表也不同。使用方案 $\boldsymbol{F}$ 进行负载均衡后，N 个边缘上的到达任务的最大平均响应时间为方案 $\boldsymbol{F}$ 的响应时间。$T_{\max}$ 表越小说明 N 个边缘的负载均衡效果越好。

在相关研究工作中，多边缘协同往往通过集中式决策实现负载均衡调度，然而，无线城域网中边缘节点的数量多且分布广，集中式决策的模式势必会造成较长的决策时间和

较大的通信代价，分散式决策模式，即每个边缘节点进行独立调度，可以有效避免上述问题。此外，传统决策方法需要为每一个边缘 e_j 建立 $T_a(l_j)$ 评估模型，以评估不同状态下边缘 e_j 上的任务平均执行时间，从而进行调度决策，该工作存在一定难度。本节提出一个基于预测反馈和强化学习的多边缘协同负载均衡方法，每个边缘节点基于局部信息，独立进行本节点和相邻节点间的负载均衡调度，通过强化学习和机器学习结合的方法进行单次调度决策，经过反馈控制和多边缘协同，逐步寻找合适的负载均衡方案。

4.4.4 算法

本节将具体介绍提出的基于预测反馈和强化学习的多边缘协同负载均衡方法。下面首先介绍基于分散式决策和反馈控制的多边缘协同负载均衡框架，然后介绍强化学习和机器学习相结合的调度策略。具体地，将从以下 3 个部分介绍强化学习和机器学习相结合的调度策略：基于强化学习的调整操作 Q 值评估、Q 值预测模型和决策算法。

1. 基于分散式决策和反馈控制的多边缘协同负载均衡框架

在无线城域网中边缘节点数量多、分布广，集中式决策的模式会带来较长的决策时间和较大的通信代价。本节提出一种基于分散式决策和反馈控制的多边缘协同负载均衡框架。每个边缘节点基于它在运行时环境中易于获取到的局部信息，独立进行本节点和相邻节点间的负载均衡调度，经过反馈控制和多边缘协同逐步寻找合适的负载均衡方案。如表 4-17 所示，边缘 e_i 在运行时环境中利用的局部信息包括边缘 e_i 的任务到达率、边缘 e_i 的当前局部负载均衡方案，以及相邻节点的负载率。

表 4-17　运行时环境中的局部信息

λ_i	F^i_{cur}	L_i	T^i_r	F^i_{opt}	$T^{i'}_r$
λ^1_i	$f^{i,1}_0, f^{i,1}_1, f^{i,1}_2, \cdots, f^{i,1}_k$	$l^{i,1}_0, l^{i,1}_1, l^{i,1}_2, \cdots, l^{i,1}_k$	$T^{i,1}_r$	$f^{i,1'}_0, f^{i,1'}_1, f^{i,1'}_2, \cdots, f^{i,1'}_k$	$T^{i,1'}_r$
λ^2_i	$f^{i,2}_0, f^{i,2}_1, f^{i,2}_2, \cdots, f^{i,2}_k$	$l^{i,2}_0, l^{i,2}_1, l^{i,2}_2, \cdots, l^{i,2}_k$	$T^{i,2}_r$	$f^{i,2'}_0, f^{i,2'}_1, f^{i,2'}_2, \cdots, f^{i,2'}_k$	$T^{i,2'}_r$
…	…	…	…	…	
λ^u_i	$f^{i,u}_0, f^{i,u}_1, f^{i,u}_2, \cdots, f^{i,u}_k$	$l^{i,u}_0, l^{i,u}_1, l^{i,u}_2, \cdots, l^{i,u}_k$	$T^{i,u}_r$	$f^{i,u'}_0, f^{i,u'}_1, f^{i,u'}_2, \cdots, f^{i,u'}_k$	$T^{i,u'}_r$

边缘 e_i 的任务到达率为 λ_i 并且与 k 个附近的边缘相连。用 $E_i=\{e^i_1, e^i_2, \cdots, e^j_k\}$ 表示与边缘 e_i 相连的边缘集合，其中 e^i_j 表示第 $j(1\leqslant j\leqslant k)$ 个与边缘 e_i 相连的边缘。边缘 e_i 上的到达任务只能在边缘 e_i 或相邻边缘上执行。边缘 e_i 的当前局部负载均衡方案用 $F^i_{cur}=(f^i_0, f^i_1, f^i_2, \cdots f^i_n)$ 表示，其中，f^i_0 表示边缘 e_i 的到达任务中实际在本节点上执行的任务量，f^i_j 表示边缘 e_i 的到达任务中调度到相邻边缘 e^i_j 上执行的任务量。$L_i=(l^i_0, l^i_1, l^i_2, \cdots, l^i_k)$ 表示边缘 e_i 和相邻的 k 个边缘的负载率，其中 l^i_0 表示边缘 e_i 的负载率，l^i_j 表示相邻边缘 e^i_j 的负载率。T^i_r 表示根据当前局部负载均衡方案 F^i_{cur} 进行局部负载均衡调度后，边缘 e_i 的到达任务的平均响应时间。

在运行时环境中，根据边缘 e_i 的任务到达率和边缘 e_i 及其相邻边缘的负载率 L_i，有很多种可选的局部负载均衡方案。如表 4-17 所示，$F^{i}_{\text{opt}}=(f^{i'}_{0},f^{i'}_{1},f^{i'}_{2},\cdots,\cdots f^{i'}_{k})$表示边缘 e_i 的一个可选局部负载均衡方案，其中，$f^{i'}_{0}$ 表示边缘 e_i 的到达任务中实际在本节点上执行的任务量，$f^{i'}_{j}$ 表示边缘 e_i 的到达任务中调度到相邻边缘 e^{i}_{j} 上执行的任务量。$T^{i'}_{r}$ 表示使用可选局部负载均衡方案 F^{i}_{opt} 进行负载均衡调度后，边缘 e_i 上的到达任务的平均响应时间。使得 $T^{i'}_{r}$ 最小的可选局部负载均衡方案即为边缘 e_i 的目标局部负载均衡方案，用 F^{i}_{obj} 表示。根据专家经验，可以得到边缘 e_i 外部环境不变时的目标局部负载均衡方案。

然而，寻找目标局部负载均衡方案 F^{i}_{obj} 需要基于专家知识，针对每个局部负载情况单独制定一套负载均衡规则，成本高、效率低且适用范围受限。为此，本节提出一种基于强化学习和机器学习的单边缘局部决策算法(算法 4.6)，以更高效地寻找边缘 e_i 的目标局部负载均衡方案。算法 4.6 的输入包括边缘 e_i 的任务到达率、边缘 e_i 的当前局部负载均衡方案 F^{i}_{cur} 和边缘 e_i 及其相邻边缘的负载率 L_i，输出是边缘 e_i 的下一个负载均衡调整操作，通过反馈控制，可以逐步找到目标局部负载均衡方案。进一步地，本节提出一个基于分散式决策和反馈控制的多边缘协同负载均衡框架，N 个边缘分别基于局部信息独立进行本节点和相邻节点间的负载均衡调度，如算法 4.6 所示，边缘 e_i 经过反馈控制和多边缘协同逐步寻找合适的目标局部负载均衡方案，算法主要执行过程如下。

算法 4.6：局部负载均衡调度算法

输入：边缘 e_i 的任务到达率 λ_i

```
1.      初始化当前局部负载均衡方案 F^i_cur：F^i_cur =(λ_i,0,…,0)
2.      while True do：
3.          获取自身和相邻边缘的负载率 L_i
4.          得到下一个负载均衡调整操作：a = Algorithm3(λ_i,F^i_cur,L_i)
5.              if a == Null：a：== Null：
6.                  continue
7.              else：
8.                  边缘 e_i 执行负载均衡调整操作 a
9.                  更新边缘 e_i 当前局部负载均衡方案
10.             end if
11.     end while
```

首先，初始化边缘 e_i 的当前负载均衡方案 F^{i}_{cur}(第 1 行)，即边缘 e_i 的到达任务均在本节点上执行。

然后，边缘 e_i 重复执行以下过程(第 2～11 行)：

步骤 1，边缘 e_i 获取自身和相邻边缘的负载率 L_i(第 3 行)。每个边缘独立进行局部负载均衡调度，边缘 e_i 和相邻边缘上执行的任务及其负载率会不断变化，因此，在每一轮决策前，都要重新获取边缘 e_i 和相邻边缘的负载率。在每一轮决策过程中，假设除边缘 e_i 外其他边缘的负载均衡方案不发生改变。

步骤 2，使用边缘 e_i 的任务到达率 λ_i，边缘 e_i 的当前局部负载均衡方案 F^{i}_{cur} 和边缘 e_i 及其相邻边缘的负载率 L_i 作为输入，根据算法 4.6 得到边缘 e_i 的下一个负载均衡调整操作(第 4 行)。

步骤 3,如果算法 4.6 返回的调整操作为空,则说明边缘 e_i 已经找到了目标局部负载均衡方案,无须再进行调整(第 5~6 行);否则,边缘 e_i 执行得到的调整操作并更新当前局部负载均衡方案 F^i_{cur}(第 7~9 行)。

基于上述算法,N 个边缘并行地进行局部负载均衡调度,通过多边缘协同逐步寻找合适的全局负载均衡方案。

2. 强化学习和机器学习结合的负载均衡调度策略

本节提出一种强化学习和机器学习结合的负载均衡调度策略,用于每个节点和相邻节点间的负载均衡调度。如图 4-40 所示,其主要步骤如下。

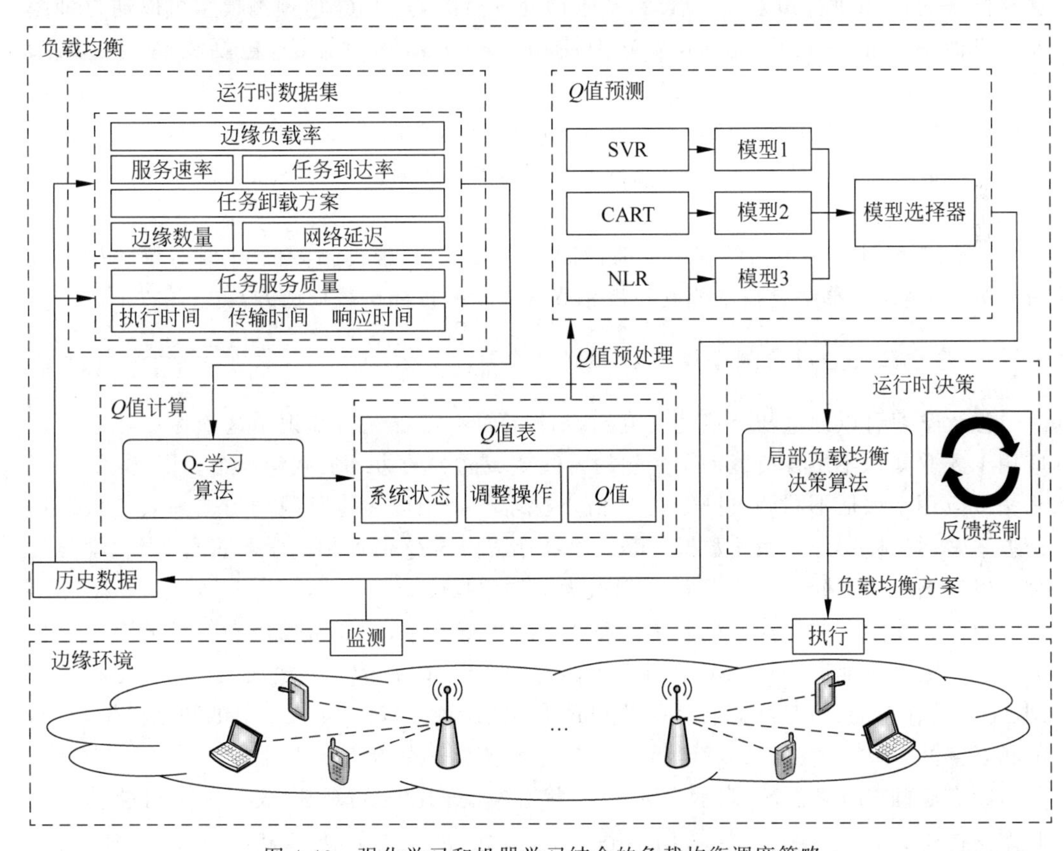

图 4-40　强化学习和机器学习结合的负载均衡调度策略

步骤 1,用于强化学习训练的历史数据集包含不同系统状态下的运行时数据,包括边缘 e_i 上的任务到达率 λ_i,边缘 e_i 的当前局部负载均衡方案 F^i_{cur},边缘 e_i 和相邻边缘的负载率 L_i,以及对应的目标局部负载均衡方案 F^i_{obj},如表 4-18 所示。接下来,使用 Q-学习算法来评估不同系统状态下各调整操作的 Q 值。更具体地说,系统状态由边缘 e_i 上的任务到达率 λ_i,边缘 e_i 的当前局部负载均衡方案 F^i_{cur},边缘 e_i 和相邻边缘的负载率 L_i 组成;边缘 e_i 的调整操作是增加或减少其到达任务中调度到每个相邻边缘 e^i_j 上执行的任务量;当找到目标局部负载均衡方案时,可以获得相应的奖励。

表 4-18　不同系统状态下运行数据的数据集

λ_i	F^i_{cur}	L_i	F^i_{obj}
λ_i^1	$f_0^{i,1},f_1^{i,1},f_2^{i,1},\cdots,f_k^{i,1}$	$l_0^{i,1},l_1^{i,1},l_2^{i,1},\cdots,l_k^{i,1}$	$f_0^{i,1'},f_1^{i,1'},f_2^{i,1'},\cdots,f_k^{i,1'}$
λ_i^2	$f_0^{i,2},f_1^{i,2},f_2^{i,2},\cdots,f_k^{i,2}$	$l_0^{i,2},l_1^{i,2},l_2^{i,2},\cdots,l_k^{i,2}$	$f_0^{i,2'},f_1^{i,2'},f_2^{i,2'},\cdots,f_k^{i,2'}$
…	…	…	…
λ_i^u	$f_0^{i,u},f_1^{i,u},f_2^{i,u},\cdots,f_k^{i,u}$	$l_0^{i,u},l_1^{i,u},l_2^{i,u},\cdots,l_k^{i,u}$	$f_0^{i,u'},f_1^{i,u'},f_2^{i,u'},\cdots,f_k^{i,u'}$

步骤 2,首先根据经验,对 Q 值表(步骤 1 中构建)中调整操作的 Q 值进行预处理,然后用机器学习算法训练一个 Q 值预测模型。首先根据以往累积的经验,对 Q 值表中各调整操作的 Q 值进行预处理。然后,基于预处理后的 Q 值,Q 值预测模型可以通过训练基于机器学习的算法得到。本节分别使用 3 种机器学习算法,包括支持向量回归(Support Vector Regression,SVR)、分类回归树(Classification And Regression Tree,CART)和非线性回归(Nonlinear Regression,NLR),来训练 Q 值预测模型,然后选择预测精度最高的模型。于是,当输入当前系统状态时,预测模型能够准确地预测出该系统状态下,不同调整操作的 Q 值。

步骤 3,设计了一种新的基于反馈控制的决策算法,根据预测的 Q 值对调整操作进行决策,并利用该算法寻找本节点和相邻节点之间的目标负载均衡方案。

3. 基于强化学习的调整操作 Q 值评估

强化学习可以通过与环境的交互自动决策而不需要先验知识。这个优点让它得以应用于先验知识不足且负载动态变化的无线城域网中的边缘负载均衡中。因此,Q-学习算法被应用于评估不同调整操作的 Q 值以探索一个用以边缘负载均衡的高效的负载均衡方案。通过使用历史系统数据,让 Q-学习算法指导 Q 值评估的学习过程,强化学习代理可以逐渐找到不同系统状态下 Q 值最大的调整操作。

由于强化学习的目标是最大化代理获得的累积奖励,它通常使用马尔可夫决策过程来建模。更具体地说,一个 MDP 可以用四元组$<S,A,T,R>$来定义,其中 S 是状态空间、A 是动作空间、T 是状态转移函数和 R 是奖励函数。基于 4.4.3 节的问题模型,对应的状态空间 S、动作空间 A,状态转移函数 T 和奖励函数 R 定义如下。

状态空间:用集合 S_i 表示边缘 e_i 的状态空间,其中,$s_j^i \in S_i$ 表示一个可能的合法状态。边缘 e_i 的每一个状态 s_j^i 用一个三元组$<\lambda_i,F^i_{cur},L_i>$表示,如表 4-18 中所描述。于是,$s_j^i \in S_i$ 表示运行时环境的当前系统状态,包括边缘 e_i 的任务到达率、边缘 e_i 的当前局部负载均衡方案 F^i_{cur} 和边缘 e_i 及其相邻边缘的负载率 L_i。对于一个状态 $s_j^i=<\lambda_i,F^i_{cur},L_i>$,如果当前局部负载均衡方案 F^i_{cur} 会使得某一边缘的负载超出可调度范围,即边缘 e_i 的负载率小于 0 或者某一相邻边缘 e_i 的负载率大于 1,则该状态被视为非法状态,该局部负载均衡方案 F^i_{cur} 被视为非法方案。

动作空间:用 $A_i=\{\mathrm{add}_1^i,\mathrm{dec}_1^i,\cdots,\mathrm{add}_k^i,\mathrm{dec}_k^i\}$表示边缘 e_i 的动作空间,其中,每个动作(调整操作)表示增加或者减少边缘 e_i 的到达任务中调度到对应相邻边缘上执行的任务量。例如,add_j^i 表示增加边缘 e_i 的到达任务中调度到相邻边缘 e_j^i 上执行的任务量;

dec_j^i 表示减少边缘 e_i 的到达任务中调度到相邻边缘 e_j^i 上执行的任务量。对于边缘 e_i，每一次调整操作增加或减少的量是固定的，用 δ 表示。

状态转移函数：用 $T(s,a)$ 表示状态转移函数，其中 s 表示当前状态，$a(a \in A_i)$ 表示在当前状态下选取的动作。状态转移函数返回在当前状态下选取动作 a 后的下一个状态。例如，假设边缘 e_i 与 2 个边缘相连，若当前状态为 $s_0^i=<\lambda_i,(f_0^i,f_1^i,f_2^i),\left(\frac{w_i}{\mu_i},\frac{w_1}{\mu_1},\frac{w_2}{\mu_2}\right)>$ 并且选取的动作是 add_j^i。由于 add_1^i 表示增加边缘 e_i 的到达任务中调度到边缘 e_1^i 上执行的任务量，且增加的量为 δ，因此状态转移函数将返回的下一个状态为 $s_1^i=<\lambda_i,(f_0^i-\delta,f_1^i+\delta,f_2^i),\left(\frac{w_i-\delta}{\mu_i},\frac{w_1+\delta}{\mu_1},\frac{w_2}{\mu_2}\right)>$。在状态 s_1^i 的第二个分量 $(f_0^i-\delta,f_1^i+\delta,f_2^i)$ 中，第一维表示边缘 e_i 的到达任务中实际在本节点执行的任务量，第二维表示边缘 e_i 的到达任务中调度到第一个相邻边缘 e_1^i 上执行的任务量。因此，第一维应该减去 δ，第二维应该加上 δ。同样地，状态 s_1^i 的第三个分量 $\left(\frac{w_i-\delta}{\mu_i},\frac{w_1+\delta}{\mu_1},\frac{w_2}{\mu_2}\right)$ 中，第一维表示边缘 e_i 的负载率，第二维表示第 1 个相邻边缘 e_i 的负载率，动作 add_1^i 使得边缘 e_i 的实际负载减少 δ 而边缘 e_1^i 的实际负载增加 δ，所以对应边缘的负载率也要更新。类似地，在当前状态 $s_0^i=<\lambda_i,(f_0^i,f_1^i,f_2^i),\left(\frac{w_i}{\mu_i},\frac{w_1}{\mu_1},\frac{w_2}{\mu_2}\right)>$ 下选取了动作 dec_1^i 后，状态转移函数将返回下一个状态 $s_1^i=<\lambda_i,(f_0^i+\delta,f_1^i-\delta,f_2^i),\left(\frac{w_i+\delta}{\mu_i},\frac{w_1-\delta}{\mu_1},\frac{w_2}{\mu_2}\right)>$。

奖励函数：奖励函数用于指导强化学习代理调整决策策略以找到目标局部负载均衡方案。本节的奖励函数定义如下：

$$R(s_j^i,F_{obj}^i,a)=\begin{cases}10, & s_{j+1}^i.F_{cur}^i=F_{obj}^i \\ -1, & s_{j+1}^i.F_{cur}^i \text{ 无效} \\ 0, & \text{其他}\end{cases}$$

其中，s_j^i 表示当前状态，F_{obj}^i 表示边缘 e_i 的目标局部负载均衡方案，$a(a \in A_i)$ 表示一个动作（调整操作）。在当前状态下选择了动作 a：如果找到目标局部负载均衡方案，代理将得到 10 奖励值；如果得到一个不合法的无效方案，代理将得到 -1 的奖励值；其他情况奖励值为 0。

在学习过程中，强化学习代理在状态 $s(s \in S_i)$ 时，首先通过 ε-greedy 策略选择一个动作 $a(a \in A_i)$，然后它获得一个奖励值 r 并且在状态转移函数的作用下转变到状态 s'。最后，在状态 s 下选择动作 a 得到的 Q 值（表示为 $Q(s,a)$）被更新。在 Q-学习算法中，Q 值更新公式如下：

$$Q(s,a)=Q(s,a)+\alpha[r+\gamma \cdot \max(Q(s',a'))-Q(s,a)] \tag{4-106}$$

其中，$\max(Q(s',a'))$ 表示在状态 s' 时选择动作 a' 所获得的最大 Q 值，参数 α 表示学习效率，参数 γ 表示奖励折扣。

基于上述定义，根据表 4-18 的数据集，Q-学习算法被用于评估不同调整操作的 Q 值。Q-学习算法的主要步骤如算法 4.7 所示。首先，Q 值表（用 Q_Table 表示）的 Q 值被初始化为0(第1行)。然后,使用Q-学习算法评估每一条历史数据中调整操作的Q值,训练过程一直持续到Q值收敛(第2～12行)。在每一回合中,首先随机初始化当前局部负载均衡方案F^i_{cur}并且生成当前系统状态(第3行)。然后如果当前局部负载均衡方案F^i_{cur}不是目标局部负载均衡方案F^i_{obj},循环执行以下过程(第5～11行):首先根据ε-greedy策略从动作空间中选取一个动作a(第6行),然后在状态转移函数的作用下到达状态s'并且获得奖励r(第7行和第8行)。接下来,再根据式(4-109)更新Q值(第9行)。最后用状态s'代替当前状态s(第10行)。

于是,可以得到一个Q值表,记录不同时刻的边缘e_i的任务到达率,边缘e_i的当前局部负载均衡方案F^i_{cur}和边缘e_i及其相邻边缘的负载率L_i,以及每个调整操作对应的Q值。

算法4.7:评估调整操作Q值的Q-学习算法

输入:边缘e_i的任务到达率λ_i,边缘e_i和相邻边缘的负载率L_i,边缘e_i的目标局部负载均衡方案F^i_{obj},学习效率α,奖励折扣γ

输出:Q_Table,包含每个系统状态下不同调整操作的Q值

1. **Initialize** the Q-values of the Q_Table with zero
2. **for** each epoch **do**:
3. 初始化当前局部负载均衡方案F^i_{cur}:$F^i_{cur}=(\lambda_1,0,\cdots,0)$
4. s=<$\lambda_1, F^i_{cur}, L_i$>
5. **while** $F^i_{cur} \neq F^i_{obj}$ **do**:
6. 　用ε—greedy策略选择一个动作a:
7. 　a = select_action(s, Q_table)
8. 　当前状态在状态转移函数作用下转变为s':$s' = T(S, a)$
9. 　代理获得奖励值:$r=R(s,F^i_{obj},a)$
10. 　更新Q值:
11. 　　$Q(s,a)=Q(s,a)+\alpha[r+\gamma \cdot \max(Q(s',a'))-Q(s,a)]$
12. 　更新当前状态:$s=s'$
13. **end while**
14. **end for**

4. Q值预测模型

尽管可以根据Q-学习算法所评估的Q值选择合适的调整操作,但是当边缘e_i和相邻边缘的负载率发生变化时,需要重新训练负载均衡的决策模型。这是因为传统的基于RL的方法针对的是系统状态不变的边缘环境,即边缘的任务到达率λ和相邻边缘的负载率L不变。因此,它们无法有效地适应无线城域网中系统状态动态变化的边缘环境。针对这一重要问题,设计了一个Q值预测模型,可以预测不同系统状态下各调整操作的Q值。因此,所提出的Q值预测模型可以显著提高运行时环境中负载均衡的适应性和效率。

然而,Q-学习算法得到的Q值表数据无法直接用以训练,原因是原始数据存在以下骤变现象:

- 当局部负载均衡方案 F^i_{cur} 在进行调整操作后转变为一个不合法方案时，Q 值骤变为 0。表 4-19 是一个用于说明 Q 值骤变现象的简单 Q 值表例子，其中边缘 e_i 的任务到达率为 10 且与 2 个边缘相连(边缘 e^i_1 和边缘 e^i_2)。在状态 s_1 时，边缘 e_i、e^i_1 和 e^i_2 的负载率为(0.392,0.955,0.624)，此时动作为 add^i_1，表示从边缘 e_i 调度到边缘 e^i_1 的任务量增加 δ，将使边缘 e^i_1 的负载率超过 1，超出可调度范围。此时，其 Q 值骤变为 0，这会影响训练得到的 Q 值预测模型的准确率。
- 随着当前局部负载均衡方案逐渐接近目标局部负载均衡方案，调整操作的 Q 值逐渐变大。然而，在到达目标局部负载均衡方案时，各调整操作的 Q 值骤变为 0。如表 4-19 所示，在状态 s_8 时，当前局部负载均衡方案等于目标局部负载均衡方案。调整操作的 Q 值从状态 s_1 到状态 s_7 逐渐增大，但在状态 s_8 时，所有调整操作 Q 值骤变为 0。

表 4-19　一个简单 Q 值表的例子

编号	状　态	动作 Q 值			
		add^i_1	dec^i_1	add^i_2	dec^i_2
…	…	…	…	…	…
S_1	<10,(5.88,3.90,0.22),(0.392,0.955,0.624)>	**0.000**	1.342	0.428	0.428
S_2	<10,(6.33,3.45,0.22),(0.422,0.905,0.624)>	1.342	2.678	1.292	1.292
S_3	<10,(6.78,3.00,0.22),(0.452,0.855,0.624)>	2.097	3.621	2.097	2.097
S_4	<10,(7.23,2.55,0.22),(0.482,0.805,0.624)>	2.622	4.277	2.622	2.622
S_5	<10,(7.68,2.10,0.22),(0.512,0.755,0.624)>	3.277	5.097	3.277	3.277
S_6	<10,(8.13,1.65,0.22),(0.542,0.705,0.624)>	4.096	6.120	4.096	4.096
S_7	<10,(8.58,1.20,0.22),(0.572,0.655,0.624)>	5.120	6.402	5.120	5.120
S_8	<10,(9.03,0.75,0.22),(0.602,0.605,0.624)>	**0.000**	**0.000**	**0.000**	**0.000**

基于以上突变现象，对 Q 值进行了预处理，处理规则如下：

$$\text{Q\_value}(s^i_j, a, F^i_{obj}) = \begin{cases} I, & \text{Q\_value} = 0 \text{ 且 } F^i_{cur} \neq F^i_{obj} \\ 0, & \text{Q\_value} = 0 \text{ 且 } F^i_{cur} == F^i_{obj} \\ \dfrac{1}{\text{Q\_value}}, & \text{其他} \end{cases}$$

如果 Q_value==0 且 $F^i_{cur} \neq F^i_{obj}$，则对应的调整操作被认为是不合法的，这些 Q 值将被标记为 I。如果 $F^i_{cur} == F^i_{obj}$(即找到了目标局部负载均衡方案)，则 Q 值仍设为 0。对于其余情况，将 Q 值设为其倒数。这样一来，如果忽略被标记为 I 的 Q 值，当前局部负载均衡方案 F^i_{cur} 越接近目标局部负载均衡方案 F^i_{obj}，调整操作的 Q 值越小，找到目标局部负载均衡方案时，Q 值为最小值 0。表 4-20 是表 4-19 经过预处理后的 Q 值表。

基于预处理后的 Q 值表，分别使用 SVR、CART 和 NLR 算法来训练 Q 值预测模型，然后选择准确率最高的模型用以任务负载均衡调度决策。边缘 e_i 的预测模型以 Q 值表的状态作为输入 x，以不同系统状态下各调整操作的 Q 值作为输出 y，如表 4-21 所示。特别地，默认删除被标记为 I 的不合法 Q 值。SVR、CART、NLR 三种算法的核心思想如下。

表 4-20　表 4-19 经过预处理后的 Q 值表

编号	状　态	动作 Q 值			
		$\mathbf{add}_1^i$	$\mathbf{dec}_1^i$	$\mathbf{add}_2^i$	$\mathbf{dec}_2^i$
…	…	…	…	…	…
S_1	<10,(5.88,3.90,0.22),(0.392,0.955,0.624)>	**1**	0.745	2.336	2.336
S_2	<10,(6.33,3.45,0.22),(0.422,0.905,0.624)>	0.745	0.373	0.774	0.774
S_3	<10,(6.78,3.00,0.22),(0.452,0.855,0.624)>	0.477	0.276	0.477	0.477
S_4	<10,(7.23,2.55,0.22),(0.482,0.805,0.624)>	0.381	0.234	0.381	0.381
S_5	<10,(7.68,2.10,0.22),(0.512,0.755,0.624)>	0.305	0.196	0.305	0.305
S_6	<10,(8.13,1.65,0.22),(0.542,0.705,0.624)>	0.244	0.163	0.244	0.244
S_7	<10,(8.58,1.20,0.22),(0.572,0.655,0.624)>	0.195	0.156	0.195	0.195
S_8	<10,(9.03,0.75,0.22),(0.602,0.605,0.624)>	**0.000**	**0.000**	**0.000**	**0.000**

表 4-21　Q 值预测模型的训练数据集

Input($\boldsymbol{x}$)	**Output($\boldsymbol{y}$)**				
$<\lambda_i, F_{\mathrm{cur}}^i, L_i>$	add_1^i	edc_1^i	…	add_k^i	edc_k^i
$<\lambda_i^1,(f_0^{i,1},f_1^{i,1},f_2^{i,1},\cdots,f_k^{i,1}),(l_0^{i,1},l_1^{i,1},l_2^{i,1},\cdots,l_k^{i,1})>$	$Q_{1,1}$	$Q'_{1,1}$	…	$Q_{1,k}$	$Q'_{1,k}$
…	…	…	…	…	…
$<\lambda_i^1,(f_0^{i,u},f_1^{i,u},f_2^{i,u},\cdots,f_k^{i,u}),(l_0^{i,u},l_1^{i,u},l_2^{i,u},\cdots,l_k^{i,u})>$	$Q_{u,1}$	$Q'_{u,1}$	…	$Q_{u,k}$	$Q'_{u,k}$

SVR：传统的回归模型通常直接基于模型输出 $f(\boldsymbol{x})$ 与真实输出 y 之间的差别来计算损失，当且仅当 $f(\boldsymbol{x})$ 与 y 完全相同时，损失才为零。而支持向量回归允许 $f(\boldsymbol{x})$ 与 y 之间存在一些偏差。其回归方程可表示为：

$$f(\boldsymbol{x})=\sum_{i=1}^{m}(\hat{\alpha}_i-\alpha_i)\kappa(\boldsymbol{x},\boldsymbol{x}_i)+b \tag{4-107}$$

其中，m 是训练样本的数量，$\kappa(x,x_i)$ 是核函数，其余参数是模型参数。支持向量回归的最大变数就是核函数的选择。如果核函数选择不合适，则意味着样本映射到了一个不合适的特征空间，很可能导致性能不佳。根据经验，选择高斯核作为核函数，即

$$\kappa(\boldsymbol{x},\boldsymbol{x}_i)=\exp\left(\frac{\|\boldsymbol{x}-\boldsymbol{x}_i\|^2}{2\chi^2}\right) \tag{4-108}$$

其中，$\chi>0$ 是高斯核的带宽。

CART：CART 使用“基尼系数”(Gini index)来选择划分属性。假设数据集 C 包含 n 个类别，属性 u 有 z 个可能取值 $\{u_1,u_2,\cdots,u_z\}$。用 C_x 表示取值为 u_x 的样本集，$|C_x|$ 表示样本个数。首先，Gini(C)表示数据集 C 的纯度，其计算公式如下：

$$\mathrm{Gini}(C)=1-\sum_{i=1}^{n}p_i^2 \tag{4-109}$$

其中，p_i 表示第 i 个类别所占的比例。然后，属性 u 的 Gini 指数定义如下：

$$\mathrm{Gini\_index}(C,u)=\sum_{x=1}^{z}\frac{|C_x|}{|C|}\mathrm{Gini}(C_x) \tag{4-110}$$

最后，划分后基尼指数最小的属性即为最优划分属性 u^*，即

$$u^*=\mathrm{argmin}(\mathrm{Gini\_index}(C,u)) \tag{4-111}$$

NLR：非线性回归模型的回归方程为：

$$y = f(x_1, x_2, \cdots, x_k; \beta_1, \beta_2, \cdots, \beta_k) + \varphi \tag{4-112}$$

其中，x_i 表示模型的解释变量，β_i 表示模型的未知参数，f 是一个非线性函数，φ 是误差项。本节使用多项式函数作为非线性函数。

此外，使用平均绝对误差（Mean Absolute Error，MAE）和R平方差（R-squared，R^2）来评估上述3种算法的预测精度。它们分别定义如下：

$$\text{MAE} = \frac{1}{n}\sum_{i=1}^{n} | y_i - y'_i | \tag{4-113}$$

$$R^2 = 1 - \frac{\sum_{i=1}^{n}(y_i - y'_i)^2}{\sum_{i=1}^{n}(y_i - \bar{y}_i)^2} \tag{4-114}$$

其中，n 表示测试样本数量，y_i 表示实际 Q 值，$\bar{y}_i$ 表示实际值的平均值，y'_i 表示预测值。MAE 和 R^2 都是0～1的值并且MAE值越小，R^2 值越大，模型预测精度越高。

对于每个边缘 e_i，分别用上述3种算法训练预测模型，然后选择精度最高的模型作为PCRLB的预测模型。

5. 决策算法

基于4.4.4节的学习和训练，下面介绍一种新的基于反馈控制的决策算法，根据预测的 Q 值对调整操作进行决策，并利用该算法寻找本节点和相邻节点之间的目标负载均衡方案。

正如上述部分提到的，当前局部负载均衡方案 F^i_{cur} 越接近目标局部负载均衡方案 F^i_{obj}，调整操作的 Q 值越小，当找到目标局部负载均衡方案时，Q 值为最小值0。但是在运行时环境中，由于预测模型的精度误差，Q 值无法达到0。所以，设定一个阈值 T，当每个调整操作对应的 Q 值均小于阈值 T 时，就认为当前局部负载均衡方案已经足够接近目标局部负载均衡方案，此时，可以将当前局部负载均衡方案近似地作为目标局部负载均衡方案。

算法4.8的输入包括边缘 e_i 的任务到达率 λ_i、边缘 e_i 的当前局部负载均衡方案 F^i_{cur}，以及边缘 e_i 和相邻边缘的负载率 L_i，输出是边缘 e_i 的下一个负载均衡调整操作 a。其具体过程如下：

算法4.8：调整操作决策算法

输入边缘 e_i 的任务到达率 λ_i，边缘 e_i 的当前局部负载均衡方案 F^i_{cur}，边缘 e_i 和相邻边缘的负载率 L_i

输出：边缘 e_i 的下一个负载均衡调整操作 a

说明：A_i-包含所有可能的调整操作的动作空间，$a \in A_i$

getNextPlan(F^i_{cur}，a)—返回选择动作 a 后的局部负载均衡方案

prediction_model()—调用 Q 值预测模型

Q_value(a)—动作 a 的 Q 值

a_List—Q值最小的动作列表

1. **for** each a in A_i **do**：

```
2. if getNextPlan (F^i_cur, a) is invailid:
3.       Q_value(a)= I
4. else:
5.       Q_value(a)=prediction_model(λ_i, F^i_cur, L_i, a)
6. end if
7. end for
8. if(for each Q_value(a)≤T ‖ Q_value(a)==I):
9. a = Null
10. else:
11. 记录Q值最小且不为I的动作:
12. a_List= A_i. getAction_MinQvalue()
13. 从a_List里面随机选取一个动作:
14. a = a_List. get_Action_Random()
15. end if
16. return a
```

首先,评估各个动作(调整操作)的 Q 值。如果一个动作被认为是不合法的,则将对应的 Q 值标记为 I;其他情况下,根据 Q 值预测模型预测每个动作对应的 Q 值(第1～7行)。

然后,判断所有合法调整操作的 Q 值是否均小于阈值 T(除了被标记为 I 的 Q 值)。如果所有动作的 Q 值均小于阈值 T,则认为已经找到了目标局部负载均衡方案,无须再进行调整,调整操作为Null。否则选择 Q 值最小的调整操作,如果存在多个调整操作的 Q 值一样且为最小 Q 值,则从中随机选取一个调整操作(第8～13行)。

最后,返回所选取的边缘 的下一个负载均衡调整操作(第14行)。

4.4.5 实验与评估

本节将对所提出的方法进行实验评估。首先介绍实验设置和数据集,然后评估PCRLB的性能,以探索以下问题。

- RQ1:PCRLB在不同的运行时环境中是否能有效地实现自适应负载均衡?
- RQ2:PCRLB方法在 Q 值预测和调整操作决策上表现如何?
- RQ3:与经典方法相比,PCRLB方法性能如何?

对于RQ1,实验结果显示,PCRLB能取得接近理想方案的响应时间,与理想方案的响应时间差距只有不到3%。对于RQ2,在使用SVR算法训练出来的预测模型进行单点决策时,PCRLB在选择任务调整操作上的平均预测准确率达到了96.3%。对于RQ3,将PCRLB与经典的基于机器学习的和基于规则的方法进行对比,实验结果表明,PCRLB得到的方案的响应时间分别比基于机器学习的和基于规则的方法得到的方案提高了6%～9%和10%～12%。

1. 实验设置

仿真实验是基于上海市的无线基站分布图进行的,其中列出了上海市所有无线基站的经纬坐标。在上海市的无线基站分布图上随机选取5个区域,设计了5个不同的仿真场景。在每个场景中，边缘总数 $N=15$，在每个区域中随机选取15个无线基站的经纬坐标作为边缘的坐标，每个边缘的任务到达率 λ_i 满足正态分布 $N(10,4)$，服务速率 v_i 满足正态分布 $N(15,6)$；每个边缘连接其他边缘的数量 $0<k\leqslant 3$，边缘间的单位任务传输时间 D，根据它们间的距离映射到区间[0.1,0.2]，两个边缘间的距离越近，单位任务的传输时间越小。此外，边缘 e_i 的到达任务中实际在本节点上执行的任务量用 f_0^i 表示 $(0\leqslant f_0^i\leqslant\lambda_i)$，边缘 e_i 的到达任务中调度到相邻边缘 e_j^i 上执行的任务量用 f_j^i 表示 $(0\leqslant f_j^i\leqslant\lambda_i)$。于是，边缘 e_i 的当前局部负载均衡方案可以表示为 $F_{\text{cur}}^i=(f_0^i,f_1^i,f_2^i,f_3^i)$。在PCRLB方法中，边缘 e_i 每一次负载均衡调整操作增加或减少的任务量设为 $\delta_i=3\%\times v_i$，权衡了负载均衡的效果和时耗。基于排队论建立了边缘任务处理的仿真模型，用来模拟真实场景中任务在不同边缘上的平均执行时间，如式(4-115)所示：

$$T_a(l_i)=\frac{1}{v_i\cdot(1-l_i)} \tag{4-115}$$

其中，l_i 表示单位时间内边缘 e_i 的实际任务负载率。

接下来，模拟真实场景，为每个边缘 e_i 构造并收集不同系统状态下的运行时数据（如表4-18所示），包括边缘 e_i 上的任务到达率 λ_i，边缘 e_i 的当前局部负载均衡方案 F_{cur}^i，边缘 e_i 和相邻边缘的负载率 L_i，以及对应的目标局部负载均衡方案 F_{obj}^i。然后，每个边缘的运行时数据（约200条）随机划分为两个部分，包括训练集（75%）和测试集（25%）。基于历史数据集，用Python实现了Q-学习算法，其中迭代回合数（episode）、学习效率 α、奖励折扣 γ 分别设置为100、0.1、0.9。ε-greedy策略中设置 $\varepsilon=0.1$。接下来，利用Q-学习算法评估不同调整操作的 Q 值，然后对 Q 值进行预处理。最后，采用3种机器学习算法对 Q 值预测模型进行训练，选出预测精度最高的预测模型。

基于上述设置，5个不同的仿真场景如图4-41所示，其中黑点表示边缘，连线表示两个边缘通过网络连接，每个边缘附近标注有二元组 (λ_i,v_i)，表示该边缘的任务到达率 λ_i 和服务速率 v_i。进一步地，在每个场景中使用PCRLB进行负载均衡，每个边缘节点基于局部信息，独立进行本节点和相邻节点间的负载均衡调度，通过强化学习和机器学习结合的方法进行单次调度决策，经过反馈控制和多边缘协同，逐步寻找合适的负载均衡方案。此外，使用运行时决策算法来寻找目标资源分配方案时，其阈值 T 设置为0.1。因此，如果所有调整操作的 Q 值小于或等于 T，则不会执行进一步的管理操作。

2. PCRLB的有效性评估

首先，评估PCRLB方法在如图4-41所示的5种不同场景中的有效性。更具体地说，把使用PCRLB方法进行负载均衡后的各边缘负载率，与依据理想负载均衡方案进行负载均衡后的各边缘负载率在这5种不同的场景下进行了比较。其中，理想负载均衡方案是指，每个边缘节点基于局部信息独立进行本节点和相邻节点间的负载均衡调度时，每次均能做出最优的调度决策，进一步经过反馈控制和多边缘协同，最终得到的负载均衡方案。然而，实际中难以找到理想方案，由于它需要尝试所有的可能性，所以带来了极大的复杂度。如表4-22所示，PCRLB能够得到与理想方案类似的负载均衡方案，采用两种方案负载均衡后得到的边缘负载率差距较小。例如，在场景1中，分别采用PCRLB方

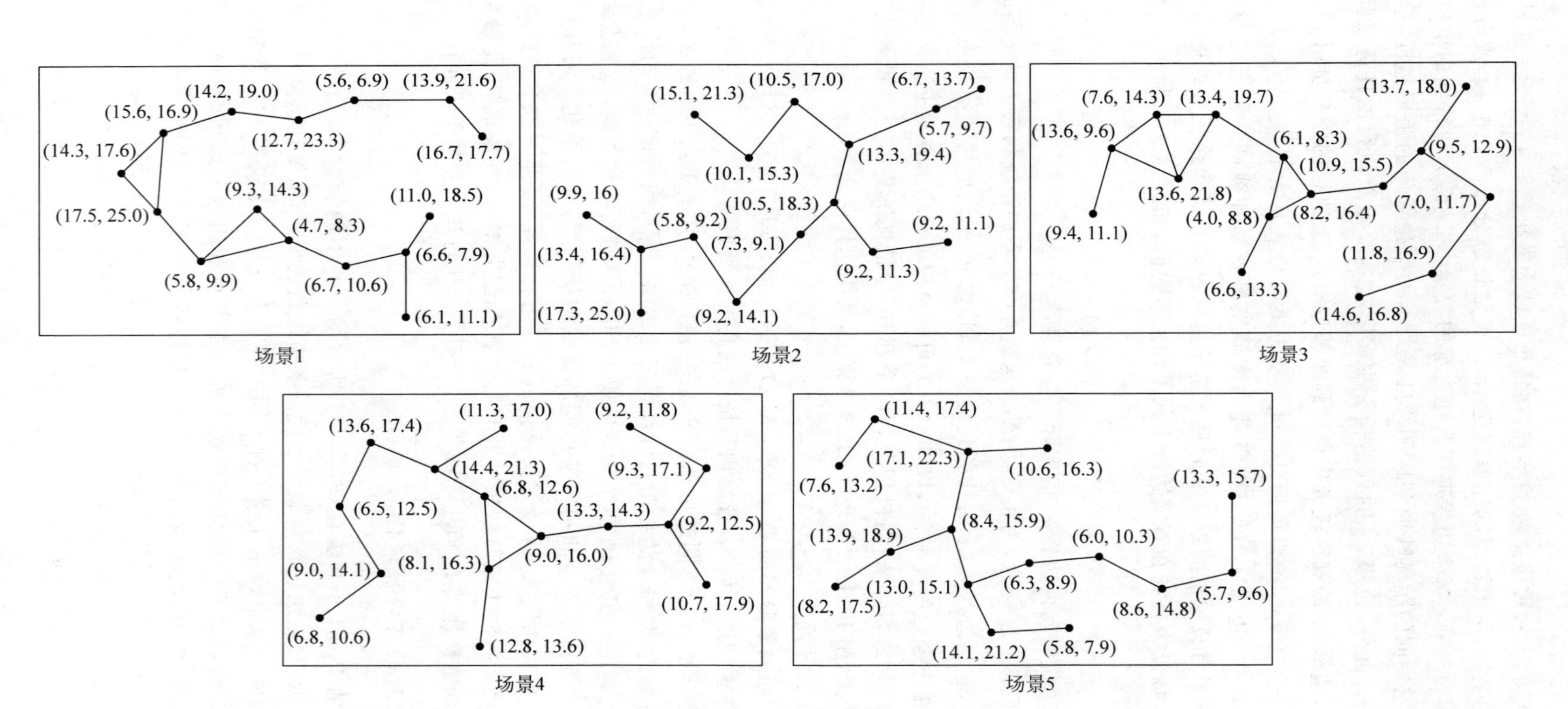

图 4-41　实验场景示意图

案和理想方案进行多边缘协同负载均衡后，边缘 e_1 的负载率均为 75%，边缘 e_3 的负载率均为 36%，边缘 e_8 的负载率均为 81%，边缘 e_{11} 的负载率均为 47%，边缘 e_{12} 的负载率均为 58%，其余边缘负载率的差距也不超过 3%。由于本实验中每一次调整操作增加或减少的任务量 δ_i 设为 $\delta_i=3\%\times v_i$，上述边缘负载率的差距表明，PCRLB 负载均衡方案与理想方案是非常接近的。如图 4-42 所示，进一步比较了两种负载均衡方案的效果，不同场景中所有边缘的到达任务的最大平均响应时间差距仅为 2%。结果表明，PCRLB 方法取得了多边缘负载均衡的最优/接近最优的性能（以所有边缘的到达任务的最大平均响应时间为评价指标），它能很好地满足不同网络拓扑结构和不同工作负载的无线城域网的多边缘负载均衡要求。

表 4-22　不同场景中用 PCRLB 方案和理想方案进行负载均衡前后各边缘负载率的对比

场景	方案	1	2	3	4	5	6	7	8	9	10	11	12	13	14	15
1	初始状态	94%	64%	81%	55%	75%	92%	81%	70%	59%	65%	57%	63%	55%	84%	60%
	理想方案	75%	78%	36%	80%	75%	73%	74%	81%	56%	70%	47%	58%	61%	46%	76%
	本节方案	75%	79%	36%	81%	76%	72%	73%	81%	54%	69%	47%	58%	60%	43%	77%
2	初始状态	62%	69%	82%	63%	65%	80%	57%	81%	83%	69%	62%	66%	71%	59%	49%
	理想方案	71%	83%	73%	52%	68%	51%	77%	61%	59%	73%	68%	63%	71%	43%	58%
	本节方案	71%	81%	75%	51%	70%	51%	77%	61%	62%	71%	65%	63%	73%	42%	61%
3	初始状态	85%	69%	53%	62%	68%	73%	45%	50%	50%	70%	74%	76%	60%	70%	87%
	理想方案	52%	73%	60%	72%	71%	36%	42%	55%	70%	71%	67%	76%	62%	76%	75%
	本节方案	52%	70%	59%	74%	72%	39%	42%	57%	67%	69%	68%	76%	65%	76%	75%
4	初始状态	64%	64%	52%	78%	68%	66%	54%	50%	94%	56%	93%	74%	60%	54%	78%
	理想方案	50%	66%	59%	68%	74%	70%	62%	68%	65%	69%	67%	60%	72%	73%	60%
	本节方案	52%	64%	56%	71%	76%	67%	62%	71%	65%	66%	67%	60%	72%	72%	62%
5	初始状态	47%	74%	53%	77%	65%	66%	58%	86%	67%	73%	71%	58%	58%	59%	85%
	理想方案	60%	64%	58%	73%	66%	65%	55%	74%	83%	53%	56%	62%	74%	59%	76%
	本节方案	60%	67%	59%	70%	65%	64%	56%	75%	82%	53%	56%	65%	74%	59%	75%

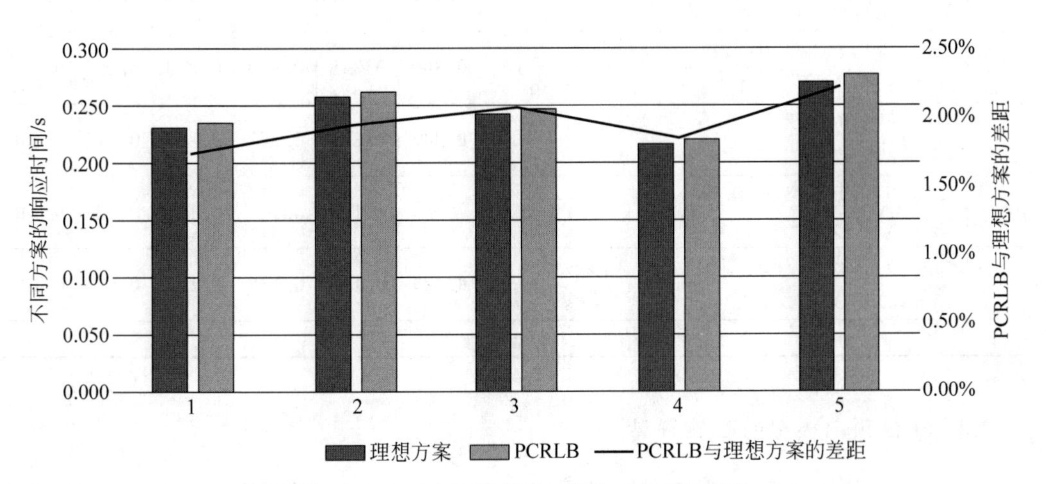

图 4-42　PCRLB 与理想方案的响应时间对比

接下来，以场景 1 中的边缘 e_6 为例，来说明 PCRLB 方法的负载均衡过程，其中，边

缘 e_6 分别与边缘 e_5、e_7 和 e_8 相连，每一个调整操作增加或减少的任务量 $e_6=0.5(v_6\times 3\%)$。如表 4-23 所示，初始状态 s_1 表示 λ_6 均在边缘 e_6 上执行，边缘 e_6、e_5、e_7 和 e_8 的负载率分别为 92%、75%、81% 和 70%；此时，预测 Q 值最小且不为 I 的调整操作为 add_3^6，表示 λ_6 中调度到第 3 个相邻边缘 e_3^6（即 e_8）的任务量增加 0.5；于是，执行 add_3^6 并重新获取上述边缘的负载率，得到状态 s_2。类似地，在每一步中，执行预测 Q 值最小且不为 I 的调整操作。最后，当到达状态 s_{11} 时，所有调整操作的预测 Q 值都小于预设的阈值 T，于是，到达目标状态，不需要继续调整。值得一提的是，边缘 e_5、e_7 和 e_8 同时也在独立进行决策，并对边缘 e_6 的负载均衡过程产生影响，例如，状态 s_1 时选择执行 add_3^6（任务量从 e_6 调度到 e_8），而状态 s_2 中边缘 e_5 和 e_7 的负载率也同时发生了变化。

表 4-23　PCRLB 的负载均衡过程（场景一的边缘 e_6）

编号	状态 $<\lambda_6,(f_0^6,f_1^6,f_2^6,f_3^6),(l_6,l_5,l_7,l_8)>$	add_1^6	dec_1^6	add_2^6	dec_2^6	add_3^6	dec_3^6
S_1	<15.6,(15.6,0.0,0.0,0.0),(92%,75%,81%,70%)>	2.382	***I***	2.508	***I***	**2.256**	***I***
S_2	<15.6,(15.1,0.0,0.0,0.5),(89%,72%,79%,75%)>	1.475	1.634	1.535	1.985	**1.299**	1.865
S_3	<15.6,(14.6,0.0,0.0,1.0),(87%,69%,76%,80%)>	0.929	0.954	0.945	0.965	**0.912**	0.962
S_4	<15.6,(14.1,0.0,0.0,1.5),(84%,66%,76%,83%)>	**0.813**	0.882	0.825	0.880	0.862	0.858
S_5	<15.6,(13.6,0.5,0.0,1.5),(81%,65%,76%,83%)>	**0.627**	0.734	0.649	0.763	0.661	0.786
S_6	<15.6,(13.1,1.0,0.0,1.5),(78%,65%,76%,83%)>	**0.516**	0.634	0.557	0.666	0.571	0.617
S_7	<15.6,(12.6,1.5,0.0,1.5),(75%,68%,76%,83%)>	**0.439**	0.488	0.470	0.474	0.441	0.496
S_8	<15.6,(12.1,2.0,0.0,1.5),(72%,70%,76%,83%)>	**0.309**	0.348	0.376	0.363	0.397	0.323
S_9	<15.6,(11.6,2.5,0.0,1.5),(72%,73%,73%,83%)>	**0.243**	0.263	0.267	0.285	0.271	0.256
S_{10}	<15.6,(11.1,3.0,0.0,1.5),(69%,76%,73%,83%)>	0.185	0.198	0.154	0.175	0.166	**0.145**
S_{11}	<15.6,(11.6,3.0,0.0,1.0),(72%,76%,73%,81%)>	**0.147**	**0.130**	**0.138**	**0.143**	**0.149**	**0.125**
…							

3. Q 值预测模型的性能评估

下面首先使用不同的训练算法（即 SVR、CART 和 NLR）对所提出的 Q 值预测模型进行性能评估。更具体地说，用 MAE 和 R^2（在式(4-113)和式(4-114)中定义）来衡量 Q 值预测模型的准确性。此外，还定义了动作准确率（AAR）来衡量决策过程中管理操作的正确性：

$$\mathrm{AAR}=\frac{M}{W}\times 100\% \tag{4-116}$$

其中，W 是进行的调整操作总数，M 是正确的调整操作数。如果调整操作对找到目标负载平衡方案有有利影响(即采取调整操作可以使当前负载均衡方案接近目标方案)，则视为正确的调整操作。

如表 4-24 所示，这 3 种不同算法的模型都能在 3s 左右完成训练过程。结果表明，它们具有良好的训练效率。此外，基于 SVR 的模型在 MAE 和 R^2 方面的 Q 值预测精度在 3 种模型中最高，同时 AAR 比其他模型更高，性能提高了 4%～7%。因此，利用基于 SVR 的 Q 值预测模型，可以在决策过程中执行更好的负载均衡调整操作。

表 4-24 基于不同机器学习算法的 Q 值预测模型的性能比较

模型	训练时间/s	MAE	R^2	AAR
SVR	2.53	0.1831	0.7853	96.3%
CART	2.99	0.2559	0.6235	92.5%
NLR	2.17	0.3386	0.5442	89.6%

接着研究了 PCRLB 方法决策过程中调整操作(AAR 度量)的正确性，并给出了不同步数的理想负载均衡方案。如图 4-43 所示，模型的 AAR 会随着靠近理想负载均衡方案而降低。例如，当距离理想方案 10 步以上时，AAR 达到 97%左右。当距离理想负载均衡方案 5～10 步时，AAR 降低到 95%左右。当距离理想负载均衡方案 5 步以下时，AAR 下降到 90%左右。因此，当距离理想负载均衡方案还有较多步数时，在 Q 值预测模型的支持下，PCRLB 方法总能以较高的正确率对调整操作进行决策。虽然 Q 值预测模型的 AAR 会随着接近理想负载均衡方案而降低，但都保持在 90%左右。只有当快要到达理想方案时，AAR 会小于 90%，然而此时已经足够接近理想负载均衡方案了，不会对结果造成很大的影响。因此，所得到的负载均衡方案能够满足系统管理的要求。

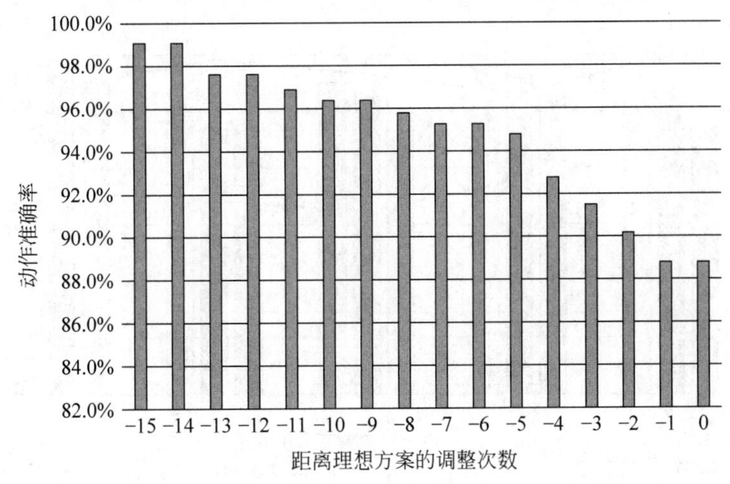

图 4-43 距离理想方案不同调整次数时操作决策的准确率

4. 与经典方法的性能比较

最后，将PCRLB方法和经典基于机器学习的方法和基于规则的方法进行比较，3种方法均采用分散式决策的模式，经过反馈控制和多边缘协同，逐步寻找合适的负载均衡方案，不同方法采用不同的方式进行边缘节点和相邻节点间的负载均衡调度。一方面，经典的ML-based方法建立预测模型来预测在不同边缘负载率下边缘上的任务的平均执行时间，并采用粒子群遗传算法（Particle Swarm Optimization Algorithm using the Genetic Algorithm operators，PSOGA）搜索局部负载均衡方案。另一方面，基于规则的方法使用当前边缘负载率 l_i 作为判断条件以选取对应的调整操作，边缘 e_i 的负载均衡调度规则如下：

- 如果 $l_i \geqslant 70\%$，则增加边缘 e_i 的到达任务中调度到负载率最小的相邻边缘的任务量。
- 如果 $30\% \leqslant l_i < 70\%$，则不进行调整。
- 如果负载率 $l_i < 30\%$，则减少边缘 e_i 的到达任务中调度到负载率最大的相邻边缘 e_x 的任务量。

然后，在所设置的5种不同的边缘场景中，分别用PCRLB方法、经典基于机器学习的方法和基于规则的方法进行负载均衡，实验结果如图4-44所示。实验结果表明，PCRLB方法得到的负载均衡方案的响应时间分别比经典基于机器学习的方法和基于规则的方法小6%～9%和10%～12%。特别地，评估了基于机器学习的方法中平均执行时间预测模型的准确率，在允许15%误差的情况下，其准确率只有75.6%。这是因为基于机器学习的方法需要大量的训练数据来建立一个精确的预测模型，来预测在不同边缘负载率下边缘上的任务的平均执行时间，在训练数据有限的情况下，由于模型预测不准确，可能导致负载均衡效率低下。此外，基于规则的方法涉及由专家设定的管理规则，很难制定一个适用于各种不同场景的规则。因此，经典基于机器学习的方法和基于规则的方法不能有效地适用于负载动态变化的多边缘协同负载均衡问题。相反地，PCRLB通

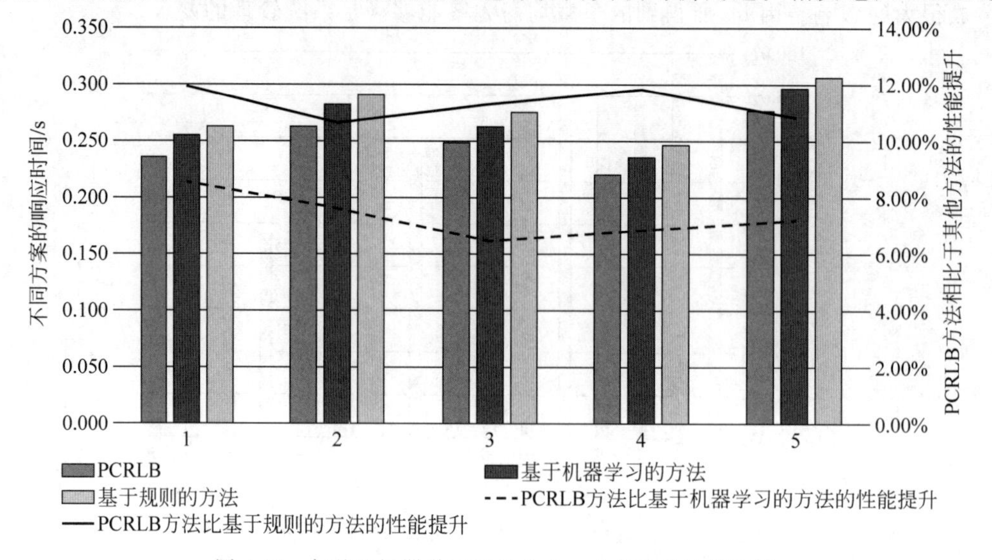

图4-44　与基于机器学习和Rule-based方法的性能比较

过强化学习算法和机器学习算法，能够在所提出的负载均衡问题中取得更好的效果。

同时，比较了使用不同方法进行负载均衡前后，各边缘上所有到达任务的平均响应时间，实验结果如图 4-45 所示。实验结果显示，3 种不同的方法都能在一定程度上降低所有人物的平均响应时间，但是 PCRLB 方法的效果更显著。具体地说，使用 PCRLB 方法进行负载均衡后，各边缘上所有到达任务的平均响应时间比负载均衡前的平均降低 12.8%；使用基于机器学习的方法进行负载均衡后，各边缘上所有到达任务的平均响应时间比负载均衡前的平均降低 6.9%；使用基于规则方法进行负载均衡后，各边缘上所有到达任务的平均响应时间比负载均衡前的平均降低 2%。同时，使用 PCRLB 方法进行负载均衡后，各边缘上所有到达任务的平均响应时间，比使用基于机器学习的方法进行负载均衡后的平均降低 6.4%，比使用基于规则方法进行负载均衡后的平均降低 11.1%。由此可见，PCRLB 方法在实现负载均衡(以所有边缘的到达任务的最大平均响应时间为评价指标)的同时，也能有效地降低各边缘上所有到达任务的平均响应时间。

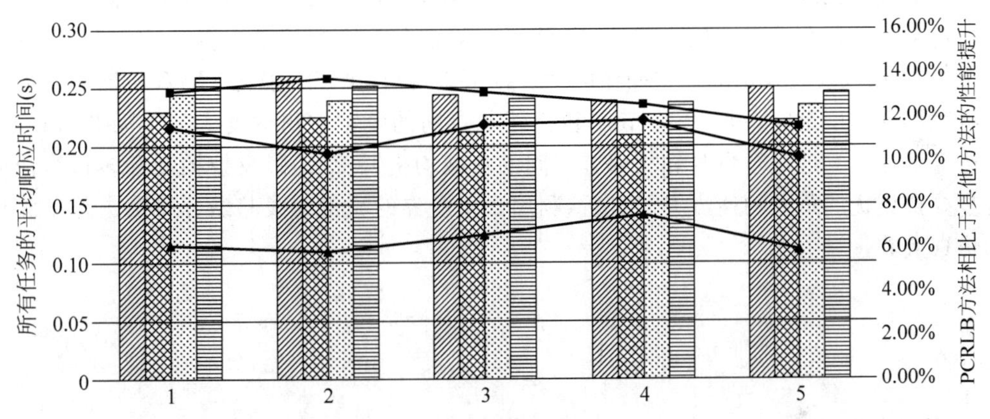

图 4-45　使用不同方法进行负载均衡前后，所有任务的平均响应时间的比较

此外，分别评估了 PCRLB 方法、经典基于机器学习的方法和基于规则的方法进行负载均衡的平均时间开销。首先，评估了 3 种方法完成一次决策所需的时间开销，即单个边缘节点独立进行一次决策所需的平均时间开销。在图 4-41 所示的每一个场景中，分别使用 3 种方法，让每个边缘各进行 10 次决策，然后分别计算 15 个边缘做出 10 次决策的平均运行时间，最后取 5 个场景的平均值。实验结果显示，PCRLB、基于机器学习的方法和基于规则的方法完成一次决策所需的平均运行时间分别为 0.08s、27s 和 0.007s。进一步地，评估了 3 种方法找到负载均衡方案的平均时间开销。在所设置的 5 个场景中，分别使用 3 种方法进行负载均衡决策，评估 3 种方法在每一个场景中找到一个合适的负载均衡方案的总时间开销，最后取 5 个场景总时间开销的平均值。如表 4-25 所示，其中，基于规则的方法的平均时间开销为 0.105s，PCRLB 方法的平均时间开销为 1.38s，从系统管理的角度，均能够满足要求，而基于机器学习的方法平均时间开销为 220s，很难满足

负载动态变化的无线城域网环境的使用要求。

表 4-25　不同方法找到负载均衡方案的平均时间(s)

场景	PCRLB	基于机器学习的方法	基于规则的方法
场景 1	1.49	235	0.108
场景 2	1.25	204	0.102
场景 3	1.34	213	0.104
场景 4	1.38	220	0.105
场景 5	1.44	227	0.105

4.4.6　总结

本节针对无线城域网中的多边缘协作负载均衡问题,提出了一种基于预测反馈控制和强化学习的负载均衡方法。首先,将 Q-学习算法与多个机器学习算法相结合,设计了一个 Q 值预测模型来预测调整操作的值。接下来,设计了一个强化学习和机器学习结合的负载均衡调度策略,用于每个节点和相邻节点间的负载均衡调度。基于局部信息,每个边缘节点独立地进行自身和相邻节点间的负载均衡调度,通过反馈控制和多边缘协同逐步寻找更优的负载均衡方案。最后,利用真实世界的城市无线基站分布图进行了大量的仿真实验。

参 考 文 献

请扫描下方二维码获取本书参考文献。